融会贯通——工程软件

The Application of ABAQUS in Engineering Analyses

ABAQUS 软件的工程应用实例集

史旦达　邓益兵　蒋建平　刘文白　著

人民交通出版社股份有限公司
China Communications Press Co.,Ltd.

内 容 提 要

本书主要讲述了ABAQUS在工程中的应用实例。其内容主要包括海岸工程(高桩码头、板桩码头、重力式码头、海堤)、海洋工程(单桩承台、群桩承台、导管架)、桩基础(桩桶基础、抗滑桩、桩基础中的地层结构效应、桩侧阻与端阻的相互作用)、边坡工程(浅基础、隧道工程、地下连续墙)等。

本书可供土木工程、道路工程、桥梁工程、水利工程、港口航道与海岸工程、海洋工程、地下工程、地质工程等专业的本科生、研究生及教师参考,也可供以上专业的工程技术人员参考。本书不仅适合ABAQUS软件的初学者使用,由于实例多且复杂,范围广,也适合ABAQUS软件的中高级人员使用。本书还可作为其他专业的ABAQUS软件使用者的参考用书。

图书在版编目(CIP)数据

ABAQUS软件的工程应用实例集 / 史旦达等著. —北京:人民交通出版社股份有限公司,2015.1
(融会贯通——工程软件)
ISBN 978-7-114-11791-6

Ⅰ.①A… Ⅱ.①史… Ⅲ.①岩土工程—有限元分析—应用软件 Ⅳ.①TU4-39

中国版本图书馆CIP数据核字(2014)第243795号

书　　名: ABAQUS软件的工程应用实例集
著 作 者: 史旦达　邓益兵　蒋建平　刘文白
责任编辑: 袁　方
出版发行: 人民交通出版社股份有限公司
地　　址: (100011)北京市朝阳区安定门外外馆斜街3号
网　　址: http://www.ccpress.com.cn
销售电话: (010)59757973
总 经 销: 人民交通出版社股份有限公司发行部
经　　销: 各地新华书店
印　　刷: 北京市密东印刷有限公司
开　　本: 787×1092　1/16
印　　张: 19.5
字　　数: 488千
版　　次: 2015年1月　第1版
印　　次: 2015年1月　第1次印刷
书　　号: ISBN 978-7-114-11791-6
定　　价: 68.00元
(有印刷、装订质量问题的图书由本公司负责调换)

前 言

ABAQUS 是国际著名的大型商用有限元软件，是由美国 ABAQUS 公司(原名 HKS 公司)针对固体和结构力学问题进行数值分析而开发的一套通用有限元程序系统。目前 ABAQUS 已成为国际上最先进的大型通用非线性有限元力学分析软件，并广泛地应用于科研、教学和实际生产之中。

ABAQUS 包括一个丰富的、可模拟任意几何形状的单元库，并拥有各种类型的材料模型库，可以模拟典型工程材料的性能，其中包括金属、橡胶、高分子材料、复合材料、钢筋混凝土、可压缩超弹性泡沫材料以及土壤和岩石等地质材料。作为通用的模拟工具，ABAQUS 除了能解决大量结构(应力/位移)问题，还可以模拟其他工程领域的许多问题，例如热传导、质量扩散、热电耦合分析、声学分析、岩土力学分析(流体渗透/应力耦合分析)及压电介质分析。

ABAQUS 虽然是通用的软件，但它针对岩土工程问题的分析功能也是非常强大的，特别是它包含有很多适合岩土材料的本构模型，这是非常难能可贵的。鉴于这一特点，ABAQUS 在岩土工程中也得到了广泛的应用。

但是由于岩土不是一般的材料，其物理力学性质特别复杂，特别是岩土中有地应力，ABAQUS 也像其他通用有限元软件一样，在处理地应力平衡方面的功能不是很强，如地应力平衡的手动操作法，较烦琐，且实际操作中地应力平衡的计算较难顺利通过，有时即使通过了，地面沉降误差却较大，所以掌握正确的地应力平衡的手动操作法很重要。从作者的几届研究生的 ABAQUS 操作实践及网上 ABAQUS 论坛中的主要问题来看，使用者在岩土工程中的问题较多，主要是具体的操作方面，特别是在地应力平衡的具体操作。且 ABAQUS 在岩土工程中应用实例的具体操作方面的资料(包括有关书籍和论文)很缺乏。鉴于此，本书主要讲述了 ABAQUS 在工程中的应用实例。本书作者们经过多年的研究与教学，深知研究生或初学者需要一本 ABAQUS 软件一步一步如何操作的指导书，使他们能马上上手。只要学会了软件的操作，下一步进行模型的验证、计算实际的工况就相对容易了。

本书共分五章：第一章为 ABAQUS 在海岸工程中的应用实例；第二章为 ABAQUS 在海洋工程中的应用实例；第三章为 ABAQUS 在桩基础中的应用实例；

第四章为 ABAQUS 在浅基础中的应用实例；第五章为 ABAQUS 在边坡、隧道、地下连续墙等中的应用实例。

本书的出版得到了国家自然科学基金项目(50909057、51078228、51208294、41372319)、2013 年上海市研究生教育创新计划实施项目(第二批)(20131129)、上海市教委一流学科建设项目、上海市教委科研创新项目(14YZ101、15ZZ081)、上海海事大学学术创新团队建设项目、上海海事大学科研基金项目(20120074)的资助；同时，上海海事大学海洋科学与工程学院同仁为本书出版给予了很大的帮助；为了本书的出版，研究生熊志勇、陈功奇、杨熙、李才志、冯基芳、李小强、朱晨霞、贾宁、路倬、刘鹏、毛海英、黄智勤、马恒、顾晰妍、敖曼、金玉鑫、封薇薇、张家得、姚均东、丛佩文等做了的大量工作。在此，一并致以衷心的感谢！

限于作者水平，缺点、错误和不当之处在所难免，恳请读者批评指正。

作　者

2014 年 9 月

目　录

绪　论

ABAQUS是一款通用有限元软件，用于机械、土木、电子等行业的结构和场分析。ABAQUS早年属于美国HKS公司的产品，于2000年卖给了达索公司，该软件又被称为达索SIMULIA。ABAQUS非常适合用作科学研究。ABAQUS的名称来自abacus，英文为计算器、算盘之意。ABAQUS早年的logo就是一把中国人常用的算盘，后来logo有所变化，但是仍然可以看到算盘珠的影子。

ABAQUS是国际著名的CAE软件，它以其强大的非线性分析功能以及解决复杂和深入的科学问题的能力赢得广泛称誉。ABAQUS软件已被全球工业界广泛接受，并拥有世界最大的非线性力学用户群。ABAQUS已成为国际上最先进的大型通用非线性有限元分析软件。ABAQUS软件除普通工业用户外，也在以高等院校、科研院所等为代表的高端用户中得到广泛认可。研究水平的提高引发了用户对高水平分析工具需求的加强，作为满足这种高端需求的有力工具，ABAQUS软件在各行业用户群中所占据的地位也越来越突出。

一、基本介绍

ABAQUS包括一个丰富的、可模拟任意几何形状的单元库，并拥有各种类型的材料模型库，可以模拟典型工程材料的性能，其中包括金属、橡胶、高分子材料、复合材料、钢筋混凝土、可压缩超弹性泡沫材料以及土壤和岩石等地质材料。作为通用的模拟工具，ABAQUS除了能解决大量结构（应力/位移）问题，还可以模拟其他工程领域的许多问题，例如热传导、质量扩散、热电耦合分析、振动与声学分析、岩土力学分析（流体渗透/应力耦合分析）及压电介质分析。ABAQUS为用户提供了广泛的功能，且使用起来又非常简单。大量的复杂问题可以通过选项块的不同组合很容易地模拟出来。例如，对于复杂多构件问题的模拟是通过把定义每一构件的几何尺寸的选项块与相应的材料性质选项块结合起来。在大部分模拟中，甚至高度非线性问题，用户只需提供一些工程数据，像结构的几何形状、材料性质、边界条件及荷载工况。在一个非线性分析中，ABAQUS能自动选择相应荷载增量和收敛限度。ABAQUS不仅能够选择合适参数，而且能连续调节参数以保证在分析过程中有效地得到精确解。用户通过准确的定义参数就能很好地控制数值计算结果。

ABAQUS有两个主求解器模块——Abaqus/Standard和Abaqus/Explicit。ABAQUS还包含一个全面支持求解器的图形用户界面，即人机交互前后处理模块——Abaqus/CAE。ABAQUS对某些特殊问题还提供了专用模块来加以解决。

ABAQUS被广泛地认为是功能最强的有限元软件，可以分析复杂的固体力学、结构力学系统，特别是能够驾驭非常庞大复杂的问题和模拟高度非线性问题。ABAQUS不但可以做单一零件的力学和多物理场的分析，同时还可以做系统级的分析和研究。ABAQUS的系统级分析的特点相对于其他的分析软件来说是独一无二的。由于 ABAQUS 优秀的分析能力和模拟复杂系统的可靠性使得 ABAQUS 被各国的工业和研究中所广泛的采用。ABAQUS 产品在大量的高科技产品研究中都发挥着巨大的作用。

二、功能介绍

ABAQUS 软件的功能主要包括：

(1)静态应力/位移分析：包括线性，材料和几何非线性，以及结构断裂分析等。

(2)动态分析、黏弹性/黏塑性响应分析：黏塑性材料结构的响应分析。

(3)热传导分析：传导、辐射和对流的瞬态或稳态分析。

(4)质量扩散分析：静水压力造成的质量扩散和渗流分析等。

(5)耦合分析：热/力耦合、热/电耦合、压/电耦合、流/力耦合、声/力耦合等。

(6)非线性动态应力/位移分析：可以模拟各种随时间变化的大位移、接触分析等。

(7)瞬态温度/位移耦合分析：解决力学和热响应及其耦合问题。

(8)准静态分析：应用显式积分方法求解静态和冲压等准静态问题。

(9)退火成型过程分析：可以对材料退火热处理过程进行模拟。

(10)海洋工程结构分析：对海洋工程的特殊荷载，如流荷载、浮力、惯性力等进行模拟；对海洋工程的特殊结构，如锚链、管道、电缆等进行模拟；对海洋工程的特殊的连接，如土壤/管柱连接、锚链/海床摩擦、管道/管道相对滑动等进行模拟。

(11)水下冲击分析：对冲击荷载作用下的水下结构进行分析。

(12)柔体、多体动力学分析：对机构的运动情况进行分析，并和有限元功能结合进行结构和机械的耦合分析，并可以考虑机构运动中的接触和摩擦。

(13)疲劳分析：根据结构和材料的受载情况统计进行生存力分析和疲劳寿命预估。

(14)设计灵敏度分析：对结构参数进行灵敏度分析并据此进行结构的优化设计。

(15)软件除具有上述常规和特殊的分析功能外，在材料模型、单元、荷载、约束及连接等方面也功能强大并各具特点：

①材料模型：定义了多种材料本构关系及失效准则模型，包括：

a. 弹性。

线弹性可以定义材料的模量、泊松比等弹性特性；正交各向异性具有多种典型失效理论，用于复合材料结构分析；多孔结构弹性用于模拟土壤和可挤压泡沫的弹性行为；亚弹性可以考虑应变对模量的影响；超弹性可以模拟橡胶类材料的大应变影响；黏弹性可适合时域和频域的黏弹性材料模型。

b. 塑性。

金属塑性：符合 Mises 屈服准则的各向同性和遵循 Hill 准则的各向异性塑性模型。

铸铁塑性：拉伸为 Rankine 屈服准则，压缩为 Mises 屈服准则。

蠕变：考虑时间硬化和应变硬化定律的各向同性和各向异性蠕变模型。

扩展的 Druker-Prager 模型：适合于砂土等粒状材料的不相关流动的模拟。

Capped Drucker-Prager 模型：适合于地质、隧道挖掘等领域。

Cam-Clay 模型：适合于黏土类土壤材料的模拟。

Mohr-Coulomb 模型:这种模型与 Capped Druker-Prager 模型类似,但可以考虑不光滑小表面情况。

泡沫材料模型:可以模拟高度挤压材料,可应用于消费品包装及车辆安全装置等领域。混凝土材料模型:这种模型包含了混凝土弹塑性破坏理论渗透性材料模型,提供了依赖于孔隙比率、饱和度和流速的各向同性和各向异性材料的渗透性模型。

其他材料特性:包括密度、热膨胀特性、热传导率、导电率、比热、压电特性、阻尼以及用户自定义材料特性等。

②单元库:ABAQUS 包括内容丰富的单元库,单元种类多达 562 种。它们可以分为 8 个大类,称为单元族,包括:实体单元、壳单元、薄膜单元、梁单元、杆单元、刚体元、连接元、无限元。还包括其中针对特殊问题构建的特种单元如针对钢筋混凝土结构或轮胎结构的加强筋单元、针对海洋工程结构的土壤/管柱连接单元和锚链单元,还有专门的垫圈单元和空气单元等特殊的单元等,这些单元对解决各行业领域的具体问题非常有效。

另外,用户还可以通过用户子程序自定义单元种类。对 ABAQUS 进行二次开发也极为方便,ABAQUS 支持 FORTRAN 或 VC + + 来二次开发。

③荷载、约束及连接。

荷载:荷载包括均匀体力、不均匀体力、均匀压力、不均匀压力、静水压力、旋转加速度、离心荷载、弹性基础,伴随力效应,集中力和弯矩,温度和其他场变量,速度和加速度等。

约束:除常规的约束外,还提供线性和非线性的多点约束(MPC),包括刚性链、刚性梁、壳体/固体连接、循环对称约束和运动耦合等。连接强大的接触对定义与分析功能为管接头接触密封分析,铰链连接分析,壳体密封分析等带来极大的便利。

三、ABAQUS 功能模块介绍

ABAQUS 软件主要由 Abaqus/CAE、Abaqus/Standard、Abaqus/Explicit 三个模块组成。其中,Abaqus/CAE 是前后处理模块;Abaqus/Standard 是隐式求解器模块;Abaqus/Explicit 是显式求解器模块。

1. Abaqus/CAE 模块(前后处理)(图 0-1)

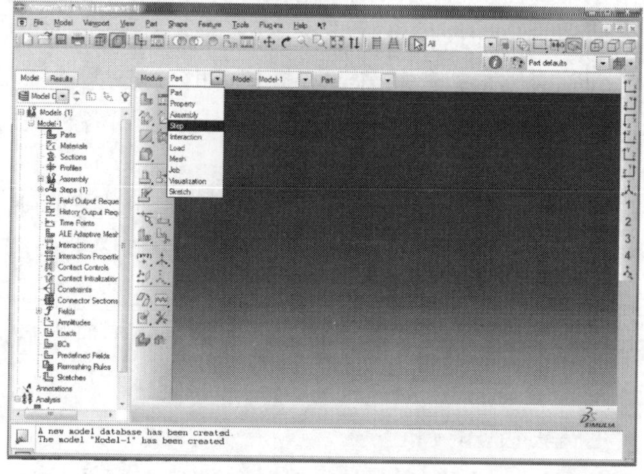

图 0-1 Abaqus/CAE 模块

Abaqus/CAE 模块是运用 ABAQUS 软件进行分析求解的人机交互界面，在 CAE 模块下，用户可以实现模型建立、材料定义、分析类型的定义、荷载及边界约束的施加、网格划分、结果后处理等与分析相关的任何定义。

在 Abaqus/CAE 中，用户能够创建参数化几何体，如拉伸、旋转、扫略、倒角和放样。同时也能够由各种流行的 CAD 系统导入几何体，并运用上述建模方法进一步编辑。

Abaqus/CAE 支持广泛的 ABAQUS 分析功能并且为初学者和经验丰富的用户提供人机交互的使用环境。熟悉 ABAQUS 分析的概念，如分析步、接触、约束和预设条件等，能够通过操作简便的界面得以实现。Abaqus/CAE 还提供了完全的后处理和可视化功能，即使最大规模的 ABAQUS 分析结果也可以高速、高质量地进行绘图。

2. Abaqus/Standard 模块（通用程序）

Abaqus/Standard 是一个通用的隐式求解器，它可以为工程师和分析专家提供强有力的工具来解决许多工程问题：从线性静态、动态分析到复杂的非线性耦合物理场分析。其主要应用领域可以概括如下：

(1)常规的静态弯曲变形、强度分析。

(2)结构的固有振动特性及在某种荷载状态下的振动特性分析。

(3)轴承、轴套、螺栓连接等接触非线性分析。

(4)频域动响应分析。

(5)机构运动过程分析。

(6)超弹性橡胶、复合材料分析。

(7)结构传热分析。

(8)各种耦合分析。

①热机械平衡的原理（热固耦合）；

②热电（焦耳加热）原理进行分析（热电耦合）；

③压电性能（电固耦合）；

④结构的声学研究（声固耦合）。

(9)方便灵活的用户子程序，生成用户特殊的单元、材料、摩擦、约束和荷载等。

(10)并行处理、高效的直接和迭代求解器。

(11)与 Abaqus/Explicit 结合，进行特殊过程模拟，如金属成型。

Abaqus/Standard 提供并行的稀疏矩阵求解器。该求解器对各种大规模计算问题都能十分可靠地快速求解。

业内领先的 Abaqus/Standard 分析能力，结合与现有前后处理器的兼容能力，使 ABAQUS 常常成为用户的唯一选择：用户可以把他们所有的有限元分析需求全部集成在 ABAQUS 中进行求解。

此外，Abaqus/Standard 有最好的行业技术支持和完备的手册做后盾，用户完全可以放心地使用该产品。

3. Abaqus/Explicit 模块（显示分析）

Abaqus/Explicit 是求解复杂非线性动力学问题和准静态问题的理想程序，特别是用于模拟冲击和其他高度不连续事件。Abaqus/Explicit 不但支持应力/位移分析而且还支持完全耦合的瞬态温度—位移分析、声固耦合分析。Abaqus/Explicit 与 Abaqus/Standard 有机的结合,使求解能力更加强大和灵活。任意的拉格朗日—欧拉(ALE)自适应网格功能可以有效地模拟大变形非线性问题。与以上两种分析模块输入文件的基本格式是相同的,他们的输出是相似的。其主要应用领域包括:

(1)通用的显式问题求解;

(2)非线性动力学分析和准静态分析;

(3)完全耦合的热力学分析;

(4)自动接触(General Contact)提供简单和稳定的接触建模方法;

(5)并行处理技术,包括 SMP 和 DMP 系统;

(6)和 Abaqus/Standard 有机结合,分析特殊过程和问题,如装配预应力;

(7)运用 ALE 技术创建自适应网格(模拟几何体的移动与位移);

(8)冲击和水下爆炸分析功能。

4. Abaqus/Aqua(波动荷载)

Abaqus/Aqua 模块的一系列功能可以附加在 Abaqus/Standard 上应用。该模块的目的是模拟海上结构,例如海洋石油平台或船体。其中某些功能包括模拟波浪、风荷载及浮力的影响。

Abaqus/Aqua 拓展了 Abaqus/Standard 在海洋工程中的应用。它包括海洋平台导管架和立管的分析、J 形管的拖曳模拟、底部弯曲计算和漂浮结构的研究。结构可以承受由稳定流和波效应引起的拖曳力、浮力和流体惯性荷载。还可以为自由水面以上的结构施加风载。Abaqus/Aqua 与 Abaqus/Standard 其他的功能兼容,同时可以考虑静力、动力或频率分析中的线性和非线性效应。

(1)周围介质

流体分布:用户提供流体密度和引力常数,同时需要提供稳态流速度与相对海床的位置和高度的函数。

波的分布:可以通过分析过程中计算的流体粒子速度、加速度和动力学压力,可以定义重力波。同时包含 Airy(线性)波理论和 Stokes 5 阶理论。Airy 理论允许任意数量的波列沿不同的方向传播。单个波列用于 Stokes 非线性理论,适合于模拟深水或大浪的情况。另外,可以直接在固定的网格上指定波速、加速度和动力学压力,然后通过线性或二次插值得到感兴趣点的相应的值。用户还可以通过用户子程序,将其他类型的波荷载施加到结构当中。

风的分布:因为 Abaqus/Aqua 纪录自由表面的高度,而且还允许结构的部分浸没,所以风载只对结构暴露在空气中的区域有效。用户可以指定风速的分布,用于计算梁、管道和一维刚体单元的荷载分布。风的分布在水的自由表面以上的部分以指数函数的形式沿高度变化。在水平面上,风不发生变化。

(2)荷载

除了 Abaqus/Standard 提供的荷载形式(重力荷载、静水压力等),Abaqus/Aqua 为部分或全部浸没的结构提供特定的荷载库。用户可以指定那些单元承受那些类型的荷载,比如浮力或拖曳力。基于单元的几何形状、流体属性、稳态流、波的形式和风速的分布,程序将自动确定荷载的大小和方向。

拖曳荷载:利用 Morison 方程计算拖曳荷载。流体和风都可能在结构上产生拖曳荷载。流体表面之下的稳态流和波荷载引起流体拖曳力,它同时具有横向和切向的贡献;风载施加于结构在洋流表面之上的部分,只具有横向作用。在流体和结构之间,切向和横向的作用力同相对速度的平方成比例。

浮力荷载:基于外露表面与垂直方向的取向计算浮力。默认情况下,提供封闭端条件。浮力可以用于梁单元、管道单元和弯管单元,还可以施加到刚体的表面用于研究浮动结构,比如张力腿平台和海船。拖曳力、浮力和点荷载可以施加于钢梁。可以得到刚体参考点瞬时的全部垂直荷载、剪力和翻转弯矩。当浮力荷载同波分布同时施加时,由静止表面干扰引起的动力学压力被添加到静水压力,用于计算总体浮力荷载。

惯性荷载:惯性力是基于管道和周围流体相对加速度而引入的附加质量的贡献。拓展 Morison 拖曳方程,允许用户分离从稳态流引起的部分拖曳荷载和从波引起的部分拖曳荷载,然后在单个分析中独立地施加这些荷载。频率分析可以包含这些附加质量效应。

(3)附加特征

锚链:锚链用于海床管道的安装。它的重力与连接管道的漂浮设备的浮力平衡。Abaqus/Aqua 中,锚链被理想化为通过悬链线与管道相连的管道固定支座,适合于模拟管道的运动比锚链长度大很多的情况。

各向异性海床摩擦:在分析管道直接位于地面或海床上的响应时,摩擦的影响将非常重要。阻碍管道横向运动的阻力大于平行于管道方向的阻力。各向异性摩擦模型可以分析这种效果。海床较软的自然现象可以通过在刚体表面使用软接触表面行为很容易的模拟。

桩脚连接单元:桩脚连接单元利用等效的弹塑性响应,近似地模拟某些海洋平台结构土壤—结构的接触。

筒体结构的滑动线:通过在其他的管道中拉伸管道,将管道从海床提升到海面。Abaqus/Aqua 具有专门模拟 J 形管拉伸的单元。

自升式钻塔底座分析:利用特殊的单元模拟桩腿和海床的弹塑性接触。

缆绳单元:在底部弯曲分析中,通过缆绳在海床上拖动管道。

5. Abaqus/USA(水下冲击分析)

Abaqus/USA 是由洛克希德·马丁公司(Lockheed Martin)编写的 USA 软件与 Abaqus/Standard 的组合模块。它可以对受冲击荷载的水下结构进行分析。该部分现已并入 Abaqus/Explicit 中。

6. Abaqus/Design(优化敏感性分析)

Abaqus/Design 模块的一系列功能可以附加在 Abaqus/Standard 上应用。它的目的是对各种非线性结构进行优化敏感性分析。

7. Abaqus/Safe(疲劳分析)

Abaqus/Safe 模块的一系列功能可以附加在 Abaqus/Standard 和 Abaqus/Explicit 上应用。它的目的是通过疲劳分析预测部件和系统寿命。

第一章　ABAQUS在海岸工程中的应用实例

第一节　ABAQUS 在高桩码头中的应用实例

该应用实例和建立该模型的目的：读者能将 ABAQUS 软件应用到高桩码头的实际工程中，熟悉和掌握 ABAQUS 在高桩码头中的单个排架建模（包括面板、直桩、叉桩）、岸坡土木建模，桩和土间接触模型的建立，岸坡地应力平衡，码头前承台竖向荷载施加、船撞击力施加、码头后方货物堆载施加、整个码头边坡稳定性、求解和后处理等。

一、模型描述

某高桩码头，桩基采用方形群桩，桩长 18m，方桩边长为 0.5m，具体几何模型如图 1-1 所示。桩简化为线弹性材料，密度为 2500kg/m^3，弹性模量为 3×10^{10}Pa，泊松比为 0.2；岸坡土简化为单层均质弹塑性材料，土层密度为 1800kg/m^3，弹性模量为 8×10^7Pa，泊松比为0.3，黏聚力为 80kPa，内摩擦角为 20°。

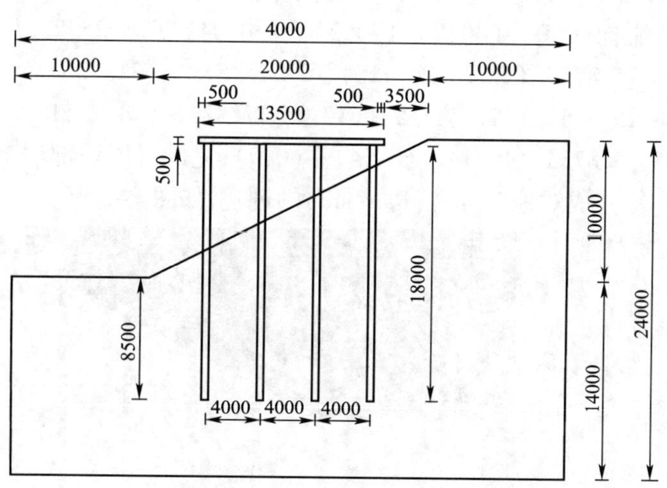

图 1-1　模型尺寸图（尺寸单位：mm）

整个问题在 Abaqus/Standard 中分三个分析步骤来完成。第一步，先用 * model change, remove 命令杀死桩单元，并约束桩孔壁的水平位移，然后进行地应力平衡；第二步，先去除桩孔的水平向约束，再使用 * model change, add = strain free 命令激活桩单元，然后施加桩重力；第三步，施加均布堆货荷载（15kN/m）及船舶挤靠力（50kN/m）。

二、具体操作步骤

(一)启动 Abaqus/CAE

在 Windows 操作系统中,点击开始→所有程序→Abaqus6. x→Abaqus CAE;或者在操作系统的 DOS 窗口中键入命令“abaqus cae”,启动 Abaqus/CAE,然后在出现的 Start Session(开始任务)对话框中选择 Create Model Database,单击 With Standard/Explicit Model,建立一个名为 Model-1 的新模型。如图 1-2 所示。

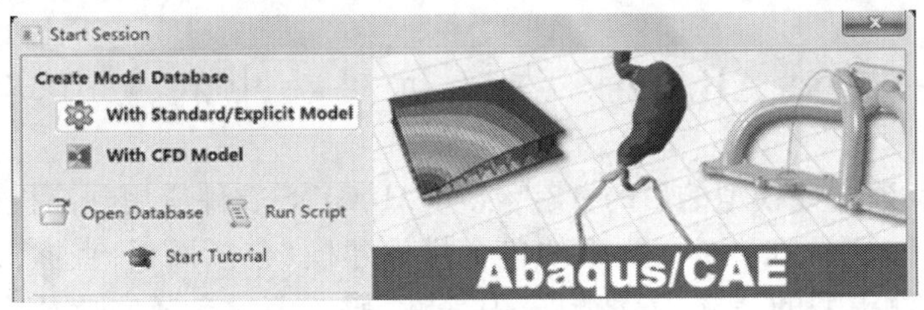

图 1-2　Start Session 对话框

(二)分别建立岸坡土层和桩部件

在 Module 中选择 Part 模块。

1. 创建岸坡土层部件(Part-soil)

点击按钮(Create Part),弹出 Create Part 对话框,在 Name 后面输入 Part-soil,将 Modeling Space 设置为 2D Planar,Approximate site 设置为 80,其他参数不变,如图 1-3 所示。

单击 Continue 继续,进入 Sketch 模块。单击绘图工具区中的画线工具按钮,在提示区对话框中依次输入坐标(0,0)、(40,0)、(40,24)、(30,24)、(26. 25,22. 125)、(26. 25,5. 5)、(25. 75,5. 5)、(25. 75,21. 875)、(22. 25,20. 125)、(22. 25,5. 5)、(21. 75,5. 5)、(21. 75,19. 875)、(18. 25,18. 125)、(18. 25,5. 5)、(17. 75,5. 5)、(17. 75,17. 875)、(14. 25,16. 125)、(14. 25,5. 5)、(13. 75,5. 5)、(13. 75,15. 875)、(10,14)、(0,14)和(0,0),完成对岸坡部件草图的绘制;然后在视图区中双击鼠标中键完成对地基部件(Part-soil)的创建,如图 1-4 所示。

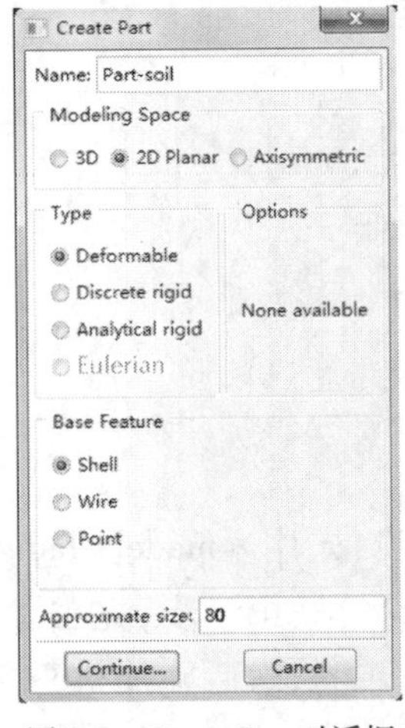

图 1-3　Create Part 对话框

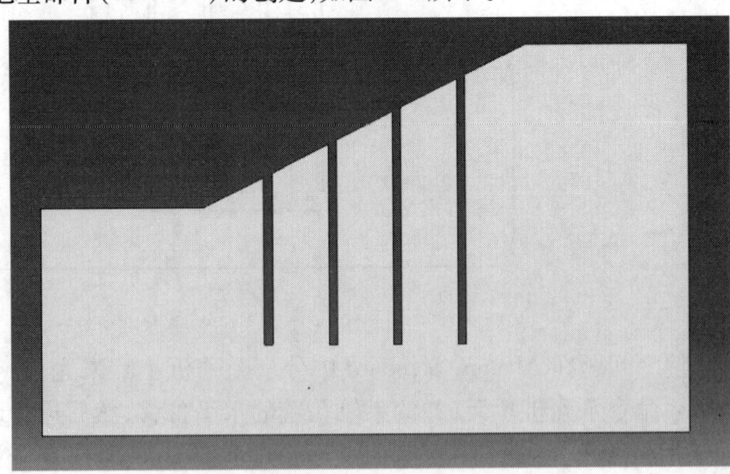

图 1-4　岸坡部件(Part-soil)

2. 创建桩部件(Part-pile)

点击按钮(Create Part),弹出 Create Part 对话框,在 Name 后面输入 Part-pile,将 Modeling Space 设置为 2D Planar,Approximate site 设置为 37,其他参数不变,如图 1-5 所示。

单击 Continue 继续,进入 Sketch 模块。单击绘图工具区中的画线工具按钮,在提示区对话框中依次输入坐标(0,0)、(0.5,0)、(0.5,10.625)、(0.5,18)、(4,18)、(4,12.375)、(4,0)、(4.5,0)、(4.5,12.625)、(4.5,18)、(8,18)、(8,14.375)、(8,0)、(8.5,0)、(8.5,14.625)、(8.5,18)、(12,18)、(12,16.375)、(12,0)、(12.5,0)、(12.5,16.625)、(12.5,18)、(13,18)、(13,18.5)、(−0.5,18.5)、(−0.5,18)、(0,18)、(0,18)和(0,0),完成对桩部件草图的绘制;然后在视图区双击鼠标中键完成对桩部件(Part-pile)的创建,如图 1-6 所示。

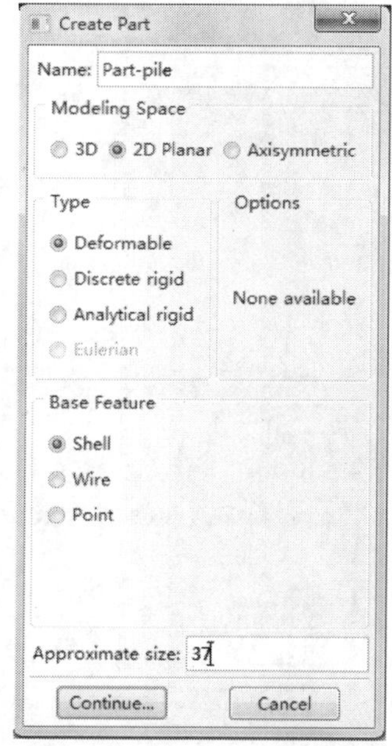

图 1-5　Create Part 对话框

图 1-6　桩部件(Part-pile)

(三)创建材料和截面属性

在 Module 列表中选择 Property(特性)模块,定义材料及截面属性。

1. 创建材料

(1)创建岸坡材料

点击按钮,弹出 Edit Material 对话框,在 Name 后输入 Material-soil,如图 1-7 所示。

在对话框中,选择 General→Density,在弹出对话框中,将 Mass Density 设置为 1800,如图 1-8 所示。

在对话框中继续选择 Mechanical→Elasticity→Elastic,在弹出的对话框中,将 Young's Modulus 设置为 8e7,Poisson's Ratio 设置为 0.3,其他参数不变,如图 1-9 所示。

选择 Mechanical→Plasticity→Mohr Coulomb plasticity,在 Plasticity 选项中,将 Friction Angle 设置为 20，将 Dilation Angle 设置为 0，如图 1-10 所示；在 Cohesion 选项中，将 Cohesion Yield Stress 设置为 80000，将 Abs Plastic Strain 设置为 0，其他参数不变，然后点击 OK 完成对岸坡材料的定义，如图 1-11 所示。

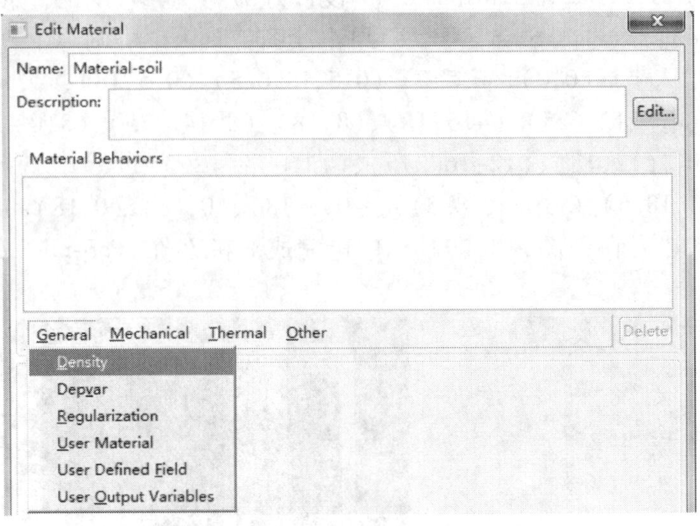

图 1-7　编辑材料对话框

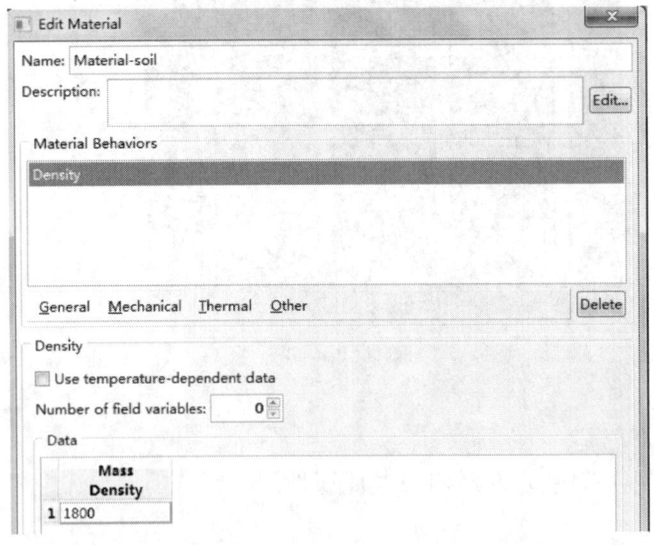

图 1-8　设置材料密度

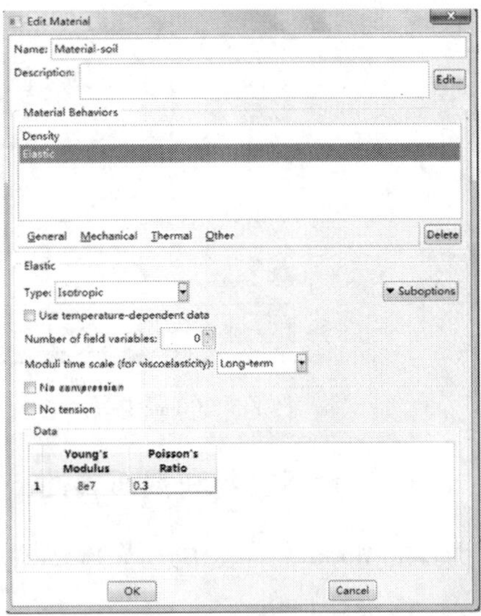

图 1-9　设置弹性参数

（2）创建桩材料

同岸坡材料定义，点击按钮，弹出 Edit Material 对话框，在 Name 后输入 Material-pile。

点击 Density，在弹出对话框中，将 Mass Density 设置为 2500。

依次点击 Mechanical→Elasticity→Elastic，在弹出的对话框中，将 Young's Modulus 设置为 3e10，Poisson's Ratio 设置为 0.2，其他参数不变，其他参数不变，然后点击 OK 完成对桩材料的定义。

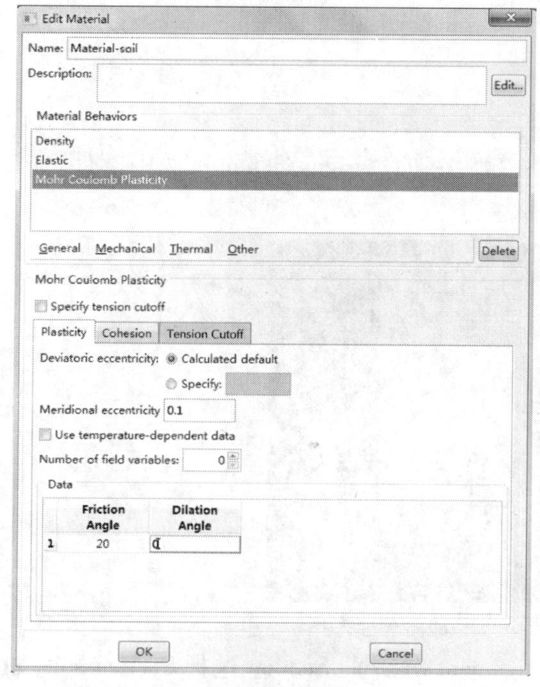

图 1-10　塑性参数定义　　　　图 1-11　黏聚力定义

2. 创建截面属性

(1)创建截面 Section-soil

点击按钮(Create Section),弹出对话框 Create Section,在 Name 中键入 Section-soil,Category 选择 Solid,Type 选择 Homogeneous,如图 1-12 所示。

单击 Continue,弹出 Edit Section 对话框,Material 选择 Material-soil,其他参数不变,点击 OK 完成 Section-soil 定义,如图 1-13 所示。

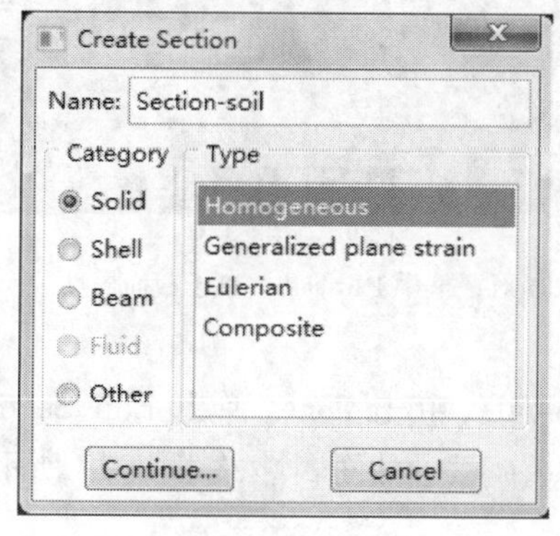

图 1-12　Create Section 对话框

图 1-13　Edit Section 对话框

(2)创建截面 Section-pile

同理,点击按钮(Create Section),弹出对话框 Create Section,在 Name 中键入 Section-pile,Category 选择 Solid,Type 选择 Homogeneous。

单击 Continue,弹出 Edit Section 对话框,Material 选择 Material-pile,其他参数不变,点击

OK 完成 Section-pile 定义。

3. 给部件赋予截面属性

(1)给 Part-soil 赋予截面属性

在 Part 中选择 Part-soil,点击左侧工具区中的 按钮(Assign Section),选中部件 Part-soil(呈粉红色表明处于选中状态),如图 1-14 所示。

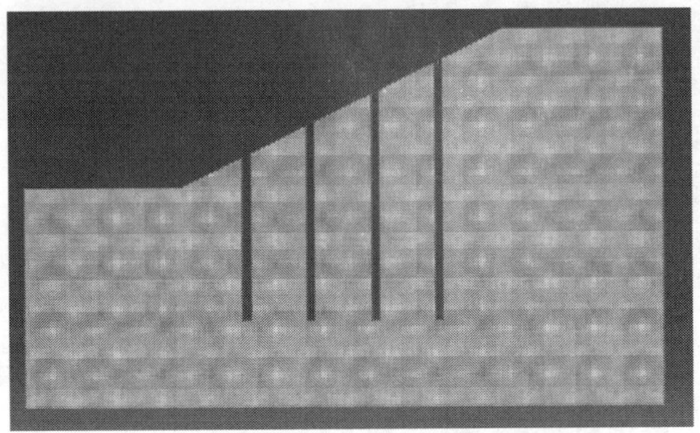

图 1-14 Assign Section 对话框中 Part-soil 部件被选中

单击 Done 或鼠标中键,弹出 Edit Section Assignment 对话框,Section 选择 Section-soil,如图 1-15 所示;单击 OK,Part-soil 被赋予截面属性,呈浅蓝色,如图 1-16 所示。

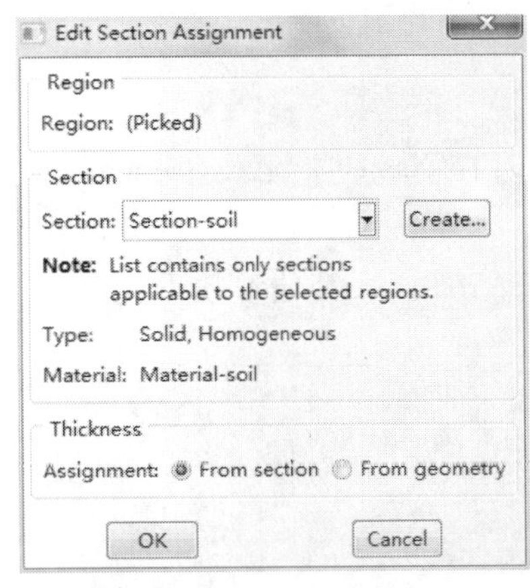

图 1-15 Edit Section Assignment 对话框

图 1-16 Assign Section 对话框中 Part-soil 被赋予截面属性

(2)给 Part-pile 赋予截面属性

在 Part 中选择 Part-pile,点击 按钮,选中部件 Part-pile,单击 done,弹出 Edit Section Assignment对话框,Section 选择 Section-soil,单击 OK,Part-pile 被赋予截面属性,如图 1-17 所示。

(四)定义装配件

在 Module 列表中选择 Assemble(装配)模块。

点击左侧工具区中的 (Instance Part),弹出 Create Instance 对话框(如图 1-18);Parts 中选中 Part-pile 和 Part-soil,Instance Type 设置为 Dependent(mesh on part),选中 Auto-offset from other instances(目的是为了使各部件分开摆放不重叠)(如图 1-19),单击 OK。

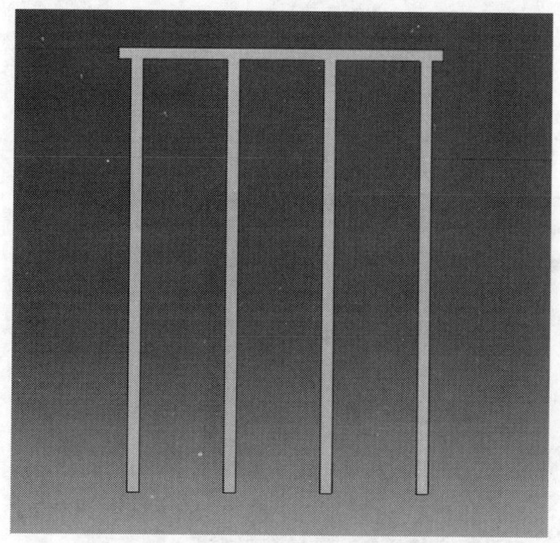

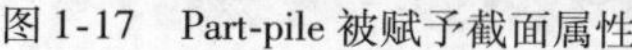

图 1-17　Part-pile 被赋予截面属性

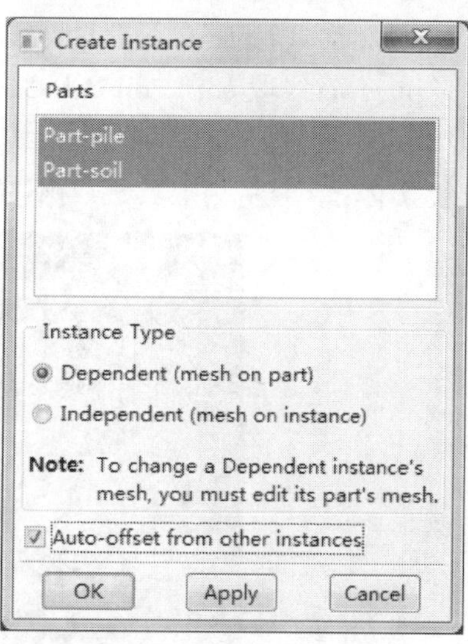

图 1-18　Create Instance 对话框

定义桩土接触面：在主菜单栏中，选择 Tools→Surface，单击 Create，弹出 Create Surface 对话框，在对话框中输入名称 soil1-a，单击 Continue，选择线段 ab，如图 1-20 所示，单击 Done 完成面的定义。

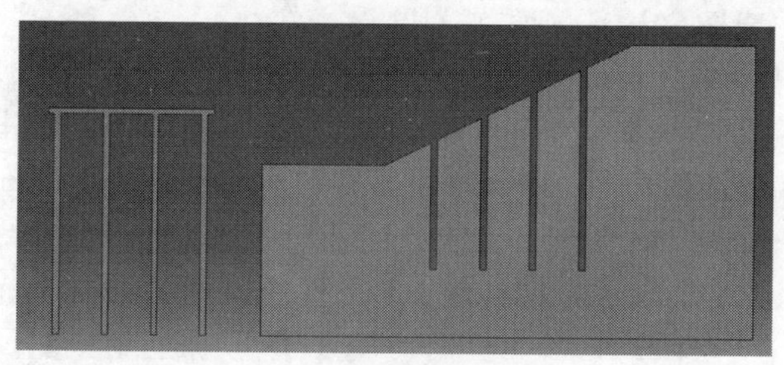

图 1-19　各部件实体

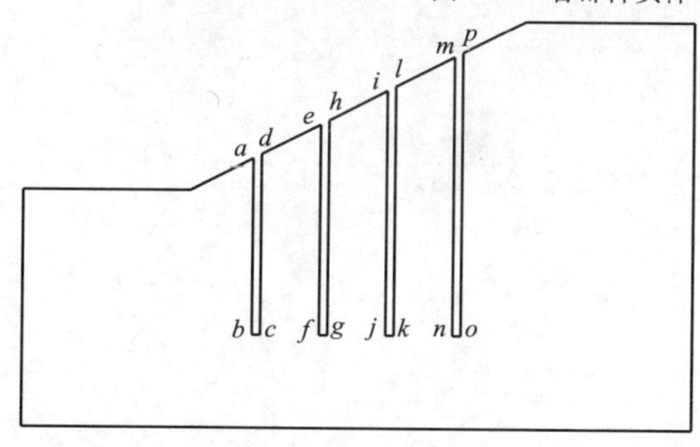

图 1-20　接触面示意图

同理完成其他 23 个接触面的定义：

	soil1-b：线段 cd；	soil1-c：线段 bc；
soil2-a：线段 ef；	soil2-b：线段 hg；	soil2-c：线段 fg；
soil3-a：线段 ij；	soil3-b：线段 kl；	soil3-c：线段 jk；
soil4-a：线段 mn。	soil4-b：线段 bc。	soil4-c：线段 bc。
pile1-a：线段 bc；	pile1-b：线段 bc；	pile1-c：线段 bc；

pile2-a:线段 bc; pile2-b:线段 bc; pile2-c:线段 bc;
pile3-a:线段 bc; pile3-b:线段 bc; pile3-c:线段 bc;
pile4-a:线段 bc。 pile4-b:线段 bc。 pile4-c:线段 bc。

组装实体:单击左侧工具栏不松开,选择,组装成装配件,如图 1-21 所示。

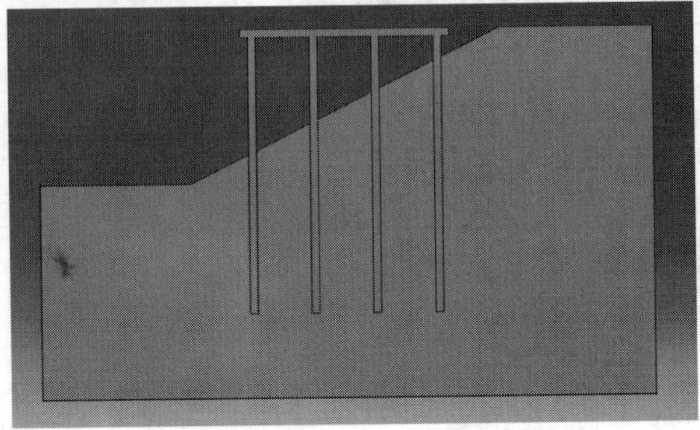

图 1-21 组装后的装配件

(五)设置分析步

在 Module 列表中选择 Step(分析步)模块。

点击左侧工具区(Create Step),在弹出的 Create Step 对话框,如图 1-22 所示;在分析的名称栏(Name)输入:Step-1, Procedure type 选择 Static General,单击 Continue,在弹出的 Edit Step 对话框中,Basic/Nlgeom 选中 on(如图 1-23);Incrementation/Increment size/Initial 设置为 0.01(如图 1-24);Other/Matrix storage 选中 Unsymmetric,其他参数保持默认(如图 1-25),点击 OK 完成 Step-1(该步是用来给岸坡地应力平衡)。同 Step-1 创建 Step-2 和 Step-3。

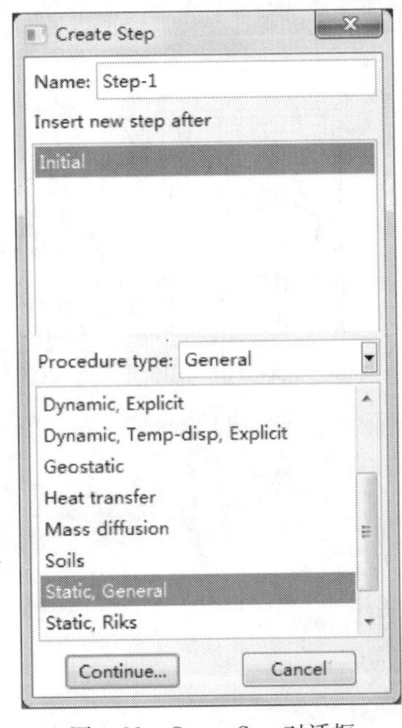

图 1-22 Create Step 对话框

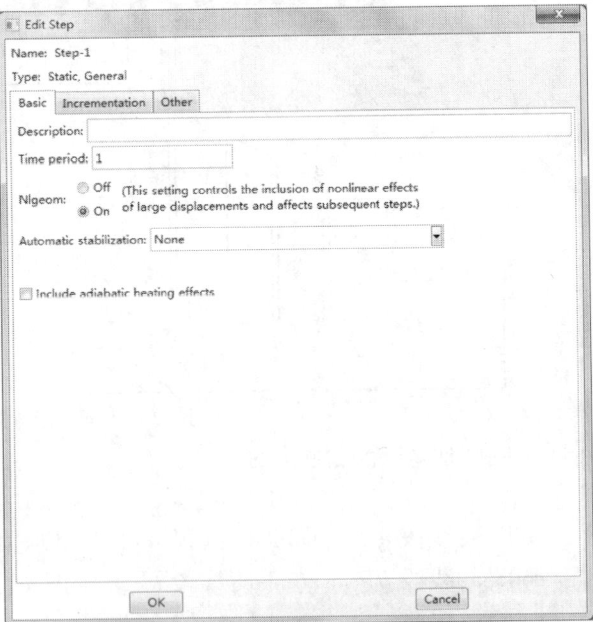

图 1-23 Edit Step 框中选择“on”

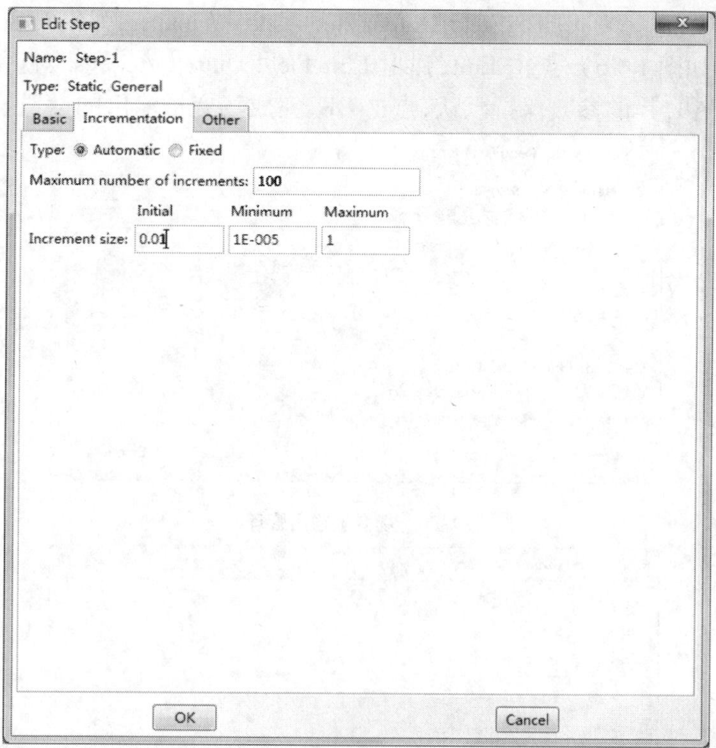

图 1-24　Edit Step 框中填入数值

图 1-25　其他参数设置

在主菜单栏中，选择 Output→Field Output Requests→Manager，弹出 Field Output Requests Manager 对话框（如图 1-26）；点击 Edit，弹出 Edit Field Output Request 对话框（如图 1-27），将输出变量选中 All，其他参数保持默认，点击 OK，完成场变量输出的设置。

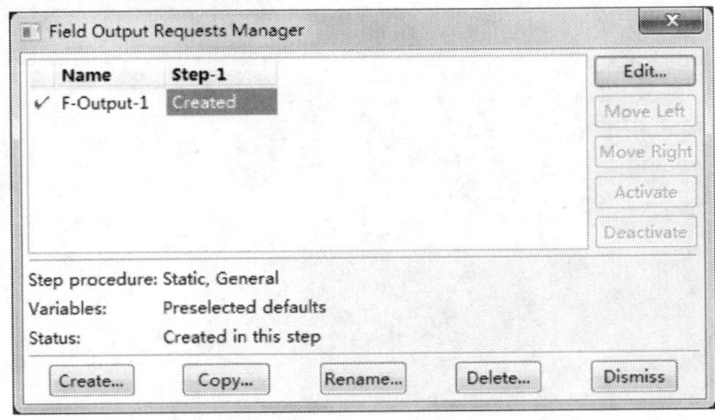

图 1-26　场变量输出管理器

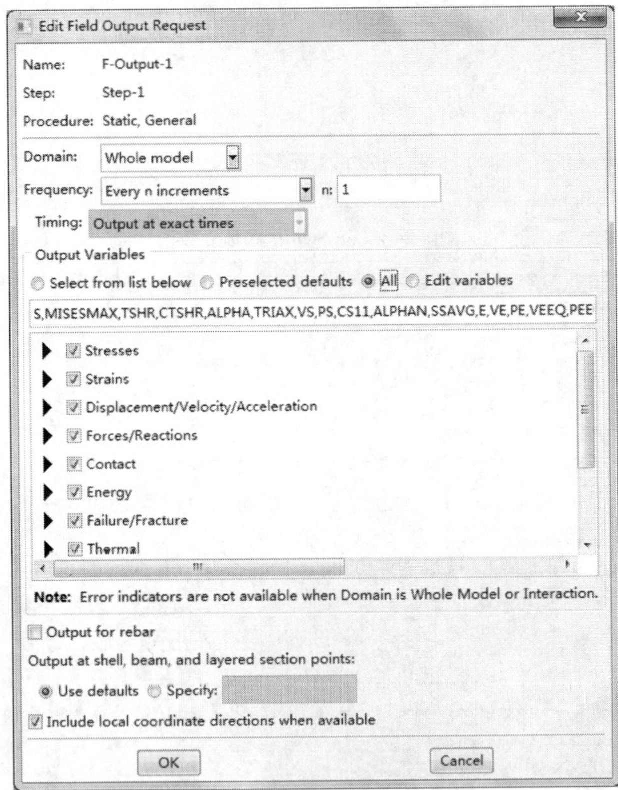

图 1-27　场变量输出设置

（六）定义接触

本例中桩侧面与土接触定义为摩擦约束，桩底面与土接触定义为绑定约束。

在 Module 列表中选择 Interaction 功能模块。

（1）桩底面与土约束

点击左侧工具区按钮(Create Constraint),弹出 Create Constraint 对话框,如图 1-28 所示;在名称栏(Name)输入:tie-1, type 选择 Tie,点击 Continue,然后点击 Surface 选择主面(如图 1-29);再点击 Surfaces,在弹出的对话框中选择 pile1-c,其他参数不变,点击 Continue;再单击 Surface 选择从面(如图 1-30);在弹出的对话框中选择 soil1-c, 其他参数不变,点击 Continue,弹出 Edit Constraint 对话框,将 Discretization method 设置为 surface to surface,其他参数不变,完成 tie-1 的创建(如图 1-31)。

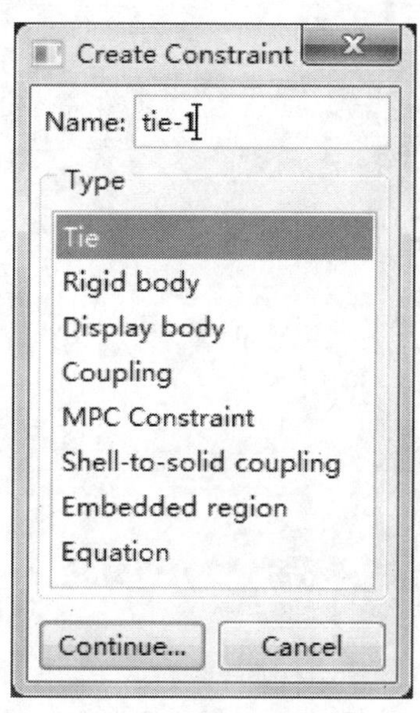

图 1-28 创建绑定约束

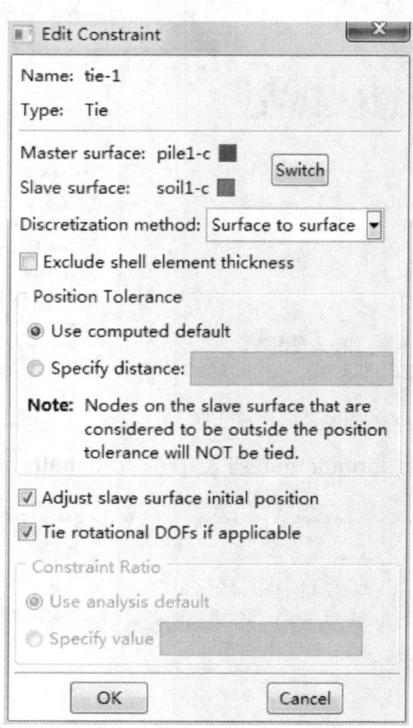

图 1-29 定义约束

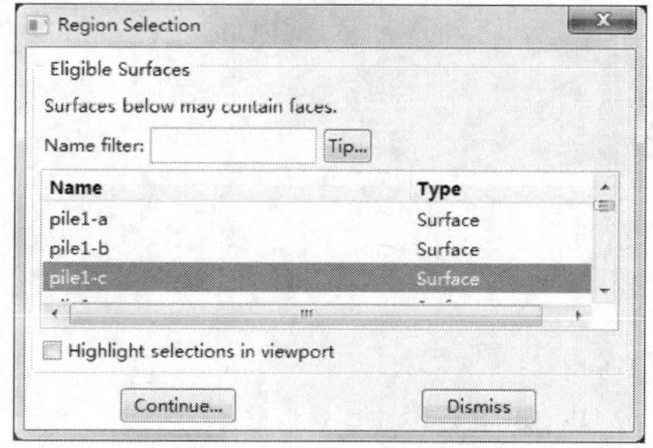

图 1-30 选择接触主面

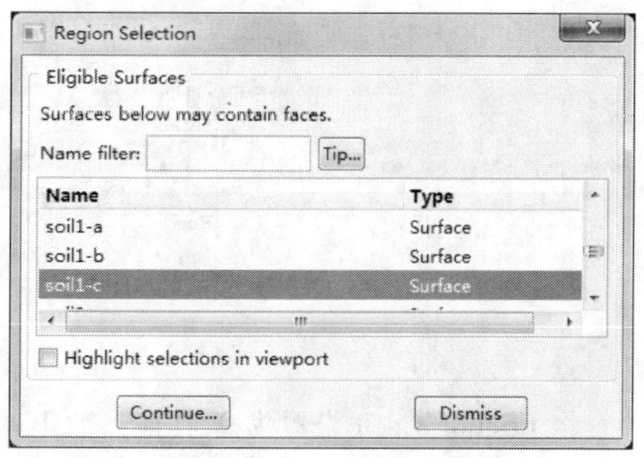

图 1-31 选择接触从面

同理创建 tie-2、tie-3、tie-4:

tie-2: master surface 选择 pile2-c;slave surface 选择 soil2-c

tie-3: master surface 选择 pile3-c;slave surface 选择 soil3-c

tie-4: master surface 选择 pile4-c;slave surface 选择 soil4-c

(2)桩侧面与土约束

创建相互作用属性:点击按钮,在 Create Interaction Proper 对话框中(如图 1-32);在 Name 后面输入 IntProp-1, Type 选择 Contact, 点击 Continue, 在 Mechanical 列表中选择 Tangential Behavior,如图 1-33 所示。

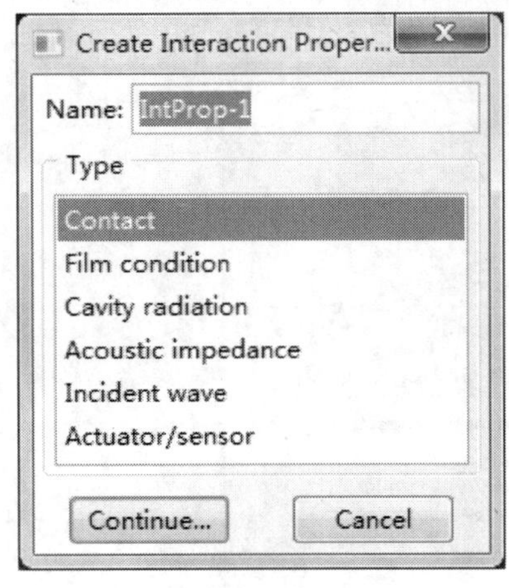

图 1-32 Create Interaction Proper 对话框

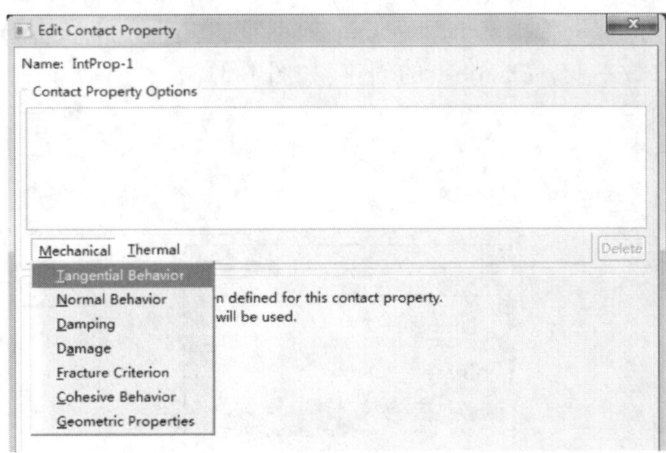

图 1-33 选择 Tangential Behavior

在 Friction formulation 列表中选择 Penalty,如图 1-34 所示。

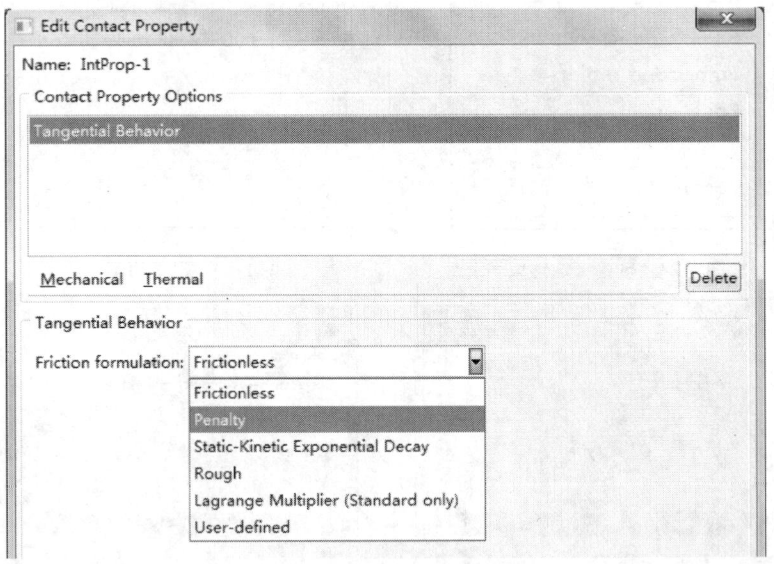

图 1-34 选择 Penalty

将 Friction Coeff 设置为 0,其他参数不变,点击 OK,如图 1-35 所示。

创建相互作用:点击按钮,在 Create Interaction 对话框中(如图 1-36);在 Name 后面输入 Int-1, Step 选择 Initial, 分析步的类型选择 Surface-to-surface contact(Standard), 点击 Continue,主面(Master surface)选择 pile1-a(如图 1-37);点击 Continue,从面(Slave surface)选择 soil1-a(如图 1-38);点击 Continue,在弹出的 Edit Interaction 对话框中,点击 OK,如图 1-39 所示。

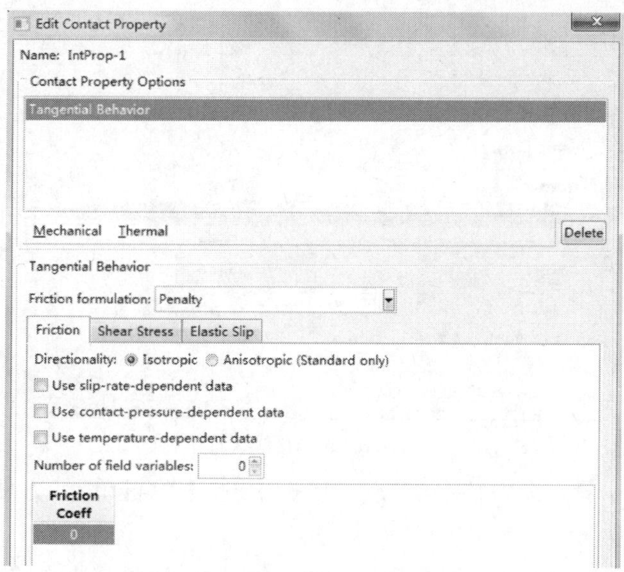

图 1-35 设置 Friction Coeff 为 0

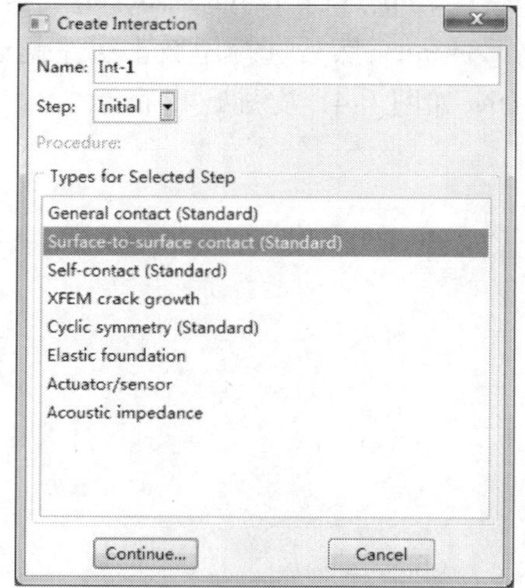

图 1-36 Create Interaction 对话框

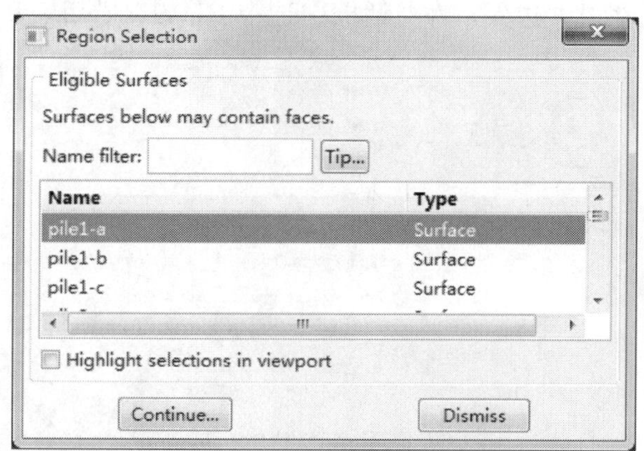

图 1-37 选择接触主面

同理创建 Int-2、Int-3、Int-4、Int-5、Int-6、Int-7、Int-8：

Int-2：master surface 选择 pile1-b；slave surface 选择 soil1-b

Int-3：master surface 选择 pile2-a；slave surface 选择 soil2-a

Int-4：master surface 选择 pile2-b；slave surface 选择 soil2-b

Int-5：master surface 选择 pile3-a；slave surface 选择 soil3-a

Int-6：master surface 选择 pile3-b；slave surface 选择 soil3-b

Int-7：master surface 选择 pile4-a；slave surface 选择 soil4-a

Int-8：master surface 选择 pile4-b；slave surface 选择 soil4-b

（七）定义边界条件和荷载

在 Module 列表中选择 Load（荷载）模块，定义边界条件和荷载。

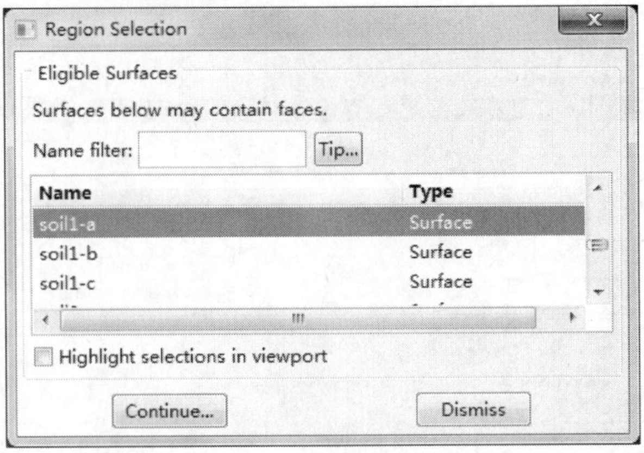

图 1-38　选择接触从面

去除桩单元：点击，选中整个桩，点击鼠标中键，去除桩单元，方便选中桩孔侧面。

(1)施加边界条件

点击左侧工具区按钮(Create Boundary Condition)，在弹出的 Create Boundary Condition 对话框，如图 1-40 所示；在名称栏(Name)中输入：BC-1，Step 选择 initial，Category 选择 Mechanical，分析步类型选择 Displacement/Rotation，单击 Continue，然后选择岸坡土层左侧边界，在设置边界条件对话框中选中 U1，其他默认，单击 OK，如图 1-41 及图 1-42 所示。

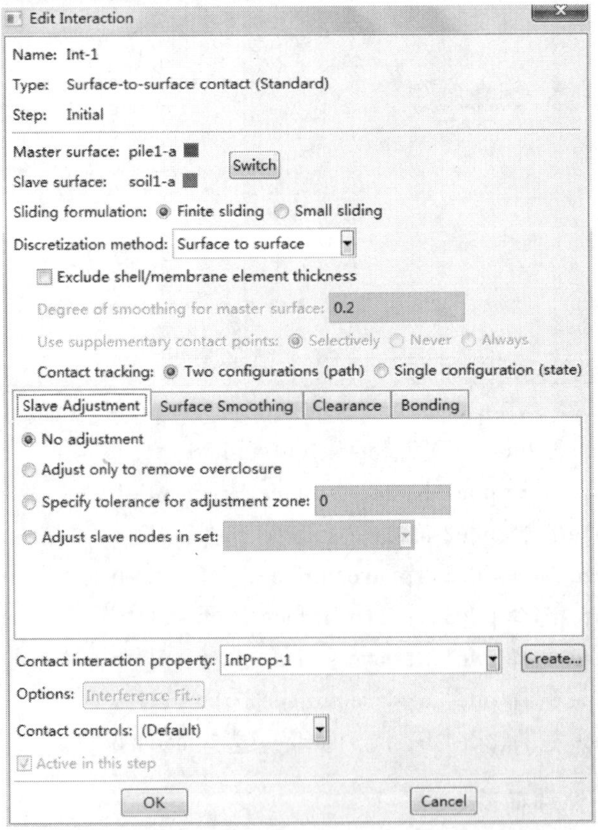

图 1-39　Edit Interaction 对话框

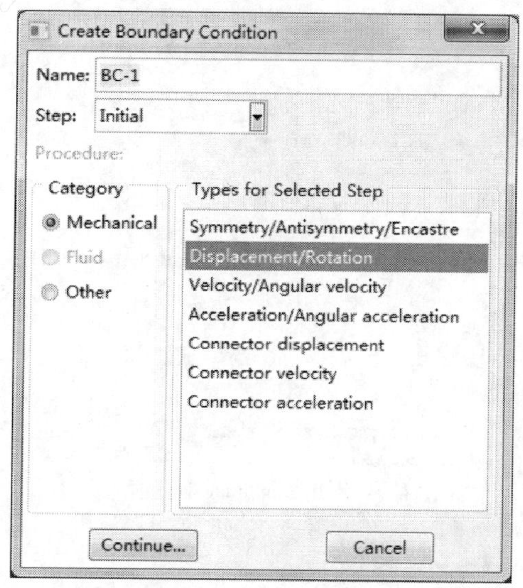

图 1-40　创建边界条件

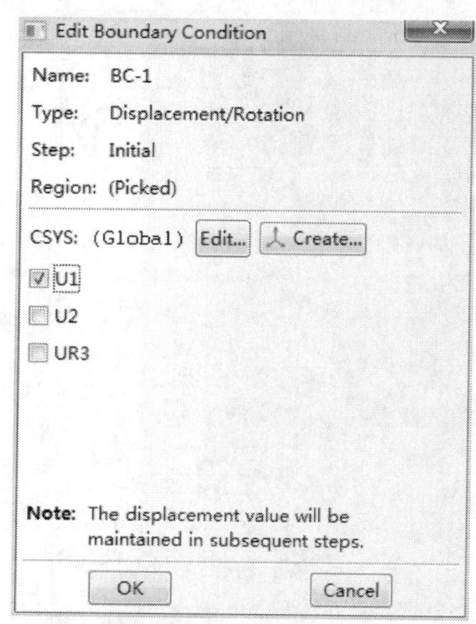

图 1-41　设置边界条件

类似定义：

BC-2：约束岸坡土层右侧水平变形（选中 U1）；

BC-3：约束岸坡土层底部水平和竖直变形（选中 U1 和 U2）；

BC-1-1：约束面选择 *ab*，约束水平位移（选中 U1）；

BC-1-2：约束面选择 *cd*，约束水平位移（选中 U1）；

BC-2-1：约束面选择 *ef*，约束水平位移（选中 U1）；

BC-2-2：约束面选择 *gh*，约束水平位移（选中 U1）；

BC-3-1：约束面选择 *ij*，约束水平位移（选中 U1）；

BC-3-2：约束面选择 *kl*，约束水平位移（选中 U1）；

BC-4-1：约束面选择 *mn*，约束水平位移（选中 U1）；

BC-4-2：约束面选择 *op*，约束水平位移（选中 U1）。

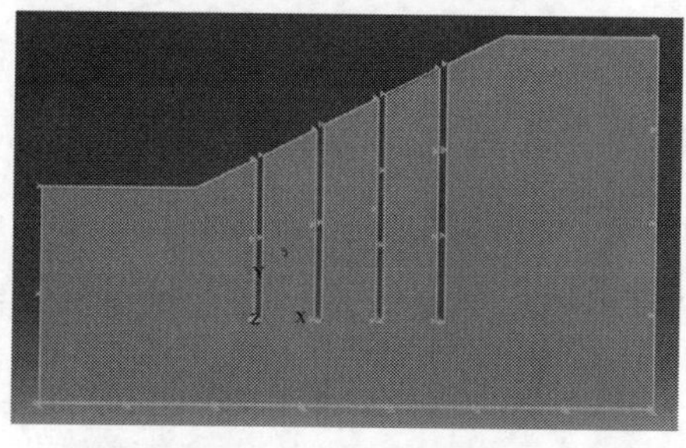

图 1-42　设置好后的边界条件

（2）施加荷载

在主菜单中选择 Tools→Amplitude→Create，弹出对话框（如图 1-43）；在 Name 后面输入 Amp-1（默认名），Type 选择 Tabular，点击 Continue，然后按图 1-44 输入数据。

①创建岸坡土层重力荷载（Load-1）：

点击左侧工具区（Create Load），在弹出的 Create Load 对话框，如图 1-45 所示；在名称栏（Name）中输入：Load-1，Step 选择 Step-1，Category 选择 Mechanical，分析步类型选择 Gravity，单击 Continue（如图 1-46），然后单击 Edit Region 选择整个岸坡，并在 Component 2 中输入 －10（重力加速度）。

②创建桩的重力荷载（Load-2）：

点击左侧工具区（Create Load），弹出 Create Load 对话框，在名称栏（Name）中输入：Load-2，Step 选择 Step-2，选择 Category→Mechanical，分析步类型选择 Gravity，单击 Continue，然后单击 Edit Region 选择桩部件，并在 Component 2 中输入 －10（重力加速度）。

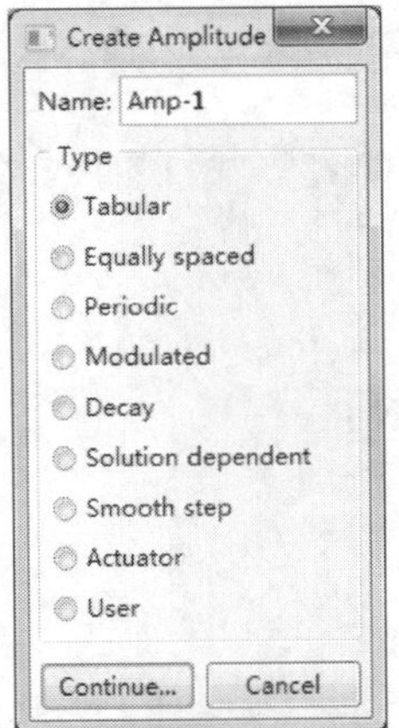

图 1-43 Create Amplitude 对话框

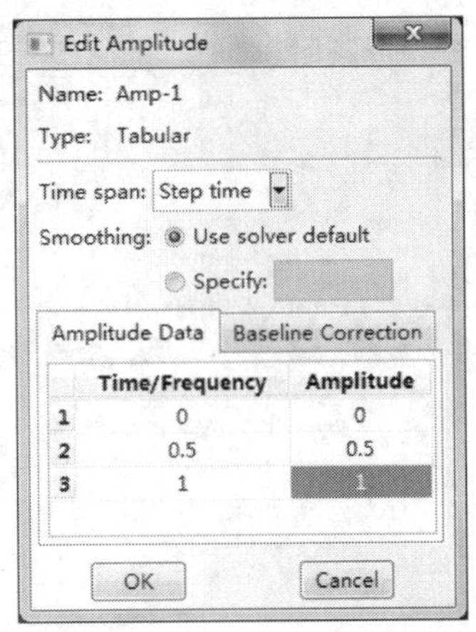

图 1-44 Edit Amplitude 对话框

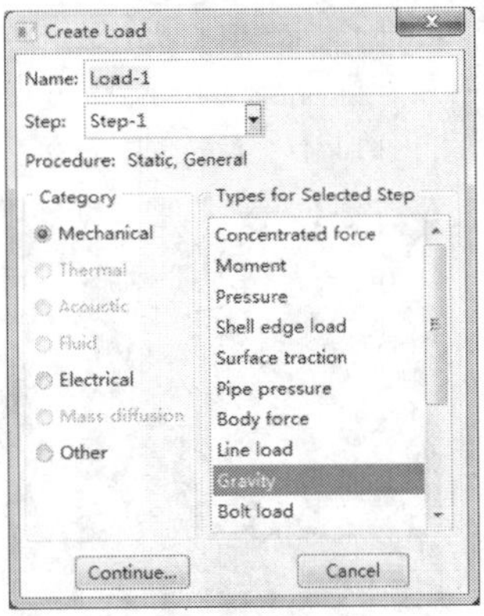

图 1-45 创建荷载

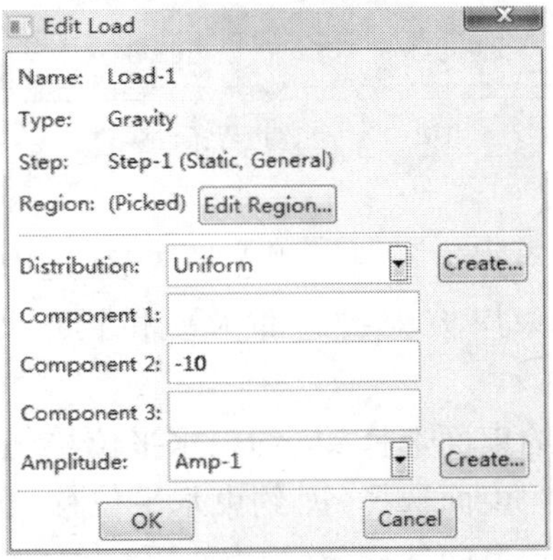

图 1-46 设置荷载

③创建均布堆货荷载 15kN/m(Load-3):

点击左侧工具区(Create Load),在弹出的 Create Load 对话框,如图 1-47 所示;在名称栏(Name)中输入:Load-3,Step 选择 Step-3,Category 选择 Mechanical,分析步类型选择 Pressure,单击 Continue,然后选择桩承台的上表面,单击鼠标中键确认,在对话框中将 Magnitude后输入 15000,Amplitude 选择 Amp-1,然后点击 OK,如图 1-48 所示。

图 1-47 Create Load 对话框

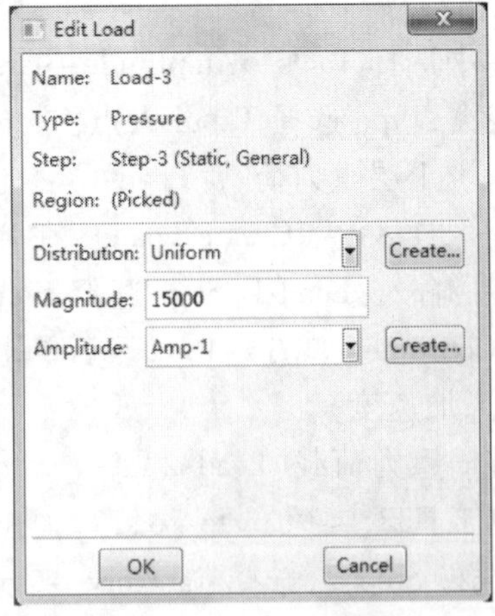

图 1-48 Edit Load 对话框

（八）划分网格

在 Module 列表中选择 Mesh（网格）功能模块，为各部件划分网格。

1. 为 Part-pile 划分网格

在窗口环境栏中把 Object 选项设为 Part：Part-pile，即对部件 Part-pile 划分网格，而不是对整个装配件划分网格。

（1）分割部件

在主菜单选择 Tools→Partition，在 Create Partition 对话框中，Type 选择 Face，在 Method 选项中点击 Sketch，进入绘图环境，如图 1-49 所示；点击工具区按钮，连接承台与桩的连接线，如图 1-50 所示，然后在视图区中点击鼠标中键确认，得到的部件如图 1-51 所示。

（2）设置全局种子

单击，弹出 Global Controls 对话框（图 1-52）；全局种子的大小设为 0.125，其他参数默认，单击 OK，显示全局种子分布图（如图 1-53）。

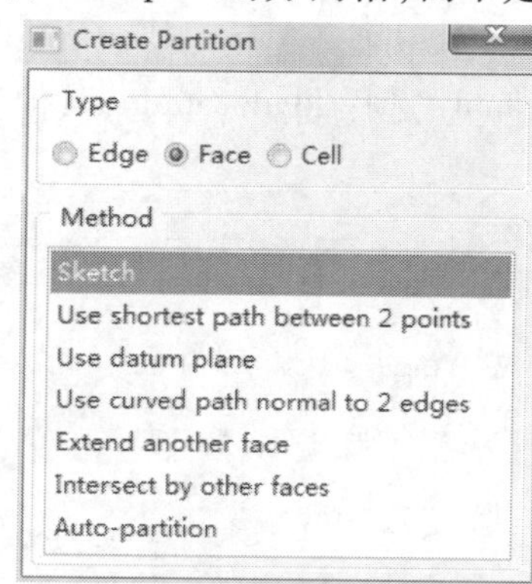

图 1-49　Create Partition 对话框

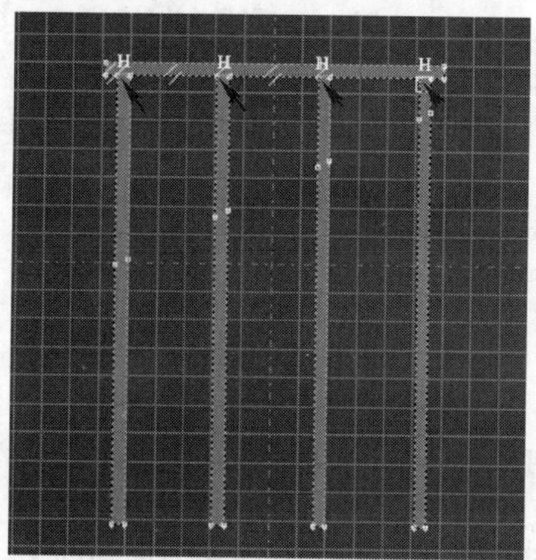

图 1-50　桩与承台的连接

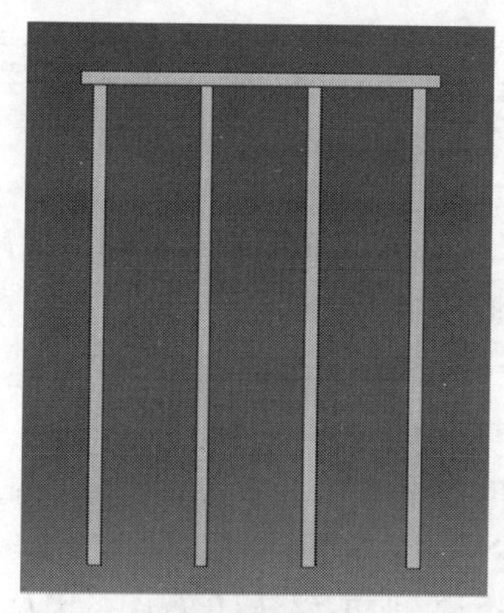

图 1-51　得到的部件

Global Seeds
Sizing Controls
Approximate global size: 0.125
Curvature control
Maximum deviation factor (0.0 < h/L < 1.0): 0.1
(Approximate number of elements per circle: 8)
Minimum size factor (as a fraction of global size):
Use default (0.1)　Specify (0.0 < min < 1.0) 0.1
OK　Apply　Defaults　Cancel

图 1-52　设置全局种子

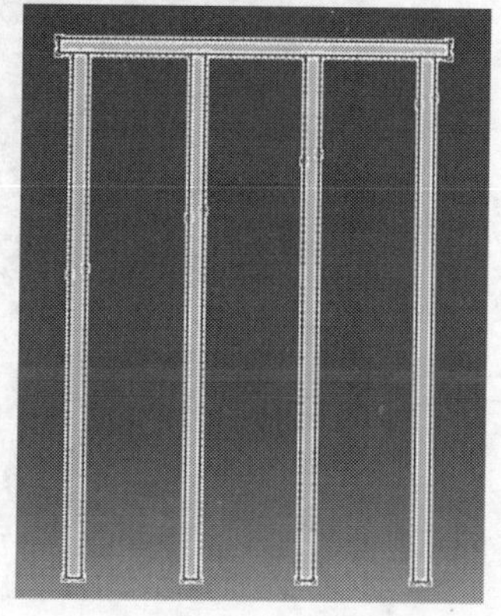

图 1-53　全局种子分布图

(3)设置网格控制参数

点击(Assign Mesh Controls),选中整个桩部件,单击鼠标中键确认,弹出 Mesh Controls 对话框(如图 1-54):Element Shape 选择 Quad-dominated,Technique 选择 Free,Algorithm 选择 Advancing front,并选中 Use mapped meshing where appropriate,单击 OK。

(4)设置单元类型

点击(Assign Element Type),选中整个桩部件,单击鼠标中键,弹出单元类型对话框,Family 选择 Plane Strain,其他参数默认,如图 1-55 所示。

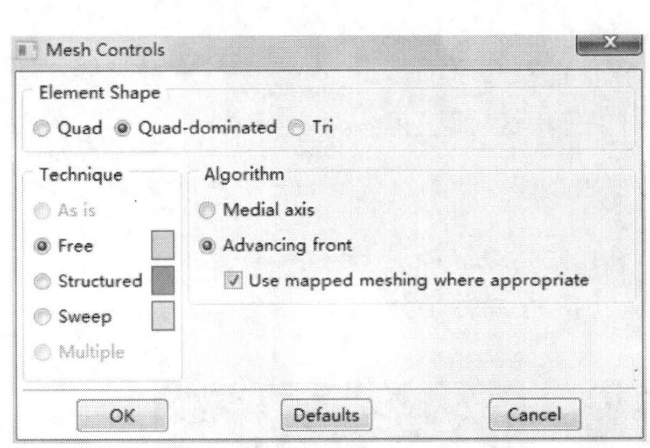

图 1-54　设置网格控制参数

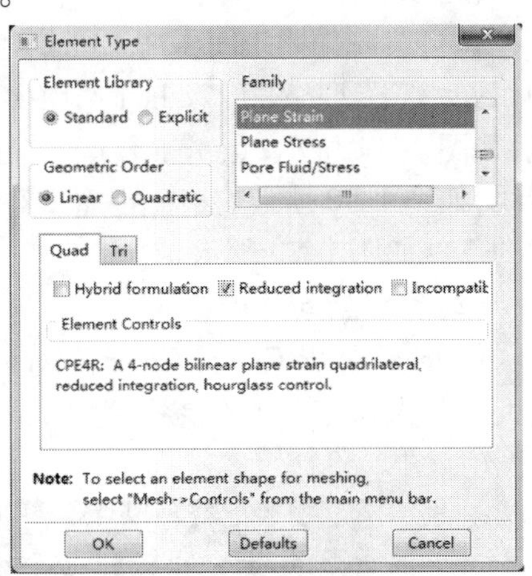

图 1-55　设置单元类型

(5)划分网格

点击(Mesh Part Instance),单击 OK,完成桩部件网格划分,网格图如图 1-56 所示。

2. 为 Part-soil 划分网格

在窗口环境栏中把 Object 选项设为 Part:Part-soil。

(1)分割部件

在主菜单选择 Tools→Partition,在 Create Partition 对话框中,Type 选择 Face,在 Method 选项中点击 Sketch(如图 1-57);进入绘图环境,点击工具区按钮,连接线段 *st*、*yz* 和 *cn*,如图 1-58 及图 1-59 所示;然后在视图区中点击鼠标中键确认,得到的部件如图 1-60 所示。

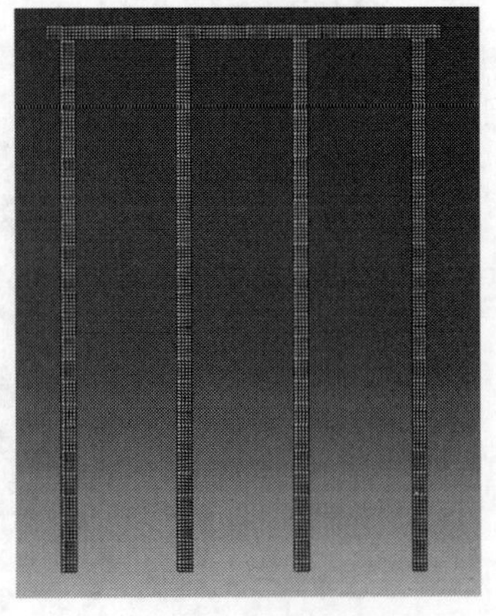

图 1-56　网格图

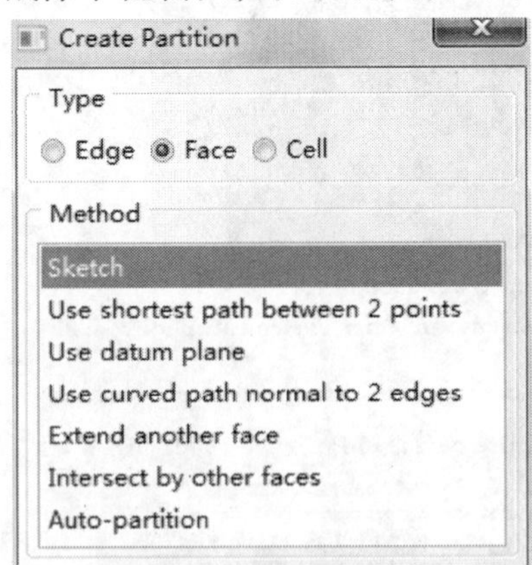

图 1-57　选 Sketch

(2)设置边上的种子

单击▢,弹出 Global Controls 对话框(图 1-61);全局种子的大小设为 0.5,其他参数默认,单击 OK,完成全局种子的设定;点击▢按钮,选中线段 *sa*,在弹出的对话框中,Method 设置为 By number,单元数设为 32,点击 OK,如图 1-62。同样方法,按表 1-1 设定各线段的单元数,种子分布如图 1-63。

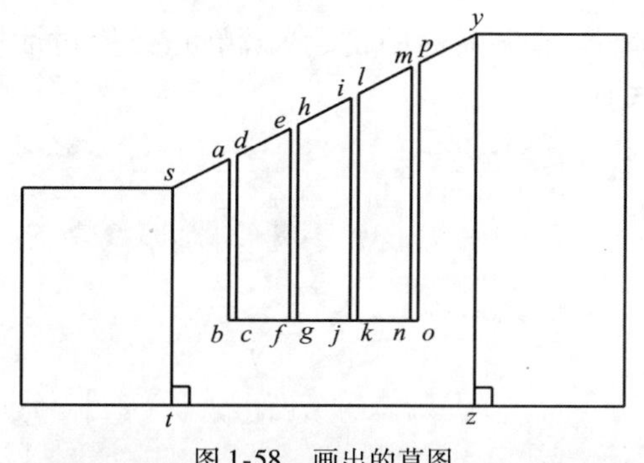

图 1-58　画出的草图

图 1-59　连接线段

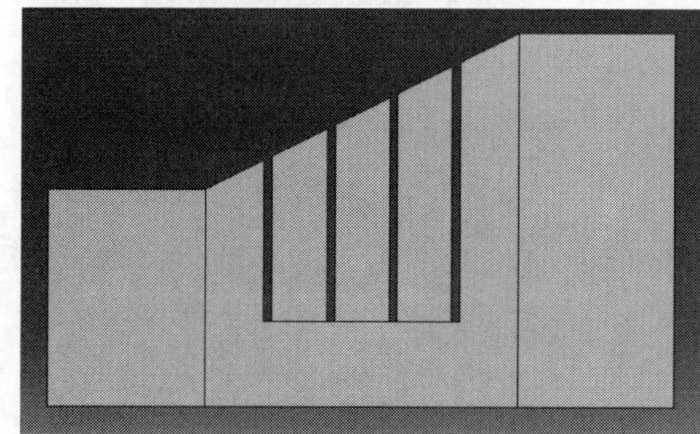

图 1-60　部件图

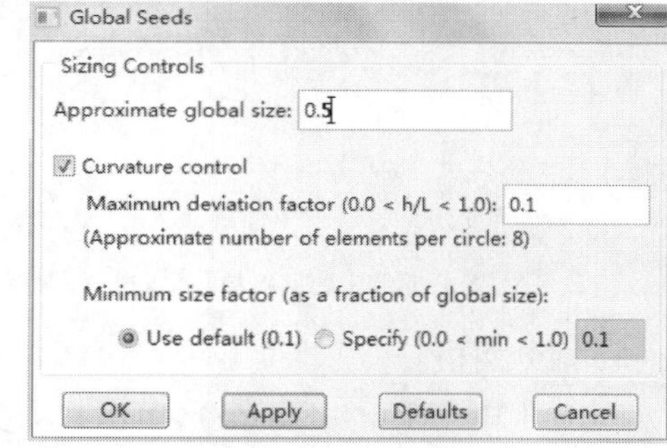

图 1-61　设置全局种子

各线段的单元数　　表 1-1

线段	*sa*	*ab*	*bc*	*cd*	*de*	*ef*	*fg*	*gh*	*hi*	*ij*
单元数	32	84	4	84	28	100	4	100	28	116
线段	*jk*	*kl*	*lm*	*mn*	*no*	*op*	*py*	*cf*	*gi*	*kn*
单元数	4	116	28	132	4	132	16	28	28	28

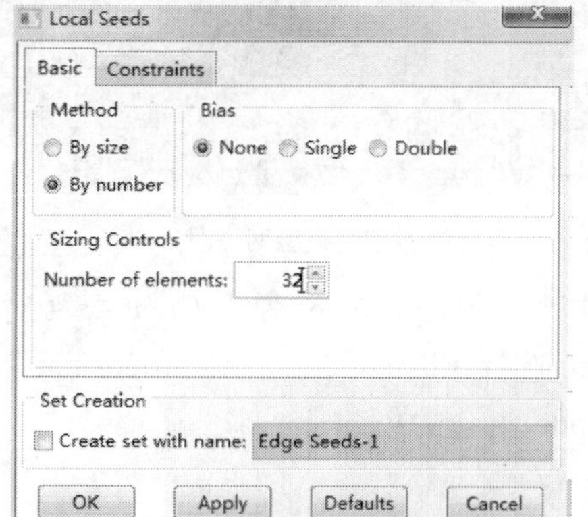

图 1-62　单元数设置

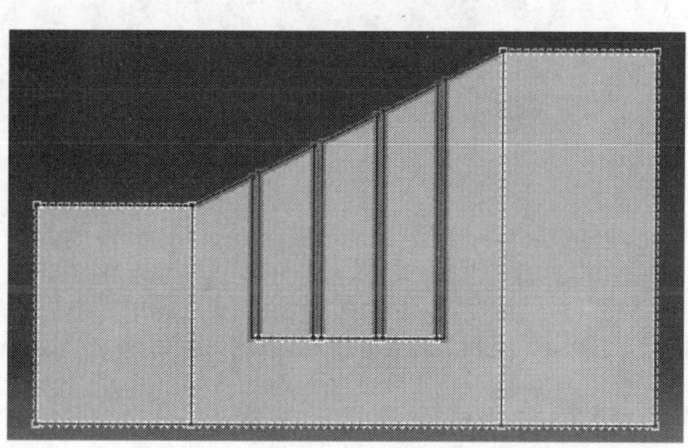

图 1-63　种子分布

(3)设置网格控制参数

点击(Assign Mesh Controls),选中整个桩部件,单击鼠标中键确认,弹出 Mesh Controls 对话框:Element Shape 选择 Quad-dominated,Technique 选择 Free,Algorithm 选择 Advancing front,并选中 Use mapped meshing where appropriate,单击 OK, 如图 1-64 所示。

(4)设置单元类型

点击(Assign Element Type),选中整个桩部件,单击鼠标中键,弹出单元类型对话框,Family 选择 Plane Strain,其他参数默认,如图 1-65 所示。

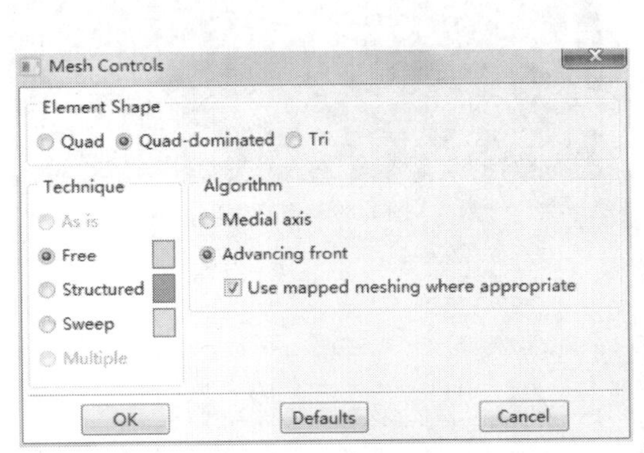

图 1-64 设置网格控制参数

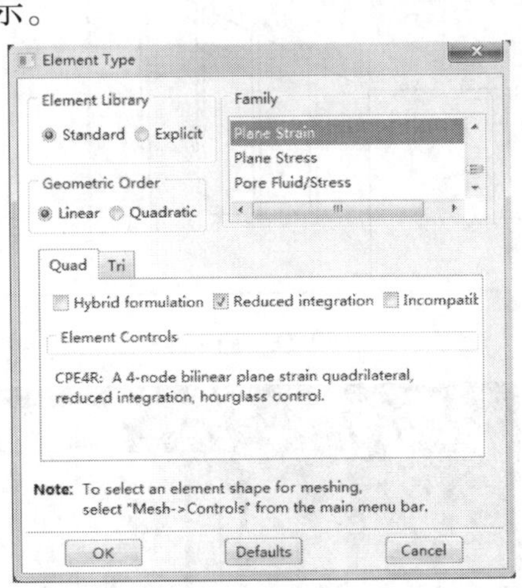

图 1-65 设置单元类型

(5)划分网格

点击(Mesh Part Instance),单击 OK,完成桩部件网格划分,网格图如图 1-66 所示。

所以模型的网格图,如图 1-67 所示。

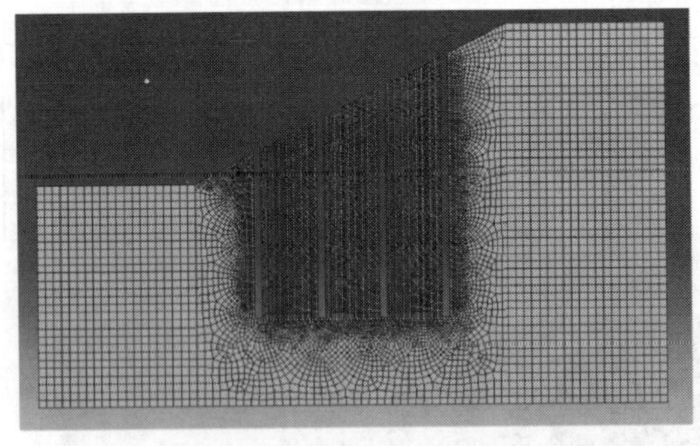

图 1-66 网格图

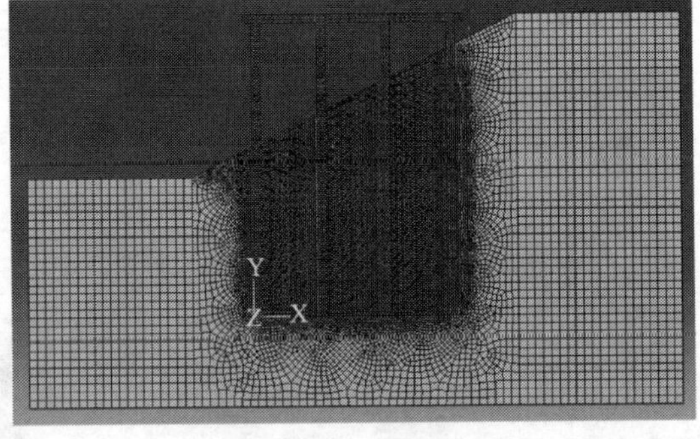

图 1-67 模型网格图

创建集合 Set- pile:在主菜单栏中,单击 Tools,选中 Set,单击 Create,弹出 Create Set 对话框(如图 1-68);在对话框中输入集合名称 Set-pile,Type 选择 Element,单击 Continue,选中桩部件 Part-pile,在试图区单击鼠标中键确认,完成 Set- pile 集合的创建。

(九)提交分析作业及后处理

为了地应力平衡,应先抑制分析步 Step-2 和 Step-3。其具体操作步骤如下:在环境栏中选择 Step 模块，然后在主菜单中选择 Step→Manager，弹出对话框，点击 Step-2 和 Step-3 前面的✔（如图 1-69），使其变成✘（如图 1-70）。

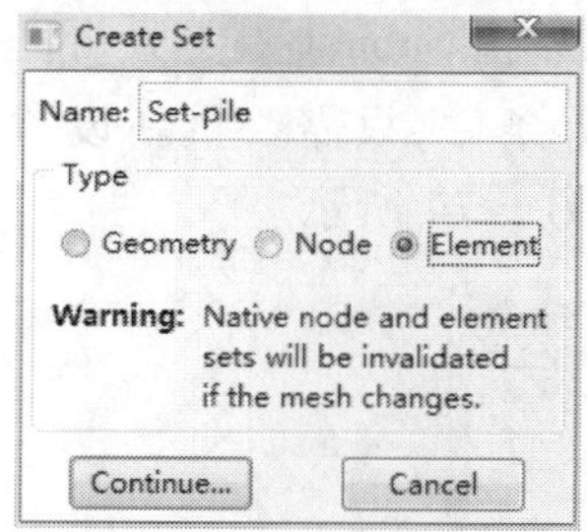

图 1-68　Create Set 对话框

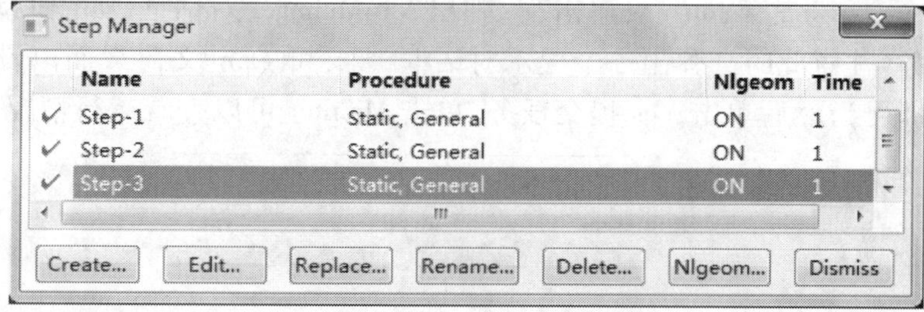

图 1-69　Step Manager 对话框

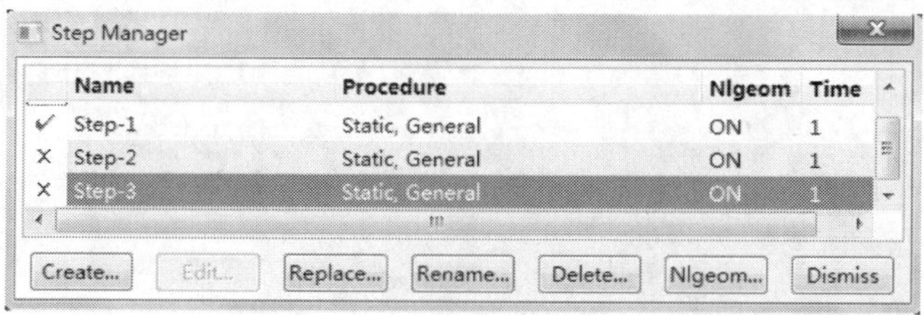

图 1-70　Step Manager 对话框中的操作

在 Module 列表中选择 Job 功能模块，创建 Job-1。

（1）单击按钮，在 Name 后输入 Job-1，点击 Continue，根据计算机的性能将内存设得足够大（此次设为 90%），使用其余参数默认，点击 OK，如图 1-71 所示。

（2）编辑关键字（Keywords）去除桩单元：选择主菜单 Model→Edit Keywords→Model-1，在 Step-1 的 * Geostatic 之后添加关键字（图 1-72）：

* model change, remove

Set-pile

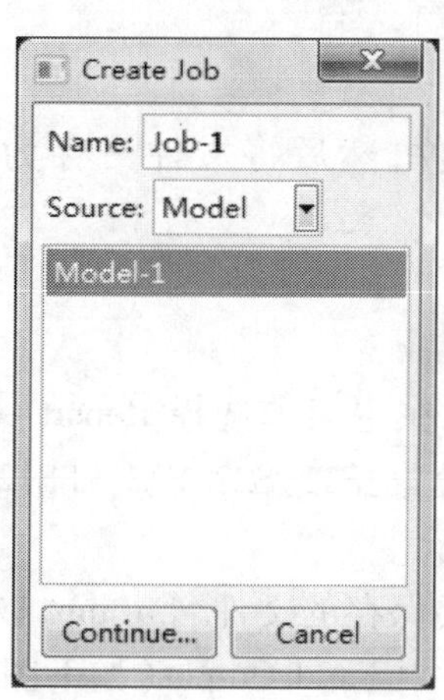

图 1-71　Create Job 对话框

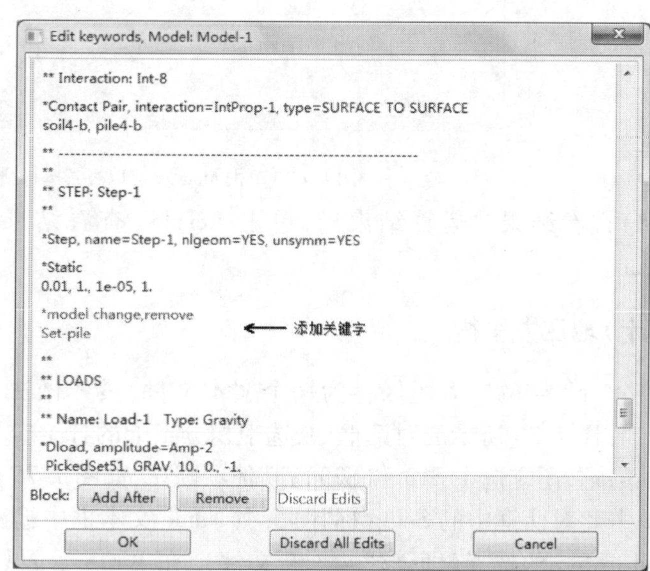

图 1-72　添加语句

(3)提交任务之前在命令行输入:mdb. models['Model-1']. setValues(noPartsInputFile = ON),回车确定。

(4)提交 Job-1。单击,弹出 Job Manager 对话框(如图 1-73);单击 Submit 提交分析任务(注意此时会弹出一个提示对话框,要求重新定义荷载面以及边界条件,只需要重新设置即可),然后单击 Yes 提交任务,单击 Moniter 可以查看运行情况,如图 1-74 所示。

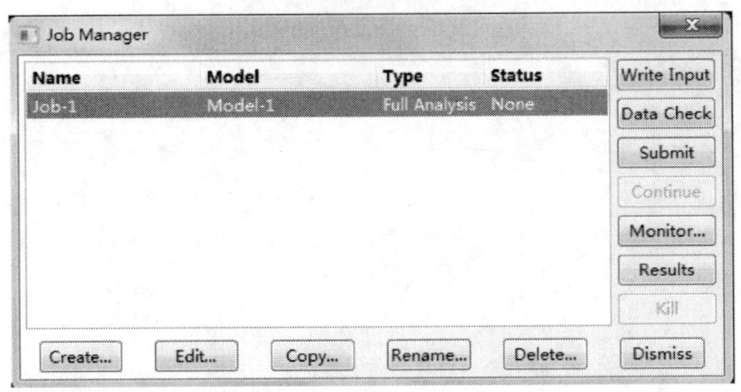

图 1-73 Job Manager 对话框

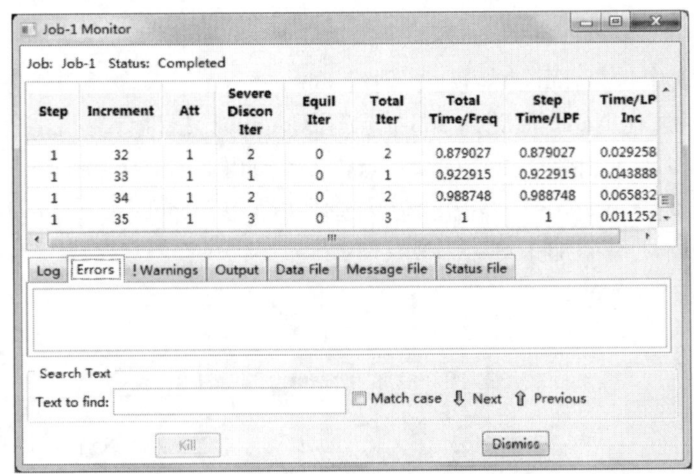

图 1-74 单击 Moniter 可以查看运行情况

(5)查看结果。运算结束后,单击 Results,查看结果文件;然后将文件另存为 pile-soil0. cae。

(十)地应力平衡

将分析得到的应力场保存为一个文本文件,具体做法是,在主菜单选择 Report→Field Output,在图 1-75 所示的对话框中,选中积分点上的各个应力分量:S11、S22、S33 和 S12;(对于三维问题,还应选中 S13 和 S23),其他项默认,如图 1-75 所示。

单击此对话框中的 Setup 标签页,在 Name 文本框中输入要保存的文件名 a. inp,取消对 Append to file 的选择(即创建一个新文件),在 Write 后面只选中 Field Output(如下图 1-76 所示)。

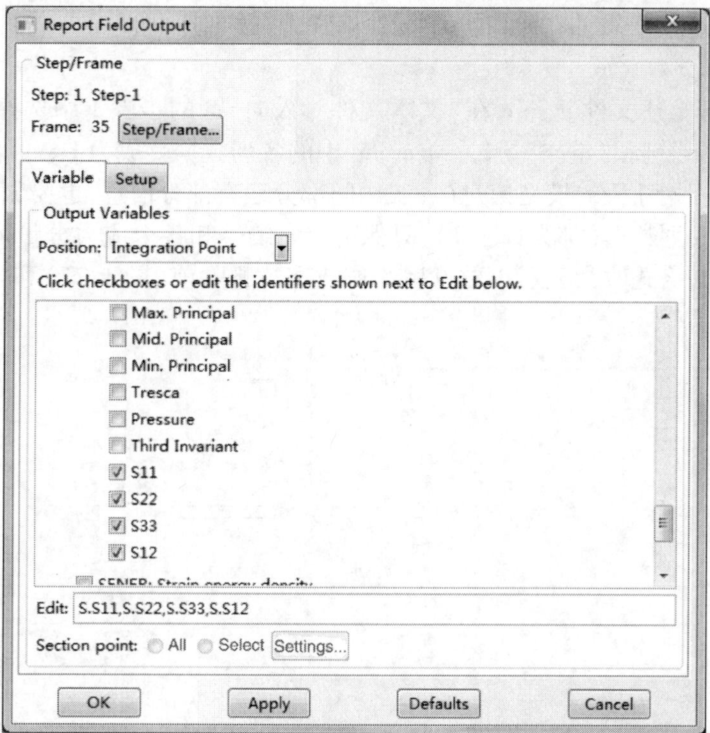

图 1-75　Report field output 对话框

Report Field Output
Step/Frame
Step: 1, Step-1
Frame: 35 Step/Frame...
Variable Setup
File
Name: a.inp Select...
Append to file
Output Format
Layout: Single table for all field output variables
Separate table for each field output variable
Sort by: Element Label
Ascending Descending
Page width (characters): No limit Specify: 80
Number of significant digits: 6
Number format: Engineering
Data
Write: Field output Column totals Column min/max
OK Apply Defaults Cancel

图 1-76　只选中 Field output

按照ABAQUS所要求的初始应力场文件格式，修改上述文件a.inp中的内容。其具体方法为：

用Excel打开上述文件a.inp，在“文本文件导入向导”的步骤1中选择“分隔符号”，在步骤2中选择“Tab”键和“空格”键，这样a.inp中的各列数据就成为Excel表格中的各个列。

删除表格中开始几行的模型信息（一般中间部分还有部分信息，也要删除），再删除积分点编号所在的第3列数据（都为数字1），只保留单元编号和各个应力分量列，并将各个应力分量的科学计数法格式改为显示小数点后5位数字。删除前（图1-77）和删除后（图1-78）的数据如下：

	A	B	C	D	E	F	
1	**						
2	Field	Output	Report,	written	Tue	Apr	
3							
4	Source	1					
5	----------						
6							
7		ODB:	D:/temp/Job-1.odb				
8		Step:	Step-1				
9		Frame:	Increment	35:00:00	Step	Time	=
10							
11	Loc	1	:	Integration	point	values	from
12							
13	Output	sorted	by	column	Element Label.		
14							
15	Field	Output	reported	at	integration	points	for
16							
17		Element	Int	S.S11	S.S22	S.S33	S.S1
18		Label	Pt	@Loc	1	@Loc	
19	--						
20		2737	1	-1.09E+05	-2.53E+05	-1.09E+05	-3.4
21		2738	1	-1.06E+05	-2.44E+05	-1.05E+05	-3.1
22		2739	1	-1.03E+05	-2.34E+05	-1.01E+05	-2.6
23		2740	1	-9.92E+04	-2.25E+05	-9.73E+04	-2.0
24		2741	1	-9.54E+04	-2.16E+05	-9.34E+04	-1.5
25		2742	1	-9.15E+04	-2.07E+05	-8.96E+04	-9
26		2743	1	-8.73E+04	-1.98E+05	-8.57E+04	-51
27		2744	1	-8.30E+04	-1.90E+05	-8.17E+04	-15
28		2745	1	-7.85E+04	-1.81E+05	-7.78E+04	-59
29		2746	1	-7.42E+04	-1.72E+05	-7.39E+04	-11

图1-77　删除前

	A	B	C	D	E
1	2737	-1.08905E+05	-2.52835E+05	-1.08522E+05	-3.45150E+03
2	2738	-1.05890E+05	-2.43512E+05	-1.04821E+05	-3.13622E+03
3	2739	-1.02674E+05	-2.34183E+05	-1.01057E+05	-2.66278E+03
4	2740	-9.92131E+04	-2.25011E+05	-9.72673E+04	-2.08311E+03
5	2741	-9.54330E+04	-2.15945E+05	-9.34134E+04	-1.50072E+03
6	2742	-9.15050E+04	-2.07050E+05	-8.95666E+04	-9.82850E+02
7	2743	-8.73304E+04	-1.98182E+05	-8.56537E+04	-5.13348E+02
8	2744	-8.29740E+04	-1.89512E+05	-8.17457E+04	-1.56394E+02
9	2745	-7.85370E+04	-1.80931E+05	-7.78404E+04	-5.93317E+01
10	2746	-7.41886E+04	-1.72215E+05	-7.39212E+04	-1.12302E+02
11	2747	-6.98901E+04	-1.63605E+05	-7.00486E+04	-2.00434E+02
12	2748	-6.55943E+04	-1.54940E+05	-6.61603E+04	-5.06260E+02
13	2749	-6.15147E+04	-1.46110E+05	-6.22873E+04	-8.48207E+02
14	2750	-5.75442E+04	-1.37346E+05	-5.84671E+04	-1.17856E+03
15	2751	-5.36390E+04	-1.28458E+05	-5.46291E+04	-1.54127E+03
16	2752	-4.97759E+04	-1.19605E+05	-5.08144E+04	-1.85895E+03
17	2753	-4.59322E+04	-1.10689E+05	-4.69865E+04	-2.25978E+03
18	2754	-4.22158E+04	-1.01728E+05	-4.31831E+04	-2.62080E+03
19	2755	-3.85280E+04	-9.27602E+04	-3.93864E+04	-2.99761E+03
20	2756	-3.49149E+04	-8.37211E+04	-3.55908E+04	-3.35604E+03
21	2757	-3.13055E+04	-7.46149E+04	-3.17761E+04	-3.71618E+03
22	2758	-2.77667E+04	-6.54187E+04	-2.79556E+04	-4.07043E+03
23	2759	-2.43075E+04	-5.60034E+04	-2.40933E+04	-4.39872E+03
24	2760	-2.08222E+04	-4.64351E+04	-2.01772E+04	-4.51704E+03
25	2761	1.78637E+01	3.70370E+01	1.60770E+01	4.63000E+00
26	2762	-1.41296E+04	-2.71169E+04	-1.23740E+04	-4.45780E+03
27	2763	-1.05535E+04	-1.67808E+04	-8.20028E+03	-4.09928E+03
28	2764	-6.60638E+03	-5.91749E+03	-3.75716E+03	-2.17572E+03
29	2765	-1.08671E+05	-2.52506E+05	-1.08353E+05	-3.12229E+03

图1-78　删除后

下面将上述数据输出为以逗号分隔的文本文件a.csv，其具体的方法：在Excel中单击菜单“文件”→“另存为”，将文件类型设置为“CSV（逗号分隔）”，对于出现的提示信息，单击“是”，即可。

为模型中定义初始应力场。在Abaqus/CAE中无法直接定义初始应力，只能人工添加关键词，其具体方法为：

在主菜单中选择Model→Edit keywords；

在*STEP语句之前添加以下语句（如图1-79）：

*initial conditions, type = stress, input = a.csv

在job功能模块中将分析作业名Job-1，重新提交分析。注意，初始应力场文件a.csv应该和INP文件Job-1.inp位于同一个路径下，否则将会出现下列错误信息：

The following file(s) could not be located: a. csv(无法找到文件 a. csv)

查看地应力平衡的结果,如图 1-80 ~ 图 1-83 所示。

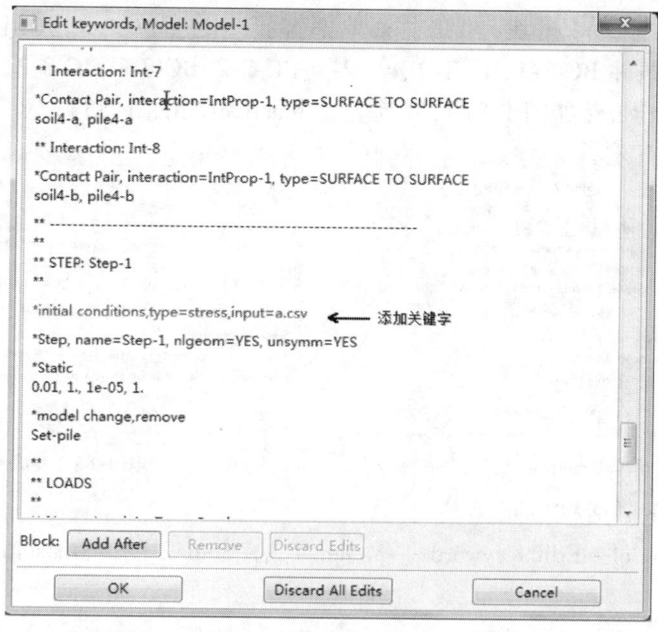

图 1-79　添加关键字

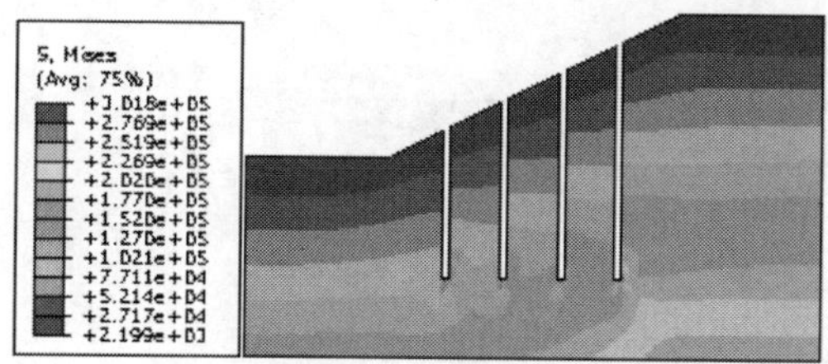

图 1-80　地应力平衡后的应力云图

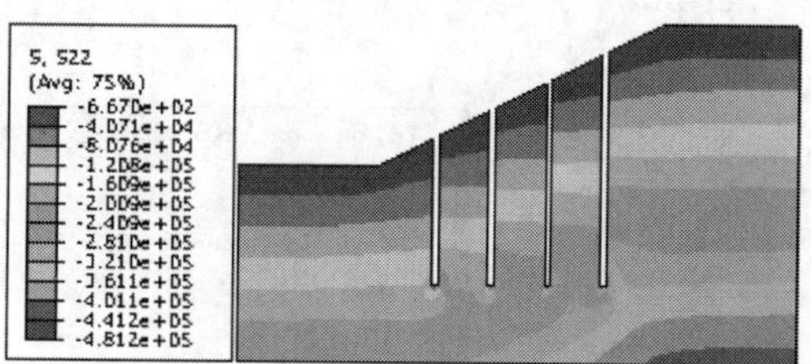

图 1-81　地应力平衡后的竖向应力云图

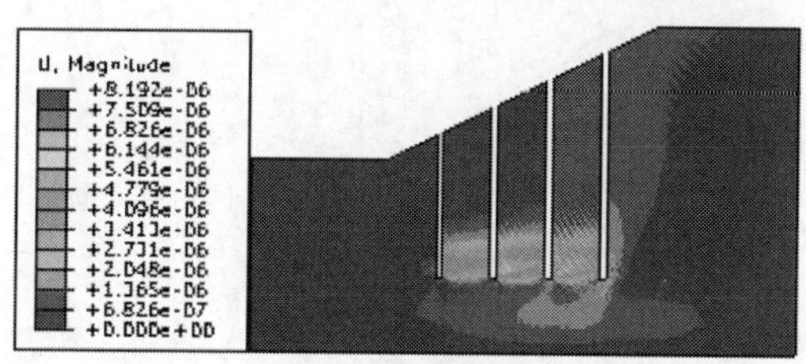

图 1-82　地应力平衡后的位移云图

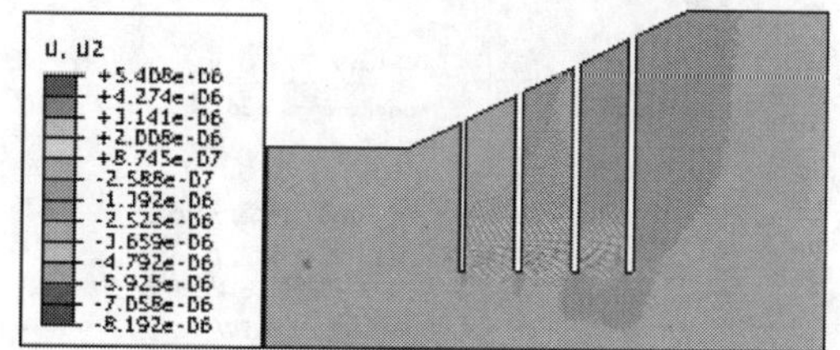

图 1-83　地应力平衡后的竖直位移云图

上面已完成初始地应力平衡,接下来可以添加其他分析步(例如普通的静力分析步 Static, General),定义接触和实际的荷载,并去掉前面第一步中临时边界条件。

(十一)施加桩的重力荷载及后续分析步

(1)激活分析步 Step-2 和 Step-3

在环境栏中选择 Step 模块,在主菜单中选择 Step→Manager,弹出对话框,点击 Step-2 和

Step-3 前面的✘,使其变成✔。

(2)取消桩孔水平位移约束

在环境栏中选择 Load 模块,并在主菜单中选择 BC→Manager,弹出对话框,分别选中 Step-2 对应的边界条件 BC-1-1、BC-1-2、BC-2-1、BC-2-2、BC-3-1、BC-3-2、BC-4-1 和 BC-4-2,然后分别单击 Deactivate(如图 1-84),使其变成 Inactive(如图 1-85)。

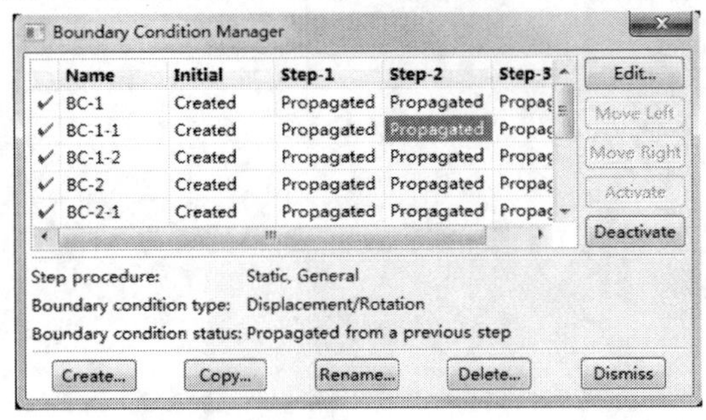

图 1-84　单击 Deactivate 后

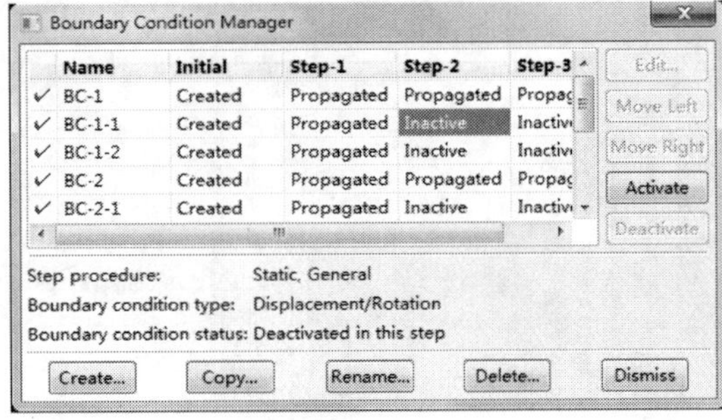

图 1-85　变成 Inactive

(3)添加关键字激活桩单元

选择主菜单 Model→Edit Keywords→Model-1,在 Step-2 的 * Geostatic 之后添加关键字(如图 1-86):

```
* model change, add = strain free
Set-pile
```

单击 OK。

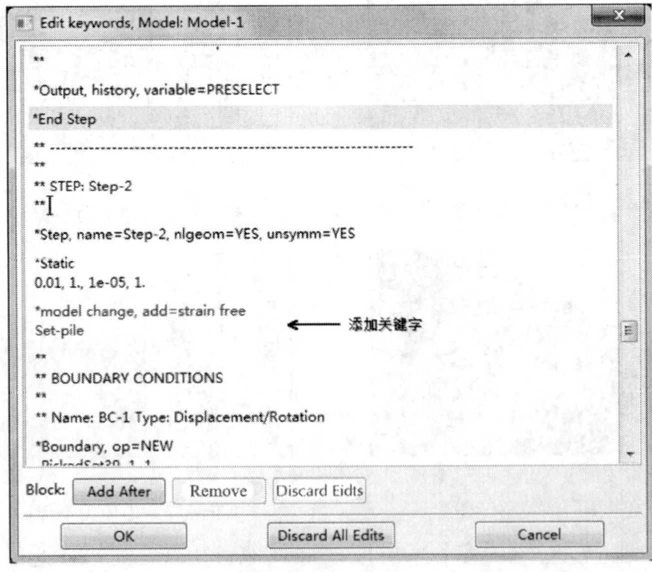

图 1-86　添加关键字

(4)保存重新提交分析并进行后处理(如图 1-87)

提交分析成功后,点击 Results,界面转到 Visualization 后处理可视化模块,然后可以在工具栏点击ⓘ查询各项应力应变场及其数值,如图 1-88 ~ 图 1-90 所示;得到的结果云图如图 1-91 ~ 图 1-95 所示。

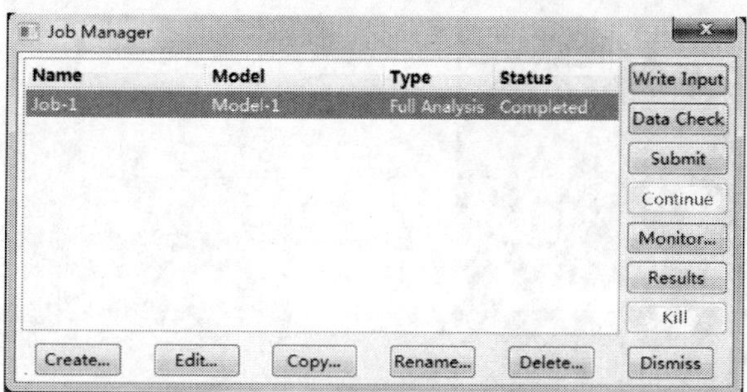

图 1-87　重新提交分析后的后处理

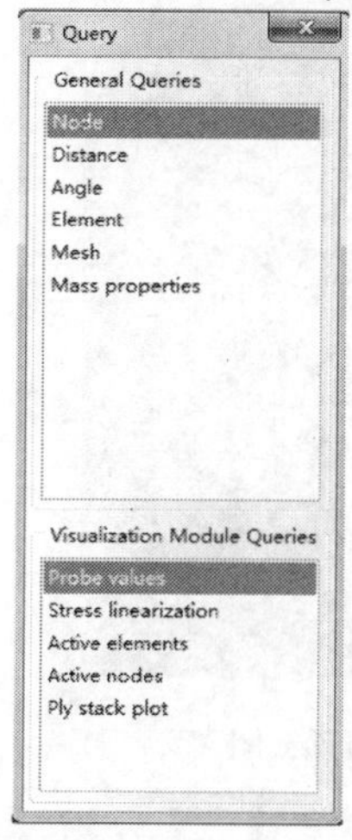

图 1-88　Query 对话框

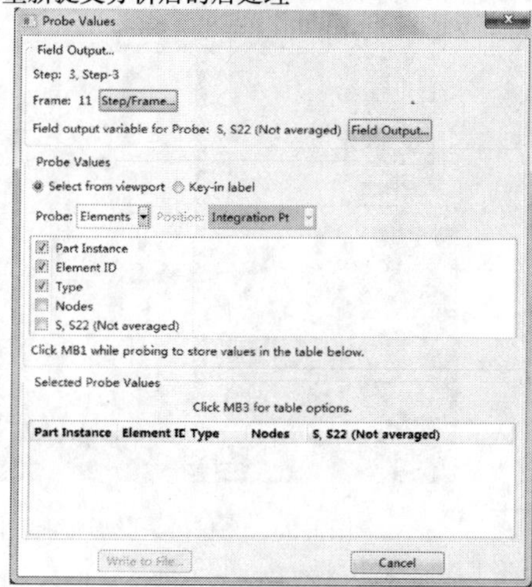

图 1-89　Probe Values 对话框

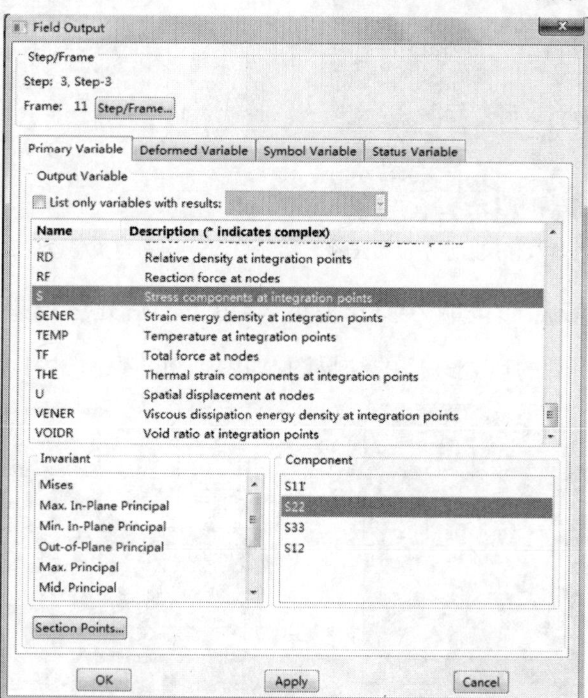

图 1-90　Field Output 对话框

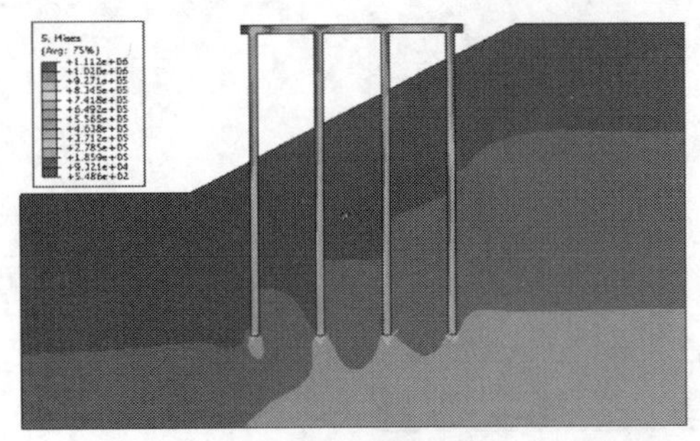

图1-91　高桩码头受均布堆载作用的Mises应力云图

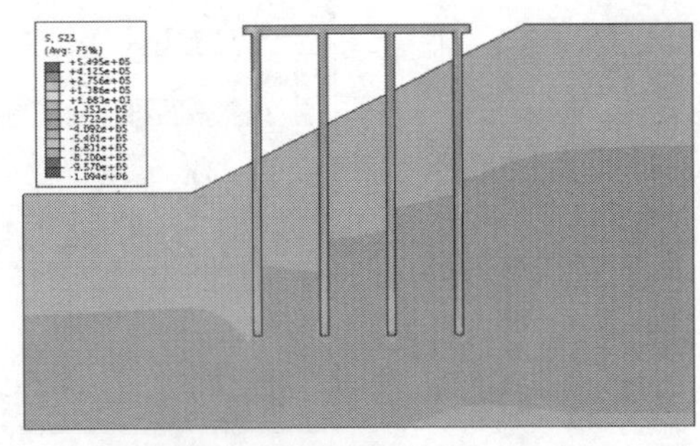

图1-92　高桩码头受均布堆载作用的竖向应力云图

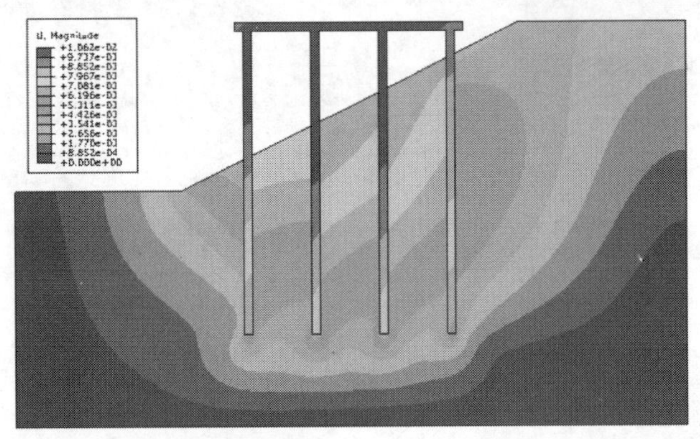

图1-93　高桩码头受均布堆载作用的位移云图

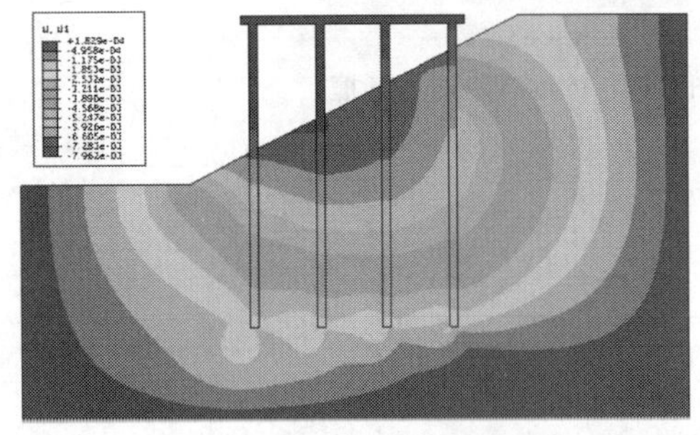

图1-94　高桩码头受均布堆载作用的水平位移云图

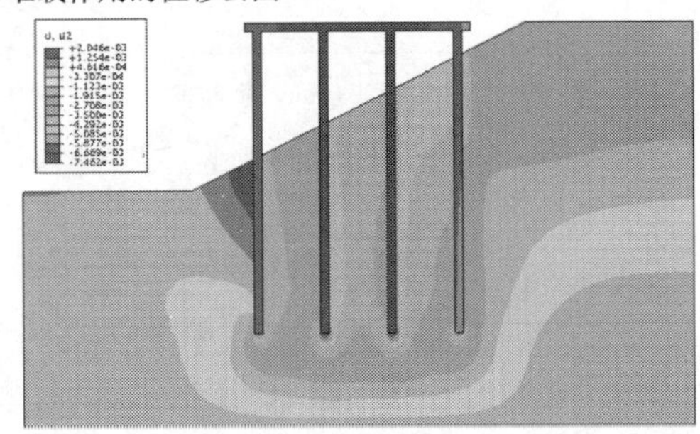

图1-95　高桩码头受均布堆载作用的竖直位移云图

(十二)高桩码头在船舶挤靠力(50kN/m)作用下的后处理结果

在船舶挤靠力作用下的后处理后的结果图,如图1-96～图1-101所示。

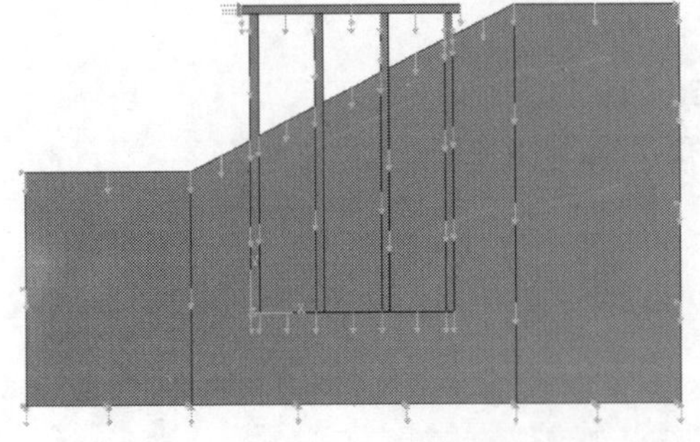

图1-96　高桩码头受水平挤靠力作用

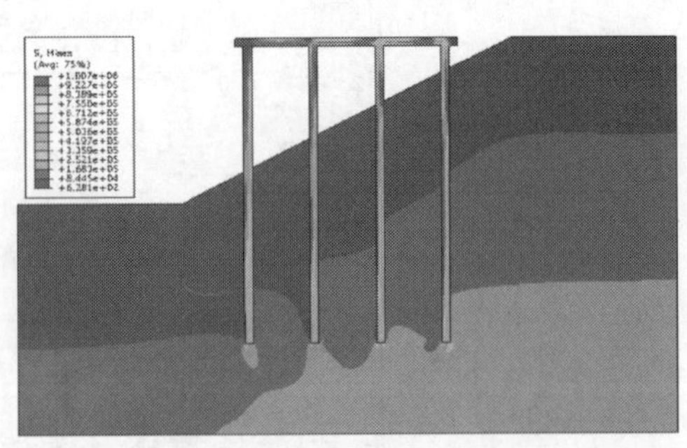

图1-97　高桩码头受水平挤靠力作用的Mises应力云图

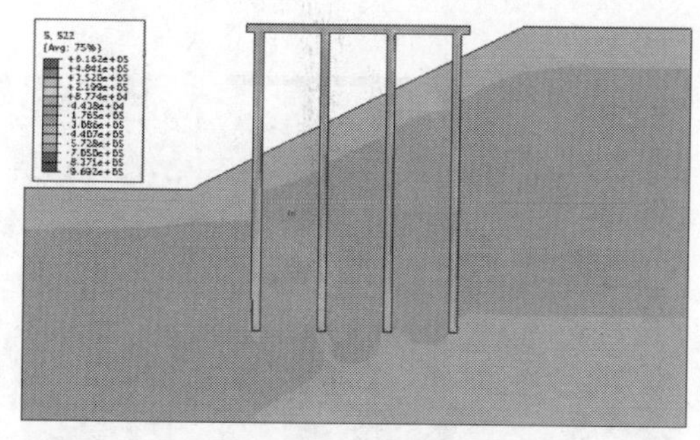

图 1-98　高桩码头受水平挤靠力作用的竖向应力云图

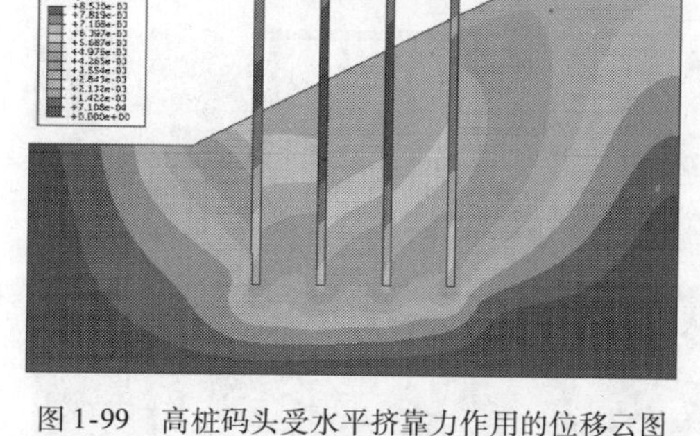

图 1-99　高桩码头受水平挤靠力作用的位移云图

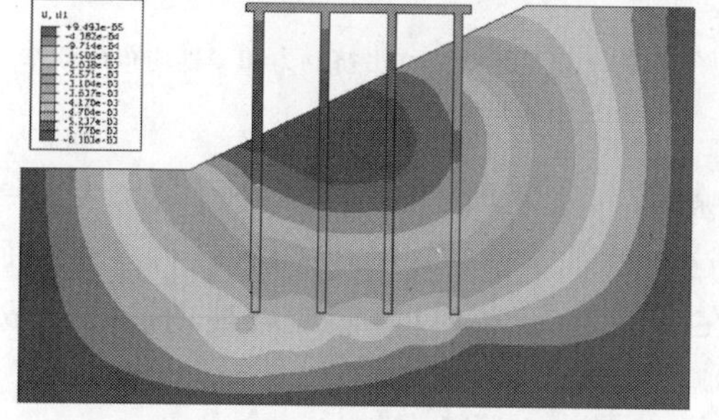

图 1-100　高桩码头受水平挤靠力作用的水平位移云图

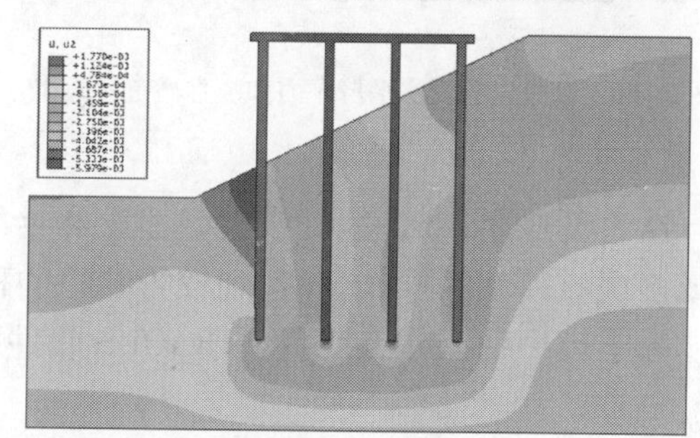

图 1-101　高桩码头受水平挤靠力作用的竖向位移云图

(十三)高桩码头在船舶挤靠力和承台均布堆载共同作用下的后处理结果

在船舶挤靠力和承台均布堆载共同作用下的后处理后的结果图,如图 1-102 ~ 图 1-107 所示。

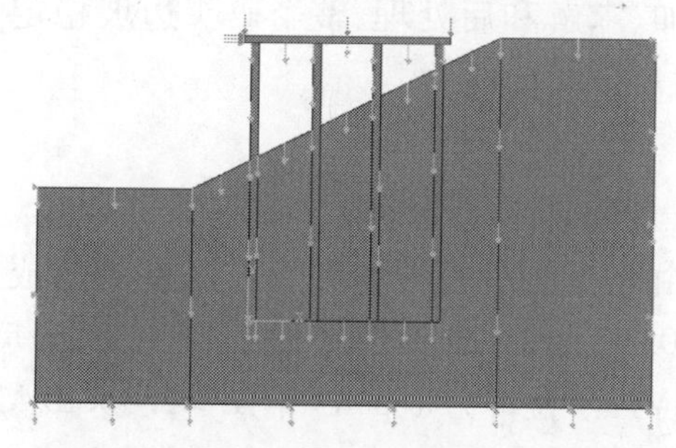

图 1-102　高桩码头受水平挤靠力和竖直均布荷载

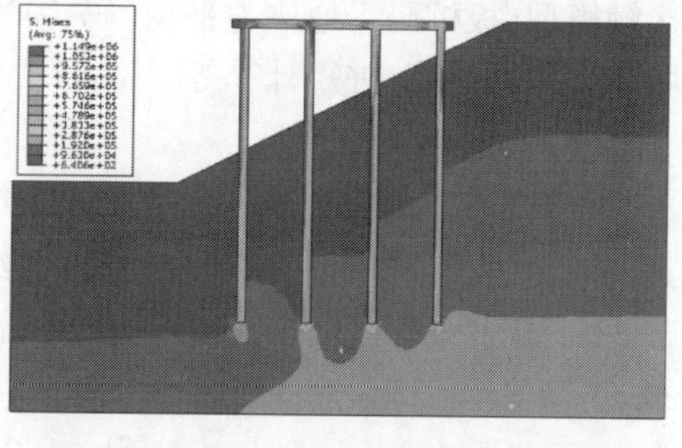

图 1-103　高桩码头受水平挤靠力和竖直均布荷载作用的 Mises 应力云图

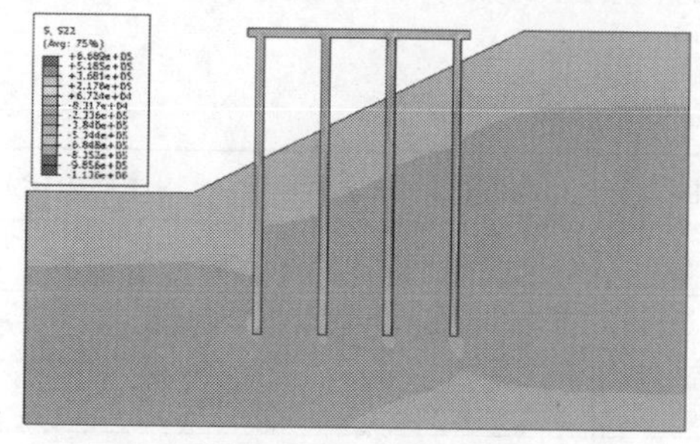

图 1-104　高桩码头受水平挤靠力和竖直均布荷载作用的竖向应力云图

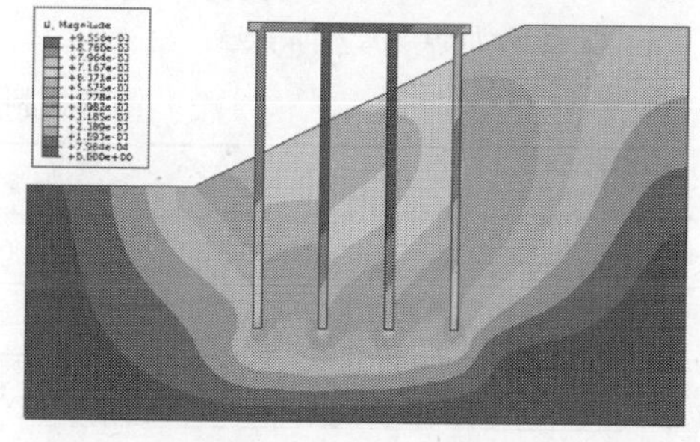

图 1-105　高桩码头受水平挤靠力和竖直均布荷载作用的位移云图

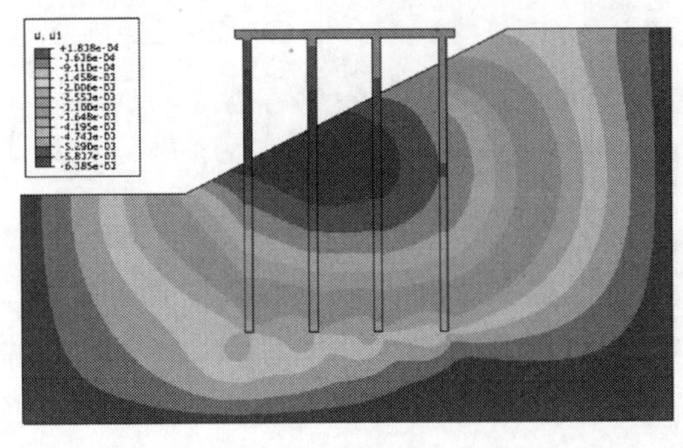

图 1-106 高桩码头受水平挤靠力和竖直均布荷载作用的水平位移云图

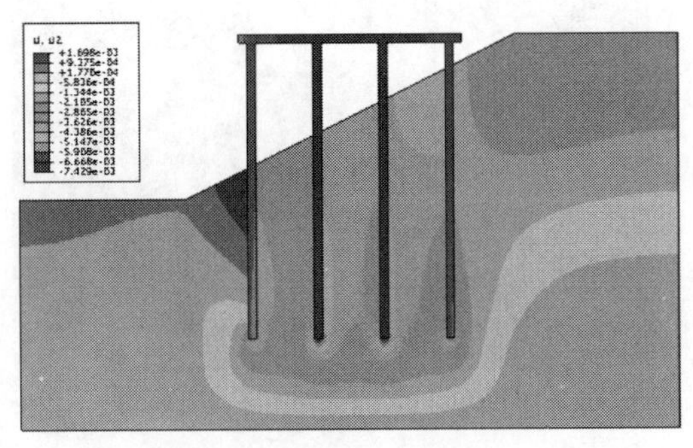

图 1-107 高桩码头受水平挤靠力和竖直均布荷载作用的竖直位移云图

结论及应用领域说明：该模型建立和计算后，就基本上理顺了该模型的操作，可反复一次或多次该模型的操作，以达到较为熟悉的程度，这样就基本掌握了 ABAQUS 软件在高桩码头实际工程中的操作，就可将 ABAQUS 软件应用在高桩码头、单排群桩、岸坡被动桩等领域。

第二节 ABAQUS 在遮帘式板桩码头中的应用实例

该应用实例和建立该模型的目的：使读者能将 ABAQUS 软件应用到海岸工程中的板桩码头中，熟悉和掌握 ABAQUS 在前沿板桩墙建模、遮帘桩建模、锚碇桩建模、地层建模，桩和土间接触模型，板桩码头地应力平衡，码头荷载施加、求解和后处理、整个码头边坡稳定性、板桩墙上土压力计算、桩矩计算等。

一、模型描述

某港泊位码头位于京唐港西岸线，板桩结构，由码头前沿板桩墙和后方锚碇墙组成，两墙相距 33m，用拉杆相连。码头前沿板桩墙宽 1.05m，墙高 25.5m，锚碇墙宽 1.05m，墙高 12.3m。两墙均为 C25 钢筋混凝土结构，$E=2.8\times10^4$ MPa。拉杆为 $\phi85$ A3 钢，$E=2.3\times10^5$ MPa，净长 33.0m，间距为 1.5m，锚碇点高程 +1.0m。土体采用线性 Drucker-Prager 模型。在土体两侧的截断处限制 x 轴方向位移，即 U1 = 0；在土体底端限制 x 和 y 轴方向位移，即 U1 = U2 = 0。计算参数如表 1-2 所示。

各材料计算参数 表 1-2

材料	弹性模量(Pa)	泊松比	密度(kg·m^{-3})	内摩擦角(°)
地基土层	5×10^6	0.35	1440	33.1
拉杆	2.3×10^{11}	0.2	7800	
前墙	2.8×10^{10}	0.2	2550	
遮帘桩	2.8×10^{10}	0.2	2550	
锚锭墙	2.8×10^{10}	0.2	2550	

二、具体操作步骤

（一）启动 Abaqus/CAE

在 Windows 操作系统中：开始→所有程序→Abaqus/CAE，或者在操作系统的 DOS 窗口中键入命令：abaqus cae，启动 Abaqus/CAE，然后在出现的 Start Session（开始任务）对话框中选择 Create Model Database（创建新模型数据库）（图 1-108）。

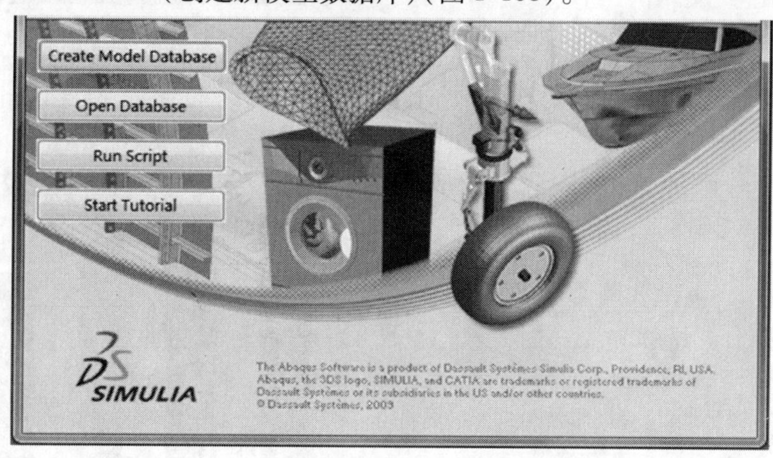

图 1-108　Start Session 对话框

（二）创建部件（Part）

进入绘图环境时默认的就是 Part 模块，单击左侧工具区中的（Create Part），弹出如图 1-109所示的 Create Part 对话框；在对话框中依次输入：Name（部件名）：Soil→Modeling Space（模型所在空间）设为 2D Planar→Type（Deformable）→其他参数不变单击 Continue，ABAQUS 自动进入绘图环境→绘图：单击绘图工具箱中的画线工具，在绘图栏下面对话框中依次输入坐标（0,0）、（80,0）、（80,44.5）、（21.05,44.5）、（21.05,19）、（20,19）、（20,27）、（0,27）、（0,0）、（23.7,15.5）、（26.4,15.5）、（26.4,33.9）、（23.7,33.9）、（54.05,30）、（55.1,30）、（55.1,42.3）、（54.05,30）的位置，在视图区中双击鼠标中键完成对土体部件（soil）的绘制，如图 1-110 所示→保存模型：点击窗口顶部工具栏中的，键入 wharf 作为文件名，保存模型。

同理创建前板桩墙 pile-1、遮帘桩 pile-2、锚碇墙 pile-3 的部件，如图 1-111 所示。

注意：在创建部件拉杆时，由于拉杆采用的是杆单元，故在创建部件时需要在 Create Part 对话框中将 Base Feature 设置为 wire，如图 1-112 所示，其他参数不变点击 Continue，单击，键入坐标（21.05,41.415）、（54.05,41.415），在试图区双击鼠标中键完成对拉杆部件的创建，如图 1-113 所示。

（三）设置材料和截面特性

在环境栏的 Module（模块）列表中选择 Property（特性）功能模块。

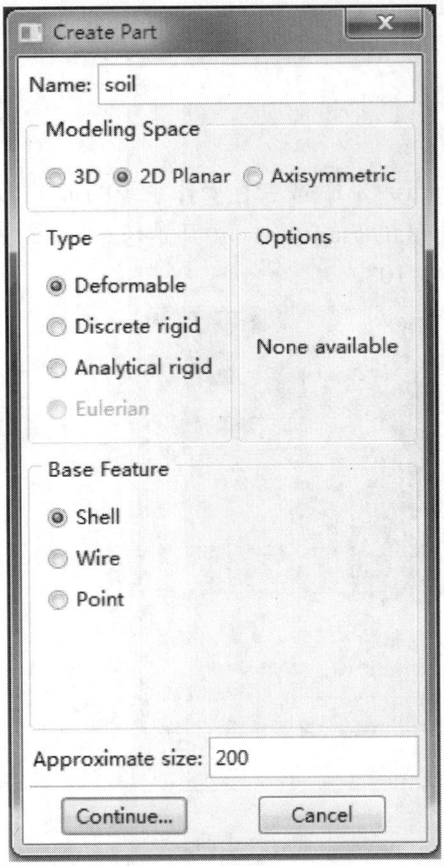

图1-109　Creat Part对话框

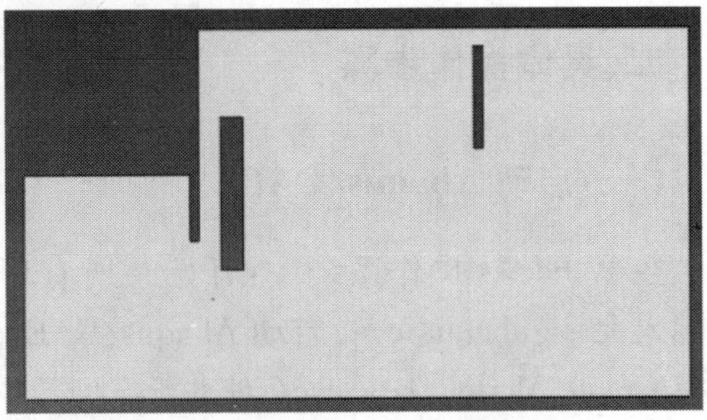

图1-110　土体部件

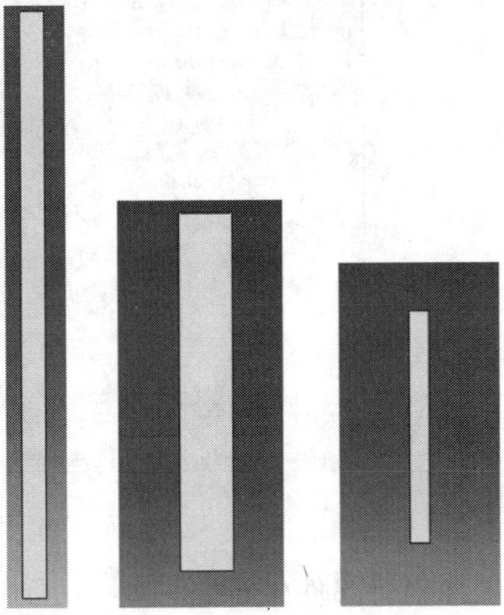

前板桩墙　遮帘桩　锚碇墙

图1-111　墙、桩部件

图1-112　拉杆

1. 定义材料属性

单击工具区中的Creat Material(创建材料)工具，弹出Edit Material(编辑材料)对话框，如图1-114所示。在Name栏输入soil为土体材料名称；在Material Behaviors(材料性质)栏内选择General→Density，在Data数据表中输入Mass Density为1440；在Material Behaviors(材料性质)栏内选择Mechanical→Elasticity→Elastic(线弹性材料)；在Material Behaviors下方的Data数据表内输入Young's Modulus(杨氏模量)为5e6和Piosson's Ratio(泊松比)为0.35；在Material Behaviors(材料性质)栏内选择Mechanical→Plasticity→Drucker Prager；在Material Behaviors下方的Data数据表内输入Angle of Friction为33.1°，Flow Stress Ratio为1，Dilation Angle为0，如图1-115所示。单击图1-116中Suboptions→Drucker Prager Harding，弹出如图1-115 Suboption Editor对话框，在数据栏中输入Yield Stress为5e6和Abs Plastic Strain为0；其他参数都选用默认选项，如图1-116所示，单击OK按钮，完成对土体材料的创建操作。

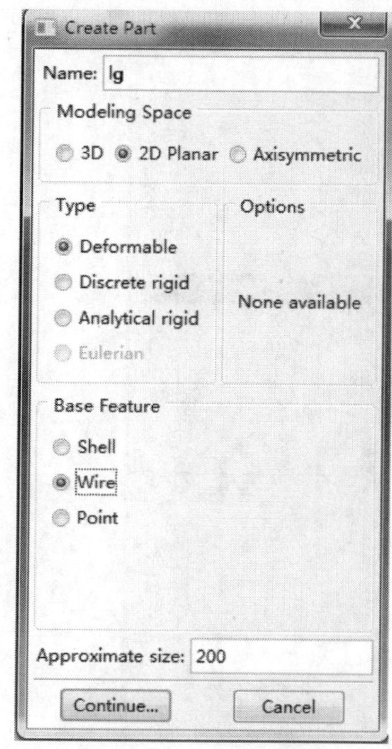

图 1-113 拉杆部件的创建

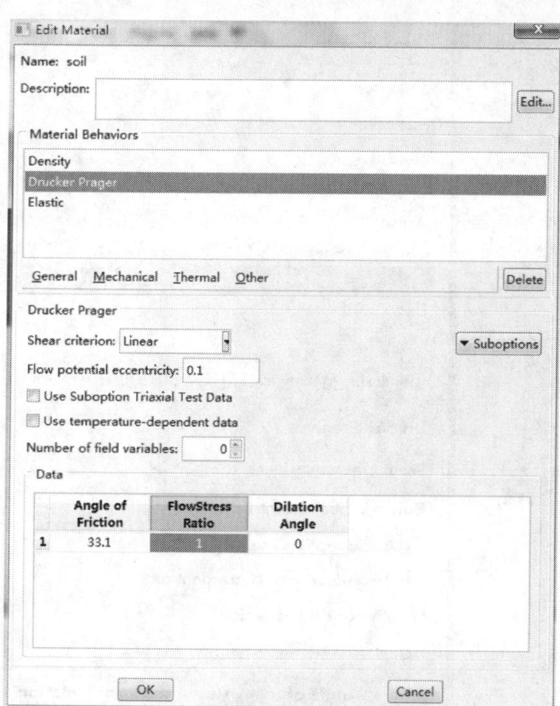

图 1-114 选择 D-P 本构模型时参数输入

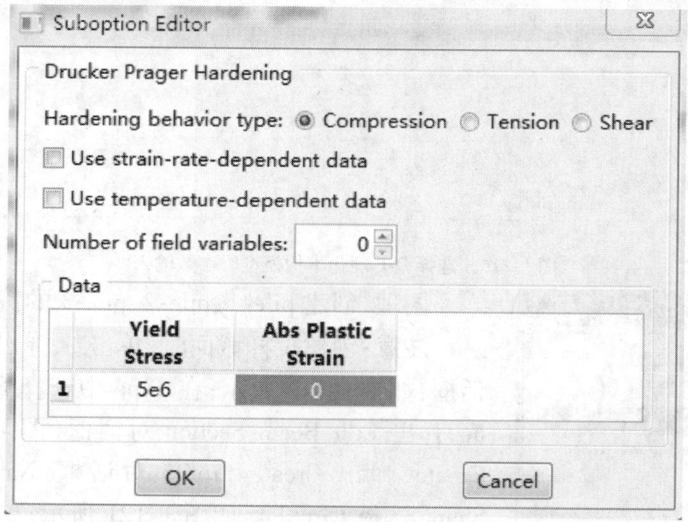

图 1-115 Suboption Editor 对话框

同理,创建前板桩墙、遮帘桩、锚碇墙、拉杆材料的创建操作,由于前板桩墙、遮帘桩、锚碇墙的材料性质一样,可以只创建一个材料属性 p,拉杆的材料属性为 lg。

2. 创建截面特性

单击工具栏中的 Creat Section(创建截面)工具,弹出 Create Section 对话框,如图 1-117 所示。在 Name 栏中输入 soil 为截面名称,其他参数不变单击 Continue,弹出 Edit Section 对话框,如图 1-118 所示。在 Material 栏显示出之前定义的材料 soil,单击 OK,完成对土体截面特性的创建。

Edit Material

Name: soil

Description:

Edit...

Material Behaviors

Density

Drucker Prager

Drucker Prager Hardening

Elastic

General Mechanical Thermal Other

Delete

Drucker Prager

Shear criterion: Linear

Suboptions

Flow potential eccentricity: 0.1

Use Suboption Triaxial Test Data

Use temperature-dependent data

Number of field variables: 0

Data

	Angle of Friction	FlowStress Ratio	Dilation Angle
1	33.1	1	0

OK Cancel

图 1-116　选择 D-P 硬化本构模型时参数输入

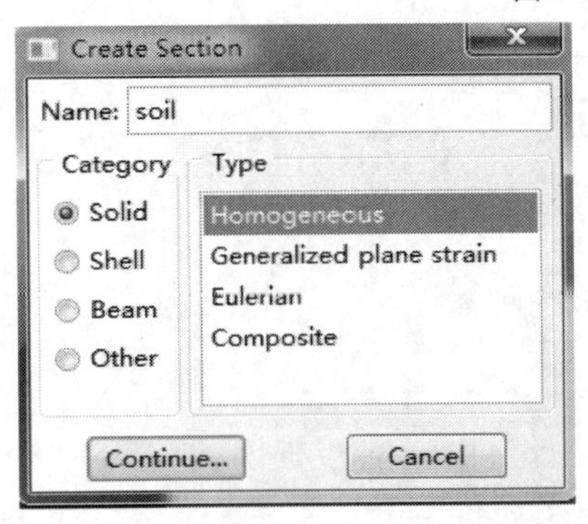

图 1-117　Create Section 对话框选择 Solid

同理,创建 pile-1、pile-2、pile-3 的截面特性。

注意:创建拉杆截面时,单击,弹出 Create Section 对话框,如图 1-119 所示;在 Type 中选择 Beam,单击 Continue,弹出 Edit Beam Section 对话框(图 1-120);单击一个 Create,弹出 Create Profile 对话框,Name 栏中输入 lg, Shape 选择 Circular,如图 1-121 所示;单击 Continue,弹出 Edit Profile 对话框,在 r 栏输入 0.085,如图 1-122 所示,单击 OK;在图 1-120 中的 Material 栏中选择 lg,单击 OK,完成对 lg 截面特性的创建。

3. 分配截面特性

单击工具区中的 Assign Section(分配截面)工具,按住鼠标左键选中整个土体,单击鼠标中键弹出 Edit Section Assignment(编辑截面分配)对话框,Section 栏选择 soil,单击 OK,完成对土体截面特性分配。

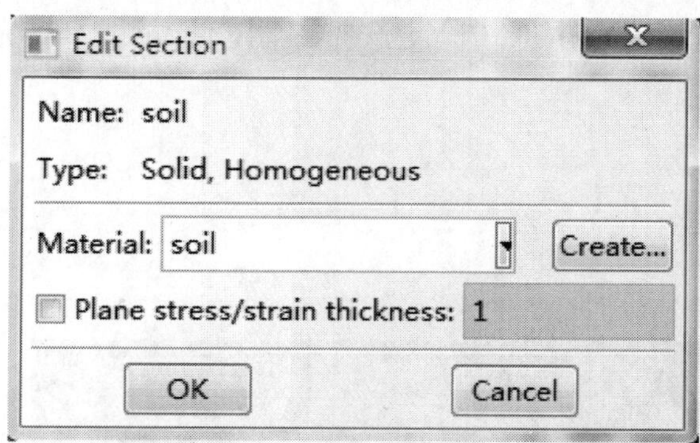

图 1-118 Edit Section 对话框

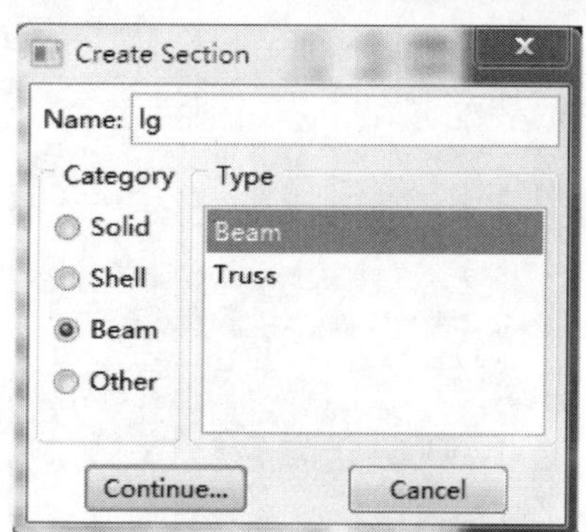

图 1-119 Create Section 对话框选择 Beam

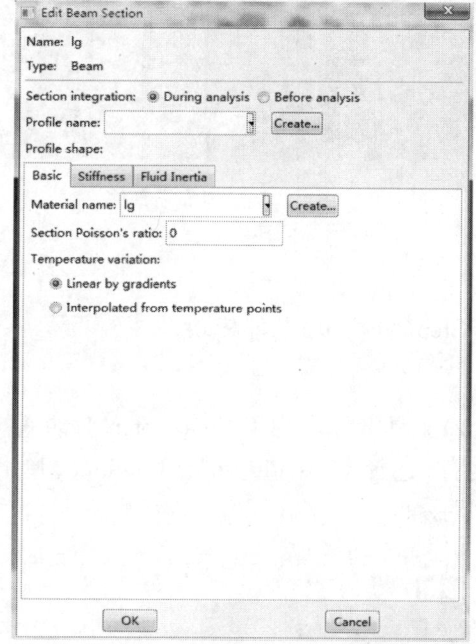

图 1-120 Edit Beam Section 对话框

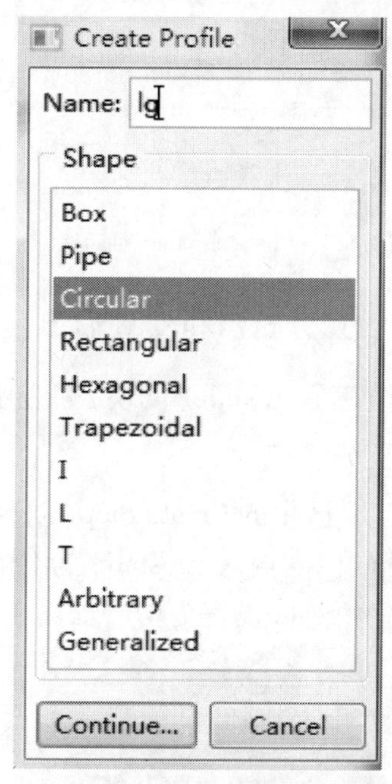

图 1-121 Create Profile 对话框

同理，对 pile-1、pile-2、pile-3 及拉杆 lg 完成截面特性分配。

注意：由于拉杆 lg 是 Beam 单元，需要对其设置方向，此时，单击工具区中的，选中 lg，双击鼠标中键，然后点击 OK，最后 Done，完成此操作。

（四）定义装配件

在环境栏的 Module（模块）列表中选择 Assembly（装配）功能模块，该模块用于各个部件的装配，定义装配件。每个模块只能包含一个装配件。

单击工具区中的 Instance Part（创建部件实体）工具

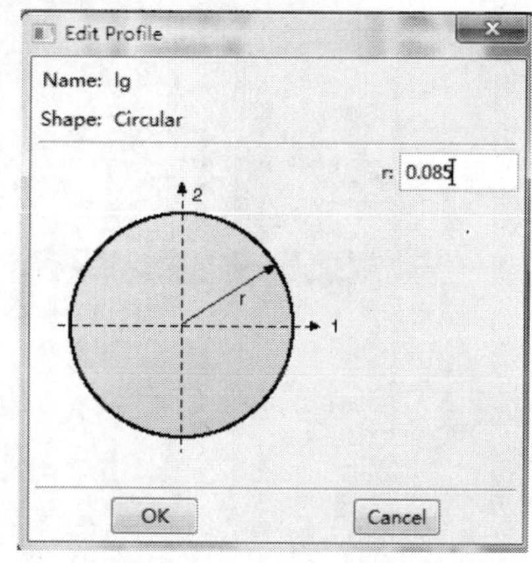

图 1-122 Edit Profile 对话框

,弹出 Create Instance 对话框,如图 1-123 所示。按住 Ctrl 键选择所有部件,单击 OK,完成模块的装配,如图 1-124 所示。

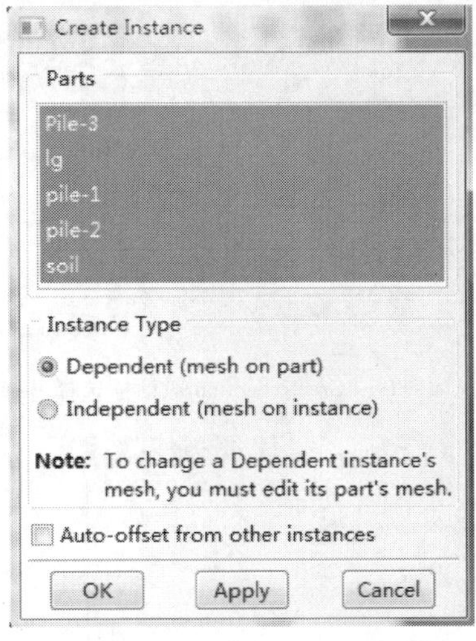

图 1-123　Create Instance 对话框

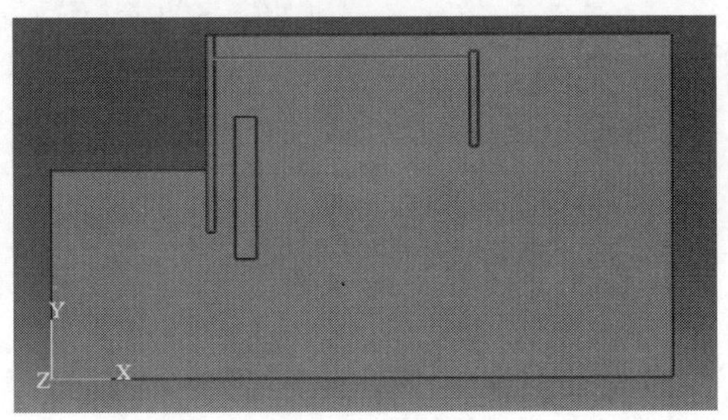

图 1-124　产生的各部件

(五)设置分析步和变量输出

在环境栏的 Module(模块)列表中选择 Step(分析步)功能模块。

1. 设置分析步

单击工具区中的 Create Step(创建分析步)工具 ,弹出 Create Step 对话框,如图 1-125 所示。Name 栏内输入 geostatic 为分析步名称,选择 Geostatic,单击 Continue,弹出 Edit Step 对话框,将 Nlgeom 设置为 On,如图 1-126 所示。

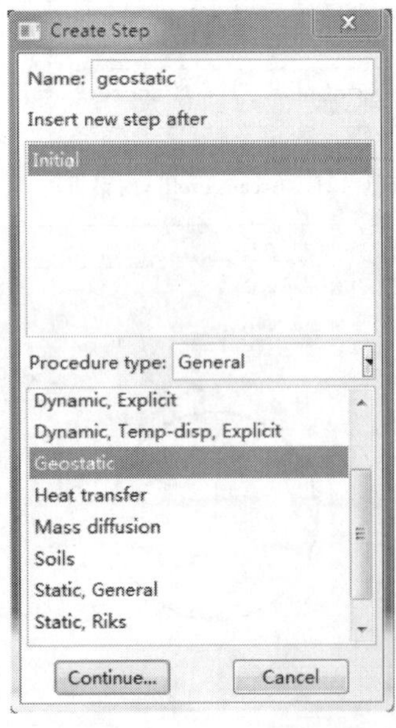

图 1-125　Create Step 对话框

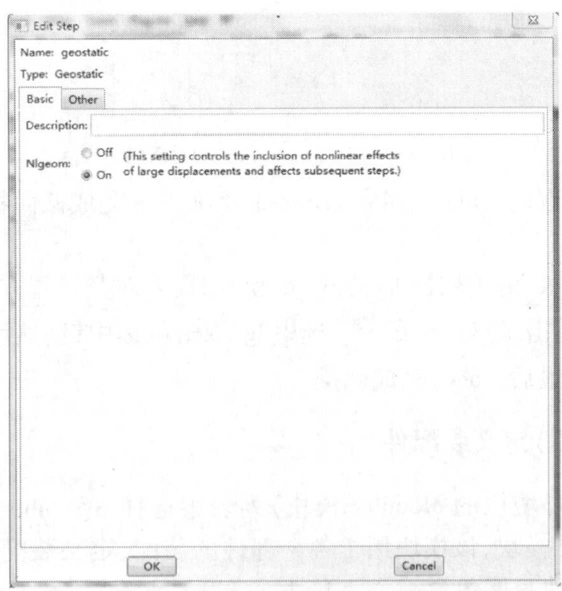

图 1-126　Edit Step 对话框

2. 编辑变量输出要求

如图 1-127 所示,创建分析步后,Abaqus/CAE 会自动创建默认的场变量输出要求和历史变量输出要求。单击工具区中的 Field Output Requests Manager(场变量输出要求管理器)工具,在弹出的场变量输出要求管理器中可以看到 Geostatic 分析步的默认场变量输出要求,如图 1-128 所示。单击 Edit,弹出 Edit Field Output Request 对话框,在 Output Variables 栏中选择 All,单击 OK 完成此操作。

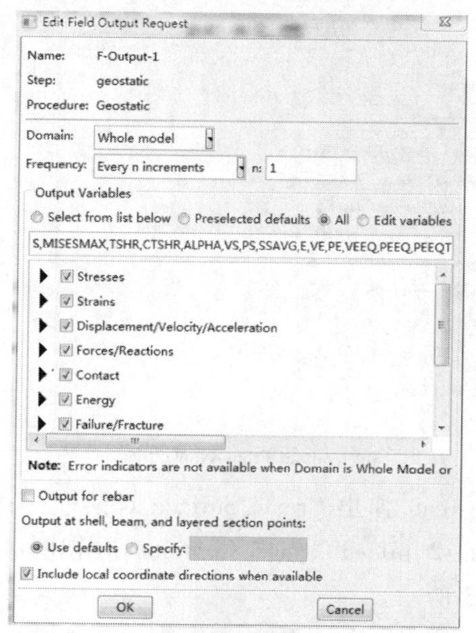

图 1-127 Field Out Requests Manager 对话框

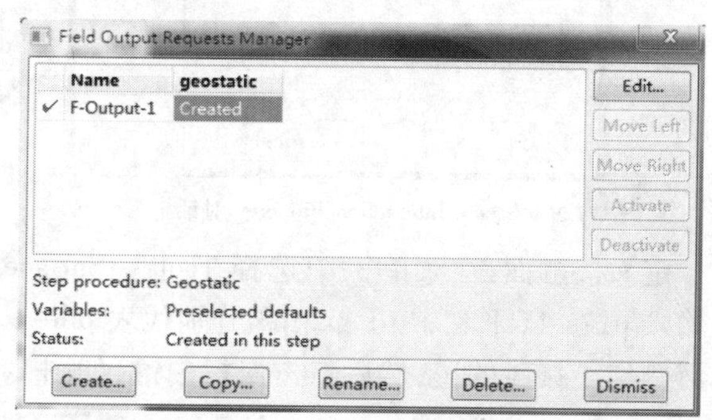

图 1-128 Edit Step 对话框中采用默认值

同理,单击工具区中的 History Output Requests Manager(历史变量输出要求管理器)工具,完成对历史变量输出要求的操作。

(六)定义相互作用

1. 设置接触属性

单击工具区中的 Create Interaction Property(创建相互作用属性)工具,弹出 Create Interaction Property 对话框,如图 1-129 所示;Name 栏中输入 pile-soil,Type 选择 Contact,单击 Continue(图 1-129),弹出 Edit Contact Property 对话框,选择 Mechanical→Rangential Behavior,在 Friction Formulation 栏中选择 Penalty,在 Friction Coeff 数据栏输入 0.25,如图 1-130 所示。

2. 定义接触

定义接触首先要建立接触对,本例中接触对共 11 对。建立接触,首先要定义接触面,本例中 pile-1 与 soil 接触时,海侧的接触面只有一部分,因此需要对 pile-1 进行切分,同时拉杆在 pile-1 和 pile-3 相互作用时也需要对 pile-1 和 pile-3 进行切分。

为了操作方便,在 part 模块中进行切分操作。单击工具区中的 Partition Face Sketch,弹出绘图界面，根据模块坐标利用对 pile-1 进行切分，如图 1-131 所示。同理对 pile-3 进行切分，如图 1-132 所示。

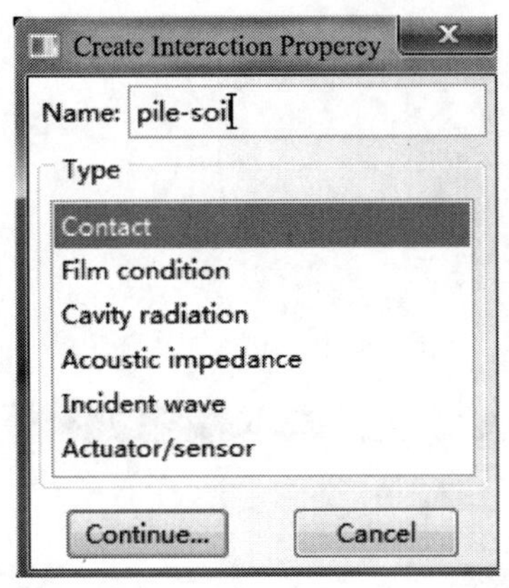

图 1-129　Create Interaction Properey 对话框

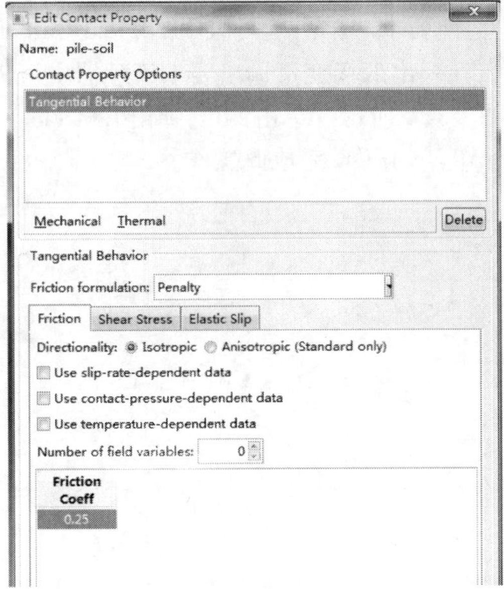

图 1-130　Edit Contact Property 对话框

定义接触面：在菜单栏中选择 Tools→Surface→Creat，弹出 Create Surface 对话框，Name 栏输入 p1-s-1（下文中 p1、p2、p3 分别代表 pile-1、pile-2、pile-3），点击 Continue，在视图区选择海侧与土接触的边，然后点击鼠标中键，如图 1-133 所示。

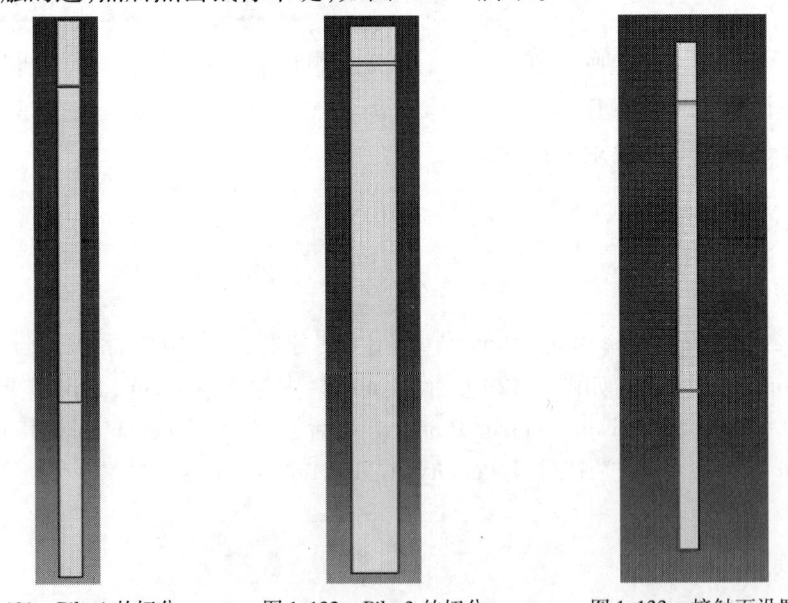

图 1-131　Pile-1 的切分　　图 1-132　Pile-3 的切分　　图 1-133　接触面设置

同理，可对其他部件的接触面进行一一定义。

定义接触：单击工具区中的 Create Interaction（创建相互作用）工具，弹出 Create Interaction 对话框，如图 1-134 所示；Step 栏中选择 Initial，Types for Selected Step 栏选择 Surface-to-surface Contact(Standard),单击 Continue,再试图去右下方单击 Surfaces,弹出 Region Selection 对话框,将 Name 栏下方的选项打钩使所选区域在试图中显示出来,此时选择主面,如图 1-135所示;单击 Continue→单击试图区左下方 Surface,选择从面,单击 Continue,弹出 Edit Interaction 对话框,在 Discretization Method 选择 Surface to Surface 在下方的 Contact Interaction Property 中选择 pile-soil,单击 OK,完成此操作。

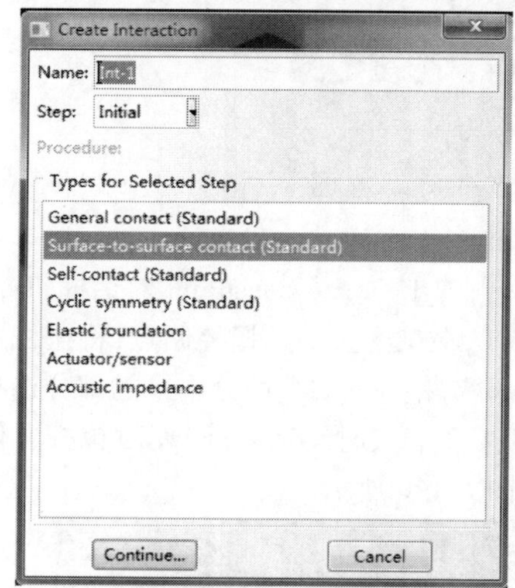

图 1-134　Create Interaction 对话框

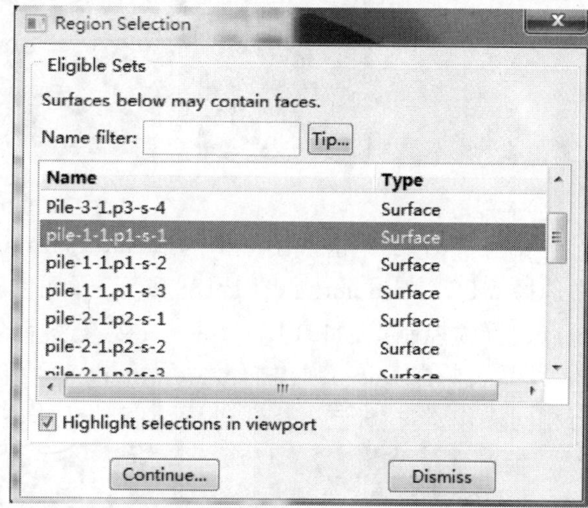

图 1-135　Region Selection 对话框

同理,可对剩余所有接触对进行相同操作,完成面面接触设置,如图 1-136、图 1-137 所示。

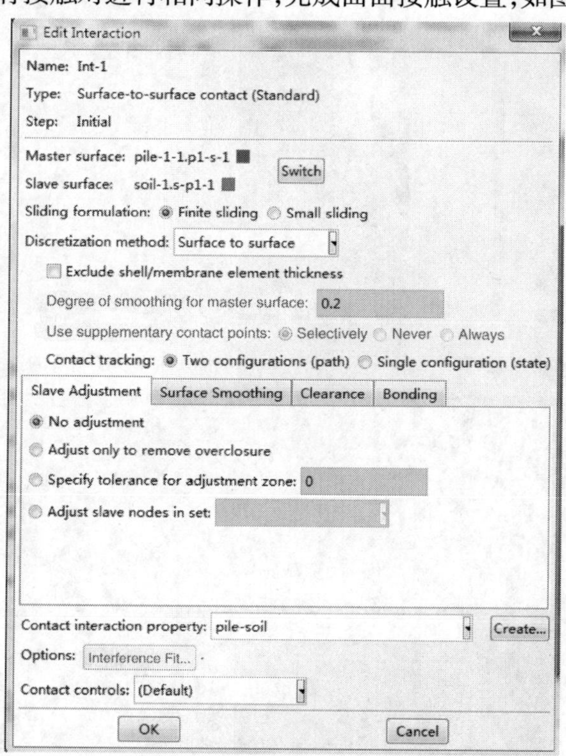

图 1-136　Edit Interaction 对话框

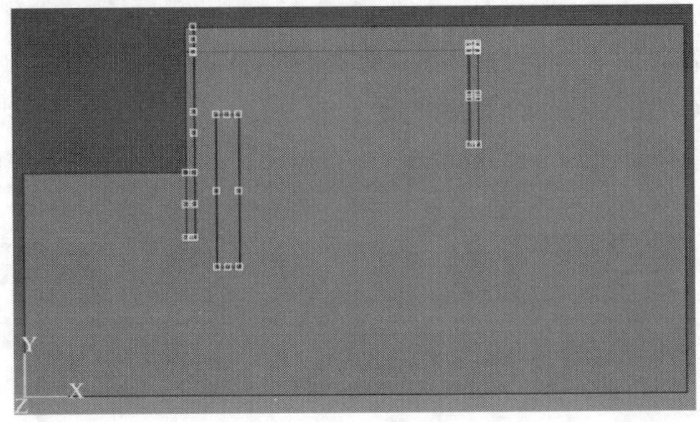

图 1-137　接触面的显示

定义拉杆约束：单击试图区中的 Create Constraint ，弹出 Create Constraint 对话框，Type 栏中选择 MPC Constraint，如图 1-138 所示；单击 Continue，在试图区中选择控制点，将拉杆左侧短点选择为控制点，如图 1-139 所示；接着选择约束区域，将 pile-1 中切分出来的部分选择为约束区域，单击 Done，弹出 Edit Constraint 对话框，MPC Type 选择 Beam；同理对拉杆右侧进行相同操作，将拉杆与 pile-3 进行约束，最后结果如图 1-140 所示。

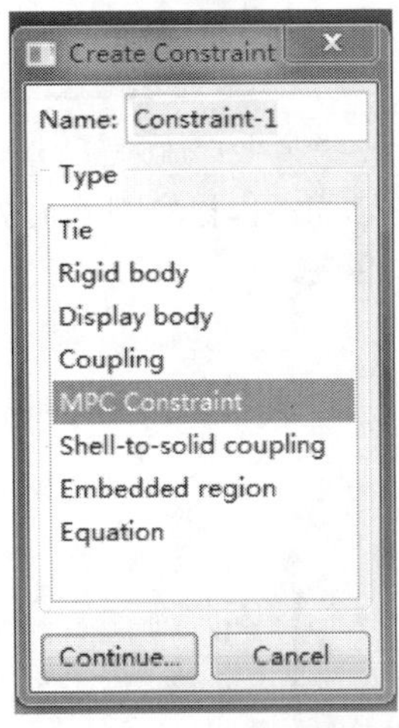

1-138　Create Constraint 对话框

图 1-139　控制点的选择

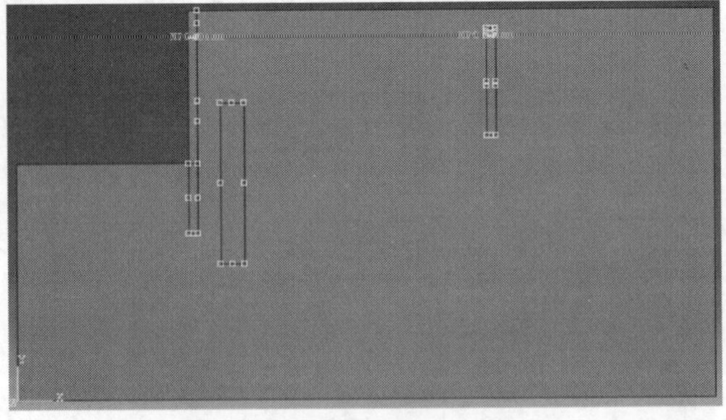

图 1-140　结构的约束

（七）定义荷载

定义荷载时，单击工具区中的Create Load（创建荷载）工具，弹出Create Load对话框，Name栏中输入gravity，Step栏选择geostatic，如图1-141所示；单击Continue，弹出Edit Load对话框，在2方向上键入－9.8，如图1-142所示；单击Edit Region，在试图区选中整个码头结构，单击鼠标中键，结果如图1-143所示。

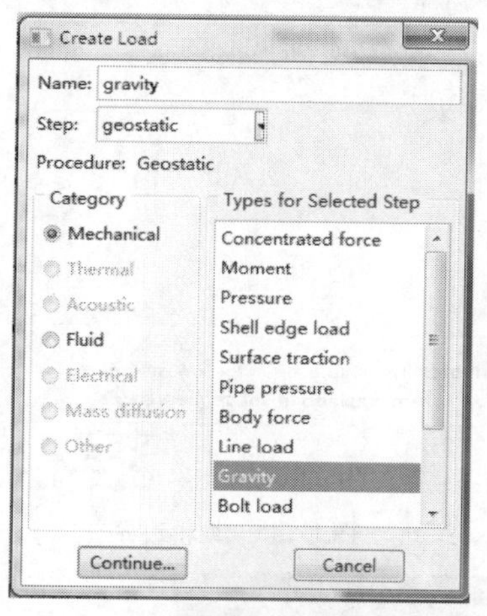

图1-141　选择重力

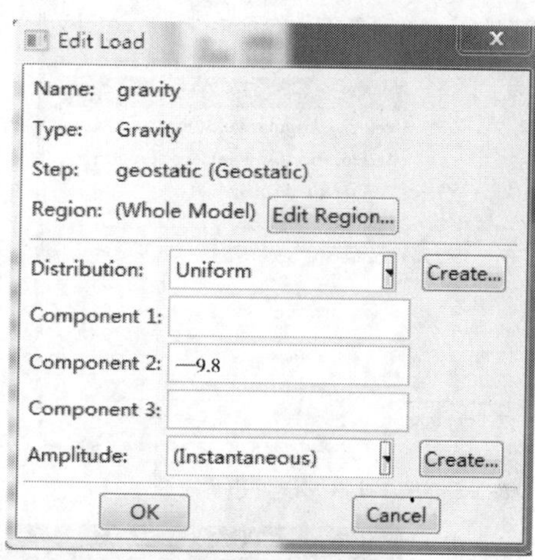

图1-142　设置重力

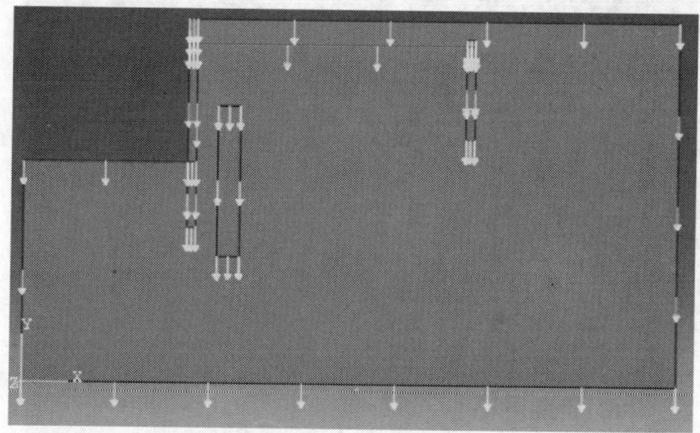

图1-143　完成重力的施加

创建边界条件：单击工具区中的Create Boundary Condition（创建边界条件）工具，弹出Create Boundary Condition对话框，step栏选择initial，types for selected step选择displacement/rotation，如图1-144所示；单击Continue，选择模块土体的左右两边，单击鼠标中键，弹出Edit Boundary Condition对话框，约束x方向，如图1-145所示；单击OK，完成此操作，同理对模块底部进行y方向约束，结果如图1-146所示。

（八）划分网格

进入mesh模块后，首先将环境中的Object（对象）选择为Part，并在Part列表中选择要操作的部件。

首先对土体进行网格划分。为了能使网格更加规则，需要将土体进行划分，使土体的每个分块都是规则的四边形，单击工具区中的▭，利用划线工具▭，将土体划分为如图1-147所示的情况。

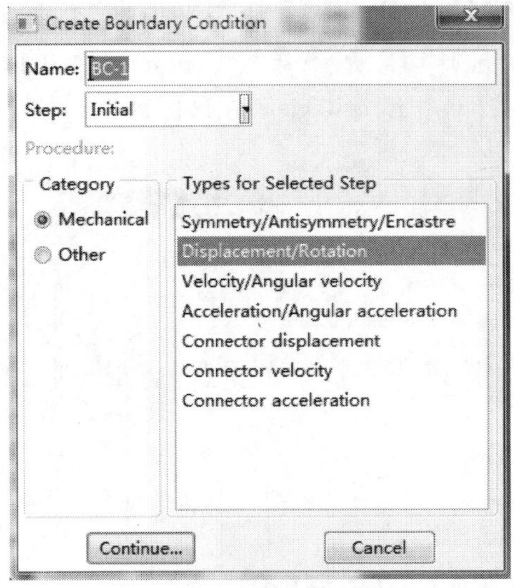

图1-144　设置边界

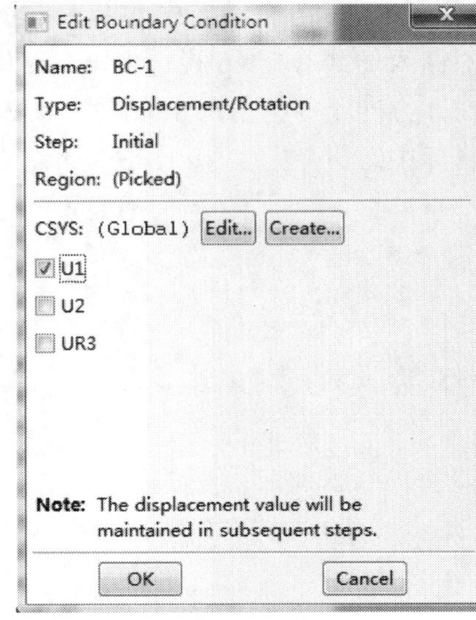

图1-145　编辑边界

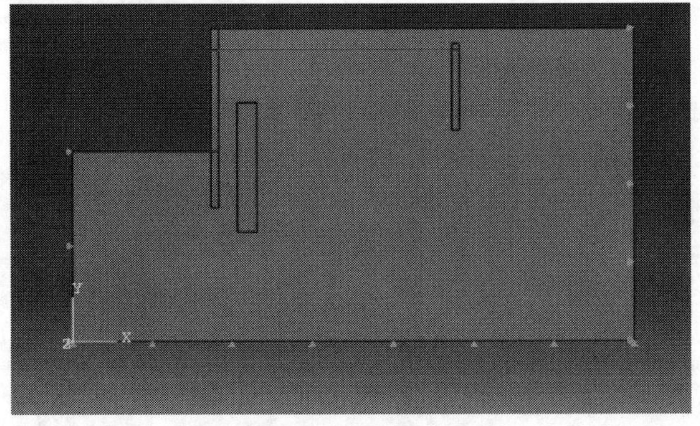

图1-146　边界约束完成

1. 撒种子

单击工具区中的▭按钮，在Approximate global size中输入0.8，单击OK，如图1-148所示。

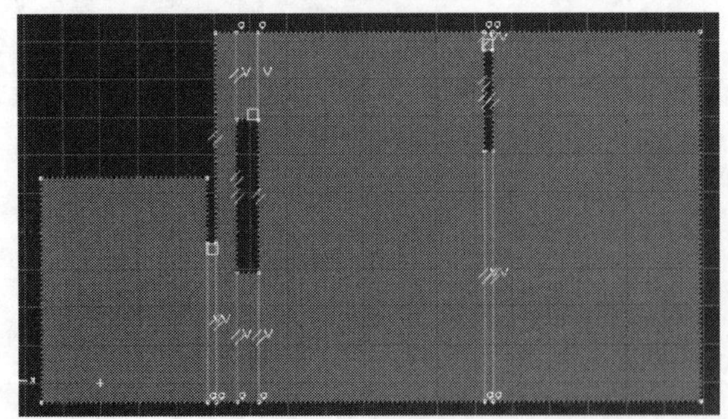

图1-147　土体网格划分

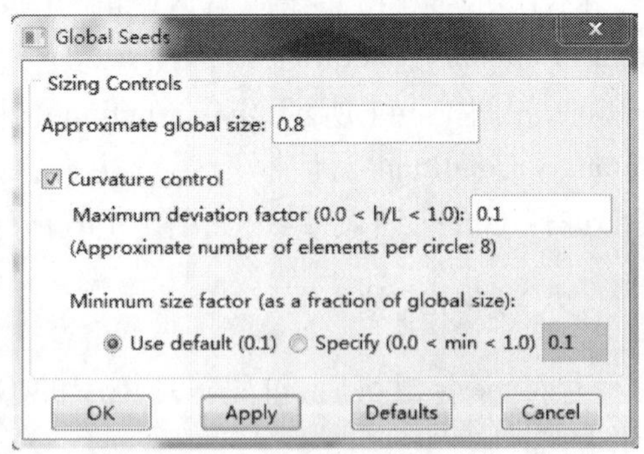

图1-148　网格尺寸设置

2. 网格控制

单击工具区中的 Assign Mesh Controls 工具，在试图区中选择整个土体，弹出 Mesh Controls 对话框，如图 1-149 所示。该对话框用于选择单元形状(Element Shape)、网格划分技术(Technique)和对应的算法(Algorithm)；在 Element Shape 栏中选择 Quad(四边形)，网格划分技术选择 Structured，单击 OK，整个试图区土体变为绿色，如图 1-150 所示。

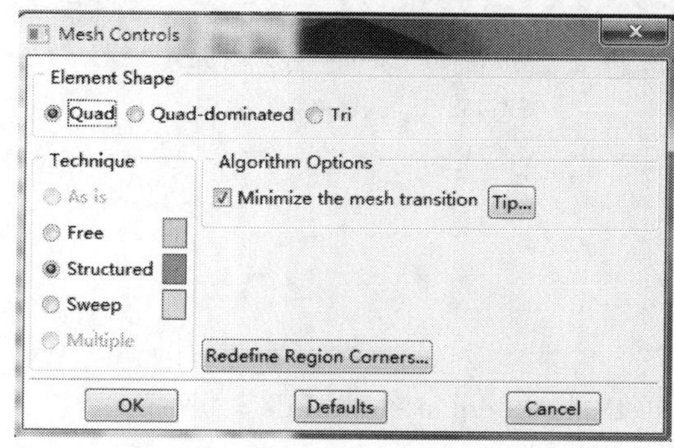

图 1-149　网格单元控制

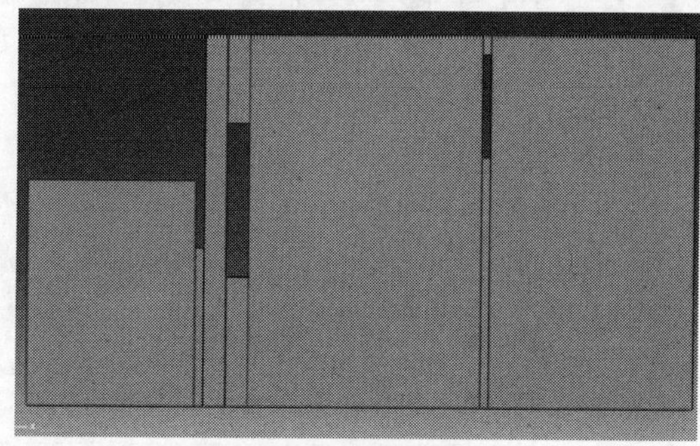

图 1-150　土体的显示

3. 设置单元类型

在设置了网格控制(Mesh Control)后，单击工具区中的 Assign Element Type 工具，弹出如图 1-151 所示的 Element Type 对话框，在 Family 栏中选择 Plane Strain，单击 OK。

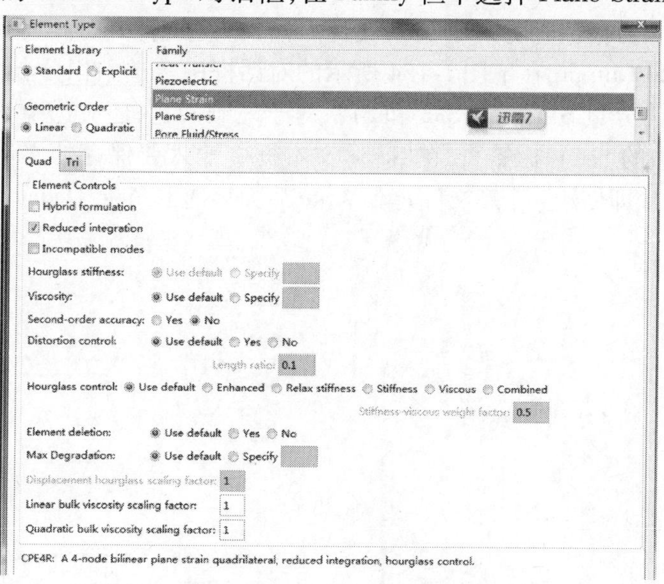

图 1-151　单元类型的设置

4. 网格划分

单击工具区中的 Mesh Part ，在视图区左下方点击 Yes，完成网格划分，结果如图 1-152 所示。

同理，对其他部件进行网格划分，种子为 1，如图 1-153 所示；注意对 lg 划分网格时，单元类型选择 beam。

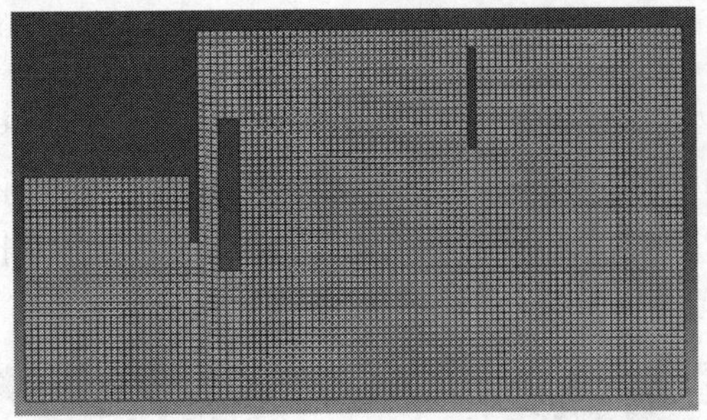

图 1-152　土体网格划分完成

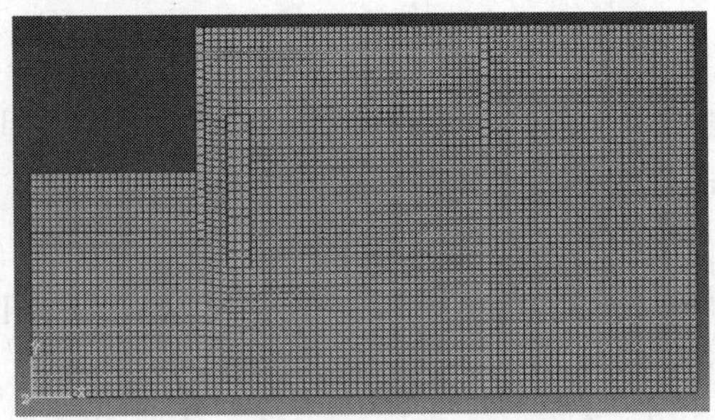

图 1-153　结构网格划分完成

(九)提交 job

1. 创建 job1

点击工具区中的 ,创建 job1;

在命令行中输入“mdb. models[‘Model－1’]. setValues(noPartsInputFile = ON)”

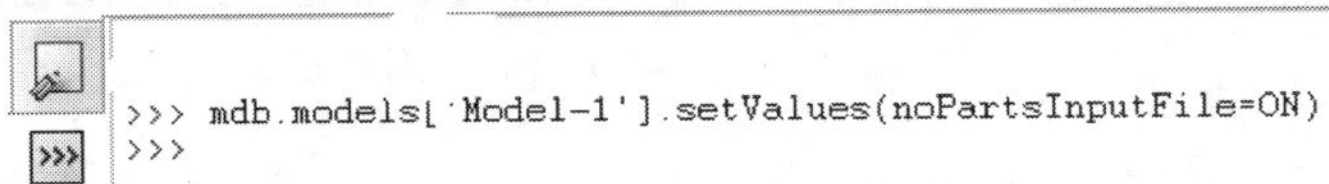

提交 job。

2. 保存文本文件的具体做法

将分析得到的应力场保存为一个文本文件。具体做法:打开分析得到的 ODB 文件,选择菜单 Report→Field Output,在下图 1-154 所示的对话框中。选中积分点上的各个应力分量(对于二维问题,应力分量 S11、S22、S33 和 S12;对于三维问题,还应选中 S13 和 S23)。

单击此对话框中的 Setup 标签页,在 Name 文本框中输入要保存的文件名 cc. inp,取消对 Append to file 的选择(即创建一个新文件),在 Write 后面只选中 Field Output(如图 1-155 所示)。

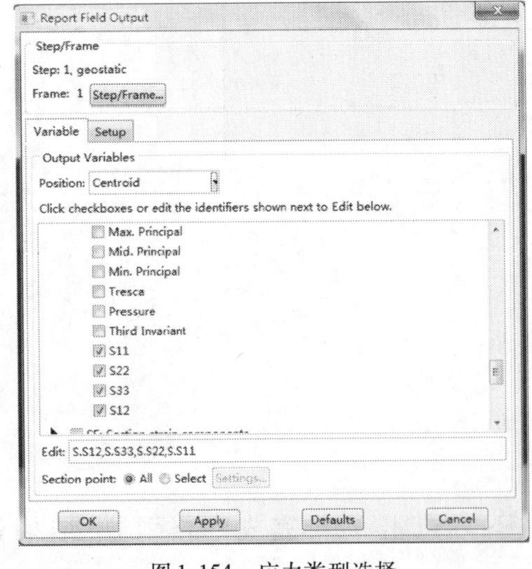

图 1-154　应力类型选择

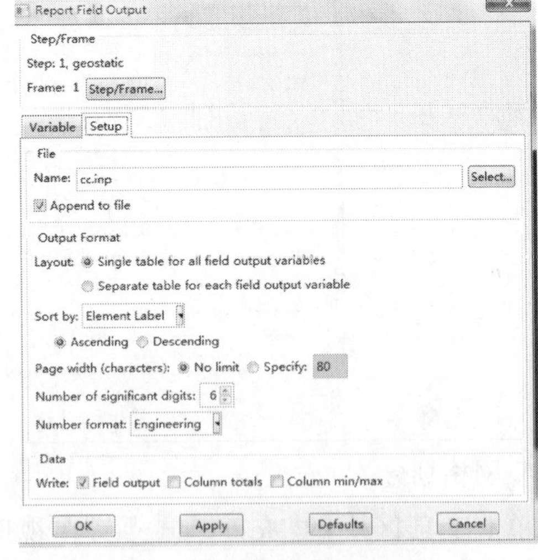

图 1-155　输出设置

注意:此处输出的是当前增量步结束时的应力结果,因此上述对话框顶部的 Step 必须是 Geostatic 分析步,Frame 必须是 1。如果 Frame 是 0,会看到输出的应力都是 0。

3. 数据修改与输出

用 Excel 打开上述文件 cc. inp，在“文本文件导入向导”的步骤 1 中选择“分隔符号”，在步骤 2 中选择“Tab”键和“空格”键，这样 cc. inp 中的各列数据就成为 Excel 表格中的各个列。

删除表格中开始几行的模块信息，再删除积分点编号所在的第 2 列数据（都为数字 1），只保留单元编号和各个应力分量列，并将各个应力分量的科学计数法格式改为显示小数点后 5 位数字。修改前和修改后的数据如图 1-156、图 1-157。

Output	reported	at	element	centroid	for	part:	PILE-1-1	
Element	S. S11	S. S22	S. S33	S. S12				
Label	@Loc	1	@Loc	1	@Loc	1	@Loc	1
1	-2.01E+04	-7.91E+04	-1.98E+04	-6.33E+04				
2	-2.22E+04	-4.66E+04	-1.38E+04	-3.19E+04				
3	-7.63E+03	-1.48E+04	-4.48E+03	-6.13E+03				
4	-2.12E+05	-5.59E+05	-1.54E+05	-3.10E+04				
5	-1.33E+05	-5.77E+05	-1.42E+05	7.97E+03				
6	-1.65E+05	-6.08E+05	-1.55E+05	-5.67E+03				
7	-1.35E+05	-6.39E+05	-1.55E+05	-2.30E+04				
8	-1.58E+05	-6.70E+05	-1.66E+05	-3.56E+04				
9	-1.49E+05	-7.00E+05	-1.70E+05	-4.67E+04				
10	-1.59E+05	-7.31E+05	-1.78E+05	-6.44E+04				
11	-1.60E+05	-7.60E+05	-1.84E+05	-7.84E+04				
12	9.40E-05	3.60E-04	9.09E-05	-1.46E-04				
13	3.19E+04	-1.46E+05	-2.28E+04	3.22E+03				
14	-3.83E+04	-1.75E+05	-4.27E+04	-355.07				
15	3.80E+04	-2.04E+05	-3.31E+04	-4.38E+03				
16	-3.88E+04	-2.32E+05	-5.41E+04	-1.36E+03				
17	3.91E+04	-2.60E+05	-4.42E+04	-3.97E+03				

图 1-156　修改前

1	-3.15E+05	-5.48E+05	-3.02E+05	-2.21E+03
2	-3.09E+05	-5.37E+05	-2.96E+05	-5.65E+03
3	-3.03E+05	-5.26E+05	-2.90E+05	-1.02E+04
4	-2.97E+05	-5.15E+05	-2.84E+05	-1.37E+04
5	-2.92E+05	-5.04E+05	-2.79E+05	-1.85E+04
6	-2.85E+05	-4.93E+05	-2.72E+05	-2.20E+04
7	-2.81E+05	-4.83E+05	-2.67E+05	-2.72E+04
8	-2.74E+05	-4.70E+05	-2.61E+05	-3.07E+04
9	-2.71E+05	-4.60E+05	-2.56E+05	-3.66E+04
10	-2.64E+05	-4.47E+05	-2.49E+05	-3.99E+04
11	-2.62E+05	-4.37E+05	-2.45E+05	-4.63E+04
12	-2.56E+05	-4.21E+05	-2.37E+05	-4.92E+04
13	-2.54E+05	-4.12E+05	-2.33E+05	-5.54E+04
14	-2.50E+05	-3.91E+05	-2.24E+05	-5.70E+04
15	-2.45E+05	-3.83E+05	-2.20E+05	-6.04E+04
16	-2.44E+05	-3.57E+05	-2.10E+05	-6.16E+04
17	-2.25E+05	-3.54E+05	-2.03E+05	-5.50E+04
18	-2.22E+05	-3.36E+05	-1.95E+05	-7.09E+04
19	-2.01E+05	-3.17E+05	-1.81E+05	-5.38E+04

图 1-157　修改后

下面将上述数据输出为以逗号分隔的文本文件 cc. csv，其具体的方法是：在 Excel 中单击菜单“文件”→“另存为”，将文件类型设置为“CSV（逗号分隔）”，对于出现的提示信息，单击“是”，即可，如图 1-158 所示。

4. 为模型中定义初始应力场

为模型中定义初始应力场。在 Abaqus/CAE 中无法直接定义初始应力，只能手工添加关键词，其具体方法为：

将原来的 CAE 模块另存为 a. cae，选择菜单 Model→Edit keywords，在 * STEP 语句之前添加以下语句（图 1-159、图 1-160 为关键字添加前后）

* initial conditions，type = stress，input = cc. csv

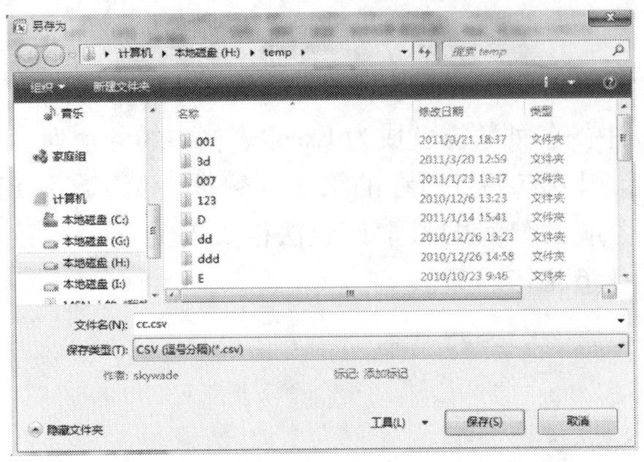

图 1-158　另存的方式

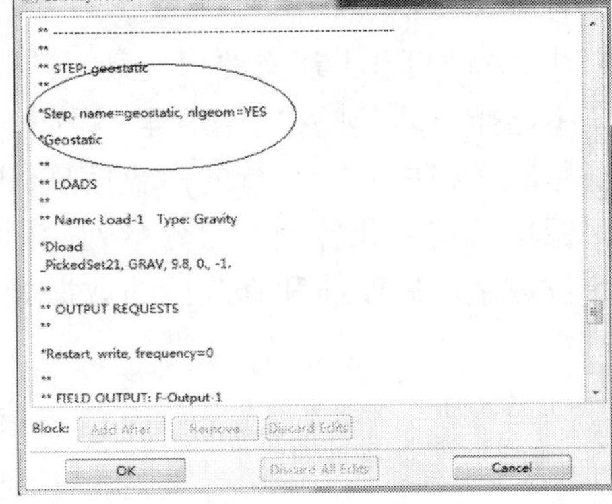

图 1-159　关键字添加前

5. 对分析作业名提交分析时的注意事项

在 job 功能模块中将分析作业名 Job-WithInitialCondition，重新提交分析。注意，初始应力场文件。cc. csv 应该和 INP 文件 Job-WithInitialCondition. inp 位于同一个路径下，否则将会出现下列错误信息：

The following file(s) could not be located：cc. csv（无法找到文件 cc. csv）

6. 查看地应力平衡结果

打开 Job-WithInitialCondition. odb 初始状态下（0 时刻），模块就具有了一个初始应力场。如图 1-161 ~ 图 1-163 所示。

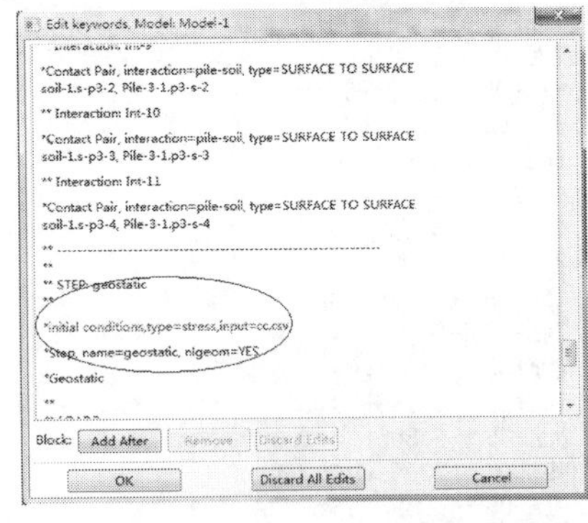

图 1-160　关键字添加后

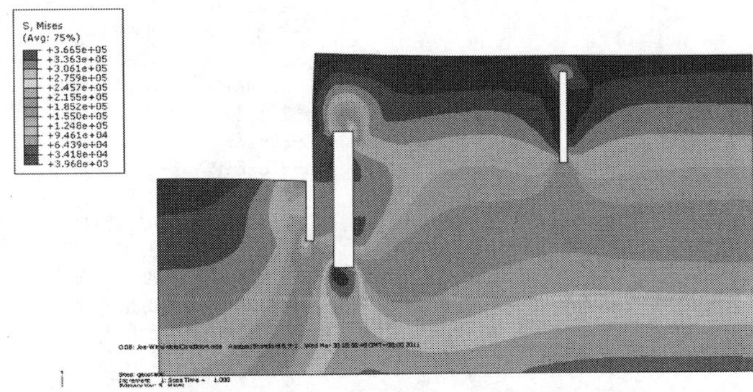

图 1-161　土体 Mises 应力图

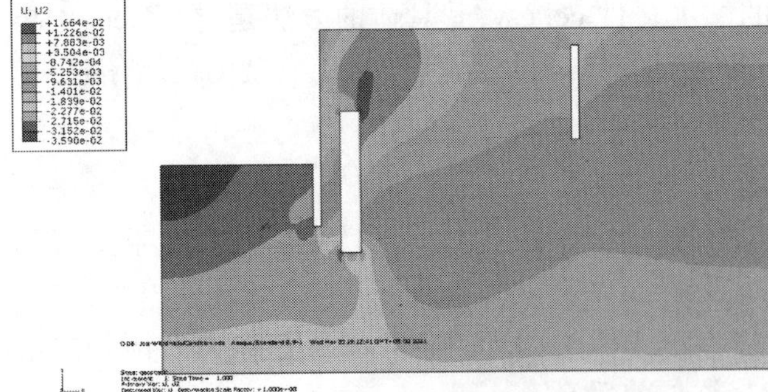

图 1-162　土体竖向位移图

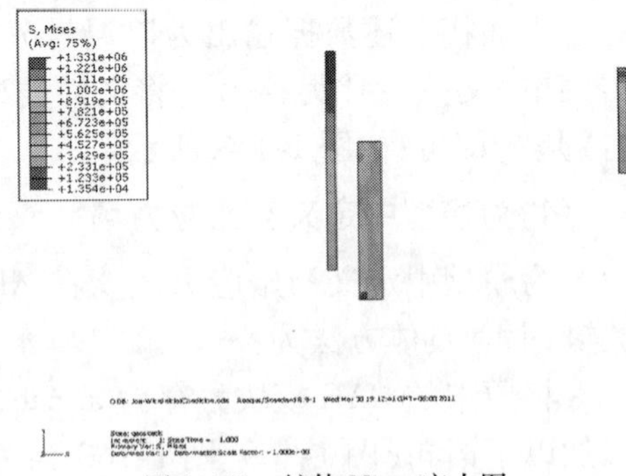

图 1-163　桩体 Mises 应力图

7. 添加其他分析步

上面就已经完成了初始地应力平衡，接下来可以添加其他分析步（例如普通的静力分析步 Static，General）（图 1-164）；定义实际的荷载，在码头前方施加竖向荷载 40kPa，后方施加 20kPa（图 1-165）。

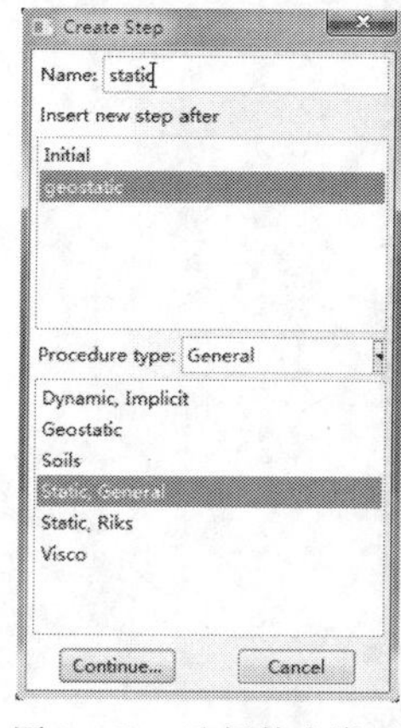

图 1-164 选择静力类型

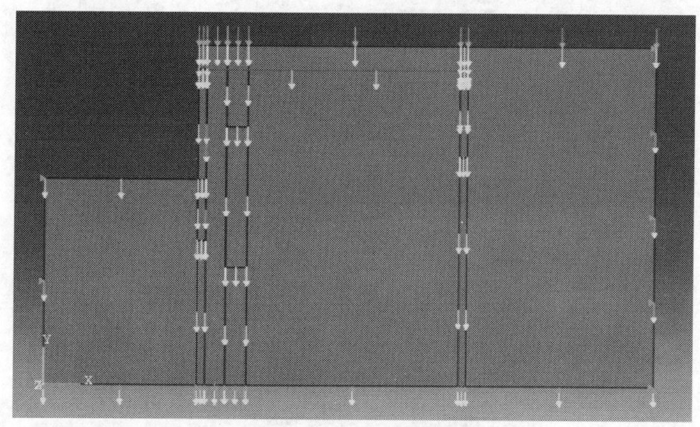

图 1-165 荷载的施加

图 1-166、图 1-167 分别为施加荷载后码头结构的竖向位移和水平位移。

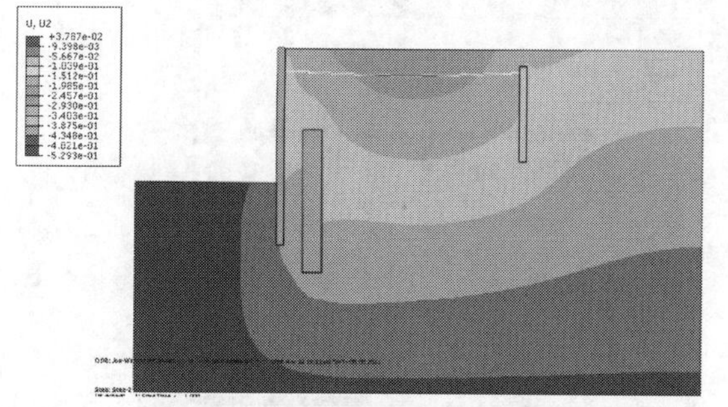

图 1-166 施加荷载后码头结构的竖向位移

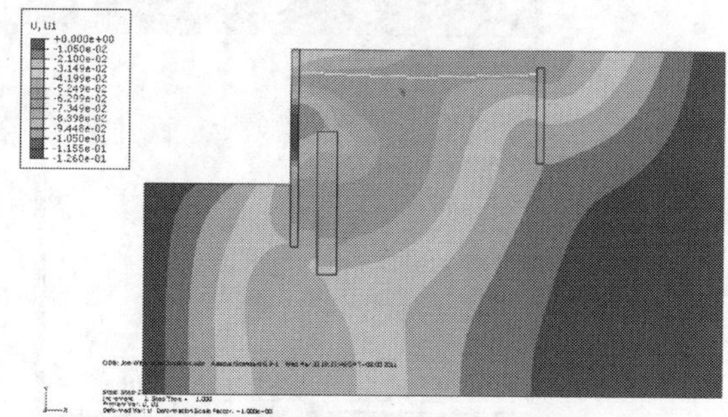

图 1-167 施加荷载后码头结构的水平位移

（十）后处理

1. 创建路径

在 Visualization 功能模块中，可以选择菜单 Tools→Path→Create 创建路径。先利用 Create Display Group，如图 1-168；使桩体在视图区中单独显示出来（图 1-169），创建路径，选择菜单 tools→path→create 弹出 Create Path 对话框，Name 栏输入 path-1（默认），Type 选择 Node List，如图 1-170 所示；单击 Continue，弹出 Edit Node List Path 对话框，如图 1-171 所示；单击 Add before 之后在桩体上从上到下一次选择点，如图 1-172 所示，点击 Done→OK，至此路径创建完成。

2. 按路径输出结果

本例输出桩土接触力作为输出结果。单击工具区中的 Create XY Data ，弹出 Create XY Data 对话框，Source 选择 Path，如图 1-173 所示；单击 Continue，弹出 XY Data from Path 对话框，Point Locations 选择 Include Intersections，Field Output Variable 选择 CPRESS，如图 1-174

所示；单击 Save As 保存为 XY Data-1，或单击 Plot，则输出桩体与土的接触力随桩体高程的变化，如图 1-175 所示。

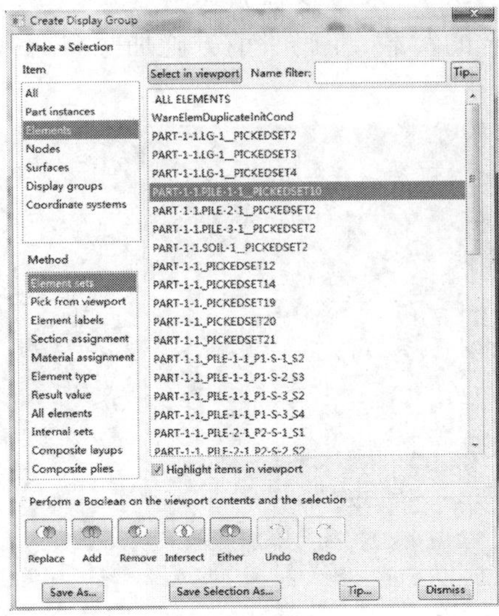

图 1-168　选择要显示的部件

图 1-169　桩的显示

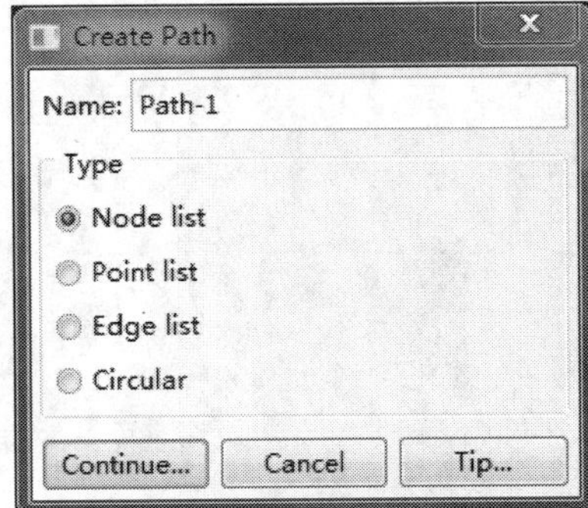

图 1-170　选择 Node

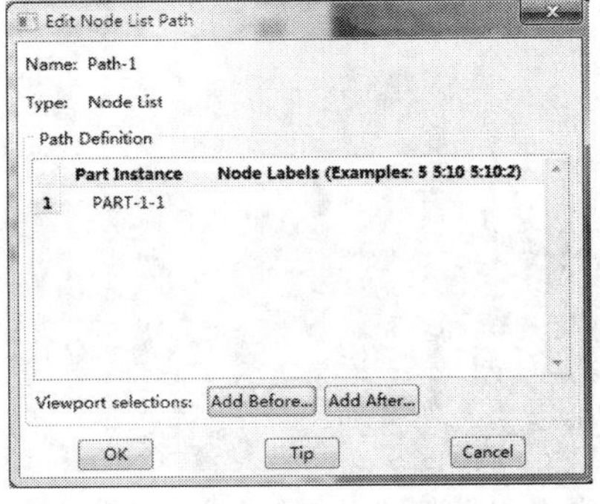

图 1-171　Edit Node List Path 对话框

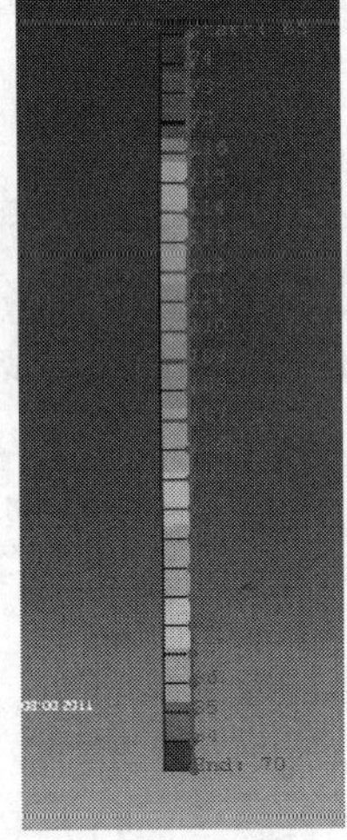

图 1-172　桩上的节点的选择

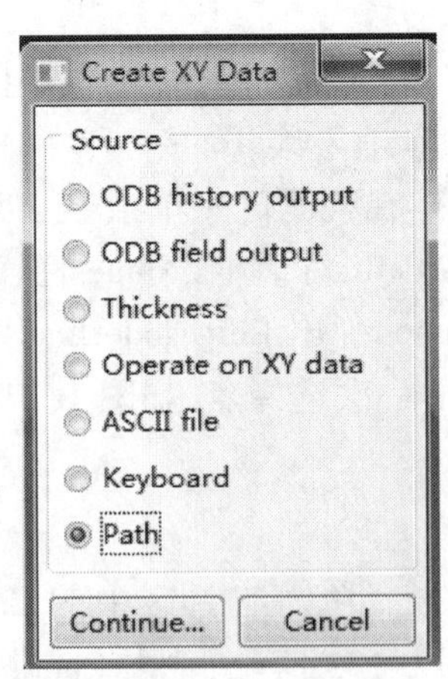

图 1-173　选择 Path

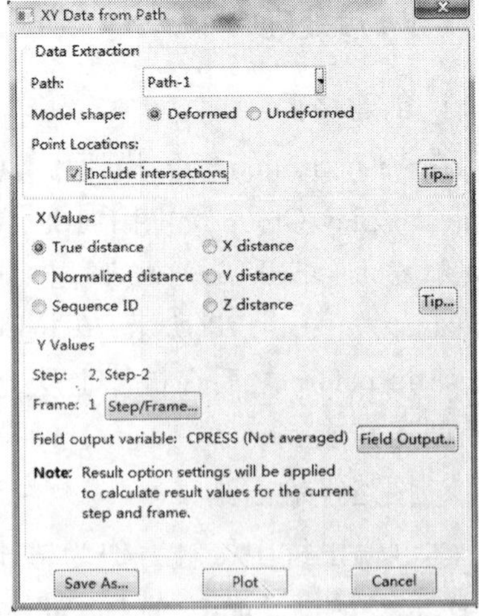

图 1-174　XY Data from Path 对话框

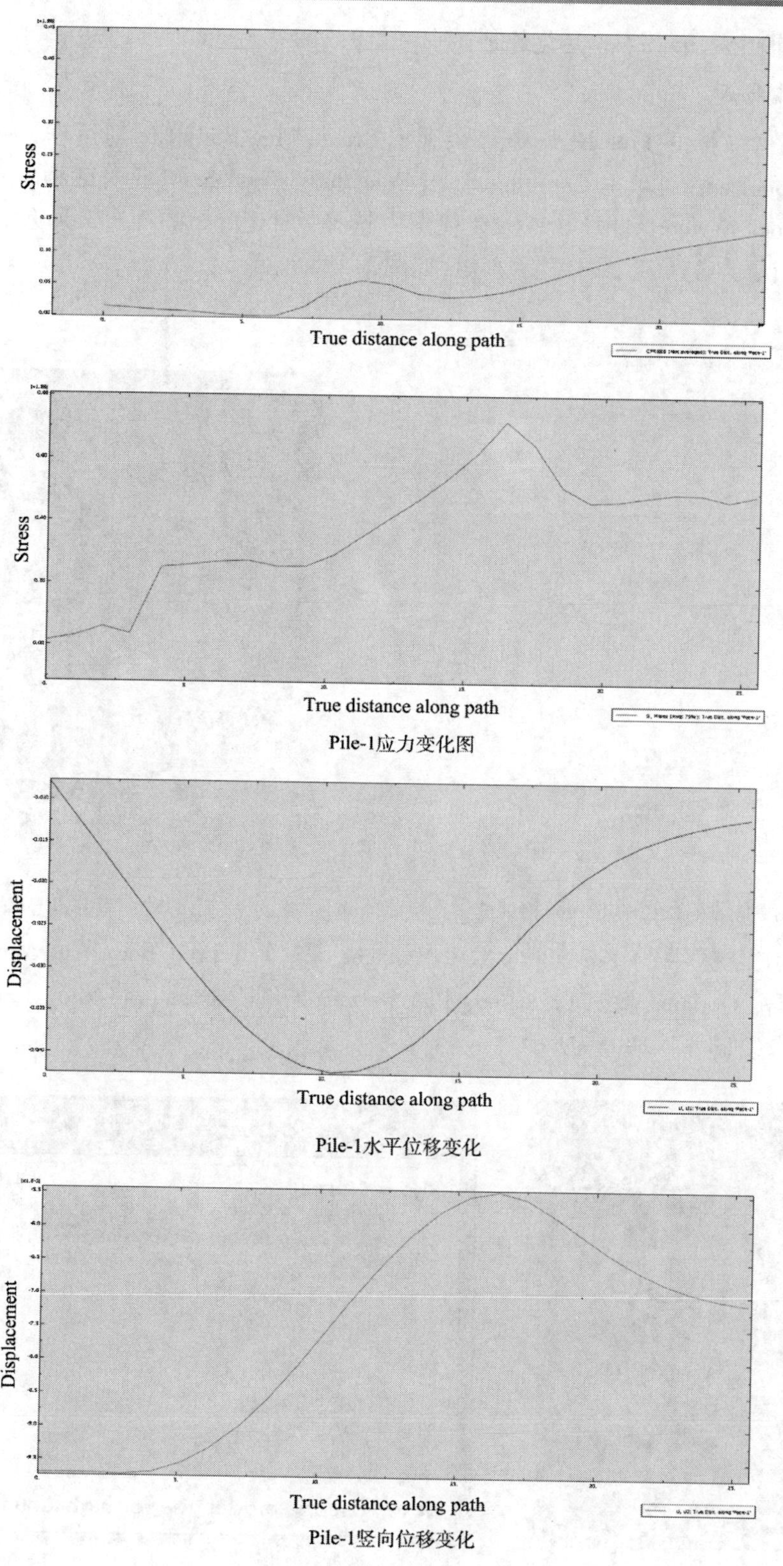

Pile-1应力变化图

Pile-1水平位移变化

Pile-1竖向位移变化

图 1-175　应力、位移变化曲线

同理，可以输出 s，u1，u2 的变化趋势图。

3. 查看桩体弯矩

单击工具区中 Create Free Body Cut ，弹出 Create Free Body Cut 对话框，Selection Method 选择 2D element edges，单击 Continue，弹出 Free Body Cross-Section 对话框，单击对话框中的 Pick edges from viewport 如图 1-176，在视图中选择一个边，如图 1-177 所示；单击鼠标中键，后续操作默认，点击 OK，图中显示弯矩，如图 1-178 所示。

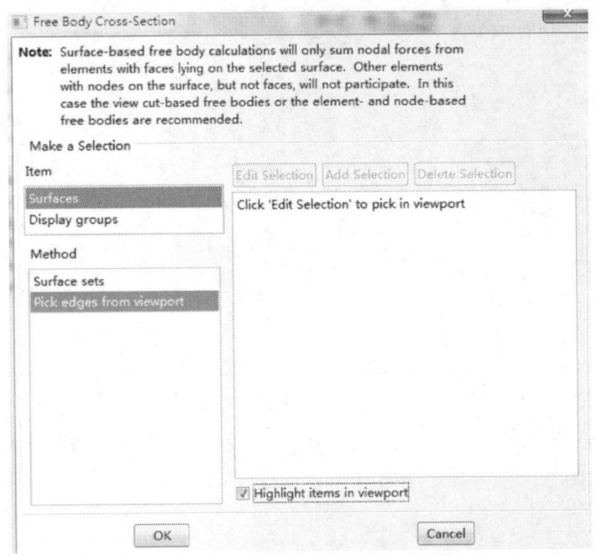

图 1-176　Free Body Cross-Section 对话框

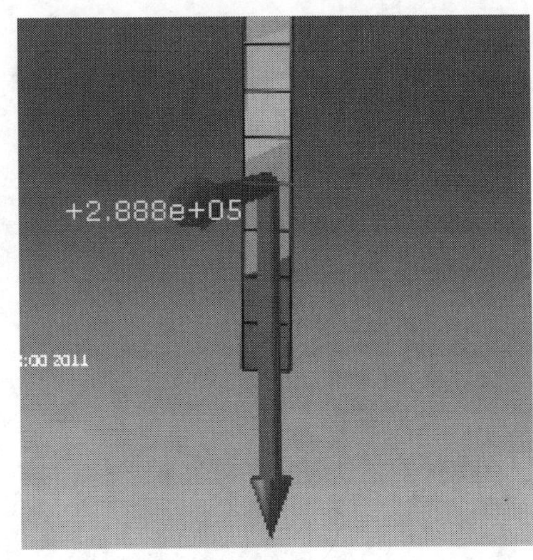

图 1-177　边的选择

单击视图工具区中的 Free Body Cut Manager 弹出 Free Body Cut Manager 对话框（图 1-179），点击 Options，弹出 Free Body Plot Option，如图 1-180a），将 Show force 勾掉，视图中只会显示弯矩，如图 1-180b）所示。

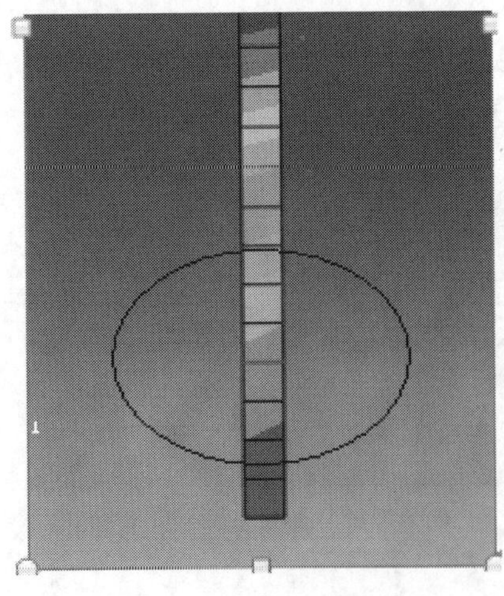

图 1-178　弯矩的显示

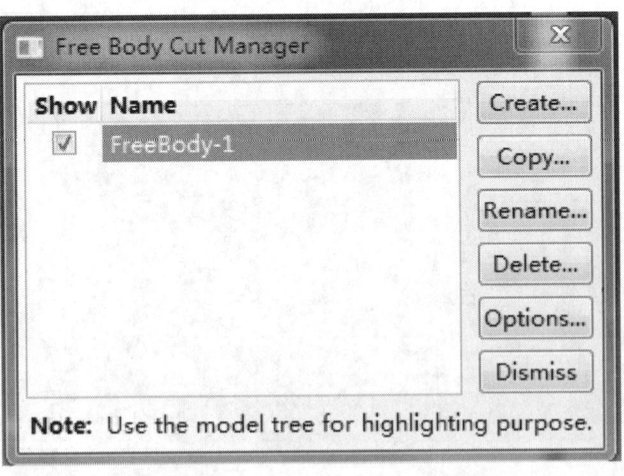

图 1-179　Free Body Cut Manager 对话框

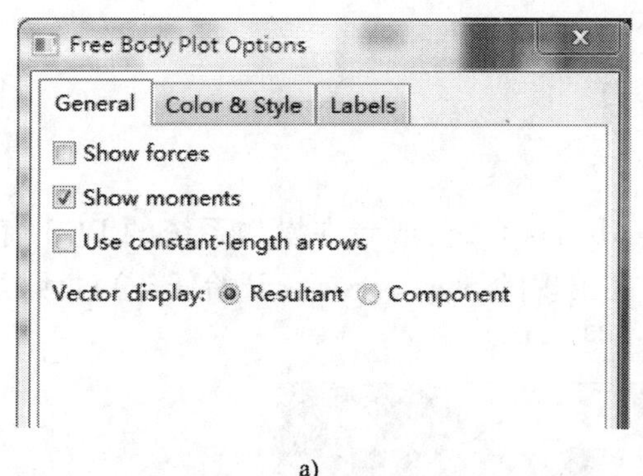

a)

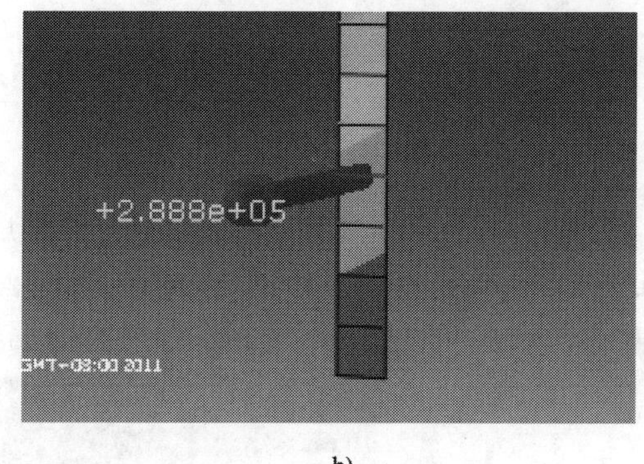

b)

图 1-180　只显示弯矩

结论及应用领域说明：该模型操作完成后，就基本上熟悉了基于 ABAQUS 软件的板桩码头的建模和计算，也可反复一次或多次该模型的操作，以达到较为熟悉的程度。该模型建立后可将其应用在板桩码头、基坑工程、板桩土压力计算等领域。

第三节　ABAQUS 在重力式码头中的应用实例

该应用实例和建立该模型的目的：使读者能将 ABAQUS 软件应用到海岸工程中的重力式码头中，熟悉和掌握 ABAQUS 在重力式码头墙身建模、地基建模，沉箱和土间的接触模型，重力式码头地应力平衡，重力式码头荷载施加、整个码头边坡稳定性、求解和后处理等。

一、模型描述

码头上部结构为一个高 20.5m、宽 15m、前后趾各长 1.5m 的沉箱，抛石基床厚 14m，码头后方回填块石，计算模型见图 1-181。计算参数，如表 1-3 所示。

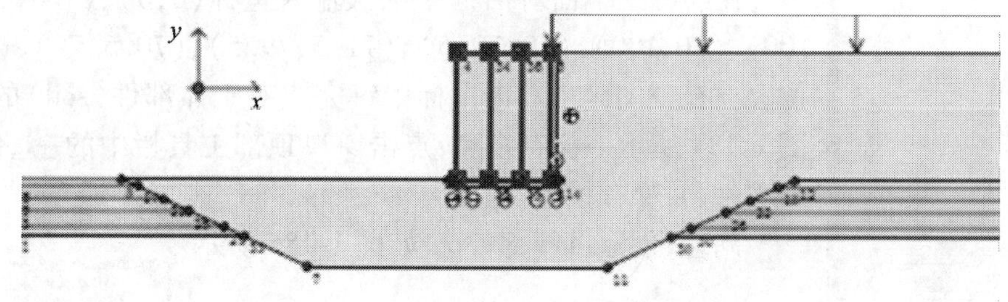

图 1-181　几何模型图

各材料计算参数　　表 1-3

材　　料	弹性模量(Pa)	泊松比	密度($kg \cdot m^{-3}$)	内摩擦角(°)
地基土层	5×10^6	0.35	1440	33
沉箱	2.0×10^{10}	0.2	7800	
抛石基床	2.8×10^{10}	0.2	2500	33

二、具体操作步骤

(一)启动 Abaqus/CAE

在 Windows 操作系统中:开始→所有程序→Abaqus CAE,或者在操作系统的 DOS 窗口中键入命令:abaqus cae,启动 Abaqus/CAE,然后在出现的 Start Session(开始任务)对话框中选择 Create Model Database(创建新模型数据库)(图 1-182)。

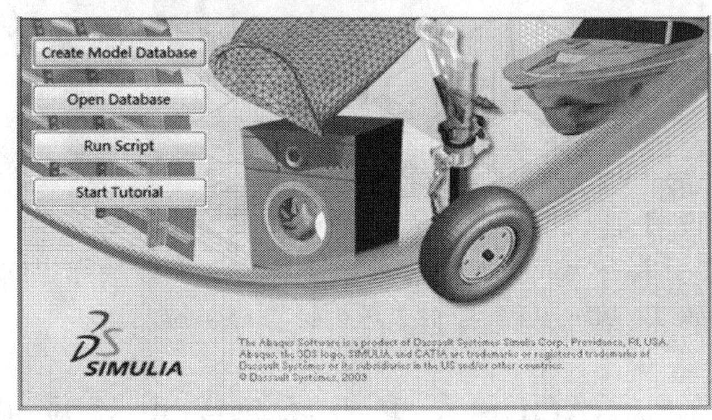

图 1-182　Start Session 对话框

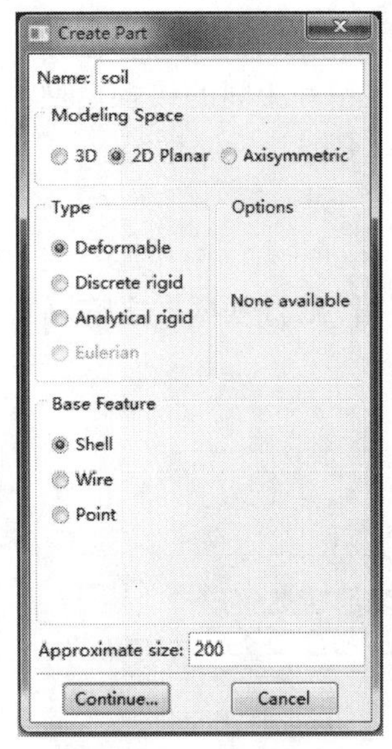

图 1-183　Creat Part 对话框

(二)创建部件(Part)

进入绘图环境的 Part 模块,单击左侧工具区中的(Create Part),弹出如图 1-183 所示的 Create Part 对话框。在对话框中依次输入:Name(部件名):soil→Modeling Space(模型所在空间)设为 2D Planar→Type(Deformable)→其他参数不变单击 Continue,ABAQUS 自动进入绘图环境→绘图;单击绘图工具箱中的画线工具,在绘图栏下面对话框中依次输入坐标(0,0)、(100,0)、(100,100)、(70,100)、(70,79.5)、(71.5,79.5)、(70.5,79)、(0,79)的位置。在视图区中双击鼠标中键完成对土体部件(soil)的绘制,如图 1-184 所示→保存模型:点击窗口顶部工具栏中的,键入 x 作为文件名,保存模型。

同理,创建沉箱部件 Z,如图 1-185 所示。

(三)设置材料和截面特性

在环境栏的 module(模块)列表中,选择 property(特性)功能模块。

1. 定义材料属性

单击工具区中的 Create Material(创建材料)工具,弹出 Edit Material(编辑材料)对话框,如图 1-186 所示。在 Name 栏默认 Material-1 为土体材料名称;在 Material Behaviors(材料性质)栏内选择 General→Density,在 Data 数据表中输入 Mass Density 为 1440;在 Material Behaviors(材料性质)栏内选择 Mechanical→Elasticity→Elastic(线弹性材料);在 Material

Behaviors下方的 Data 数据表内输入 Young's Modulus(杨氏模量)为 5e6 和 Piosson's Ratio(泊松比)为 0.25;在 Material Behaviors(材料性质)栏内选择 Mechanical→Plasticity→Drucker Prager;在 Material Behaviors 下方的 Data 数据表内输入 Angle of Friction 为 33°,Flow Stress Ratio 为 1,Dilation Angle 为 25,如图 1-186。单击图 1-186 中 Suboptions→Drucker Prager Harding,弹出如图 1-187 Suboption Editor 对话框,在数据栏中输入 Yield Stress 为 1e7 和 Abs Plastic Strain 为 0;其他参数都选用默认选项,如图 1-188 所示,单击 OK 按钮,完成对土体材料的创建操作。

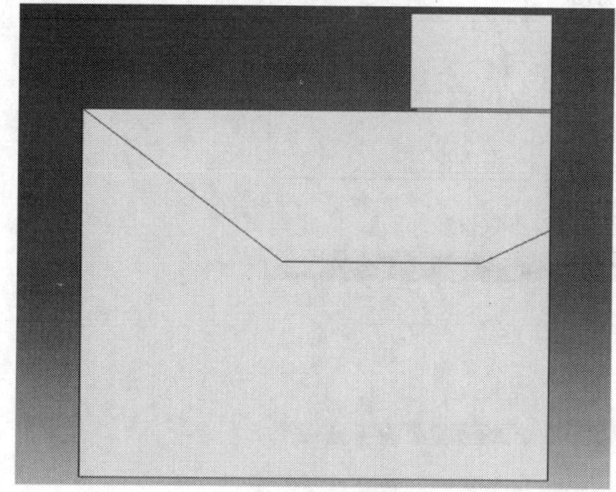

图 1-184 土体部件

图 1-185 沉箱部件

Edit Material

Name: Material-1

Description: Edit...

Material Behaviors

Density
Elastic
Drucker Prager

General Mechanical Thermal Other Delete

Drucker Prager

Shear criterion: Linear ▾ Suboptions

Flow potential eccentricity: 0.1

Use Suboption Triaxial Test Data

Use temperature-dependent data

Number of field variables: 0

Data

	Angle of Friction	FlowStress Ratio	Dilation Angle
1	33	1	25

OK Cancel

图 1-186 材料参数设置

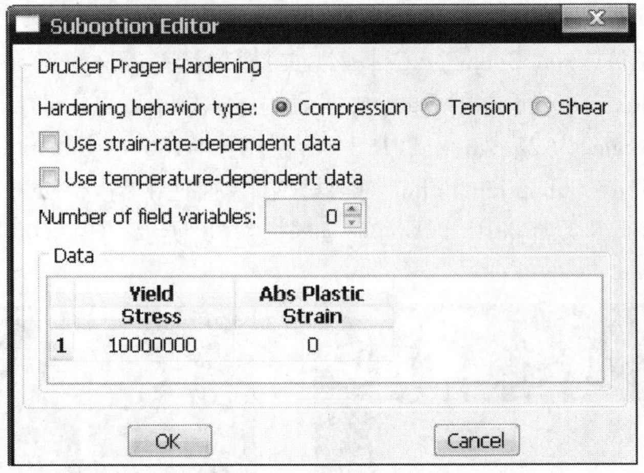

图 1-187　D-P 硬化模型参数设置

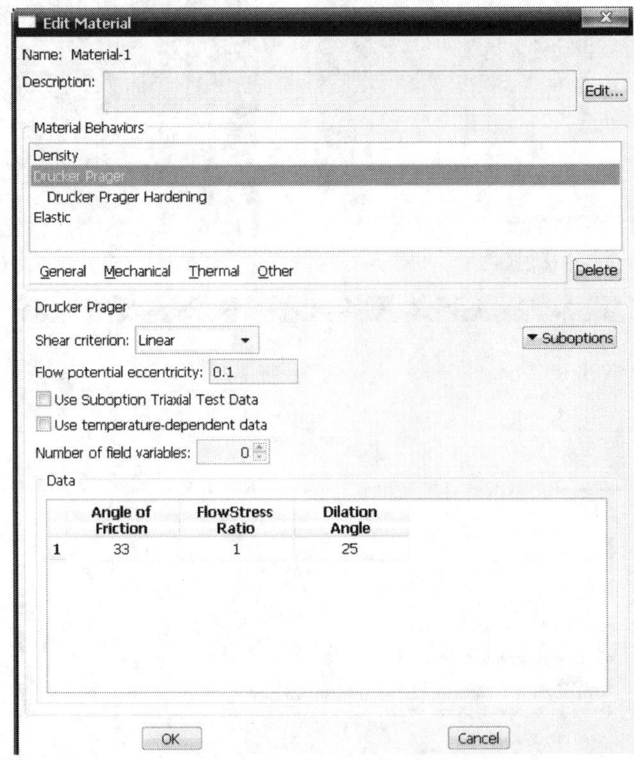

图 1-188　D-P 模型材料参数设置

同理,创建沉箱材料的创建操作。

2. 创建截面特性

单击工具栏中的 Create Section(创建截面)工具,弹出 Create Section 对话框。在 Name 栏中默认 Section-1 为截面名称,其他参数不变单击 Continue,弹出 Edit Section 对话框。在 Materi 栏显示出之前定义的材料 Material-1,单击 OK,完成对土体截面特性的创建。

同理,创建沉箱也就是 PartZ 的截面特性。

3. 分配截面特性

单击工具区中的 Assign Section(分配截面)工具，按住鼠标左键选中整个土体，单击鼠标中键弹出 Edit Section Assignment(编辑截面分配)对话框，Section 栏选择 Section-1，单击 OK，完成对土体截面特性分配。

同理，对 Section-2 完成截面特性分配。

(四)定义装配件

在环境栏的 Module(模块)列表中选择 Assembly(装配)功能模块，该模块用于各个部件的装配，定义装配件。每个模型只能包含一个装配件。

单击工具区中的 Instance Part(创建部件实体)工具，弹出 Create Instance 对话框，如图 1-189 所示。按住 Ctrl 键选择所有部件，单击 OK，完成模型的装配，如图 1-190 所示。

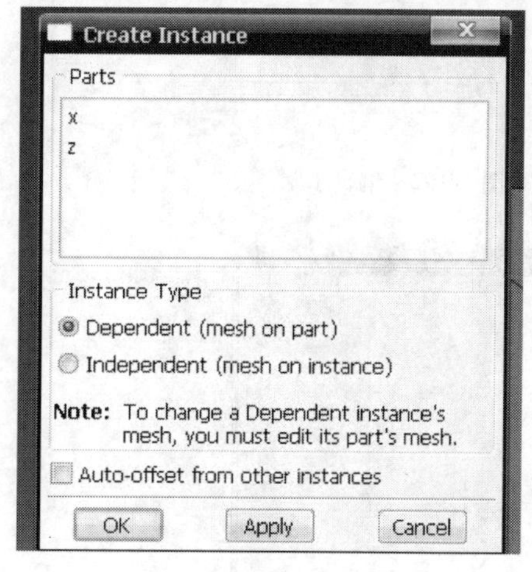

图 1-189 创建部件

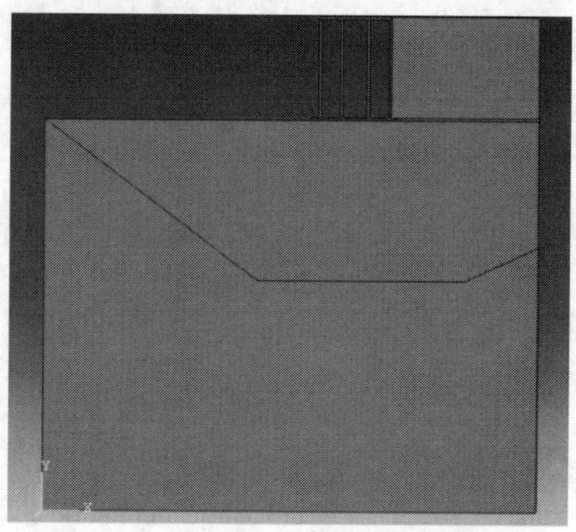

图 1-190 部件创建完成

(五)设置分析步和变量输出

在环境栏的 Module(模块)列表中选择 Step(分析步)功能模块。

1. 设置分析步

单击工具区中的 Create Step(创建分析步)工具，弹出 Create Step 对话框，如图 1-191 所示。Name 栏内输入 geostatic 为分析步名称，选择 Geostatic，单击 Continue，弹出 Edit Step 对话框，将 Nlgeom 设置为 On，如图 1-192 所示。

2. 编辑变量输出要求

创建分析步后，Abaqus/CAE 会自动创建默认的场变量输出要求和历史变量输出要求。单击工具区中的 Field Output Requests Manager(场变量输出要求管理器)工具，在弹出的场变量输出要求管理器中可以看到 geostatic 分析步的默认场变量输出要求，如图 1-193 所示。单击 Edit，弹出 Edit Field Output Request 对话框，在 Output Variables 栏中选择 all，单击 OK 完成此操作，如图 1-194 所示。

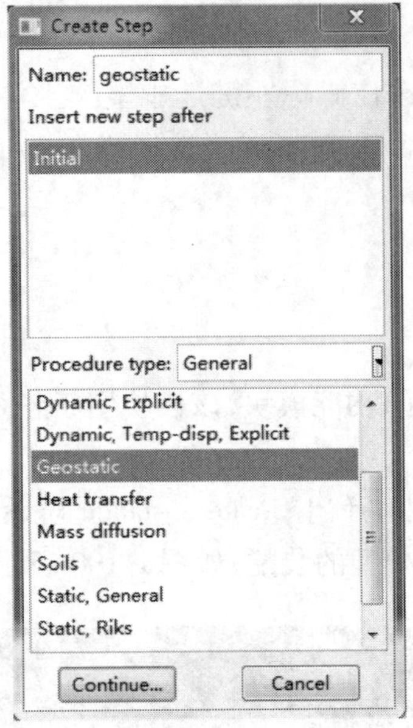

图 1-191　创建步骤

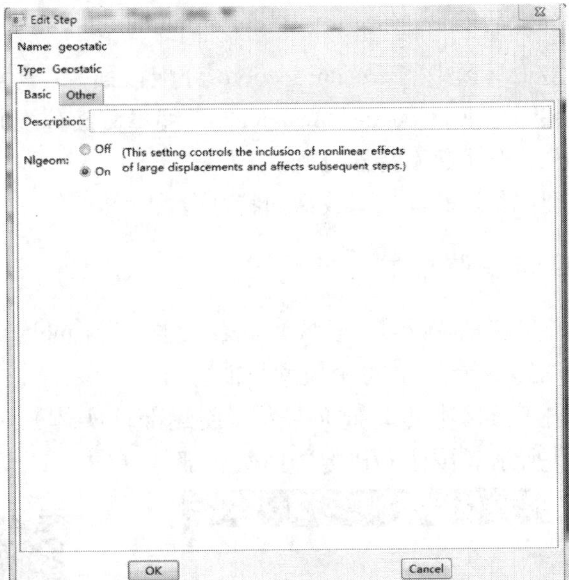

图 1-192　编辑步骤

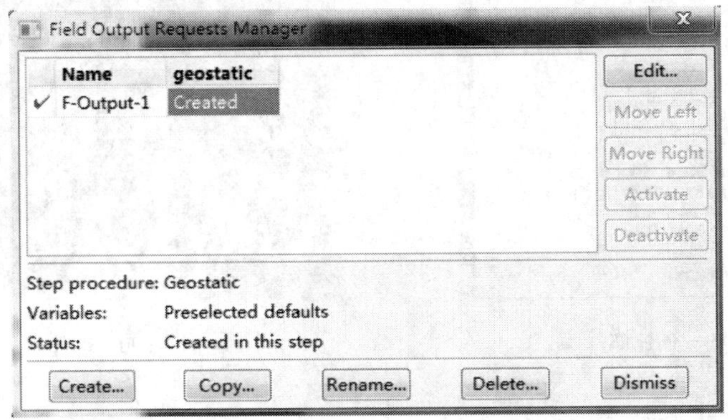

图 1-193　输出的管理

同理,单击工具区中的 History Output Requests Manager(历史变量输出要求管理器)工具 ,完成对历史变量输出要求的操作。

(六)定义相互作用

1. 设置接触属性

单击工具区中的 Create Interaction Property(创建相互作用属性)工具 ,弹出 Create Interaction Property 对话框,如图 1-195 所示;Name 栏中默认,Type 选择 Contact,单击 Continue,弹出 Edit Contact Property 对话框(图 1-196),选择 Mechanical→Tangential Behavior,在Friction Formulation 栏中选择 Penalty,在 Friction Coeff 数据栏输入 0.25,如图 1-196 所示。

2. 定义接触

定义接触首先要建立接触对,本例中接触对共 4 对。

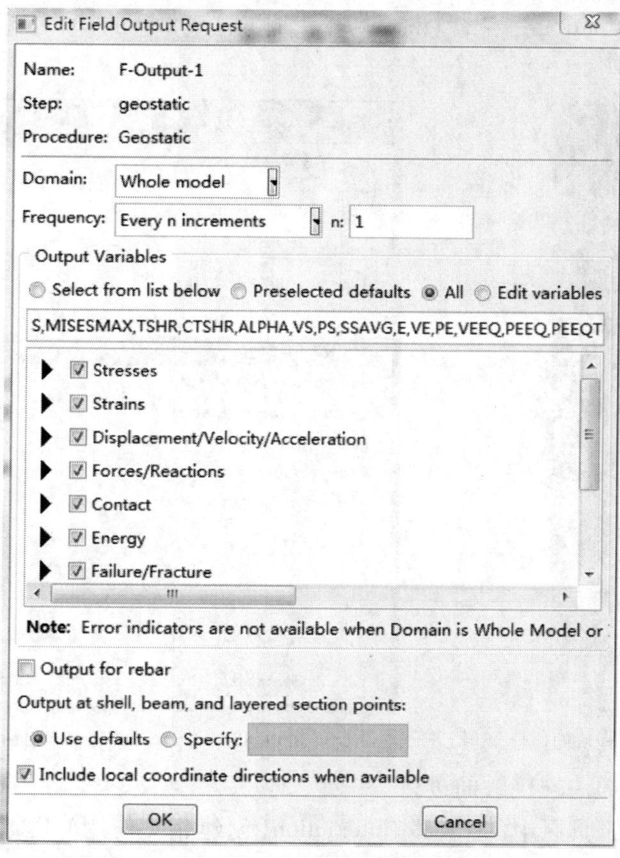

图 1-194　输出的设置

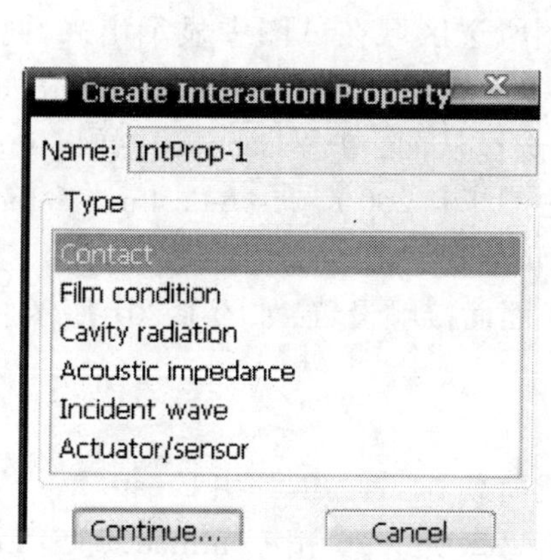

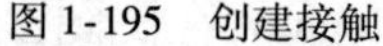

图 1-195　创建接触

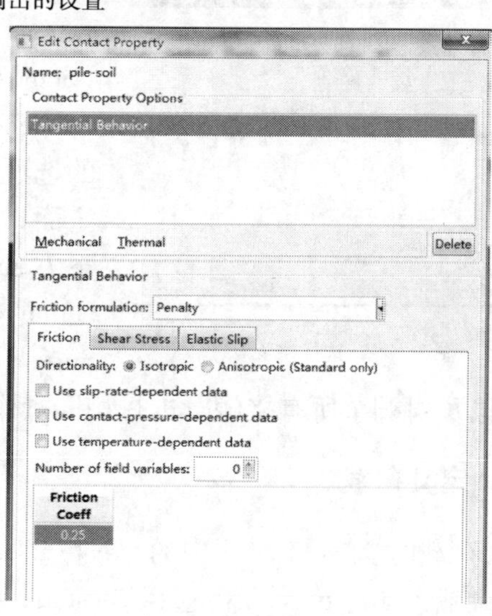

图 1-196　编辑接触

为了操作方便，在 Part 模块中进行切分操作。单击工具区中的 Partition Face Sketch，弹出如下图所示绘图界面，根据模型坐标利用⋰对 Z 进行切分，如图 1-197 所示。

定义接触面：在菜单栏中选择 tools→surface→creat，弹出 Create Interaction 对话框，Name

栏输入 Int-1,点击 Continue,在视图区选择海侧与土接触的边,然后点击鼠标中键,如图 1-198 所示。

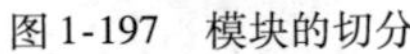

图 1-197　模块的切分

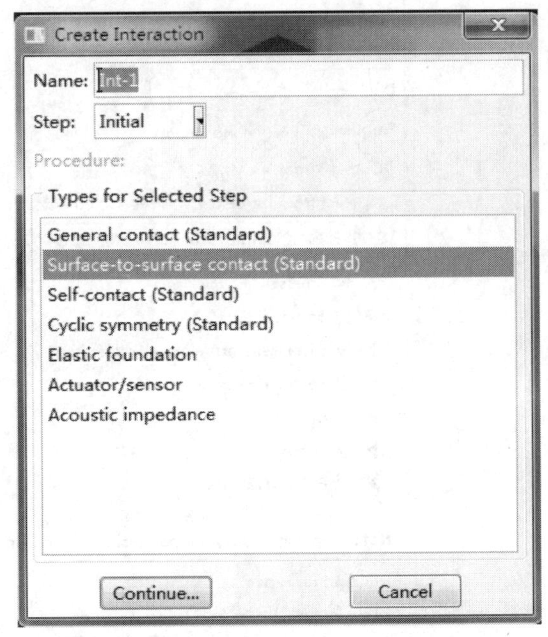

图 1-198　Create Interaction 对话框

同理,可对其他部件的接触面进行一一定义。

定义接触:单击工具区中的 Create Interaction(创建相互作用)工具,弹出 Create Interaction 对话框,如图 1-198 所示,Step 栏中选择 Initial,Types for Selected Step 栏选择 Surface-to-surface contact (Standard),单击 Continue,在试图去右下方单击 Surfaces,弹出 Region Selection 对话框,将 Name 栏下方的选项打钩使所选区域在试图中显示出来,此时选择主面,如图 1-199 所示;单击 Continue→单击试图区左下方 surface,选择从面,单击 Continue,弹出 Edit Interaction 对话框(图 1-200),Discretization Method 选择 Surface to Surface。

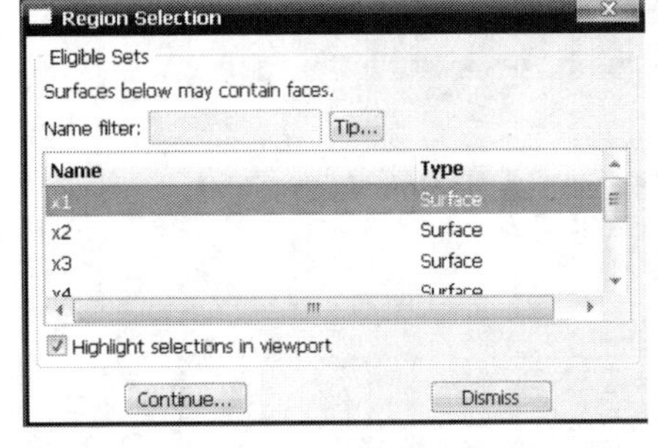

图 1-199　选择主面

同理,可对剩余所有接触对进行相同操作,完成面面接触设置,如图 1-201 所示。

(七)定义荷载

定义荷载时,单击工具区中的 Create Load(创建荷载)工具,弹出 Create Load 对话框,Name 栏中输入 gravity,step 栏选择 geostatic,如图 1-202 所示;单击 Continue,弹出 Edit Load 对话框,在 2 方向上键入 -9.8,如图 1-203 所示;单击 Edit Region,在试图区选中整个码头结构,单击鼠标中键,结果如图 1-204 所示。

创建边界条件:单击工具区中的 Create Boundary Condition(创建边界条件)工具,弹出,Create Boundary Condition 对话框,Step 栏选择 Initial,Types for Selected Step 选择 Displacement/Rotation，如图 1-205 所示；单击 Continue，选择模型土体的左右两边，单击鼠标中键，弹出 Edit Boundary Condition 对话框，约束 x 方向，如图 1-206 所示，单击 OK，完成此操作，同理对模型底部进行 y 方向约束，结果如图 1-207 所示。

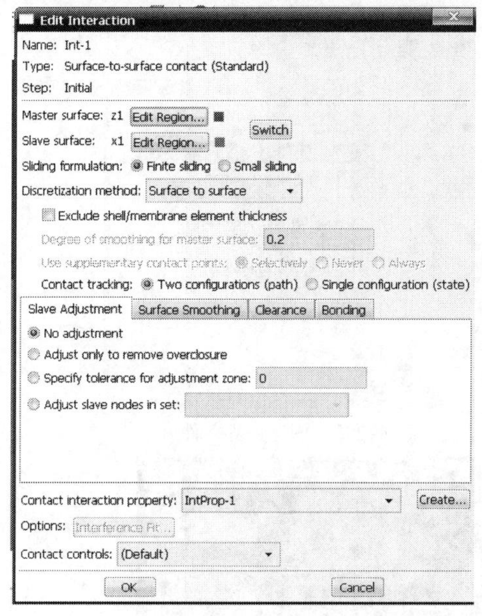

图 1-200　Edit Interaction 对话框

图 1-201　面面接触设置完成

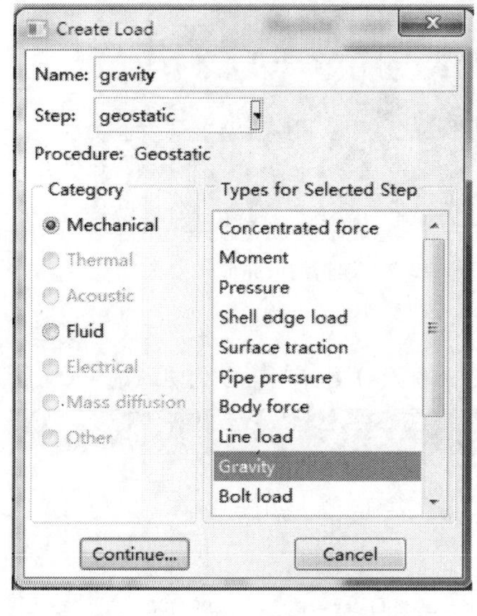

图 1-202　创建重力荷载

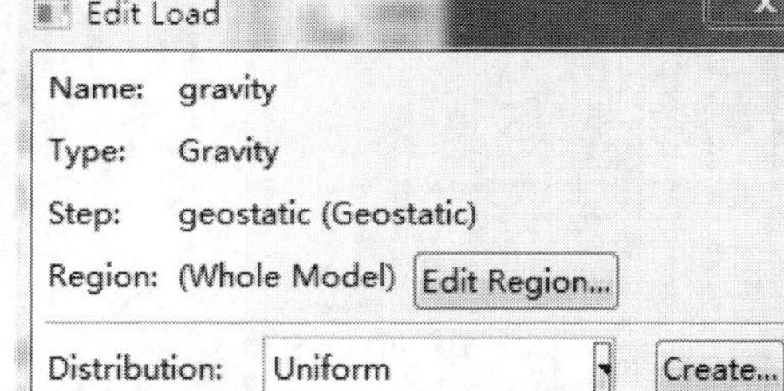

图 1-203　重力的设置

（八）划分网格

进入 Mesh 模块后，首先将环境中的 Object（对象）选择为 Part，并在 Part 列表中选择要操作的部件。

首先对土体进行网格划分。为了能使网格更加规则，需要将土体进行划分，使土体的每

个分块都是规则的四边形，单击工具区中的 ，利用划线工具 ，将土体划分为如图 1-208 所示的情况。

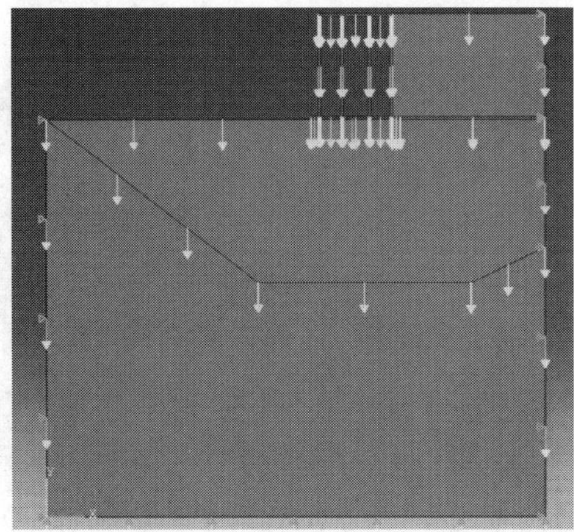

图 1-204　重力施加完成

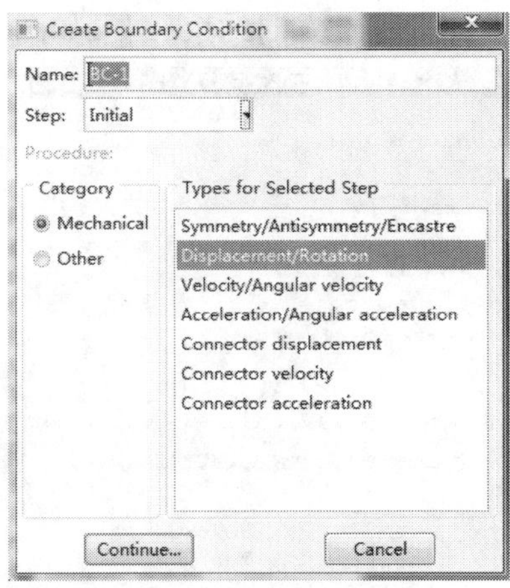

图 1-205　创建边界条件

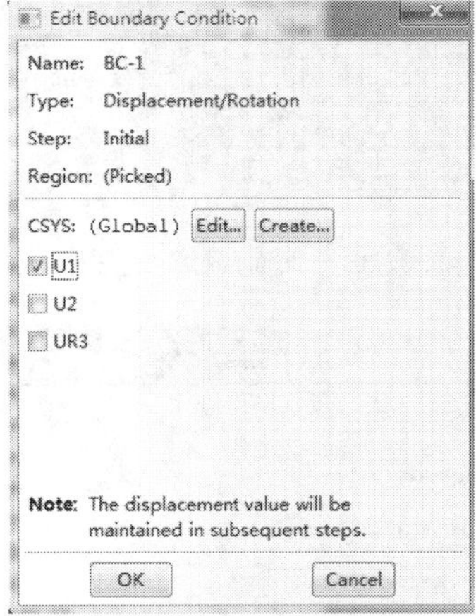

图 1-206　编辑边界条件

图 1-207　编辑约束完成

1. 撒种子

单击工具区中的 按钮，在 Approximate global size 中输入 0.8，单击 OK，如图 1-209 所示。

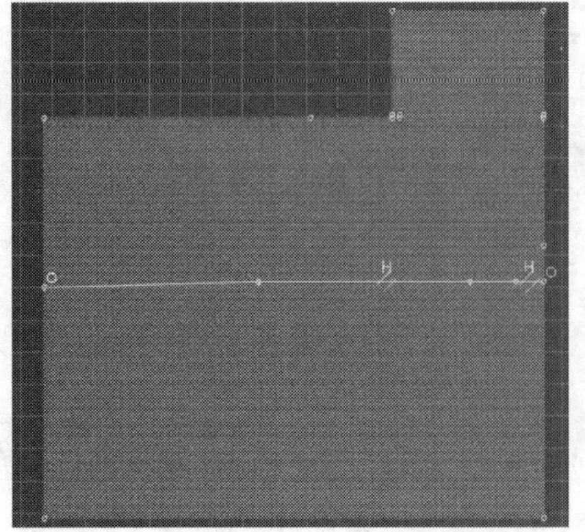

图 1-208　土体网格的划分

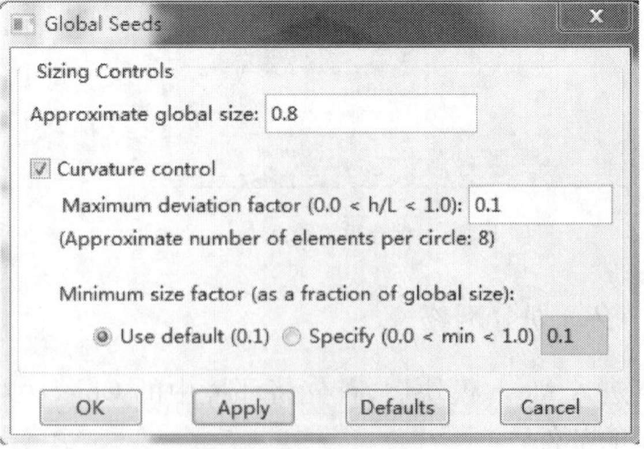

图 1-209　网格尺寸设置

2. 网格控制

单击工具区中的 Assign Mesh Controls 工具，在试图区中选择整个土体，弹出 Mesh Controls 对话框，如图 1-210 所示。该对话框用于选择单元形状（Element Shape）、网格划分技术（Technique）和对应的算法（Algorithm）；在 Element Shape 栏中选择 Quad（四边形），网格划分技术选择 Structured，单击 OK，如图 1-211 所示。

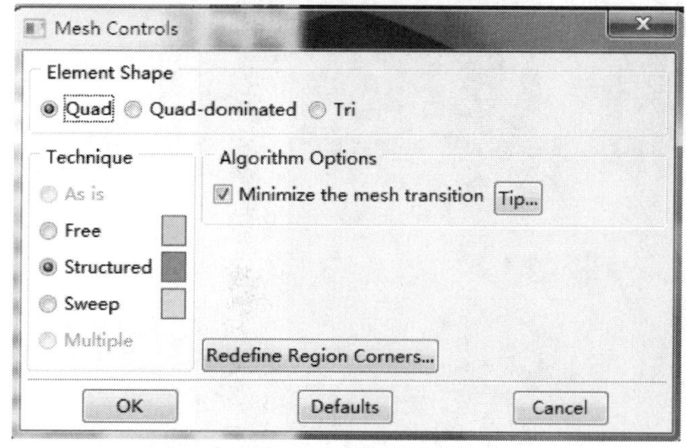

图 1-210　网格控制

图 1-211　各部件的显示

3. 设置单元类型

在设置了网格控制（Mesh Control）后，单击工具区中的 Assign Element type 工具，弹出如图 1-212 所示的 Element Type 对话框，在 Family 栏中选择 Plane Strain，单击 OK。

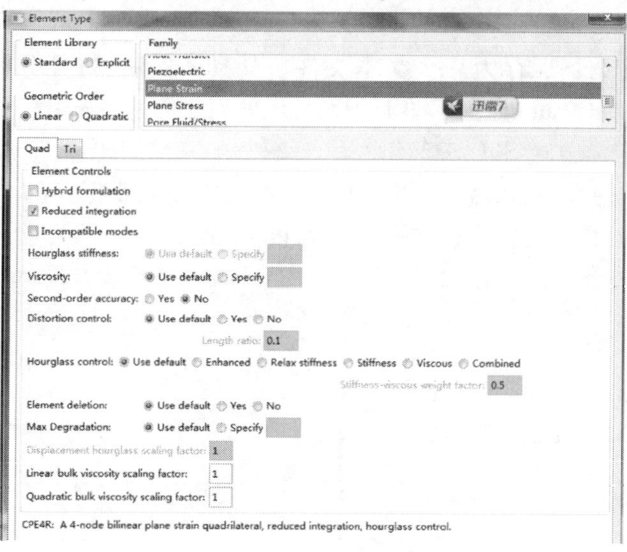

图 1-212　单元类型设置

4. 网格划分

单击工具区中的 Mesh Part，在视图区左下方点击 Yes，完成网格划分，结果如图 1-213 所示。

同理，对另一部件进行网格划分，种子为 1，如图 1-214 所示。

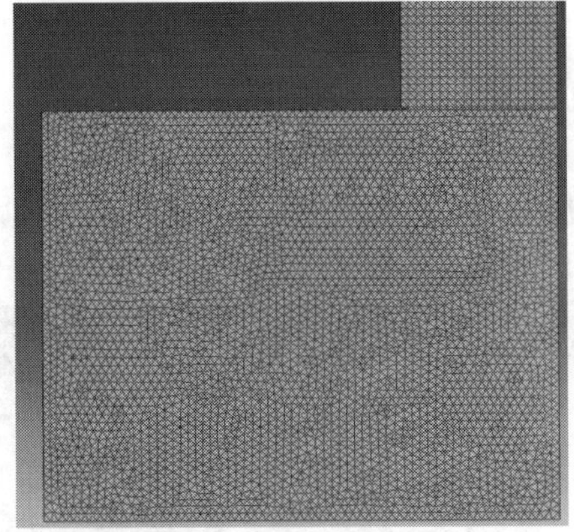

图 1-213　网格划分完成

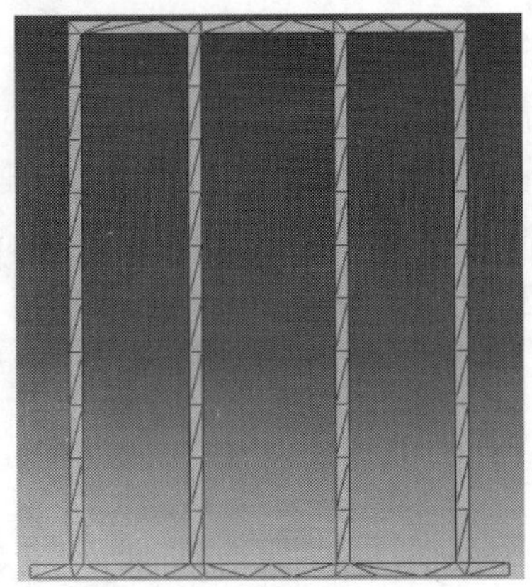

图 1-214　其他部件的网格划分

(九)提交 job

1. 创建 job1

点击工具区中的,创建 job1;

在命令行中输入“mdb. models [‘Model-1’]. setValues(noPartsInputFile = ON)”

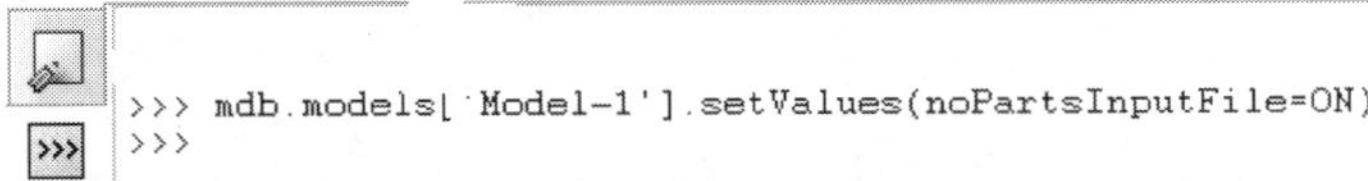

提交 job。

2. 将应力场保存为文本文件的具体做法

将分析得到的应力场保存为一个文本文件。其具体做法:打开分析得到的 ODB 文件,选择菜单 Report→Field Output,在下图 1-215 所示的对话框中,选中积分点上的各个应力分量(对于二维问题,应力分量 S11、S22、S33 和 S12;对于三维问题,还应选中 S13 和 S23)。

单击此对话框中的 Setup 标签页,在 Name 文本框中输入要保存的文件名 cc. inp,取消对 Append to file 的选择(即创建一个新文件),在 Write 后面只选中 Field Output(如图 1-216 所示)。

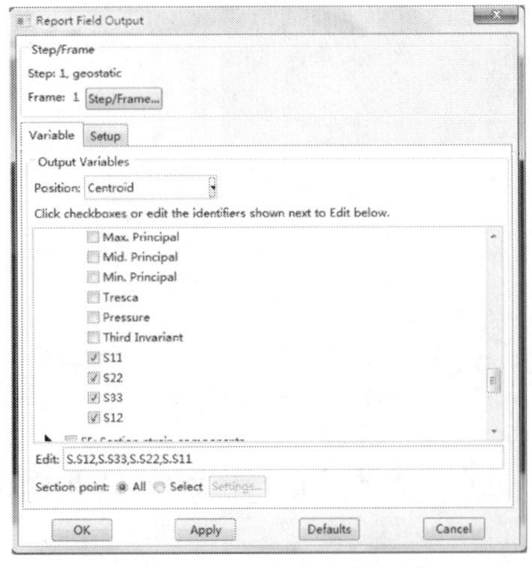

图 1-215　输出的应力类型选择

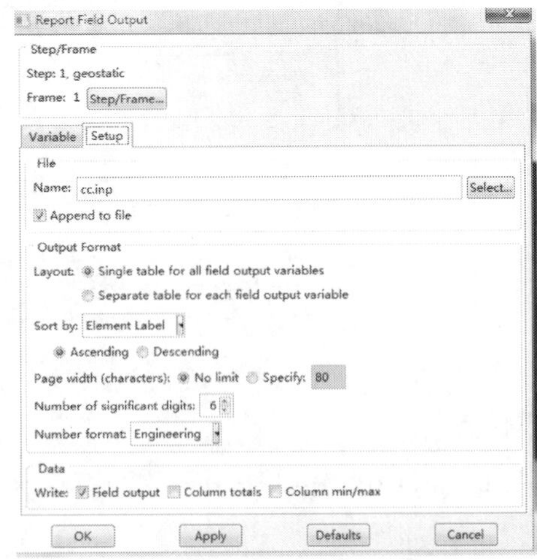

图 1-216　输出设置

此处输出的是当前增量步结束时的应力结果,因此上述对话框顶部的 Step 必须是 Geostatic分析步,Frame 必须是 1。如果 Frame 是 0,会看到输出的应力都是 0。

3. 修改前和修改后的数据

用 Excel 打开上述文件 cc. inp,在“文本文件导入向导”的步骤 1 中选择“分隔符号”,在步骤 2 中选择“Tab”键和“空格”键,这样 cc. inp 中的各列数据就成为 Excel 表格中的各个列。

删除表格中开始几行的模型信息,再删除积分点编号所在的第 2 列数据(都为数字 1),只保留单元编号和各个应力分量列,并将各个应力分量的科学计数法格式改为显示小数点后 5 位数字。修改前和修改后的数据如图 1-217、图 1-218 所示。

Output	reported	at	element	centroid	for	part:	PILE-1-1	
Element	S. S11	S. S22	S. S33	S. S12				
Label	@Loc	1	@Loc	1	@Loc	1	@Loc	1
1	-2. 01E+04	-7. 91E+04	-1. 98E+04	-6. 33E+04				
2	-2. 22E+04	-4. 66E+04	-1. 38E+04	-3. 19E+04				
3	-7. 63E+03	-1. 48E+04	-4. 48E+03	-6. 13E+03				
4	-2. 12E+05	-5. 59E+05	-1. 54E+05	-3. 10E+04				
5	-1. 33E+05	-5. 77E+05	-1. 42E+05	7. 97E+03				
6	-1. 65E+05	-6. 08E+05	-1. 55E+05	-5. 67E+03				
7	-1. 35E+05	-6. 39E+05	-1. 55E+05	-2. 30E+04				
8	-1. 58E+05	-6. 70E+05	-1. 66E+05	-3. 56E+04				
9	-1. 49E+05	-7. 00E+05	-1. 70E+05	-4. 67E+04				
10	-1. 59E+05	-7. 31E+05	-1. 78E+05	-6. 44E+04				
11	-1. 60E+05	-7. 60E+05	-1. 84E+05	-7. 84E+04				
12	9. 40E-05	3. 60E-04	9. 09E-05	-1. 46E-04				
13	3. 19E+04	-1. 46E+05	-2. 28E+04	3. 22E+03				
14	-3. 83E+04	-1. 75E+05	-4. 27E+04	-355. 07				
15	3. 80E+04	-2. 04E+05	-3. 31E+04	-4. 38E+03				
16	-3. 88E+04	-2. 32E+05	-5. 41E+04	-1. 36E+03				
17	3. 91E+04	-2. 60E+05	-4. 42E+04	-3. 97E+03				

图 1-217 修改前

1	-3. 15E+05	-5. 48E+05	-3. 02E+05	-2. 21E+03
2	-3. 09E+05	-5. 37E+05	-2. 96E+05	-5. 65E+03
3	-3. 03E+05	-5. 26E+05	-2. 90E+05	-1. 02E+04
4	-2. 97E+05	-5. 15E+05	-2. 84E+05	-1. 37E+04
5	-2. 92E+05	-5. 04E+05	-2. 79E+05	-1. 85E+04
6	-2. 85E+05	-4. 93E+05	-2. 72E+05	-2. 20E+04
7	-2. 81E+05	-4. 83E+05	-2. 67E+05	-2. 72E+04
8	-2. 74E+05	-4. 70E+05	-2. 61E+05	-3. 07E+04
9	-2. 71E+05	-4. 60E+05	-2. 56E+05	-3. 66E+04
10	-2. 64E+05	-4. 47E+05	-2. 49E+05	-3. 99E+04
11	-2. 62E+05	-4. 37E+05	-2. 45E+05	-4. 63E+04
12	-2. 56E+05	-4. 21E+05	-2. 37E+05	-4. 92E+04
13	-2. 54E+05	-4. 12E+05	-2. 33E+05	-5. 54E+04
14	-2. 50E+05	-3. 91E+05	-2. 24E+05	-5. 70E+04
15	-2. 45E+05	-3. 83E+05	-2. 20E+05	-6. 04E+04
16	-2. 44E+05	-3. 57E+05	-2. 10E+05	-6. 16E+04
17	-2. 25E+05	-3. 54E+05	-2. 03E+05	-5. 50E+04
18	-2. 22E+05	-3. 36E+05	-1. 95E+05	-7. 09E+04
19	-2. 01E+05	-3. 17E+05	-1. 81E+05	-5. 38E+04

图 1-218 修改后

下面将上述数据输出为以逗号分隔的文本文件 cc. csv,其具体的方法是:在 Excel 中单击菜单“文件”→“另存为”,将文件类型设置为“CSV(逗号分隔)”,对于出现的提示信息,单击“是”,即可,如图 1-219 所示。

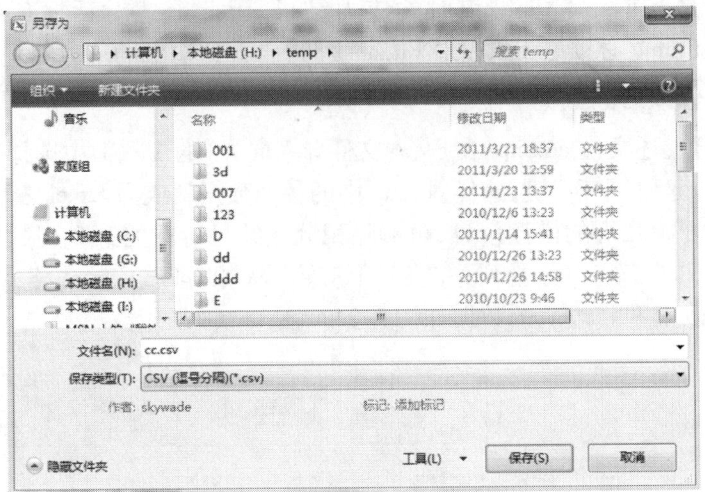

图 1-219　另存的方式

4. 为模型中定义初始应力场

为模型中定义初始应力场。在 Abaqus/CAE 中无法直接定义初始应力，只能手工添加关键词，其具体方法为：

将原来的 CAE 模型另存为 a. cae，选择菜单 Model→Edit keywords，在 * STEP 语句之前添加以下语句（图 1-220、图 1-221 为关键字修改前后）：

* initial conditions, type = stress, input = cc. csv

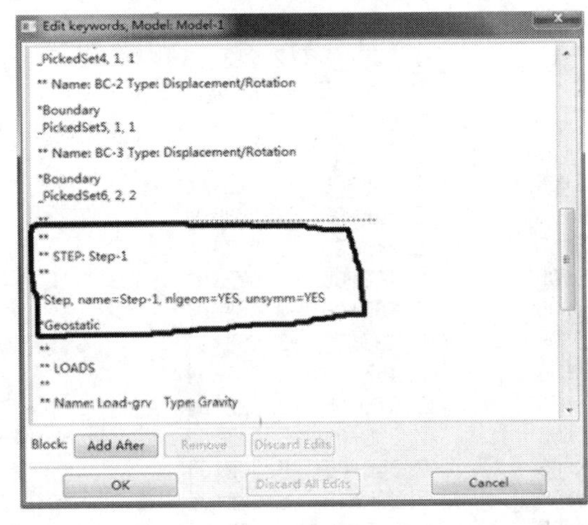

图 1-220　关键字添加前

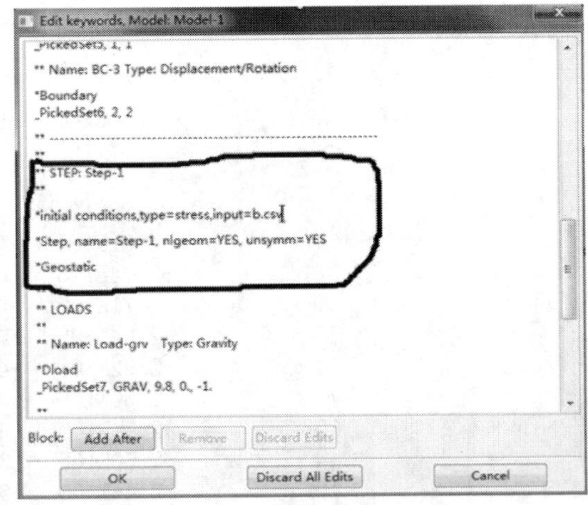

图 1-221　关键字添加后

5. 重新提交分析时的注意事项

在 job 功能模块中将分析作业名 Job-WithInitialCondition，重新提交分析。注意，初始应力场文件。cc. csv 应该和 INP 文件 Job-WithInitialCondition. inp 位于同一个路径下，否则将会出现下列错误信息：

The following file(s) could not be located: cc. csv（无法找到文件 cc. csv）

6. 查看地应力平衡结果

查看地应力平衡结果时，打开 Job-WithInitialCondition. odb 初始状态下（0 时刻），模型就具有了一个初始应力场。

7. 添加其他分析步后定义实际荷载及其结果

上面就已经完成了初始地应力平衡，接下来可以添加其他分析步（例如普通的静力分析步 Static，General），定义实际的荷载（图 1-222），在码头前方施加竖向荷载 40kPa，后方施加 20kPa（图 1-223）。

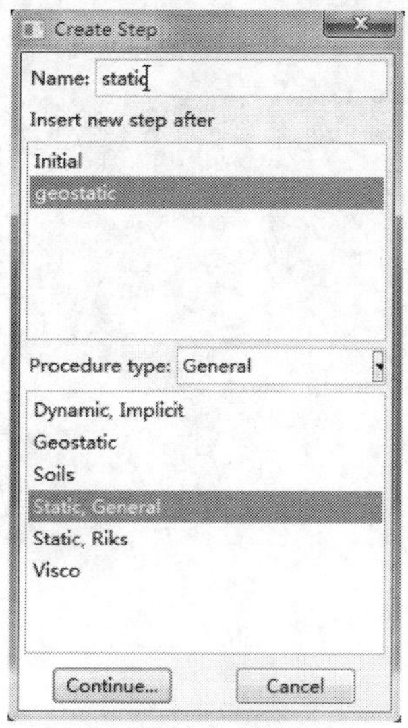

图 1-222　选择静力

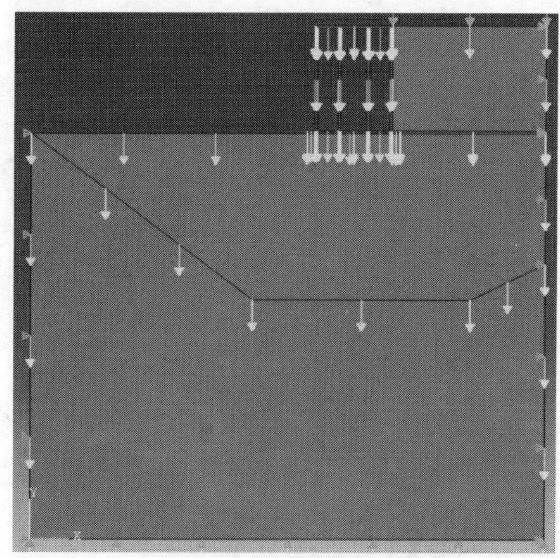

图 1-223　施加荷载

图 1-224、图 1-225 分别为施加荷载后码头结构的竖向位移和水平位移。

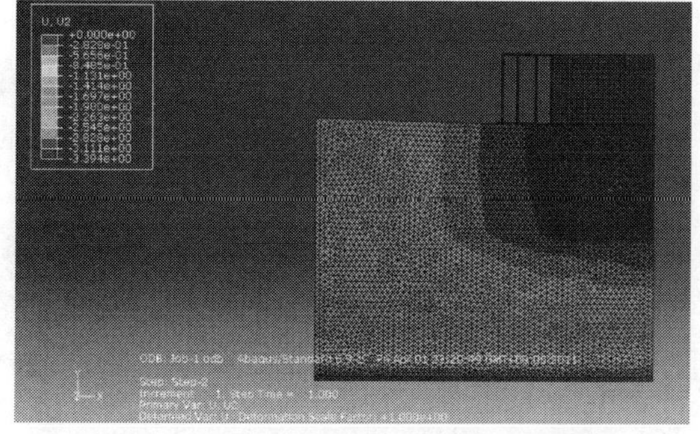

图 1-224　施加荷载后码头结构的竖向位移

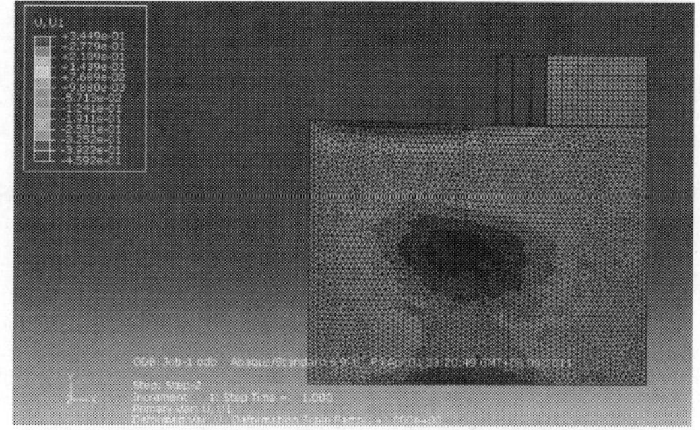

图 1-225　施加荷载后码头结构的水平位移

（十）后处理

1. 创建路径

在 Visualization 功能模块中，可以选择菜单 Tools→Path→Create 创建路径。先利用 Create Display Group，如图 1-226 所示；使桩体在视图区中单独显示出来（图 1-227），创建路径，选择菜单 Tools→Path→Create 弹出 Create Path 对话框，Name 栏输入 Path-1（默认），Type

选择 Node list,如图 1-228 所示,单击 Continue,弹出 Edit Node List Path 对话框,如图 1-229 所示;单击 Add Before 之后在桩体上从上到下一次选择点,如图 1-230 所示,点击 Done→OK,至此路径创建完成。

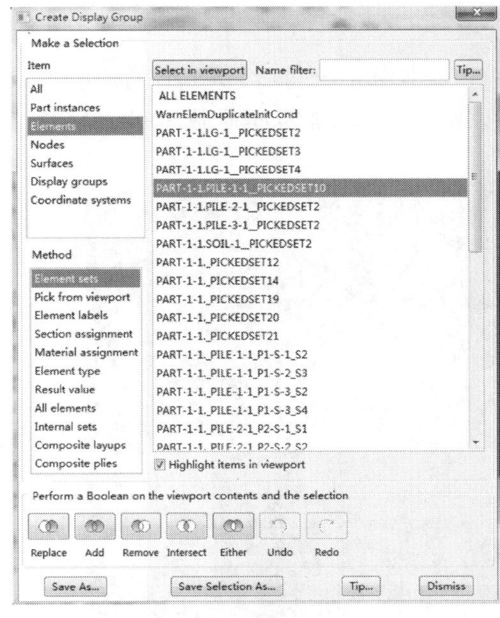

图 1-226　选择部件

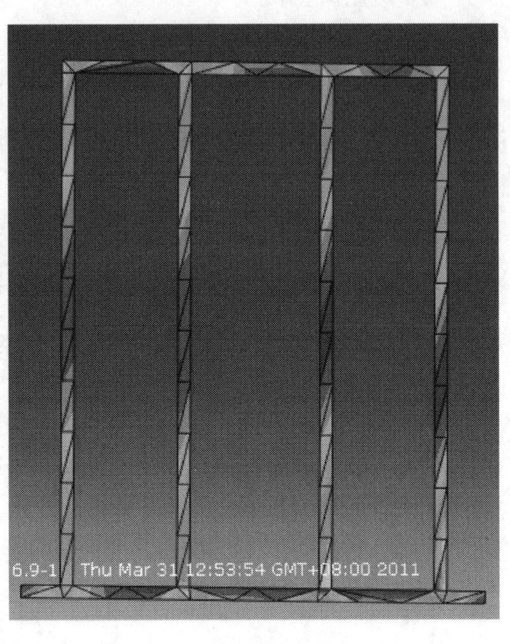

图 1-227　桩的单独显示

图 1-228　选择 Node

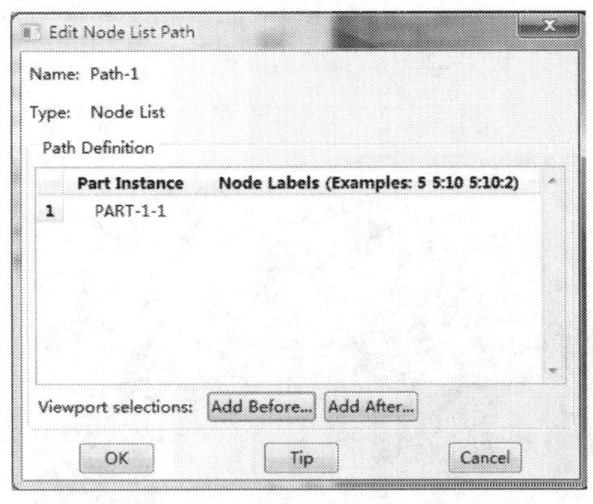

图 1-229　Edit Node List Path 对话框

2. 按路径输出结果

本例输出桩土接触力作为输出结果。单击工具区中的 Create XY Data ,弹出 Create XY Data 对话框,Source 选择 Path,如图 1-231 所示;单击 Continue,弹出 XY Data from Path 对话框,Points Locations 选择 Include intersections,Field Output 选择 CPRESS,如图 1-232 所示;单击 Save As 保存为 XY Data-1,或单击 Plot,则输出桩体与土的接触力随桩体高程的变化,如图 1-233 所示。

同理,可以输出 s,u1,u2 的变化趋势图,如图 1-234 所示。

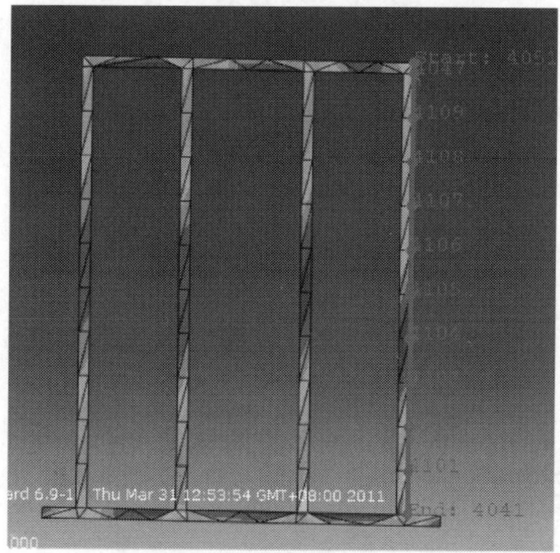

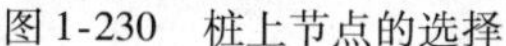

图 1-230　桩上节点的选择

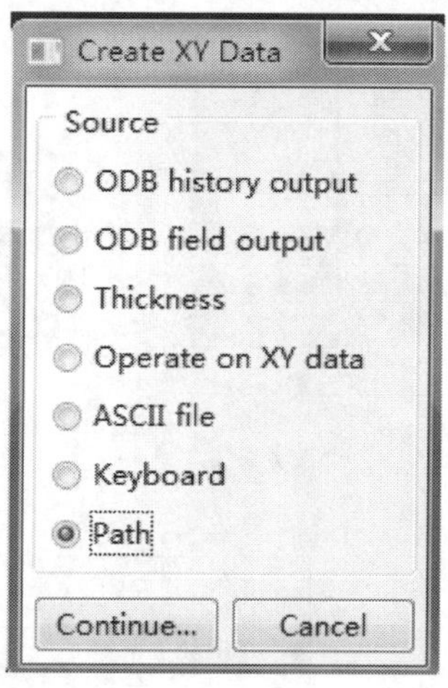

图 1-231　选择 Path

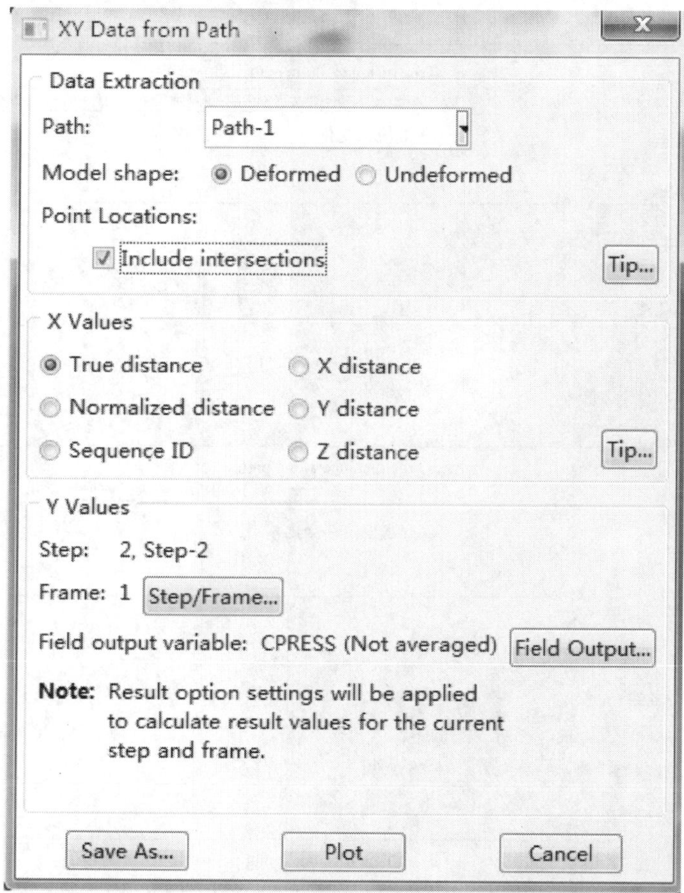

图 1-232　XY Data from Path 对话框

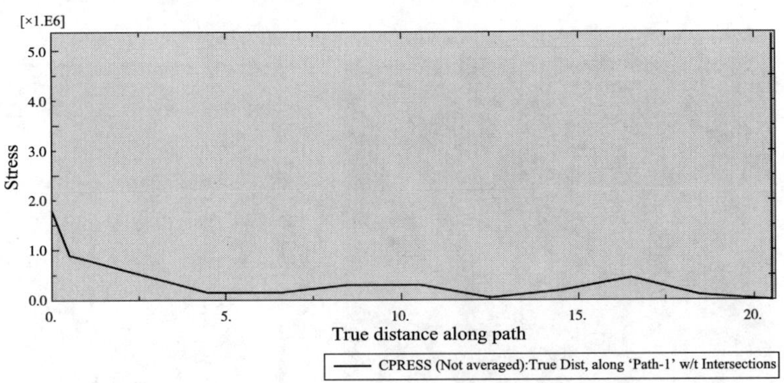

图 1-233　应力变化曲线

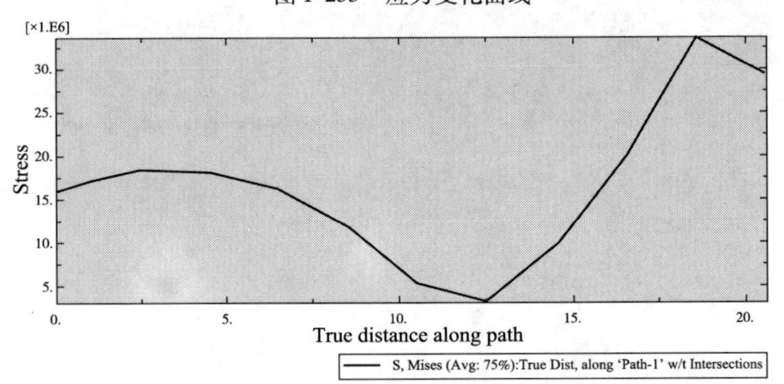

a)应力变化图

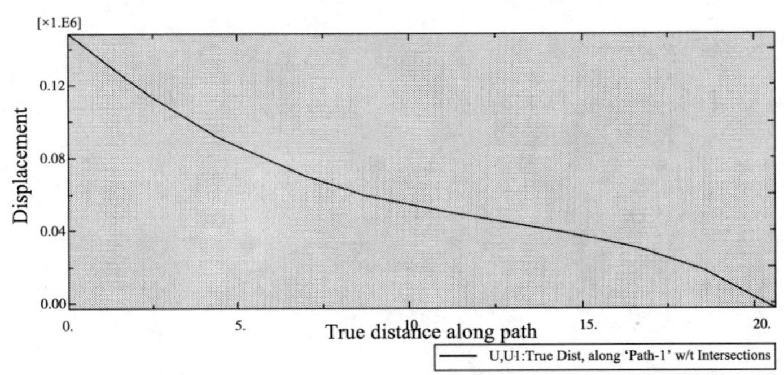

b)水平位移变化

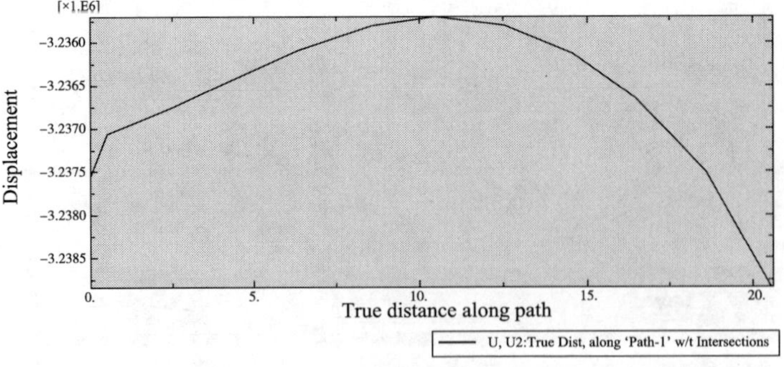

c)竖向位移变化

图 1-234　应力、位移变化曲线

结论及应用领域说明：该模型操作完成后，就基本上熟悉了基于 ABAQUS 软件的重力式码头的具体操作，也可反复一次或多次该模型的操作，以达到较为熟悉的程度。该模型的建立和操作后可并将之应用在重力式码头、海岸工程、边坡稳定性计算等领域。

第四节　ABAQUS 在海堤中的应用实例

该应用实例和建立该模型的目的：使读者能将 ABAQUS 软件应用到海堤中，熟悉和掌握 ABAQUS 在海堤建模、地基建模，海堤地基地应力平衡，海堤上荷载施加、整个海堤边坡稳定性、求解和后处理等。

一、几何模型描述

某海堤堤高 5m，堤顶宽 6m，迎水侧和背水侧坡度均为 1:2，地基存在软弱层，厚度为 1m，埋深 2m。地基两侧计算宽度均采用 20m，深度方向采用 30m，迎水侧最不利计算水深 4m，采用 Drucker-Prager 模型分析，在土体两侧的截断处限制 X 轴方向位移，即 U1 = 0；在土体底端限制 X 和 Y 轴方向位移，即 U1 = U2 = 0。有限元模型如图 1-235 所示；计算参数如表 1-4 所示。

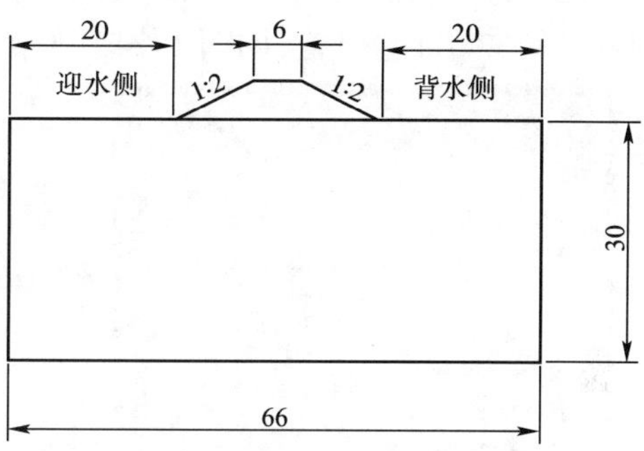

图 1-235　海堤有限元模型（尺寸单位：m）

海堤填土物理力学参数　　表 1-4

层次	土层名称	密度（kg/m^3）	弹性模量（Pa）	泊松比	内摩擦角（°）	内聚力（kPa）
1	海堤填土	1900	1×10^7	0.3	30	30
2	海底地基	1700	4×10^6	0.3	25	30

二、具体操作步骤

（一）启动 Abaqus/CAE

在 Windows 操作系统中：开始→所有程序→ABAQUS6.9→Abaqus/CAE，或者在操作系统的 DOS 窗口中键入命令：abaqus cae，启动 Abaqus/CAE，然后在出现的 Start Session（开始任务）对话框中选择 Create Model Datebase（创建新模型数据库）（图 1-236）。

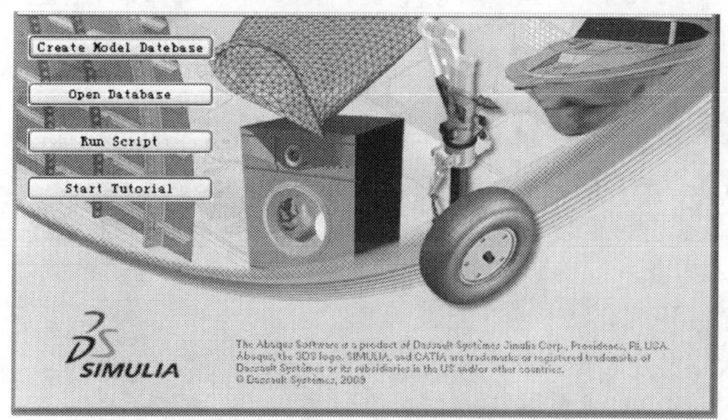

图 1-236　Start Session 对话框

（二）创建部件（Part）

进入绘图环境时默认的就是 Part 模块，单击左侧工具区中的 （Create Part），弹出如图 1-237 所示的 Create Part 对话框。在对话框中依次输入：Name（部件名）：Part-1→Modeling Space（模型所在空间）设为 2D

Planar→Type(Deformable)→Base Feature(Shell),Approximate size 输入 200,这个数值的大小,应根据模型的最大尺寸来确定:稍大于最大尺寸的 2 倍。单击 Continue,ABAQUS 自动进入绘图环境→绘图:单击绘图工具箱中的画线工具,在绘图栏下面对话框中依次点击坐标(-3,5)、(3,5)、(13,0)、(-13,0)、(-3,5)的位置,在视图区中双击鼠标中键完成对海堤部件(Part-1)的绘制,如图 1-238 所示→保存模型:点击窗口顶部工具栏中的,键入 foundation balance 作为文件名,保存模型。

定义接触面:在菜单栏 Tools→Surface→Create,如图 1-239 所示,创建 Part-1 中的接触面 Surf-1,单击 Continue,选择梯形下面边界,单击 Done。同理创建 Part-2,单击绘图工具箱中的画线工具,在绘图栏下面对话框中依次点击坐标(-33,0)、(33,0)、(33,-30)、(-33,30)、(-33,0)的位置,如图 1-240 所示。

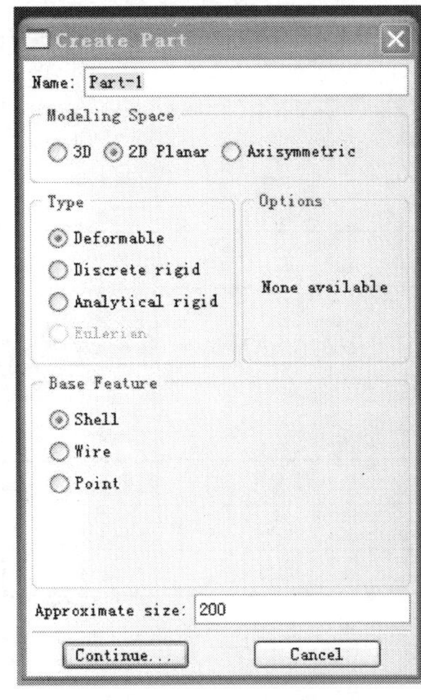

图 1-237 Create Part 对话框

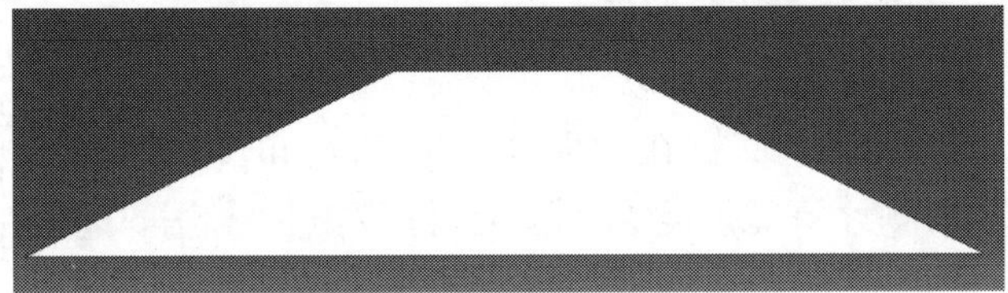

图 1-238 海堤部件(Part-1)

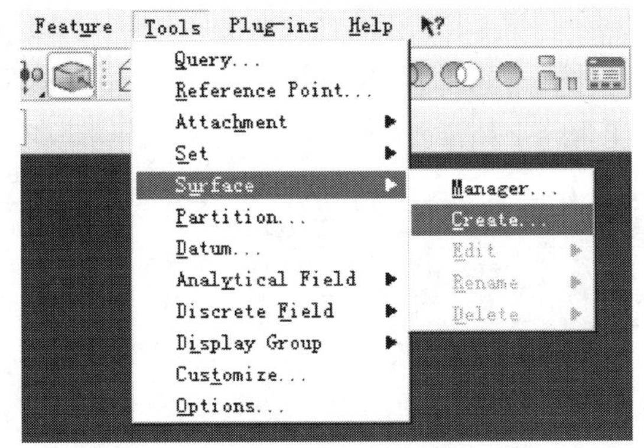

图 1-239 接触面的定义

切割 Part-2,单击,选择绘图工具中的,(注意此时的坐标系变化了,要找一个已知点的坐标,来推断出切割点的坐标),本例以(-33,15)点为参考点(也可以选取其他点作为参考点),此点是原来的(-33,0)点。选择(-13,15)点,画竖向直线;在选择(13,15)点画竖向直线,如图 1-241 所示,单击 Done,得到图 1-242。

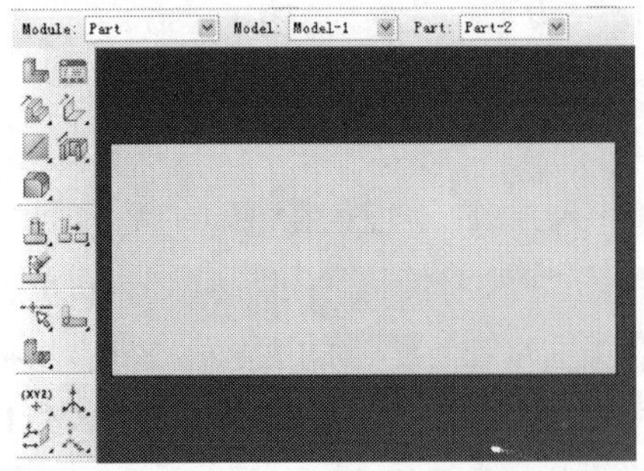

图 1-240 海堤部件(Part-2)

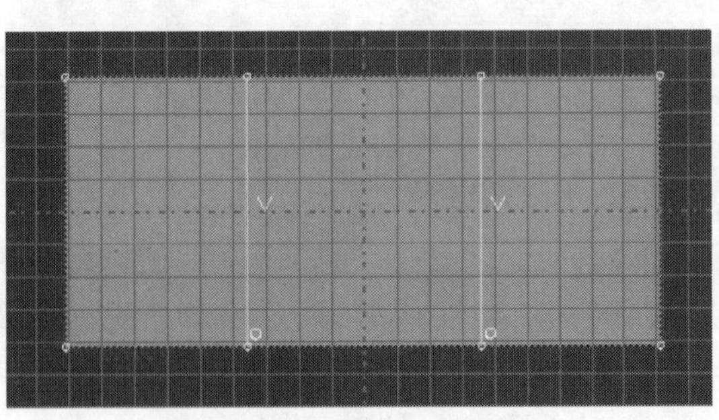

图 1-241 海堤 Part-2 的切割

定义 Part-2 的接触面 Surf-1，如图 1-243 所示中红线段。

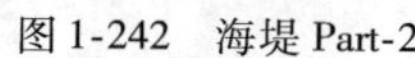

图 1-242 海堤 Part-2

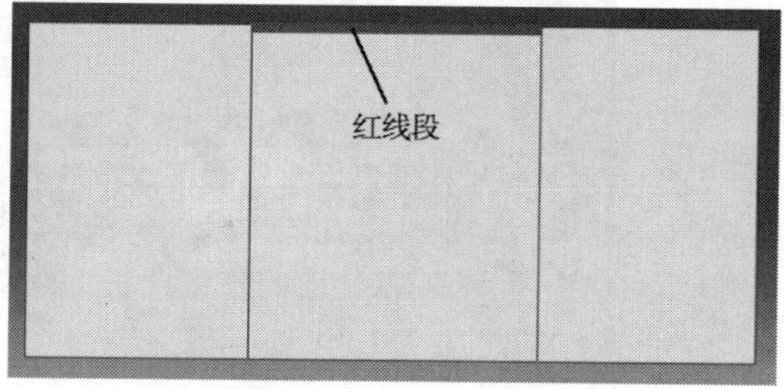

图 1-243 海堤 Part-2 中的接触面

（三）建立材料属性（Property）

在 Module 中切换到 Property 模块，在 Part 选项中选择 Part-1，单击，输入材料名称（Name）：Material-1，单击 General→Density，在弹出对话框中输入：密度 1900；然后单击 Mechanical→Elasticity→Elastic，在弹出的对话框中输入：Young's Modulus 1e7；poisson's Ratio 0.3；然后单击 Mechanical→Plasticity→Drucker Prager，在弹出的对话框中输入：Angle of Friction 30，FlowStress Ratio 1，Dilation Angle 0（图 1-244）。点击左边的Suboption→Drucker Prager Hardening，在弹出的对话框中输入：Yield stress 1e7，Abs Plastic Strain 0。单击 OK 完成 Part-1 材料的定义，如图 1-244 所示。

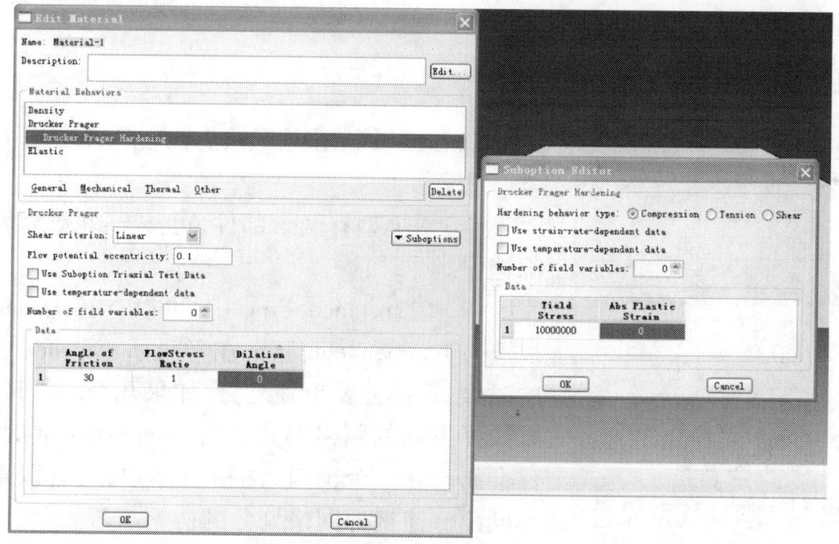

图 1-244 材料属性

单击按钮，输入名字：Section-1，选择 Soild，Homogeneous，单击 Continue，OK，完成截面的创立，如图 1-245 所示。

单击按钮，选取部件（单击或框选，选择后成粉红色，表示选中），单击 Done 或单击鼠标中键来确定。在弹出的对话框中选中 Section-1，单击 OK，到此处，就完成了 Part-1 材料属性的所有定义。同理定义 Part-2 的材料属性，要选择 Material-2 和 Section-2，保证各部分材料属性一一对应，如图 1-246 所示，完成 Part-2 的材料属性定义。

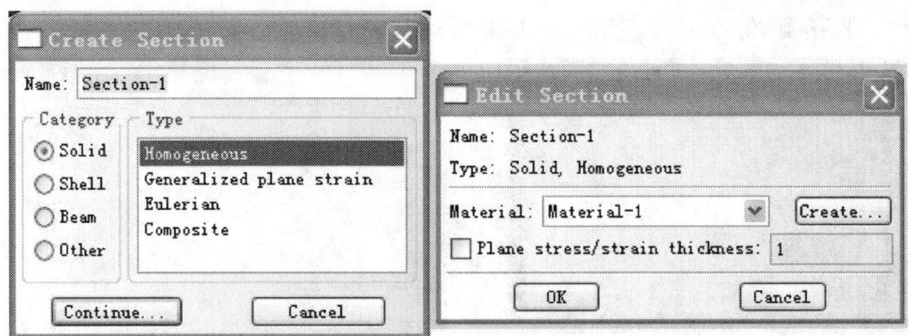

图 1-245　截面的创建和编辑

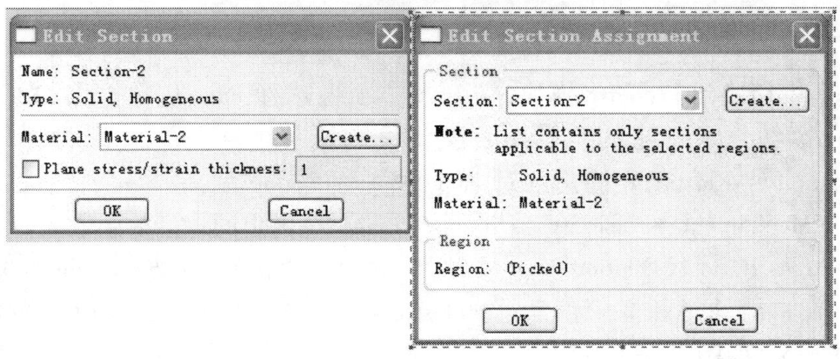

图 1-246　材料属性的赋予

(四)装配部件(Assembly)

在 Module 选择 Assembly 模块,单击,弹出对话框,采用默认值,单击 OK,如图 1-247 所示。

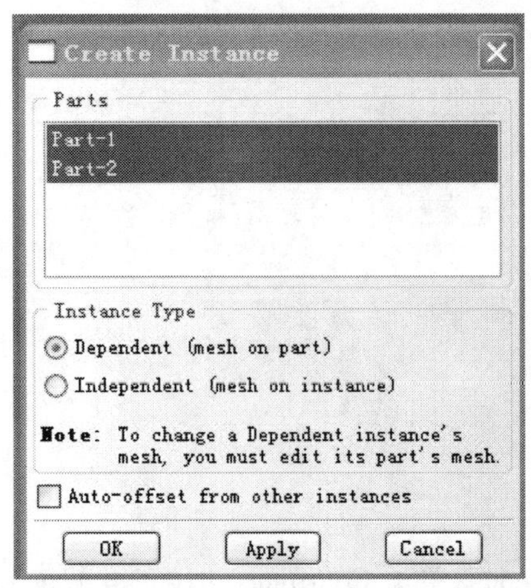

图 1-247　创建装配件

注意:

(1)本模型有两个部件,可按 Shift 键将两个部件全部选中。

(2)在 Instance Type 中,可以选择 Dependent,也可以选择 Independent,区别在于选择 Dependent,划分网格的时候,每部分要单独划分,如果几个部件形状不同,可以选择不同的网格形式;选择 Independent 时,所有的部件会出现在一个窗口,网格整体划分,可以直观地看到不同部件连接处网格划分的协调与否。

(五)创建分析步(Step)

在 Module 选择 Step 模块,单击 ,弹出下面的对话框,创建分析步 Step-1,选择 Geostatic,单击 Continue,在分析步编辑框 Basic 中选择 On(如果在发生大变形的情况下要选择 On),其他默认,单击 OK,如图 1-248 所示。

单击,单击 Continue,在出现的对话框中,Output Variables 选项中选择 All,其他选项为默认。如图 1-249 所示。

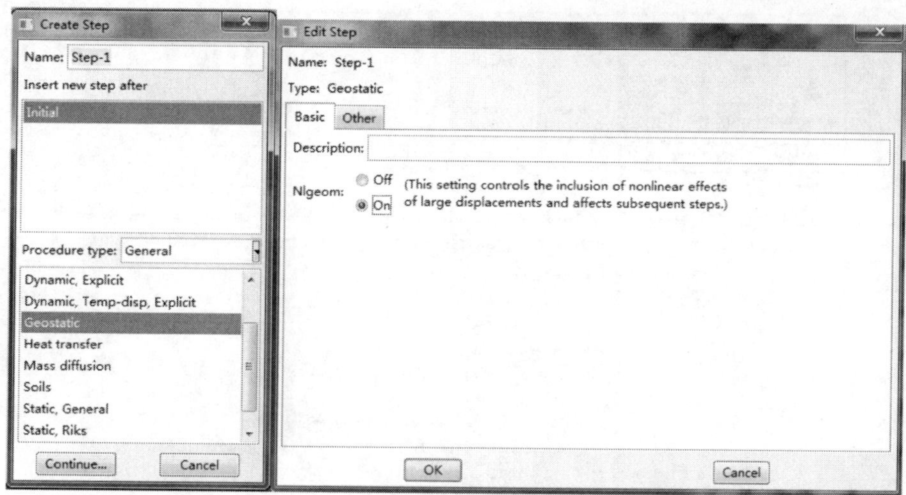

图 1-248 创建和编辑分析步

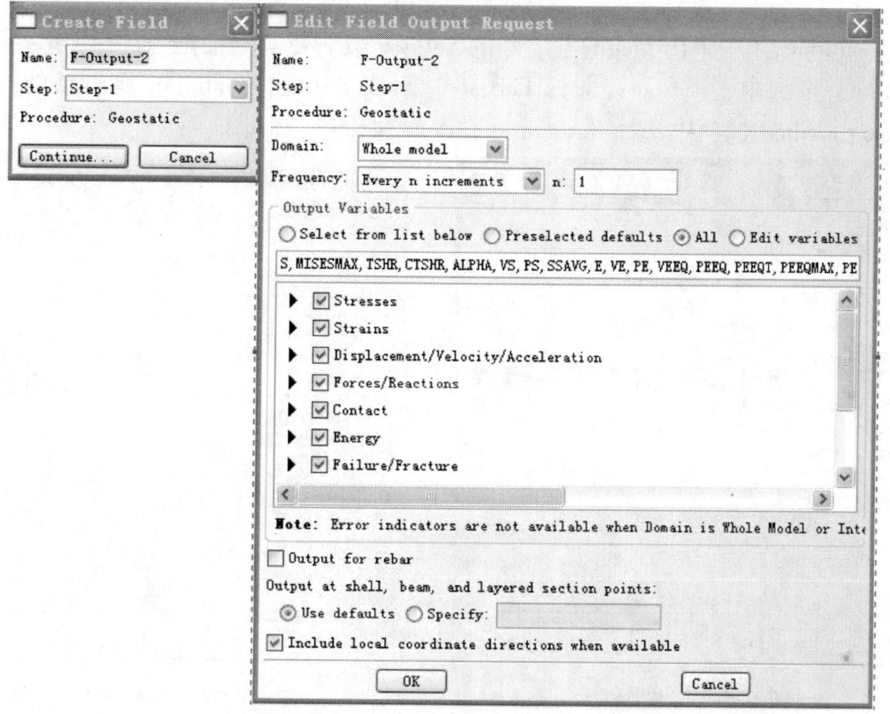

图 1-249 区域输出设置

单击，单击 Continue，在出现的对话框中，Output Variables 选项中选择 All，其他选项为默认。如图 1-250 所示。

（六）相互作用（Interaction）

在 Module 选择 Interaction 模块，单击定义相互作用，弹出的对话框中，在 Step 选项中选择 Initial，在 Types for Selected Step 选项中选择 Surface-to-surface contact（Standard），如图 1-251 所示。

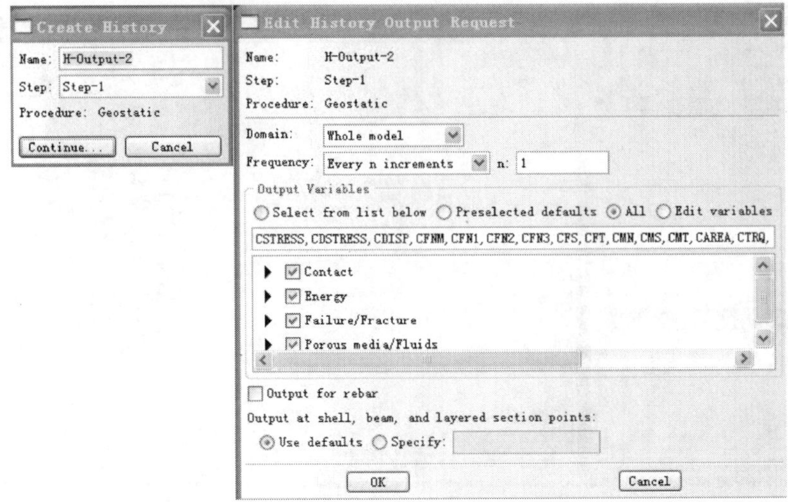

图 1-250 历史输出设置

单击 Continue，单击弹出界面的右下角的 Surface，在弹出的对话框中选择 Part-1-1. Surf-1，单击 Continue；再次单击 Surface，选择 Part-2-1. Surf-1，单击 Continue，弹出新的对话框，在 Discretization method 选项中选择 Surface to surface，如图 1-252。

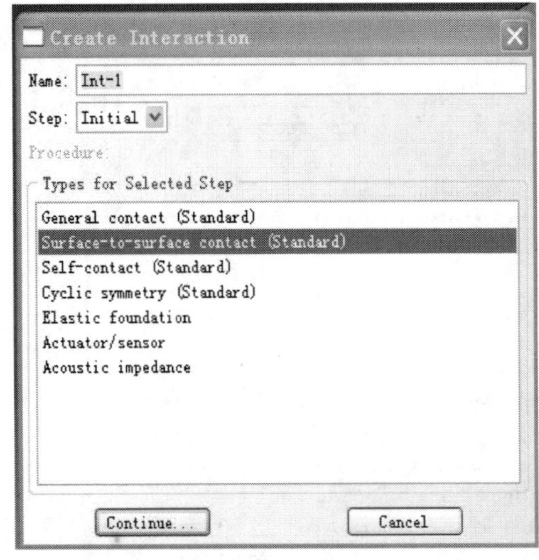

图 1-251 定义接触

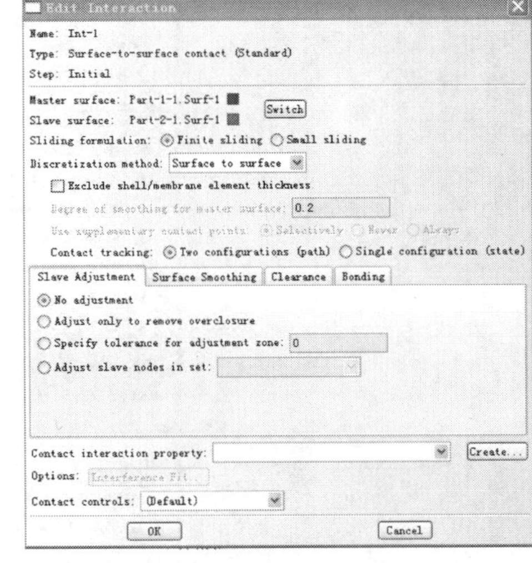

图 1-252 编辑接触

注意：在两个接触面中，先选的为主控面，后选的为从属面，从属面节点不会穿透主控面，但是主控面的节点可以穿透从属面。

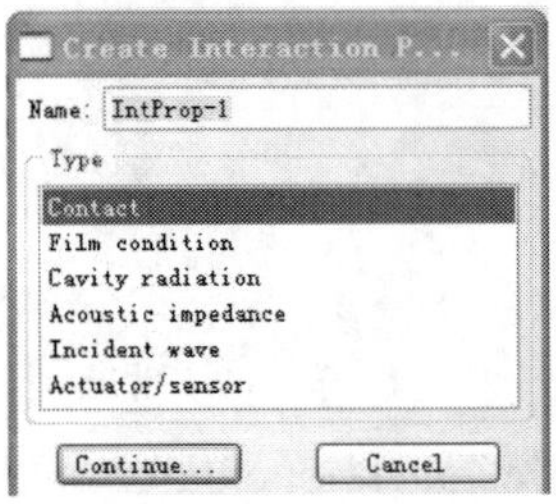

单击右下角的 Create，在 Type 中选择 Contact，如图 1-253 所示。

在弹出的对话框中，单击 Mechanical，选择下面的 Tangential Behavior，如图 1-254 所示。

在对话框中选择 Penalty，如图 1-255 所示。

在弹出的对话框中，填写两个接触面的摩擦系数：Friction Coeff 0.25，如图 1-256 所示。

图 1-253 接触类型

单击 OK,完成相互作用的定义。

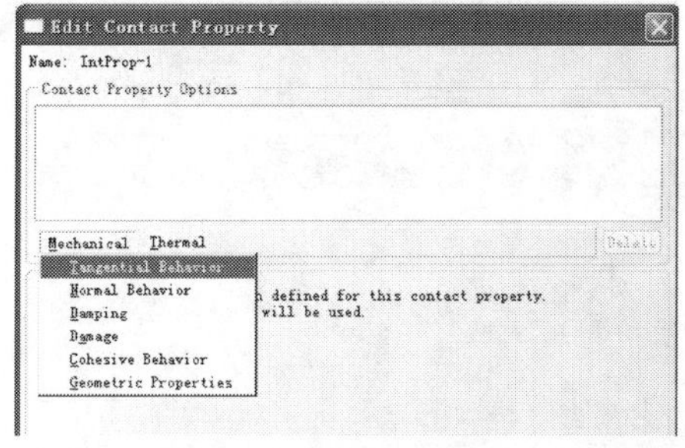

图 1-254　编辑接触属性框

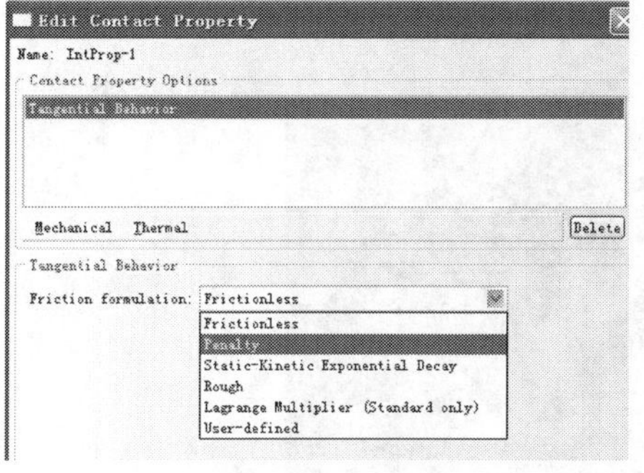

图 1-255　选择 Penalty

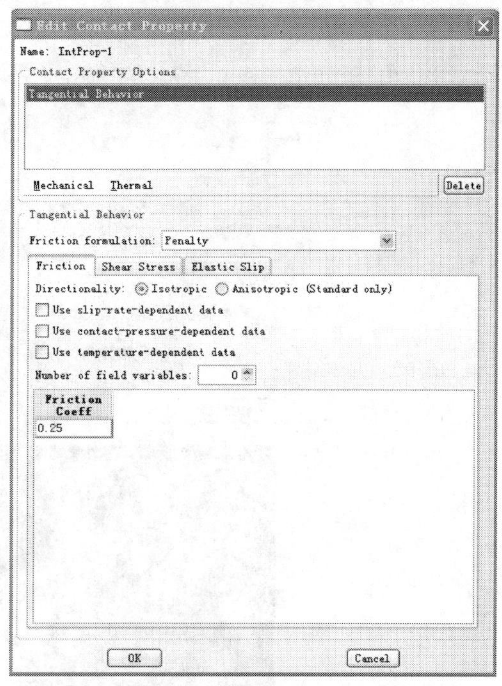

图 1-256　摩擦系数值输入

(七)施加荷载和定义边界条件(Load)

在 Module 选择 Load 模块,单击定义边界条件,需要对模型的左、右、下底面定义边界条件,分别命名 BC-1、BC-2、BC-3,选择初始步(Initial),Displacement/Rotation,单击 Continue,选择左、右、下底面边界,单击 Done,分别选择 U1、U1、U2(U1 是水平方向,U2 是竖直方向),单击 OK 完成边界条件的定义。如图 1-257 所示。

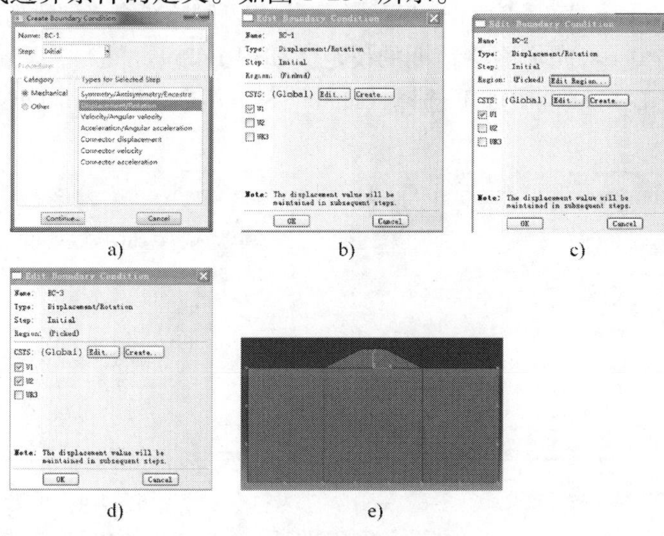

图 1-257　编辑条件设置

单击[icon]定义重力荷载，Name：Load-1，选择 Step-1，Mechanical，Gravity，单击 Continue。单击 Edit Region，选择整个模型，在 Component 2 中输入 −9.8（重力加速度），单击 OK，如图 1-258 所示。

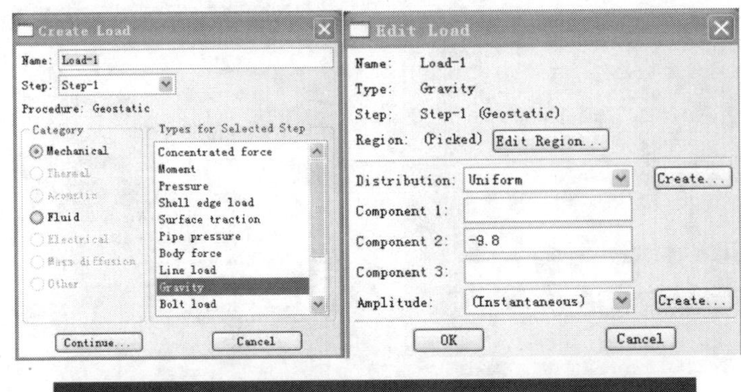

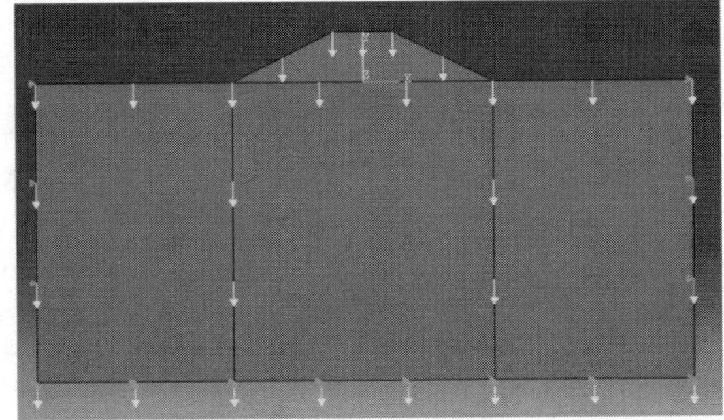

图 1-258　重力的施加

（八）划分网格（Mesh）

在 Module 选择 Mesh 模块，在 Object 后，选择 Part，先给 Part-1 划分网格，首先点击[icon]，在 Approximate global size 后，填写 0.8（这里的数值代表了网格的精度，数值越小，精度越大），其他保持默认，点击 Done，完成网格精度的设定。如图 1-259。

单击[icon]，在弹出的对话框中如下选择，Element Shape：Quad-dominated；Technique：Sweep，如图 1-260 所示。

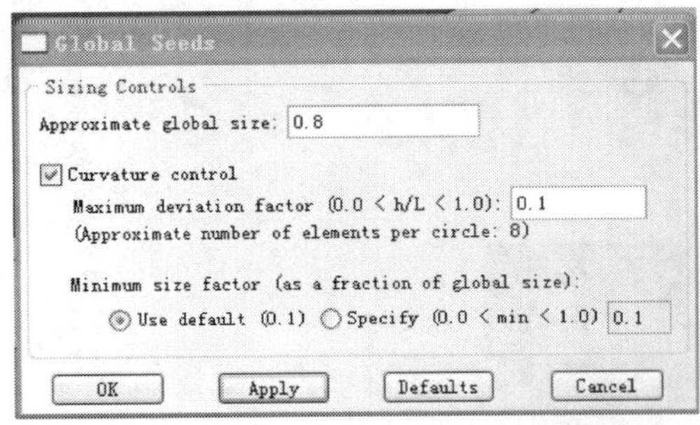

图 1-259　网格尺寸设置

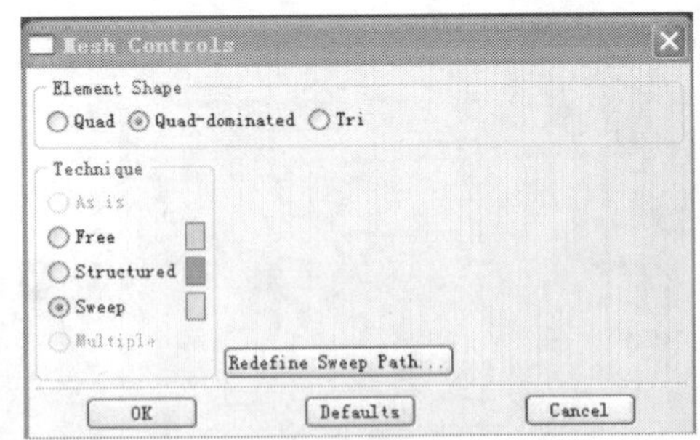

图 1-260　网格控制

单击[icon]，Family 选择 Plane Strain，其余采用默认，单击 OK，如图 1-261 所示。

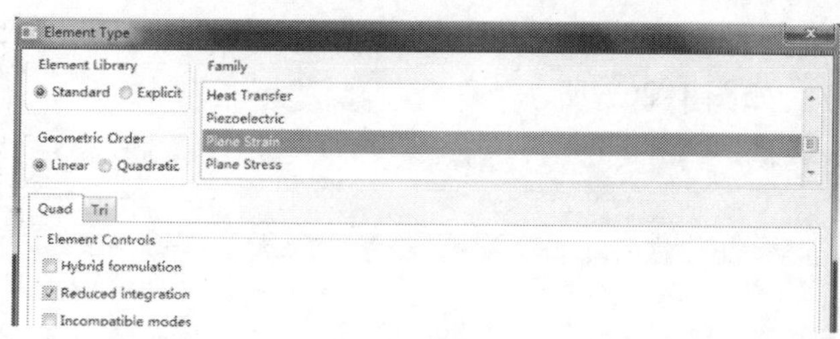

图 1-261　网格类型设置

单击,在后面的视图中,点击左下角的 YES,出现图 1-262。

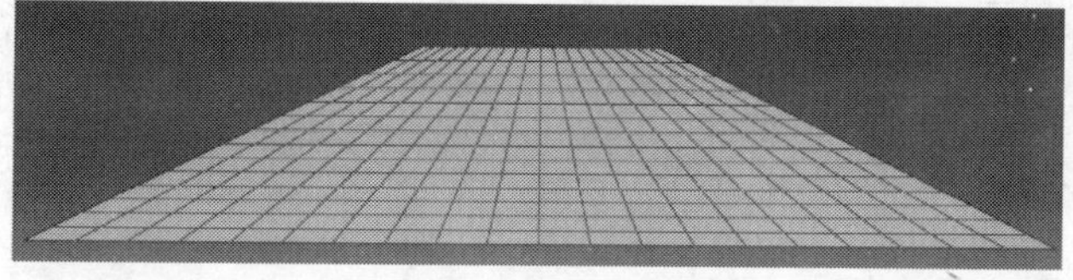

图 1-262　堤身网格划分

同理,给 Part-2 划分网格,如图 1-263 所示。

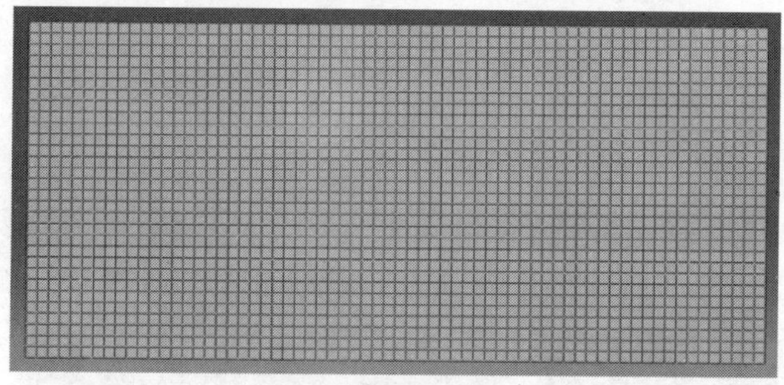

图 1-263　地基的网格划分

(九)运算的建立(Job)

在 Module 选择 Job 模块,在命令行中输入 mdb. models['Model-1']. setValues(noPartsInputFile = ON),按回车键,即:

```
>>> mdb.models['Model-1'].setValues(noPartsInputFile=ON)
>>>
```

在 job 模块中创建名为 Job-1 的分析步,提交分析。运算如图 1-264。

待 Status 出现 Completed 之后,即证明运算完成。点击 Results,查看计算结果。如图 1-265 所示。

点击,在 Visible Edges 下选择 Feature edges,去掉网格,如图 1-266 所示。

(十)地应力平衡

将分析得到的应力场保存为一个文本文件。其具体做法:打开分析得到的 ODB 文件,选择菜单 Report→Field Output,在图 1-267 所示的对话框中,在 Position 中选择 Centroid。选中积分点上的各个应力分量(对于二维问题,应力分量 S11、S22、S33 和 S12;对于三维问题,还应选中 S13 和 S23)。如图 1-267 所示。

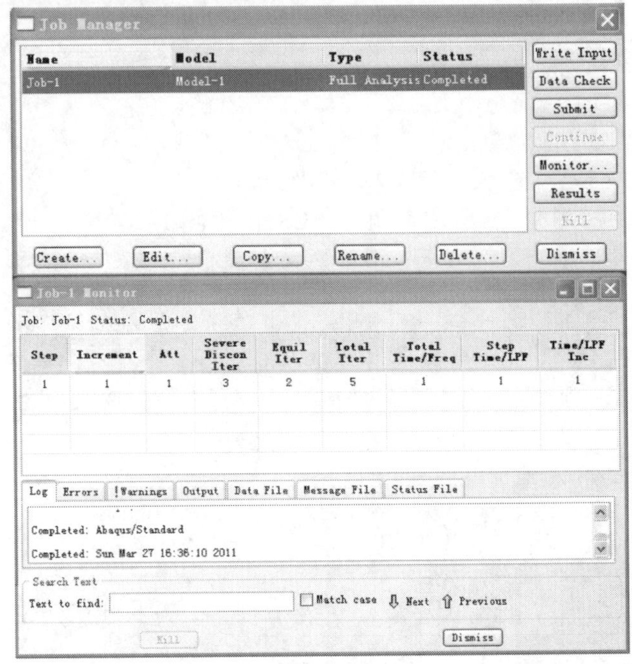

Monitor视图

图 1-264 提交分析

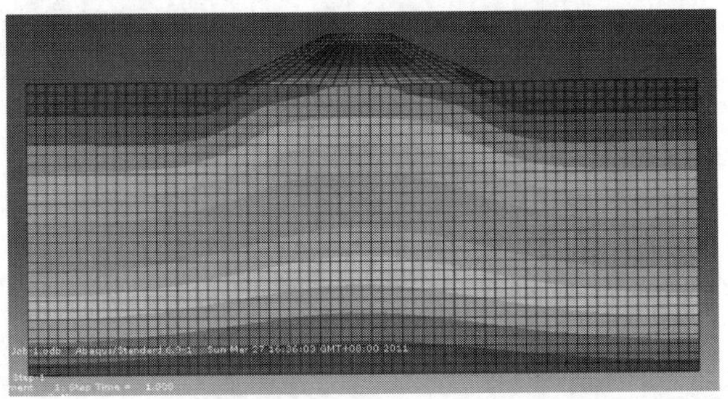

图 1-265 计算完成后的结果之图

单击此对话框中的 Setup 标签页,在 Name 文本框中输入要保存的文件名 b. inp,取消对 Append to file 的选择(即创建一个新文件),在 Write 后面只选中 Field Output(见图 1-268)。

注意:此处输出的是当前增量步结束时的应力结果,因此上述对话框顶部的 Step 必须是 Geostatic 分析步,Frame 必须是 1。如果 Frame 是 0,会看到输出的应力都是 0。

按照 ABAQUS 所要求的初始应力场文件格式,修改上述文件 b. inp 中的内容。具体方法为:

用 Excel 打开上述文件 b. inp,在"文本文件导入向导"的步骤 1 中选择"分隔符号",在步骤 2 中选择"Tab"键和"空格"键,这样 b. inp 中的各列数据就成为 Excel 表格中的各个列。

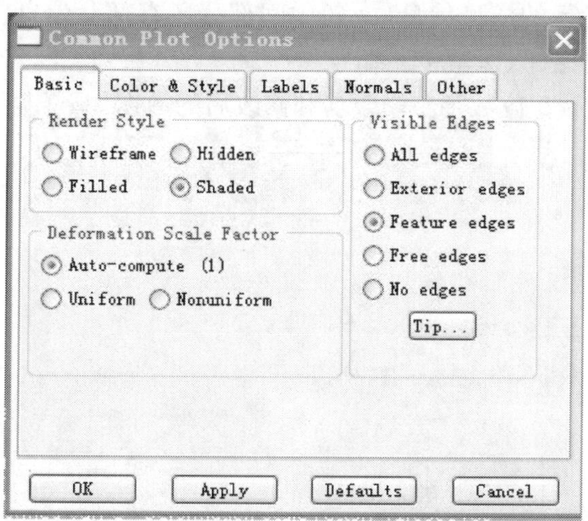

a)

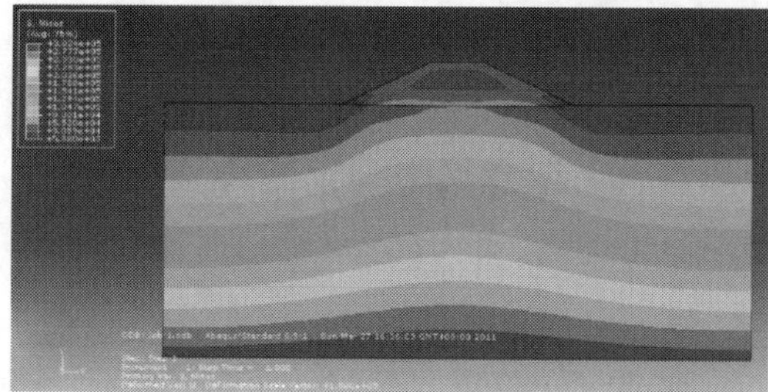

b)应力图

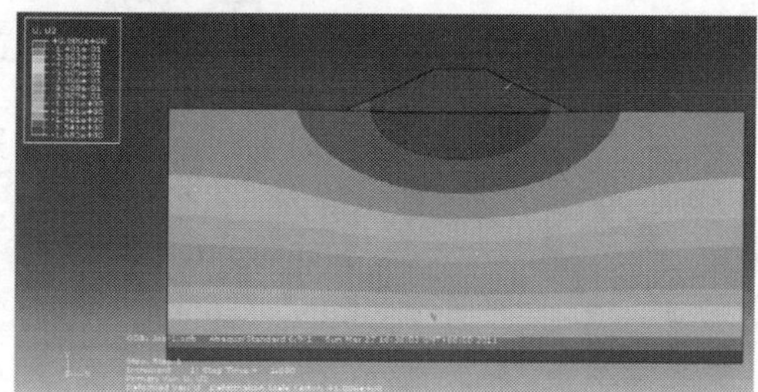

c)竖直位移图

图 1-266　去掉网格后的云图显示

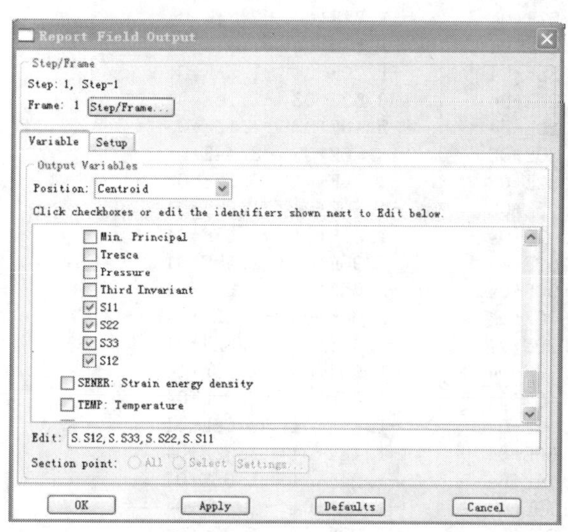

图 1-267　输出的应力选择

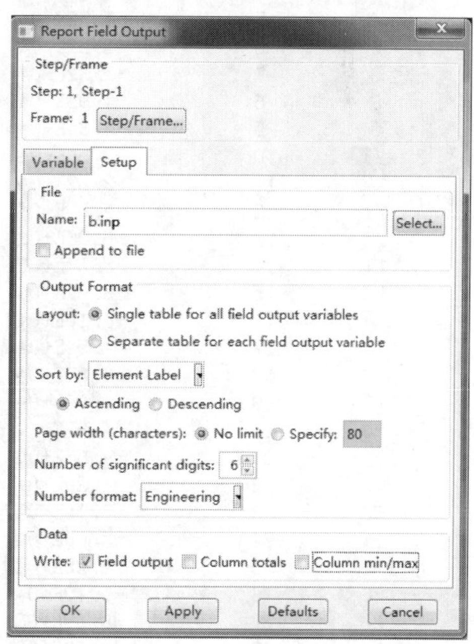

图 1-268　输出的设置

删除表格中开始几行的模型信息(一般中间部分还有部分信息,也要删除),再删除积分点编号所在的第 1 列空格,只保留单元编号和各个应力分量列,并将各个应力分量的科学计数法格式改为显示小数点后 5 位数字。修改前和修改后的数据如下(见图 1-269、图 1-270):

A19 | fx | ---

	A	B	C	D	E	F	G
1	**						
2	Field	Output	Report,	written	Sun	Mar	27
3							
4	Source	1					
5	---------						
6							
7		ODB:	E:/temp/Job-1.odb				
8		Step:	Step-1				
9		Frame:	Increment	1:00	Step	Time	=
10							
11	Loc	1	:	Centroidal	values	from	source
12							
13	Output	sorted	by	column	Element Label.		
14							
15	Field	Output	reported	at	element	centroid	for
16							
17		Element	S.S11	S.S22	S.S33	S.S12	
18		Label	@Loc	1	@Loc	1	@Loc
19	---						
20		1	-3.16E+04	-4.84E+03	-1.09E+04	-1.14E+04	
21		2	-4.48E+04	-1.11E+04	-1.68E+04	-2.03E+04	
22		3	-5.06E+04	-1.35E+04	-1.92E+04	-2.39E+04	
23		4	-5.39E+04	-1.48E+04	-2.06E+04	-2.57E+04	
24		5	-5.53E+04	-1.56E+04	-2.13E+04	-2.65E+04	
25		6	-5.52E+04	-1.61E+04	-2.14E+04	-2.66E+04	
26		7	-5.32E+04	-1.63E+04	-2.09E+04	-2.60E+04	
27		8	-4.93E+04	-1.62E+04	-1.97E+04	-2.47E+04	

图 1-269 修改前

	A	B	C	D	E	F
1	1	-3.16E+04	-4.84E+03	-1.09E+04	-1.14E+04	
2	2	-4.48E+04	-1.11E+04	-1.68E+04	-2.03E+04	
3	3	-5.06E+04	-1.35E+04	-1.92E+04	-2.39E+04	
4	4	-5.39E+04	-1.48E+04	-2.06E+04	-2.57E+04	
5	5	-5.53E+04	-1.56E+04	-2.13E+04	-2.65E+04	
6	6	-5.52E+04	-1.61E+04	-2.14E+04	-2.66E+04	
7	7	-5.32E+04	-1.63E+04	-2.09E+04	-2.60E+04	
8	8	-4.93E+04	-1.62E+04	-1.97E+04	-2.47E+04	
9	9	-4.34E+04	-1.57E+04	-1.77E+04	-2.24E+04	
10	10	-3.56E+04	-1.49E+04	-1.52E+04	-1.94E+04	
11	11	-2.62E+04	-1.38E+04	-1.20E+04	-1.58E+04	
12	12	-1.60E+04	-1.25E+04	-8.53E+03	-1.16E+04	
13	13	-6.96E+03	-1.10E+04	-5.40E+03	-7.16E+03	
14	14	-3.24E+03	-9.30E+03	-3.76E+03	-3.44E+03	
15	15	-3.62E+04	-1.82E+03	-1.14E+04	-6.37E+03	
16	16	-4.10E+04	-9.05E+03	-1.50E+04	-1.48E+04	
17	17	-4.59E+04	-1.41E+04	-1.80E+04	-1.93E+04	
18	18	-4.85E+04	-1.69E+04	-1.96E+04	-2.15E+04	
19	19	-4.94E+04	-1.90E+04	-2.05E+04	-2.27E+04	
20	20	-4.88E+04	-2.06E+04	-2.08E+04	-2.32E+04	
21	21	-4.67E+04	-2.20E+04	-2.06E+04	-2.32E+04	
22	22	-4.29E+04	-2.33E+04	-1.99E+04	-2.28E+04	
23	23	-3.75E+04	-2.45E+04	-1.86E+04	-2.20E+04	
24	24	-3.06E+04	-2.56E+04	-1.69E+04	-2.06E+04	
25	25	-2.25E+04	-2.66E+04	-1.48E+04	-1.88E+04	
26	26	-1.40E+04	-2.74E+04	-1.24E+04	-1.65E+04	
27	27	-6.19E+03	-2.79E+04	-1.02E+04	-1.38E+04	
28	28	[illegible]	[illegible]	[illegible]	[illegible]	

图 1-270 修改后

下面将上述数据输出为以逗号分隔的文本文件 b. csv，其具体的方法是：在 Excel 中单击菜单“文件”→“另存为”，将文件类型设置为“CSV（逗号分隔）”，对于出现的提示信息，单击“是”，即可。如图 1-271 所示。

为模型中定义初始应力场。在 Abaqus/CAE 中无法直接定义初始应力，只能手工添加关键词，其具体方法为：

将原来的 CAE 模型另存为 a. cae，选择菜单 Model→Edit keywords，如图 1-272 所示。

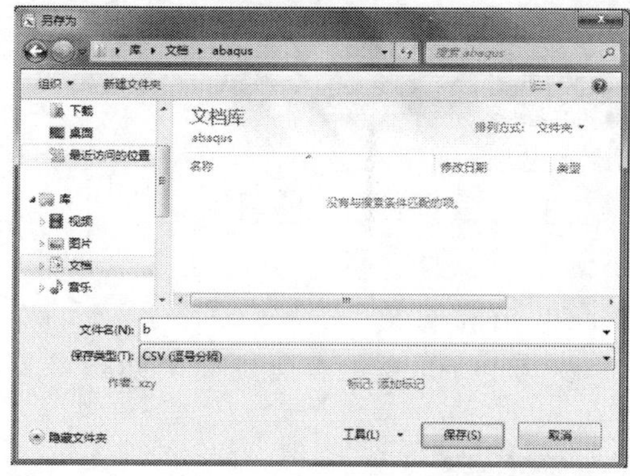

图 1-271　另存的方式

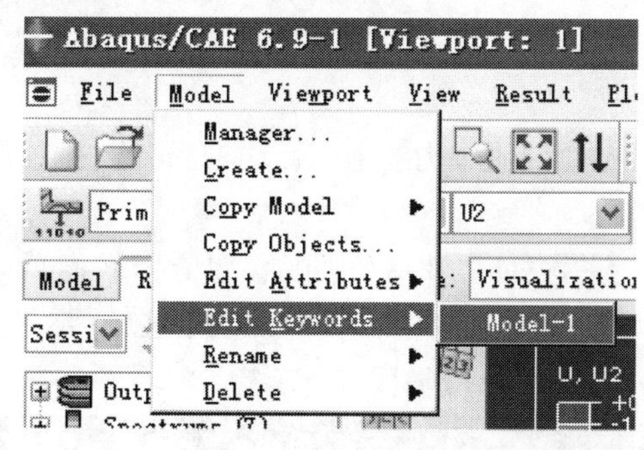

图 1-272　编辑关键词

在 * STEP 语句之前添加以下语句：

* initial conditions, type = stress, input = b. csv

修改前后的对比，如图 1-273、图 1-274 所示。

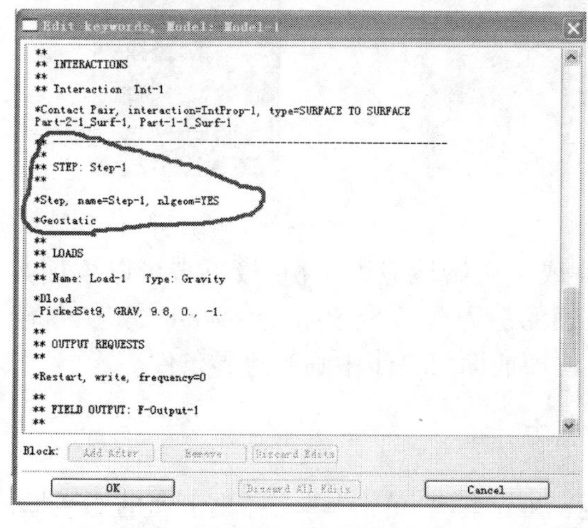

图 1-273　修改前

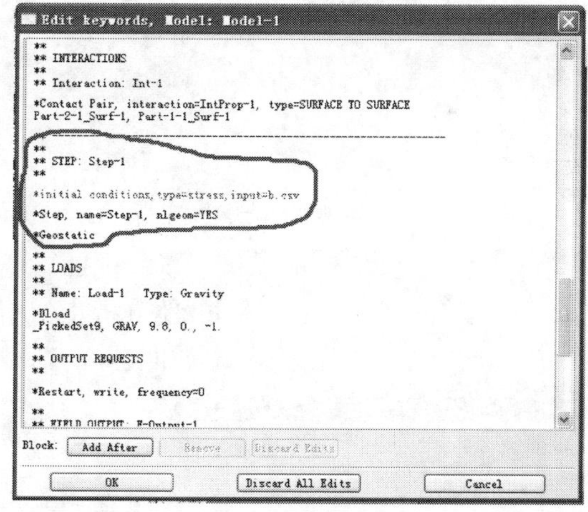

图 1-274　修改后

在 Job 功能模块中将分析作业名 Job-1，重新提交分析。注意，初始应力场文件 b. csv 应该和 INP 文件 Job-1. inp 位于同一个路径下，否则将会出现下列错误信息：

The following file(s) could not be located: b. csv（无法找到文件 b. csv）

查看地应力平衡的结果。打开 Job-1. odb 初始状态下（0 时刻），模型就具有了一个初始应力场，这个应力场与上一个结果文件 Job-1. odb 中分析步结束时刻的应力场完全相同（图 1-275）。

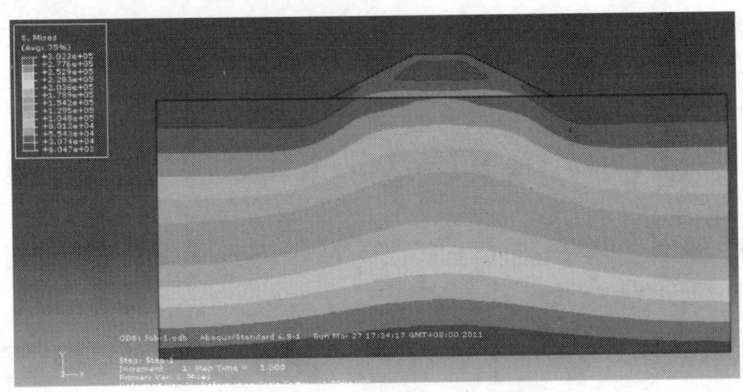

图 1-275　地应力平衡后的应力图

注意：地应力平衡后，云图的改变比较细微，左上角数据改变，显示了地应力平衡的作用。

注意：如图 1-276 所示，地应力平衡后，位移云图的精确程度一般要达到 -2、-3 次方，可以算是基本合格，精确度越高越好；要是 -1、-2 次方，精确度还有待提高。如图 1-277，显示了 U2 的精确度。

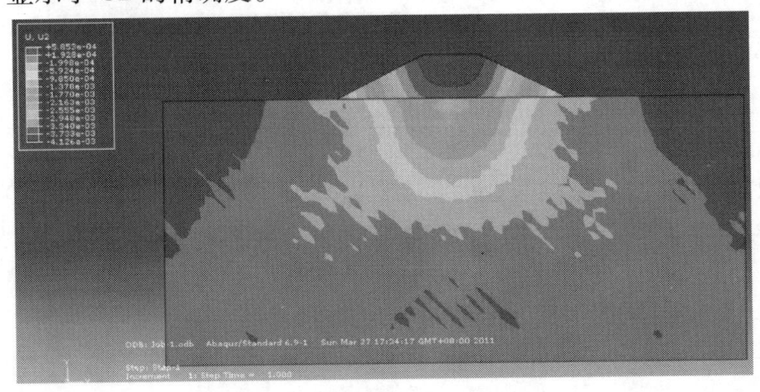

图 1-276　地应力平衡后的位移图

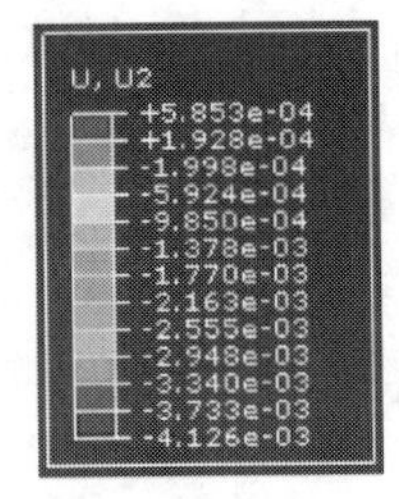

图 1-277　地应力平衡后的精度

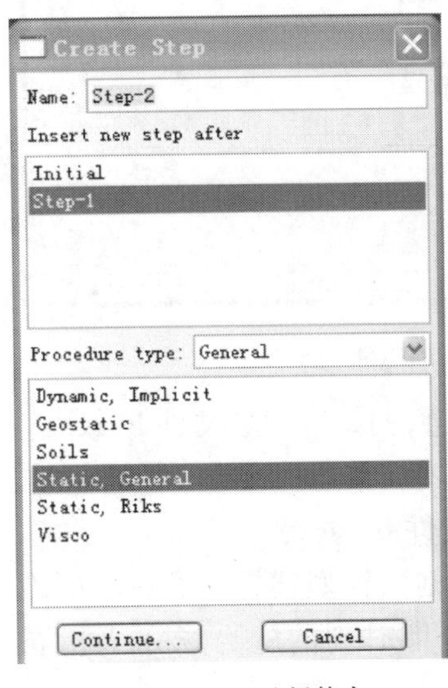

图 1-278　选择静力

上面就已经完成了初始地应力平衡，接下来可以添加其他分析步（例如普通的静力分析步 Static，General），定义接触和实际的荷载，并去掉前面第一步中临时边界条件。

（十一）静水压力

在 Module 选择 Step 模块，单击 ●→■，弹出下面的对话框，创建分析步 Step-2，选择（Static，General），如图 1-278 所示。

单击 Continue，对于弹出的对话框，都选择默认即可。如图 1-279 所示。

在迎水面上施加静水压力，单击 ⊔，在 Types for Selected Step 中选择 Pressure，如图 1-280 所示。

单击 Continue，选择要施加静水压力的面，如图 1-281 中红线所示。

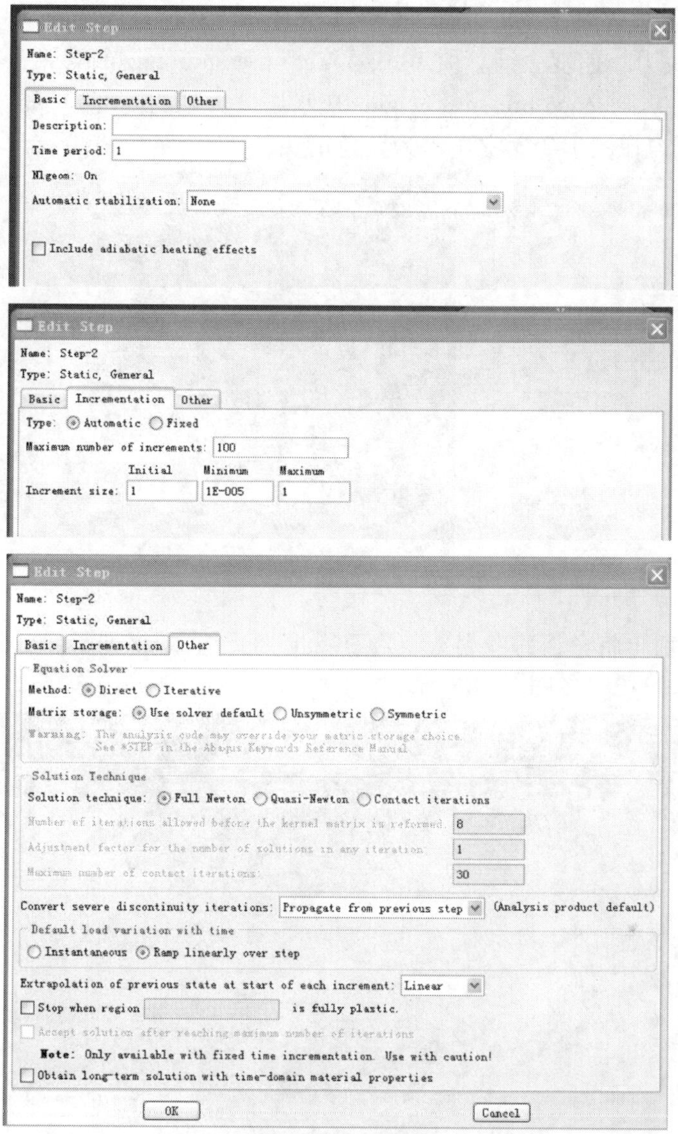

图 1-279　编辑分析步

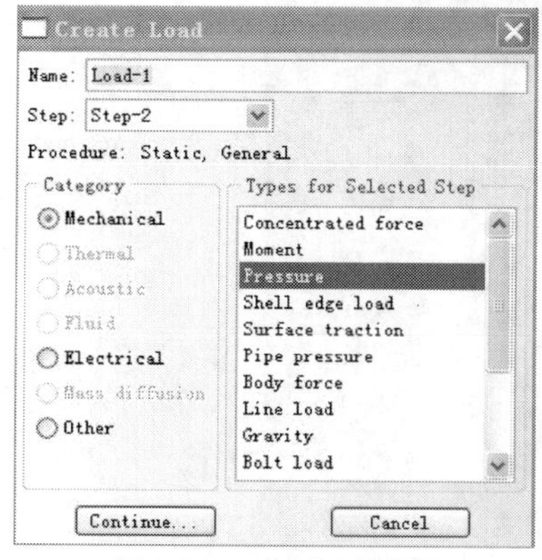

图 1-280　选择压力荷载

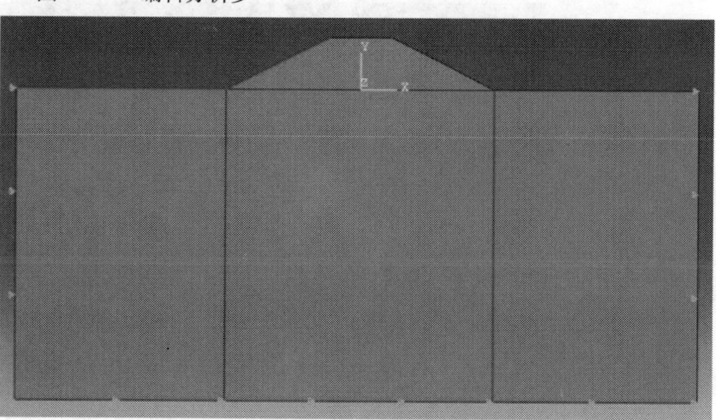

图 1-281　压力作用的区域

单击 Done,弹出对话框,在 Distribution 中选择 Hydrostatic,Magnitude 中填 40000(在海堤堤底处最大压强,重力加速度去计算值 10),在 Zero pressure height:4(海平面的高度,即水压力为 0 的界面);在 Reference pressure height:0(水压最大处的高度)。如图 1-282 所示。

单击 OK,水压力在图 1-283 中显示为紫色箭头,重力为黄色箭头。

Edit Load

Name: Load-2
Type: Pressure
Step: Step-1 (Geostatic)
Region: (Picked) Edit Region...
Distribution: Hydrostatic　Create...
Magnitude: 40000
Amplitude: (Instantaneous)　Create...
Zero pressure height: 4
Reference pressure height: 0
Note: The zero and reference pressure height values are not affected by the amplitude.
OK　Cancel

图 1-282　编辑荷载

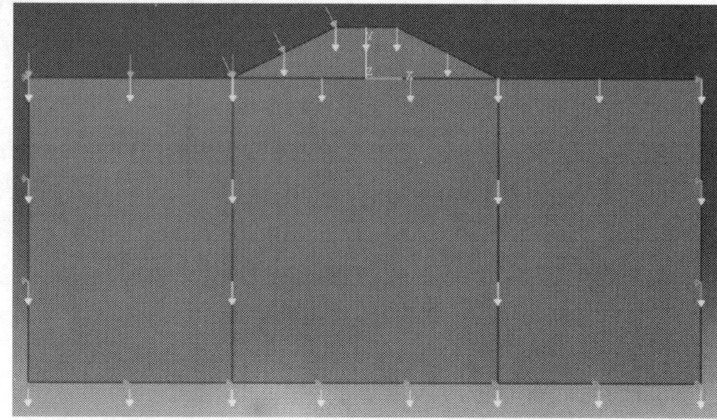

图 1-283　荷载的施加

在 Job 功能模块中将分析作业名 Job-1,重新提交分析,即得到了静水压力下海堤的应力应变状态云图,如图 1-284～图 1-286 所示。

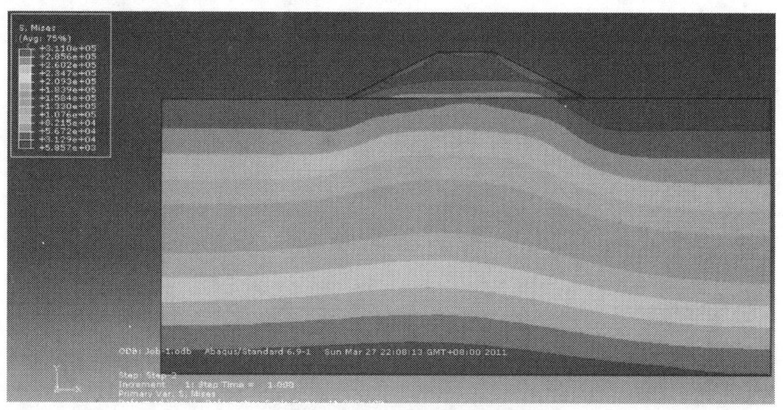

图 1-284　静水压力下海堤的应力图

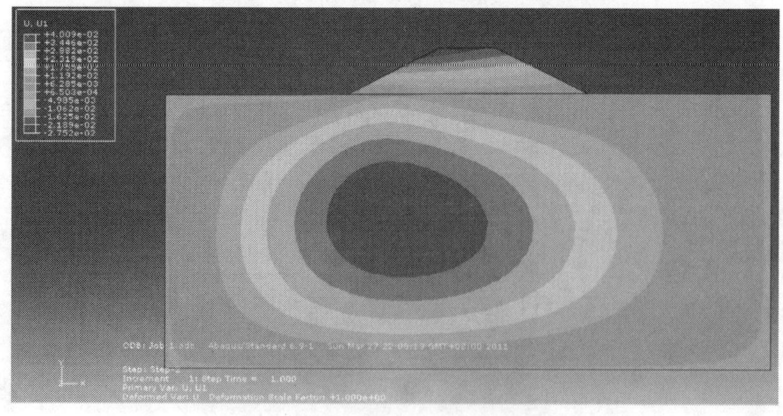

图 1-285　静水压力下海堤水平位移图

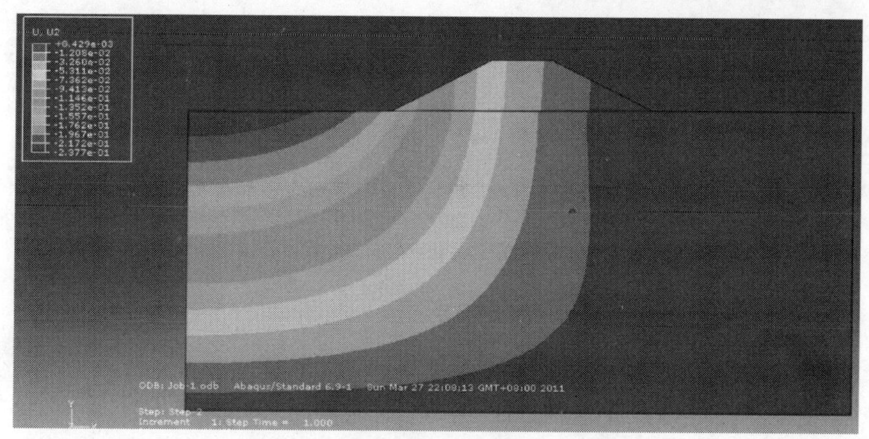

图 1-286　静水压力下海堤竖向位移图

结论及应用领域说明:该模型操作完成后,就基本上熟悉了基于 ABAQUS 软件的海堤的具体操作,也可反复一次或多次该模型的操作,以达到较为熟悉的程度。该模型建立后可并将其应用在海堤、海岸工程、边坡稳定性计算、一般地基等领域。

第二章　ABAQUS在海洋工程中的应用实例

第一节　ABAQUS 在风力发电基础(单桩)中的应用实例

该应用实例和建立该模型的目的:读者能将 ABAQUS 软件应用到海上风力发电工程的地基基础中,熟悉和掌握 ABAQUS 在风力发电杆身建模、单桩基础建模、地基基础建模,桩和海底土间的接触模型,风力发电基础(单桩)地应力平衡,风力发电基础(单桩)荷载施加(包括静荷载、动荷载,竖向荷载、侧向荷载)、求解和后处理等。

一、模型描述

以某海上风力发电机单桩基础为例,对海洋桩基受波浪荷载的动力响应进行计算分析。海洋环境参数、地质参数及桩体材料参数和尺寸,如表 2-1 ~ 表 2-3 所示。其基本模型,如图 2-1 所示。

海 洋 环 境 参 数　　表 2-1

环境条件	设计水深(m)	设计波高(m)	波浪周期(s)	自由液面水面流速(m/s)	自由液面海底流速(m/s)	海水密度(kg/m^3)
数值	20	6	8.3	0.5	0	1.2

土层和桩体材料参数　　表 2-2

	密度(kg/m^3)	弹性模量(Pa)	泊松比	内摩擦角	内聚力(kPa)
土层	1440	5×10^6	0.35	33.1°	30
桩体	6800	2×10^{10}	0.2	—	—

桩 体 尺 寸 参 数　　表 2-3

桩半径 r(m)	桩壁厚 t(m)	入土深度 h_1(m)	土上桩长 h_2(m)
1.725	0.5	35	25

二、具体操作步骤

(一)启动 Abaqus/CAE

在 Windows 操作系统中:开始→所有程序→Abaqus/CAE,或者在操作系统的 DOS 窗口中键入命令:abaqus cae,启动 Abaqus/CAE,然后在出现的 Start Session(开始任务)对话框中选择 Create Model Datebase(创建新模型数据库)(图 2-2)。

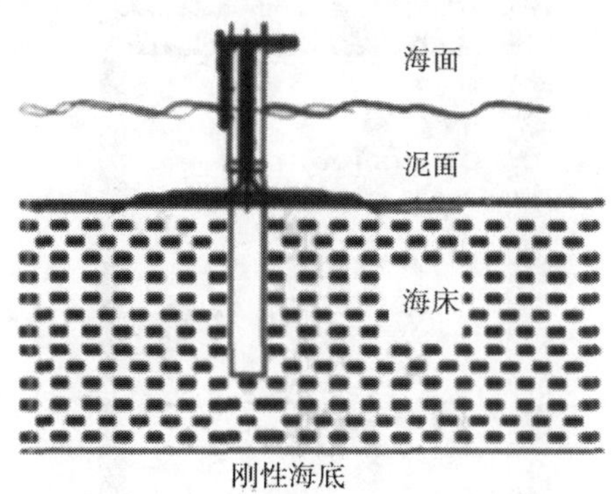

图 2-1　计算模型图

图 2-2　Start Session 对话框

(二)创建部件(Part)

1. 绘制土体和桩体模型

进入绘图环境时默认的就是 Part 模块,单击左侧工具区中的(Create Part),弹出如图 2-3 所示的 Create Part 对话框;在对话框中依次输入:Name(部件名):soil—Modeling Space(模型所在空间)设为 2D Planar—Type(Deformable)—其他参数不变,单击 Continue,ABAQUS 自动进入绘图环境——绘图:单击绘图工具箱中的画线工具,在绘图栏下面对话框中依次点击坐标(0,0)、(50,0)、(50,50)、(0,50)、(0,0)的位置,在视图区中双击鼠标中键完成对土体部件(soil)的绘制,如图 2-4 和图 2-5 所示;同理,绘制坐标为(25,15)、(25,50)、(25,75)的桩体部件(pile),如图 2-6、图 2-7 和图 2-8→保存模型:点击窗口顶部工具栏中的,键入 li 作为文件名,保存模型。

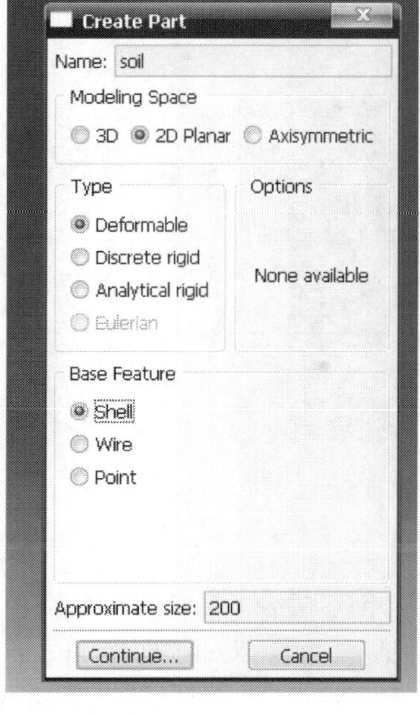

图 2-3　Create Part 对话框

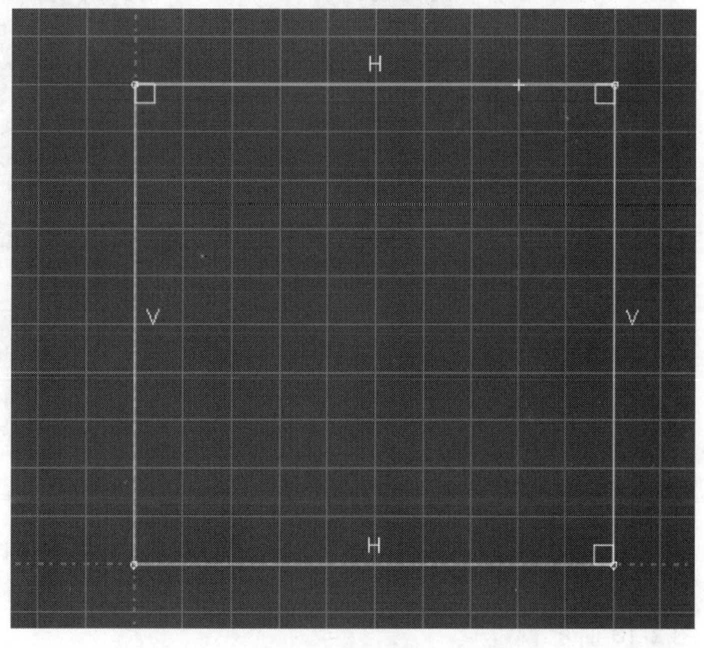

图 2-4　绘制简图

图 2-5 土体模型(soil)

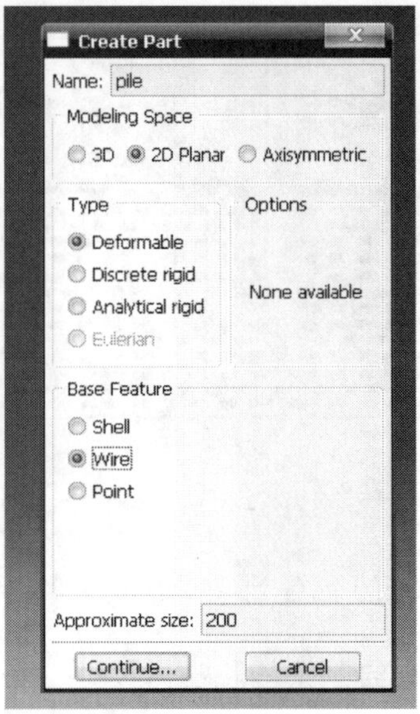

图 2-6 Create Part 对话框

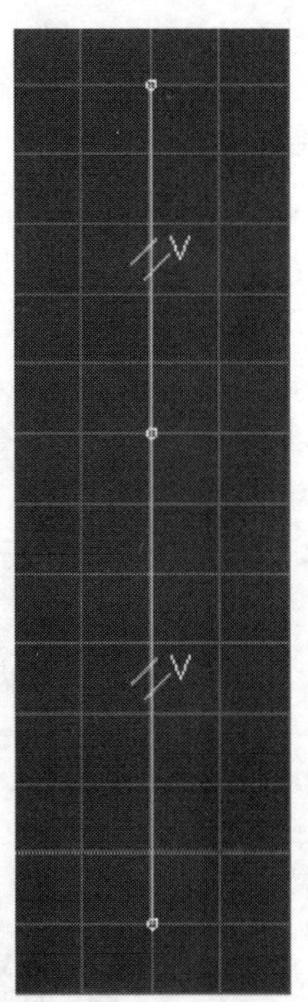

图 2-7 绘制简图

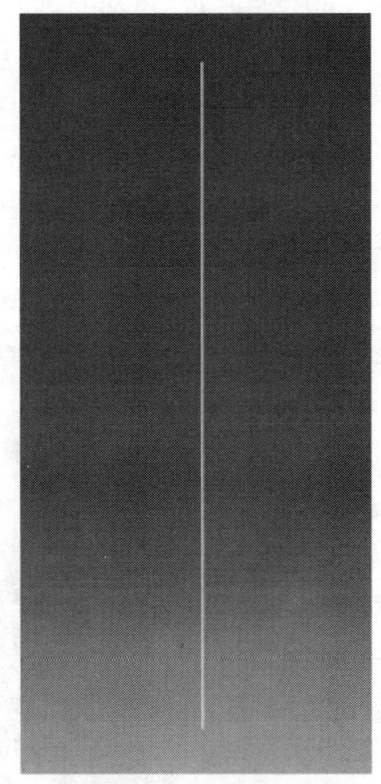

图 2-8 桩体模型(pile)

2. 创建集合 set,选择桩体上部

在菜单栏中点击 Tools—set—Manager,弹出对话框如图 2-9,创建集合 Set。

点击 Set Manager 对话框中的 Create,弹出 Create Set 对话框并将 Name 改为 up,如图 2-10 所示。

在 Create Set 对话框中点击 Continue,用鼠标点击桩体上部分如图 2-11,点击 Done。

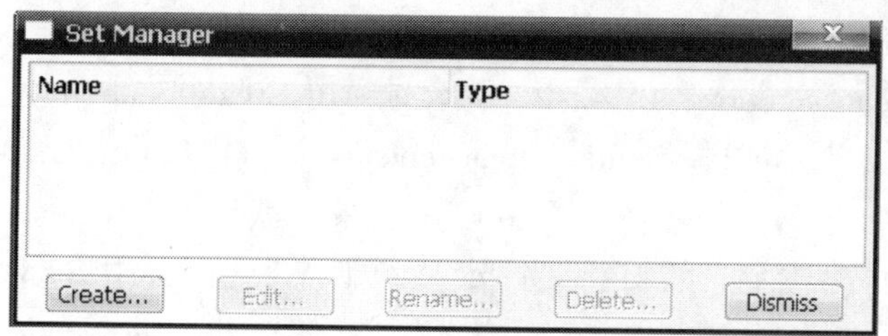

图 2-9　Set Manager 对话框

同理，重复上述步骤建立 set-2，命名为 down，如图 2-12 和图 2-13 所示。

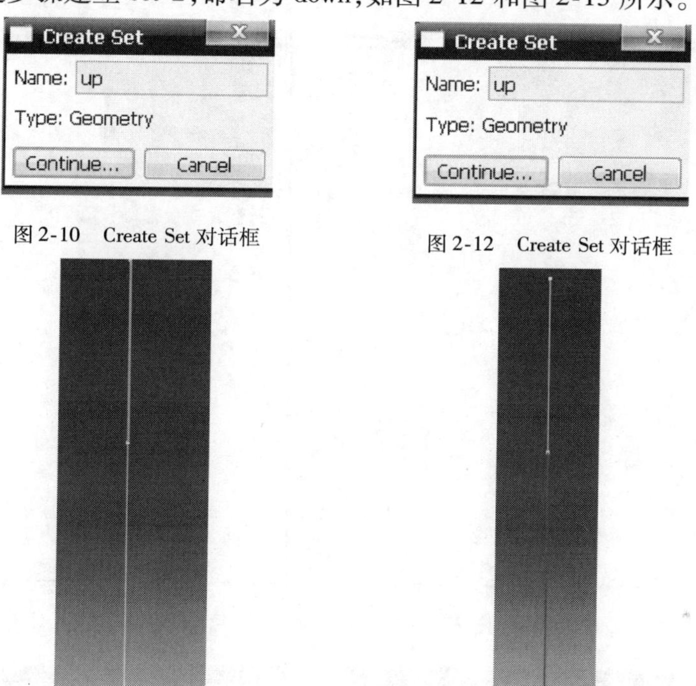

图 2-10　Create Set 对话框

图 2-12　Create Set 对话框

图 2-11　选择桩体上部

图 2-13　set-2 的设置和显示

(三)定义材料属性(Property)

1. 为土体模型赋予材料属性

在模式下来菜单中的 Module 中选择 Property，如图 2-14 所示。单击左侧工具栏中的 Create property，如图 2-15。弹出 Edit Material 对话框如图 2-16。在 Edit Material 对话框中点击 General 里面选择 Density 定义材料密度，在 Mass Density 中填入土体密度 1440，如图 2-17 所示。点击 Mechanical 中选择 Elasticity—Elastic 定义土体弹性参数，在 Young's Modulus 中填入弹性模量 5e6，在 Poisson's Ratio 中填入泊松比 0.35，如图 2-18 所示。之后再在 Mechanical中选择 Plasticity—Drucker Prager 定义土体塑性参数，在 Angle of Friction 填入摩擦角 33.1，在 FlowStress Ratio 中填入渗透压力系数(默认值为 0.8 ~ 1.0)1.0，在 Dilation Angle 填入膨胀角 0，如图 2-19 所示。点击 Suboptions—Drucker Prager Hardening 弹出 Suboption Editor 对话框如图 2-20 所示，其中 Yield Stress 为 1e7，Abs Plastic Strain 填入 0，其余保持默

认，点击 OK。之后回到 Edit Material 对话框，将 Name 中的名字改为 soil，如图 2-21，点击 OK。点击右面的 Create Section，如图 2-22 所示。弹出 Create Section 对话框如图 2-23，并将 Name 中的名字改为 soil，并选择 Solid—Homogeneous。点击 Continue，弹出对话框 Edit Section 对话框如图 2-24，在 Material 中选择 soil，其余保持默认，点击 OK。在右面点击 Assign Section 如图 2-25。将上述定义的材料属性定义到土体模型上，用鼠标圈上土体如图 2-26；点击鼠标中键，弹出 Edit Section Assignment 对话框如图 2-27，在 Section 中选择 soil，点击 OK。得到赋予材料属性的土体模型，如图 2-28。

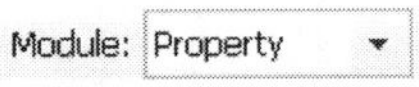

Module: Property

图 2-14　选择 Property

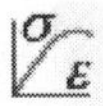

图 2-15　材料图标

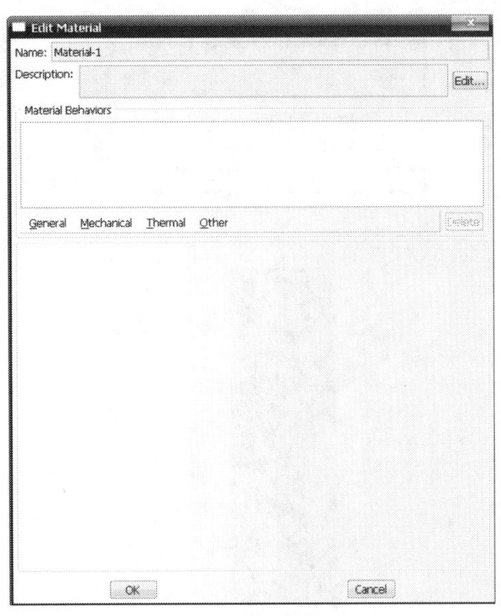

图 2-16　Edit Material 对话框

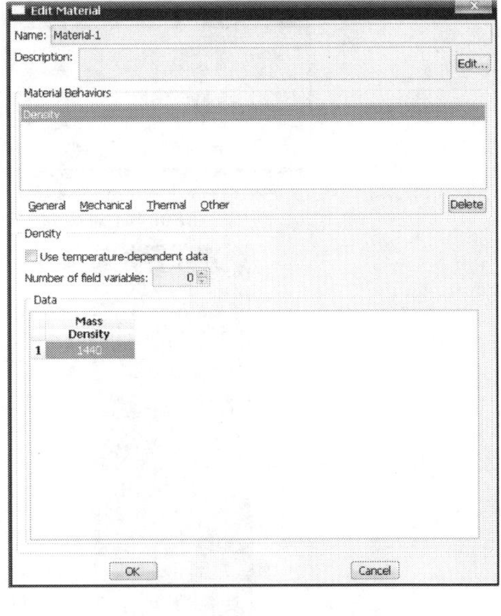

图 2-17　定义土体 Mass Density

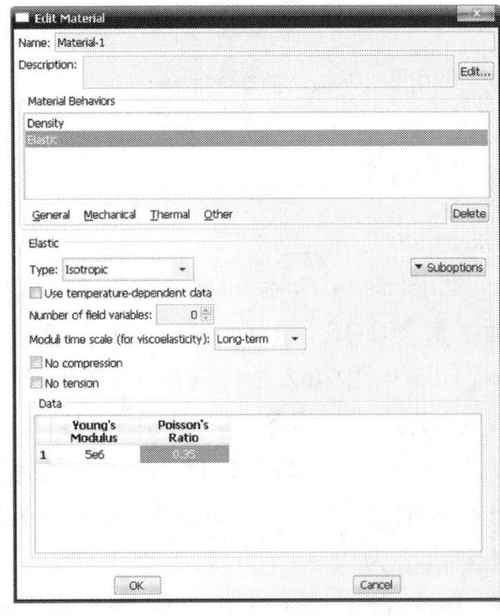

图 2-18　定义土体弹性参数

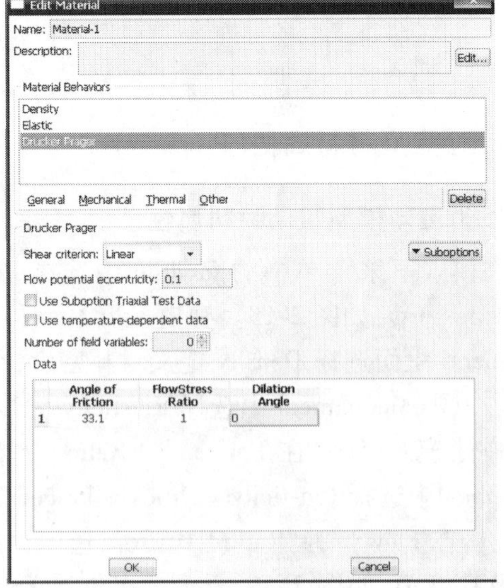

图 2-19　定义土体塑性参数

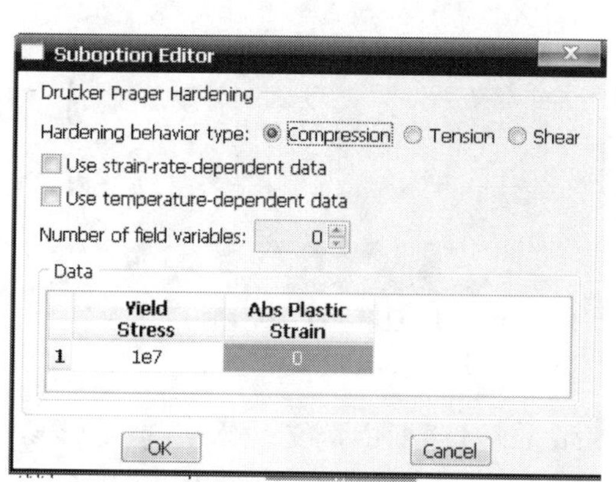

图 2-20　Suboption Editor 对话框

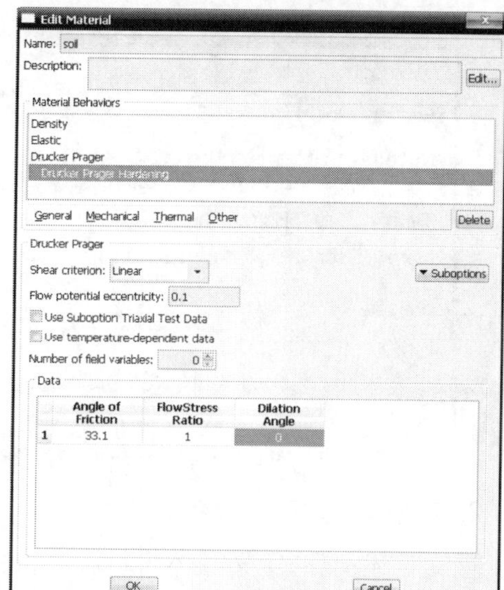

图 2-21　Edit Material 对话框

图　2-22

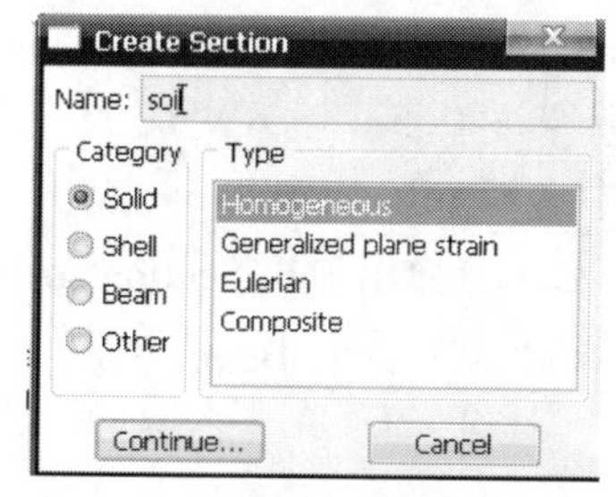

图 2-23　Create Section 对话框

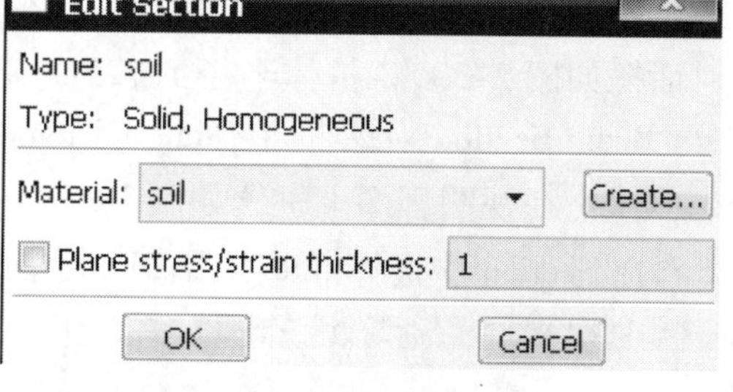

图 2-24　Edit Section 对话框

图　2-25

图 2-26　赋予土体材料属性

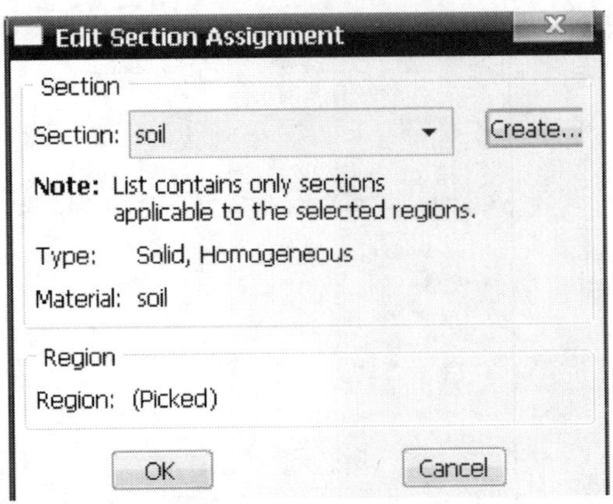

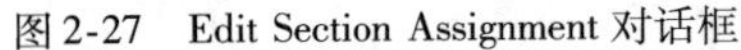
图 2-27　Edit Section Assignment 对话框

图 2-28　已赋予材料属性的土体模型

2. 为桩体模型赋予材料属性

重复上述步骤,定义桩体材料属性,在 Edit Material 对话框中定义桩体密度、弹性参数,如图 2-29,点击 OK。点击 Create Section 后弹出 Create section 对话框如图 2-30,在 Category 选择 Beam—Beam,点击 Continue,弹出对话框 Edit Beam Section 如图 2-31,在 Profile name 后点击 Create,弹出 Create Profile 对话框如图 2-32,在 Shape 中选择 Pipe,点击 Continue,弹出 Edit Profile 对话框如图 2-33,将桩体半径 1.725m,桩壁厚度 0.5m 填入对应的表格中,点击 OK。回到 Edit Beam Section 对话框,在 Material name 中选择 pile 如图 2-34,点击 OK。点击 Assign Section( ),在视图区圈上桩体如图 2-35;点击 Done,弹出 Edit Section Assignment 对话框如图 2-36,在 Section 中选择 pile 点击 OK,再点击视图区下方的 Done。

图 2-29　Edit Material 对话框

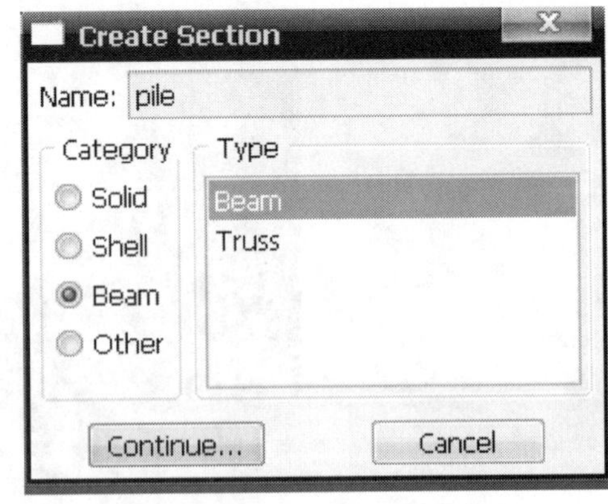

图 2-30　Create Section 对话框

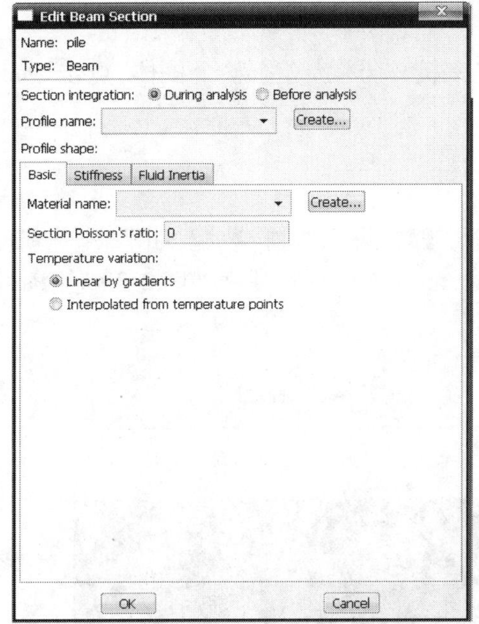

图 2-31　Edit Beam Section 弹出对话框

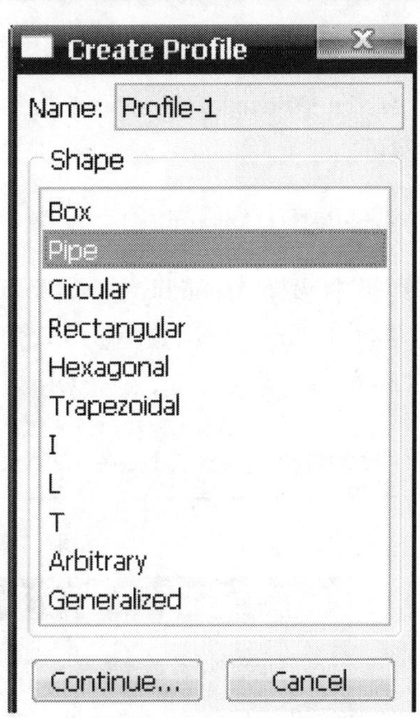

图 2-32　Create Profile 对话框

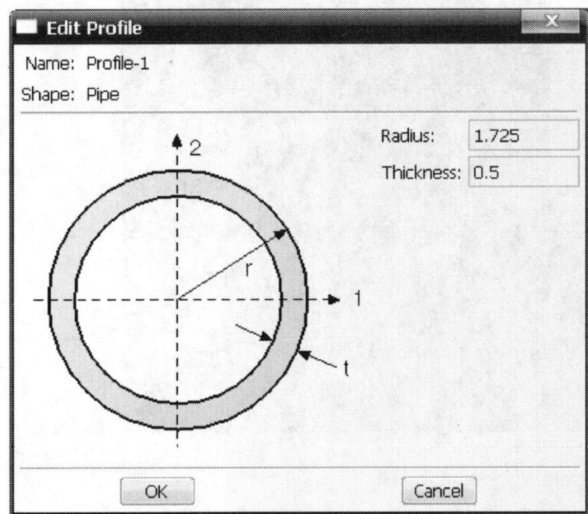

图 2-33　Edit Profile 对话框

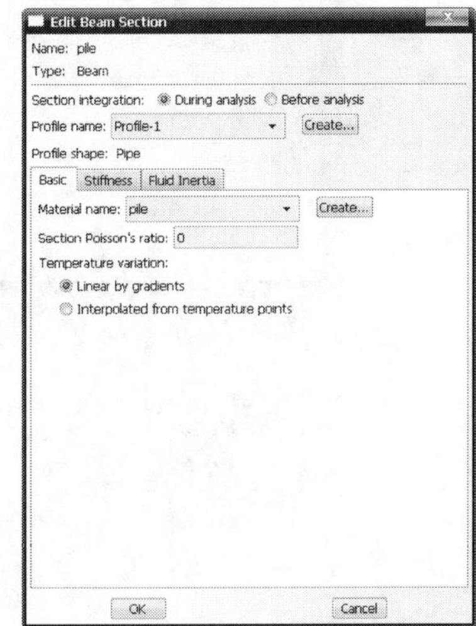

图 2-34　Edit Beam Section 对话框

图 2-35　桩体

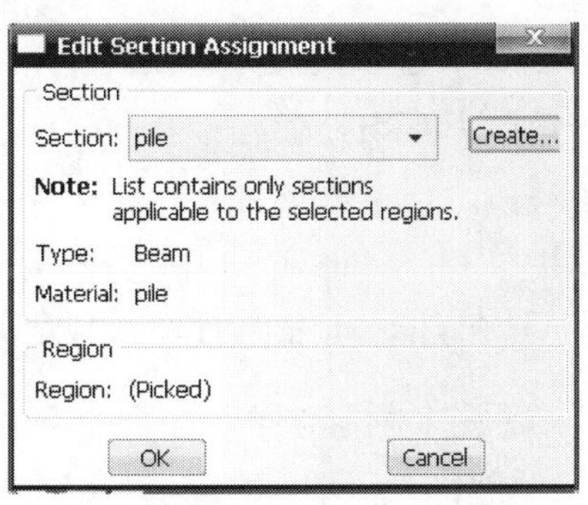

图 2-36　Edit Section Assignment 对话框

3. 选择整个桩体，定义桩体方向

点击 Assign—Beam section orientation 定义桩体方向，选择整个桩体，点击 Done—Enter 键—OK，即可。

(四)部件装配(Assembly)

在工具栏中选择 Assembly 进入部件装配步骤，对模型进行装配，如图 2-37 所示。之后点击右上方的 Instance Part 如图 2-38，弹出 Create Instance 对话框如图 2-39，在 Parts 中选择 pile 和 soil 两部件，其余不变，点击 OK。

图 2-37

图 2-38

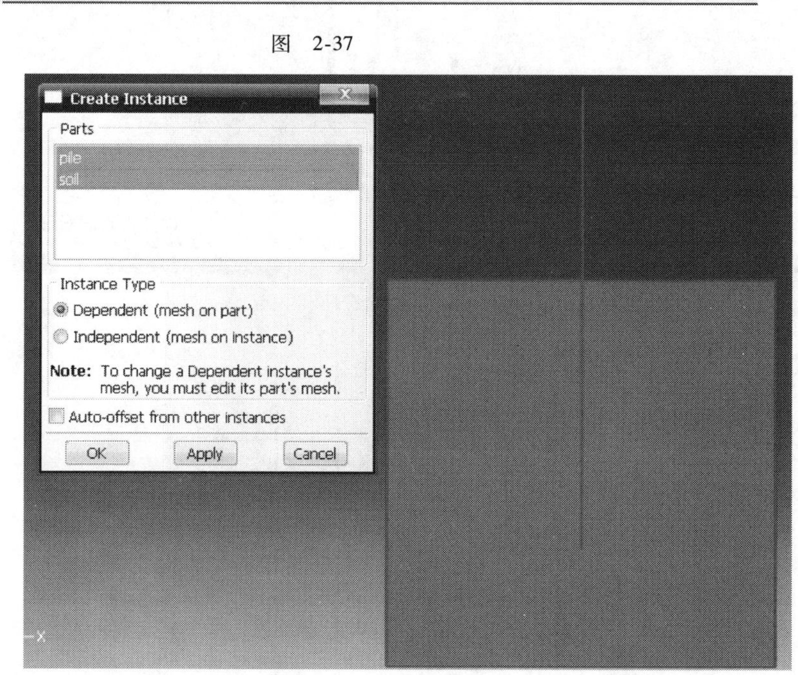

图 2-39 Create Instance 对话框

(五)定义分析步(Step)

在工具栏中选择 Step 进行模型分析设置，如图 2-40 所示。

1. 对模型进行地应力平衡处理

首先对模型进行地应力平衡处理。点击右上角 Create Step 如图 2-41，弹出 Create Step 对话框如图 2-42，并在 Procedure type 中选择 General—Geostatic。点击 Continue，弹出 Edit Step 对话框如图 2-43，在 Nlgeom 中选择 On，其余保持默认，点击 OK。

图 2-40 模型分析设置

图 2-41 创建分析步图标

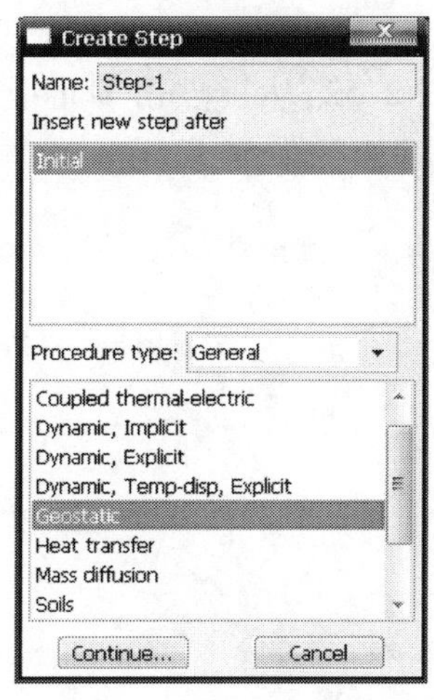

图 2-42 Create Step 对话框

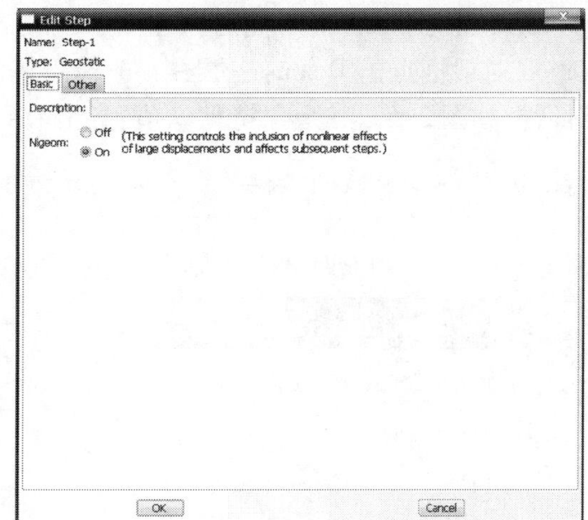

图 2-43 Edit Step 对话框

2. 具体操作

(1)点击 Output—Field Output Manager—Edit—F-Output-1 弹出 Edit Field Output Request 对话框，如图 2-44 所示；将 Output Variables 中的选项选为 All，其余保持默认，点击 OK。

(2)点击 Output—History Output Manager—Edit—H-Output-1 弹出 Edit History Output Request对话框如图 2-45，同样在 Output Variables 中选择 All，其余不变，点击 OK。

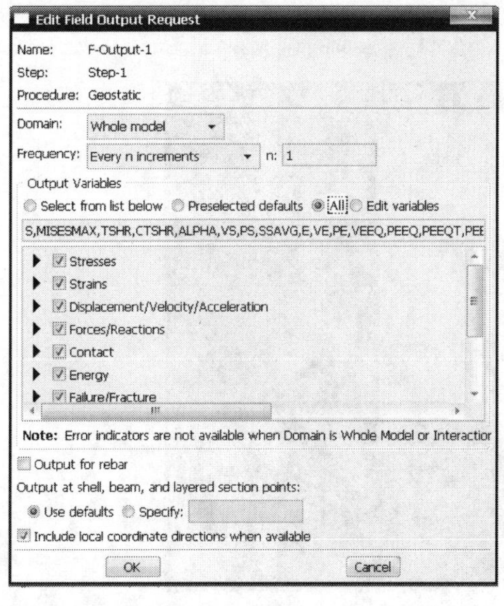

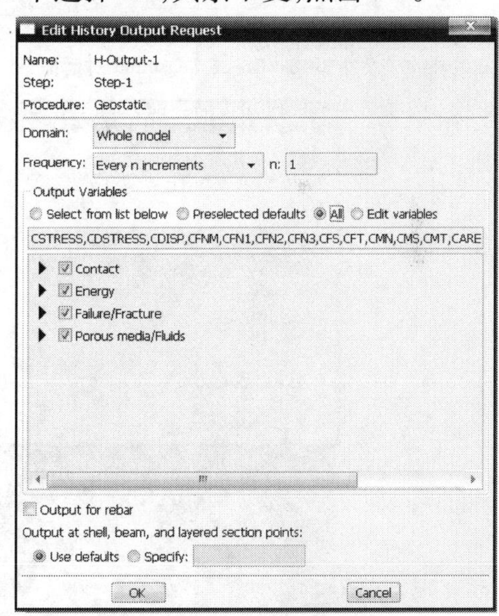

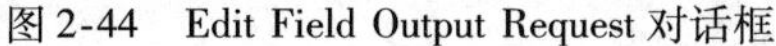

图 2-44 Edit Field Output Request 对话框

图 2-45 Edit History Output Request 对话框

(六)定义相互作用(Interaction)

在工具栏中选择 Interaction 如图 2-46，定义模型的相互作用。点击 Create Constraint 如图 2-47，弹出 Create Constraint 对话框如图 2-48，在 Type 中选择 Embedded region(嵌入)，点击 Continue。之后点击视图区右下角的 Sets 如图 2-49，弹出 Region Selection 对话框如图 2-50，

选择 pile-1. down，点击 Continue。然后再在图示区域下侧点击 Select Region 如图 2-51，弹出 Region Selection 对话框点击 Dismiss，在图上选择土体如图 2-52，然后点击 Done。弹出 Edit Constraint 对话框如图 2-53，其余保持默认值，点击 OK，即可如图 2-54 所示。

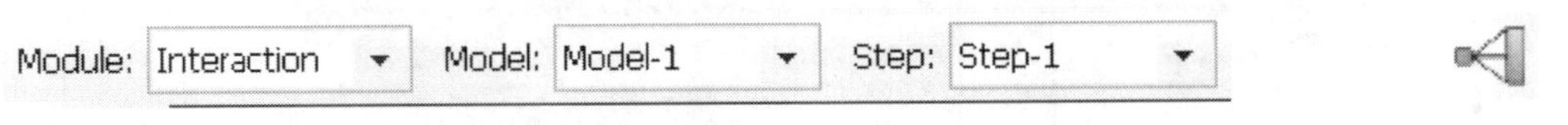

图 2-46　模型分析设置

图 2-47　约束设置图标

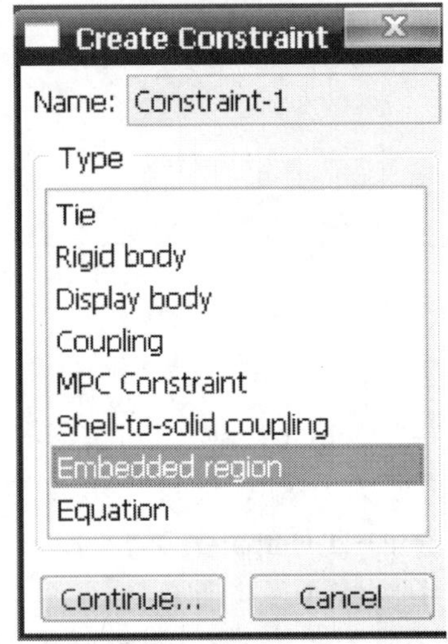

图 2-48　Create Constraint 对话框

图 2-49　Sets 图标

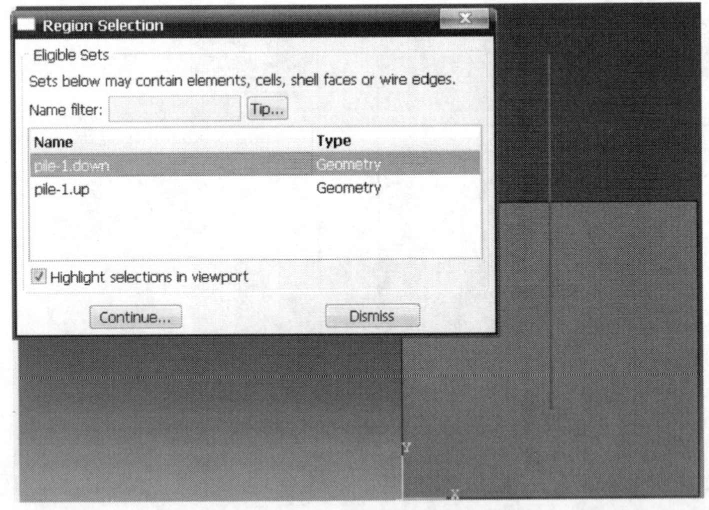

图 2-50　Region Selection 对话框

图 2-51　选择“Select Region”

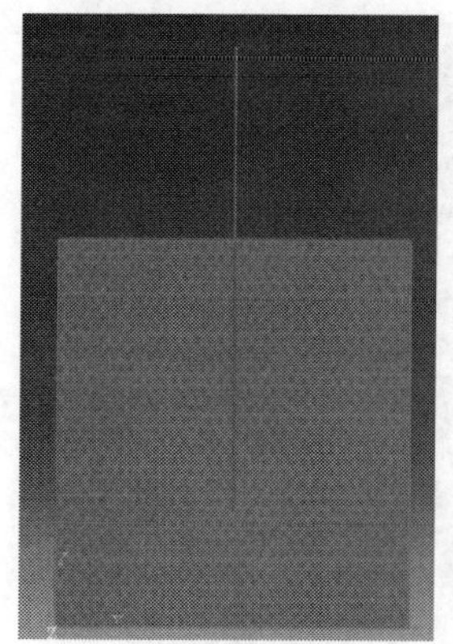
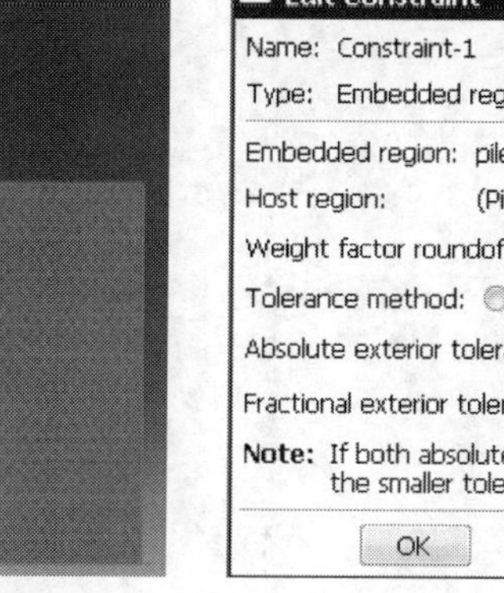

图 2-52　选择土体

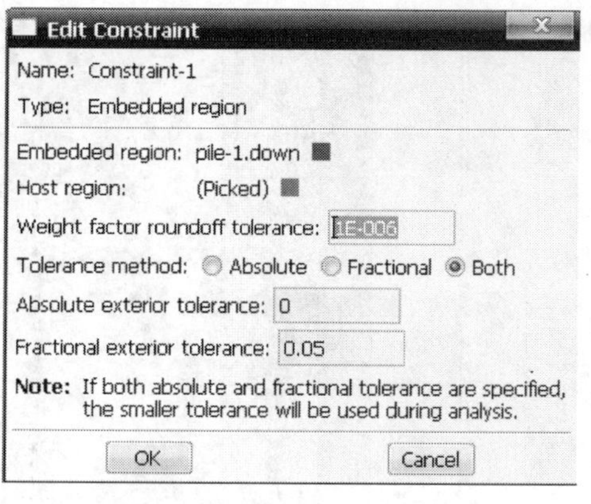

图 2-53　Edit Constraint 对话框

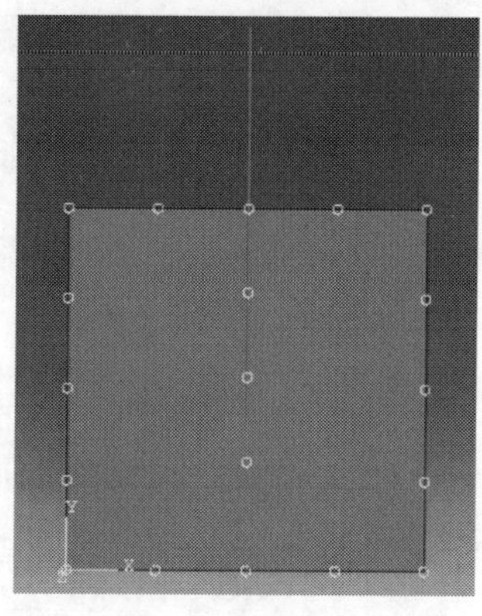

图 2-54　约束设置

（七）对结构施加荷载（Load）

其具体操作步骤如下：

（1）在工具栏中选择 Load 如图 2-55，对模型施加重力及定义边界条件，从而对模型进行地应力平衡处理。点击 Create Boundary Condition 如图 2-56 定义初始边界条件，弹出 Create Boundary Condition 对话框如图 2-57，选择 Displacement/Rotation，点击 Continue。选择两侧边点击 Done 如图 2-58。弹出 Edit Boundary Condition 对话框如图 2-59，选择 U1，约束 x 方向，点击 OK。重复上述步骤，定义底面的约束条件，选择 U2，约束 y 方向，如图 2-60 所示。

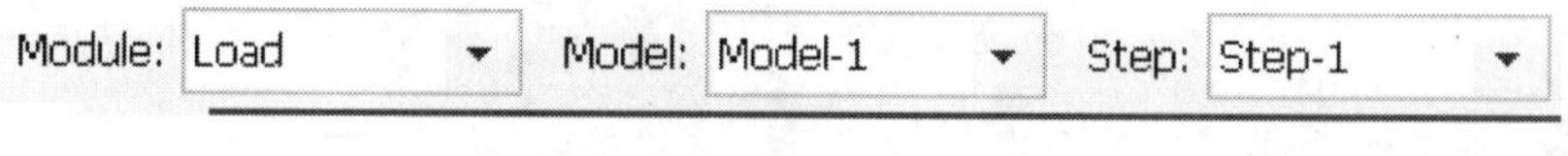

图 2-55　模型分析设置

图 2-56　边界设置图标

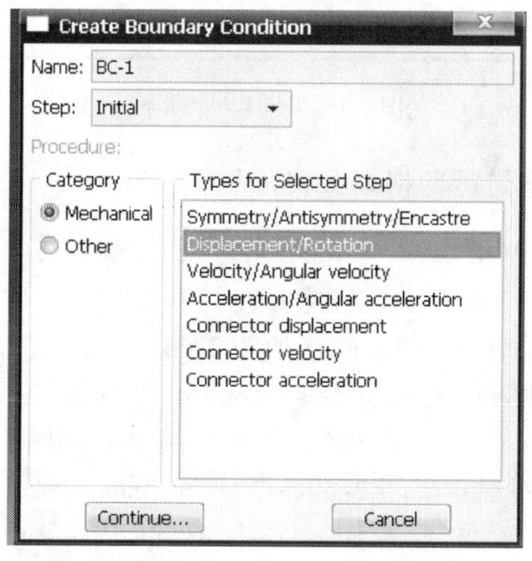

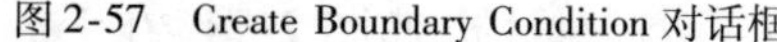

图 2-57　Create Boundary Condition 对话框

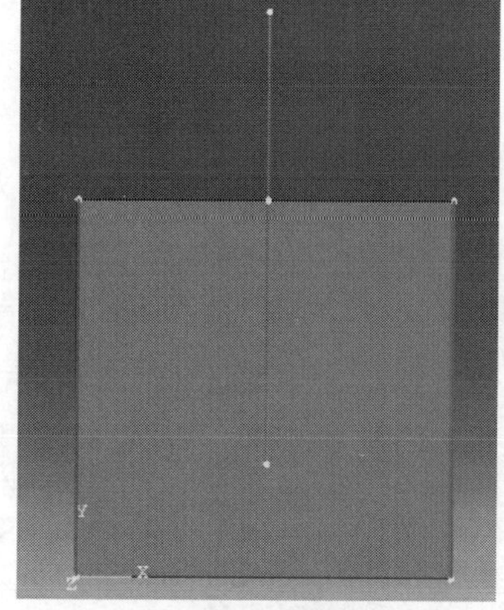

图 2-58　选择侧边

（2）点击 Create Load 如图 2-61，弹出 Create Load 对话框如图 2-62，在 Step 中选择 Step-1，在 Mechanical 中选择 Gravity，点击 Continue。弹出 Edit Load 对话框如图 2-63，点击 Edit Region，选择模型整体，点击 Done，尔后在 Component 2 中填入 −9.8。点击 OK 即可，如图 2-64。

Edit Boundary Condition
Name: BC-1
Type: Displacement/Rotation
Step: Initial
Region: (Picked)
CSYS: (Global) Edit... Create...
U1
U2
UR3
Note: The displacement value will be maintained in subsequent steps.
OK Cancel

图 2-59 Edit Boundary Condition 对话框

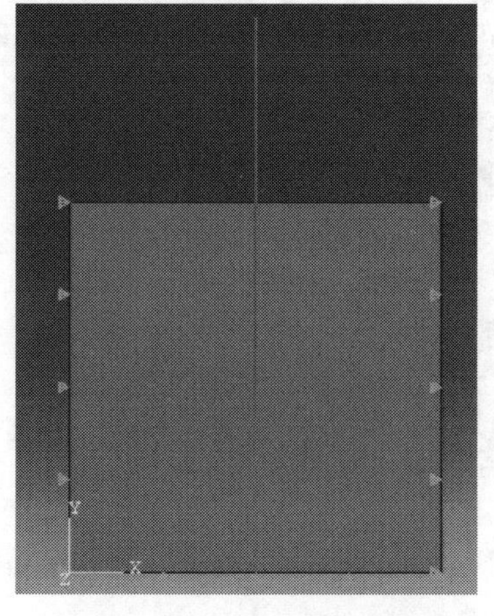

图 2-60 约束设置完成

图 2-61

Create Load
Name: Load-1
Step: Step-1
Procedure: Geostatic
Category: Mechanical, Thermal, Acoustic, Fluid, Electrical, Mass diffusion, Other
Types for Selected Step: Concentrated force, Moment, Pressure, Shell edge load, Surface traction, Pipe pressure, Body force, Line load, Gravity, Bolt load
Continue... Cancel

图 2-62 Create Load 对话框

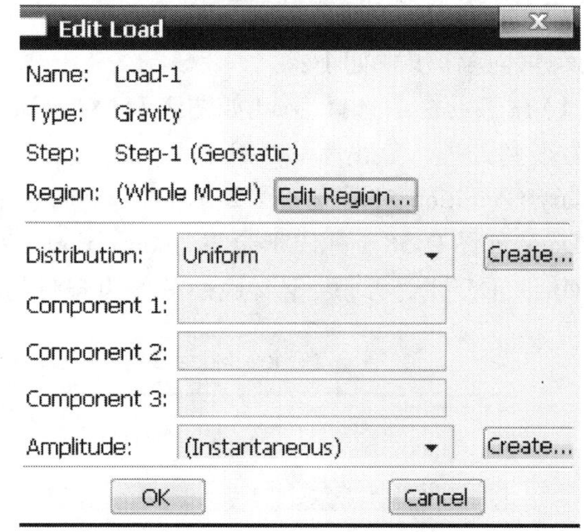

图 2-63 Edit Load 对话框

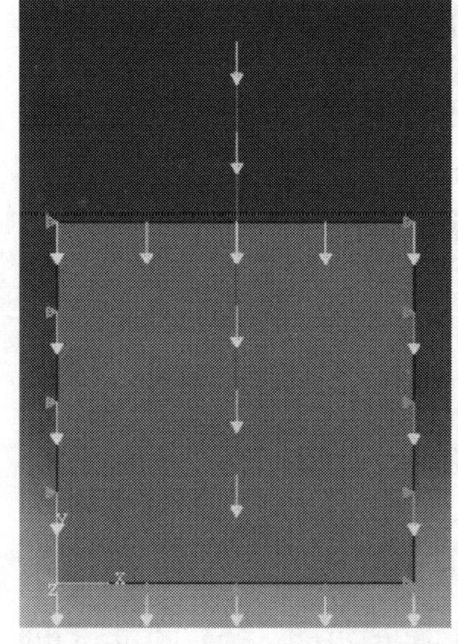

图 2-64 重力荷载的施加

（八）对模型进行网格划分（Mesh）

对模型进行网格划分 Mesh 的具体操作步骤：

在工具栏中选择 Mesh，对模型进行网格划分。在 Object 中选择 Part，首先对 soil 划分网格如图 2-65 所示。点击 Assign Mesh Controls 如图 2-66，弹出 Mesh Controls 对话框如图 2-67，选择 Quad—Structured，点击 OK。点击 Seed Part 如图 2-68，弹出 Global Seeds 对话框如图 2-69，在 Approximate global size 中填入 1，其余保持不变，点击 OK。点击 Assign Element Type 如图 2-70，弹出 Element Type 对话框如图 2-71，在 Family 中选择 Plane Strain，其余保持默认，点击 OK。点击 Mesh Part 如图 2-72，在视图区下方出现选择项如图 2-73，点击 Yes 即可完成对 soil 模块的网格划分如图 2-74。同理对 pile 划分网格，在 Global

Seeds 对话框中的 Approximate global size 改为 2，在Element Type 对话框中选择 Beam。如图 2-75 ~ 图 2-78 所示。

图 2-65　模型分析设置

图 2-66　网格控制图标

图 2-67　Mesh Control 对话框

图 2-68　设置种子图标

图 2-69　Global Seeds 对话框

图 2-70　单元类型设置图标

图 2-72　网格划分图标

图 2-73　选择 Yes

图 2-71　单元类型设置

图 2-74　划分好的网格

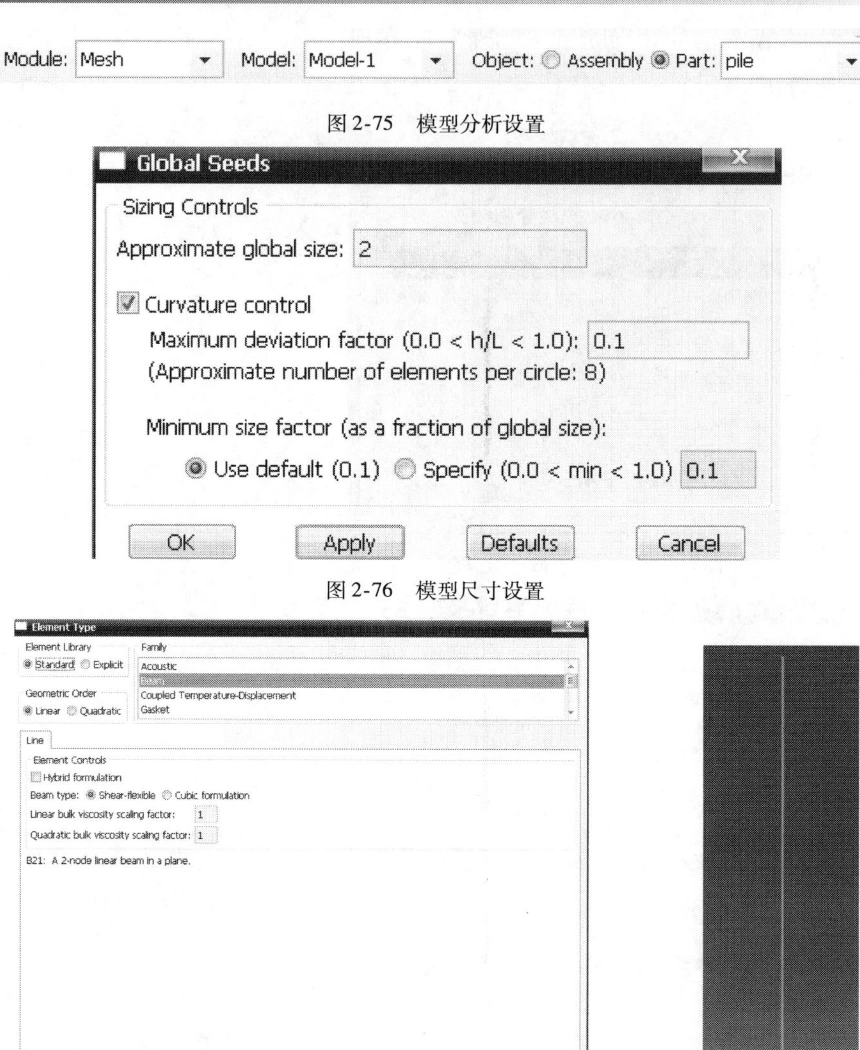

图 2-75 模型分析设置

图 2-76 模型尺寸设置

图 2-77 单元类型选择

图 2-78 桩

（九）计算（Job）

在工具栏中选择 Job 如图 2-79，对模型进行计算。点击 Create Job 如图 2-80，弹出 Create Job 对话框如图 2-81，点击 Continue，弹出 Edit Job 对话框如图 2-82，保持默认，点击 OK。点击 Job Manager 如图 2-83，弹出 Job Manager 对话框如图 2-84。在命令行中输入 mdb. models [‘Model-1’]. setValues (noPartsInputFile = ON)，如图 2-85，然后点击 Enter 键。在 Job Manager中点击 Monitor 进行运算监控如图 2-86，然后在 Job Manager 中点击 Submit，弹出对话框如图 2-87，点击 OK。

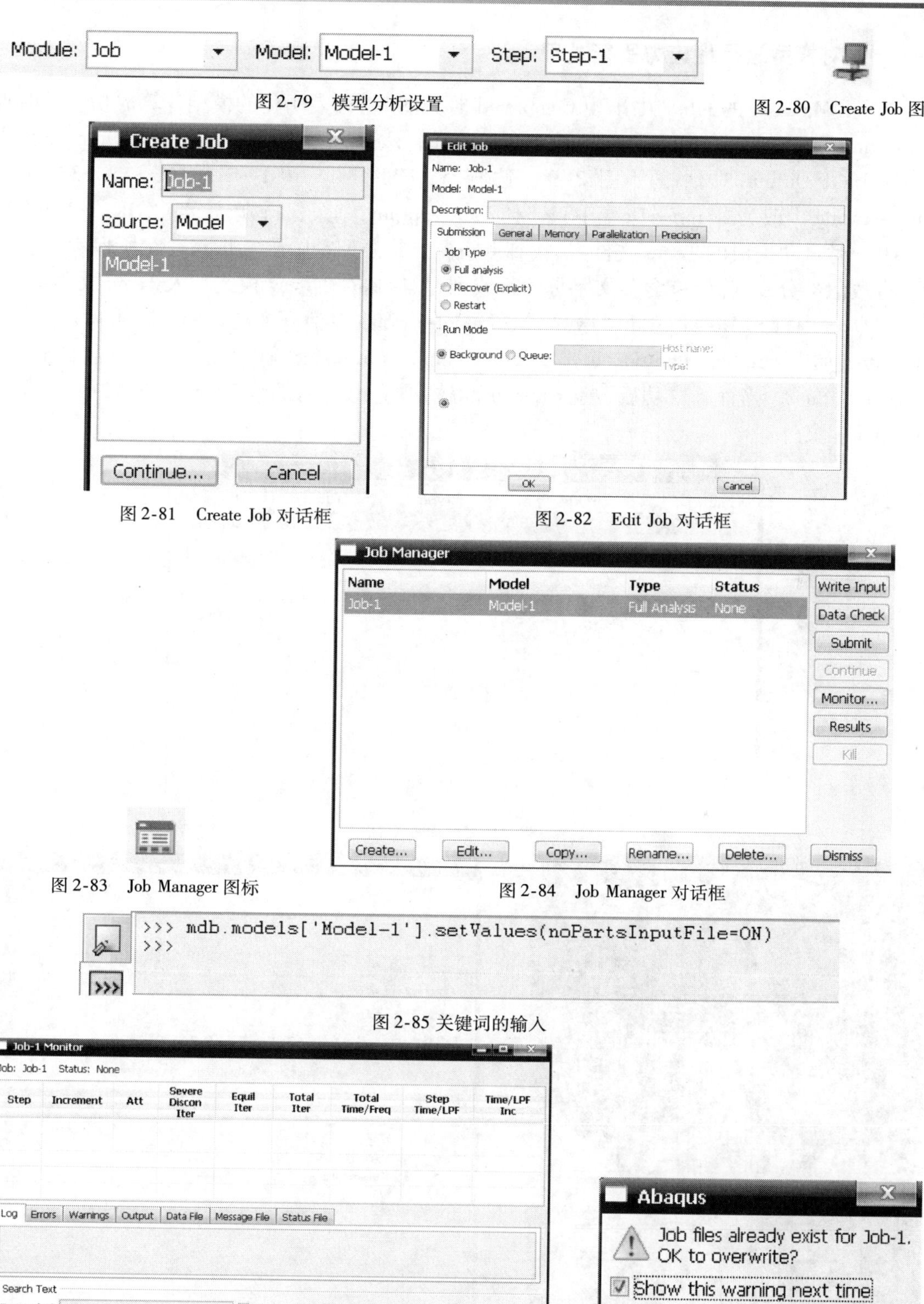

图 2-79　模型分析设置

图 2-80　Create Job 图标

图 2-81　Create Job 对话框

图 2-82　Edit Job 对话框

图 2-83　Job Manager 图标

图 2-84　Job Manager 对话框

图 2-85 关键词的输入

图 2-86　Job-1 Monitor 对话框

图 2-87　点击 submit 后出现的对话框

(十)对模型进行地应力平衡处理

当Job Manager的Job-1中出现Completed时如图2-88,表明你的模型计算成功。此时点击Results,得到施加重力后模型的计算结果如图2-89。点击Report—Field Output,弹出Report Field Output对话框如图2-90,选择Variable—Centroid—S—S11,S22,S33,S12;Setup—Name中改为li. inp—Data中只选择Field Output,其余保持默认,点击OK。打开安装ABAQUS时自动生成的Temp文件夹,找到li. inp。新建Excel,导入li. inp,在所保存的文件中只有数值部分,删除所有含英文字母的行或列,然后保存为. csv模式存入Temp文件夹中。在ABAQUS中打开Model—Edit keywords—Model-1,弹出对话框如图2-91,在Step-1后点击Add After,加入 * initial conditions, type = stress, input = li. csv语句,点击OK。然后回到Job步,重新Submit。当计算成功后,点击results,得到地应力之后的模型云图如图2-92。保存CAE和csv文件。

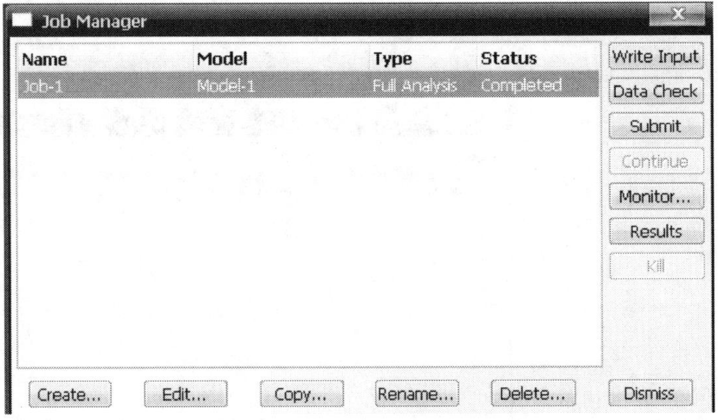

图2-88 Job Manager对话框

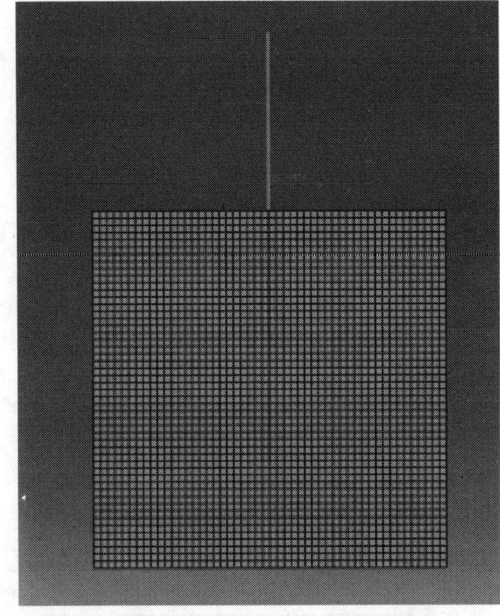

图2-89 施加重力后的模型

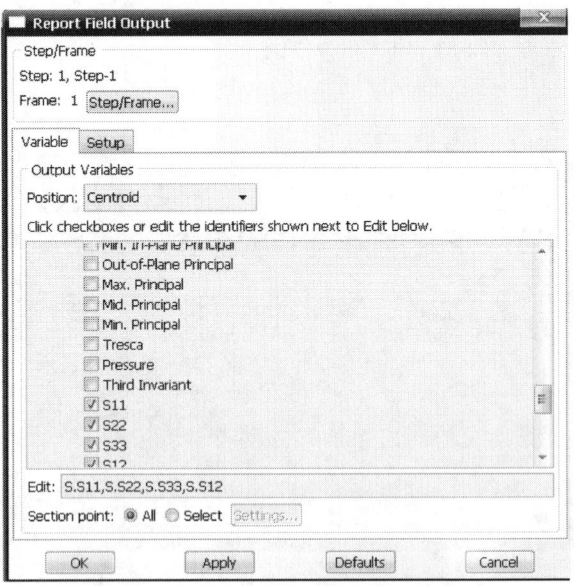

图2-90 Report Field Output对话框

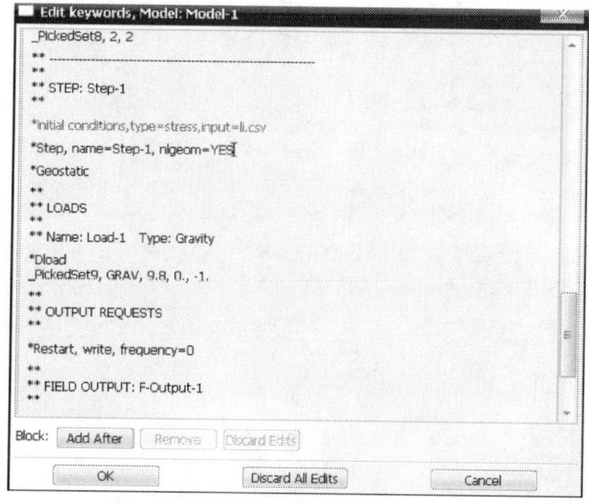

图 2-91　编辑关键词

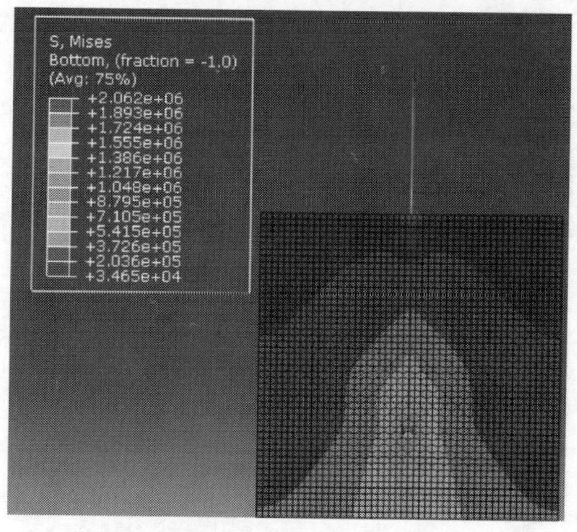

图 2-92　地应力后的模型云图

(十一)对模型施加波浪力

对模型施加波浪力的操作步骤:

(1)进入 Create Step 对话框(如图 2-93),在 Procedure type 选择 Linear perturbation,在 Frequency 点击 Continue,弹出 Edit Step 对话框如图 2-94 保持默认值,点击 OK。再次计入 Create step,在 Procedure type 中选择 General—Dynamic,Implicit 如图 2-95 所示,点击 Continue,弹出 Edit Step 对话框如图 2-96;将 Basic—Time period 中改为 100[图 2-96a)];Incrementation—Type 中选择 Fixed—Maximun number of increments 中改为 200[图 2-96b)],Icrement size 中改为 0.5;然后点击 OK。保存 CAE 文件。

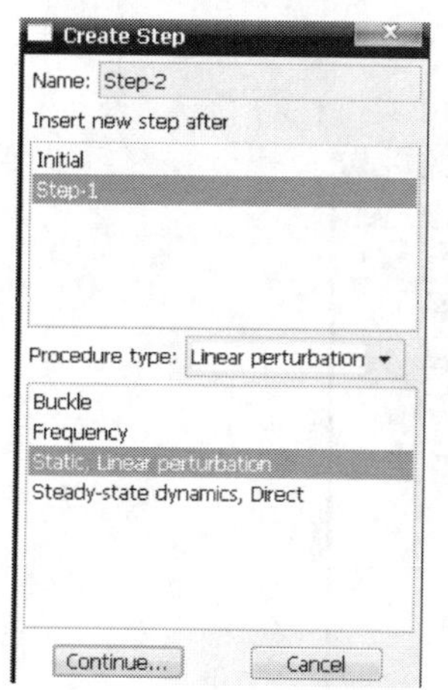

图 2-93　Step-2 的设置

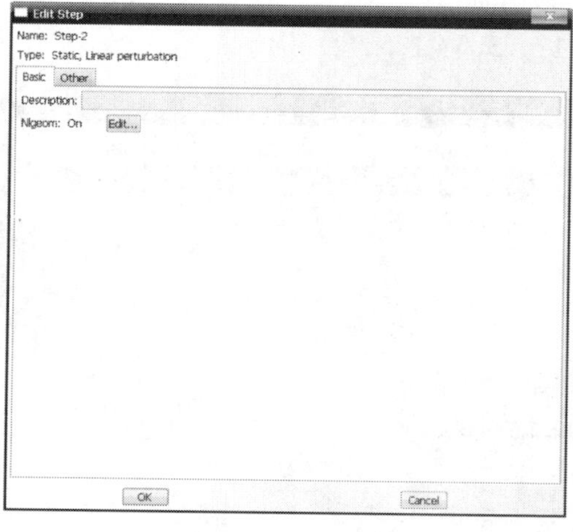

图 2-94　编辑分析步框

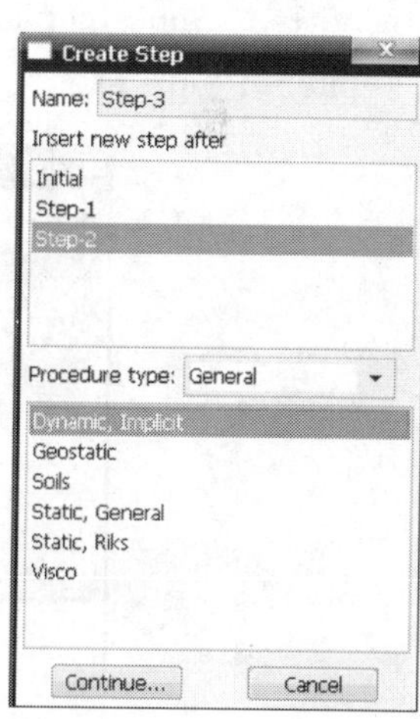

图 2-95　Step-3 的设置

(2)其余步骤不变,进入 Job 步的 Job Manager 如图 2-97;点击 rename,将 Job-1 改为 lz。点击 Write Input,在 Temp 文件夹中找到 lz. inp 文件,使用文本打开,之后添加语句:

```
*AQUA
50,70,32.2,1.982
```

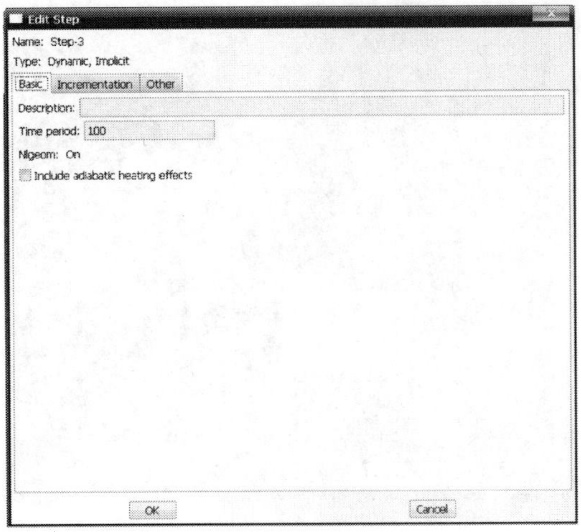

a) 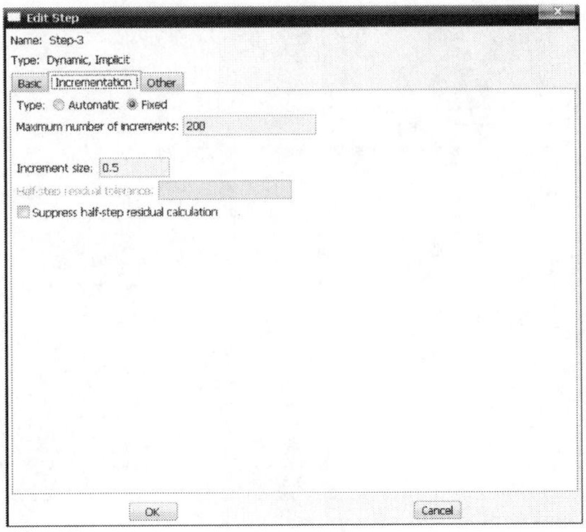　　　　b)

图 2-96　编辑分析步框

```
0.5,0.,0.,70
*WAVE,TYPE=AIRY
6,8.3,-54.,1,0
```

和

```
*DLOAD
**    Aqua Normal drag load
pile-1_up,FDD,     1, 3.5,  0.7,     1.
**    Aqua Inertial drag load
pile-1_up, FI,     1,  3.5, 1.5,     0.5
```

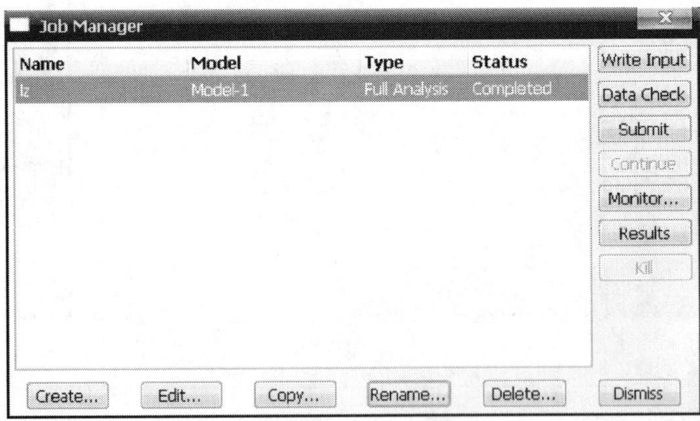

图 2-97　Job Manager 对话框

保存为 lz. inp 文件,之后在开始菜单中打开 Abaqus command,输入 abaqus job = lz. inp int,然后点击回车键,如图 2-98 出现 Completed 表明运算成功。在 Temp 文件夹中直接双击打开 lz. odb。得到结构施加波浪力后的模型云图和曲线如图 2-99。

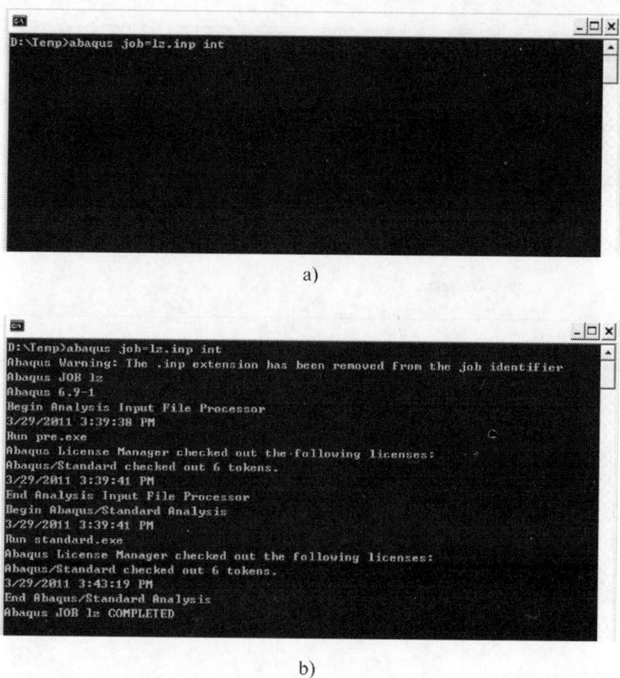

图 2-98　输入命令及运算

(3)点击 Create XY Data 如图 2-100,弹出 Create XY Data 对话框如图 2-101,选择 ODB Field Output 点击 Continue,弹出 XY Data from ODB Field Output 对话框(如图 2-102);在 Variables—Position 中选择 Unique Nodal;在 Click checkboxes or edit the identifiers shown next to Edit below 中选择 U-U1(图 2-102);Elements/Nodes—Method 中选择 Pick from viewport,点击 Edit Selection 如图 2-103;在图中选择桩顶点,点击 Done,然后点击 Active Steps/Frames,图中选择 Step-3 步,其余保持默认如图 2-104,点击 OK。回到 XY Data from ODB Field Output 对话框,点击 Plot,即得到桩顶端的时间位移(水平方向)曲线如图 2-105,在后处理过程中可以运用其他方法得到更多你想要的数据。

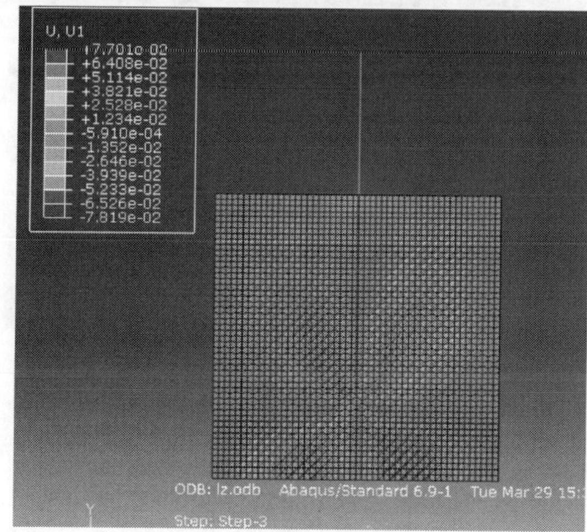

图 2-99　模型云图

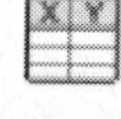

图 2-100　Create XY Date 图标

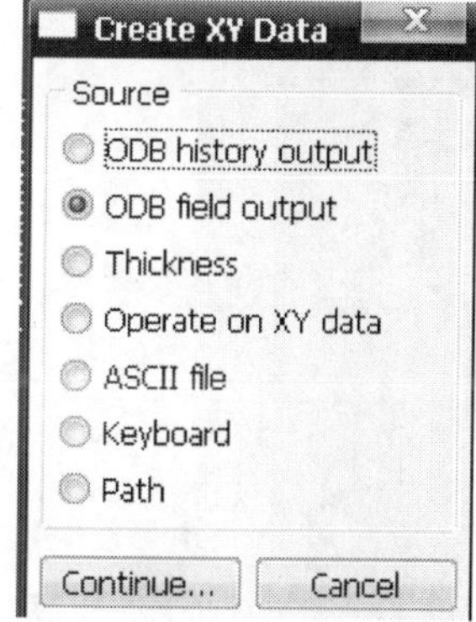

图 2-101　Create XY Data 对话框

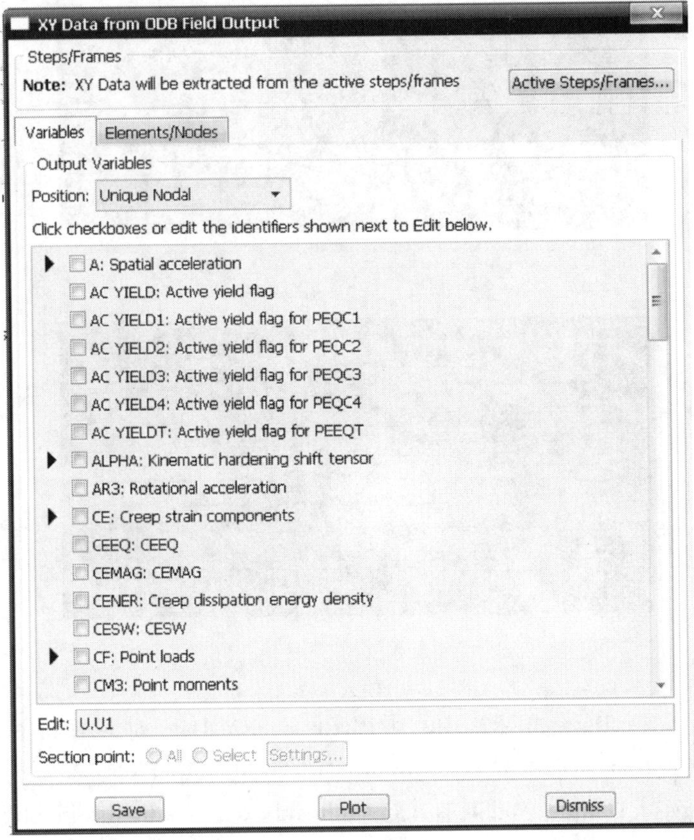

图 2-102　XY Data from ODB Field Output 对话框

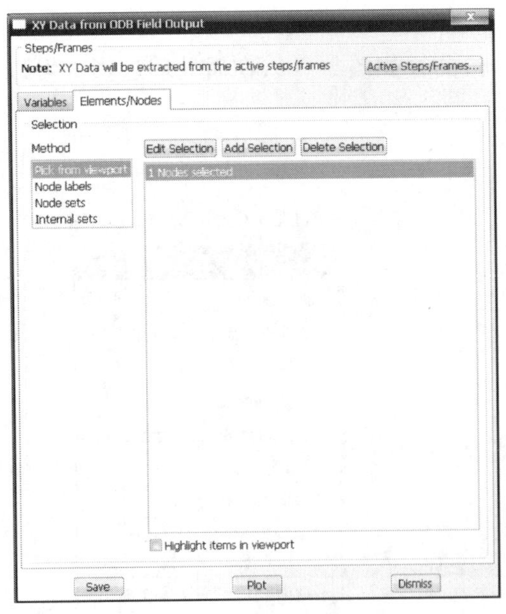

图 2-103　XY Data 框图

图 2-104　Active Steps 框图

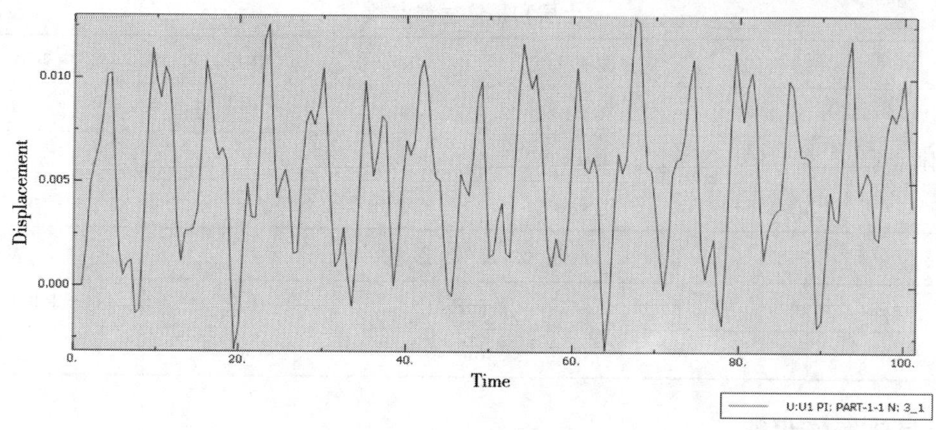

图 2-105　位移 – 时间曲线图

结论及应用领域说明：该模型操作完成后，就基本上熟悉了基于 ABAQUS 软件的风力发电基础（单桩）的具体操作，也可反复一次或多次该模型的操作，以达到较为熟悉的程度。该模型建立后可将其应用在风力发电基础（单桩）、海洋工程、单桩基础、单桩平台等领域。

第二节　ABAQUS 在风力发电基础（群桩）中的应用实例

该应用实例和建立该模型的目的：使读者能将 ABAQUS 软件应用到海上风力发电工程地基基础中，熟悉和掌握 ABAQUS 在风力发电杆身建模、群桩基础建模、地基基础建模，桩和海底土间的接触模型，风力发电基础（群桩）地应力平衡，风力发电基础（群桩）荷载施加（包括静荷载、动荷载，竖向荷载、侧向荷载）、求解和后处理等。

一、模型描述

这里建立了一个双桩的海上风力发电桩的二维模型，并在桩上加了一块混凝土承台，在此二维模型中，两根桩定义为梁单元。

几何模型如下：正方形为土体，竖直线即为桩体，总长 70m，深入土中的部分为 40m，土上部分为 30m，海水深为 22m。混凝土承台长 24m，高 2m。如图 2-106 所示。

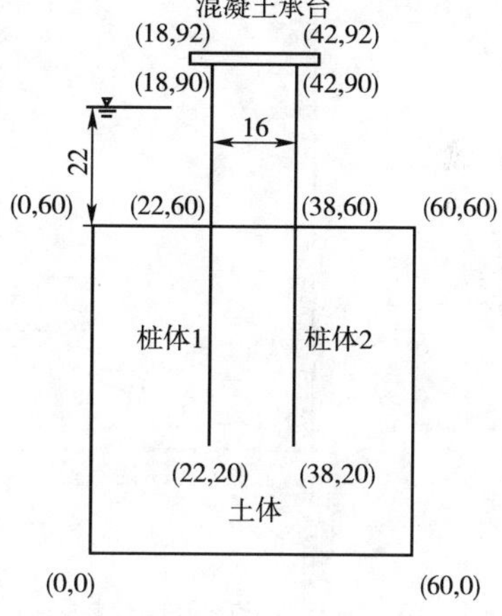

图 2-106　几何模型

对此海洋桩基和承台受波浪荷载的动力响应进行计算分析。海洋环境参数、地质参数及桩体材料的参数和尺寸如表 2-4 ~ 表 2-6 所示。

海洋环境参数　　表 2-4

环境条件	设计水深（m）	设计波高（m）	波浪周期（s）	自由液面水面流速（m/s）	自由液面海底流速（m/s）	海水密度（kg/m^3）
数值	22	6.2	8.3	0.5	0	1025

表2-5

土层和桩体材料参数

	密度(kg/m³)	弹性模量(Pa)	泊松比	内摩擦角(°)	内聚力(kPa)
土层	1440	5×10^{6}	0.35	25	30
桩体	6800	2×10^{9}	0.2	—	—
混凝土承台	3100	3×10^{11}	0.19	—	—

表2-6

桩 体 尺 寸 参 数

桩半径 r	桩壁厚 t	桩间距	入土深度 h_1	土上桩长 h_2
1.75m	0.5m	16m	40m	30m

二、具体操作步骤

(一)启动 Abaqus/CAE

在 Windows 操作系统中:点击开始→所有程序→Abaqus Licensing→Licensing Utilities,会弹出如图 2-107 对话框,点击 Start/Stop/Reread 下的 Start Server, 出现图 2-108 中“Server Start Successful.”表示 Start 成功。

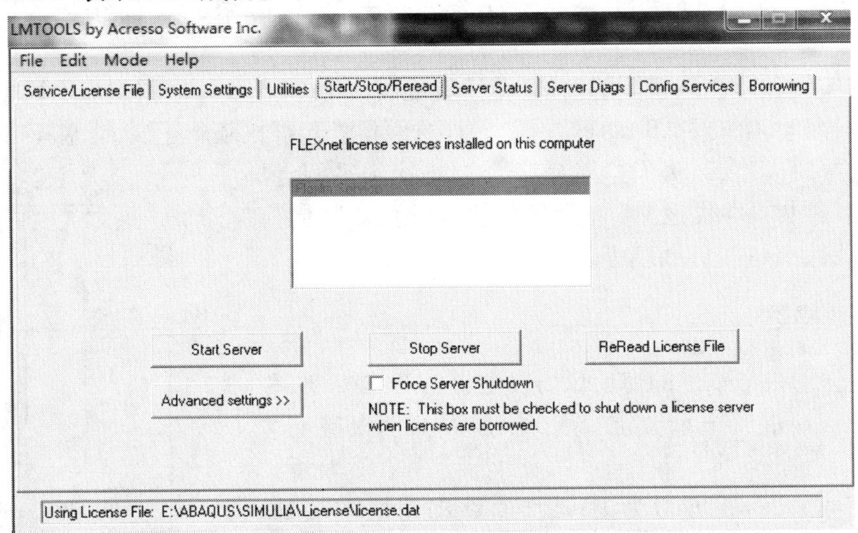

图 2-107 启动 ABAQUS 框图

再点击开始→所有程序→Abaqus CAE 或者在操作系统的 DOS 窗口中键入命令:abaqus cae,启动 Abaqus/CAE,然后在出现的 Start Session(开始任务)对话框中选择 Create Model Database(创建新模型数据库)(图 2-109)。

(二)创建部件(Part)

进入绘图环境时默认的就是 Part 模块,单击左侧工具区中的 (Create Part),弹出如图 2-110 所示的 Create Part 对话框,在对话框中依次输入:Name(部件名):soil,Modeling Space(模型所在空间)设为 2D Planar—Type(Deformable),其他参数不变,单击 Continue,

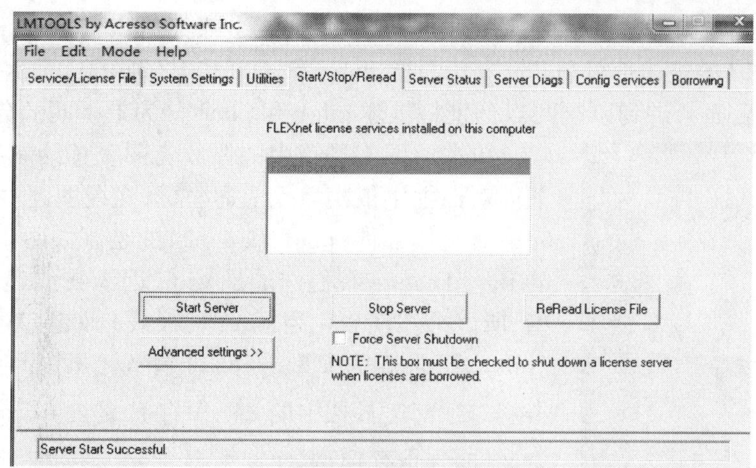

图 2-108　出现“Server Start Successful”

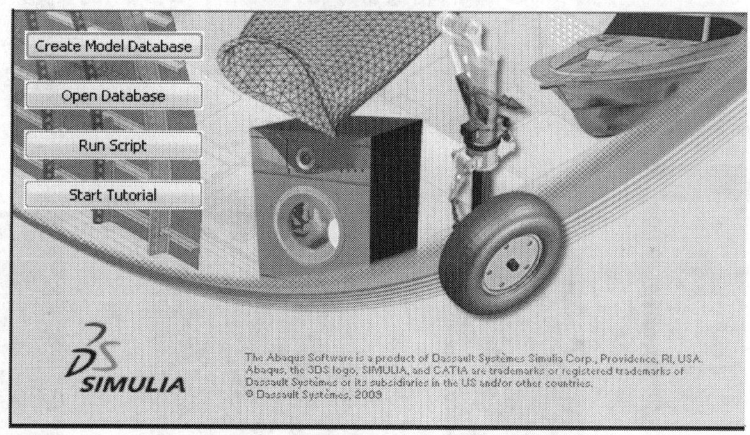

图 2-109　Start Session 对话框

ABAQUS 自动进入绘图环境——绘图：单击绘图工具箱中的画线工具□（绘制矩形），在绘图栏下面对话框中依次点击坐标(0,0)及(60,60)的位置，则在视图区中双击鼠标中键完成对土体部件(soil)的绘制，如图 2-111 和图 2-112 所示。

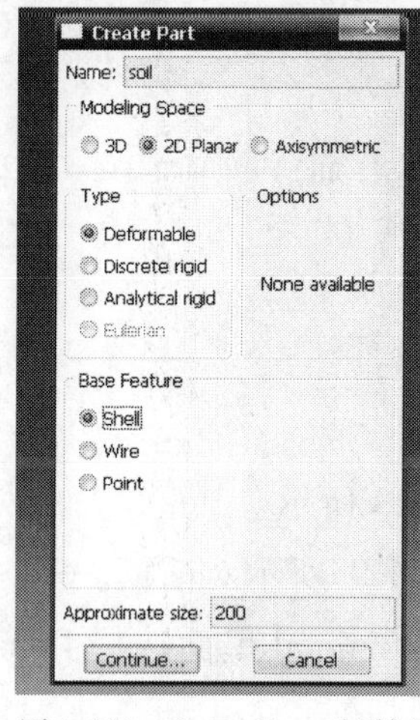

图 2-110　Create Part 对话框

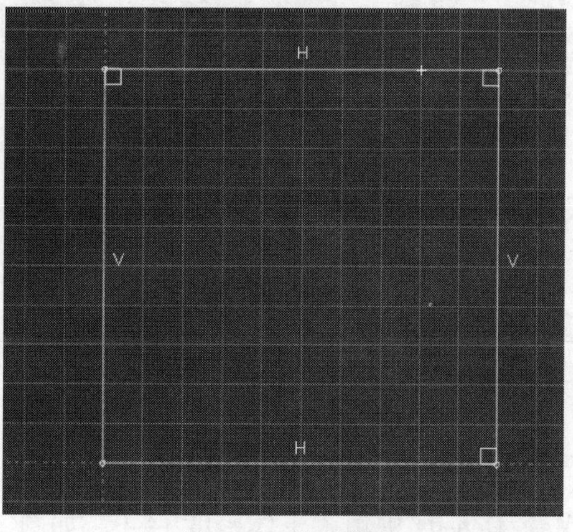

图 2-111　绘制简图

同理,绘制坐标为(22,20)、(22,60)、(22,90)的桩体部件(pile1)和坐标为(38,20)、(38,60)、(38,90)的桩体部件(pile2),其中绘出点(22,60)和点(38,60)是因为它们是桩体与土的接触点,后面会讲到以这两点分别将桩体 pile1 和 pile2 分为上下两部分。

图 2-112　土体模型(soil)

单击绘图工具箱中的画线工具(绘制线),在绘图栏下面对话框中依次填入上述坐标,在视图区中双击鼠标中键完成对土体部件(pile1 和 pile2)的绘制如图 2-113,注意 pile 的 Base Feature 我们选的是 wire,因为我们建的是二维的模型,所以桩体就简化为 wire(一根线),如图 2-114 ~ 图 2-116(pile1 和 pile2 的模型一样,只是坐标不同)→保存模型:点击窗口顶部工具栏中的(保存),键入 soil-pile-concrete 作为文件名,保存模型。

然后再绘制(18,90)和(42,92)的矩形混凝土承台,命名为 concrete(混凝土的英文名),单击绘图工具箱中的画线工具(绘制矩形),在绘图栏下面对话框中依次点击坐标(18,90)及(42,92)的位置,则在视图区中双击鼠标中键完成对 concrete 的绘制,如图 2-117 ~ 图 2-119 所示。

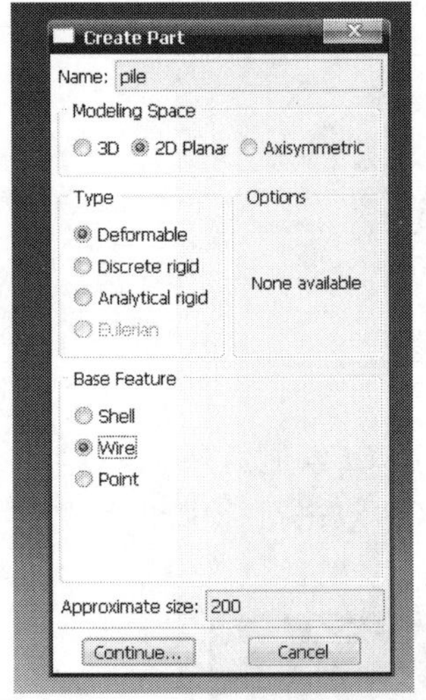

图 2-113　Create Part 对话框

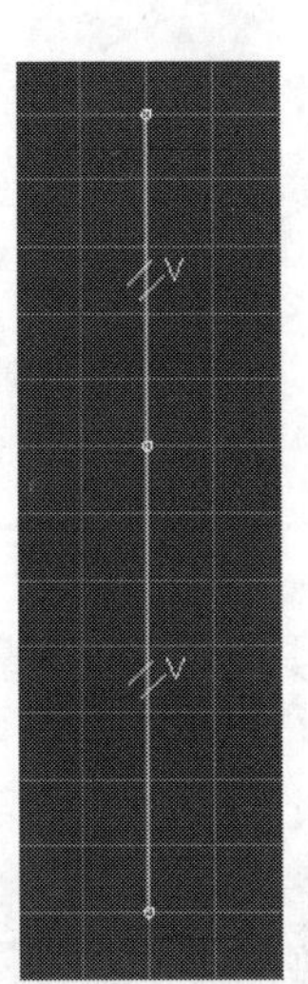

图 2-114　绘制简图

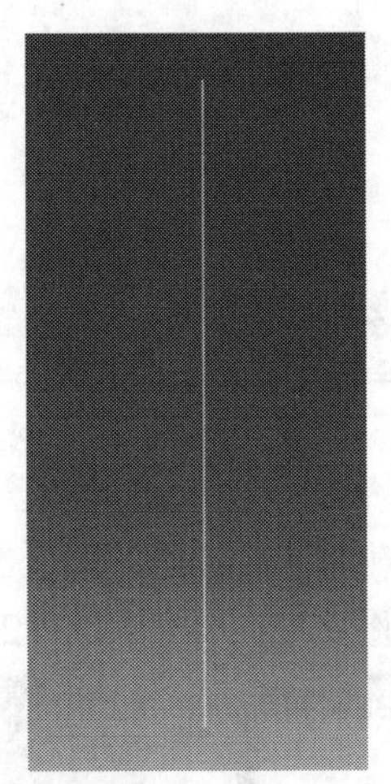

图 2-115　桩体模型(pile1)

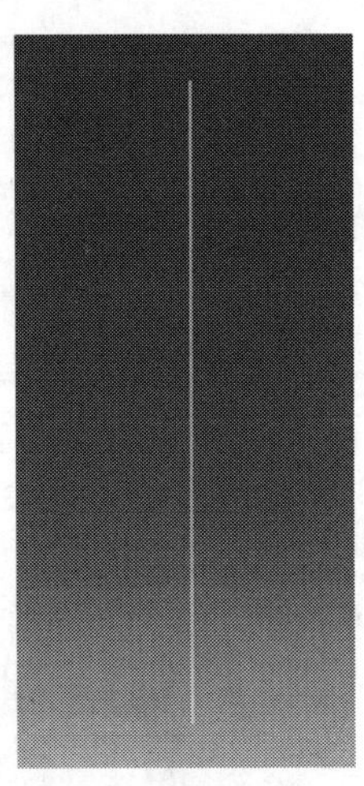

图 2-116　桩体模型(pile2)

(三)设置创建材料和截面属性(Property)

设置创建材料和截面属性(Property)的操作步骤:

(1)定义土体材料属性,并将其赋予模型中的 soil。

在模式下拉菜单中的 Module 中选择 Property,如图 2-120 所示。

单击左侧工具栏中的(Create Material),弹出如图 2-121 所示对话框。

在 Edit Material 对话框中,首先将 Name 改为 soil,点击 General 里面选择 Density 定义材料密度,在 Mass Density 中填入土体密度 1440。如图 2-122 所示。

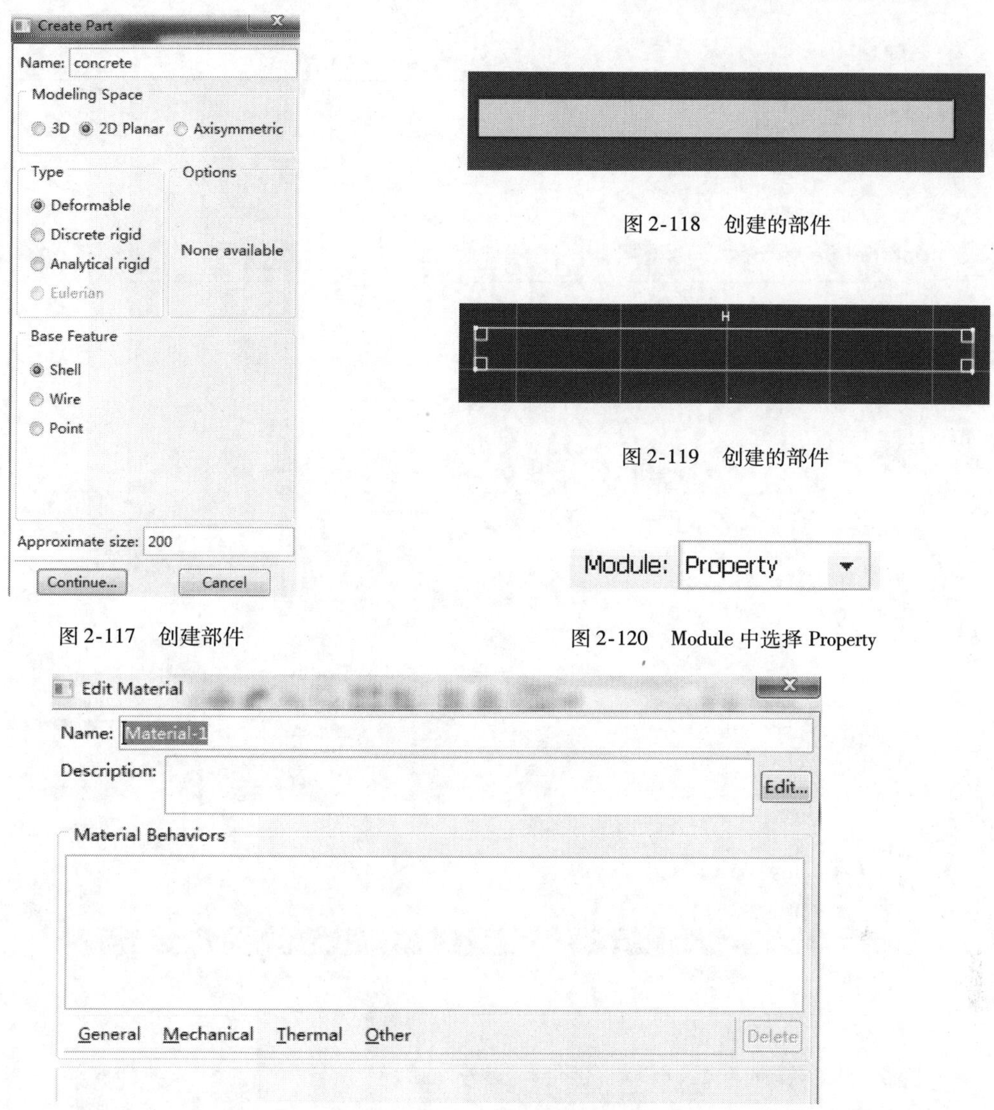

图 2-117　创建部件

图 2-118　创建的部件

图 2-119　创建的部件

图 2-120　Module 中选择 Property

图 2-121　Edit Material 对话框

点击 Mechanical 中选择 Elasticity—Elastic 定义土体弹性参数，在 Young's Modulus 中填入弹性模量 5e6，在 Poisson's Ratio 中填入泊松比 0.35，如图 2-123 所示。

之后再在 Mechanical 中选择 Plasticity—Drucker Prager 定义土体塑性参数，在 Angle of Friction 填入摩擦角 25，在 FlowStress Ratio 中填入渗透压力系数（默认值为 0.8 ~ 1.0）1.0，在 Dilantion Angle 填入膨胀角 0。如图 2-124 所示。

点击 Suboptions—Drucker Prager Hardening 弹出 Suboption Editor 对话框如图 2-125 所示，其中 Yield Stress 为 1e7，Abs Plastic Strain 填入 0 其余保持默认，点击 OK。

之后回到 Edit Material 对话框，点击 OK 即可。

点击左面的（Create Section），弹出 Create Section 对话框如图 2-126，并将 Name 中的名字改为 soil，并在 Category 下选择 Solid，在 Type 下选择 Homogeneous。

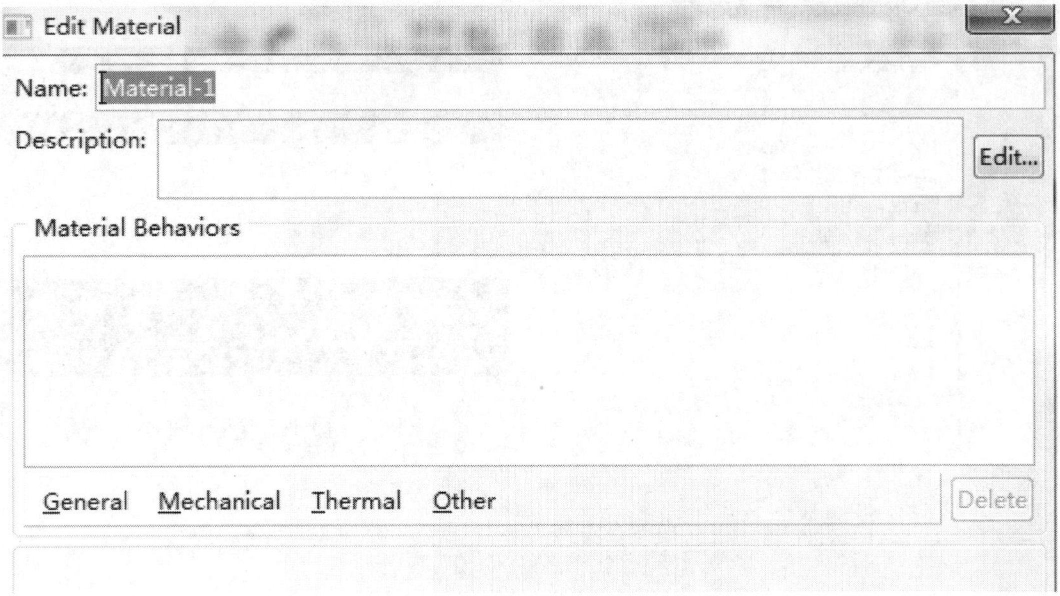

图 2-122　定义土体 Mass Density

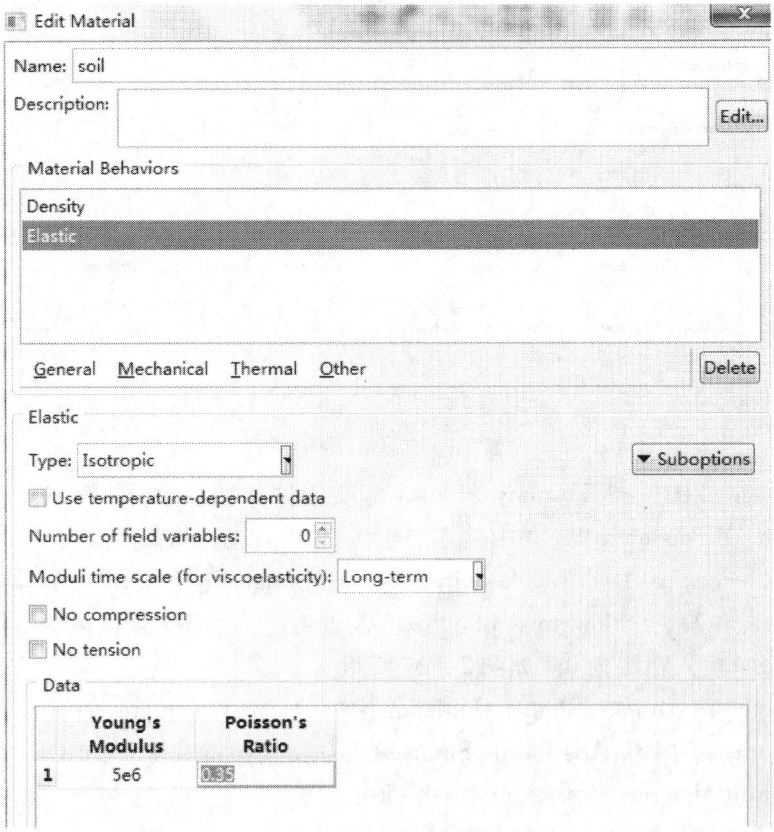

图 2-123　定义土体弹性参数

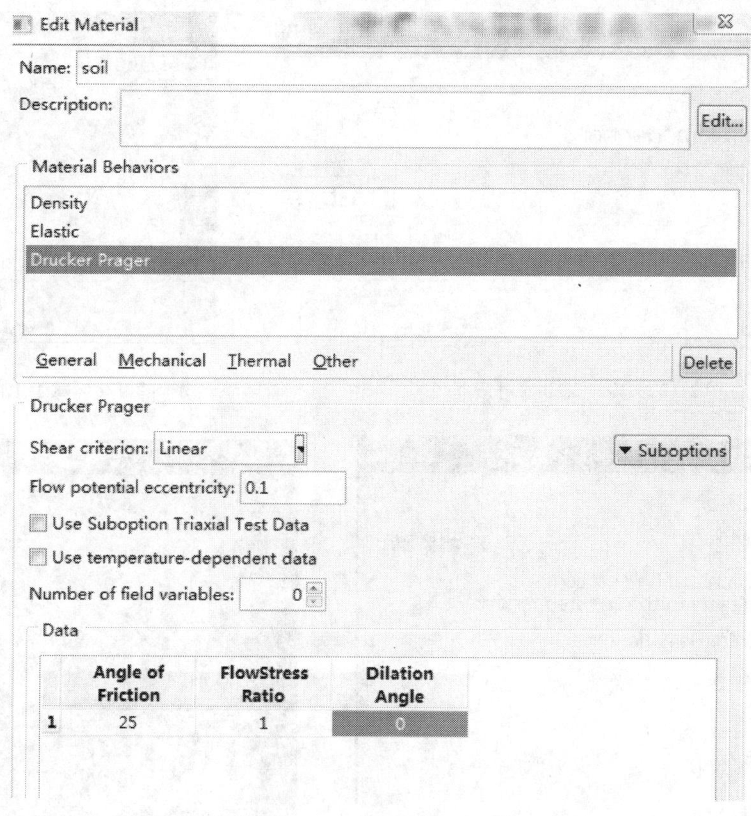

图 2-124　定义土体塑性参数

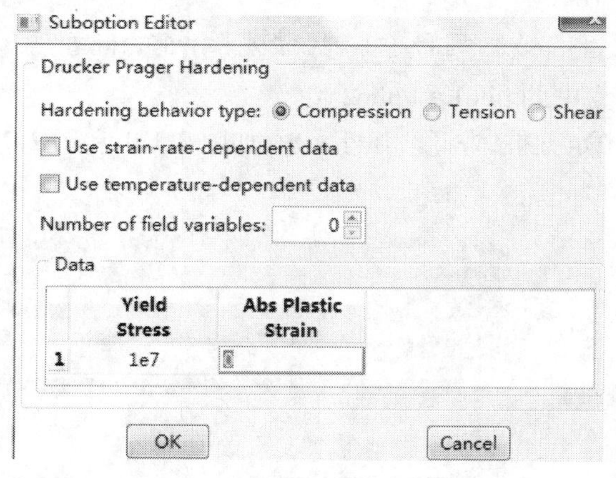

图 2-125　Suboption Editor 对话框

图 2-126　Create Section 对话框

点击 Continue，弹出对话框 Edit Section 对话框如图 2-127，在 Material 中选择 soil，其余保持默认，点击 OK。

点击 (assign section)，将上述定义的材料属性定义到土体模型上，用鼠标圈上土体(如图 2-128)，点击鼠标中键。

弹出 Edit Section Assignment 对话框，如图 2-129。

在 Section 中选择 soil，点击 OK。得到赋予材料属性的土体模型，如图 2-130。

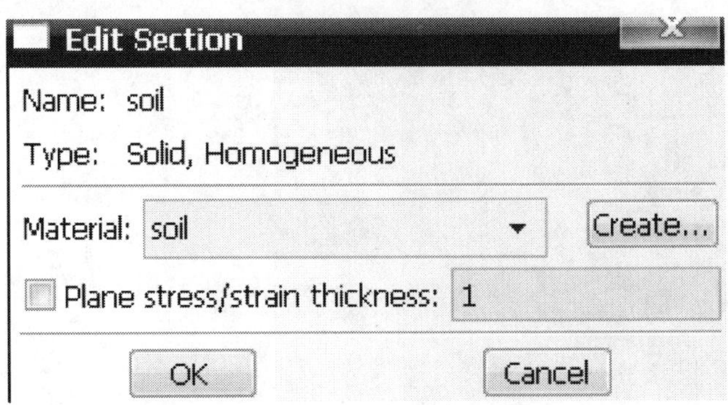

图 2-127 Edit Section 对话框

图 2-128 赋予土体材料属性

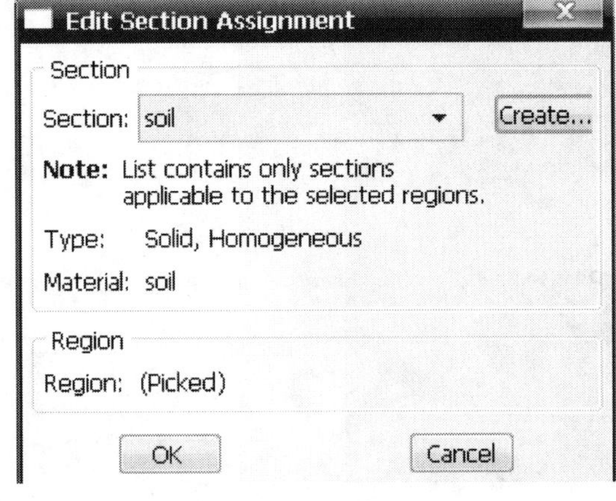

图 2-129 Edit Section Assignment 对话框

图 2-130 已赋予材料属性的土体模型

(2)定义 pile 材料属性,并将其赋予模型中的 pile1 和 pile2。

重复上述步骤,在 Edit Material 对话框中定义桩体密度、弹性参数,如图 2-131 和图 2-132,点击 OK。

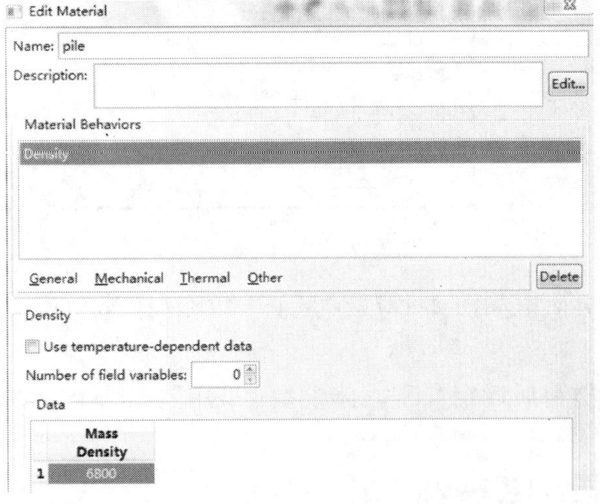

图 2-131 密度的输入

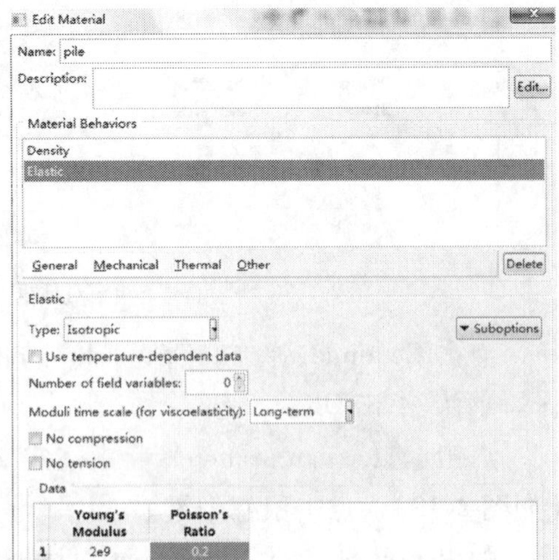

图 2-132 弹性模量和泊松比的输入

点击 Create Section 后弹出 Create Section 对话框如图 2-133。

在 Category 选择 Beam，Type 下也选择 Beam，点击 Continue（图 2-133），弹出对话框 Edit Beam Section 如图 2-134。

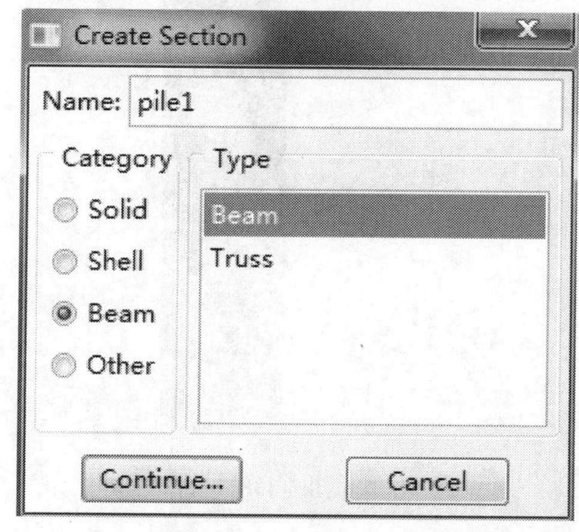

图 2-133　Create Section 对话框

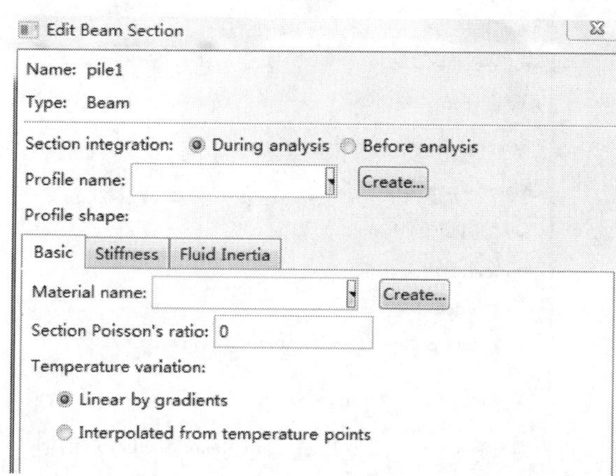

图 2-134　Edit Beam Section 弹出对话框

在 Profile name 后点击 Create（图 2-134），弹出 Create Profile 对话框如图 2-135 所示。

在 Shape 中选择 Pipe，点击 Continue（图 2-135），弹出 Edit Profile 对话框如图 2-136，将桩体半径 1.75m，桩壁厚度 0.5m 填入对应的表格中，点击 OK。

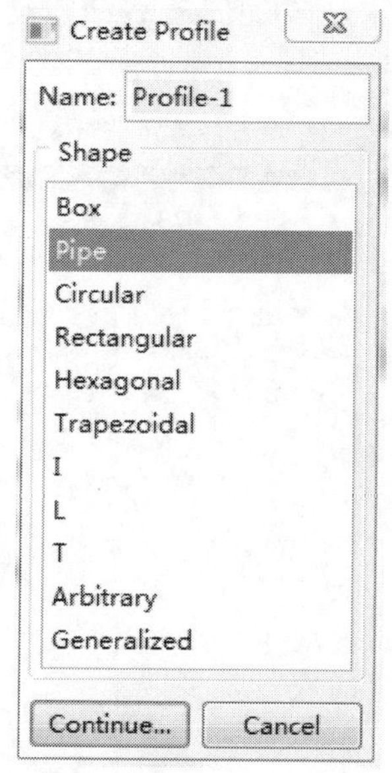

图 2-135　Create Profile 对话框

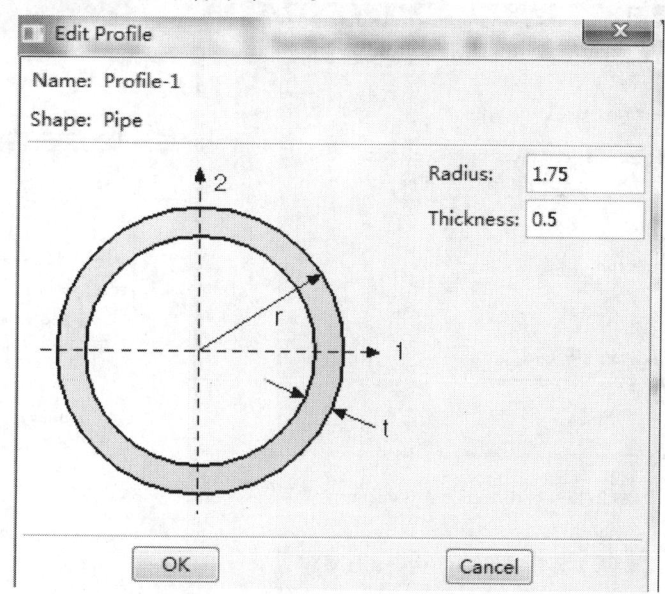

图 2-136　Edit Profile 对话框

回到 Edit Beam Section 对话框，在 Material name 中选择 pile 如图 2-137，点击 OK。

点击（Assign Section），在视图区圈上桩体如图 2-138 所示。

点击 Done，弹出 Edit Section Assignment 对话框如图 2-139 所示。

在 Section 中选择 pile1 点击 OK（图 2-139），再点击视图区下方的 Done 即可。

同理，对于 pile2，方法步骤同上，在此不再重复。

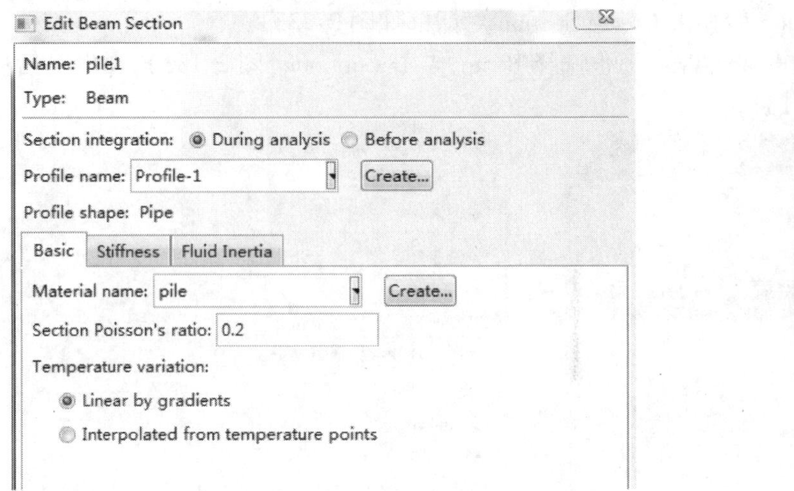

图 2-137　Edit Beam Section 对话框

图 2-138　选择桩体

(3)点击左边工具栏的 (Assign Beam Orientation)定义桩体方向，选择整个桩体，点击 Done，数值默认即可，点击 Enter 键→OK，完成。

(4)定义 concrete 材料属性，并将其赋予模型中的 concrete 模块。

步骤与定义土体属性相同，具体见图 2-140 ~ 图 2-144 所示。

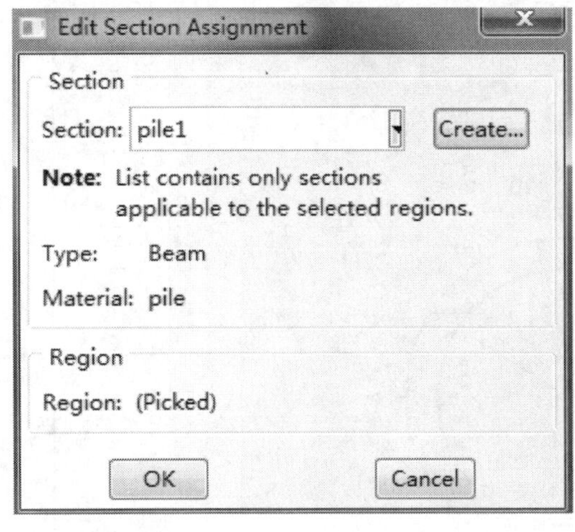

图 2-139　Edit Section Assignment 对话框

图 2-140　混凝土密度的输入

(四)装配部件(Assembly)

在工具栏中选择 Assembly 进入部件装配步骤，对模型进行装配，如图 2-145 所示。之后点击左上方的 (Instance Part)，弹出 Create Instance 对话框如图 2-146，在 Parts 中选择 concrete、pile1、pile2 和 soil 四个部件，其余默认，点击 OK。

(五)定义分析步(Step)

在工具栏中选择 Step 进行模型分析设置，如图 2-147 所示。

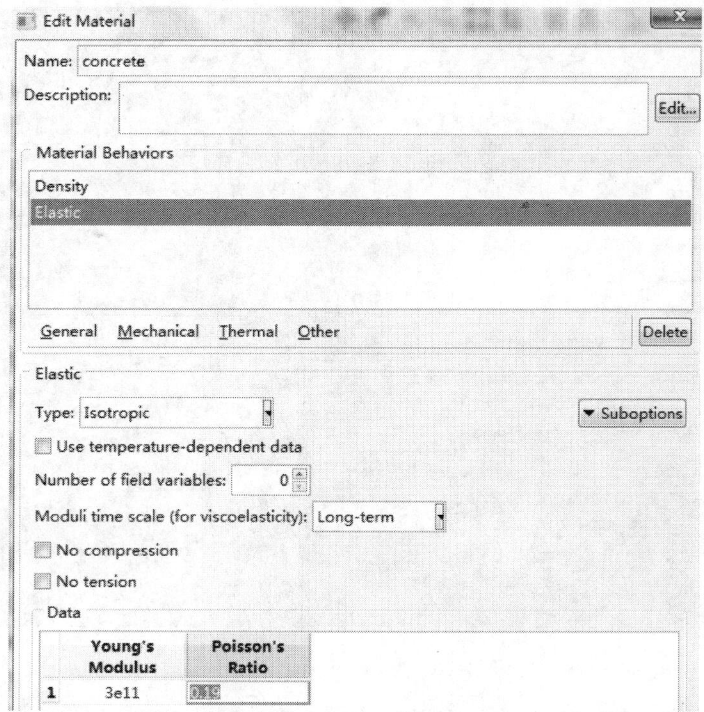

图 2-141　混凝土参数的输入

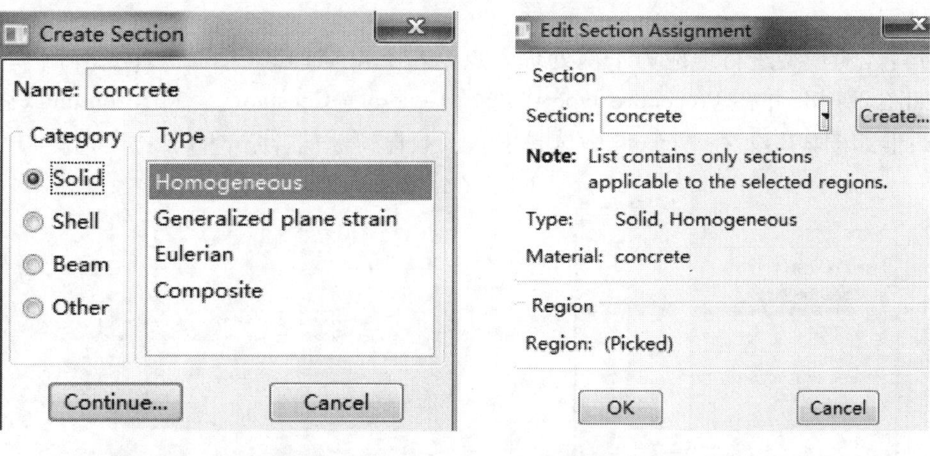

图 2-142　创建截面

图 2-143　Edit Section Assignment 对话框

图 2-144　已赋予材料属性的混凝土模型

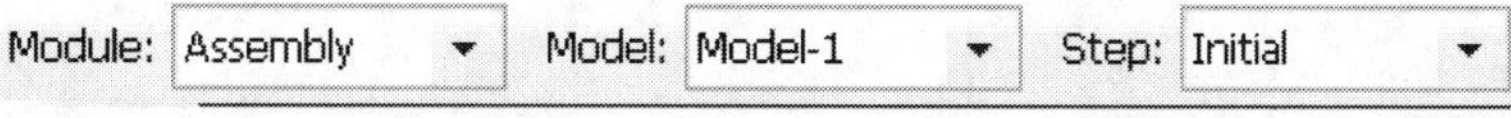

图 2-145　选择 Assembly

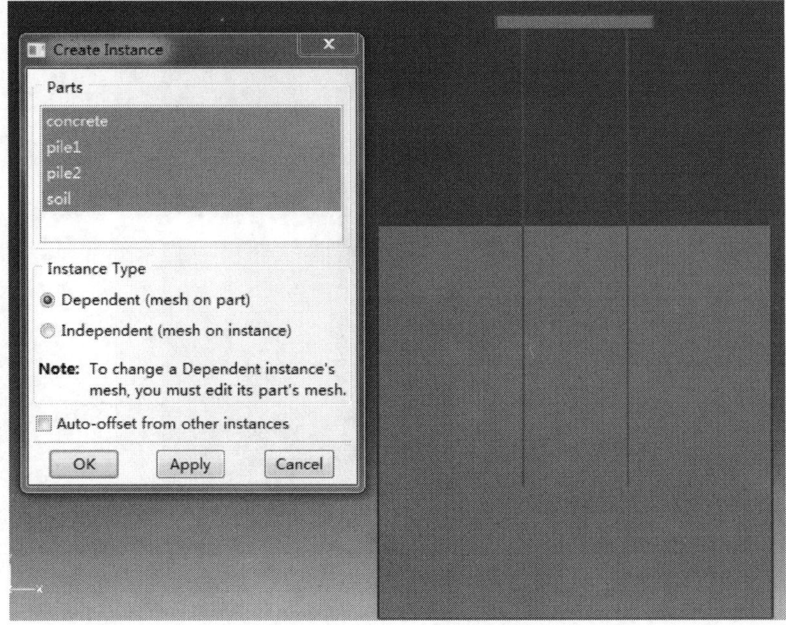

图 2-146　Create Instance 对话框

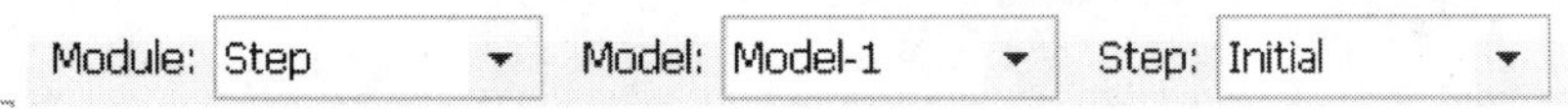

图 2-147　选择 Step

(1)首先对模型进行地应力平衡处理。点击左上角 (Create Step),弹出 Create Step 对话框如图 2-148,并在 Procedure type 中选择 General—Geostatic。点击 Continue,弹出 Edit Step 对话框如图 2-149,在 Nlgeom 中选择 On,其余保持默认,点击 OK。

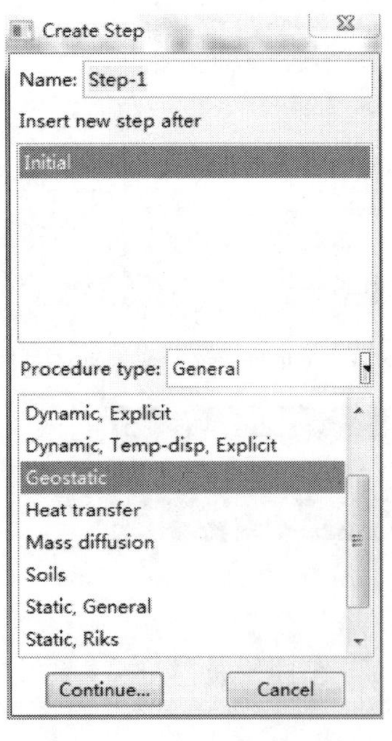

图 2-148　Create Step 对话框

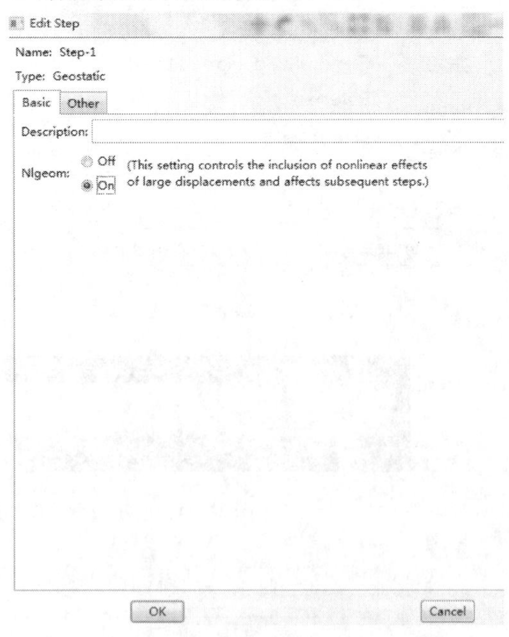

图 2-149　Edit Step 对话框

（2）点击 Output—Field Output Manager—Edit—F-Output-1 弹出 Edit Field Output Request 对话框，如图 2-150；将 Output Variables 中的选项选为 All，其余保持默认，点击 OK。

（3）点击 Output—History Output Manager—Edit—H-Output-1 弹出 Edit History Output Request对话框如图 2-151；同样在 Output Variables 中选择 All，其余不变，点击 OK。

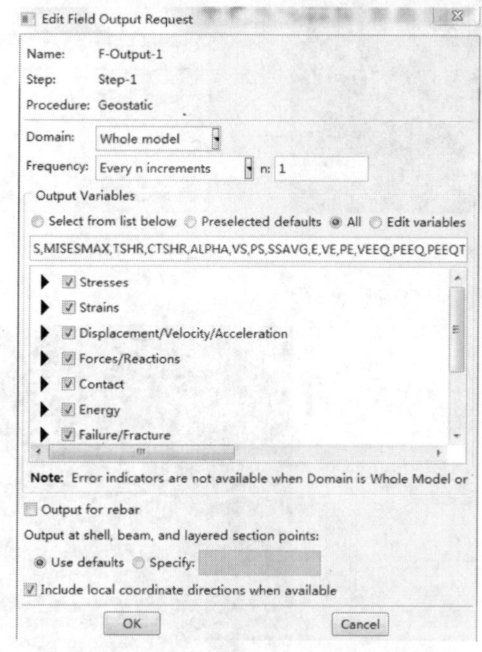

图 2-150　Edit Field Output Request 对话框

图 2-151　Edit History Request 对话框

（六）定义相互作用（Interaction）

在工具栏中选择 Interaction（如图 2-152），定义模型的相互作用。

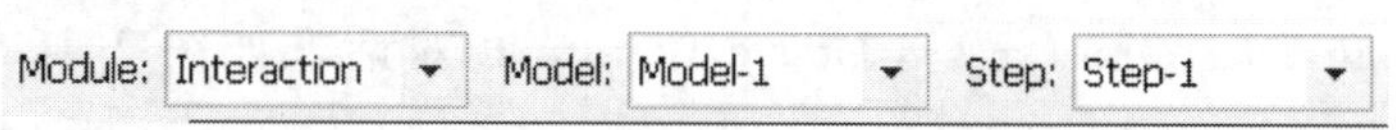

图 2-152　选择 Interaction

（1）在菜单栏中点击 Tools—set—Manager，弹出对话框如图 2-153，创建集合 Set。

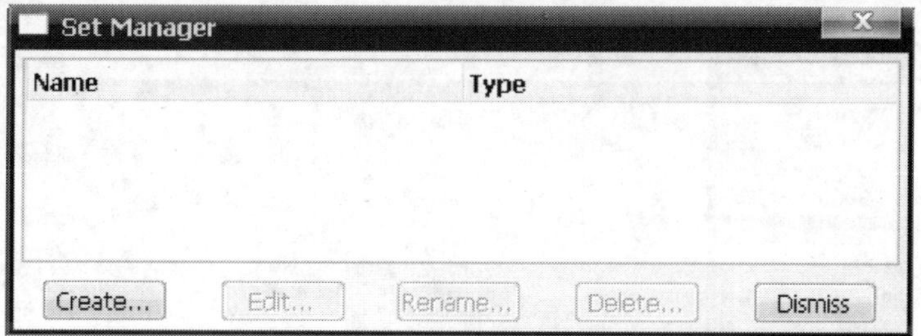

图 2-153　Set Manager 对话框

点击 Set Manager 对话框中的 Create，弹出 Create Set 对话框并将 Name 改为 pile-up，如图 2-154 所示。

在 Create Set 对话框中点击 Continue（图 2-154），用鼠标点击桩体上部分如图 2-155，点击 Done 即可。

同理，重复上述步骤建立 set-2，选取下部分桩体，命名为 pile-down，如图 2-156 和图 2-157 所示。

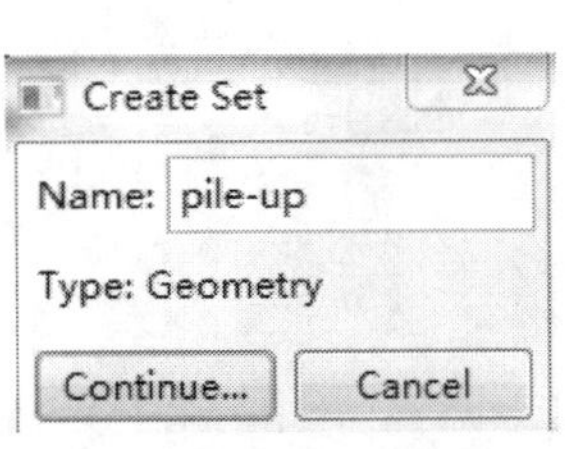
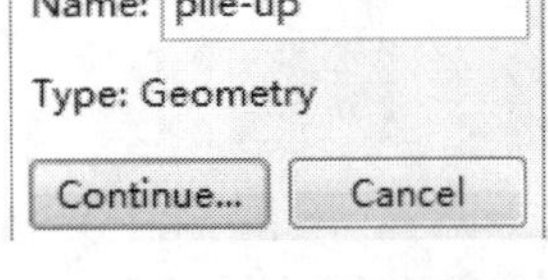

图 2-154　Create Set 对话框

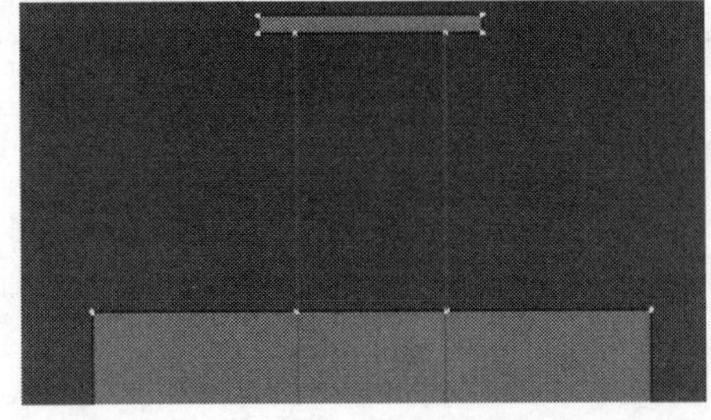

图 2-155　选择桩体上部

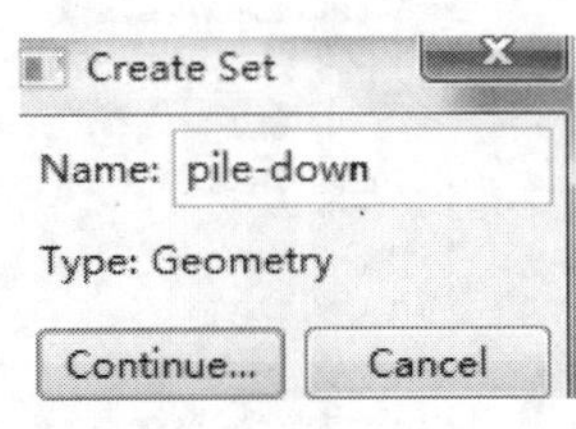

图 2-156　Create Set 对话框

同理，创建 set3，命名为 soil，如图 2-158 和图 2-159 所示。

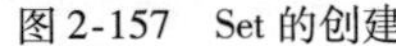

图 2-157　Set 的创建

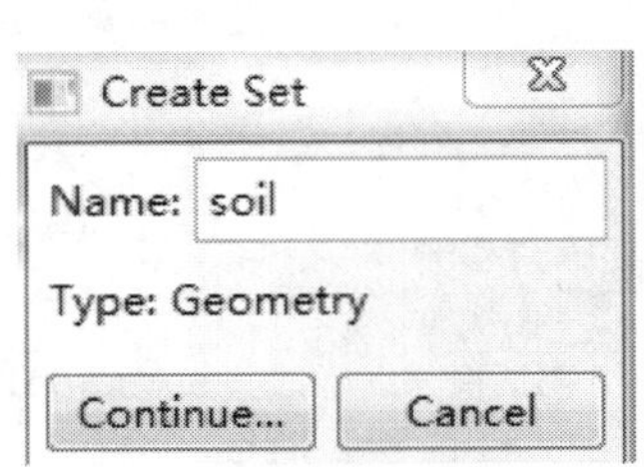

图 2-158　命名为 soil

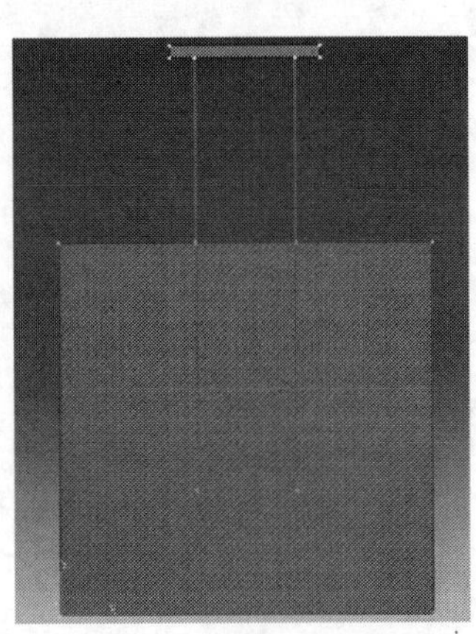

图 2-159　Soil 的 Set 的创建

(2)将下部分桩嵌入土体。

点击(Create Constraint)，弹出 Create Constraint 对话框如图 2-160，在 Type 中选择 Embedded region(嵌入)，点击 Continue。

之后直接在视图区右下角点击Sets...，弹出如图 2-161 的对话框，选择 pile-down，点击 Continue。

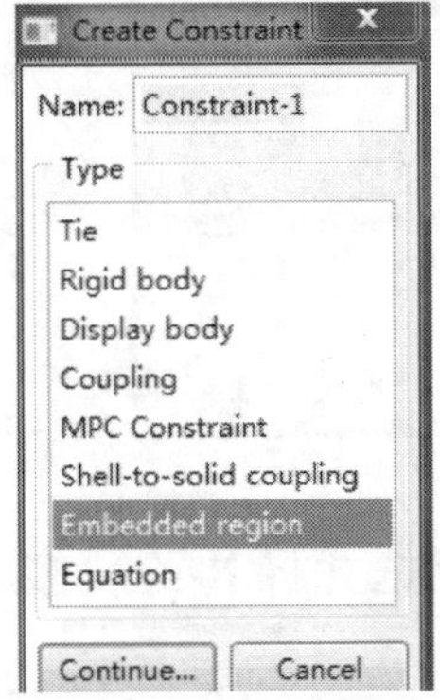

图 2-160　Create Constraint 对话框

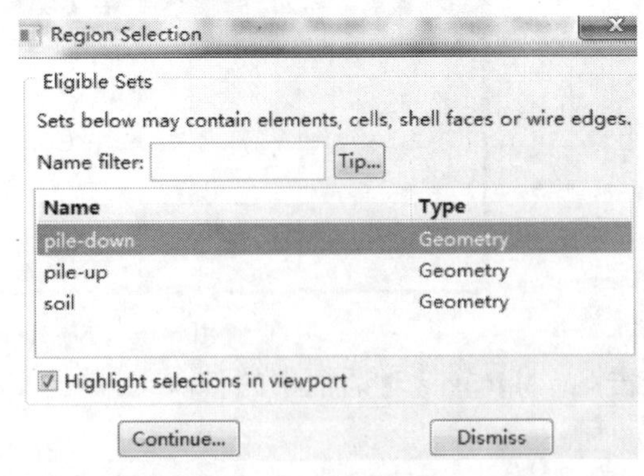

图 2-161　Region selection 对话框

弹出图 2-162，点击 Select Region，又弹出与图 2-161 一样的对话框图 2-163，这回选择 soil，视图区的模型如图 2-164 所示。

Selection method for host region:
Select Region
Whole Model

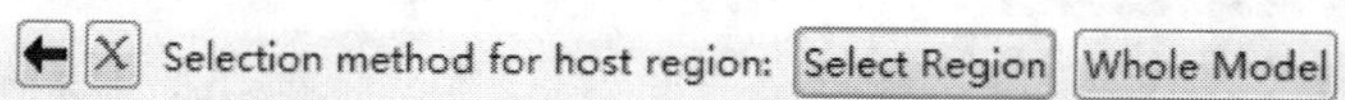

图 2-162　提示的语句

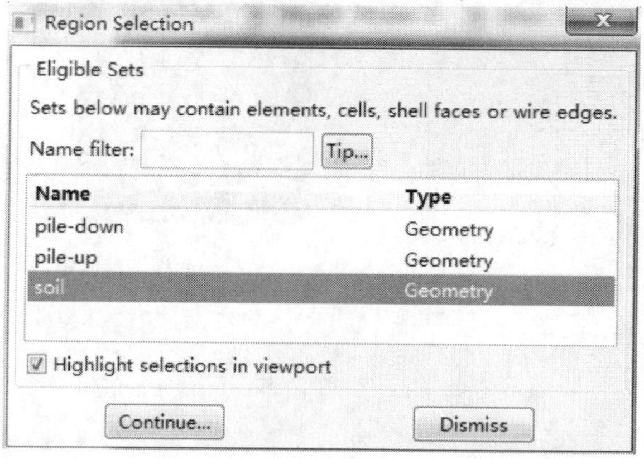

Region Selection
Eligible Sets
Sets below may contain elements, cells, shell faces or wire edges.
Name filter:
Tip...
Name
Type
pile-down
Geometry
pile-up
Geometry
soil
Geometry
Highlight selections in viewport
Continue...
Dismiss

图 2-163　Region selection 对话框

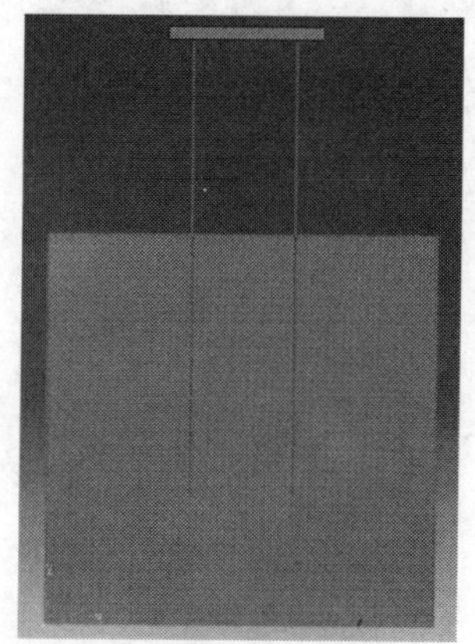

图 2-164　视图区的模型

点击图 2-163 中的 Continue，弹出图 2-165，数值默认，点击 OK 即可，得到图 2-166。

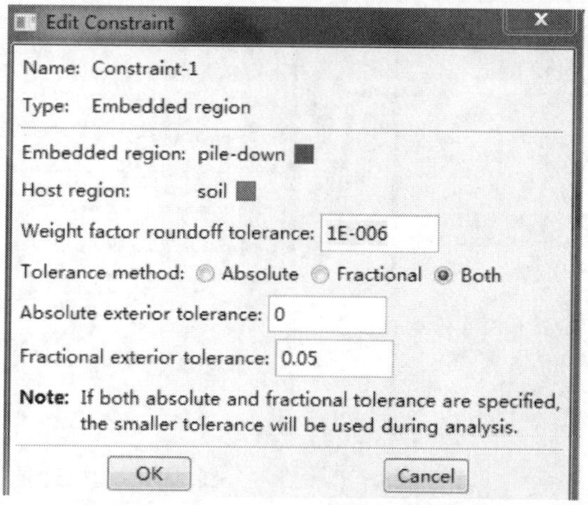

Edit Constraint
Name: Constraint-1
Type: Embedded region
Embedded region: pile-down
Host region: soil
Weight factor roundoff tolerance: 1E-006
Tolerance method: Absolute Fractional Both
Absolute exterior tolerance: 0
Fractional exterior tolerance: 0.05
Note: If both absolute and fractional tolerance are specified, the smaller tolerance will be used during analysis.
OK
Cancel

图 2-165　编辑约束

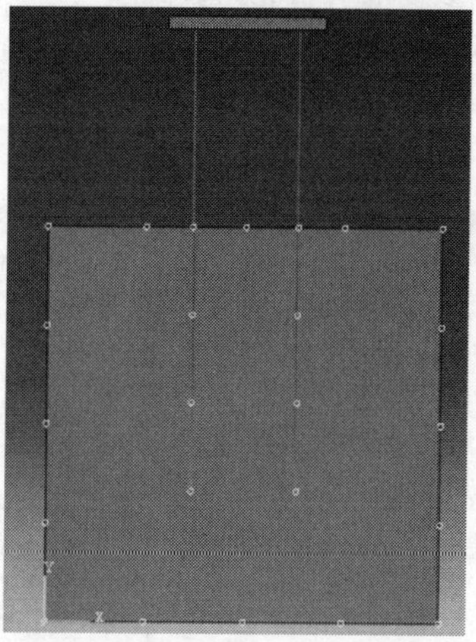

图 2-166　得到的视图区的模型

(3)将上部分桩(pile-up)与混凝土承台进行绑定。

点击 (Create Constraint)，弹出 Create Constraint 对话框如图 2-167，在 Type 中选择 Tie（绑定），点击 Continue。

弹出图 2-168，点击 Surface，在视图区选中承台的底面，如图 2-169，点击 Done。

弹出图 2-170，点击 Node Region，点击右下角的 Sets...，弹出对话框图 2-171，点击 continue，弹出对话框 2-172，点击 OK 即可。绑定后模型如图 2-173 所示。

(七)定义荷载和边界条件(Load)

在工具栏中选择 Load 如图 2-174，对模型定义边界条件以及施加重力，从而对模型进行地应力平衡处理。

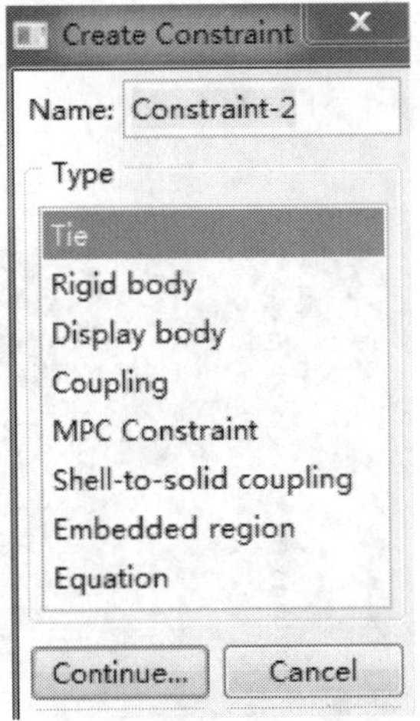

图 2-167　创建约束

图 2-168　提示的语句

图 2-169　得到的视图区的模型

图 2-170　提示的语句

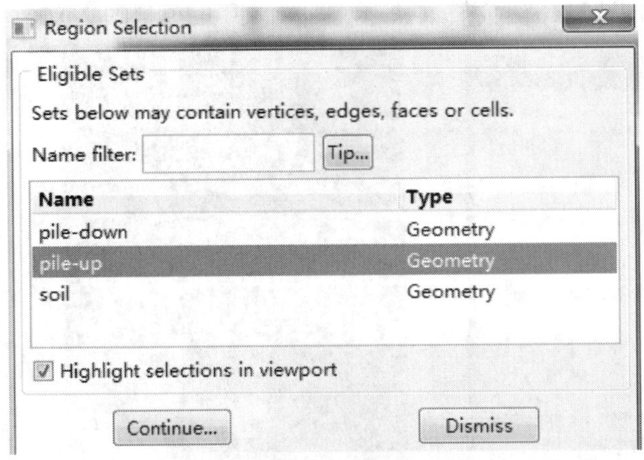

图 2-171　选择桩面

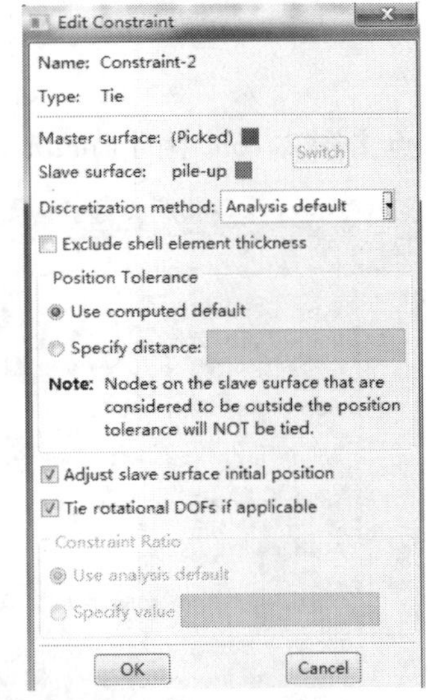

图 2-172　编辑约束

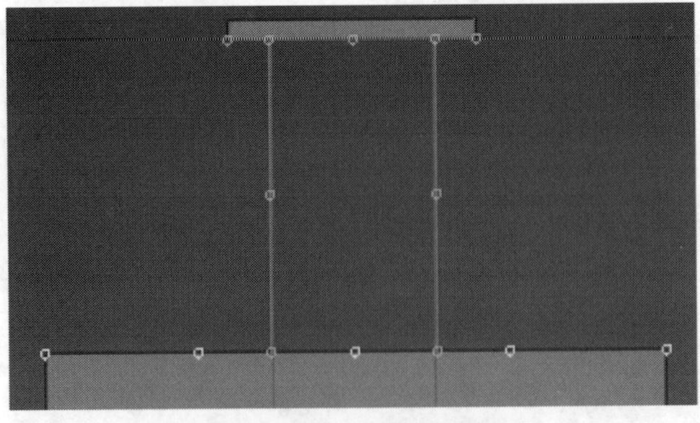

图 2-173　得到的视图中的模型

(1)点击图标 (Create Boundary Condition)定义初始边界条件,注意此时是初始步(Initial),弹出 Create Boundary Condition 对话框如图 2-175。选择 Displacement/Rotation,点击 Continue。选择两侧边点击 Done 如图 2-176。弹出 Edit Boundary Condition 对话框如图 2-177,选择 U1,约束 x 方向,点击 OK。

Module: Load　Model: Model-1　Step: Step-1

图 2-174　选择 Load

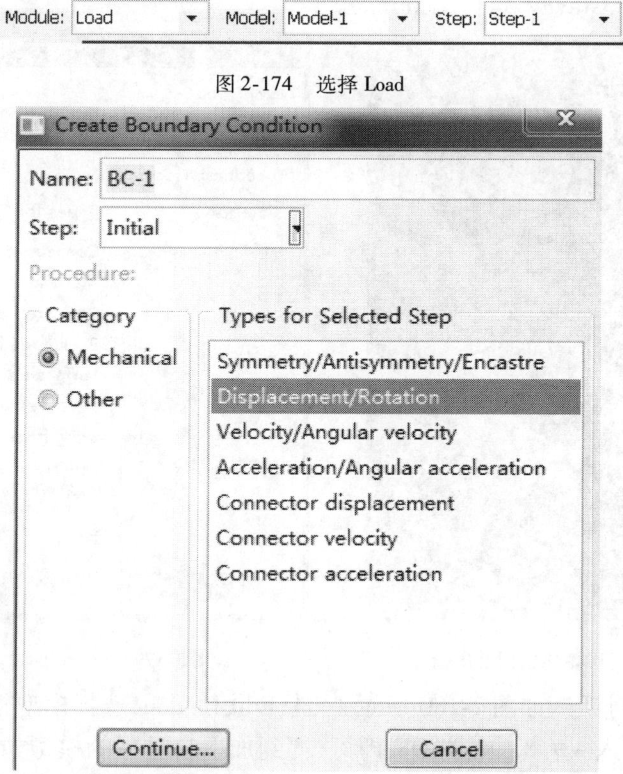

图 2-175　Create Boundary Condition 对话框

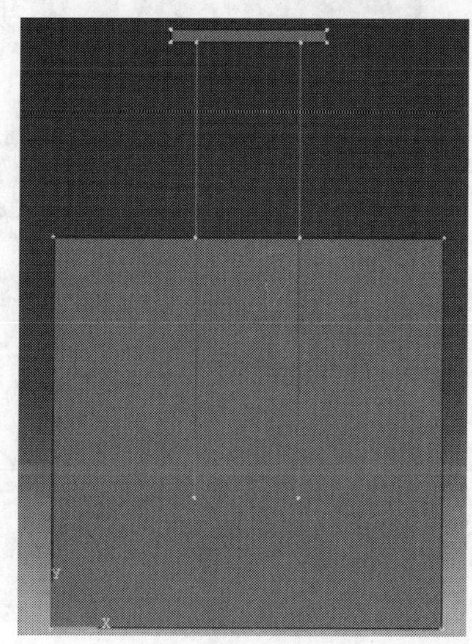

图 2-176　得到的视图中的模型

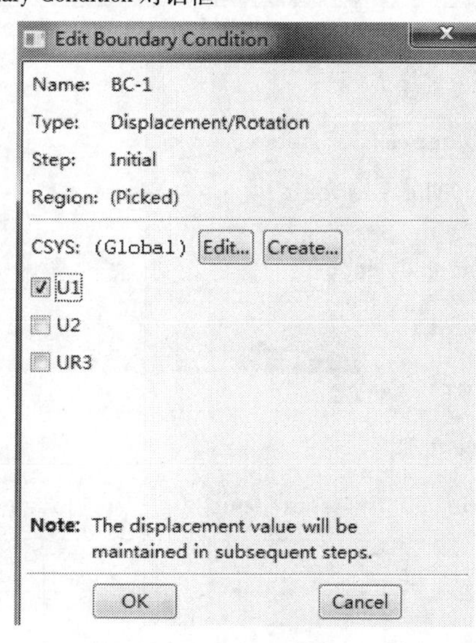

图 2-177　Edit Boundary Condition 对话框

同理,重复上述步骤,定义底面的约束条件,选择 U2,约束 y 方向。可得约束后的模型如图 2-178 所示。

(2)给整个模型加上自重力。

点击图标 (Create Load),弹出 Create Load 对话框如图 2-179,在 Step 中选择 Step-1,在 Mechanical 中选择 Gravity,点击 Continue。

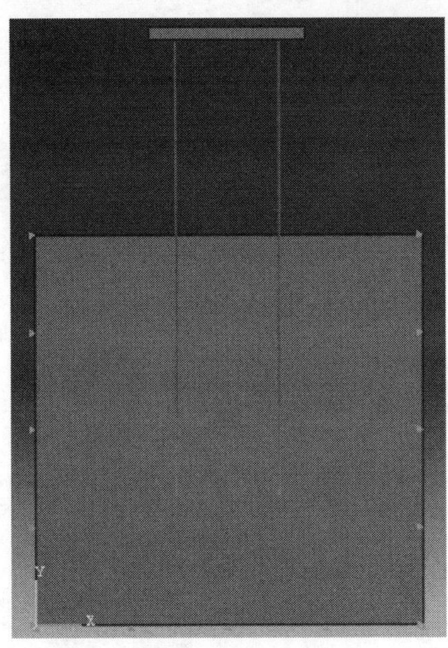

图 2-178　得到的视图中的模型

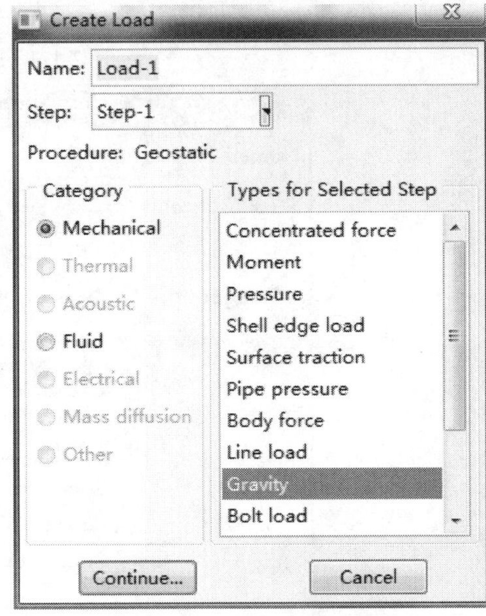

图 2-179　Create Load 对话框

弹出 Edit Load 对话框如图 2-180 所示;点击 Edit Region,选择模型整体,点击 Done,然后在 Component 2 中填入 -9.8。点击 OK 即可,得到加上自重后的模型如图 2-181 所示。

Edit Load

Name: Load-1

Type: Gravity

Step: Step-1 (Geostatic)

Region: (Whole Model) Edit Region...

Distribution: Uniform Create...

Component 1:

Component 2: -9.8

Component 3:

Amplitude: (Instantaneous) Create...

OK Cancel

图 2-180　Edit Load 对话框

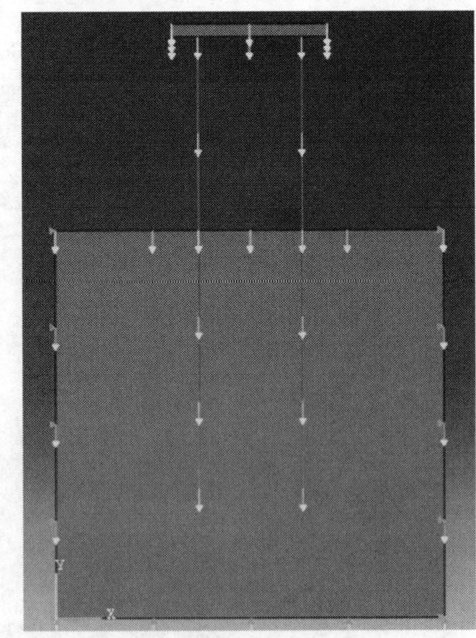

图 2-181　重力的施加

（八）划分网格（Mesh）

在工具栏中选择 Mesh，对模型进行网格划分。在 Object 中选择 Part，首先对 soil 划分网格如图 2-182 所示。

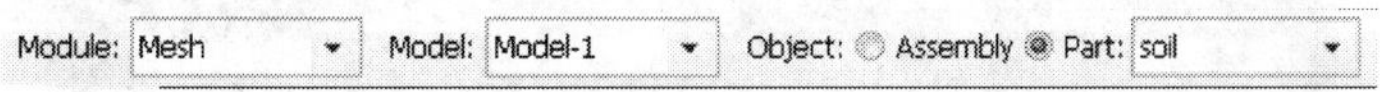

图 2-182　选择 Mesh

点击左边工具栏的图标（Assign Mesh Controls），弹出 Mesh Controls 对话框如图 2-183，选择 Quad—Structured，点击 OK。

点击图标（Seed Part），弹出 Global Seeds 对话框如图 2-184，在 Approximate global size 中填入 3，其余保持不变，点击 OK。

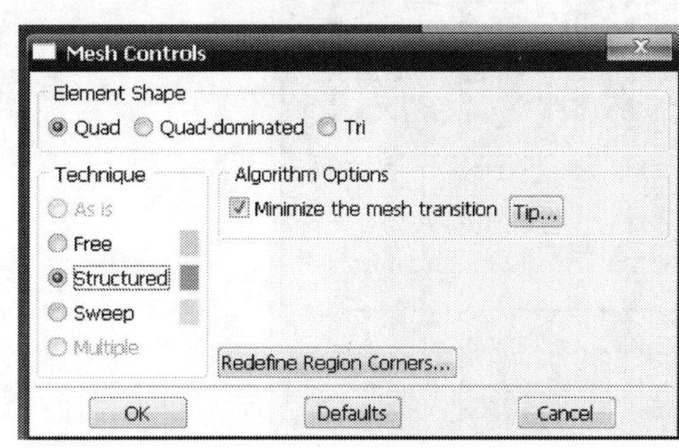

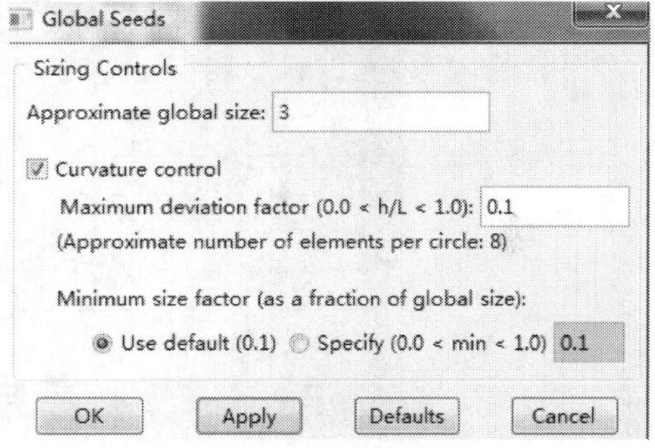

图 2-183　Mesh Controls 对话框　　　　图 2-184　Global Seeds 对话框

点击图标（Assign Element Type），弹出 Element Type 对话框如图 2-185，在 Family 中选择 Plane Strain，其余保持默认，点击 OK 或者直接双击左键也行。

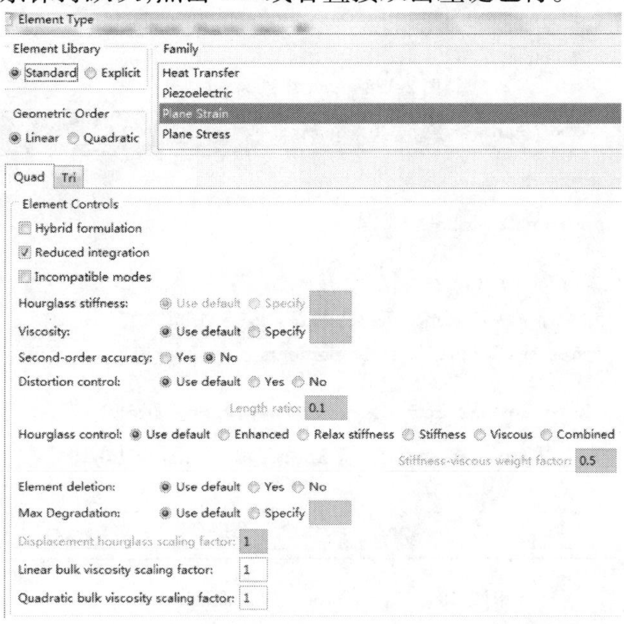

图 2-185　单元类型的选择

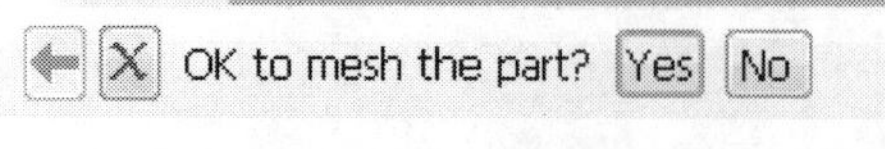

图 2-186　提示的语句

点击图标 (Mesh Part)，在视图区下方出现选择项如图 2-186。点击 Yes 即可完成对 soil 模块的网格划分，如图 2-187 所示。

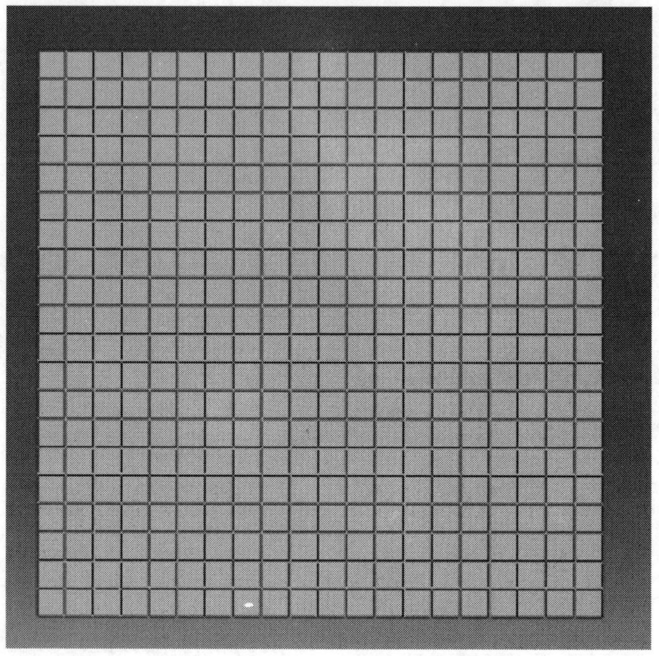

图 2-187　划分好的网格

同理对 pile1 和 pile2 划分网格，在 Global Seeds 对话框中的 Approximate global size 改为 4，在 Element Type 对话框中选择 Beam。如图 2-188 ~ 图 2-191 所示。

Module: Mesh　Model: Model-1　Object: Assembly Part: pile

图 2-188　Part 中选为 pile

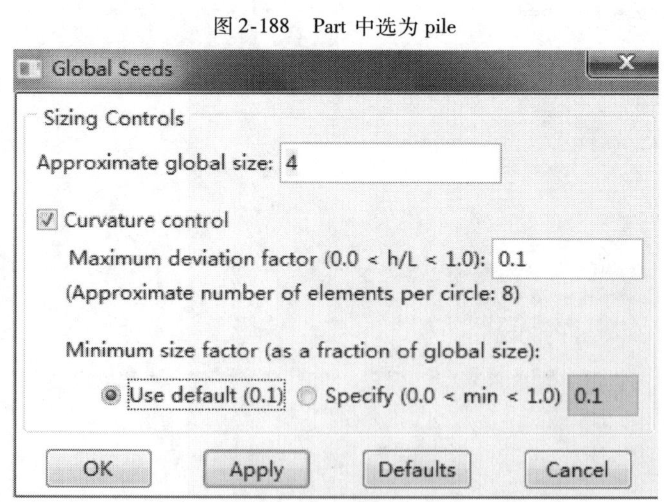

图 2-189　Approximate global size 改为 4

对混凝土承台划分网格与上述步骤相同，在此不再重复讲述。

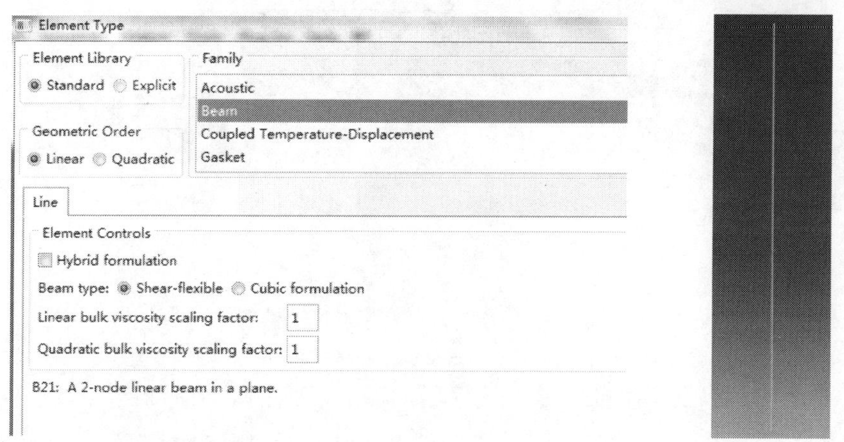

图 2-190　单元类型选择　　图 2-191　桩单元

（九）提交任务（Job）

在工具栏中选择 Job 如图 2-192，对模型进行计算。点击图标（Create Job），弹出 Create Job 对话框如图 2-193 所示；点击 Continue，弹出 Edit Job 对话框如图 2-194，保持默认，点击 OK。

图 2-192　选择 Job

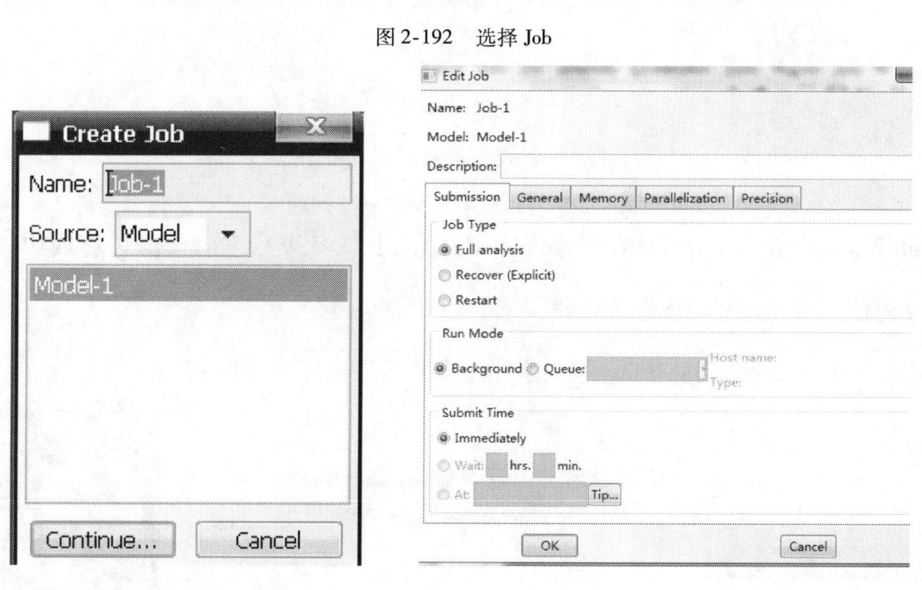

图 2-193　Create Job 对话框　　图 2-194　Edit Job 对话框

点击图标（Job Manager），弹出 Job Manager 对话框如图 2-195 所示。

在命令行中输入 mdb. models[‘Model-1’]. setValues(noPartsInputFile = ON)，如图 2-196，然后点击 Enter 键。在 Job Manager 中点击 Monitor 进行运算监控如图 2-197，然后在 Job Manager 中点击 Submit，弹出对话框如图 2-198，点击 OK。

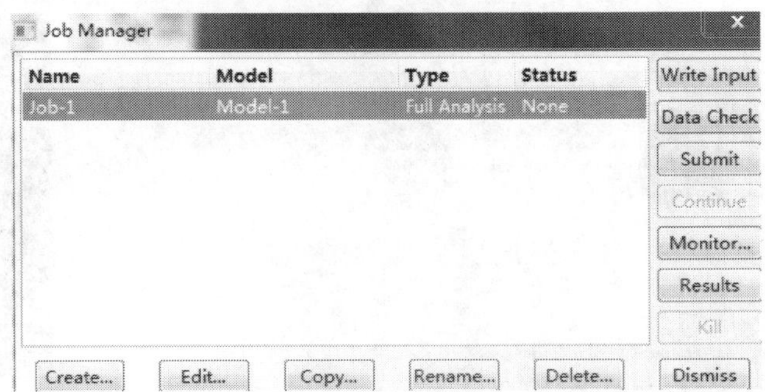

图 2-195　Job Manager 对话框

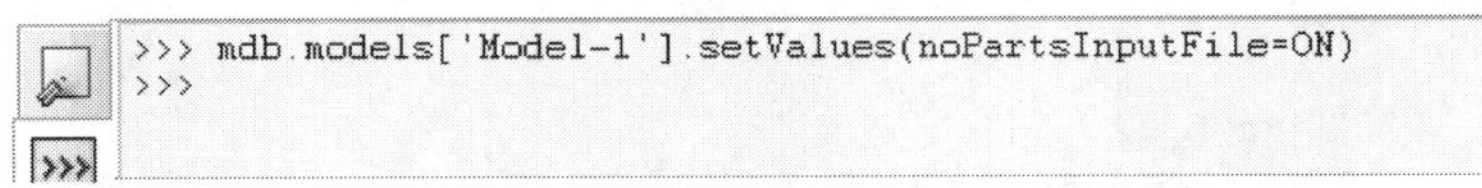

图 2-196　命令的输入

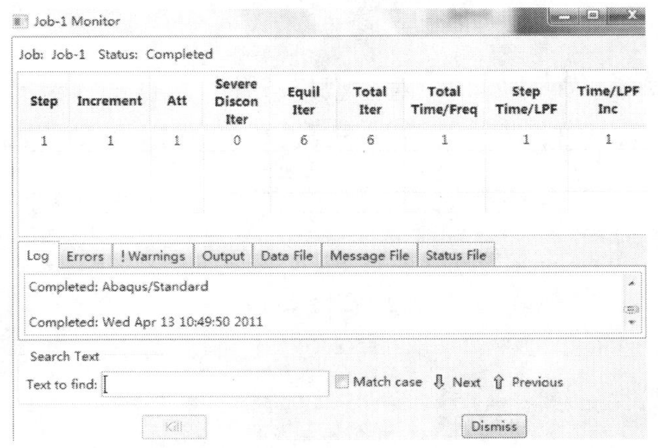

图 2-197　作业的管理

当 Job Manager 的 Job-1 中出现 Completed 时(如图 2-199),表明模型计算成功。

(十)地应力平衡处理以及后处理

此时点击 Results,得到施加重力后模型的计算结果如图 2-200 所示。

图 2-198　作业名称

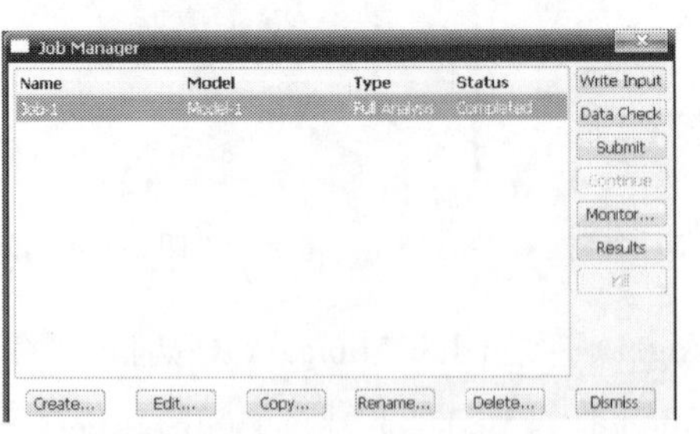

图 2-199　作业管理框图

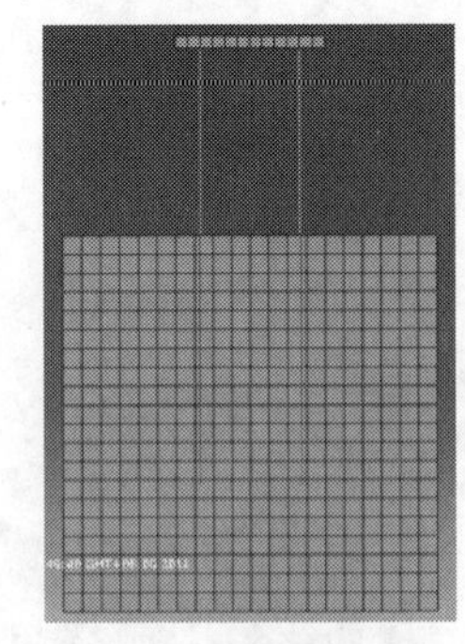

图 2-200　施加重力后模型的计算结果

点击 Report—Field Output，弹出 Report Field Output 对话框如图 2-201，选择 Variable—Centroid—S—S11，S22，S33，S12（图 2-201）；Setup—Name 中改为 soil-pile-concrete. inp—在图 2-202 中的 Data 下只选择 Field Output，其余保持默认，点击 OK。

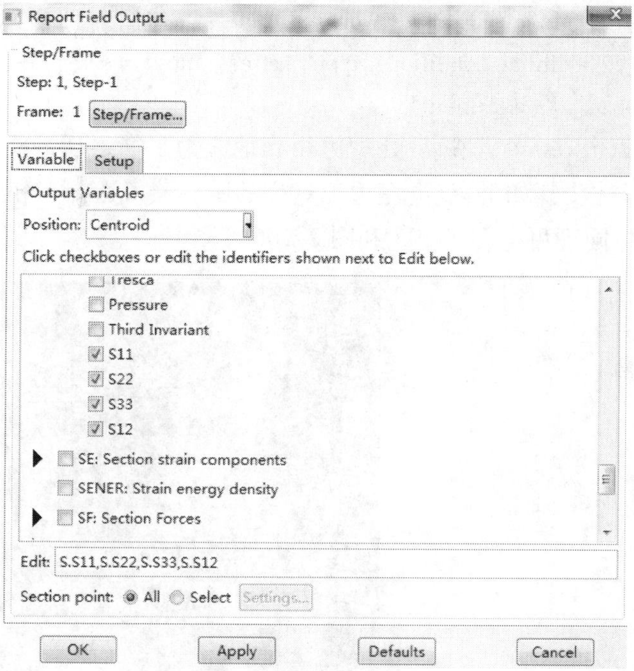

图 2-201 Report Field Output 对话框

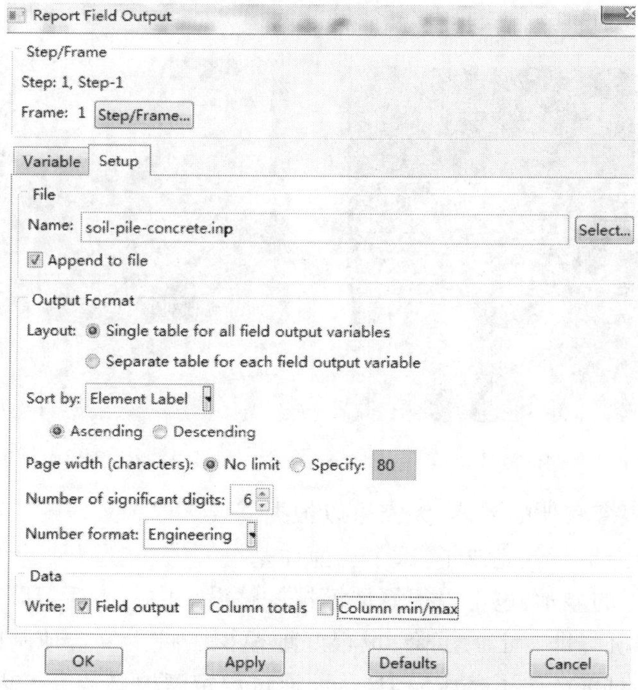

图 2-202 区域输出框图

打开安装 ABAQUS 时自动生成的 Temp 文件夹，找到 soil-pile-concrete. inp。新建 Excel，导入 soil-pile-concrete. inp，删除所有含英文字母的行或列，仅保存数值部分，然后保存为. csv 模式存入 Temp 文件夹中(这是我们要的重要数据)。

在 ABAQUS 中打开 Model—Edit keywords—Model-1，弹出对话框如图 2-203，在 Step-1 后点击 Add After，加入 * initial conditions, type = stress, input = soil-pile-concrete. csv 语句，点击 OK。然后回到 Job 步，重新 Submit。

当计算成功后，点击 results，经过后处理可得到地应力平衡之后的模型云图如图 2-204 ~ 图 2-206 所示。其具体步骤如下：点击左边工具栏的图标，选择 S 和 Mises 即可得到重力作用的应力图 2-204，同理可得图 2-205 和图 2-206。

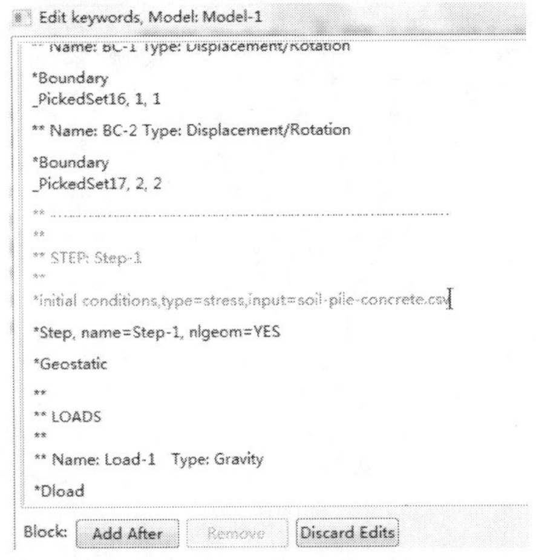

图 2-203　语句的添加

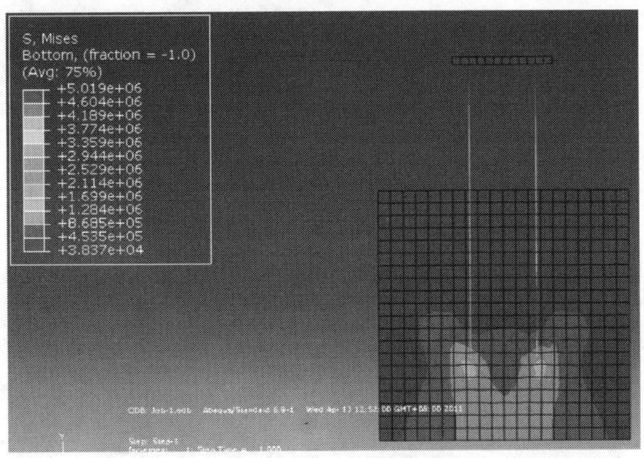

图 2-204　重力作用应力图

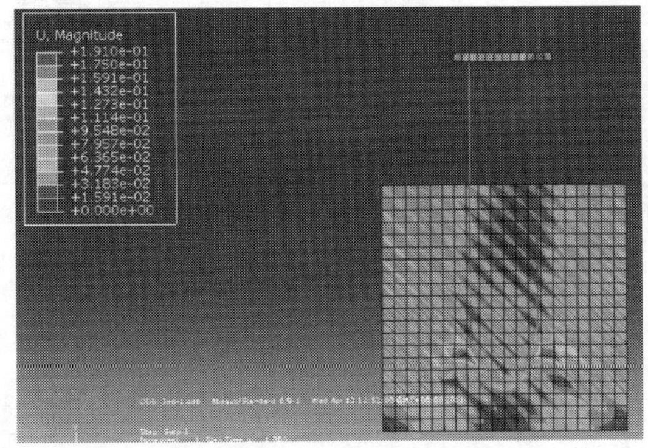

图 2-205　重力作用位移图

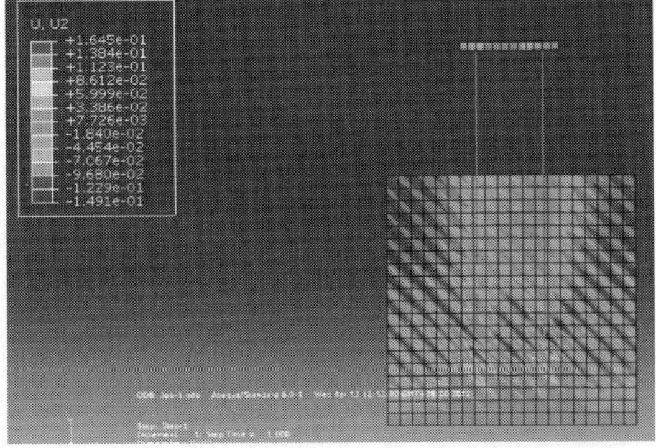

图 2-206　重力作用下 y 方向的位移图

当然还能得到很多其他的图形，大家可以根据需要来取舍。

到此，整个地应力平衡就完成了，这个功能让基坑开挖、隧道开挖等的初始应力，开挖后的残余应力得到很好的显示；也可以很好地模拟铁路设计中的工后沉降的概念，在地应力平衡后，加上荷载所得沉降即为工后沉降；也很好地模拟了桩土复合地基的问题，如果没有初始应力的模拟，使土对桩产生了挤压应力，从而通过设定摩擦系数就可以模拟了桩与土之间的摩擦力。除此之外，在进行挡土墙计算时也需要 ABAQUS 的这项功能。

(十一)对模型施加波浪力

进入 Create Step 对话框如图 2-207,在 Procedure type 选择 Linear perturbation—Frequency 点击 continue,弹出 Edit Step 对话框如图 2-208 保持默认值,点击 OK。再次计入 Create Step,在 Procedure type 中选择 General—Dynamic,Implicit 如图 2-209 所示。

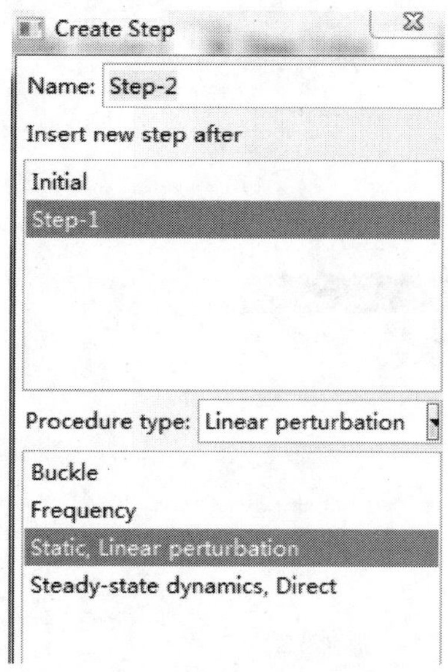

图 2-207 Create Step 对话框

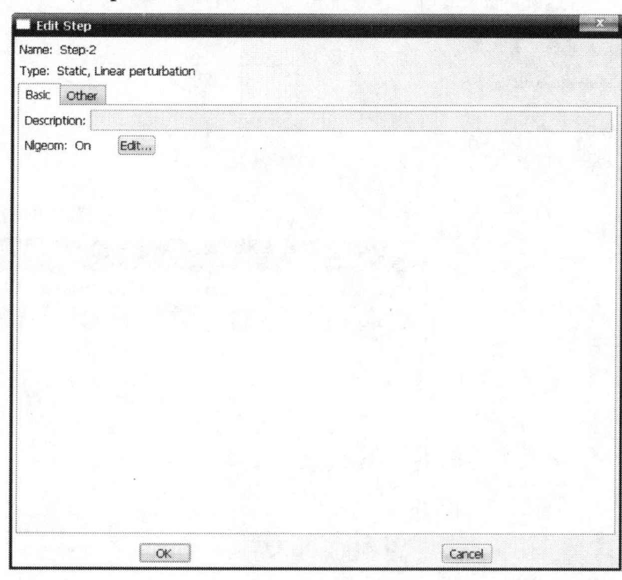

图 2-208 编辑分析步

点击 Continue,弹出 Edit Step 对话框如图 2-210,将 Basic—Time period 中改为 100 [图 2-210a)];Incrementation—Type 中选择 Fixed—Maximun number of increments 中改写为 200,Increment size 中改为 0.5[图 2-210b)];然后点击 OK。保存 CAE 文件。

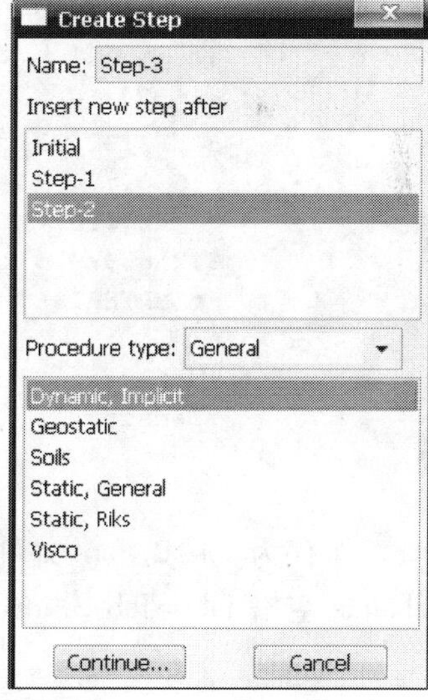

图 2-209 创建分析步

其余步骤不变,进入 Job 步的 Job Manager 如图 2-211,点击 rename,将 Job-1 改为 Job-2。点击 Write Input,在 Temp 文件夹中找到 Job-2. inp 文件,使用文本打开,之后添加语句:

```
*AQUA
50,70,32.2,1.982
0.5,0.,0.,70
*WAVE,TYPE=AIRY
6.2,8.3,-54.,1,0
```

和

```
*DLOAD
**    Aqua Normal drag load
pile-up,FDD,   1,1,   0.7,      1.
**    Aqua Inertial drag load
```

pile-up, FI,　　1,　1, 1.5,　0.5

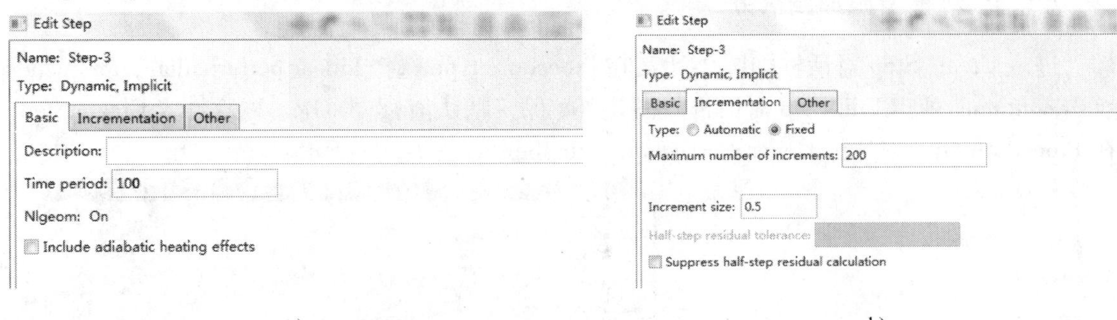

图 2-210　有关数值的输入

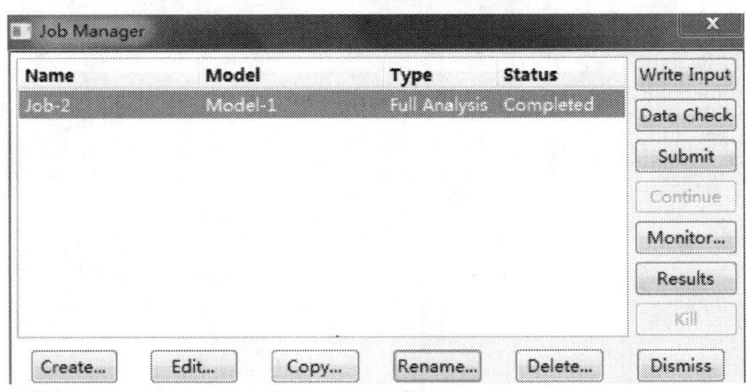

图 2-211　作业管理框图

所加语句的位置如图 2-212 和图 2-213 所示。

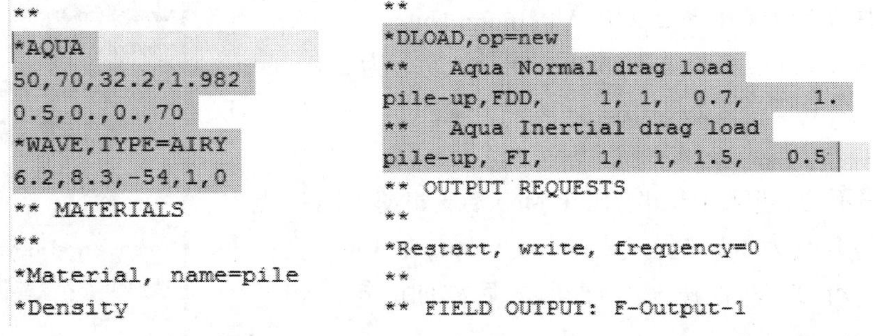

图 2-212　所加的语句　　　　图 2-213　所加的语句

保存为 Job-2. inp 文件，之后在开始菜单中打开 abaqus command，如图 2-214，输入 abaqus 空格 job = Job-2. inp 空格 int(格式一定要严格正确，否则将无法运行成功)。

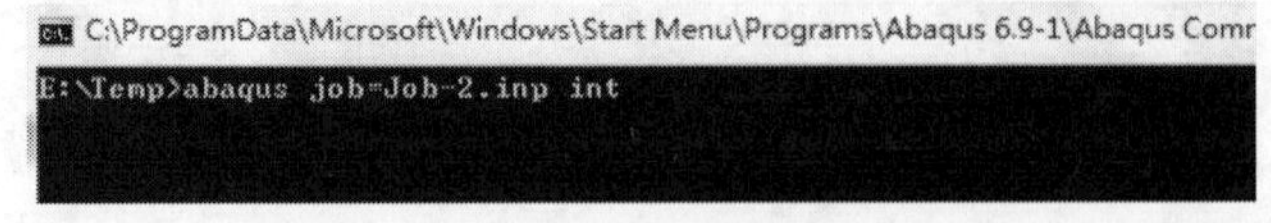

图 2-214　abaqus command

然后，点击回车键出现如图 2-215 的 Completed 表明运算成功。

在 Temp 文件夹中直接双击打开 Job-2. odb。

```
C:\ProgramData\Microsoft\Windows\Start Menu\Programs\Abaqus 6.9-1\Abaqus Comma...
E:\Temp>abaqus job=Job-2.inp int
Abaqus Warning: The .inp extension has been removed from the job identifier
Abaqus JOB Job-2
Abaqus 6.9-1
Begin Analysis Input File Processor
4/13/2011 1:21:18 PM
Run pre.exe
Abaqus License Manager checked out the following licenses:
Abaqus/Standard checked out 6 tokens.
4/13/2011 1:21:22 PM
End Analysis Input File Processor
Begin Abaqus/Standard Analysis
4/13/2011 1:21:22 PM
Run standard.exe
Abaqus License Manager checked out the following licenses:
Abaqus/Standard checked out 6 tokens.
4/13/2011 1:23:36 PM
End Abaqus/Standard Analysis
Abaqus JOB Job-2 COMPLETED
```

图 2-215　Completed 表明运算成功

通过后处理即可得到结构施加波浪力后的模型云图和曲线，如图 2-216 所示。

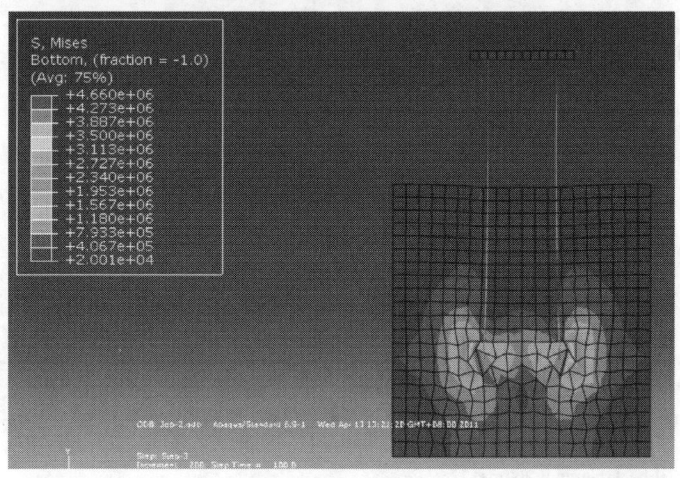

图 2-216　应力图

当然，还能得到更多的图形，如位移图等。大家可以根据需要自己取舍。使用左边的工具栏即可。

要得到曲线图，须点击（Create XY Data）

弹出 Create XY Data 对话框如图 2-217 所示。选择 ODB field output 点击 Continue，弹出对话框如图 2-218 所示。

在 Variables—Position 中选择 Unique Nodal；在 Click checkboxes or edit the identifiers shown next to Edit below 中选择 U-U2（根据需要，自己选取）；Element/Nodes—Method 中选择 Node sets，点击 PART-1-1. CONCRETE-1（如图 2-219），选中下面的 Highlight items in viewport，在视图区中就选中了承台（如图 2-220）。

然后点击 Active Steps/Frames，图中选择 Step-3 步，其余保持默认如图 2-221，点击 OK。回到 xy Data from ODB Field output 对话框，点击 Plot，即得到承台的时间位移（y 方向）曲线如图 2-222。同理，可以得到 pile-up 的时间位移（y 方向）图 2-223。

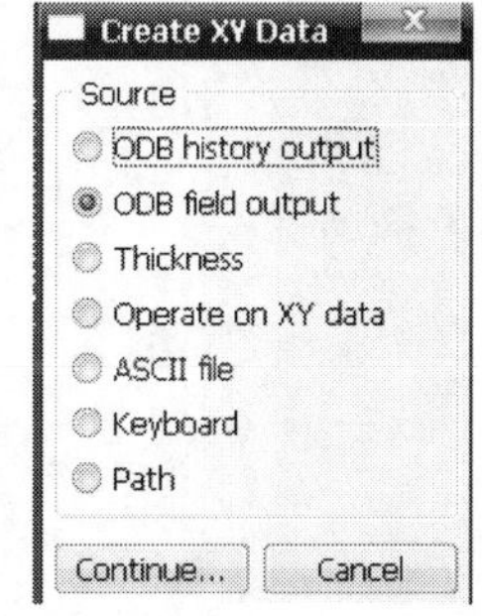

图 2-217　Create XY Data 对话框

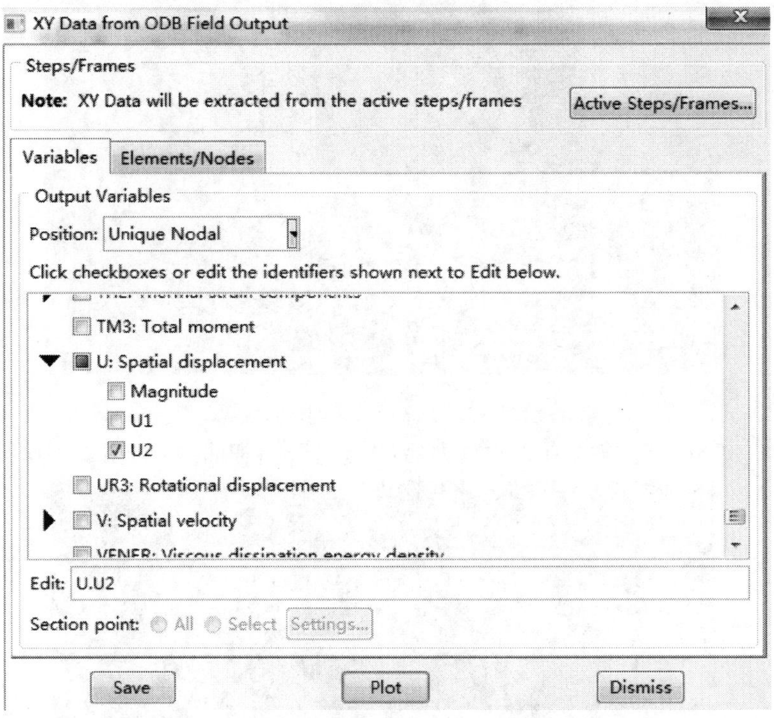

图 2-218　XY Date form ODB Field Output 对话框

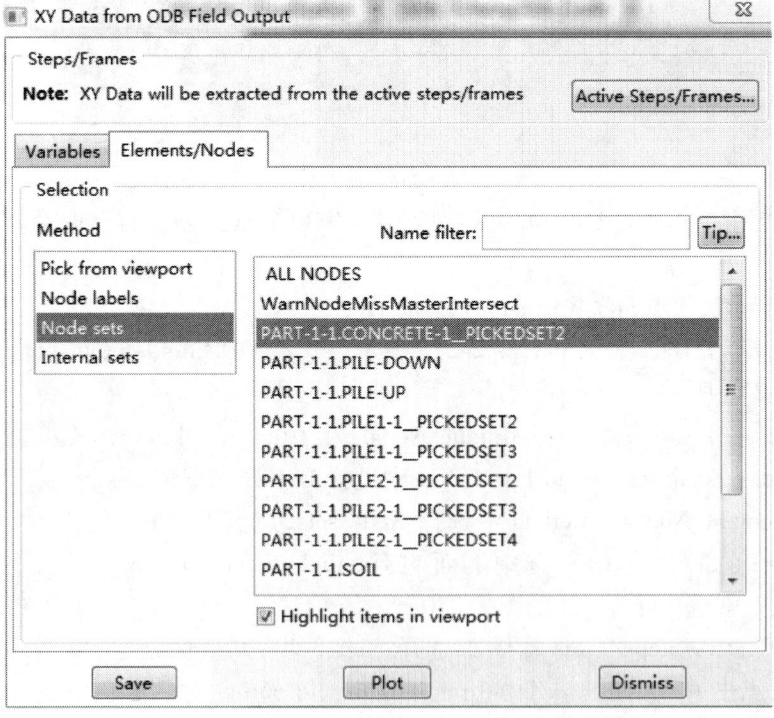

图 2-219　XY Data from ODB Field Output 对话框

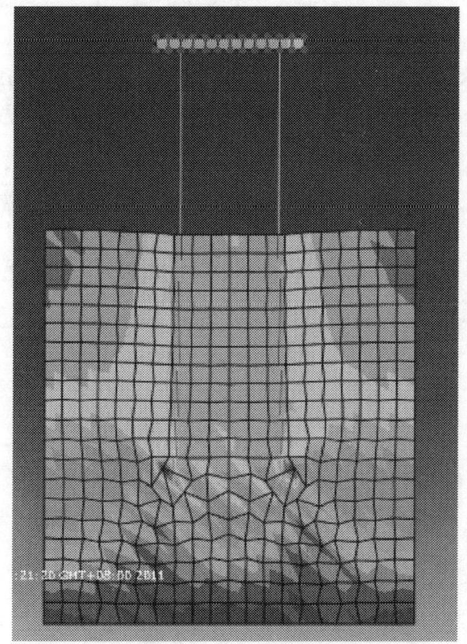

图 2-220　选中承台

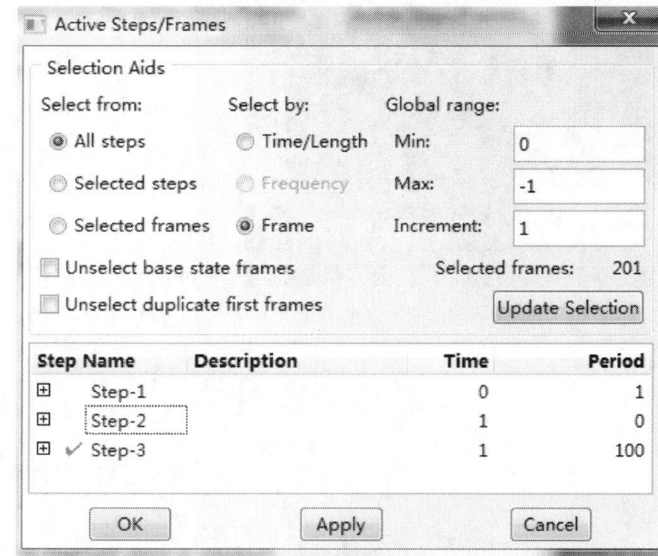

图 2-221　选择 Step-3 步

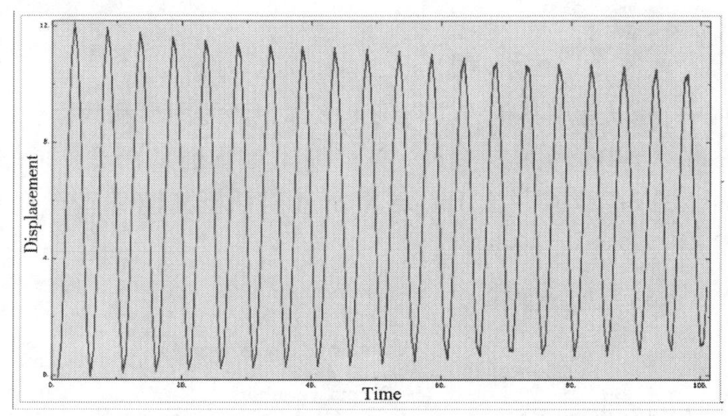

图 2-222　承台 y 方向的时间位移图

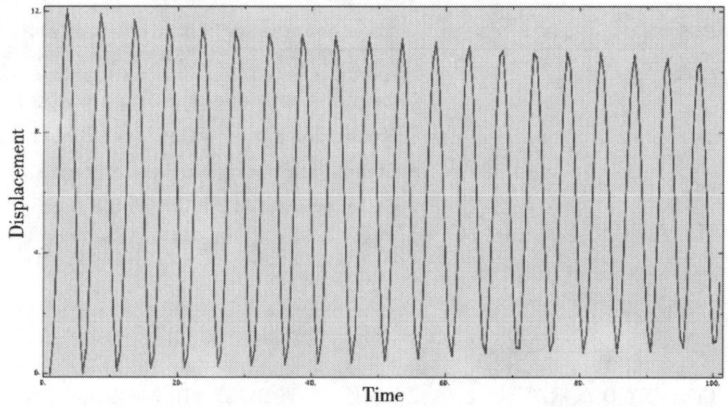

图 2-223　上部分桩体 y 方向的时间位移曲线图

也可以得到某一节点的时间位移图等，如得到承台上某一节点 x 方向的时间位移图。

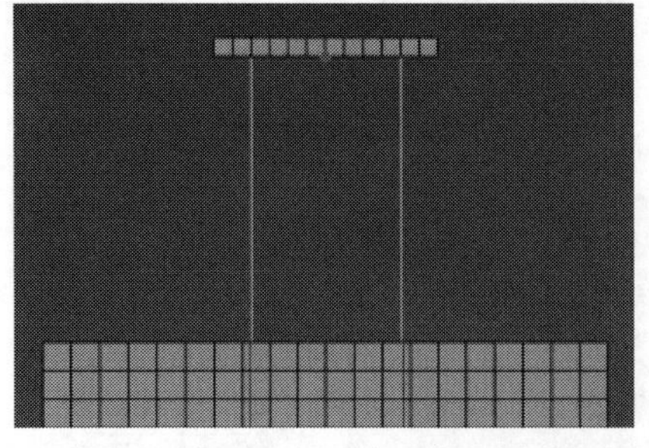

图 2-224　在视图区中选中承台上的一个节点

其具体步骤如下：在 Variables—Position 中选择 Unique Nodal；在 Click checkboxes or edit the identifiers shown next to Edit below 中选择 U-U1（根据需要自己选取）；Element/Nodes—Method 中选择 Pick from viewport，点击 Edit Selection，在视图区中选中承台上的一个节点如图 2-224，选中下面的 Highlight itemsin viewport，点击 Done，再点击 Plot 即可得到这一节点 x 方向的时间位移曲线图 2-225。

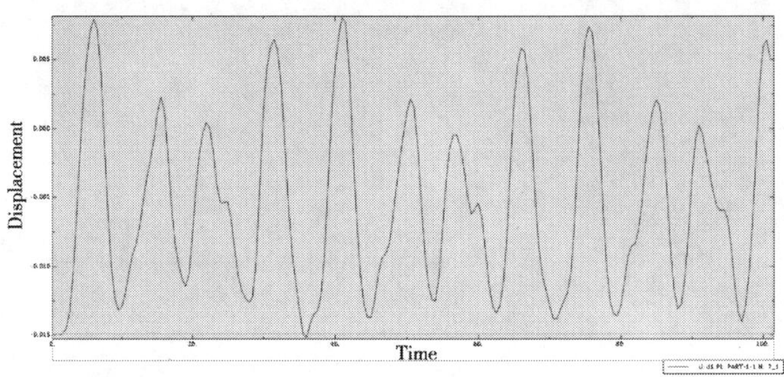

图 2-225　节点 x 方向的时间位移曲线

在后处理过程中，可以运用其他方法得到更多你想要的图形和数据。

或者点击 Create XY Data，弹出 Create XY Data 对话框如图 2-226；选择 ODB history output点击 Continue（图 2-227），弹出 History Output 对话框如图 2-227，在 Variables 下选中 Kinetic energy：ALLKE for whole model。

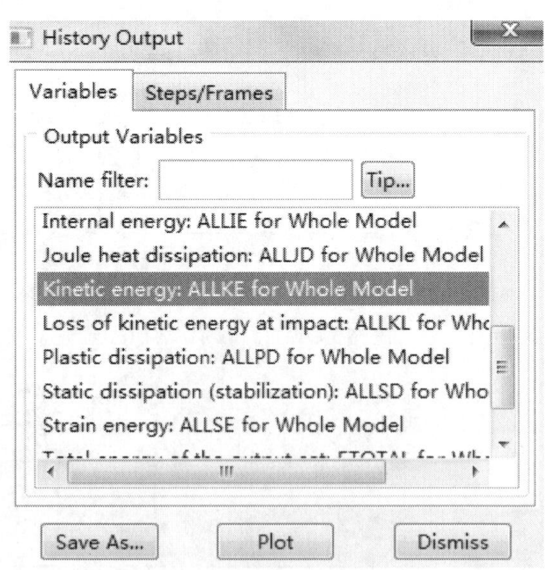

图 2-226　Create XY Data 框图　　　　图 2-227　History Output 框图

如图 2-228 在 Steps/Frames 下选中 Step-3，再点击 plot 即可以得到整个模型的动能时间曲线图 2-229，当然在后处理过程中可以得到更多你想要的图形和数据。

图 2-228 选中 Step-3

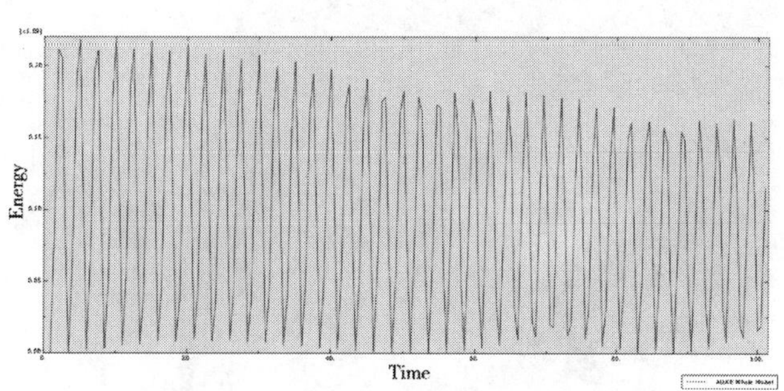

图 2-229 整个模型的动能时间曲线

我们还可以运用 Excel 来作图，只要提取出数据即可。提取数据步骤如下：在上一步的前提下，点击 (XY Data Manager)，得到图 2-230，双击图中的蓝色部分，得到图 2-231。

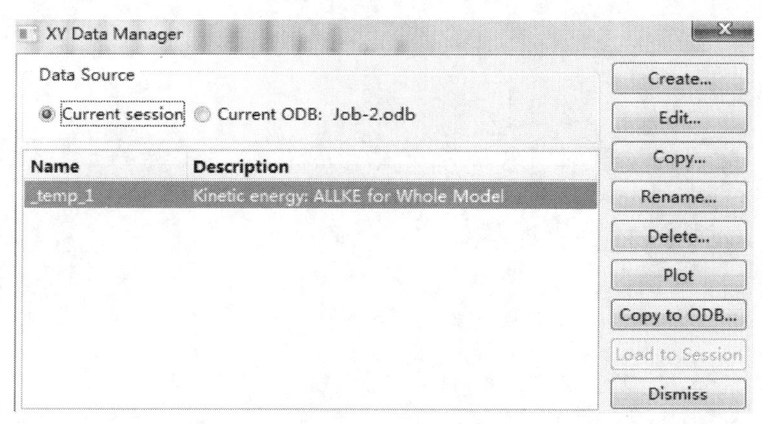

图 2-230 XY Data Manager 框图

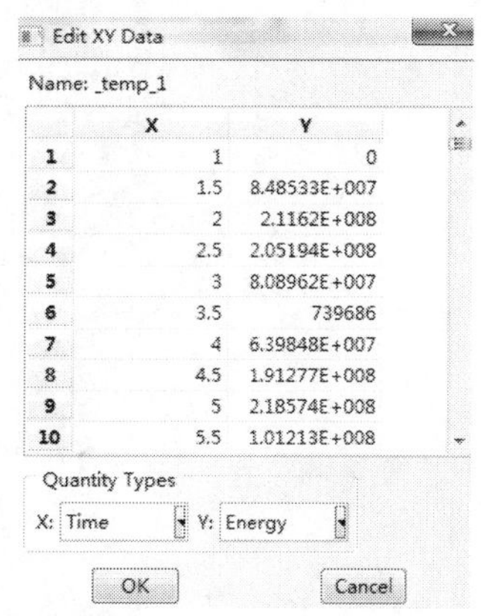

图 2-231 Edit XY Data 框图

结论及应用领域说明：该模型操作完成后，就基本上熟悉了基于 ABAQUS 软件的风力发电基础（群桩）的具体操作，也可反复一次或多次该模型的操作，以达到较为熟悉的程度。该模型建立后可将其应用在风力发电基础（群桩）、海洋工程、群桩基础、群桩平台等领域。

第三节 ABAQUS 在海洋导管架工程中的应用实例

该应用实例和建立该模型的目的：使读者能将 ABAQUS 软件应用到海洋导管架工程中，熟悉和掌握 ABAQUS 在导管架建模、桩基础建模、地基建模，桩和海底土间的接触模型，导管架地基地应力平衡，导管架荷载施加、求解和后处理等。

关于 ABAQUS 在海洋导管架工程中的应用实例，这里略去其具体的操作步骤，仅将一个模型图和几个结果图展示出来，如图 2-232 ~ 图 2-239 所示。

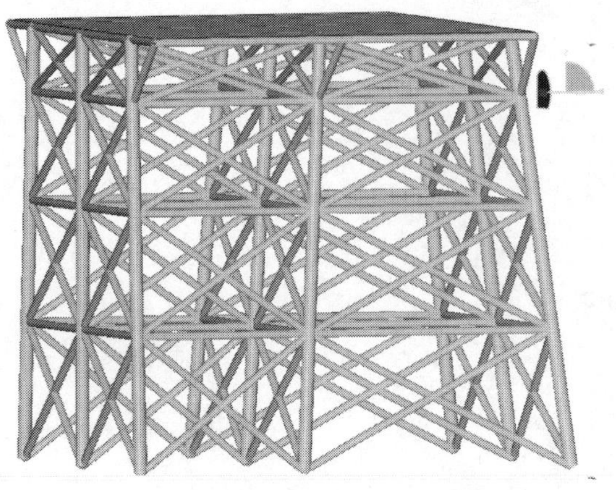

图 2-232　导管架码头结构分析模型

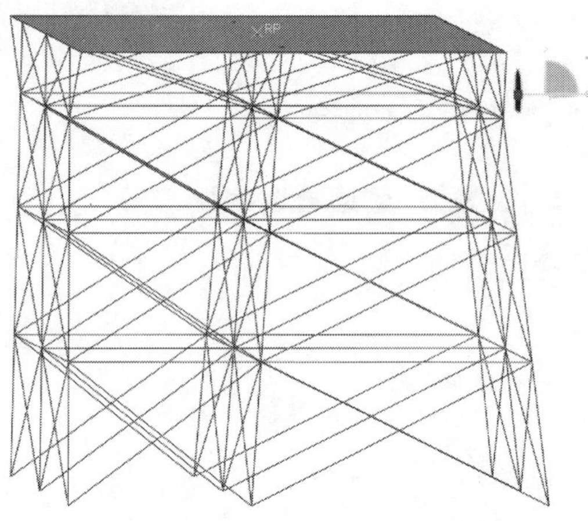

图 2-233　导管架码头结构导管编号图

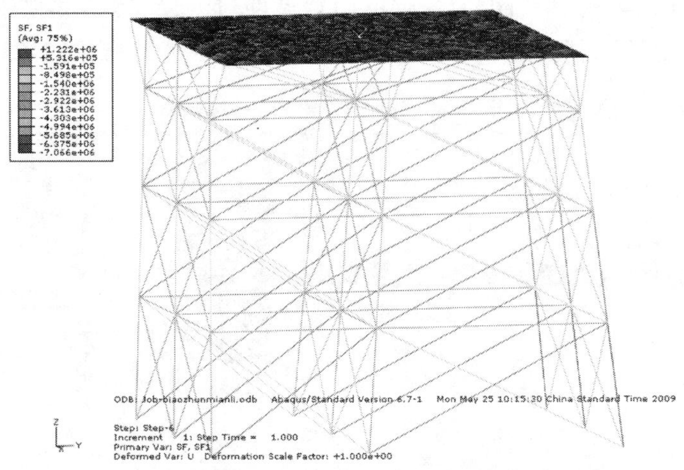

图 2-234　单位荷载作用下导管架构件所受轴力 SF1(N)

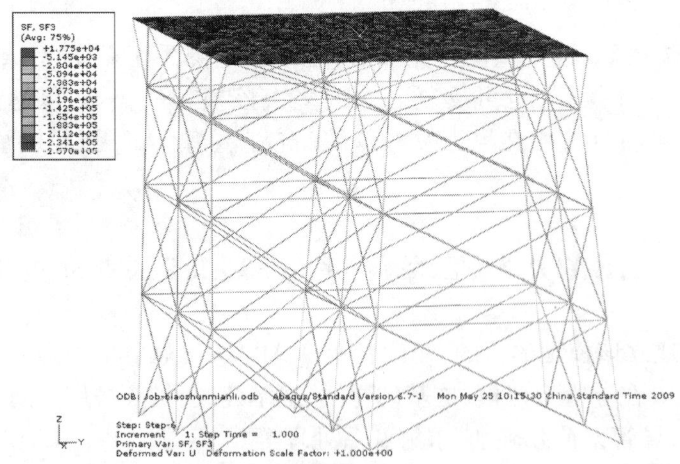

图 2-235　单位荷载作用下导管架构件所受剪力 SF3(N)

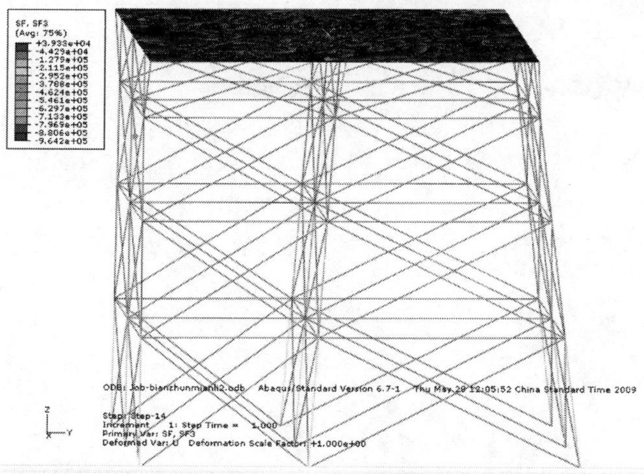

图 2-236 11 倍单位荷载作用下码头结构各构件所受剪力 SF3(N)

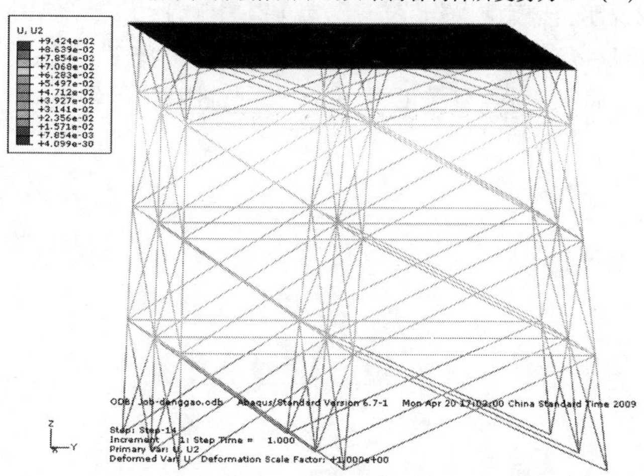

图 2-237 层间高度调整方案一在 Y 方向位移

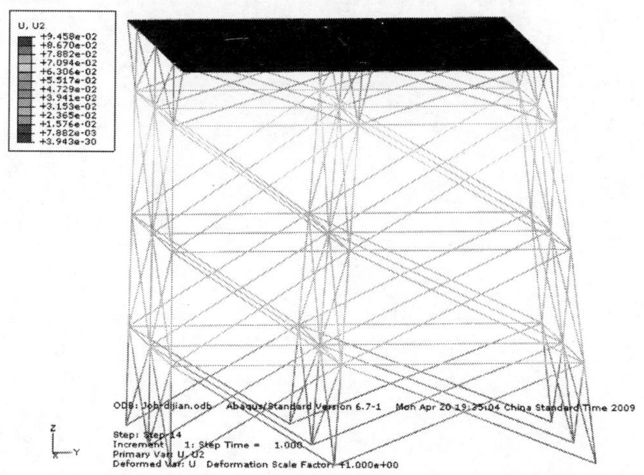

图 2-238 层间高度调整方案二在 Y 方向位移

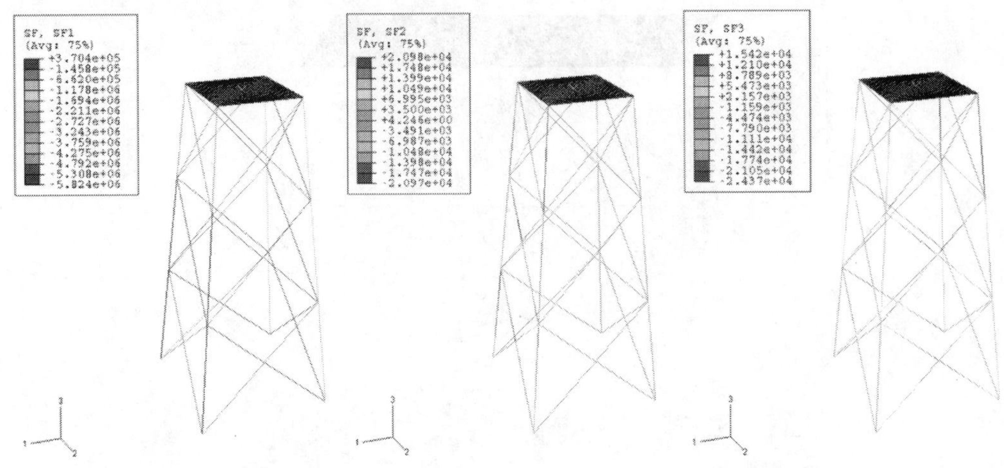

图 2-239　单位荷载作用下导管架平台各构件所受轴力 SF1、剪力 SF2、SF3(N)

结论及应用领域说明：该模型操作完成后，就基本上熟悉了基于 ABAQUS 软件的海上导管架的具体操作，也可反复一次或多次该模型的操作，以达到较为熟悉的程度。该模型建立后可将其应用在海上导管架工程、海洋工程、海洋平台、桩基础等领域。

第三章　ABAQUS在桩基础中的应用实例

第一节　ABAQUS 在桩桶基础中的应用实例

该应用实例和建立该模型的目的：使读者能将 ABAQUS 软件应用到桩桶基础工程中，熟悉和掌握 ABAQUS 在桩桶建模、地基建模，桩桶和地基土间的接触模型，桩桶地基地应力平衡，桩桶基础荷载施加（包括静荷载、动荷载、竖向荷载、侧向荷载）、求解和后处理等。

一、问题描述

承受上拔荷载的桩桶基础埋在模型箱内砂土中，分析桩桶结构在上拔荷载作用下的力学特性。

材料特性：桩桶结构采用的是钢材料，$E=2\times10^{11}$Pa，泊松比 $u=0.3$，密度是 7800kg/m^3。砂土采用 D-P 模型，$E=2\times10^{6}$Pa，泊松比 $u=0.3$，内摩擦角 $\varphi=46°$，内聚力 $c=1$kPa，密度为 1820kg/m^3。

上拔荷载：逐渐施加位移荷载。

模型选择：由于结构模型具有对称性，因此本计算采用轴对称模型。

单位选择：由于 ABAQUS 中的量都没有单位，用户可以自己保证量纲的一致性。本模型采用国际标准单位，即：长度（m）、力（N）、质量（kg）、时间（s）、应力（Pa，N/m^2）、能量（J）、密度（kg/m^3）、加速度（m/s^2）。

二、具体操作步骤

（一）启动 Abaqus/CAE

在 Windows 操作系统中：［开始］—［程序］—［ABAQUS6.6］—［ABAQUSCAE］。

在出现的 Start Session 对话框中选择 Create Model Database，创建一个新的模型数据库。

（二）创建部件

CAE 环境中，在 Module 列表中选择 Part 模块，分别根据桩桶和砂土的尺寸创建两个部件。

在 Create Part 对话框中，注意选择 Modeling Space 为 Axisymmetric，Type 为 Deformable，Base feature 为 shell，Approximate Size 为 2。这里由于采用的是轴对称图形，所以所谓的 Shell 并不是说桩桶采用的是壳结构，依然是实体结构，大致尺寸是根据模型试验然后适当扩大得出，太大和太小都不利于 ABAQUS 进行计算。

可以修改坐标网格的尺寸提高画图的精确性，绘图过程采用 CAD 技术，不断点击鼠标中键完成部件的操作，最后保存模型。如图 3-1 所示。

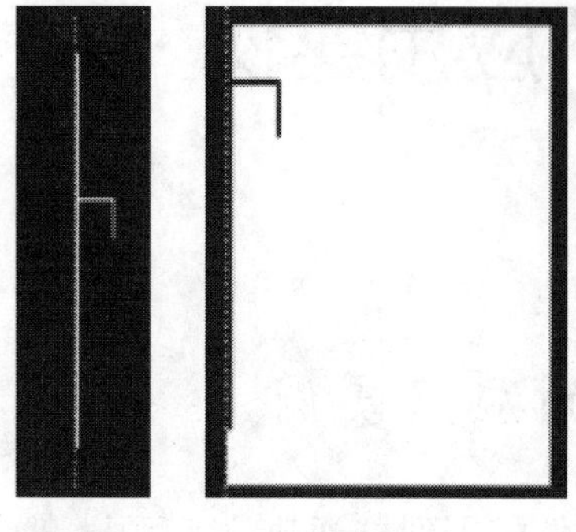

图 3-1 创建部件

（三）创建材料和截面属性

在 Module 列表中选择 Property 功能模块，按以下步骤来完成材料的定义与赋予：

1. 创建材料

点击 Create Material，在弹出的 Edit Material 对话框中输入材料的各项参数，参数值在问题描述中已经给出。这里为了便于收敛将桩桶基础密度设为和砂土一致，再在施加重力后对该结构施加一个体力以补偿重力的减少。同样为了便于收敛，砂土的内聚力需要设定一个小值，本例设为 1kPa。

2. 创建截面属性

每一种材料都只能赋予在部件的截面上，因此首先要为两个部件创建截面，并将材料特性赋在截面上，在 Create Section 对话框创建两个截面，在 Edit Section 对话框中分别选择以上两种材料完成赋予。同时将 Plane stress/strain thickness 的值改为 0.001（即 1mm），这样就完成了截面的创建。

3. 给部件赋予截面属性

点击 Assign Section，选中所要赋予的部件，在弹出的 Edit Section Assignment 中选中以上相应的截面完成赋予。

完成以上三步后，部件的颜色会变为绿色。如图 3-2 所示。

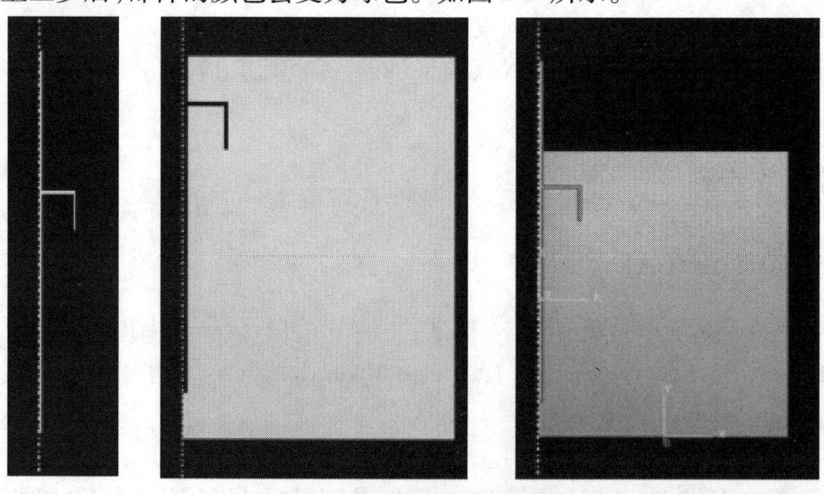

图 3-2 创建材料和截面属性

（四）定义装配件

整个分析模型应该是一个装配件，在 Module 列表中选择 Assembly 功能模块，点击

Instance Part，在弹出的 Create Instance 对话框中选择上述两个部件，Instance Type 选择 Dependent(mesh on part)。

这样选择的原因是 Instance(实体)部件在装配件中的一种映射，一个部件可以对应多个实体，每个实体保持着与相应部件的联系。当对各个部件进行修改时，这些修改能直接反映在装配件上。

如果部件在装配件中的位置不是理想位置，还可以进行调整。最后本例的装配件如图 3-3 所示。

(五)设置分析步

Abaqus/CAE 会自动创建一个初始分析步(initial step)，主要作用是在该步中施加初始边界条件。

在 Module 列表中选择 Step 功能模块，根据施加荷载的需要设置若干分析步，由于本例所考虑的是施加缓慢荷载下结构的静态响应，因此在 Create Step 对话框中，在 Procedure type 中第一个分析步中选择 General 和 Geostatic，用来施加重力荷载，其余分析步选择 General 和 Static，General。由于存在大变形，因此在 Edit Step 中将 Nlgeom 设为 On。本例设 20 个分析步。

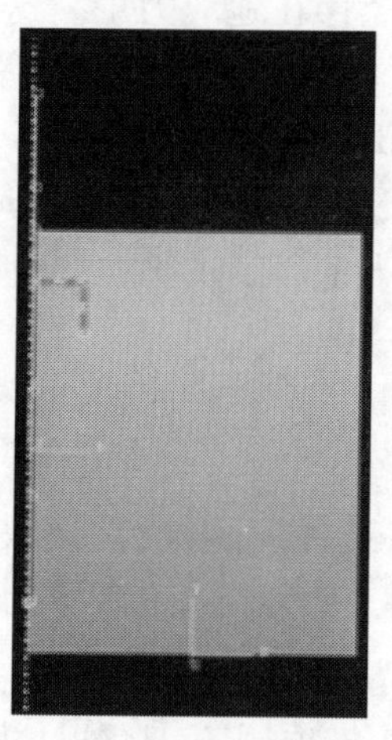

图 3-3 定义装配件

在该模块中还可以设置输出数据，包括场变量输出结果(Field Output)和历史变量输出结果(History Output)，本例采用默认输出数据。

(六)定义接触

在 Module 列表中选择 Interaction 功能模块，在此模块中可以定义部件之间的接触和约束。本例选择桩桶结构的面为主面，选择与之相连的砂土的面为从面，接触特性(Interaction Property)是：法向作用(Normal Behavior)类型是硬接触("Hard" Contact)；切向作用(Tangential Behavior)类型设为法函数(Penalty)，摩擦系数设为 0.6。

(七)定义边界条件和荷载

在 Module 列表中选择 Load 功能模块定义边界条件和荷载。

1. 施加荷载

在 Create Load 对话框中，选择不同的分析步，施加不同的荷载。

本例中 Step-1 中，在 Types for Selected Step 中选择 Gravity，施加重力荷载，选择整个装配件，在 Component 2 方向施加 -9.8 的重力加速度。

Step-2 中，在 Types for Selected Step 中选择 Body force，选择桩桶结构，输入相应数值，至此桩桶结构的重力得到模拟。

本例施加位移荷载，故力荷载施加到此结束。

2. 定义边界条件

点击 Create BC,选择分析步为 Initial,施加相应的边界条件,右侧固定 U1 方向,底部固定 U1 和 U2 方向,左侧分别给砂土和桩桶结构选择对称条件,即 XSYMM(U1 = UR2 = UR3 = 0)。

接着从 Step-3 开始,分别在桩桶结构的上表面上施加位移荷载,总共十八步,每步大概施加 0.0001m 的位移,这样和模型试验大致相同。

另有一点也很关键,就是初始地应力平衡问题,因为重力是始终存在的,在所谓的施加重力荷载之前,实际已经存在地应力了。这个问题通过查阅手册,知道无法在 CAE 中完成,必须在 INP 文件中直接修改,在 INP 文件的接触之前加上 * initial conditions 的语句:model-edit keywords-model-1

* initial conditions, type = stress, geostatic

集合名,第一个应力值,第一个应力值的纵坐标;第二个应力值,第二个应力值的纵坐标,侧压力系数。

(八)划分网格

在 Module 列表中,选择 Mesh 功能模块定义边界条件和荷载。

(1)选择单元类型。单元类型包括实体单元、壳单元、梁单元等,本例选择实体单元。

实体单元根据节点位移插值的阶数分为:线性(linear)单元、二次(quadratic)单元、修正的(modified)二次单元(只适用于 Tri 和 Tet 单元)。

实体单元根据节点积分的不同分为:线性完全积分(linear full-integration)单元、二次完全积分(quadratic full-integration)单元、线性减缩积分(linear reduced-integration)单元、二次减缩积分(quadratic reduced-integration)单元、非协调模式(incompatible modes)单元、杂交(hybrid)单元。

通过不断比较,本例选择的单元是:

CAX4R:A 4-node bilinear axisymmetric quadrilateral, reduced integration, hourglass control(四节点轴对称二次减缩积分单元)。

(2)设置网格种子(seed),种子密度关系到网格划分的疏密程度。种子可以设置全局种子,也可以设置边上的种子。本例设置全局种子,作为从面部件的砂土的 Approximate global size 设为 0.01m,作为主面部件的桩桶结构的 Approximate global size 设为 0.02m。

(3)选择单元形状,对于二维问题,可以选择四边形(Quad)、以四边形为主(Quad-dominated)和三角形(Tri)单元;对于三维问题,可以选择六面体(Hex)、六面体为主(Hex-dominated)、四面体(Tet)和楔形(Wedge)单元。考虑到用较小的计算代价得到较高的精度,本例选择 Quad 单元。

(4)网格划分技术,ABAQUS 提供了三种网格划分技术,分别是:结构化网格(Structured 显示区域为绿色)、扫掠网格(Sweep 显示区域为黄色)和自由网格(Free 显示区域为粉红色)。考虑到计算代价的节省,本例选择的是结构化网格划分技术。

同时,在需要重点关注的区域可以进行网格的加密,在 Mesh 模块,通过 Tools-Partition 来实现。

(5)划分网格的算法,ABAQUS 提供了 Medial Axis(中性轴算法)和 Advance Front(进阶算法),可以通过 Mesh-Controls 来选择,本例采用默认值来进行计算。如图 3-4 所示。

(九)提交分析作业

在 Module 列表中选择 Job 功能模块。在 Create Job 对话框中选择计算模型的来源,是基于 CAE 模型还是基于某个 INP 文件。在 Edit Job 对话框中设置计算机的运行环境等。准备就绪后就可以提交分析作业,同时进行运行状态监控。如图 3-5 所示。

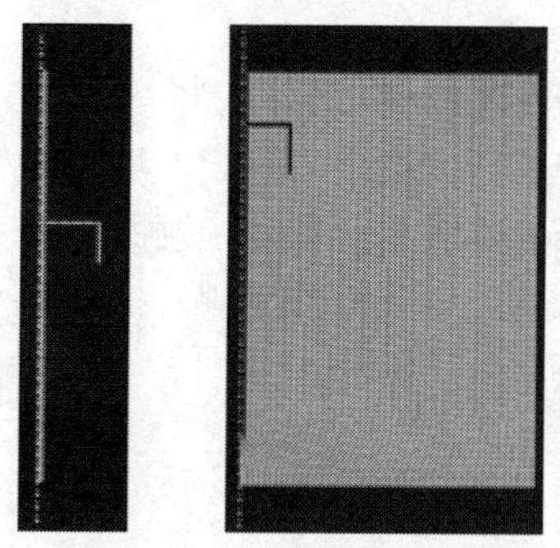

图 3-4　划分网格

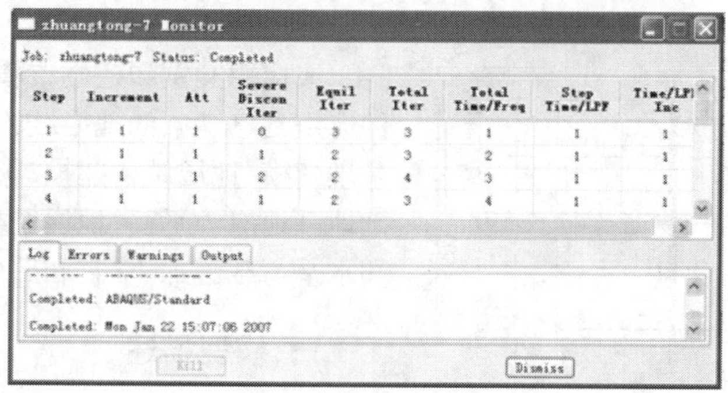

图 3-5　提交分析作业

(十)查看结果

计算完成后可以在 Visualization 模块中查看结果。如图 3-6 ~ 图 3-9 所示。

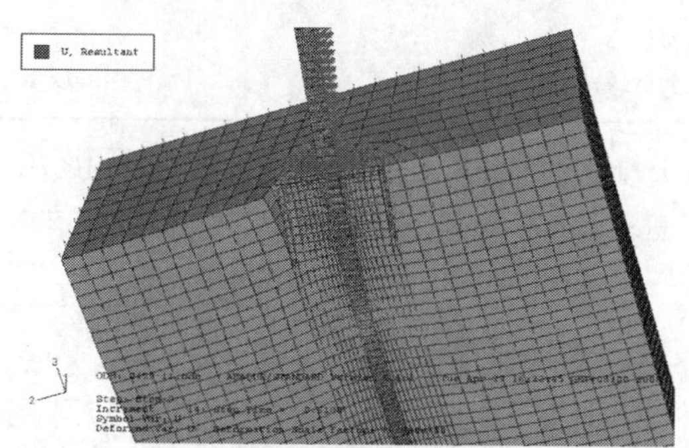

图 3-6　网格变形图

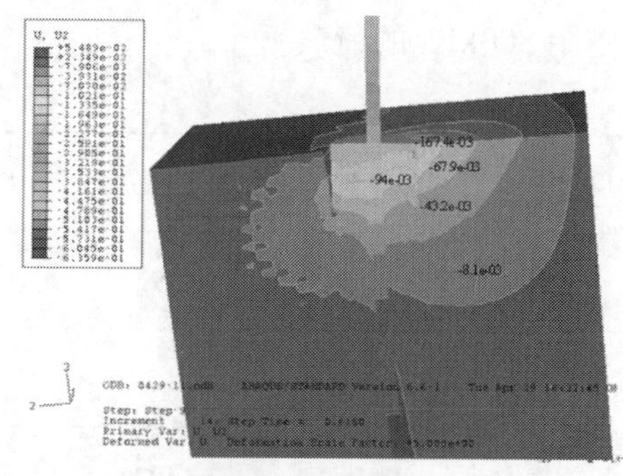

图 3-7　U2 变形云图

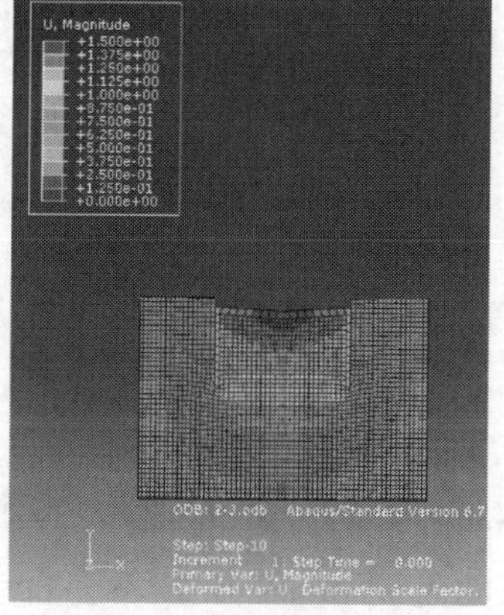

图 3-8　网格变形图

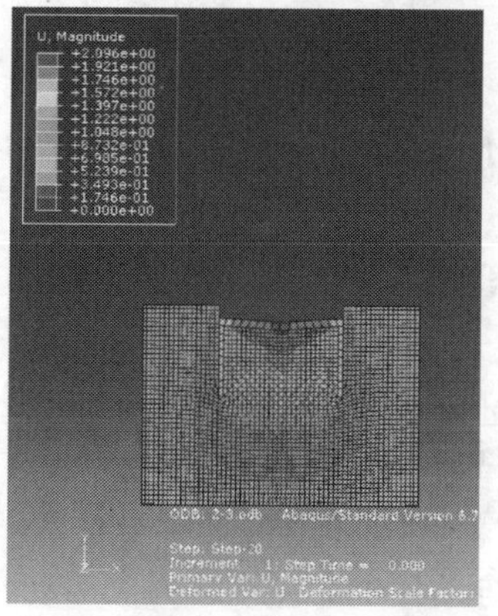

图 3-9　不同工况下的网格变形图

结论及应用领域说明：该模型操作完成后，就基本上熟悉了基于 ABAQUS 软件的桩桶基础的具体操作，也可反复一次或多次该模型的操作，以达到较为熟悉的程度。该模型建立后可将其应用在海上桩桶基础工程、海洋工程、一般地基基础工程等领域。

第二节　ABAQUS 在桩基础地层结构效应中的应用实例

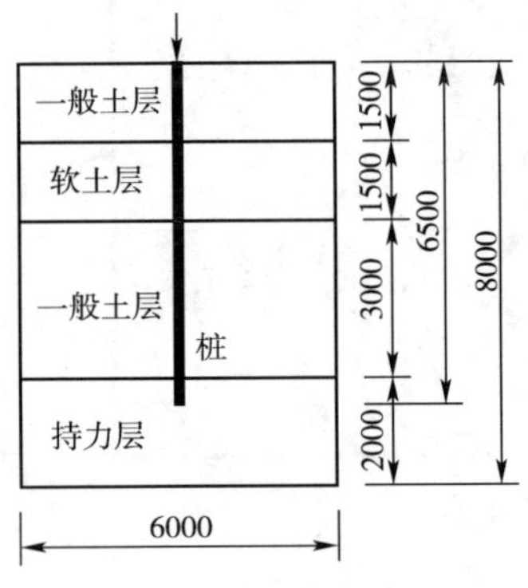

图 3-10　桩基础有限元模型(尺寸单位:cm)

该应用实例和建立该模型的目的：使读者能将 ABAQUS 软件应用到桩基础的地层结构效应中，熟悉和掌握 ABAQUS 在桩基础建模、地层结构建模，桩基础和地基土间的接触模型，桩基础地基地应力平衡，地层结构效应对桩基础的影响，桩基础竖向和水平荷载施加、求解和后处理等。

一、模型描述

如图 3-10 所示，某工程场地为四层地基，由上至下依次为：一般土层，软土层，一般土层，持力层。计算域范围宽为 60m，高 80m；桩长 65m，直径 1.5m。土体各项参数具体见表 3-1 所示。

桩基础参数为：$EA = 4 \times 10^8$kN/m，$EI = 7.5 \times 10^7$kN · m^2/m。桩顶作用 800kPa 的荷载。

各物理力学参数　　表 3-1

层次	土层名称	密度(kg/m^3)	弹性模量(Pa)	泊松比	内摩擦角(°)	内聚力(Pa)
1	一般土层	1970	5.8×10^7	0.36	24	2.6e4
2	软土层	1530	2×10^6	0.4	5	6e3
3	一般土层	1970	5.8×10^7	0.36	24	2.6e4
4	持力层	2020	9.6×10^8	0.31	36	6e4

二、具体操作步骤

(一)启动 Abaqus/CAE

在 Windows 操作系统中：开始→所有程序→Abaqus/CAE。在图 3-11 所示窗口中选择 Create Model Database，即创建新模型。

保存模型。点击窗口顶部工具栏中的▣来保存所建模型。键入希望保存的文件名，Abaqus/CAE 会自动加上后缀名.cae。需要注意的是，Abaqus/CAE 不会自动保存模型数据，建议用户每隔一段时间自己保存模型，以免数据丢失。

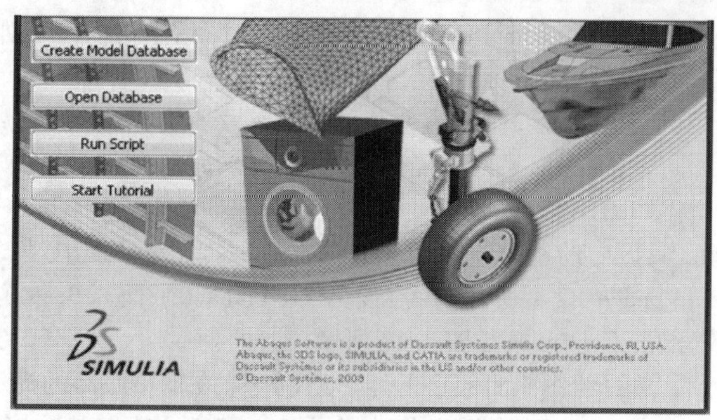

图3-11　Abaqus开始界面

(二)创建部件(Part)

在Abaqus/CAE窗口顶部的环境栏中,可以看到模块列表Module,在下拉菜单中选择Part,即部件功能模块。

点击左侧工具区中的(Create Part),或在主菜单中选择Part→Create。在弹出的Create Part对话框中,将Name(部件名称)设为SOIL,将Modeling Space(模型所在空间)设为2D Planar(平面),其余参数不需更改,点击Continue,如图3-12所示。

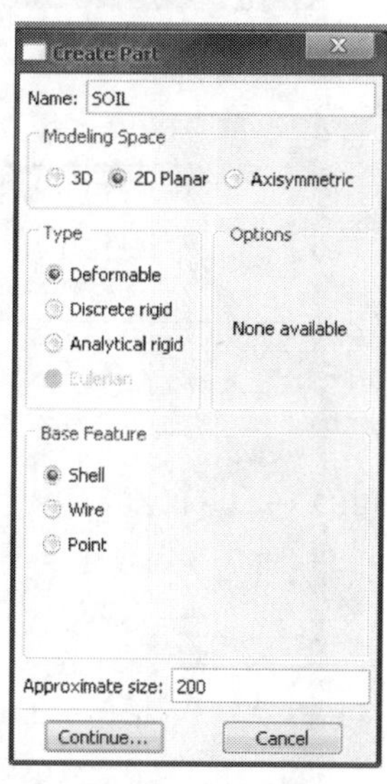

图3-12　Create Part对话框

Abaqus/CAE自动进入绘图环境,左侧的工具区内显示出绘图工具按钮,视图区内显示栅格,视图区正中一条垂直的点划线即对称轴。选择绘图工具箱中的直线绘制,窗口底部的提示区显示"Pick a starting corner for the rectangle—or enter X,Y"(点击矩形角点,或输入X、Y坐标),在其后空格内输入(0,0)(如图3-13)后按回车键,接着输入(60,80),如图3-14。点击鼠标中键,窗口底部的提示区显示"Sketch the section for the planar shell"(绘出该平面),点击后面的Done按钮,土体部分即绘制完成。如图3-15所示。

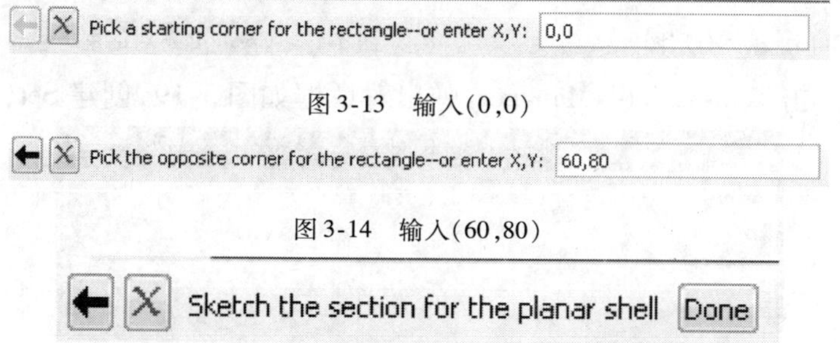

图3-13　输入(0,0)

图3-14　输入(60,80)

图3-15　点击Done

由于模型是多层土,需将土划分为四层。点击左侧工具区的(Partition Face:sketch),进入绘图环境后,点击绘图工具箱中的直线绘制,将鼠标置于土体左上角点以得到该点相对坐标,再根据各土层分隔面与顶面距离,算出土体分隔面起点相对坐标,输入窗口底部的提示区显示“Pick a starting point for the line—or enter X,Y”后空格内[例:如果鼠标置于土体左上角时,绘图区左上角显示的坐标为 X: -30,Y:40,第一层土体厚 15m,则第一个分隔层的坐标为(-30,25)],移动鼠标,保持直线水平,并与另一边相交,在交点处,点击鼠标左键,分隔面即完成。同理,再画出另两分隔面,之后点击鼠标中键和 Done 按钮。土体分隔即完成,分成四层的土体如图 3-16 所示。

再次点击左侧工具区中的(Create Part),在 Create Part 对话框中,将 Name(部件名称)设为 PILE,将 Module Space(模型所在空间)设为 2D Planar(平面),Base Feature 设为 Wire,其余参数不需更改,点击 Continue,如图 3-17 所示。

进入绘图环境后,选择绘图工具箱中的矩形绘制,在窗口底部的提示区“Pick a starting point for the line—or enter X,Y”后空格内输入 30,15 后按回车键,接着依次输入(30,20)、(30,50)、(30,65)、(30,80),点击鼠标中键,再点击窗口底部 Done 按钮,完成桩的绘制,如图 3-18 所示。

图 3-16 土体分层图

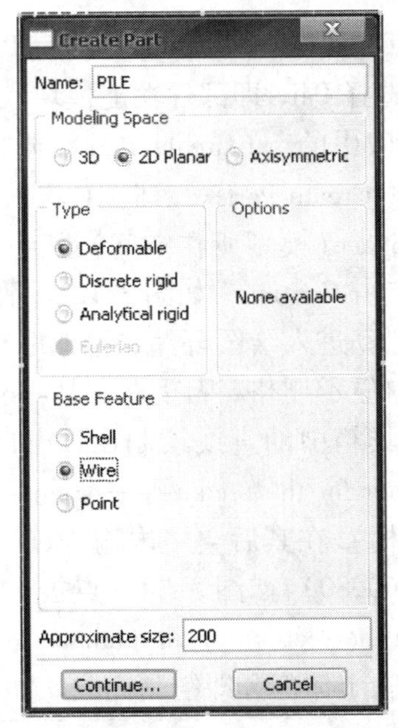

图 3-17 Create Part 对话框

图 3-18 桩体

在菜单栏中点击 Tools→Set→Manager,弹出对话框如图 3-19,创建 Set(集合)。

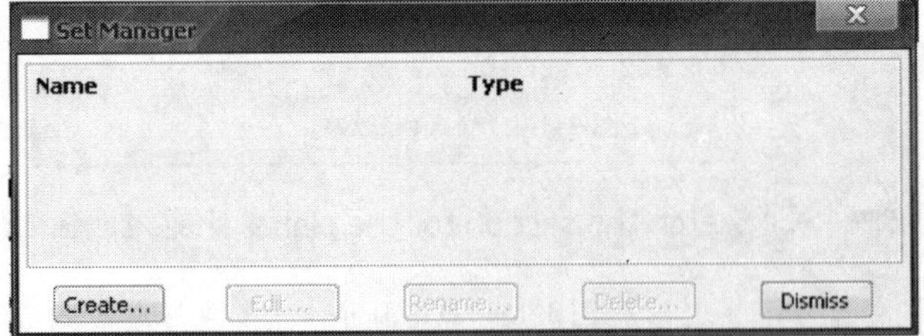

图 3-19 Set Create 对话框

点击 Set Manager 对话框中的 Create,弹出 Create Set 对话框,将 Name 改为 Set-1,如图 3-20 所示。

在 Create Set 对话框中点击 Continue，用鼠标选中整个桩体，点击 Done。

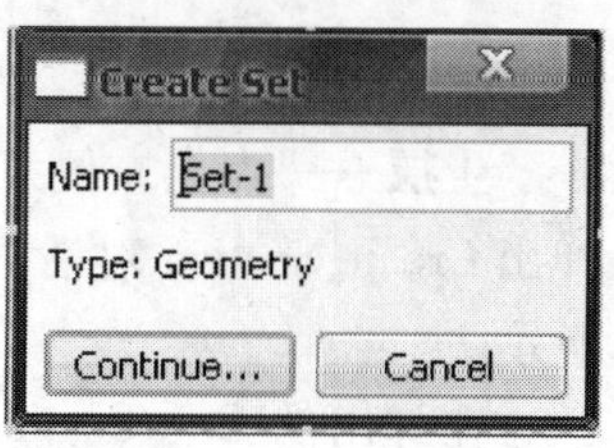

图 3-20　Create Set 对话框

（三）创建材料和截面属性（Property）

在窗口左上角的 Module（模块）列表中选择 Property（特性）功能模块。按以下步骤来定义材料。现以第一层一般土层为例，其他土层操作类似，不再赘述。

1. 创建材料

点击左侧工具区中的（Create Material），或在主菜单中选择 Material→Create。弹出 Edit Material 对话框。在 Name（材料名称）后面输入 soil-1，点击此对话框中的 Mechanical（力学特性）→Elasticity（弹性）→Elastic（弹性）。在数据表中设置 Young's Modulus（弹性模量）为 5.8e7，Poisson's Ratio（泊松比）为 0.36。再点击 Mechanical→Plastical（塑性）→Drucker Prager（D-P 模型）。设置 Angle of Friction（内摩擦角）为 24，FlowStress-Ratio 渗透压力系数（默认值为 0.8 ~ 1.0）为1.0，将 Dilantion Angle（膨胀角）设为 0。点击 Suboption—Drucker Prager Hardening 弹出 Suboption Editor 对话框，如图 3-21 所示，其中 Yield Stress 为 1e7，Abs Plastic Strain 填入 0 其余保持默认，点击 OK。点击对话框中的 General（常规）→Density（密度）。在数据表中设置 Mass Density（质量密度）为 1970。其余参数不变，如图 3-22，点击 OK。

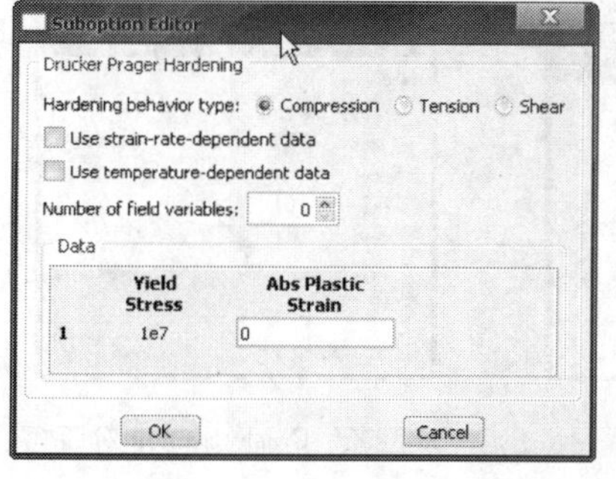

图 3-21　Suboption Editor 对话框

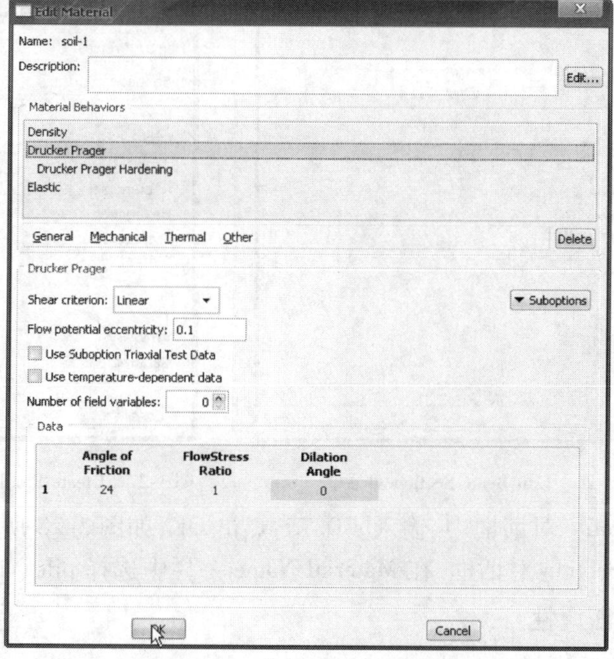

图 3-22　Edit Material 对话框

2. 创建截面属性

土层——点击左侧工具区中的(Create Section),或在主菜单中选择 Section→Create,弹出 Create Section 对话框,将 Name 设为 soil-1,保持默认参数不变,点击 Continue,如图 3-23 所示。

在弹出的 Edit Section 对话框中,在 Material 中选择 soil-1 其余参数不变,点击 OK,如图 3-24 所示。

按上述方法,创建其他两种土层的截面属性。注意:第一层和第三层均为一般土层,故土体部分只需创建三个截面属性。

桩——点击左侧工具区中的(Create Section),或在主菜单中选择 Section→Create,弹出 Create Section 对话框,将 Name 设为 pile,在 Category 中选择 Beam,Type 选择 Beam,如图 3-25,点击 Continue。

图 3-23 Create Section 对话框

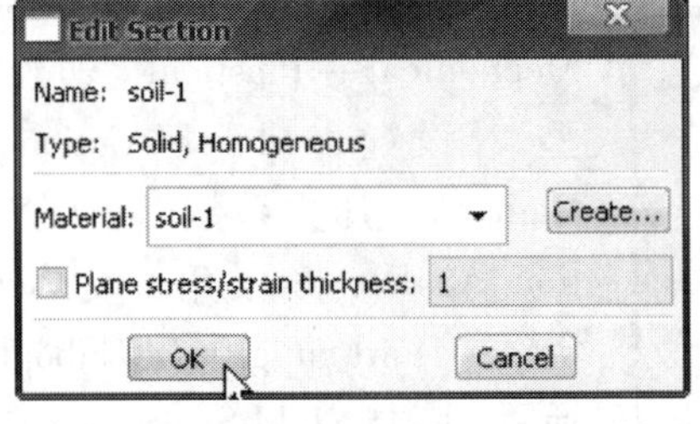

图 3-24 Edit Section 对话框

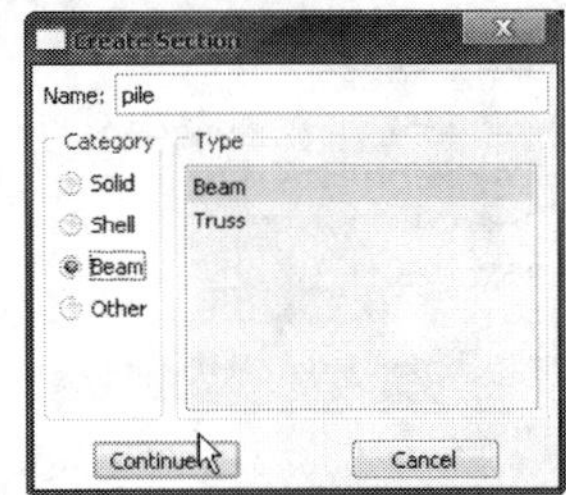

图 3-25 Create Section 对话框

在弹出的 Edit Beam Section 对话框中,如图 3-26,点击 Profile name 后的 Create;弹出的 Create Profile 对话框中,如图 3-27,在 Shape 中选择 Circular(圆形),点击 Continue。

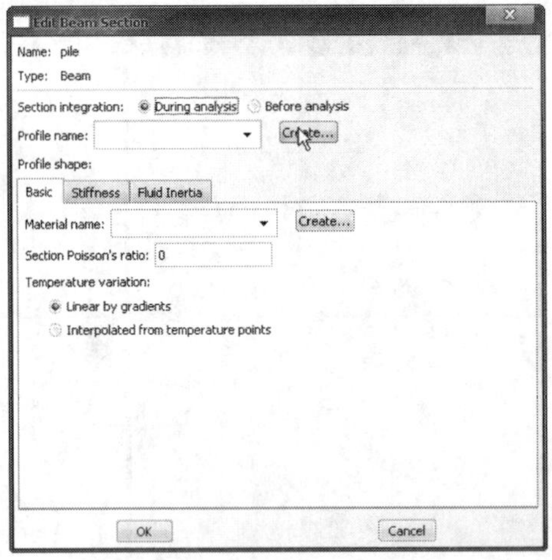

图 3-26 Edit Beam Section 对话框

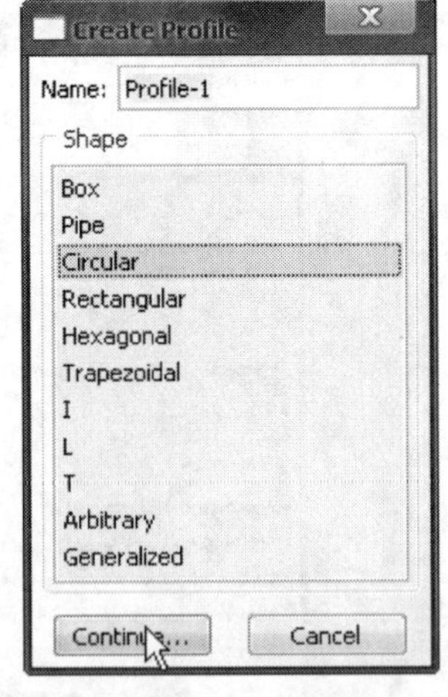

图 3-27 Create Profile 对话框

在弹出的 Edit Profile 对话框中,输入 r:0.75,点击 OK,如图 3-28 所示。

回到 Edit Beam Section 对话框,在 Material Name 一栏中选择 pile,如图 3-29,点击 OK。

3. 给部件赋予截面属性

土体——点击左侧工具区中的(Assign Section),或在主菜单中选择 Assign→Section,

点击视图区中土体模型的最上一层，Abaqus/CAE 以红色高亮度显示被选中的实体边界，按住 Shift 键，再选中第三层土体，如图 3-30 所示。此后，在视图区中点击鼠标中键，弹出 Edit Section Assignment 对话框，在 Section 一栏选择对应截面属性，即 soil-1，点击 OK，如图 3-31 所示。

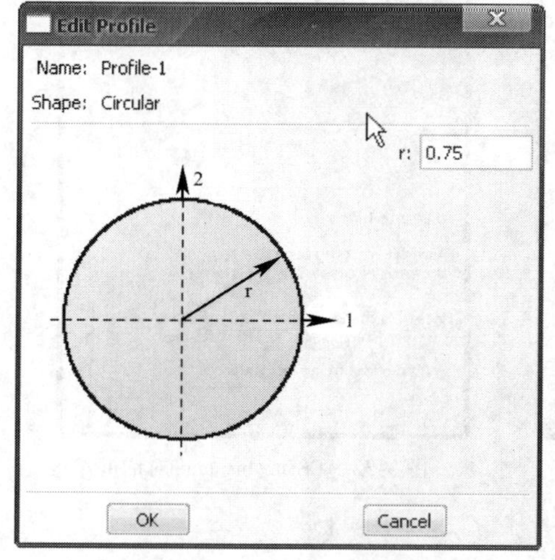

图 3-28　Edit Profile 对话框

图 3-29　Edit Beam Section 对话框

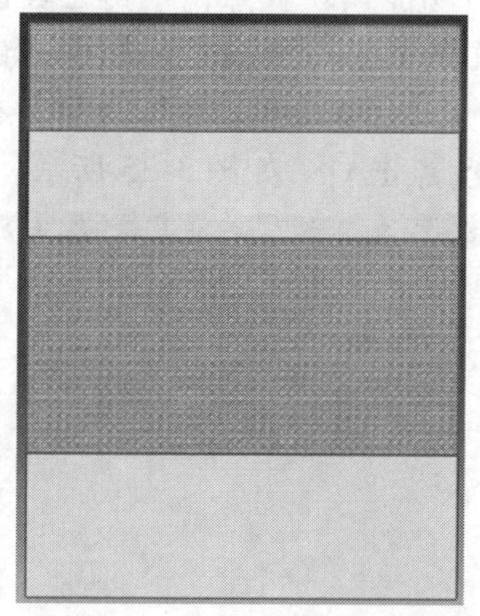

图 3-30　第一、三层土体被选中

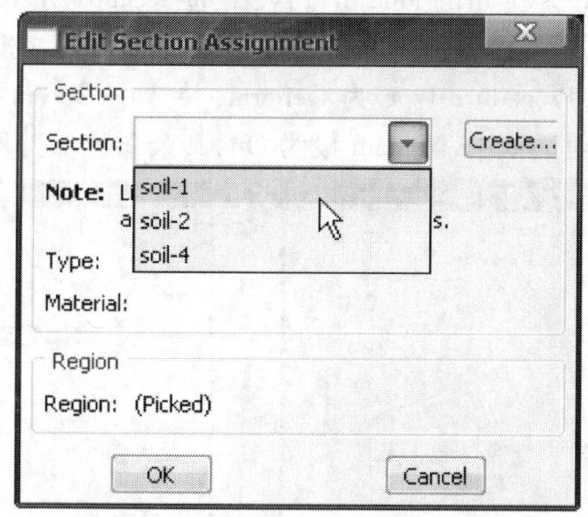

图 3-31　Edit Section Assignment 对话框

桩——点击左侧工具区中的(Assign Section)，或在主菜单中选择 Assign→Section，将桩体全部选中，点击鼠标中键，弹出 Edit Section Assignment 对话框，在 Section 一栏中选择 pile，点击 OK。如图 3-32 所示。

点击菜单栏中的 Assign→Beam section orientation 来定义桩体方向，选择整个桩体，点击 Done→Enter 键→OK。

(四)定义装配件(Assembly)

Assembly 功能模块即将前面在 Part 功能模块中创建的各个部件装配起来。其具体操作为：在窗口左上角的 Module 列表中选择 Assembly(装配)功能模块。点击左侧工具区中的

Instance Part，或在主菜单中选择 Instance→Create。在弹出的 Create Instance 对话框中，同时选中之前创建的两个部件，默认参数，点击 OK，如图 3-33 所示。

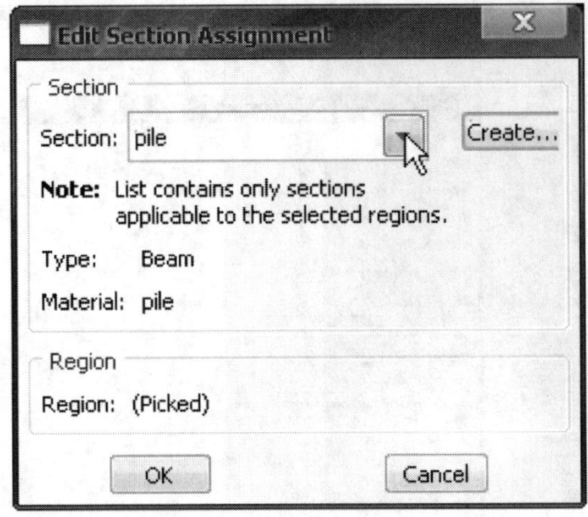

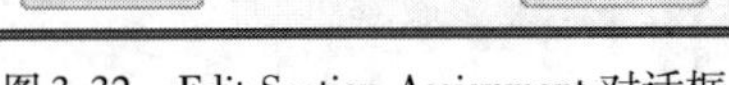
图 3-32 Edit Section Assignment 对话框

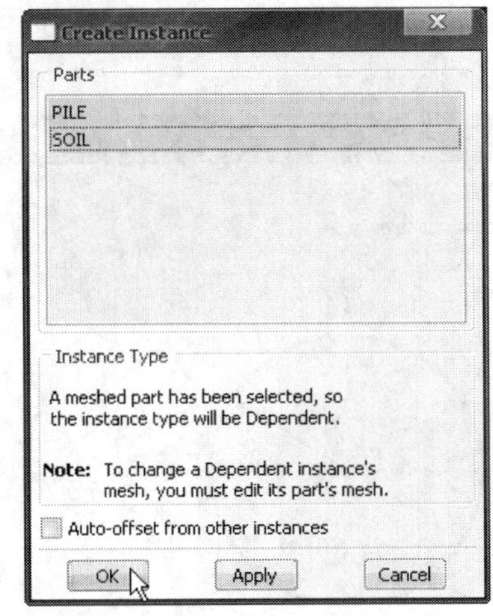

图 3-33 Create Instance 对话框

(五)定义分析步(Step)

在窗口左上角的 Module 列表中选择 Step(分析步)功能模块。点击左侧工具区中的 (Create Step)，或在主菜单中选择 Step→Create。在弹出的 Create Step 对话框中，将 Name 设为 Step-1，Procedure type 为 General，并选中 Geostatic，点击 Continue，如图 3-34。在弹出的 Edit Step 对话框中，Nlgeom 设为 On，其余参数保持不变，点击 OK，如图 3-35 所示。

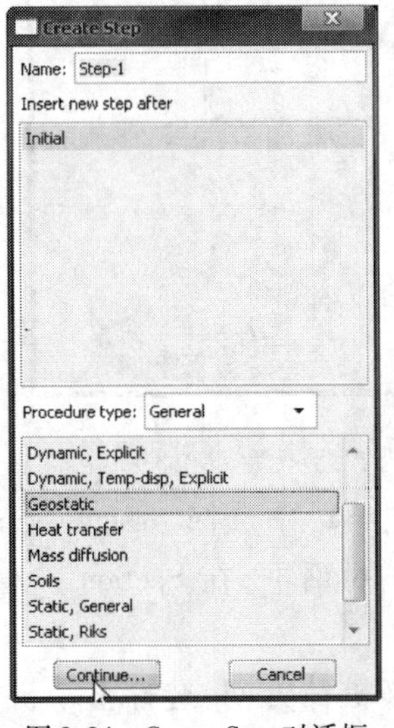

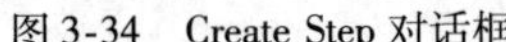
图 3-34 Create Step 对话框

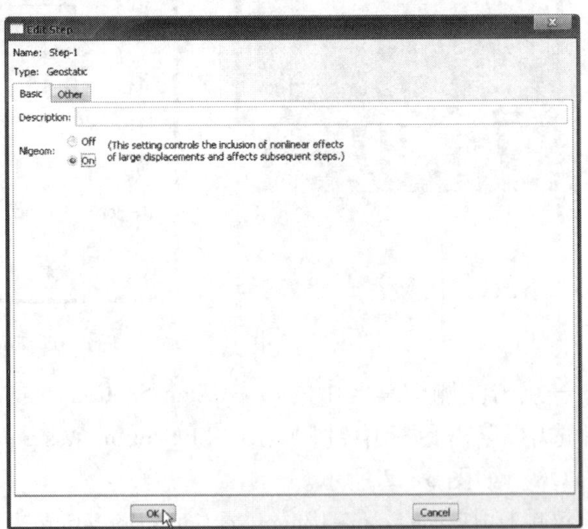

图 3-35 Edit Step 对话框

点击左侧工具栏中 右侧图标 Field Output Manager，在弹出的 Field Output Requests Manager 对话框中，点击 Edit，如图 3-36 所示。

在弹出的 Edit Field Output Request 对话框中，在 Output Variables 中选择 All 选项，点击 OK，如图 3-37 所示。

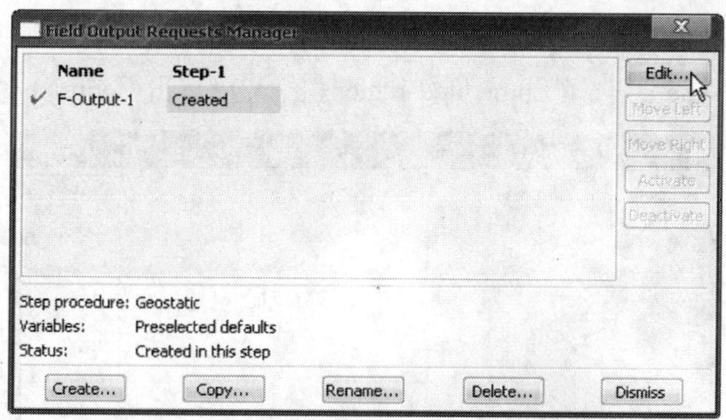

图 3-36 Field Output Requests Manager 对话框

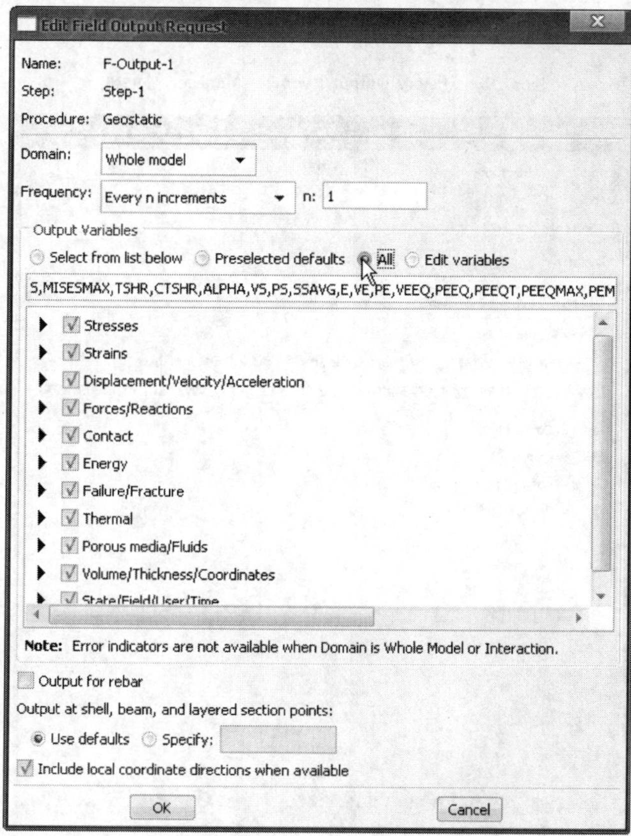

图 3-37 Edit Field Output Request 对话框

点击左侧工具栏中右侧图标 History Output Manager，在弹出的 History Output Requests Manager 对话框中，点击 Edit，如图 3-38 所示。

在弹出的 Edit History Output Request 对话框中，在 Output Variables 中选择 All 选项，点击 OK，如图 3-39 所示。

（六）定义相互作用（Interaction）

在窗口左上角的 Module 列表中选择 Interaction（相互作用）功能模块。点击左侧工具区中的(Create Constraint),或在主菜单中选择 Constraint→Create。在弹出的 Create Constraint 对话框中,在 Type 中选择 Embedded region(嵌入),点击 Continue,如图 3-40 所示。

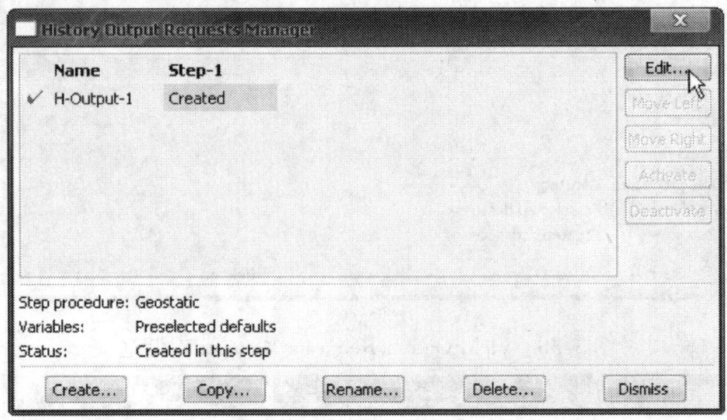

图 3-38　History Output Requests Manager 对话框

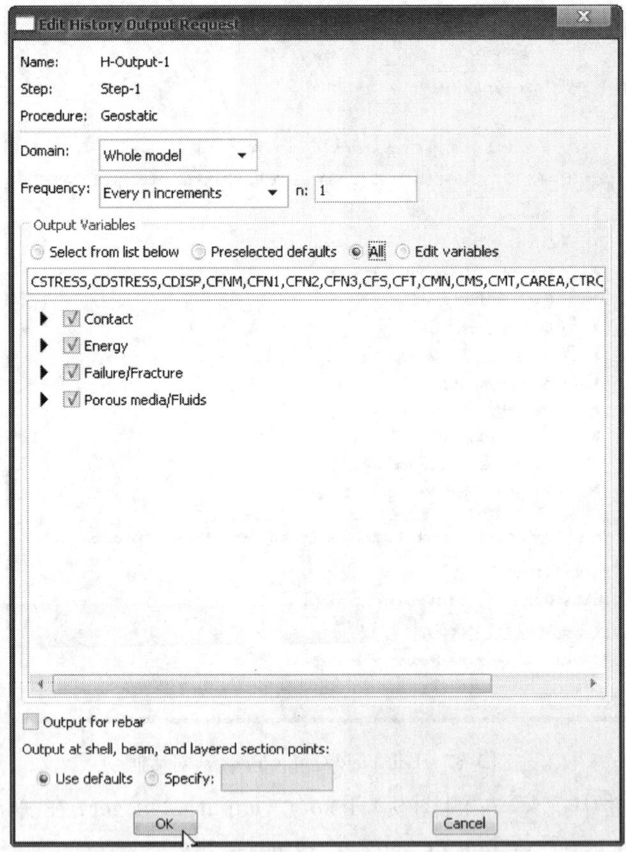

图 3-39　Edit History Output Request 对话框

点击图区右下角的Sets...,弹出 Region Selection 对话框,如图 3-41,选择 PILE-1. Set-1,点击 Continue。

然后再在图示区域下侧点击 Select Region 如图 3-42。

在弹出的 Region Selection 对话框点击 Dismiss,如图 3-43,在主窗口按住 Shift 选择四层土体如图 3-44 所示；点击鼠标中键，在窗口底部的提示区显示 ←✕ Select the host region Done ，点击 Done。

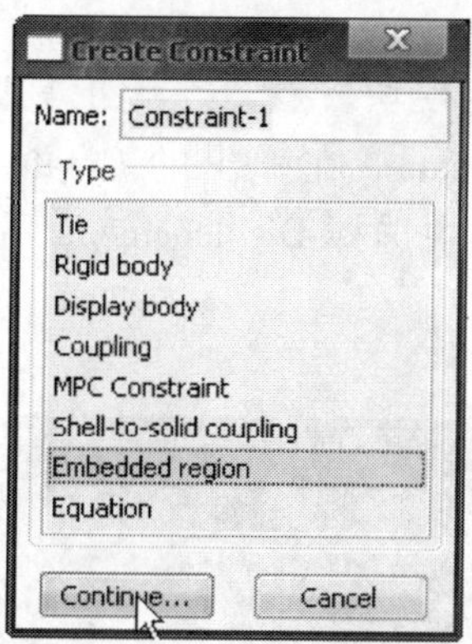

图 3-40　Create Constraint 对话框

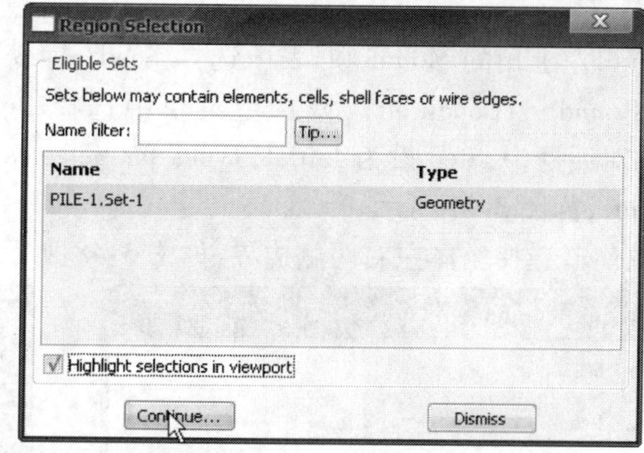

图 3-41　Region Selection 对话框

图 3-42　点击 Select Region

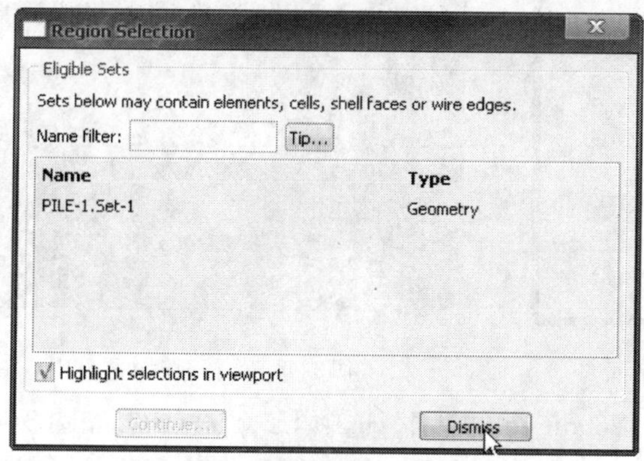

图 3-43　Region Selection 对话框

图 3-44　选中四层土体

弹出 Edit Constraint 对话框如图 3-45，保持默认值不变，点击 OK。

相互作用定义完成后，如图 3-46。

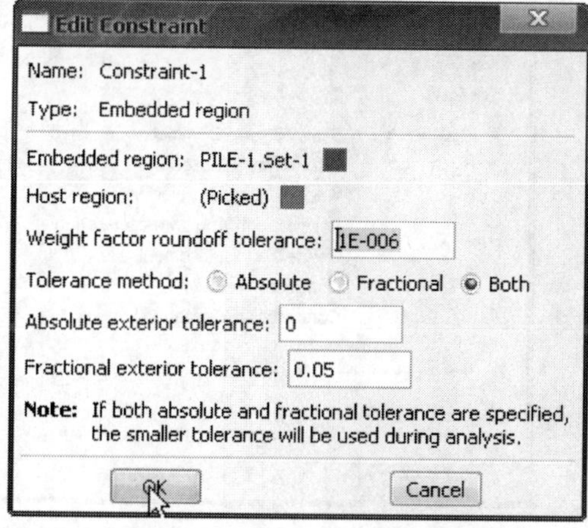

图 3-45　Edit Constraint 对话框

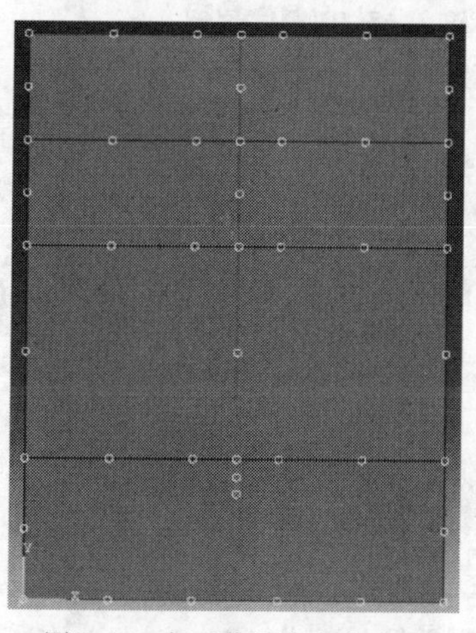

图 3-46　相互作用定义完成图

(七)定义荷载、边界条件(Load)

在窗口左上角的 Module 列表中选择 Load(荷载)功能模块。点击左侧工具区中的(Create Boundary Condition),或在主菜单中选择 BC→Create。在弹出的 Create Boundary Condition对话框中,Step 设为 Initial,Types for Selected Step 中选择 Displacement/Rotation,点击 Continue,如图 3-47 所示。

在主窗口选择土体左右两侧边界,如图 3-48 所示。

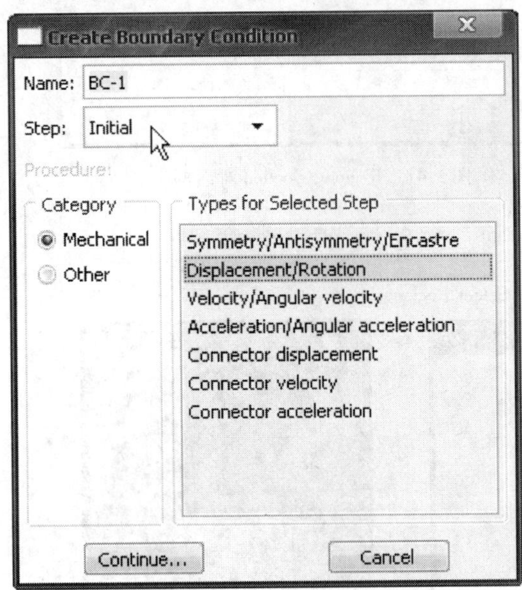

图 3-47 Create Boundary Condition 对话框

图 3-48 土体两侧边界选中

点击鼠标中键,弹出 Edit Boundary Condition 对话框,选中 U1,点击 OK,如图 3-49 所示。同理,设置土体底边边界条件,约束 U2 即可。如图 3-50 和图 3-51 所示。

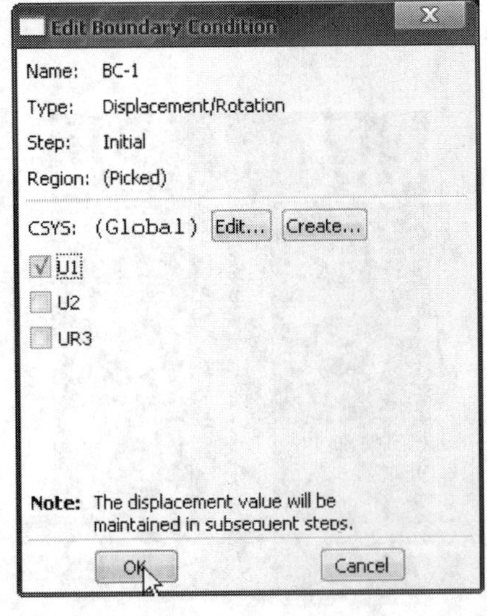

图 3-49 Edit Boundary Condition 对话框

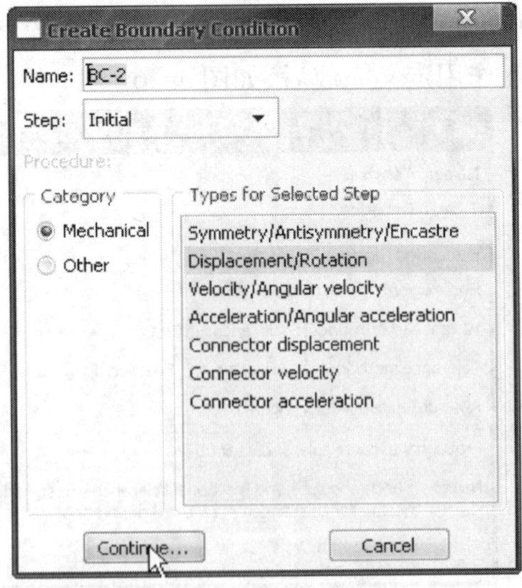

图 3-50 BC-2 Create Boundary Condition 对话框

边界条件设置完成,即如图 3-52。

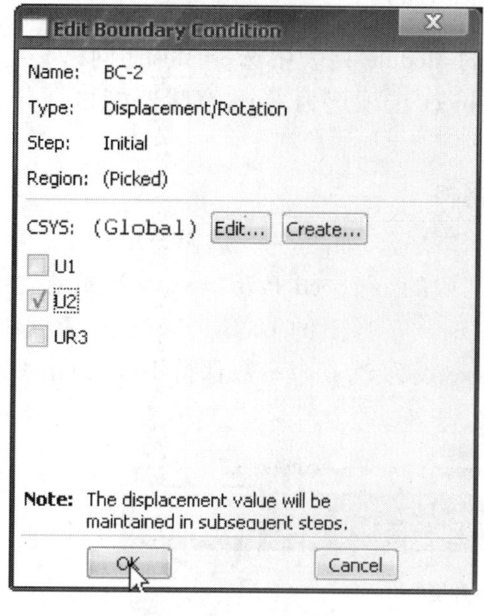

图 3-51 Edit Boundary Condition 对话框

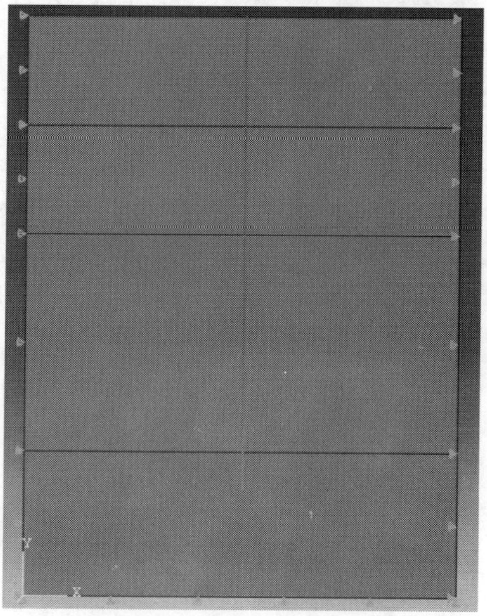

图 3-52 边界条件设置完成

点击左侧工具区中的(Create Load),或在主菜单中选择 Load→Create。在弹出的 Create Load 对话框中,Step 设为 Step-1,Types for Selected Step 中选择 Gravity(重力),点击 Continue,如图 3-53 所示。

在弹出的 Edit Load 对话框中,点击 Edit Region,在主窗口中将土体和桩全部选中,点击鼠标中键,回到 Edit Load 对话框,在 Component 2 中填入 -9.8(重力加速度),点击 OK,如图 3-54 所示。

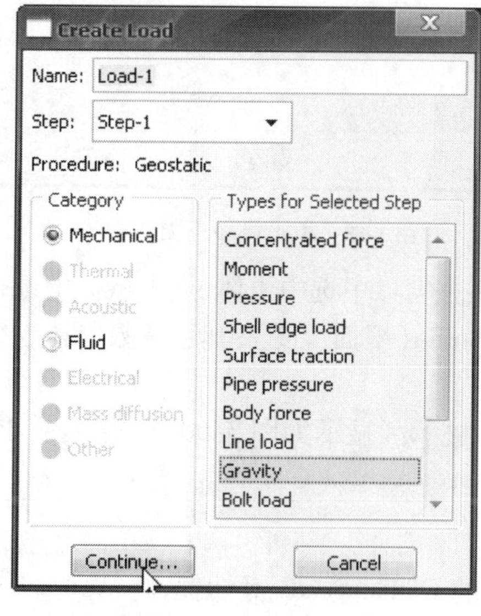

图 3-53 Create Load 对话框

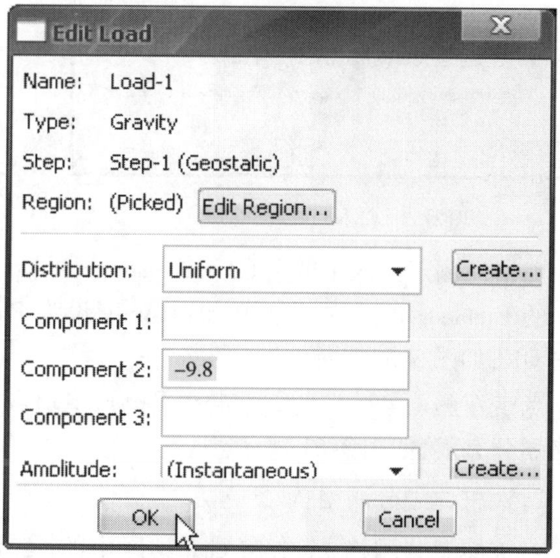

图 3-54 Edit Load 对话框

完成后,如图 3-55 所示。

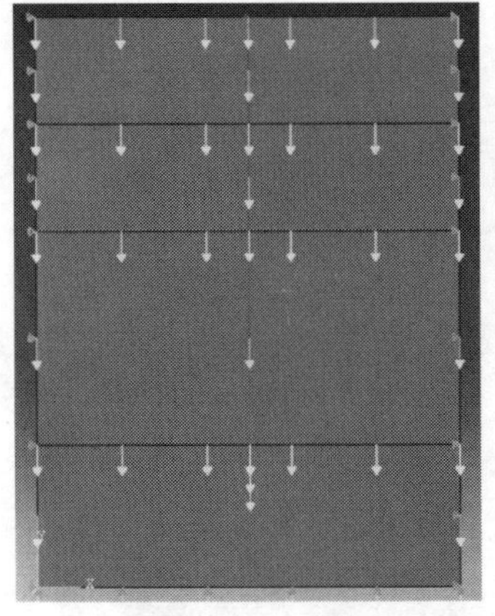

图 3-55 重力加载后

(八)划分网格(Mesh)

在窗口左上角的 Module 列表中选择 Mesh(网格)功能模块,将环境栏中的 Object 选项选为 Part,意味着网格划分是在 Part 层面上进行的。

1. 对土体划分网格

先对土体进行网格划分,如图 3-56 选择 SOIL。

点击左侧工具区中的 (Seed Part Instance),或在主菜单中选择 Seed→Instance。在弹出的 Global Seeds 对话框中,将 Approximate global size 设为 2,其余参数保持不变,点击 OK,如图 3-57 所示。

图 3-56 Mesh 环境栏

点击左侧工具区中的 (Assign Mesh Controls),在主窗口中选中土体,点击鼠标中键,在弹出的 Mesh Controls 对话框中,Element Shape 设为 Tri,Technique 设为 Free,点击 OK,如图 3-58 所示。

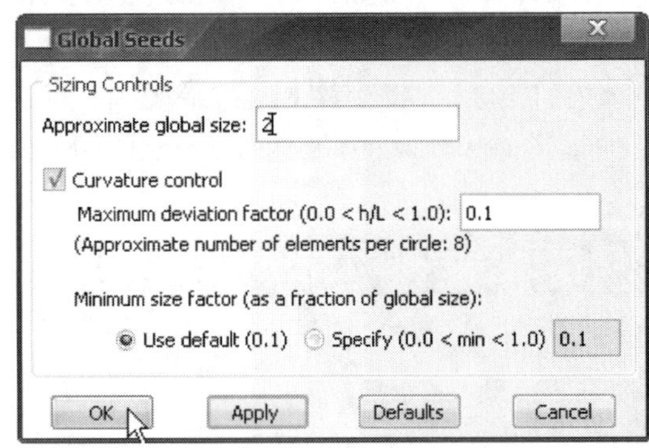

图 3-57 Global Seeds 对话框

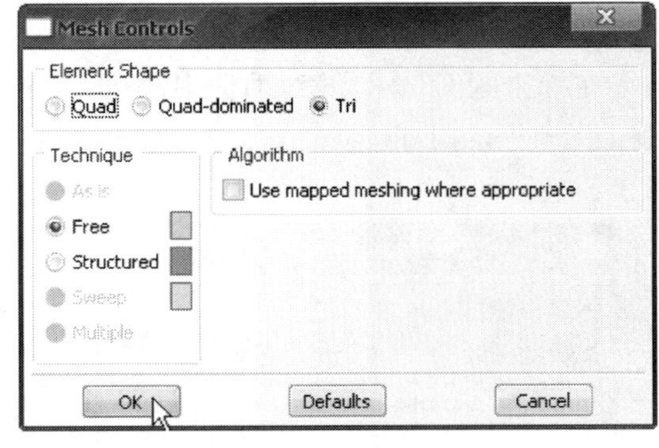

图 3-58 Mesh Controls 对话框

点击左侧工具区中的 (Assign Element Type),在主窗口中选中土体,点击鼠标中键,在弹出的 Element Type 对话框中,将 Family 设为 Plane Strain(平面应变),其余参数保持不变,点击 OK,如图 3-59 所示。

点击左侧工具区中的 (Mesh Part),窗口底部的提示区显示如图 3-60,点击 Yes,土体网格划分完成,如图 3-61 所示。

2. 对桩体划分网格

对桩体划分网格,点击左侧工具区中的 ,弹出的 Global Seeds 对话框,将 Approximate global size:设为 3,点击 OK,如图 3-62 所示。

点击左侧工具区中的 ,在主窗口中选中桩,点击鼠标中键,在弹出的 Element Type 对话框中，将 Family 设为 Beam，其余参数保持不变，点击 OK，如图 3-63 所示。

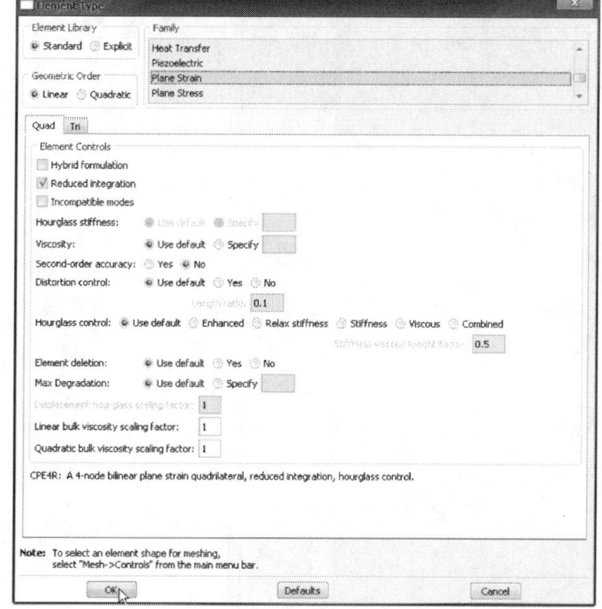

图 3-59　Element Type 对话框

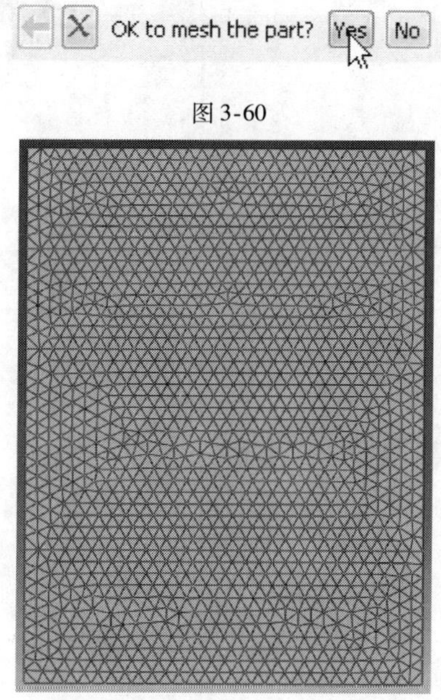

图 3-60

图 3-61　土体网格划分完成图

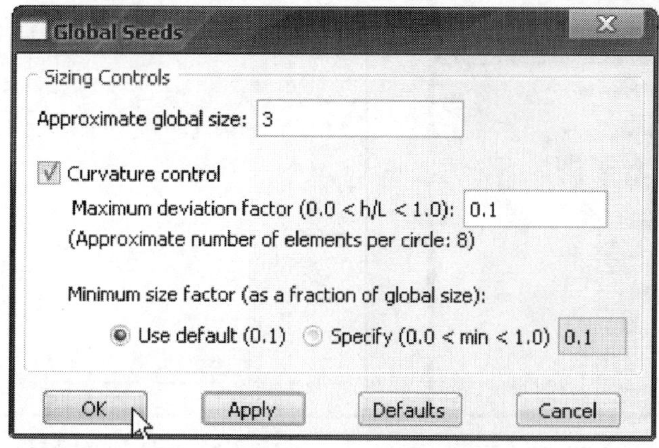

图 3-62　Global Seeds 对话框

点击左侧工具区中的（Mesh Part），点击窗口底部的提示区显示的 Yes 按钮，桩的网格划分即完成。

（九）提交任务（Job）

在窗口左上角的 Module 列表中选择 Job（任务）功能模块。点击左侧工具区中的（Create Job），或在主菜单中选择 Job→Create。在弹出的 Create Job 对话框中，将 Name：设为 Job-pile-soil，其他参数保持不变，点击 Continue，如图 3-64 所示。

在弹出的 Edit Job 对话框中，保持默认参数不变，点击 OK，如图 3-65 所示。

在命令行中输入语句 mdb. models[' Model-1 ']. setValues(noPartsInputFile = ON)，按

Enter键,如图 3-66 所示。

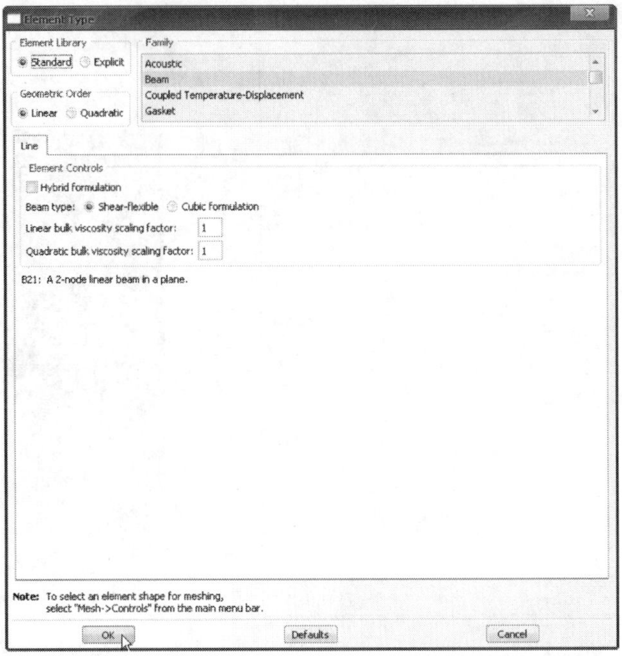

图 3-63 Element Type 对话框

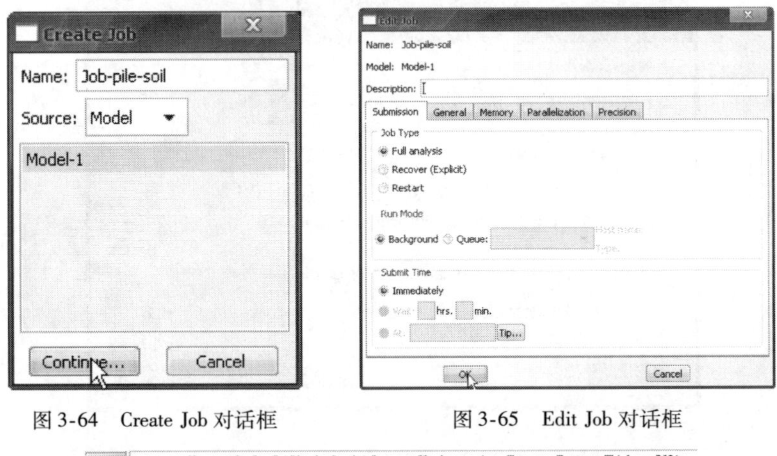

图 3-64 Create Job 对话框　　　　图 3-65 Edit Job 对话框

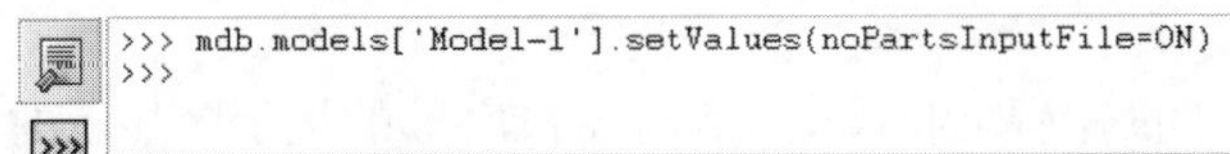

图 3-66 命令行输入语句

点击左侧工具区中的(Job Manager),弹出 Job Manager 对话框,点击 Submit,提交任务,如图 3-67 所示。

当窗口底部命令行出现如图 3-68 所示语句时,表明任务提交完成。此时任务管理器对话框,如图 3-69 所示。

(十)地应力平衡

所谓地应力平衡,是指当在土体上建设工程或开挖土体之前, 地表的位移都是零, 但是土体的应力却存在，这种无位移但有应力的时间点叫地应力平衡。

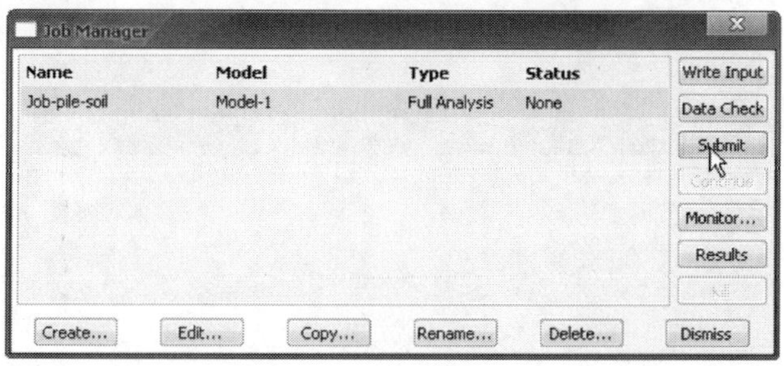

图 3-67　Job Manager 对话框

```
The job input file "Job-pile-soil.inp" has been submitted for analysis.
Job Job-pile-soil: Analysis Input File Processor completed successfully.
Job Job-pile-soil: Abaqus/Standard completed successfully.
Job Job-pile-soil completed successfully.
```

图　3-68

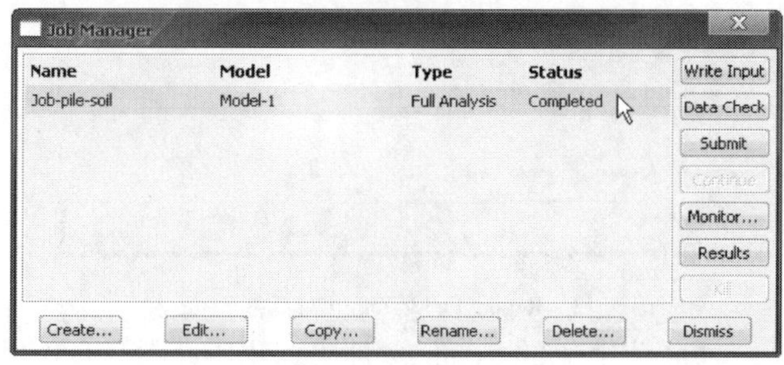

图 3-69　模型计算成功图

如图 3-69 所示，当 Job Manager 的 Job-pile-soil 的 Status 显示 Completed，就表明模型计算成功。点击 Results，得到施加重力后模型的计算结果如图 3-70。

在菜单栏中点击 Report→Field Output，弹出 Report Field Output 对话框，在 Variable 一栏中，勾选 S 中的 S11、S22、S33、S12 四项，如图 3-71 所示。

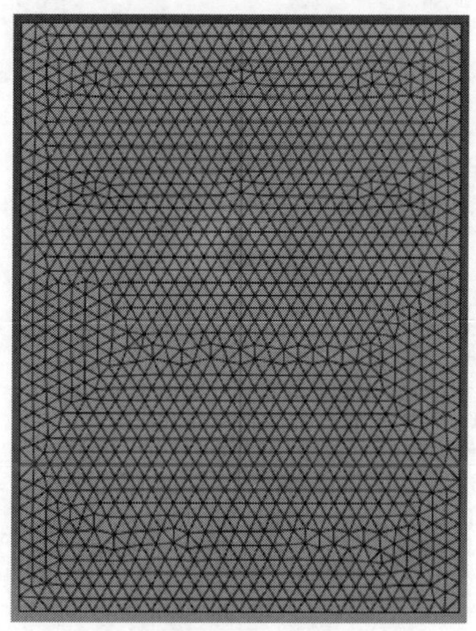

图 3-70　施加重力后模型的计算结果

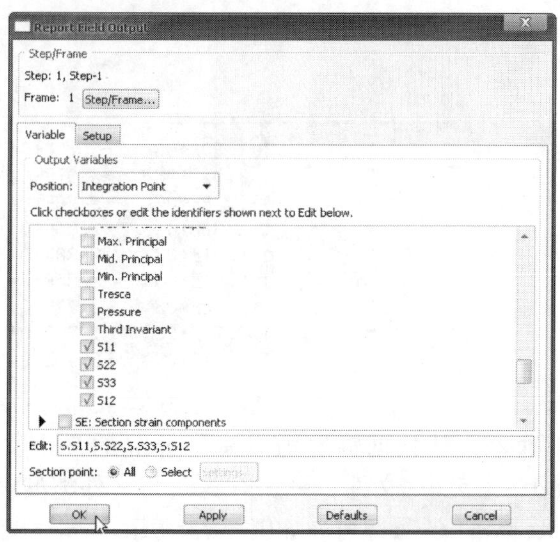

图 3-71　Report Field Output 对话框 Variable 栏

单击此对话框中的 Setup 标签页，在 Name 文本框中输入要保存的文件名 PILE-SOIL. inp，取消对 Append to file 的选择（即创建一个新文件），在 Write 后面只选中 Field Output，如图 3-72 所示。

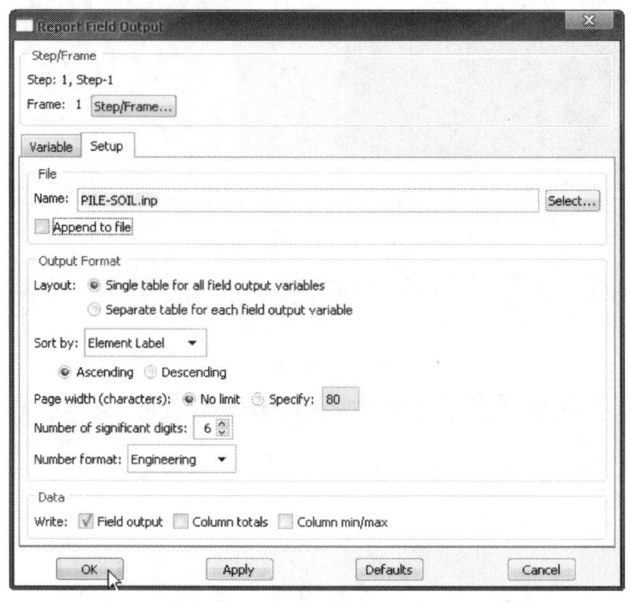

图 3-72　Report Field Output 对话框 Setup 栏

打开安装 ABAQUS 时自动生成的 Temp 文件夹，用 Excel 打开文件 PILE-SOIL. inp。在"文本文件导入向导"的步骤 1 中选择"分隔符号"，在步骤 2 中选择"Tab"键和"空格"键，这样 PILE-SOIL. inp 中的各列数据就成为 Excel 表格中的各个列。删除表格中开始几行的模型信息，再删除积分点编号所在的第 2 列数据（都为数字 1），只保留单元编号和各个应力分量列，并将各个应力分量的科学计数法格式改为显示小数点后 5 位数字。修改前和修改后如图 3-73 和图 3-74 所示。

utput	reported	at	integration	points	for	regi
lement	Int	S. S11	S. S22	S. S33	S. S12	
abel	Pt	@Loc	1	@Loc	1	@Loc
1	1	7. 80E+03	-2. 18E+04	-5. 61E+03	563. 334	
2	1	7. 95E+03	-2. 07E+04	-5. 11E+03	-736. 833	
3	1	7. 88E+03	-2. 28E+04	-5. 98E+03	379. 533	
4	1	8. 33E+03	-1. 96E+04	-4. 50E+03	-892. 628	
5	1	8. 21E+03	-2. 38E+04	-6. 22E+03	184. 347	
6	1	8. 94E+03	-1. 85E+04	-3. 84E+03	-1. 01E+03	
7	1	8. 75E+03	-2. 44E+04	-6. 27E+03	-29. 95	
8	1	9. 73E+03	-1. 77E+04	-3. 19E+03	-1. 03E+03	
9	1	9. 44E+03	-2. 46E+04	-6. 07E+03	-274. 6	

图 3-73　数据未修改前

下面将上述数据输出为以逗号分隔的文本文件 PILE-SOIL. csv，其具体的方法是：在 Excel中单击菜单"文件"→"另存为"，将文件类型设置为"CSV（逗号分隔）"，对于出现的提示信息，单击"是"，即可。如图 3-75 所示。

为模型中定义初始应力场。在 Abaqus/CAE 中无法直接定义初始应力，只能手工添加

关键词,具体方法为:

选择菜单 Model→Edit keywords,如图 3-76。在 * STEP 语句之前添加以下语句:

* initial conditions, type = stress, input = PILE-SOIL. csv

	A	B	C	D	E
1	1	7.80E+03	-2.18E+04	-5.61E+03	563.334
2	2	7.95E+03	-2.07E+04	-5.11E+03	-736.833
3	3	7.88E+03	-2.28E+04	-5.98E+03	379.533
4	4	8.33E+03	-1.96E+04	-4.50E+03	-892.628
5	5	8.21E+03	-2.38E+04	-6.22E+03	184.347
6	6	8.94E+03	-1.85E+04	-3.84E+03	-1.01E+03
7	7	8.75E+03	-2.44E+04	-6.27E+03	-29.95
8	8	9.73E+03	-1.77E+04	-3.19E+03	-1.03E+03
9	9	9.44E+03	-2.46E+04	-6.07E+03	-274.6
10	10	1.05E+04	-1.75E+04	-2.79E+03	-830.447
11	11	9.98E+03	-2.38E+04	-5.54E+03	-544.019
12	12	1.07E+04	-1.87E+04	-3.20E+03	-53.2737
13	13	9.27E+03	-2.10E+04	-4.69E+03	-702.134

图 3-74　数据修改后

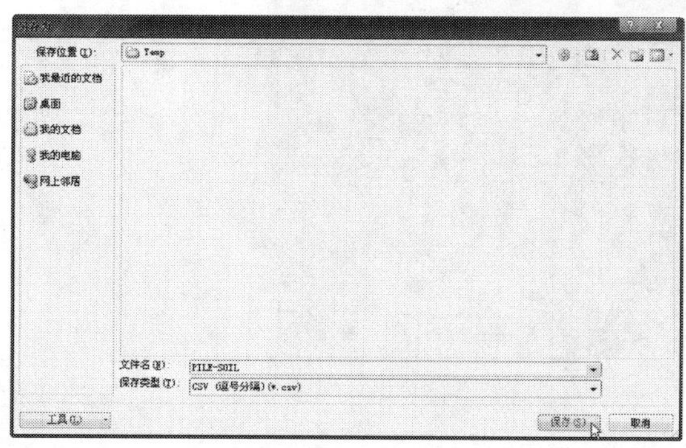

图 3-75　保存为 csv 文件

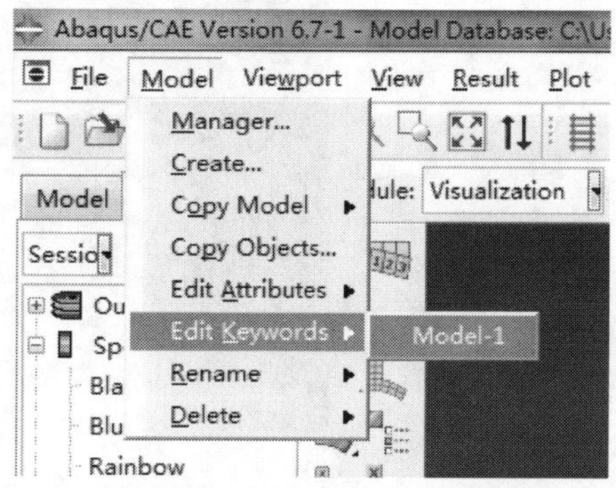

图 3-76　Edit Keywords 栏

添加语句后,点击 OK,如图 3-77。回到 Job 分析步,在 Job Manager 对话框中,点击 Create,新建 Job-2,在 Job-2 选中的情况下提交任务,如图 3-78,点击 Submit。当计算成功后,点击 Results,得到地应力之后的模型云图,如图 3-79、图 3-80 所示。

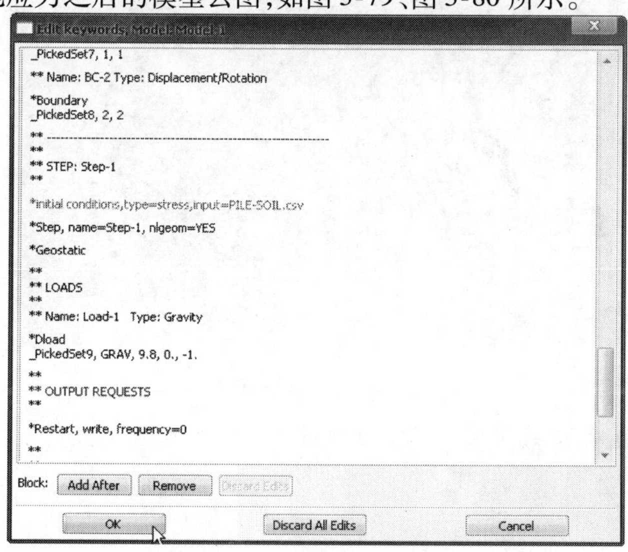

图 3-77　Edit Keywords, Model:Model-1 对话框

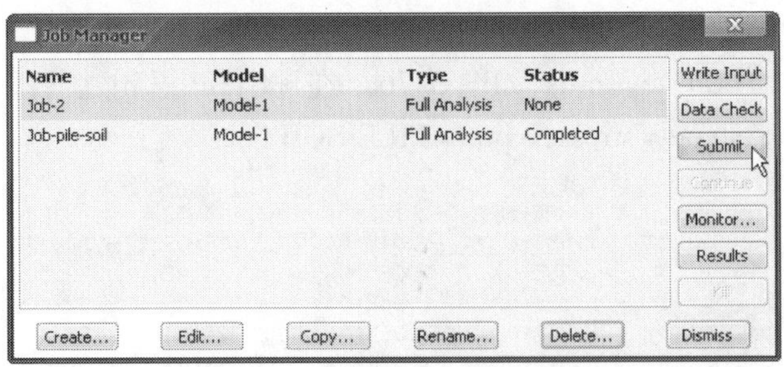

图 3-78　Job Manager 对话框

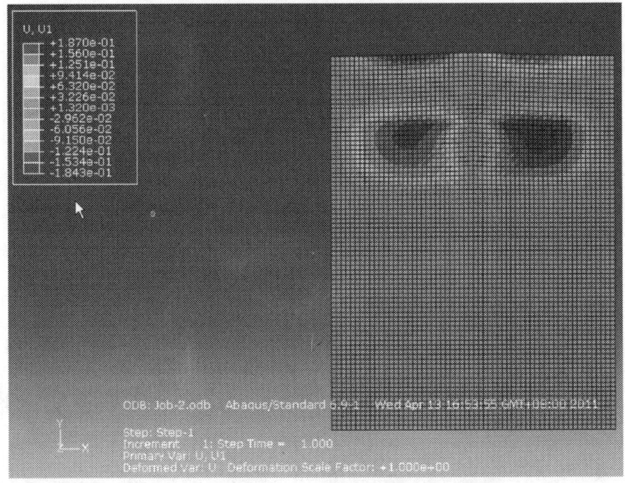

图 3-79　重力作用下 *X* 方向的位移图

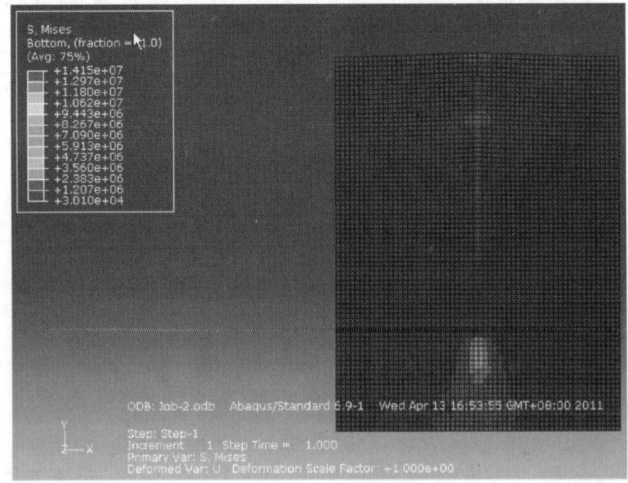

图 3-80　重力作用应力图

(十一)对模型施加外荷

1. 对桩顶施加 800kPa 外荷

在窗口左上角的 Module(模块)列表中选择 Step(分析步)功能模块。点击左侧工具区

中的 (Create Step),弹出 Create Step 对话框,选择 Static,General,点击 Continue,如图 3-81 所示。

弹出 Edit Step 对话框,将 Time Period 设为 100,其余参数默认不变,点击 OK,如图 3-82 所示。

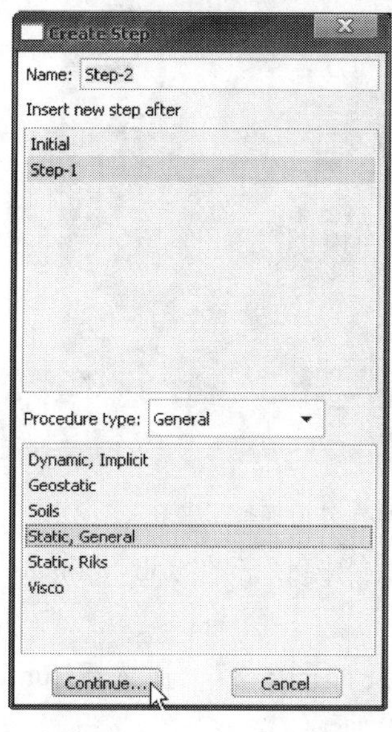

图 3-81 Create Step-2 对话框

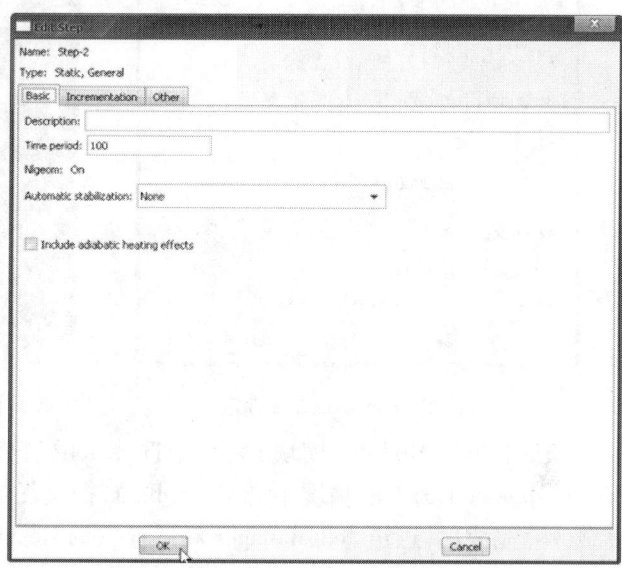

图 3-82 Edit Step-2 对话框

在窗口左上角的 Module(模块)列表中选择 Load(荷载)功能模块。点击左侧工具区中的 (Create Load),弹出 Create Load 对话框,Types for Selected Step 中选择 Concentrated Force(集中力),点击 Continue,如图 3-83 所示。

在窗口底部提示区显示"Select points for the load(选择集中力作用点)",用鼠标在主窗口点击桩端所在位置,如图 3-84;点击鼠标中键,弹出 Edit Load 对话框,在 CF2 中填入 -800000,点击 OK,如图 3-85、图 3-86 所示。

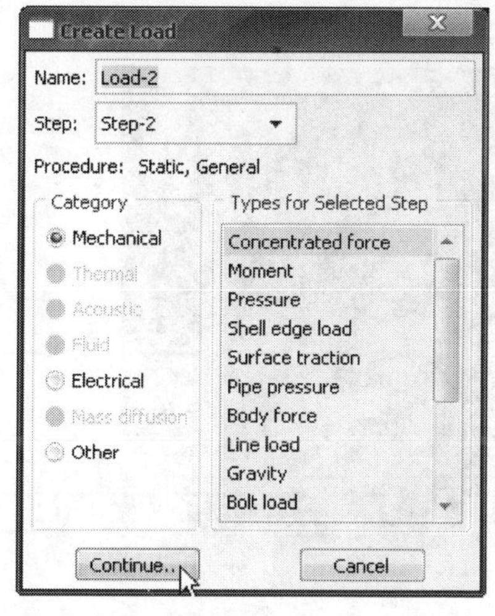

图 3-83 Create Load-2 对话框

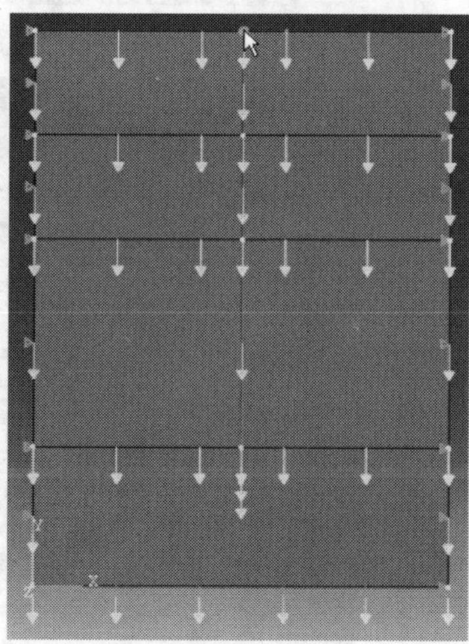

图 3-84 荷载的施加

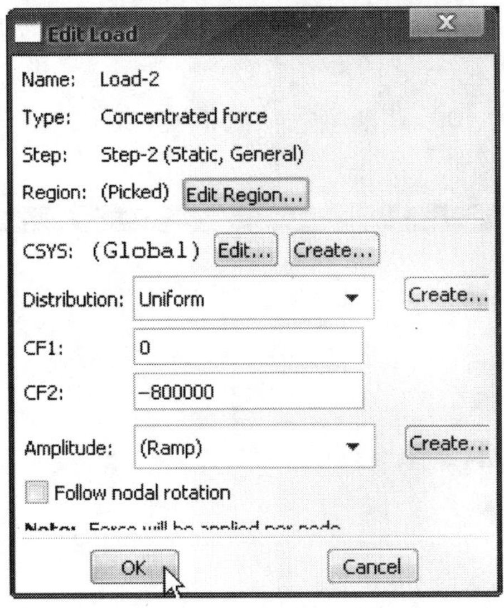

图 3-85 Edit Load-2 对话框

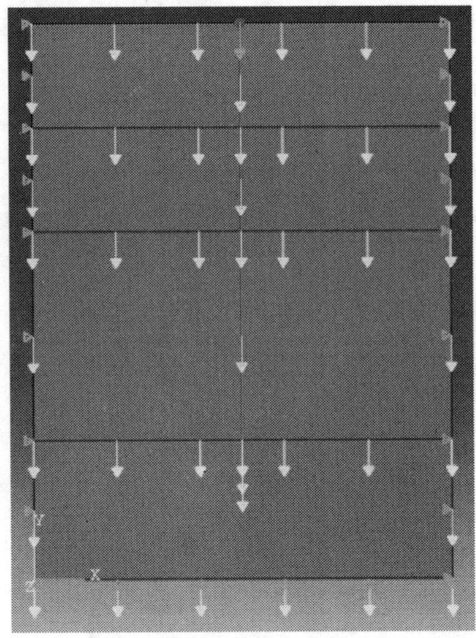

图 3-86 外荷加载完成图

在窗口左上角的 Module(模块)列表中选择 Job(任务)功能模块。在 Job Manager 对话框中,在 Job-pile-soil 选中的情况下,点击 Submit,提交任务。

模型计算完成后,点击 Job Manager 对话框中的 Results 键,如图 3-87。进入 Visualization 模块。可以得到施加外荷之后的模型云图,如图 3-88、图 3-89 所示。

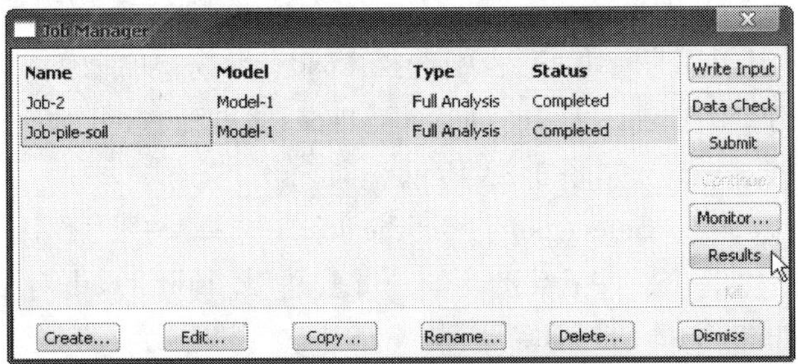

图 3-87 Job Manager 对话框

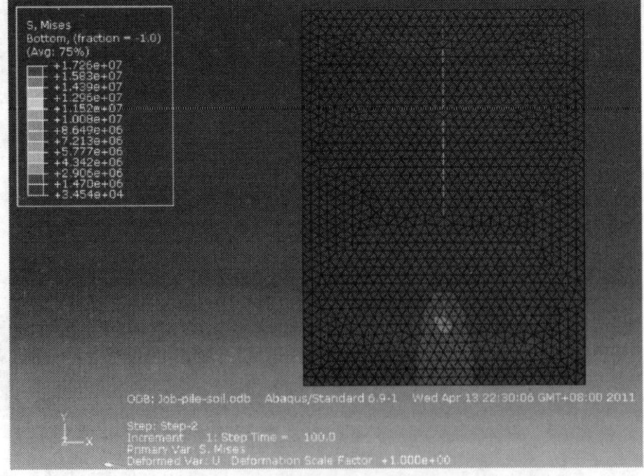

图 3-88 外荷作用下应力图

2. 绘制位移曲线

在菜单栏中进行如图 3-90 设置。

点击菜单栏 Tools→Path→Create，弹出 Create Path 对话框，Type 设为 Node list，点击 Continue，如图 3-91 所示。

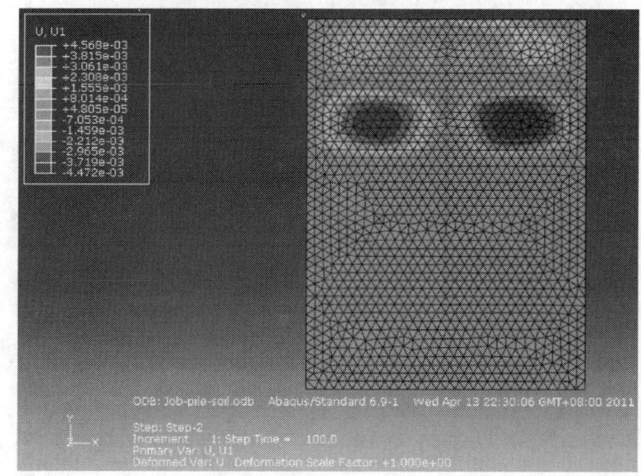

图 3-89　外荷作用下 X 方向位移

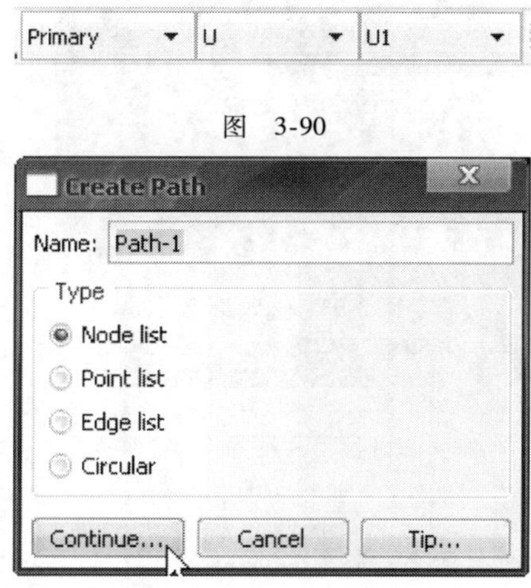

图　3-90

图 3-91　Create Path 对话框

在弹出的 Edit Node List Path 对话框中，点击 Add Before 按钮，如图 3-92 所示，然后在主窗体中，依次选择想要绘制的路径点，如图 3-93 所示。选取完后，点击鼠标中键，回到 Edit Node List Path 对话框，点击 OK。

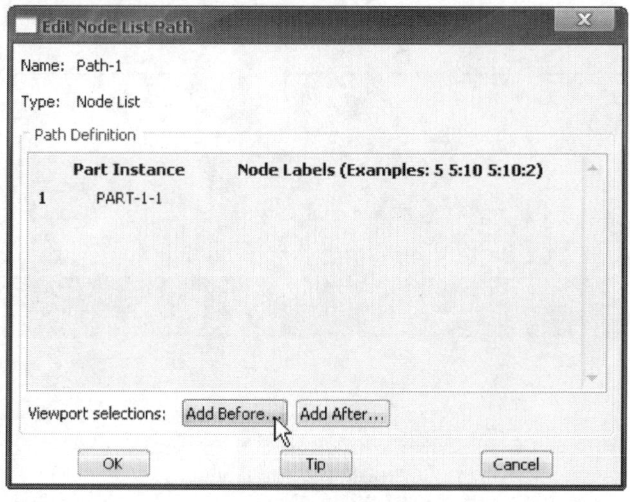

图 3-92　Edit Node List Path 对话框

点击左侧工具区（Create XY Data），在弹出的 Create XY Data 对话框中，Source 选为 Path，点击 Continue，如图 3-94 所示。

在 XY Data from Path 对话框中，保持默认参数不变，点击 Plot，如图 3-95 所示。主窗口即绘出指定路径的位移曲线，如图 3-96 所示。

根据需要，同理可以得到其他类型曲线，在此不再一一赘述。

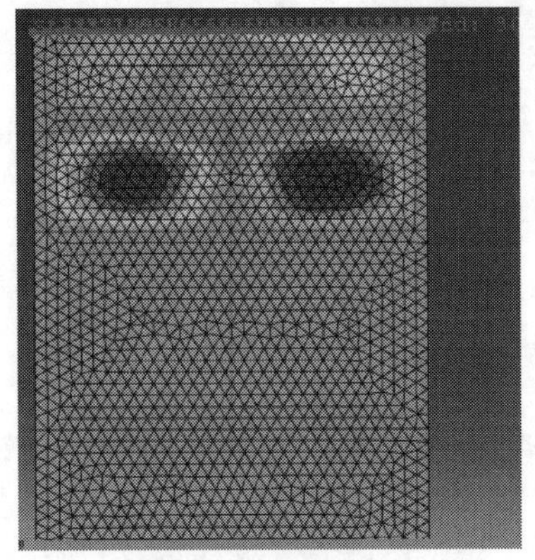

图 3-93　选取路径点

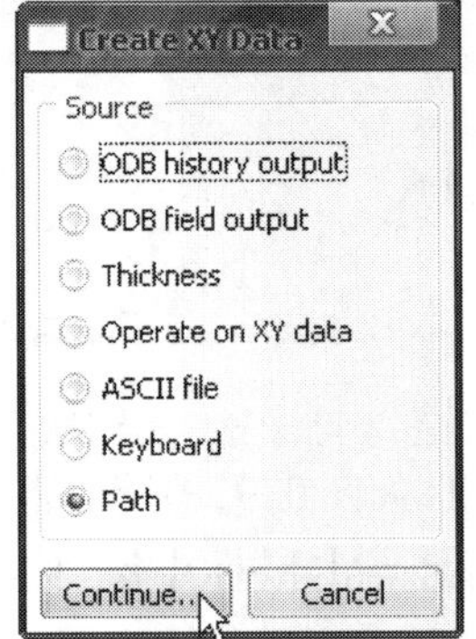

图 3-94　Create XY Data 对话框

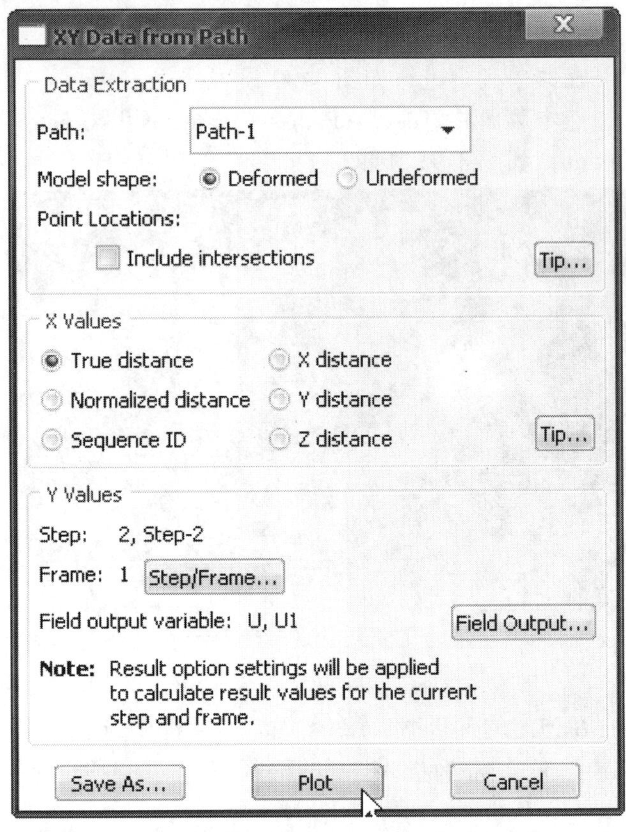

图 3-95　XY Data from Path 对话框

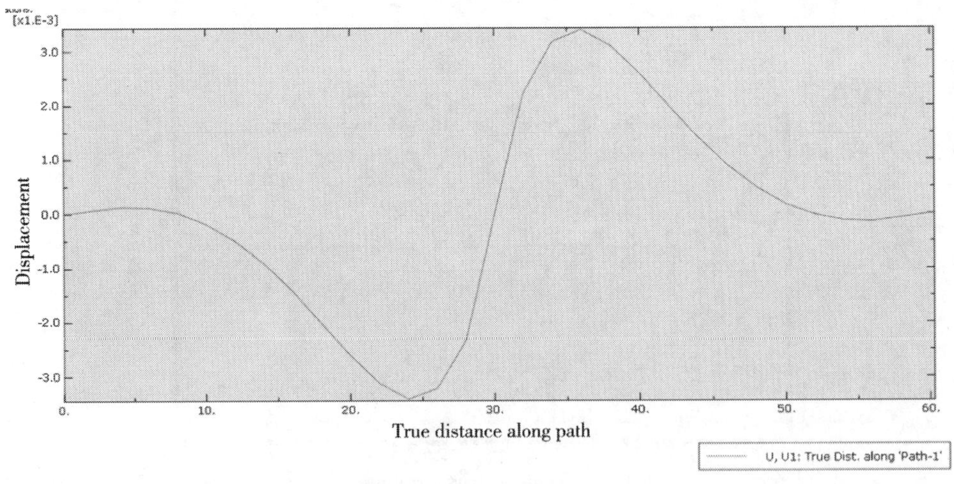

图 3-96　位移曲线

结论及应用领域说明：该模型操作完成后，就基本上熟悉了基于 ABAQUS 软件的计算桩基础地层结构效应的具体操作，也可反复一次或多次该模型的操作，以达到较为熟悉的程度。该模型建立后可将其应用在桩基础的地层结构效应、岩土工程地层结构效应、地层结构优化、桩基础等领域。

第三节 ABAQUS 在桩侧阻与端阻相互作用中的应用实例

该应用实例和建立该模型的目的：使读者能将 ABAQUS 软件应用到桩侧阻与端阻相互作用中，熟悉和掌握 ABAQUS 软件在桩基础建模、地基建模，桩基础和地基土间的接触模型，桩基础地基地应力平衡，桩侧阻与端阻相互作用，桩基础荷载施加、求解和后处理等。

一、模型描述

桩体一般处于弹性工作状态，桩的破坏很少是因为材料的屈服破坏而导致的，因此在该模型桩身采用线弹性进行模拟。土体采用扩展的 D-P 弹塑性模型分析，这里采用主-从接触法，采用点-面接触对。选择主-从面的原则：从属面的网格密度划分应更加精细；网格密度相近时选择较柔软的作为从属面。这里选择桩为主面，桩周土为从面。对于单个的大直径超长桩的轴向荷载有限元分析，可简化为轴对称平面问题进行计算。桩土体系简化为轴对称体系。几何模型如图 3-97 所示；计算参数如表 3-2 所示。

土层物理力学参数 表 3-2

层　次	土层名称	密度(kg/m^3)	弹性模量(Pa)	泊松比	内摩擦角(°)	内聚力(kPa)
1	粉质黏土	1900	5.5×10^7	0.4	15	15
2	砂土	1700	6.8×10^7	0.37	25	20

二、具体操作步骤

(一)启动 Abaqus/CAE

在 Windows 操作系统中：开始→所有程序→Abaqus/CAE，或者在操作系统的 DOS 窗口中键入命令：abaqus cae，启动 Abaqus/CAE，然后在出现的 Start Session(开始任务)对话框中选择 Create Model Database(创建新模型数据库)(图 3-98)。

图 3-97 计算模型图

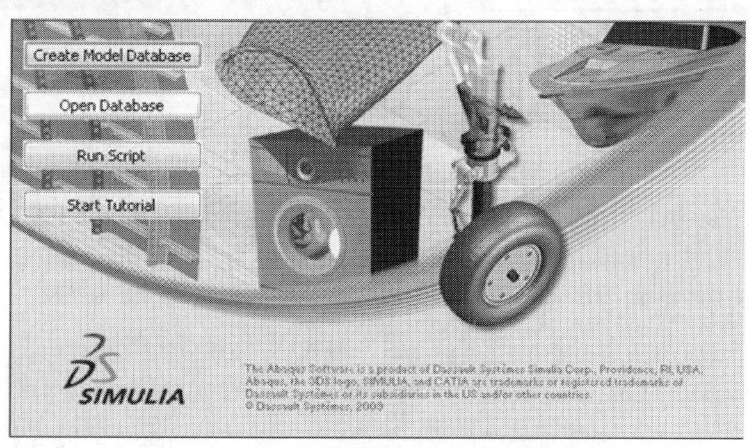

图 3-98 Start Session 对话框

（二）创建部件（Part）

进入绘图环境时默认的就是 Part 模块，单击左侧工具区中的（Create Part），弹出如图 3-99 所示的 Create Part 对话框，在对话框中依次输入：Name（部件名）：pile→Modeling Space（模型所在空间）设为 Axisymmetric→Type（Deformable）→其他参数不变；单击 Continue，ABAQUS 自动进入绘图环境→绘图：单击绘图工具箱中的画线工具，在绘图栏下面对话框中依次输入坐标（0，-10）、（0.5，-10）、（0.5，44）、（0.5，45）、（0，45）、（0，44）的位置，在视图区中双击鼠标中键完成对桩的绘制，如图 3-100 所示。点击即进入如图 3-101 的界面，连接桩土交界面的点即得到桩土交界面。→保存模型：点击窗口顶部工具栏中的，键入 pile 作为文件名，保存模型。

同理，可做出 soil 的模型图，两层土的交界面也可由上述方法画出，则如图 3-102 所示。

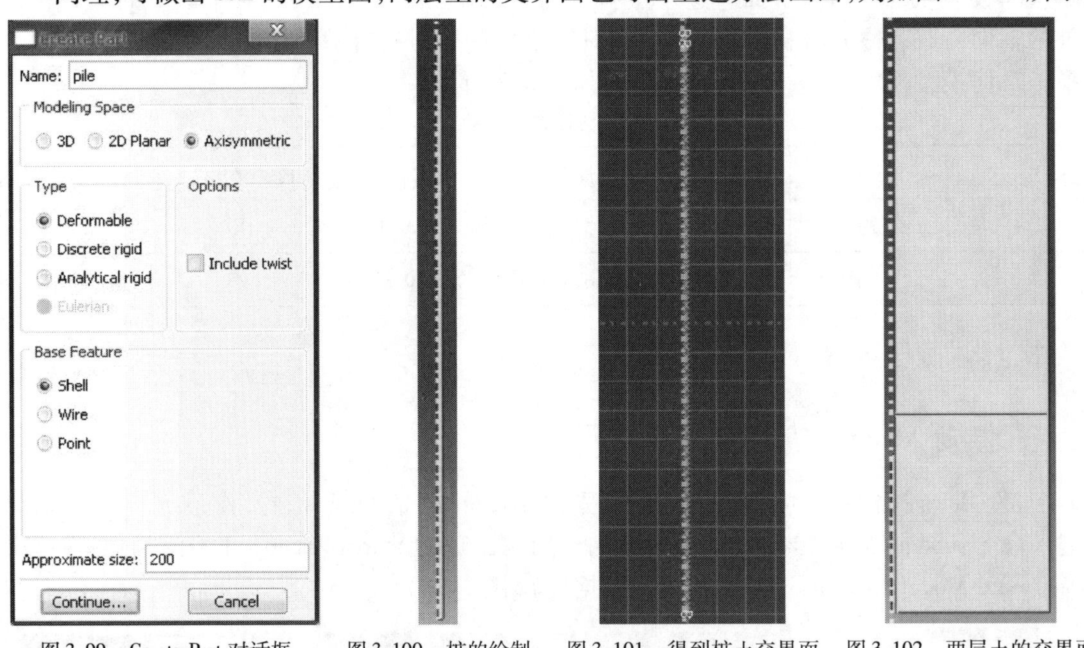

图 3-99 Create Part 对话框　图 3-100 桩的绘制　图 3-101 得到桩土交界面　图 3-102 两层土的交界面

（三）赋予材料性质（Property）

在 Module 的下拉菜单中选择 Property，点击 Part 选择 pile，即进入如图 3-103 所示的 Edit Material 的对话框。Name 栏中填入 pile，点击 General 如图 3-103、图 3-104 所示。

点击 Material→Elasticity→Elastic 进入图 3-105 所示对话框。在 Data 下栏中填入 pile 的杨氏模量和泊松比，点击 OK 完成该步骤。

点击在 Create Section（图 3-106）对话框中，Category 选择 Soild，Type 选择 Homogeneous；点击 Continue，在图 3-107（Edit section 对话框）中点击 OK。

点击根据提示 Select the regions to be assigned a section Done 选择整根桩如图 3-108，然后点击 Done，即赋予材料性质一步全部完成。

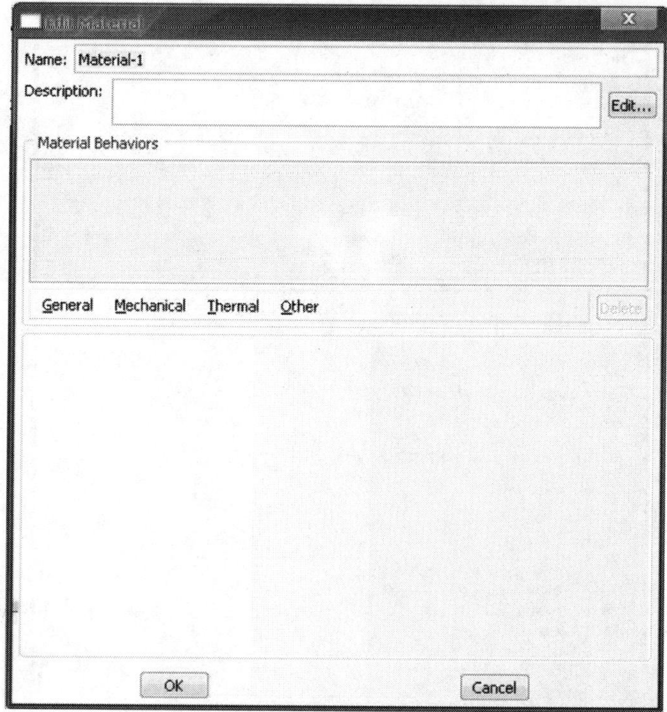

图 3-103 Edit Material 的对话框

图 3-104 桩参数的设置

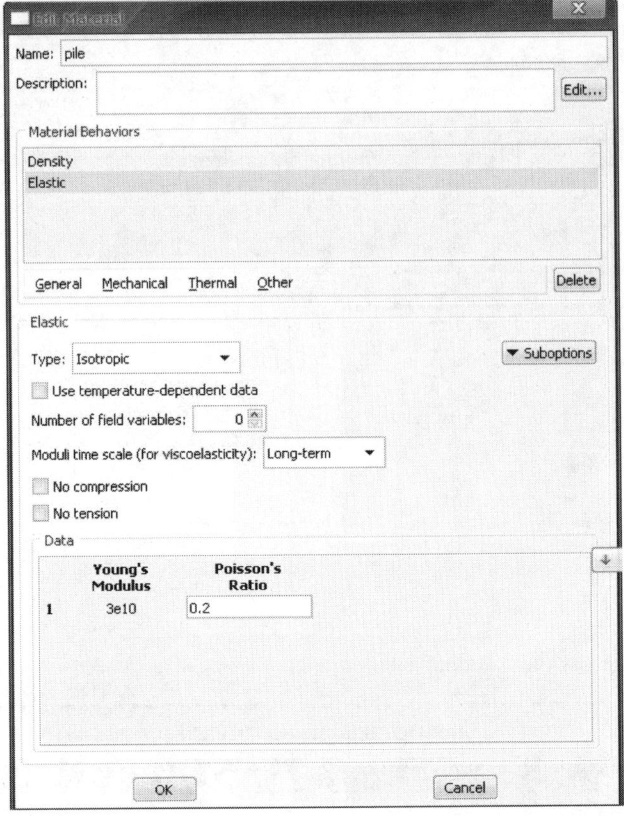

图 3-105　参数的输入

图 3-106　创建截面

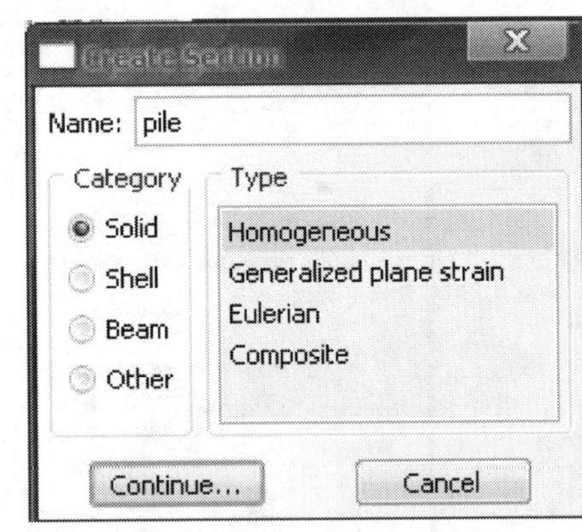

图 3-107　编辑截面

(四)组合(Assembly)

在 Module 选择 Assembly 模块,单击 ,弹出对话框(图 3-109),采用默认值,单击 OK。

注意如下两点:

(1)有多个 Part 可按 Shift 键依次全选中;

(2)Instance Type 如有多个部件,网格密度大致相同时通常选择 Independent, 所有的部件会出现在一个窗口，划分网格更方便，并且直观地看到不同部件连接处网格划分得是否协调。但当有大变形或者各部件网格密度不同或者相差较大时应选择 Dependent。

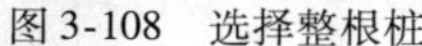

图 3-108 选择整根桩

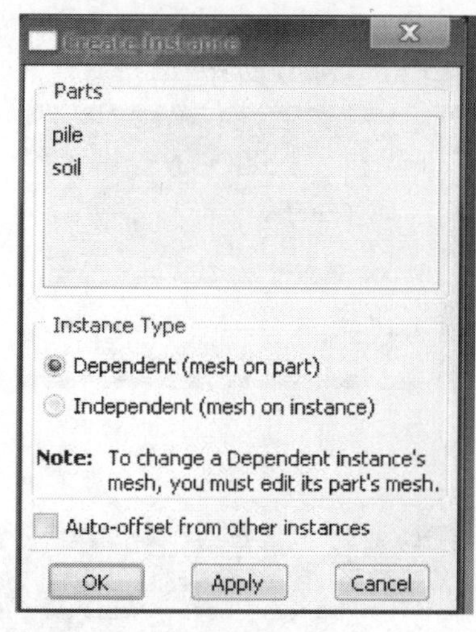

图 3-109 创建实体

(五)创建分析步(Step)

在 Module 选择 Step 模块，单击 ，弹出下面的对话框，创建分析步 Step-1，选择 Geostatic，如图 3-110；单击 Continue，在分析步编辑框 Basic 中选择 On(如果会发生大变形的情况下要选择 On)如图 3-111，其他默认，单击 OK。

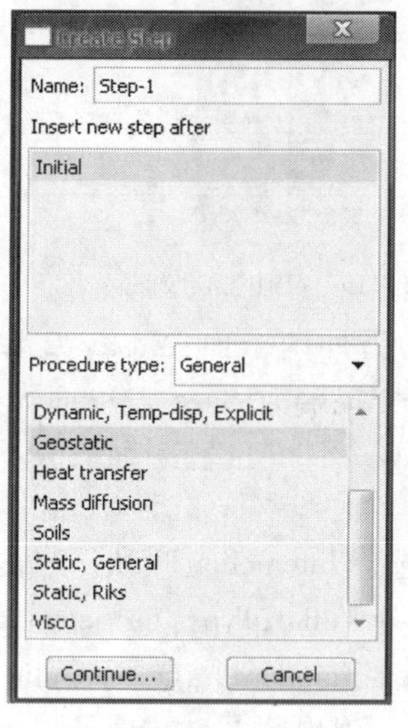

图 3-110 选择 Geostatic

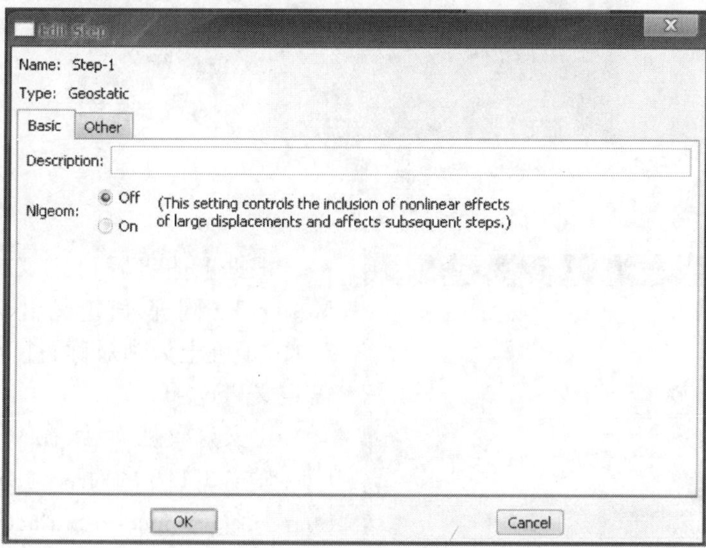

图 3-111 Basic 中选择 On

(六)相互作用(Interaction)

在本部分要定义各个部件的相互作用，因桩和土的接触为面-面的接触，故应先定义面。

前面已叙述,桩面为主面(master),土面为从面(slave)。这里先介绍主从面的定义。

在 Module 中选择 Part 模块,点击 Tools→Surface→Create 弹出如图 3-112 所示对话框;在 Name 中填入 master-1,如图 3-113。点击 Continue,如图 3-114,根据左下方提示选择要定义的面,如图 3-115 红色部分所示。

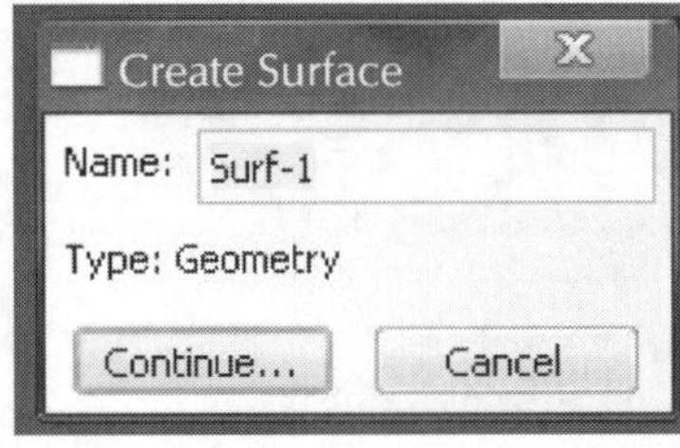

图 3-112　创建面

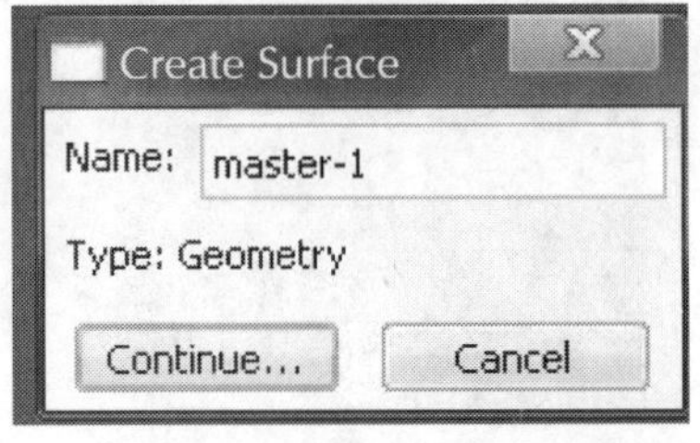

图 3-113　在 Name 中填入 master-1

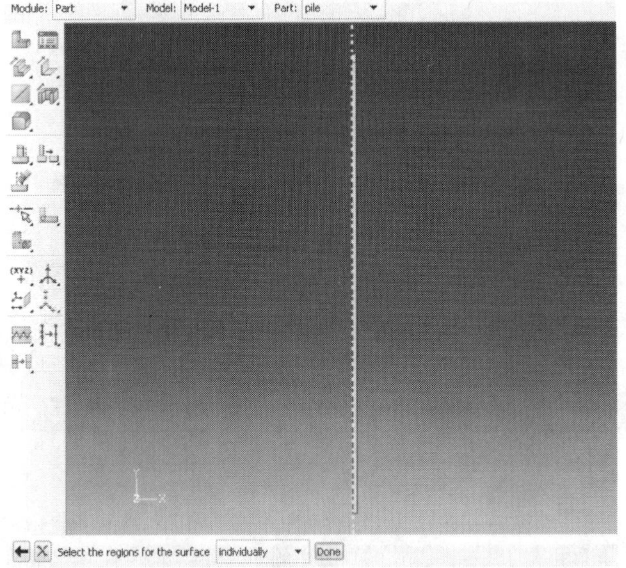

图 3-114　根据左下方提示选择要定义的面

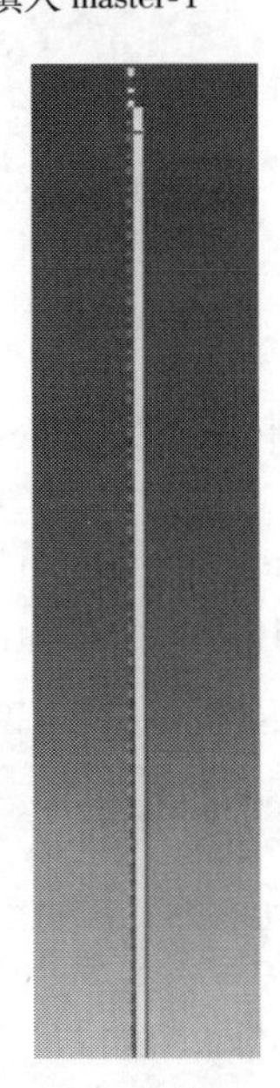

图 3-115　得到的红色部分

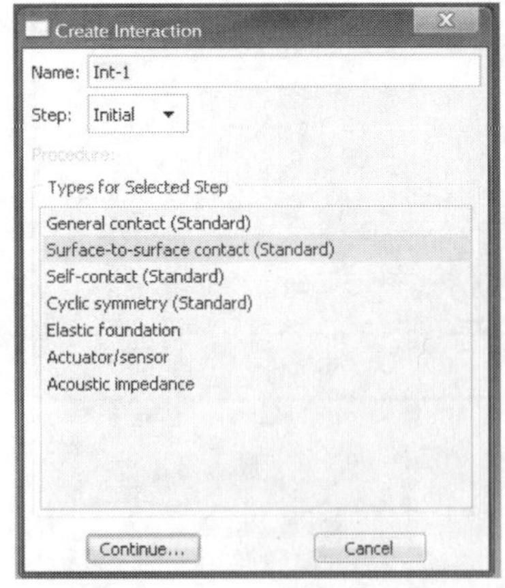

图 3-116　创建相互作用框图

根据上述步骤可定义出桩的另外两个面:Master-2 和 Master-3。同理,可定义出土的两个接触面 slave-2 和 slave-3。由于桩土为轴对称,且 Master-1 并不和土直接接触,故不需定义 slave-1。

定义好主从面后,在 Module 选择 Interaction 模块。点击 ,弹出 3-116 的对话框,Step 选择 Initial,Types for Selected Step 选择 Surface-to-Surface contact(Standard),点击 Continue。根据提示点击右下方的 Surfaces... ,弹出图 3-117 Region Selection 对话框,选择 master-2,点击 Continue,完成一个主面的选择。

选择对应的从面。根据提示 ← ✕ Choose the slave type:

Surface Node Region，点击 Surface，图 3-118、图 3-119 对话框中 Type 选择 Contact，点击 Continue，图 3-120 所示的对话框中填入摩擦系数，点击 OK。上述过程完成了一对主从面及性质的定义。重复上述过程即可完成其余主从面的定义。

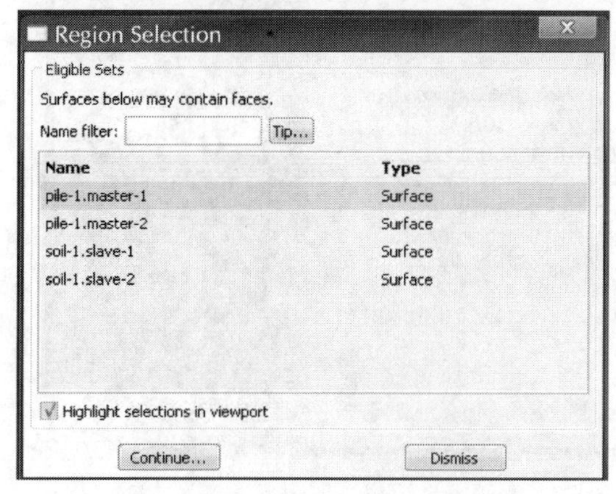

图 3-117　Region Selection 对话框

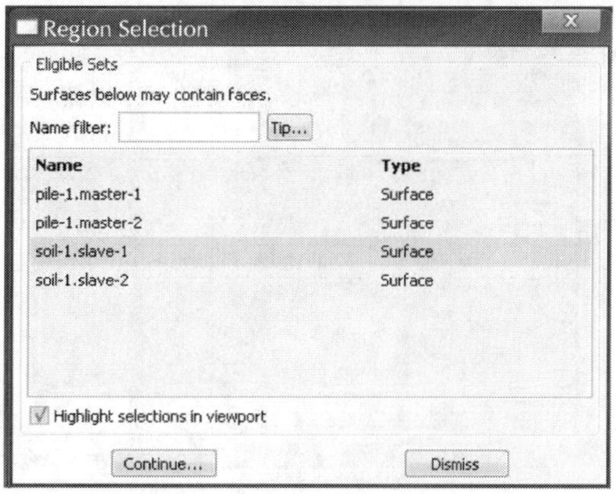

图 3-118　选择面

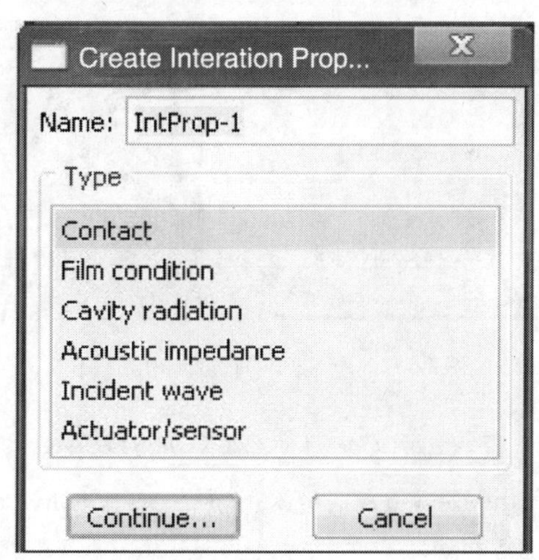

图 3-119　Type 选择 Contact

（七）施加荷载和定义边界条件（Load）

在 Module 选择 Load 模块，单击 定义边界条件，需要对模型的右、下、左面定义边界条件，分别命名 BC-1、BC-2、BC-3，选择初始步（Initial），Displacement/Rotation，单击 Continue，选择底面边界，单击 Done，选择 U1（U1 是水平方向，U2 是竖直方向），如图 3-121、图 3-122 所示。重复上述步骤对下和左边界的定义，如图 3-123、图 3-124 所示。

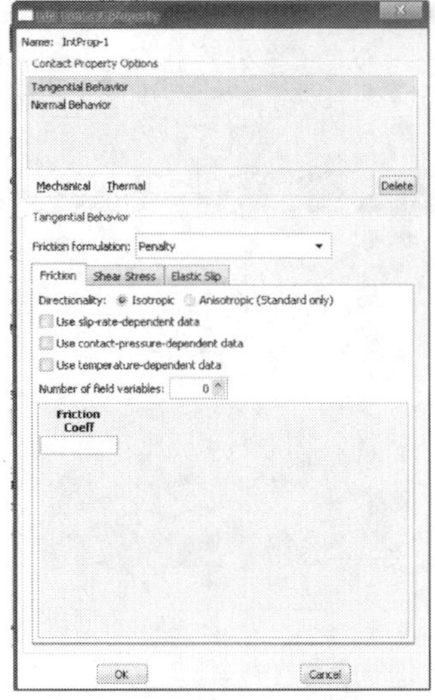

图 3-120 填入摩擦系数

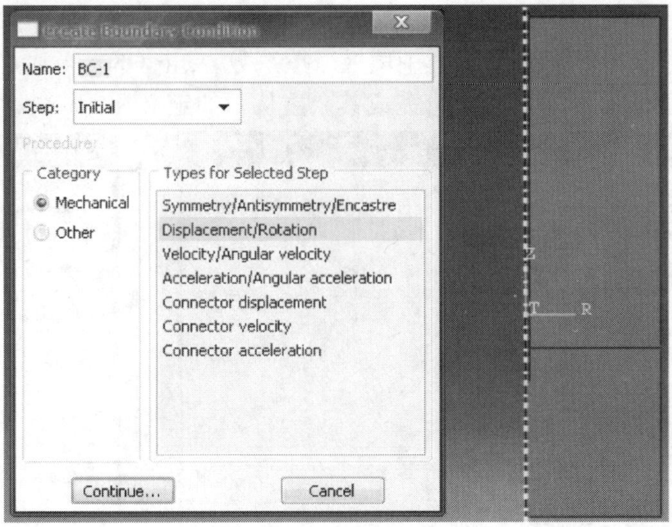

图 3-121 边界条件的设置

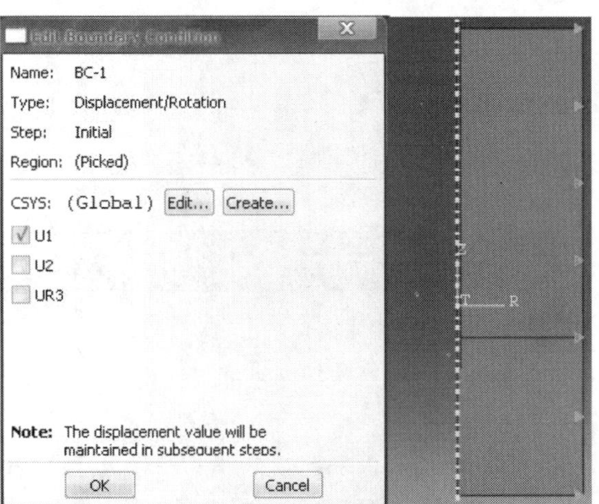

图 3-122 边界条件的设置(U1)

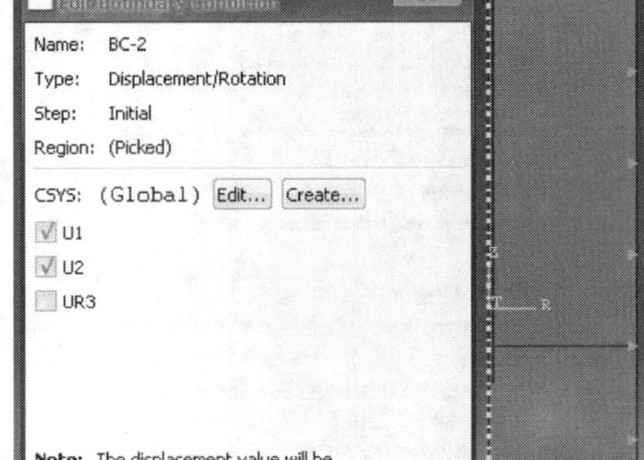

图 3-123 边界条件的设置(U1、U2)

单击定义重力荷载,Name:Load-grv, 选择 Step-1,Mechanical,Gravity,单击 Continue。单击 Edit Region,选择整个模型,在 Component 2 中输入 -9.8(重力加速度),单击 OK,如图 3-125 所示。

(八)划分网格(Mesh)

在 Module 选择 Mesh 模块,Object: Assembly Part: soil 选择 part。由于模型的尺寸较大并为了在不影响分析结果的前提下,选择不均匀地布置种子。单击→Select the edges to be assigned local seeds (pick near the end where the mesh must be denser) Done,根据提示选择所要布置种子的边,填入所需数字(注意可以根据需要再改变全局种子密度)。其余默认,单击 OK,得到图 3-126,重复步骤可以得到桩的网格图 3-127。

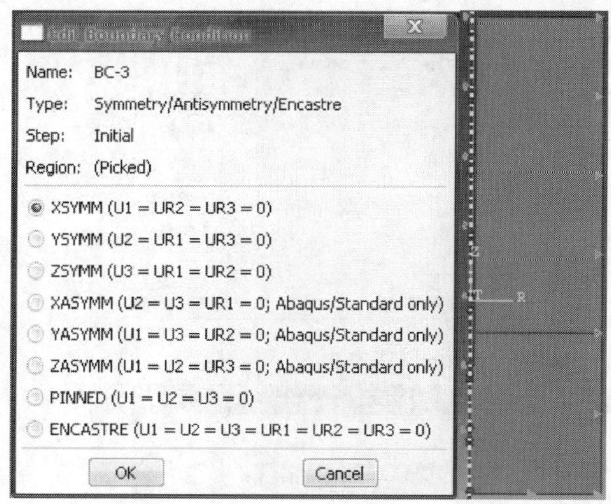

图 3-124　BC-3 的设置

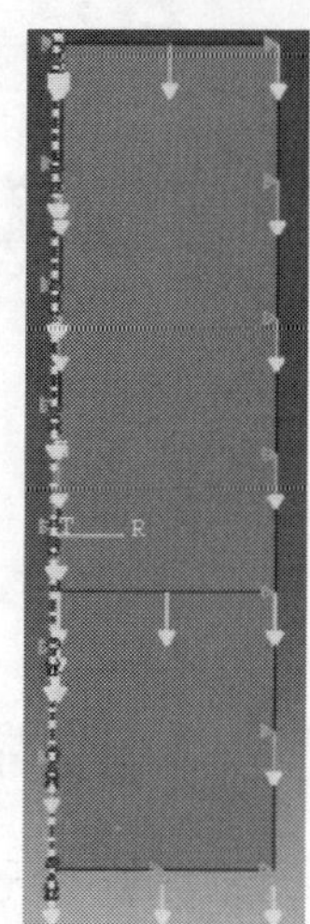

图 3-125　得到的重力

在命令行中输入 mdb. models[‘Model-1’]. setValues(noPartsInputFile = ON),按回车键

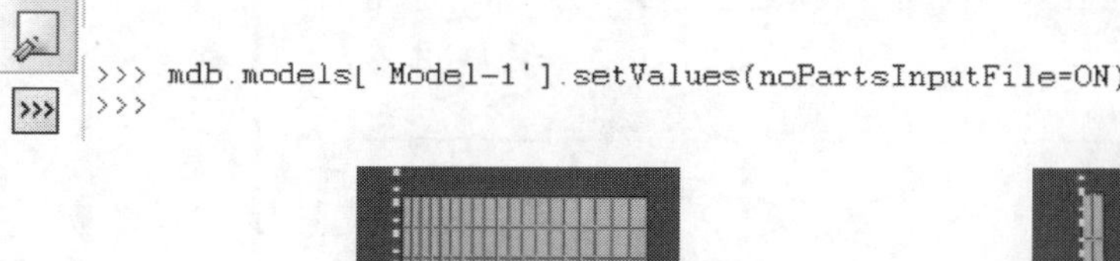

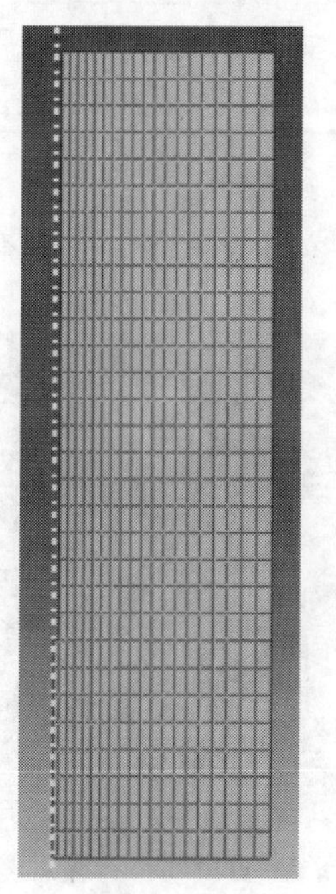

图 3-126　土的网格

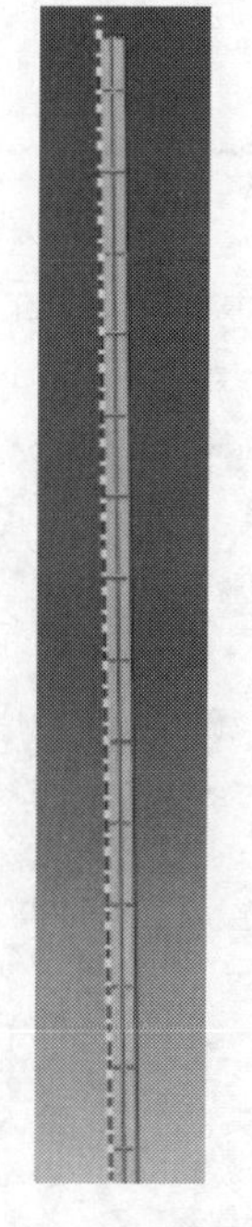

图 3-127　桩的网格

(九)在 Module 选择 Job 模块

在 job 模块中创建名为 Job-NoInitialCondition 的分析步,提交分析。如图 3-128 点击 Submit 提交任务;可点击 Monitor 通过图 3-129 查看计算过程。

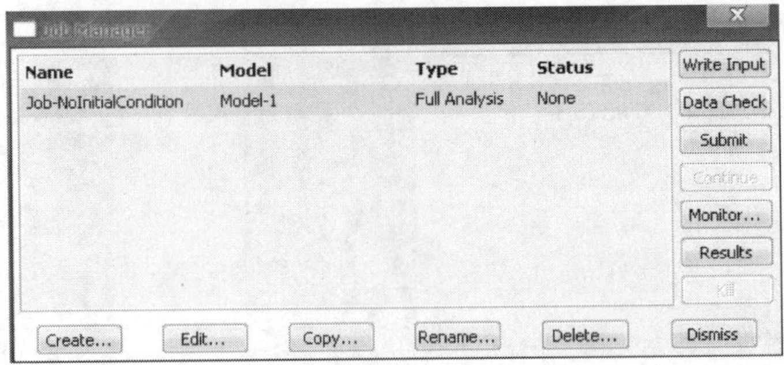

图 3-128　点击 Submit 提交任务

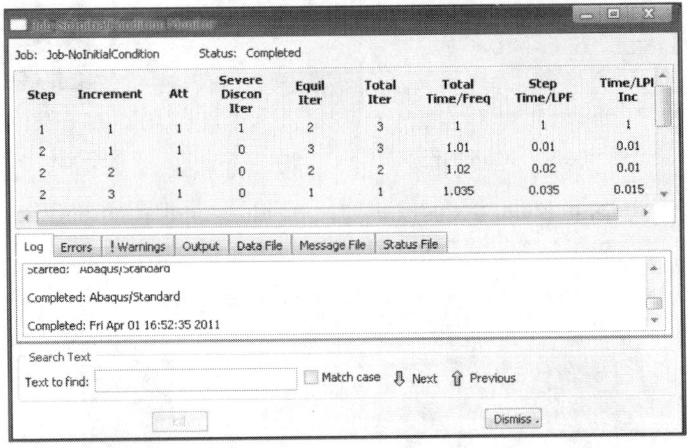

图 3-129　点击 Monitor 查看计算过程

待 Status 出现 Completed 之后，即证明运算完成。点击 Results，查看计算结果，如图 3-130 所示。

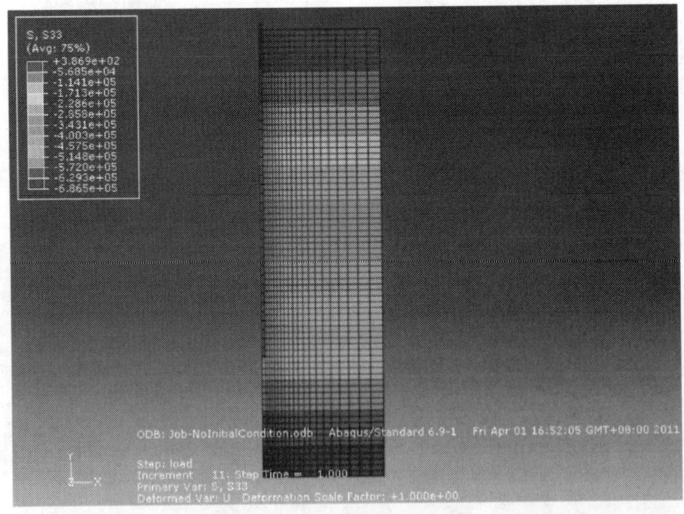

图 3-130　查看计算结果

点击，在 Visible Edges 下选择 Exterior edges，如图 3-131，去掉网格后得到图 3-132、图 3-133。

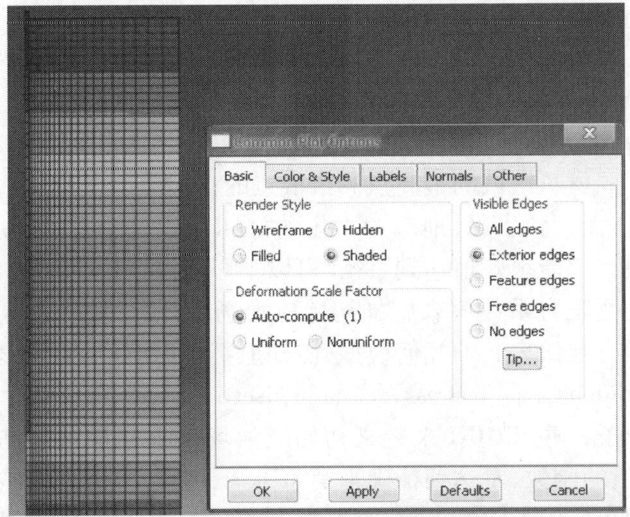

图 3-131　选择 Exterior edges

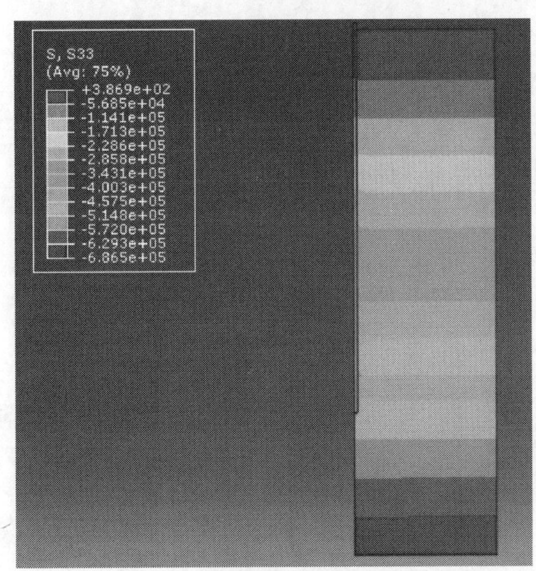

图 3-132　应力云图

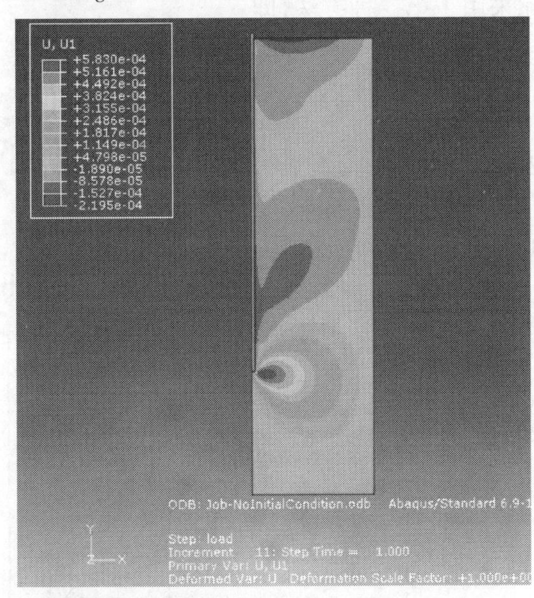

图 3-133　总位移云图

（十）地应力平衡

地应力大致有三种平衡的方法，根据适用性分别简单介绍如下：

(1) * initial conditions, type = stress, input = FileName. csv(或 inp)

该方法中的文件 FILENAME. INP 获取方法为：首先将已知边界条件施加到模型上进行正演计算，然后一般是将计算得到的每个单元的应力外插到形心点处并导出 6 个应力分量（也可以导出积分点处的应力分量，视要求平衡的精确程度而定）。其所采用的几何模型可以考虑地表起伏不平的情况以及岩土材料极其不均匀的情况，适用范围广。但由于外插的应力有一定误差，因此采用弹塑性本构模型时，可能会导致某些点的高斯点应力位于屈服面以外。当大面积的高斯点上的应力超出屈服面之后,应力转移要通过大量的迭代才能完成,而且有可能出现解不收敛的情况。在仅考虑自重情况下只能考虑受泊松比的影响带来的侧压力系数效应,因此平衡后的效果不一定很理想,但无疑其适用性很强。

(2) * initial conditions, type = stress, geostatic

该方法需给出不同材料区域的最高点和最低点的自重应力及其相应坐标。所采用的几何模型一般较规则,表面大致水平,地应力平衡的好坏一般只受岩体密度的影响,无论采用弹性或弹塑性本构模型都能很好地达到平衡,可以不必局限于仅受泊松比的影响,能够通过考虑水平两个方向的侧压力系数值来施加初始应力场。计算速度快,收敛性好。其缺点就是不能够很好平衡具有起伏表面的几何模型,需知道平整后模型的上覆岩体自重。

(3) * initial conditions, type = stress, geostatic, user

该方法采用用户子程序 SIGINI 来定义初始应力场,可以定义其为应力分量为坐标、单元号、积分点号等变量的函数,要达到精确平衡需已知具体边界条件,在实际中应用较少。

第一种方法应用较广但收敛性不好,在平整较好的情况下可采用第二种方法。本文在此采用了第二种方法,即:

```
*initial conditions, type=stress, geostatic
Setname1, stress1, coord1,  stress1,  coord1, k1
Setname2, stress2, coord2,  stress2,  coord2, k2
                    ⋮
```

数据行的意义:土体的各层集名,竖向应力,各层土上层的竖向坐标,竖向应力,各层土下层的竖向坐标,侧向土压力系数。

点击 Model→Edit Keywords→Model,弹出如图 3-134 的对话框。

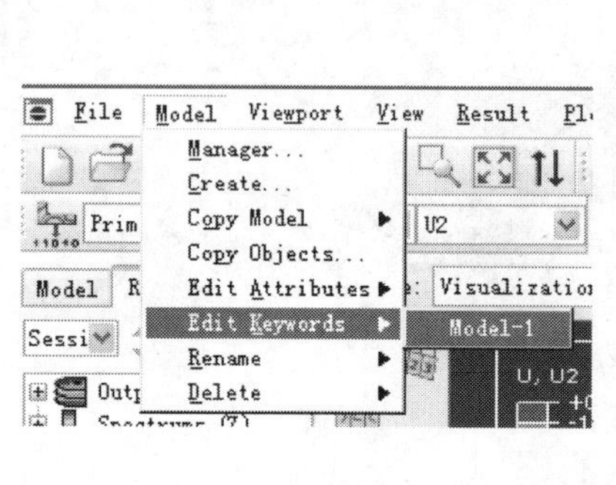

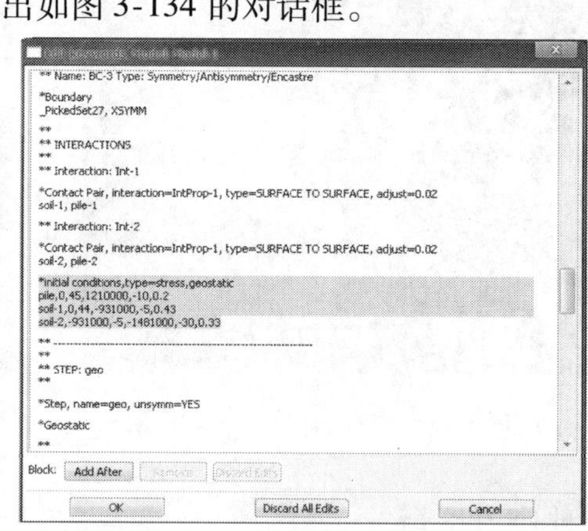

图 3-134　添加关键字

计算出 pile、soil-1 和 soil-2 各个定点的高度及自重力,并如图 3-134 所示添加到模型的关键词中,位置需要在所示的位置。其中的侧压力系数 K1 和 K2 根据具体的土体条件确定,点击 OK 完成了初始条件的设定,即完成初始应力的平衡。

(十一)施加竖向荷载

在 Module 选择 Step 模块,单击 ●→■ ,弹出下面的对话框,创建分析步 Step-2, 选择"Static, General",如图 3-135 所示。

单击 Continue，对于弹出的对话框，都选择默认即可，如图 3-136。

在桩顶施加竖向荷载。单击 ，在 Types for Selected Step 中选择 Pressure，如图 3-137 所示。

单击 Continue，选择要施加竖向荷载的桩顶，如图 3-138 中红线所示。

在图 3-139 所示对话框中填入所加压力，点击 OK。

在 Job 文件中重新提交该任务，所得结果如图 3-140、图 3-141、图 3-142 所示。

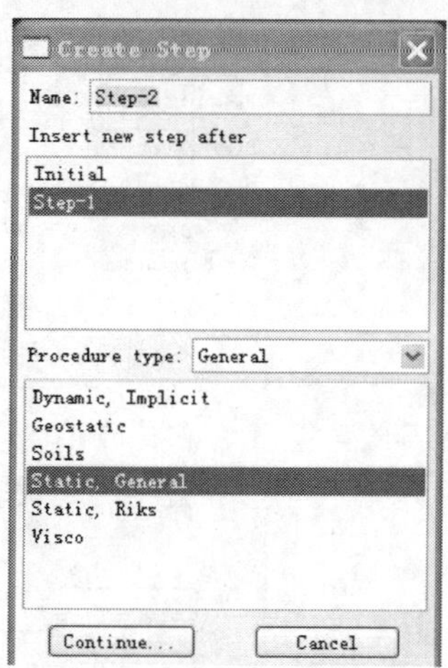

图 3-135　选择“Static，General”

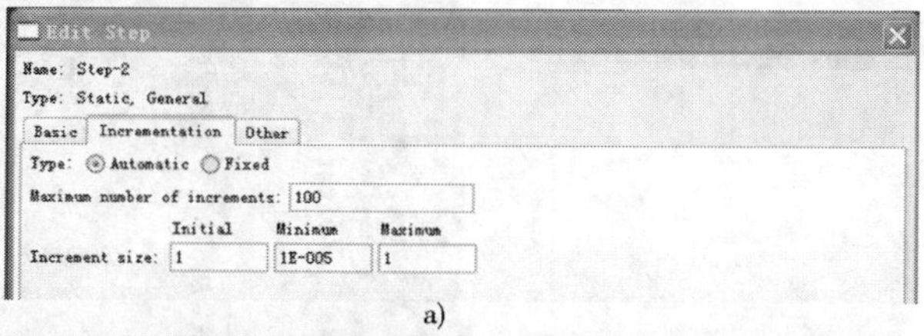

（十二）结果的后处理

以桩轴力为例说明结果的输出：

a)

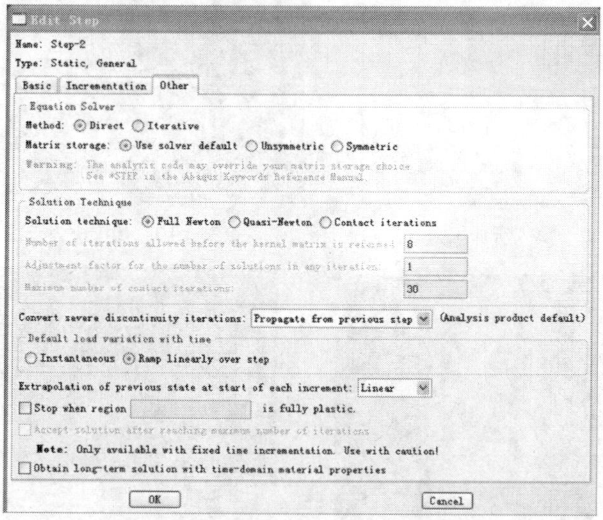

b)

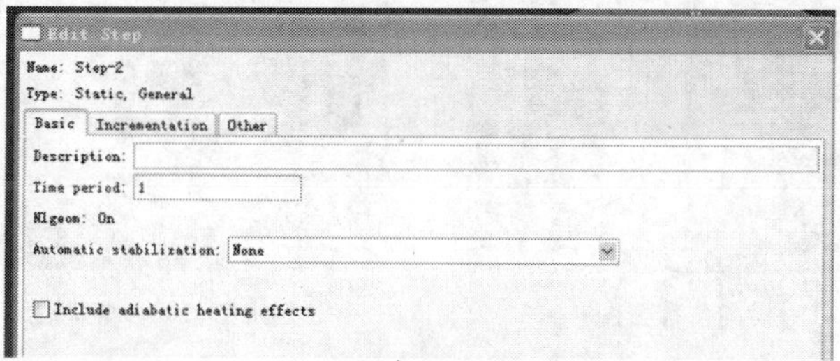

c)

图 3-136　编辑分析步

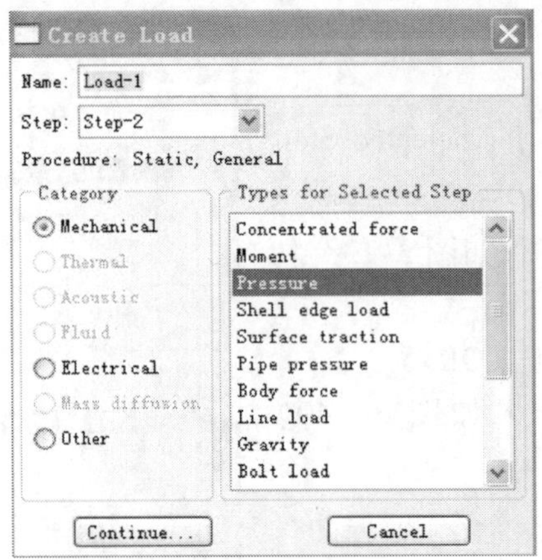

图 3-137　创建荷载

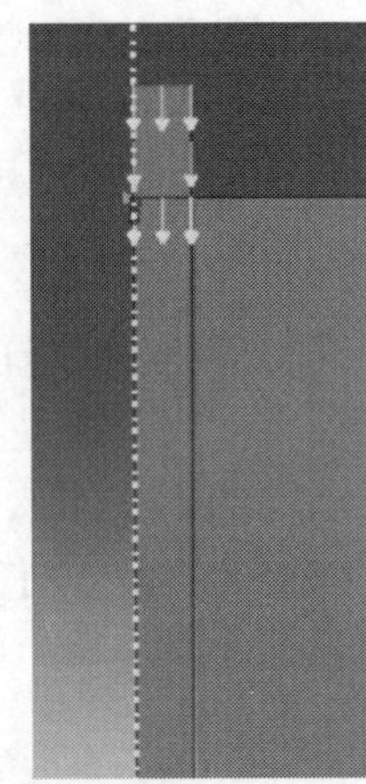

图 3-138　选择要施加竖向荷载的桩顶

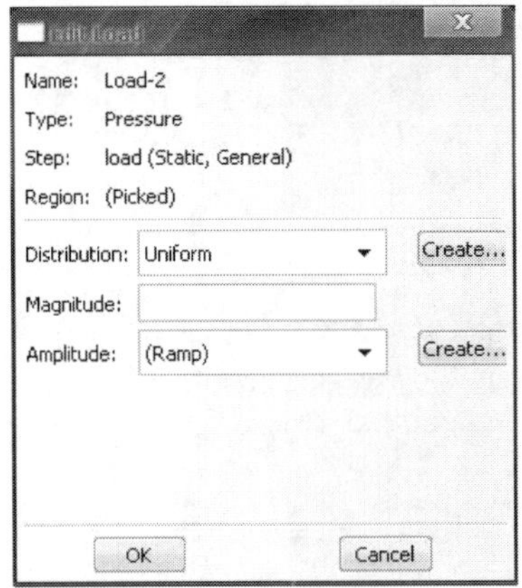

图 3-139　填入所加压力

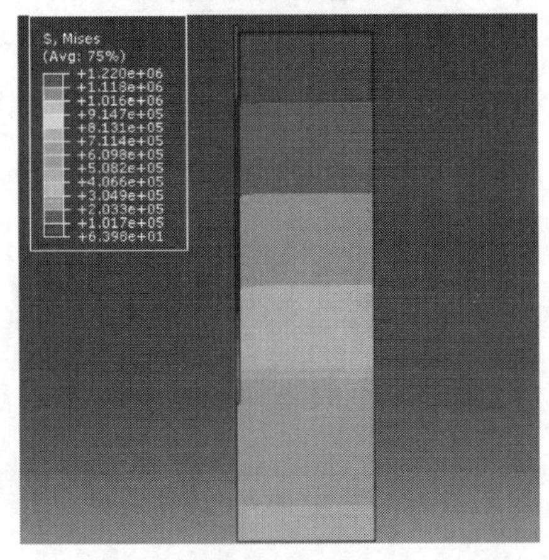

图 3-140　应力云图

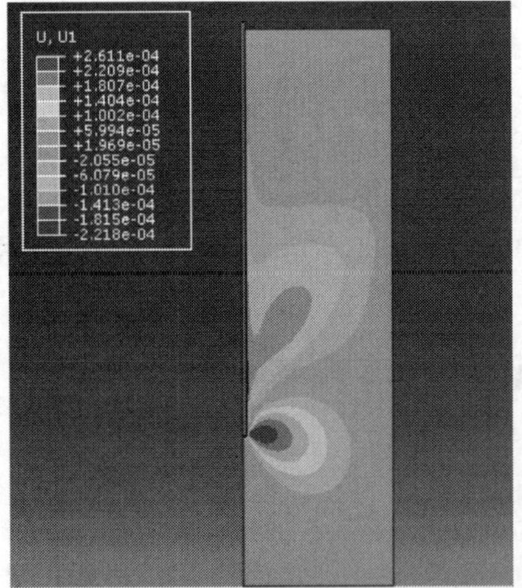

图 3-141　横向位移云图

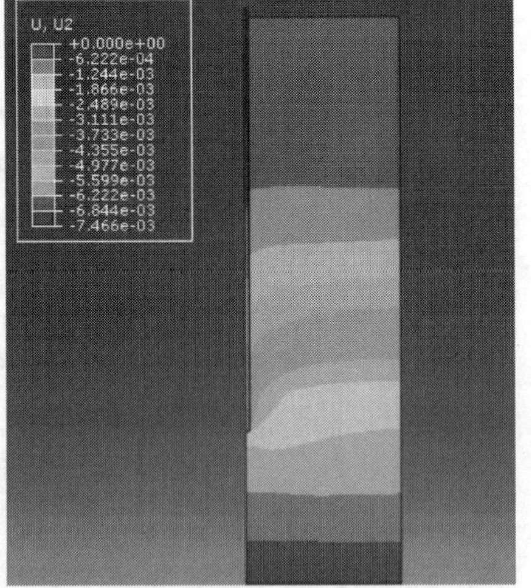

图 3-142　竖向位移云图

(1)分割并创建各个截面，在 inp 文件中编辑以下语句：

Surface, type = cutting surface name = ,x,x,x,0,0,1.

前三个 x 代表面所过点的坐标,(0,0,1)为面的法向量。

(2)用 section print 命令把轴力输出,也就是输出 SOF,具体格式是:

#q + f6 V% W

e‘ q + r’ x * section print,name = sectionname,surface = surfacenames of

输入位置为关键字的最后面部分,“ * Output, history,”之后,“ * End Step”之前! 基本就是整个关键字的倒数第二、三行! 运行程序后,在生成的. dat 文件中可以查看结果!

把 dat 文件中的数据输入其他数据处理文件,可得到如图 3-143 所示的轴力图。

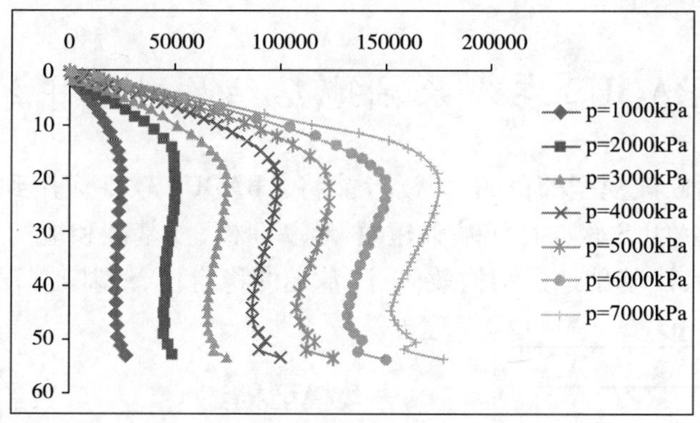

图 3-143　桩轴力分布图

结论及应用领域说明:该模型操作完成后,就基本上熟悉了基于 ABAQUS 软件的计算桩侧阻与端阻相互作用的具体操作,也可反复一次或多次该模型的操作,以达到较为熟悉的程度。该模型建立后可将其应用在桩侧阻与端阻相互作用、一般桩基础、深基础等领域。

第四章　ABAQUS在浅基础中的应用实例

第一节　ABAQUS 在浅基础地层结构效应中的应用实例

该应用实例和建立该模型的目的:使读者能将 ABAQUS 软件应用到浅基础地层结构效应中,熟悉和掌握 ABAQUS 软件在浅基础建模、地基建模,浅基础和地基土间的接触模型,浅基础地基地应力平衡,浅基础地层结构效应,浅基础的稳定性,浅基础荷载施加、求解和后处理等。

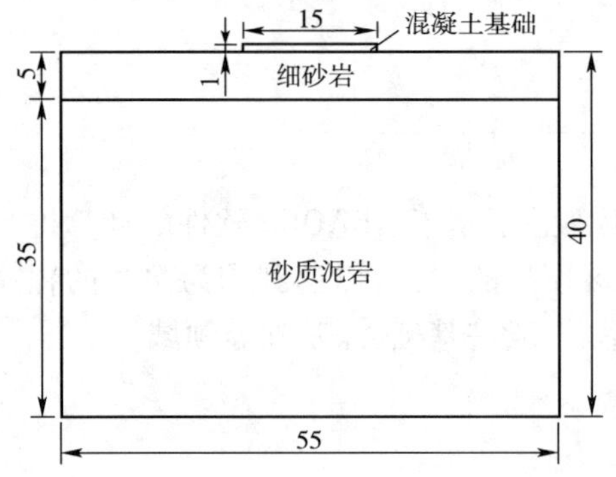

图 4-1　模型示意图(尺寸单位:m)

一、模型描述

某工程场地为上硬下软岩石双层地基,上层为细砂岩,厚度 5m,下层为较软弱的砂质泥岩,厚度 35m。计算域范围为宽 55m,高 40m;基础宽 15m,高 1m。采用 Mohr-Coulomb 模型分析,在地基两侧的截断处限制 X 轴方向位移,即 U1 = 0;在地基底端限制 Y 轴方向位移,即 U2 = 0。模型图如图 4-1;计算参数如表 4-1。

各土层物理力学参数　　表 4-1

层　次	土层名称	密度(kg/m^3)	弹性模量(Pa)	泊松比	内摩擦角(°)	内聚力(kPa)
1	混凝土基础	3100	3e11	0.19	—	—
2	第一层地基	2704	5.2e10	0.22	36.5	24350
3	第二层地基	2485	5.5e9	0.36	17.3	18700

二、具体操作步骤

(一)启动 Abaqus/CAE

启动 Abaqus/CAE 有如下两种方法:

(1)在 Windows 操作系统中:「开始」→「程序」→「ABAQUS6.9-1」→「ABAQUS CAE」;

(2)在操作系统的 DOS 窗口中键入命令:abaqus cae。

启动 Abaqus/CAE,然后在出现的 Start Session(开始任务)对话框中选择 Create Model Database(创建新模型数据库)(图 4-2)。

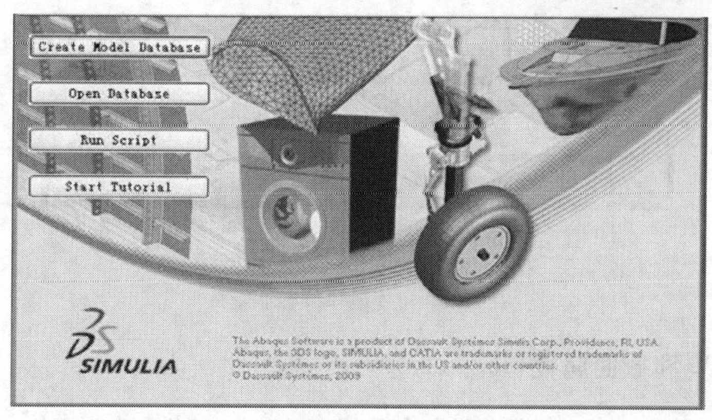

图 4-2 Start Session 对话框

(二)创建部件(Part)

在 Abaqus/CAE 窗口顶部的环境栏中,可以看到模块列表 Module: Part,这表示当前处在 Part(部件)功能模块,可以定义模型各部分的几何形体。

1. 创建部件

单击左侧工具区中的(Create Part),弹出 Create Part 对话框,如图 4-3 所示在对话框中依次输入:Name(部件名):Part-foundation-3;Modeling Space(模型所在空间)设为 2D Planar(二维平面);Type 选择 Deformable(可变型);Base Feature(基本特征)选择 Shell(壳体);Approximate size 输入 120,这个数值的大小,应根据模型的最大尺寸来确定,稍大于最大尺寸的 2 倍。单击 Continue,ABAQUS 自动进入绘图环境。

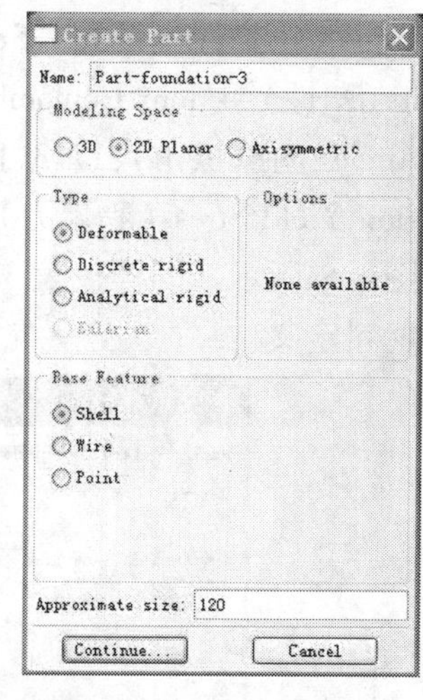

图 4-3 Create Part 对话框

2. 绘制图形

单击绘图工具箱中的画线工具,在绘图栏下面对话框中依次输入坐标(0,0)、(55,0)、(55,35)、(0,35)、(0,0),在视图区中双击鼠标中键完成对下层地基(foundation-3)的绘制,如图 4-4 所示。同理,创建上层地基 foundation-2 和基础 foundation-1 的部件,如图 4-5 所示。

图 4-4 下层地基部件(foundation-3)

a)上层地基部件（foundation-2）

b)基础部件（foundation-1）

图4-5　上层地基和基础部件

(三)创建材料和截面属性(Property)

在窗口左上角的 Module(模块)列表中选择 Property(特性)功能模块,定义模型的材料。

1. 创建材料

单击左侧工具中的 (Create Material),弹出对话框 Edit Material,在对话框中 Name(材料名)后输入 Material-foundation-3。点击此对话框中 General→Density(密度)→输入 Density(密度):2485;Mechanical(力学特性)→Elasticity(弹性)→Elastic(弹性)→输入 Young's Modulus(弹性模量):5.5e9,Poisson's Ratio(泊松比):0.36;Mechanical(力学特性)→Plasticity(塑性)→Mohr Coulomb Plasticity(摩尔-库伦)→在 Plasticity(塑性)选项卡中输入 Friction Angle(内摩擦角):17.3,Dilation Angle(剪胀角):0;在 Hardening(硬度)选项卡中输入 Cohesion Yield Stress(黏聚力):1.87e7,Abs Plastic Strain:0,单击 OK 完成材料的定义,如图4-6～图4-8所示。同样按表4-1中的土层参数完成上层地基 foundation-2 和基础 foundation-1 的材料定义。

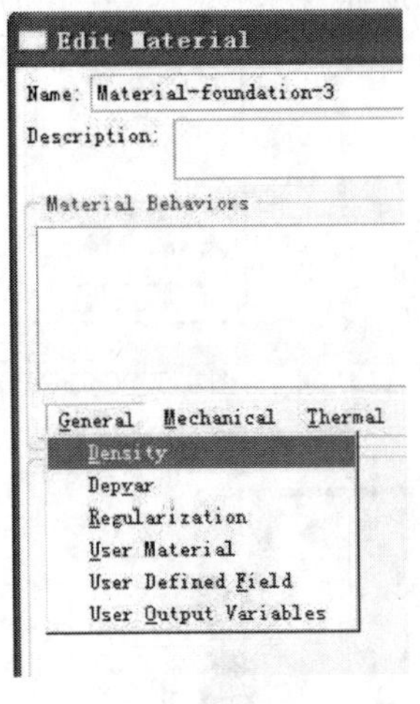

图4-6　定义密度

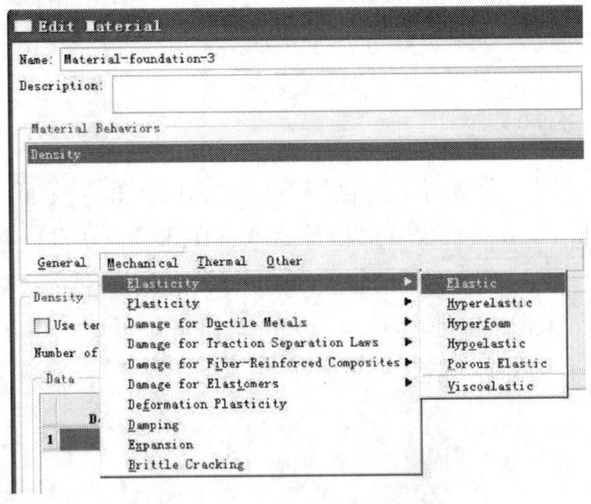

图4-7　定义弹性参数

2. 创建截面属性

点击左侧工具区中的 (Create Section),弹出 Create Section 对话框,在对话框中 Name(截面名)后输入 Section-foundation-3,其他参数默认不变,点击 Continue(图4-9)。在弹出的 Edit Section(编辑截面)中,对应选择 foundation-3 的材料,点击 OK,完成 Section-foundation-3

的截面属性定义,如图 4-10 所示。同样方法完成上层地基 foundation-2 和基础 foundation-1 的截面属性定义。

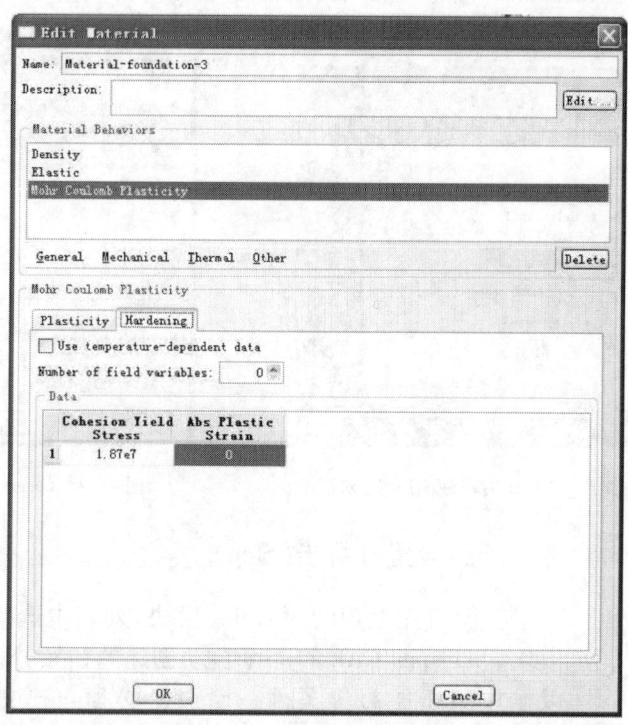

图 4-8 定义塑性参数

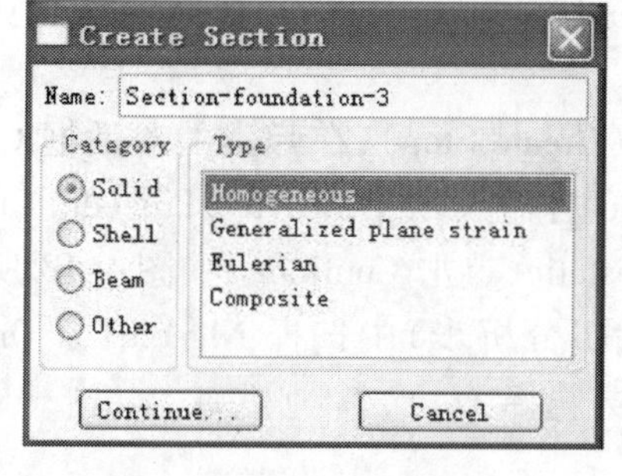

图 4-9 Create Section(创建截面)对话框

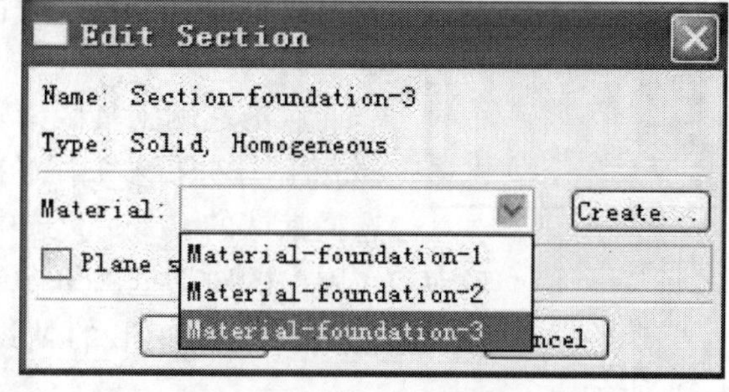

图 4-10 Edit Section(编辑截面)对话框

3. 给部件赋予截面属性

点击左侧工具区中的(Assign Section),点击视图区中的模型,Abaqus/CAE 以红色高度显示被选中的实体边界,在视图区中点击鼠标中键,弹出 Edit Section Assignment 对话框,选取对应的截面,并点击 OK,如图 4-11 所示。同样方法赋予上层地基截面 Section-foundation-2 和基础截面 Section-foundation-1 的截面属性。

(四)装配部件(Assembly)

在窗口左上角的 Module(模块)列表中选择 Assembly(装配)功能模块,将部件在该功能模块中装配起来。

点击左侧工具区中(Instance Part),在弹出的对话框 Create Instance 中,选中所创建的三个部件,默认参数为 Instance Type:Dependent(mesh on part),点击 OK,如图 4-12 所示。

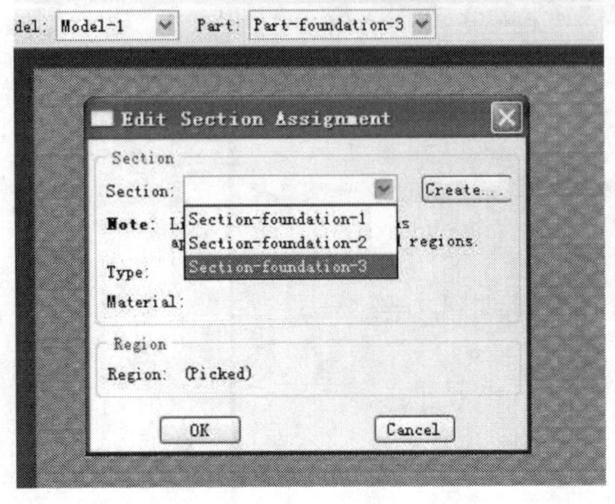

图 4-11 Edit Section Assignment(编辑截面属性)对话框

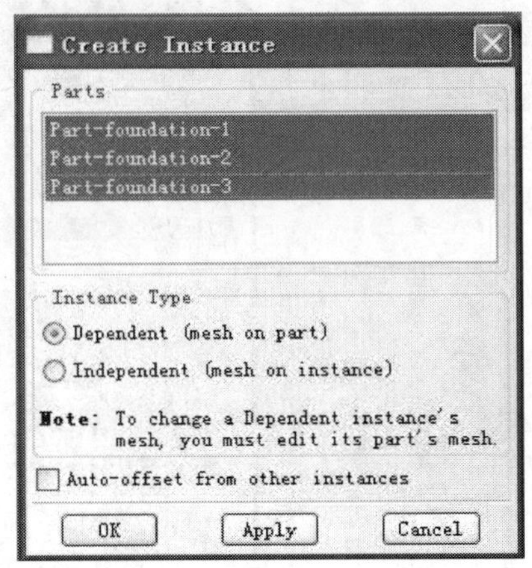

图 4-12 Create Instance 对话框

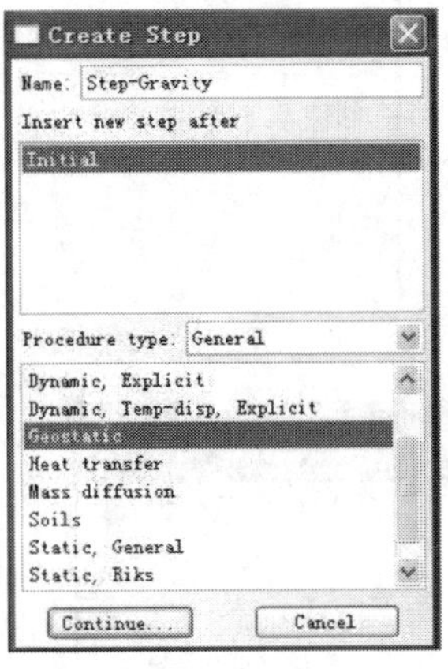

图 4-13 Create Step(创建分析步)对话框

(五)设置分析步(Step)

在窗口左上角的 Module(模块)列表中选择 Step(分析步)功能模块。Abaqus/CAE 有一个自动创建的初始分析步(initial step),可以在其中施加边界条件。用户还必须自己创建分析步(analysis step),用于施加荷载。此处先创建地应力分析步,以实现地应力平衡,待地应力平衡完成后,再在其基础上创建另一分析步以施加基础上的均布力。

点击左侧工具区中(Create Step),在弹出的对话框 Create Step(创建分析步)中,在 Name 后输入 Step-Gravity,Procedure type:选择默认的 General,选中 Geostatic,点击 Continue,如图 4-13 所示。在弹出的对话框 Edit Step(编辑分析步)中选择 Nlgeom:为 On(如果会发生大变形的情况下要选择 On),其他默认,点击 OK,如图 4-14 所示。

图 4-14 Edit Step(编辑分析步)对话框

(六)定义相互作用(Interaction)

在窗口左上角的 Module(模块)列表中选择 Interaction(相互作用)功能模块,定义模型各部分之间的相互作用。

1. 创建接触面

在创建接触面前,为避免选错面,可以点击右上方工具栏中的(Remove Selected)以隐藏模型中的某部分,点击(Replace All)时,可让模型中各部分取消隐藏。

这里定义基础(foundation-1)对上层地基(foundation-2)为1号接触面,上层地基(foundation-2)对基础(foundation-1)为2号接触面。点击右上方工具栏中的(Remove Selected)→点击上层地基红色高亮显示→点击鼠标中键或点击下方工具栏中的Done(完成),完成对上层地基的隐藏,完成后如图4-15所示。

点击主菜单中的Tools(工具)→选择Surface(面)→选择Manager(管理),如图4-16所示。在弹出的Surface Manager对话框中,选择Create创建接触面,Name(接触面名称)中输入Surf-1-2,Type默认为Geometry,点击Continue,如图4-17所示。点击选取基础部件(foundation-1)的下底边以红色高亮显示,点击鼠标中键或下方工具栏中的Done(完成),可以看到在Surface Manager对话框中生成了Surf-1-2接触面,即完成了第一个接触面的创建。同样方法,创建Surf-2-1(上层地基对基础的接触面)、Surf-2-3(上层地基对下层地基接触面)以及Surf-3-2(下层地基对上层地基接触面),Surface Manager对话框中结果如图4-18所示。

图4-15　隐藏上层地基示意图

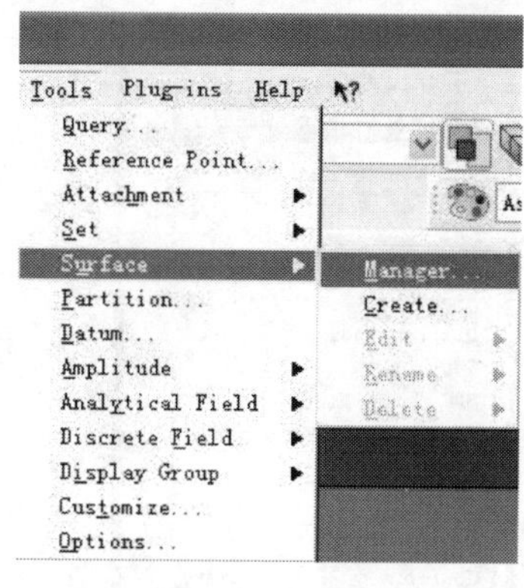

图4-16　创建接触面示意图

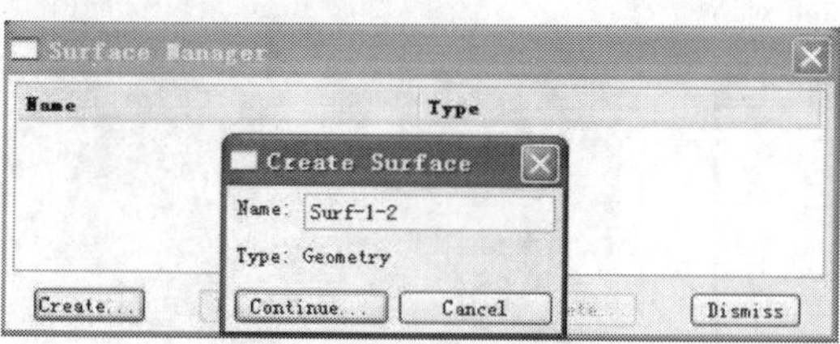

图4-17　Surface Manager 对话框

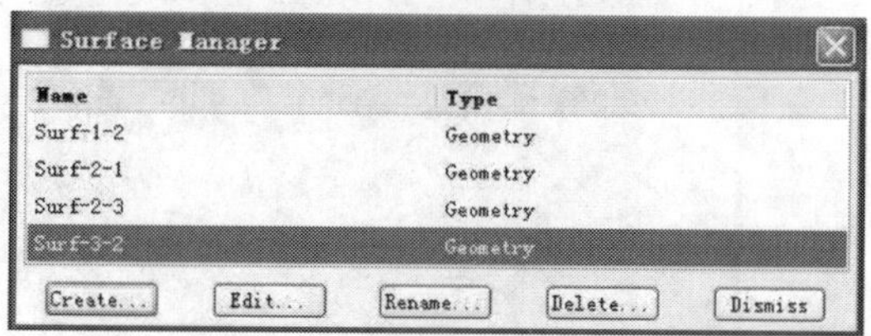

图4-18　完成接触面创建后的 Surface Manager 对话框

2. 创建约束

Abaqus/CAE 中，主菜单 Constraint（约束）的作用是定义各个实体间的相互位置关系，包括 Tie（绑定约束）、Rigid Body（刚体约束）、Display Body（显示体约束）、Coupling（耦合约束）、Shell-to-Solid Coupling（壳体—实心体约束）、Embedded Region（嵌入区域约束）以及 Equation（方程约束）。此例中均用 Tie（绑定约束），使基础与地基间、不同层地基间被牢固地黏结在一起，在分析过程中不再分开，用 Tie 联系的两个区域中网格的划分可以截然不同。

点击左侧工具区（Create Constraint），在弹出的对话框 Create Constraint（创建约束）中默认 Name：Constraint-1，选择 Type：Tie，点击 Continue，如图 4-19 所示。点击下方提示区中显示的 Surface 选择主接触面（Choose the master type），继续点击提示区右边出现的 Surfaces...，弹出 Region Selection（区域选取）对话框，如图 4-20 所示。选择第一个接触面 Surf-1-2 为主接触面，勾选 Highlight selections in viewport（高亮显示选取区域），方便在模型中看到选取部分是否正确，点击 Continue（图 4-20）。点击下方提示区中显示的 Surface 选择从面（Choose the slave type），在 Region Selection 对话框中选取第二个接触面 Surf-2-1 为从接触面，点击 Continue，弹出 Edit Constraint（编辑约束）对话框，选取 Discretization method：Surface to surface，其他参数默认不变，点击 OK，如图 4-21 所示。同样方法建立两层地基之间的约束，完成后模型如图 4-22 所示。

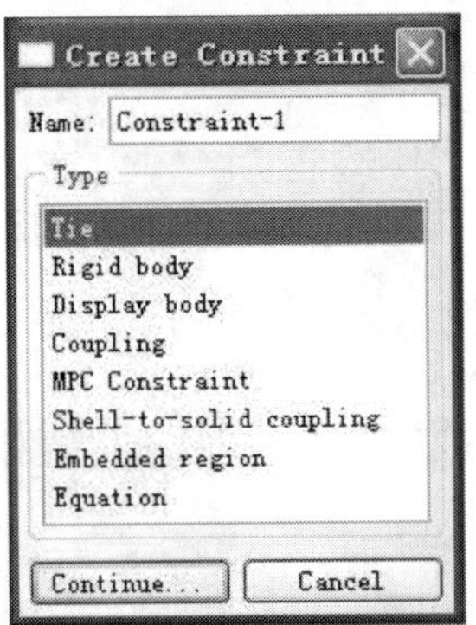

图 4-19　Create Constraint 对话框

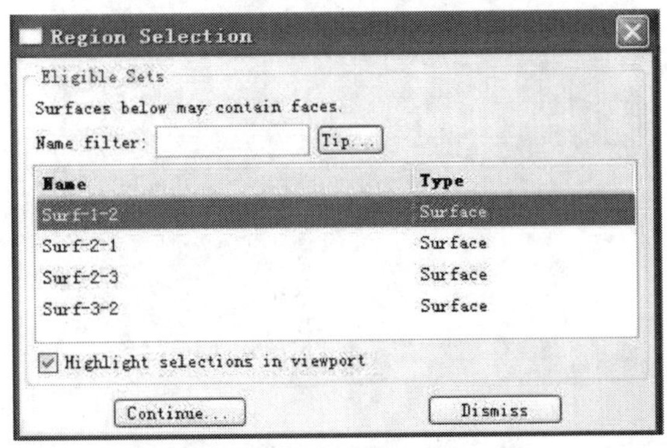

图 4-20　Region Selection（区域选取）对话框

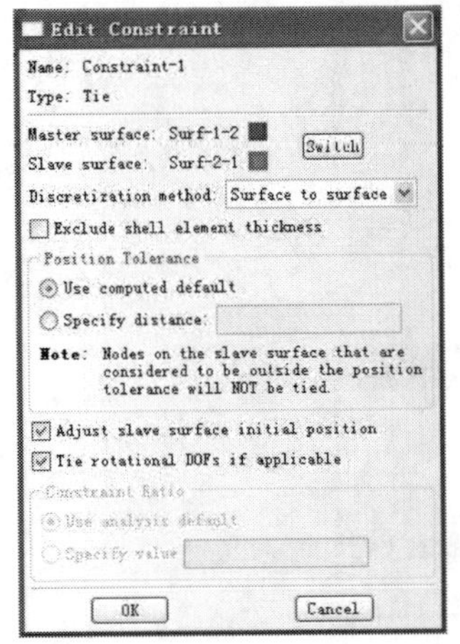

图 4-21　Edit Constraint 对话框

图 4-22　创建约束后模型示意图

（七）定义边界条件和荷载（Load）

在窗口左上角的 Module（模块）列表中选择 Load（加载）功能模块，进行边界条件的定义及加载。

1. 定义边界条件

首先创建地基两边的边界条件：点击左侧工具区中（Create Boundary Condition），在弹出的 Create Boundary Condition（创建边界条件）对话框中，输入 Name：BC-edge，Step 中选择初始步 Initial，Category（类型）中选择 Mechanical，Type for Selected Step 选择 Displacement/Rotation，点击 Continue，如图 4-23 所示。按住 Shift 键选取模型地基两边的所有边界，点击鼠标中键或提示区中 done（完成）。弹出 Edit Boundary Condition（编辑边界条件）对话框，勾选 U1，即限制 X 轴方向位移，其他参数默认不变，点击 OK，如图 4-24 所示。同理，在初始步 Initial 上定义地基下边界的边界条件，在 Edit Boundary Condition 对话框中选取 U2，即地基底端限制 Y 轴方向位移，完成边界条件的定义。

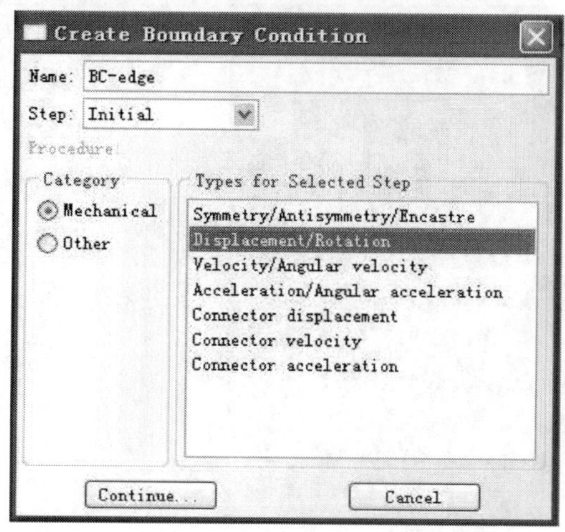

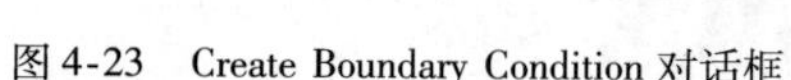
图 4-23　Create Boundary Condition 对话框

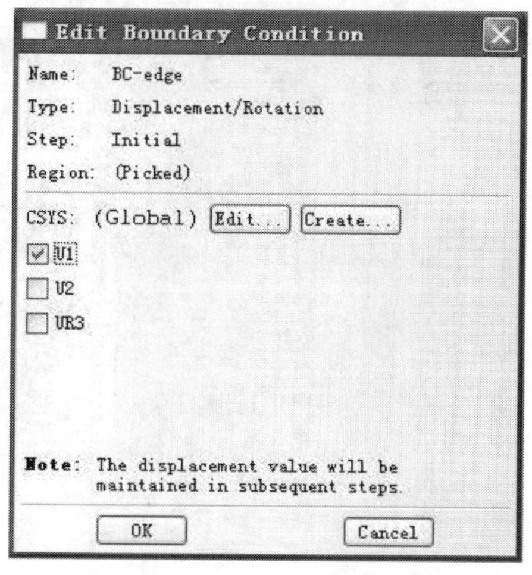

图 4-24　Edit Boundary Condition 对话框

2. 施加荷载

点击左侧工具区中（Create Load），在弹出的 Create Load（创建荷载）对话框中，输入 Name：Load-Gravity，选择 Step：Step-Gravity，默认 Category：Mechanical，选择 Types for Selected Step：Gravity，点击 Continue，如图 4-25 所示。在弹出的 Edit Load（编辑荷载）对话框中，点击 Edit Region（编辑选区）后，选中整个模型区域，点击鼠标中键或提示区 done（完成）返回，输入 Component2：-9.8，其他参数默认，点击 OK，如图 4-26 所示。完成重力荷载施加后的模型，如图 4-27 所示。

（八）划分网格（Mesh）

在窗口左上角的 Module（模块）列表中选择 Mesh（网格）功能模块，为模型划分网格。需要注意的是，划分网格时需对每个部件单独划分。在窗口顶部的环境栏中把 Object 选项设为 Part：Part-foundation-1（如图 4-28），即为部件 Part-foundation-1 划分网格，而不是为整个装配件划分网格。

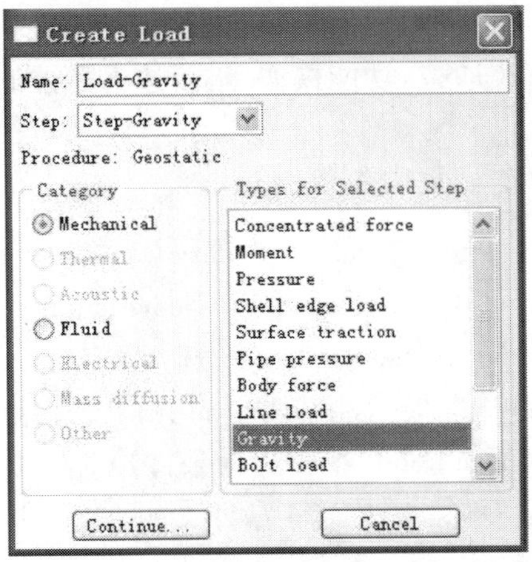

图 4-25　Create Load(创建荷载)对话框

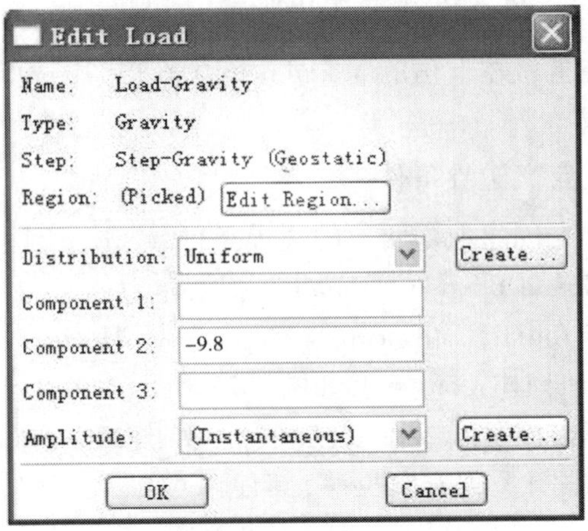

图 4-26　Edit Load(编辑荷载)对话框

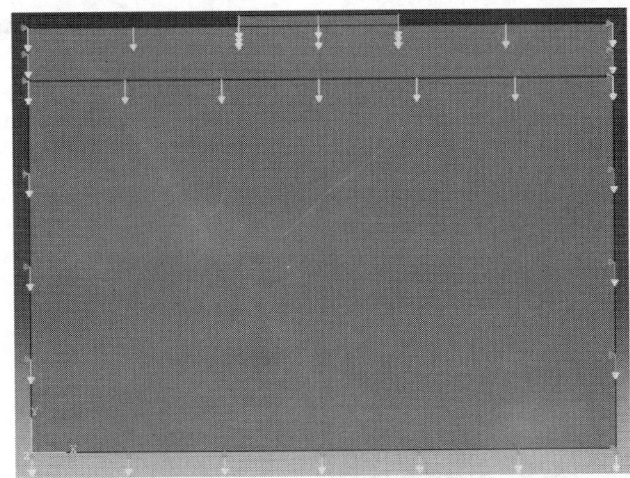

图 4-27　施加重力荷载后的模型图

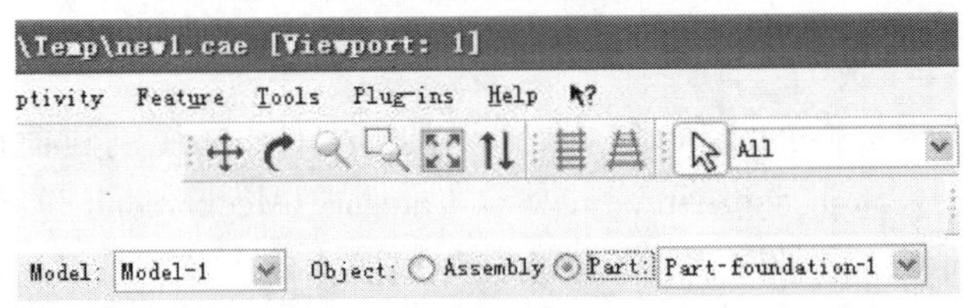

图 4-28　划分网格的对象为 Part

1. 设置边上的种子

点击左侧工具区中的(Seed Part),弹出 Global Seeds 对话框,输入 Approximate global size:0.5,其他参数默认不变,如图 4-29 所示,点击 OK。并点击鼠标中键或提示区 Done(完成),完成边上种子的设置。

2. 设置网格控制参数

点击左侧工具区中的(Assign Mesh Controls),在弹出的 Mesh Controls(网格控制参

数)对话框中选择 Element Shape:Quad,Techniquc:Structured,其他参数默认不变,如图 4-30 所示,点击 OK。

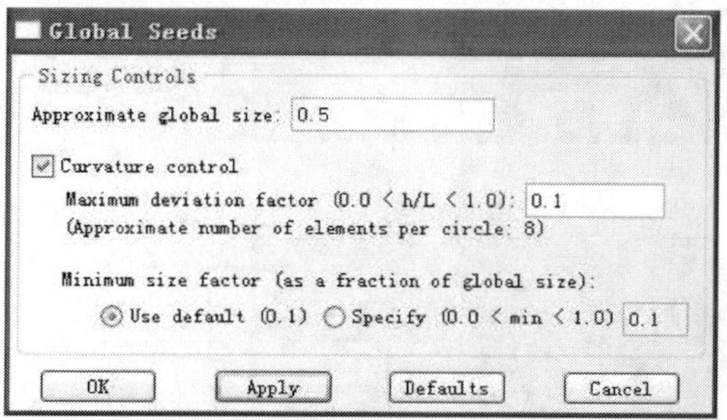

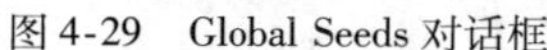

图 4-29　Global Seeds 对话框

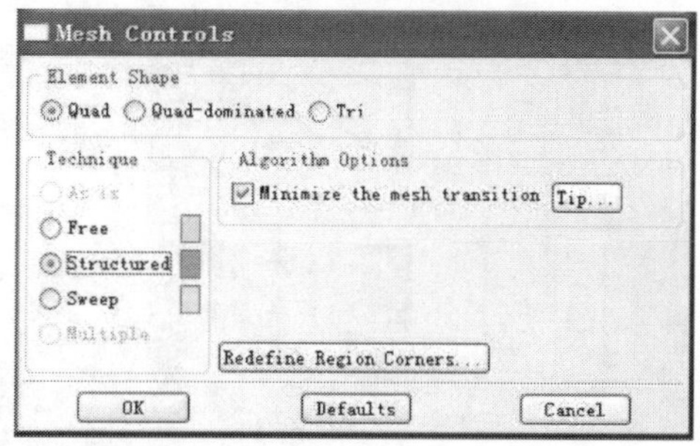

图 4-30　Mesh Controls(网格控制参数)对话框

3. 设置单元类型

点击左侧工具区中的(Assign Element Type),在弹出的 Element Type 对话框中选择 Family:Plane Strain,其他参数默认不变,如图 4-31 所示,点击 OK。

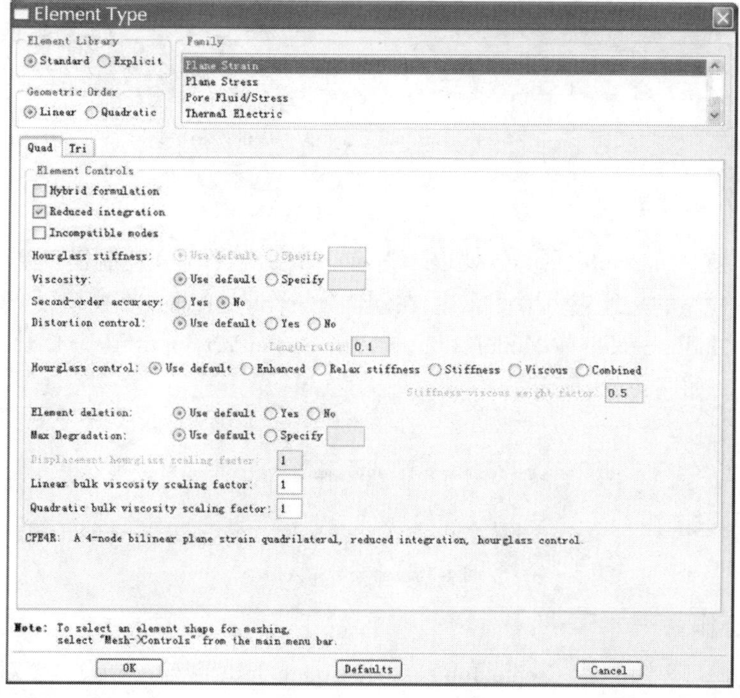

图 4-31　Element Type 对话框

4. 划分网格

点击左侧工具区中的(Mesh Part),窗口底部提示区显示“OK to mesh the part?”(为部件划分网格?),点击鼠标中键或点击 Yes,部件生成网格,如图 4-32 所示。同样划分上层地基(Part-foundation-2)和下层地基(Part-foundation-3)的网格,可在设置边上种子时适当调整种子间距。此例中设上层地基(Part-foundation-2)和下层地基(Part-foundation-3)的种子间距(Approximate global size)均为 1,生成网格如图 4-33、图 4-34 所示。

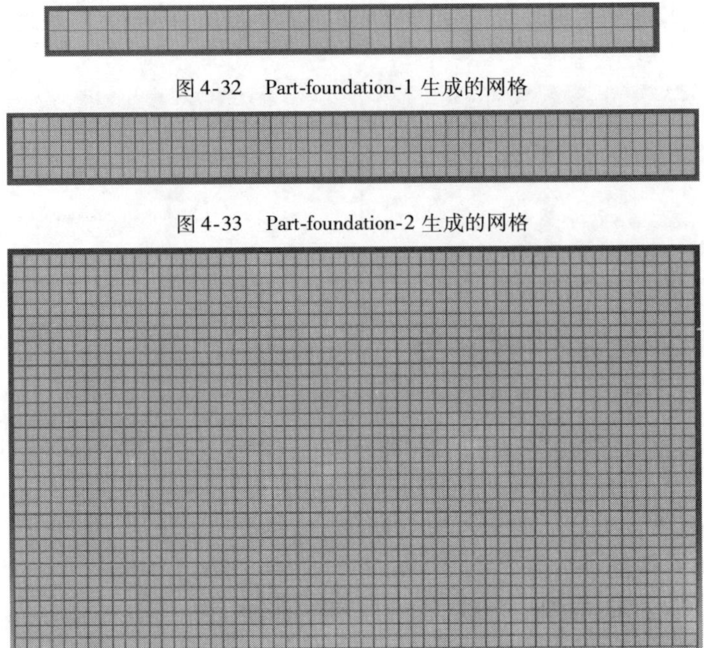

图 4-32　Part-foundation-1 生成的网格

图 4-33　Part-foundation-2 生成的网格

图 4-34　Part-foundation-3 生成的网格

（九）提交分析作业（Job）

在窗口左上角的 Module（模块）列表中选择 Job（分析作业）功能模块。

由于本例首先做的是地应力平衡，所以在创建分析作业前，需要在窗口下方的命令行中输入：

mdb. models[‘Model-1’]. setValues(noPartsInputFile = ON)

并按回车键，如图 4-35 所示。

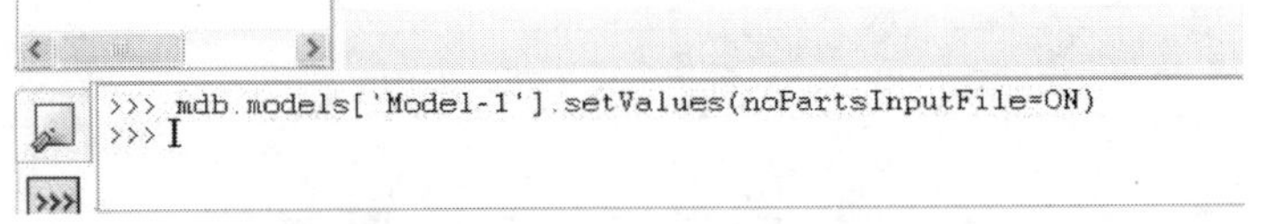

图 4-35　命令行输入命令

1. 创建分析作业

点击左侧工具区中的（Create Job），弹出 Create Job（创建分析作业）对话框，如图 4-36 所示，默认参数，点击 Continue。默认弹出的 Edit Job（编辑分析作业）对话框中的参数，如图 4-37 所示，点击 OK。

2. 提交分析作业

点击左侧工具区中的（Job Manager），弹出 Job Manager（分析作业管理）对话框，点击 Submit（提交分析），看到对话框中的 Status（状态）提示依次变为 Submitted，Running，Completed，这表示对模型的分析已经成功完成。点击对话框中的 Results（分析结果），可进入Visualization功能模块查看分析结果。

(十)查看结果

窗口左上角的 Module(模块)列表中自动进入 Visualization 功能模块,视图区中出现未变形的模型图。

显示云图:

点击左侧工具区中的(Common Options),弹出 Common Plot Options 对话框,如图 4-38 所示;选择 Visible Edges:Free edges,点击 OK,可取消视图区模型的网格。

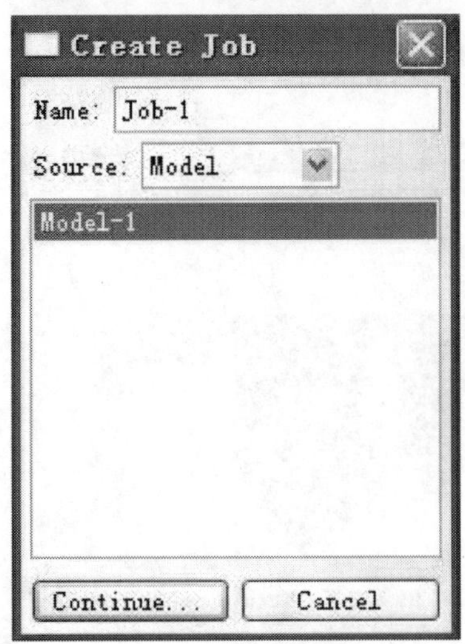

图 4-36 Create Job 对话框

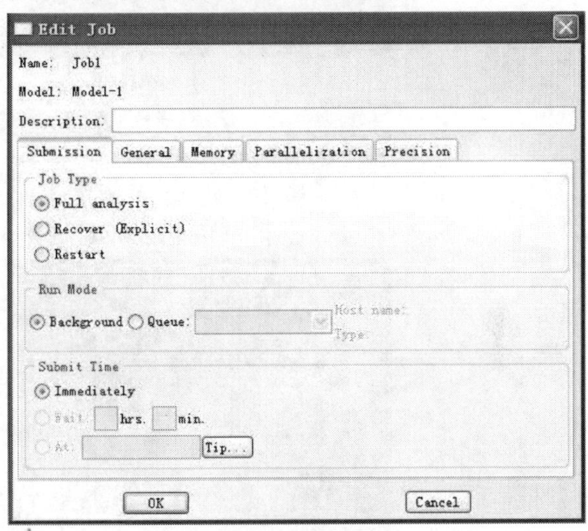

图 4-37 Edit Job(编辑分析作业)对话框

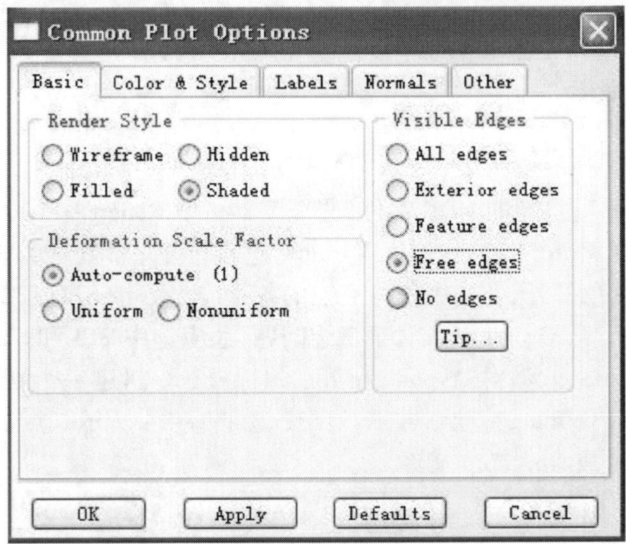

图 4-38 Common Plot Options 对话框

点击左侧工具区中的(Plot Contours on Undeformed Shape),可看到可视图区中模型的应力云图,如图 4-39 所示。点击上方工具栏中选择显示位移图,如图 4-40 所示,可看到视图区中模型的水平位移云图,如图 4-41 所示。

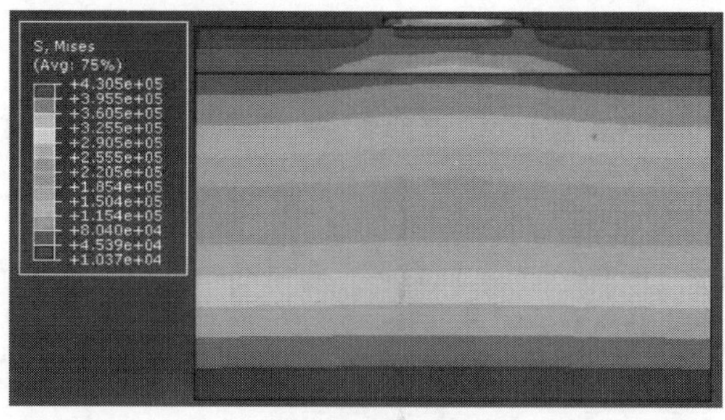

图 4-39　应力云图

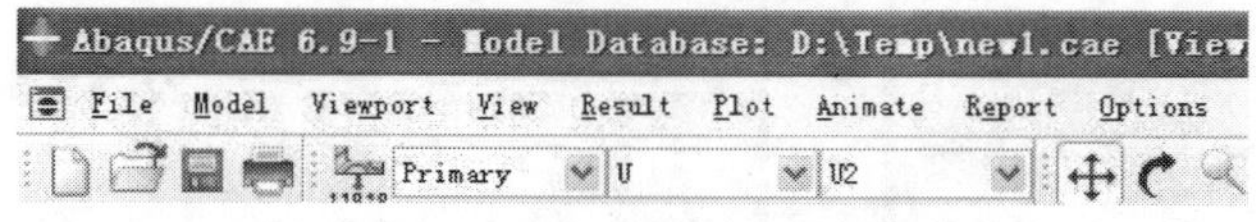

图 4-40　在工具栏选择显示位移图

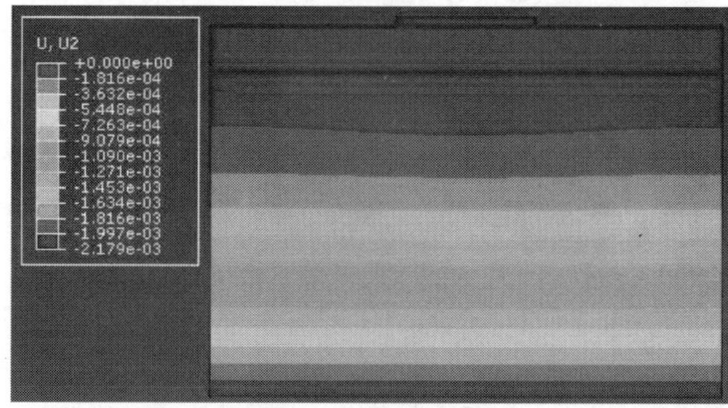

图 4-41　竖向位移云图

(十一)地应力平衡

1. 将分析得到的应力场保存为一个文本文件

具体做法:打开分析得到的 ODB 文件,选择菜单栏中 Report→Field Output,如图 4-42 所示。弹出 Report Field Output 对话框,在 Variable 选项卡中,如图 4-43 所示;点击“S: Stress components”左边的三角打开,并选中积分点上的各个应力分量 S11、S22、S33、S12(对于二维问题,应力分量 S11、S22、S33 和 S12;对于三维问题,还应选中 S13 和 S23)。在 Setup 选项卡中,输入 Name:work. inp,取消对 Append to file 的选择(即创建一个新文件),在 Data 下的 Write 后,只选中 Field Output,其他参数默认不变,如图 4-44 所示。点击 OK,在 ABAQUS 默认的 temp 文件夹下生成 work. inp 文件。

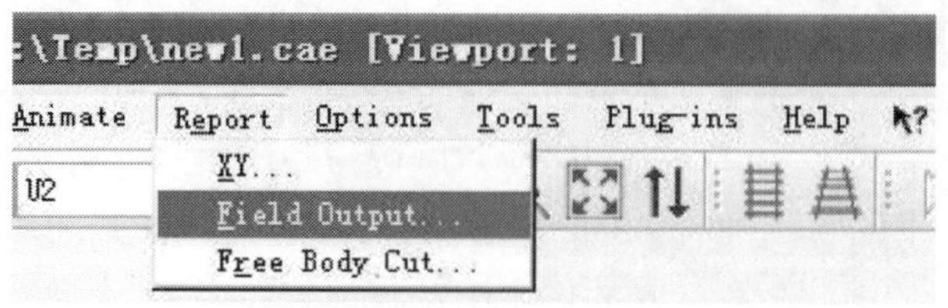

图 4-42　选择 Field Output

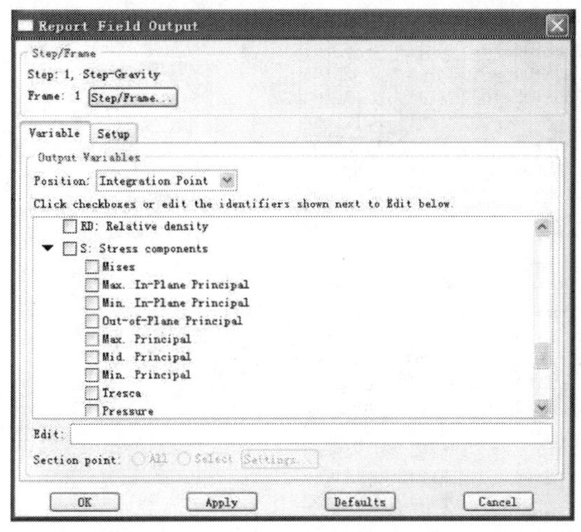

图 4-43 Variable 选项卡的参数设置

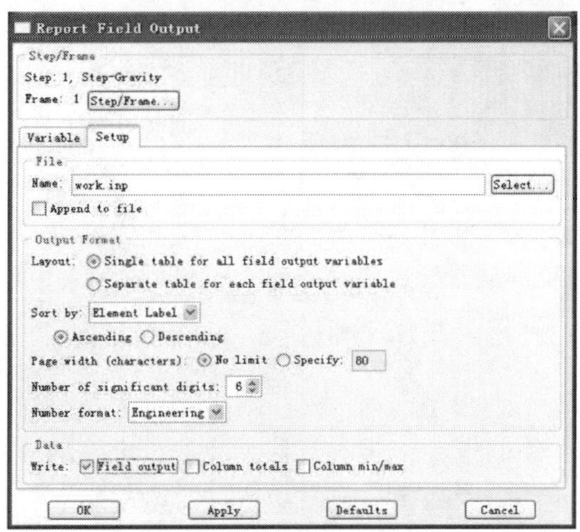

图 4-44 Setup 选项卡的参数设置

2. 按照 ABAQUS 所要求的初始应力场文件格式修改 work. inp 中的内容

具体方法：

(1)用 Excel 打开上述文件 work. inp，选择“数据”→“导入外部数据”→“导入数据”，如图 4-45 所示。弹出文本文件导入向导对话框，在该对话框的步骤 1 中选择“分隔符号”，在步骤 2 中选择“Tab”键和“空格”键，这样 work. inp 中的各列数据就成为 Excel 表格中的各个列，点击“完成”，导入数据。

(2)删除表格中开始几行的模型信息，再删除积分点编号所在的第 2 列数据(都为数字 1)，只保留单元编号和各个应力分量列，并将各个应力分量的科学计数法格式改为显示小数点后 5 位数字。修改前和修改后的数据如图 4-46、图 4-47 所示。

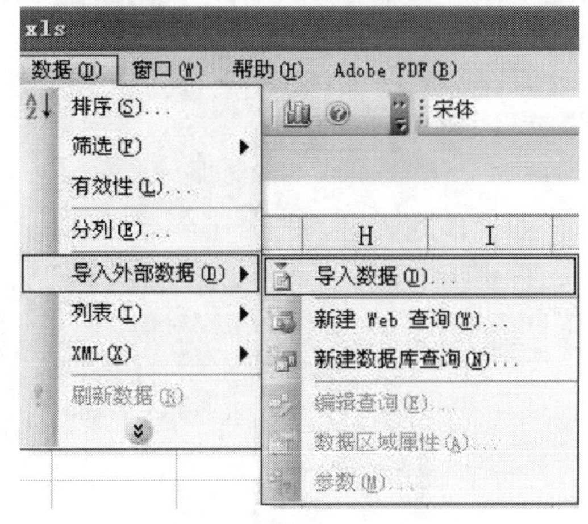

图 4-45 导入外部数据

Output	reported	at	integration	points
Element	Int	S. S11	S. S22	S. S33
Label	Pt	@Loc	1	@Loc

1	1	-4. 86E+04	-4. 48E+04	-1. 77E+04
2	1	-8. 92E+04	-4. 42E+04	-2. 53E+04
3	1	-8. 88E+04	-2. 59E+03	-1. 74E+04
4	1	-8. 59E+04	-3. 66E+04	-2. 33E+04
5	1	-7. 74E+04	9. 24E+03	-1. 30E+04
6	1	-8. 24E+04	-3. 74E+04	-2. 28E+04
7	1	-9. 00E+04	-1. 10E+04	-1. 92E+04
8	1	-9. 42E+04	-2. 63E+04	-2. 29E+04
9	1	-9. 57E+04	-1. 55E+04	-2. 11E+04
10	1	-1. 00E+05	-2. 38E+04	-2. 36E+04
11	1	-1. 04E+05	-2. 21E+04	-2. 40E+04
12	1	-1. 07E+05	-2. 09E+04	-2. 42E+04
13	1	-1. 08E+05	-2. 21E+04	-2. 47E+04
14	1	-1. 09E+05	-2. 15E+04	-2. 49E+04
15	1	-1. 10E+05	-2. 22E+04	-2. 52E+04
16	1	-1. 10E+05	-2. 22E+04	-2. 52E+04
17	1	-1. 09E+05	-2. 15E+04	-2. 49E+04
18	1	-1. 08E+05	-2. 21E+04	-2. 47E+04

图 4-46 修改前数据

(3)将上述数据输出为以逗号分隔的文本文件 work. csv 保存，具体方法是在 Excel 中单击菜单“文件”→“另存为”，将文件类型设置为“CSV(逗号分隔)”，如图 4-48 所示。对于出现的提示信息，单击“是”即可。

3. 为模型中定义初始应力场

在 Abaqus/CAE 中无法直接定义初始应力，只能手工添加关键词，其具体方法如下：

	A	B	C	D	E
1	1	-4.86E+04	-4.48E+04	-1.77E+04	-3.35E+04
2	2	-8.92E+04	-4.42E+04	-2.53E+04	-3.32E+04
3	3	-8.88E+04	-2.59E+03	-1.74E+04	-3.13E+04
4	4	-8.59E+04	-3.66E+04	-2.33E+04	-3.11E+04
5	5	-7.74E+04	9.24E+03	-1.30E+04	-1.62E+04
6	6	-8.24E+04	-3.74E+04	-2.28E+04	-1.89E+04
7	7	-9.00E+04	-1.10E+04	-1.92E+04	-1.19E+04
8	8	-9.42E+04	-2.63E+04	-2.29E+04	-1.25E+04
9	9	-9.57E+04	-1.55E+04	-2.11E+04	-6.40E+03
10	10	-1.00E+05	-2.38E+04	-2.36E+04	-7.19E+03
11	11	-1.04E+05	-2.21E+04	-2.40E+04	-4.70E+03
12	12	-1.07E+05	-2.09E+04	-2.42E+04	-4.14E+03
13	13	-1.08E+05	-2.21E+04	-2.47E+04	-2.34E+03
14	14	-1.09E+05	-2.15E+04	-2.49E+04	-1.43E+03
15	15	-1.10E+05	-2.22E+04	-2.52E+04	-594.173
16	16	-1.10E+05	-2.22E+04	-2.52E+04	594.173
17	17	-1.09E+05	-2.15E+04	-2.49E+04	1.43E+03
18	18	-1.08E+05	-2.21E+04	-2.47E+04	2.34E+03
19	19	-1.07E+05	-2.09E+04	-2.42E+04	4.14E+03
20	20	-1.04E+05	-2.21E+04	-2.40E+04	4.70E+03

图 4-47　修改后数据

选择菜单栏中 Model→Edit keywords，如图 4-49 所示。找到 * STEP 语句，在该语名之前添加以下语句（如图 4-50、图 4-51 分别为添加语句前后的示意图）：

* initial conditions, type = stress, input = work. csv

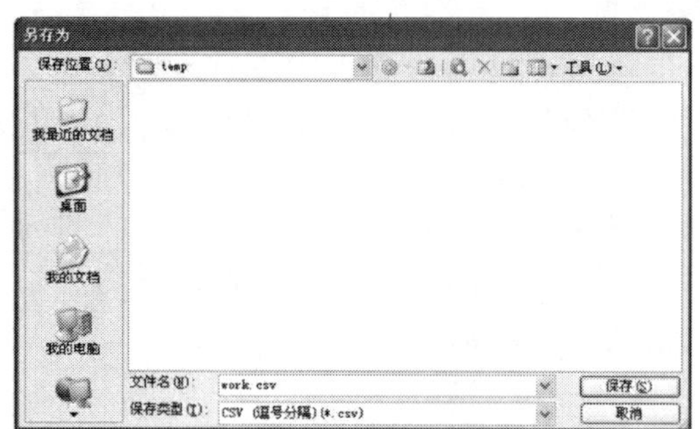

图 4-48　“另存为”对话框

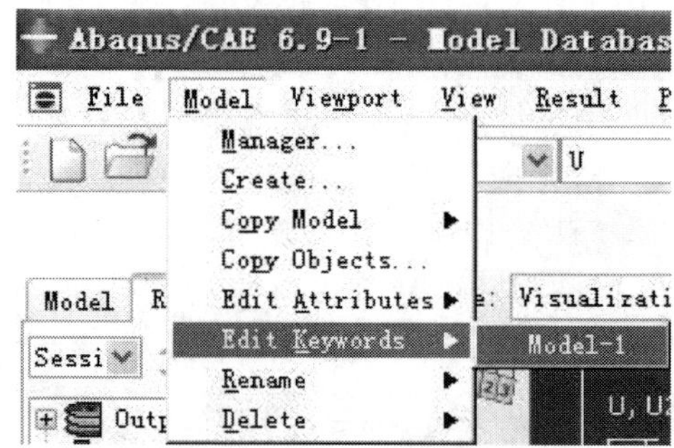

图 4-49　Edit Keywords

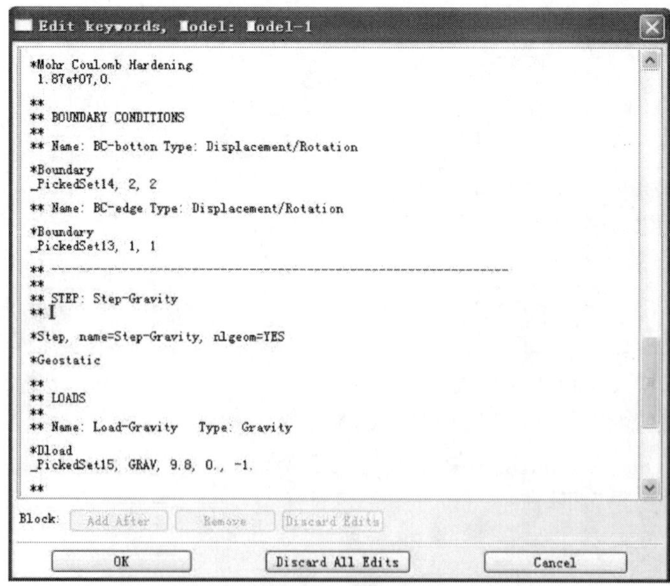

图 4-50　添加语句前

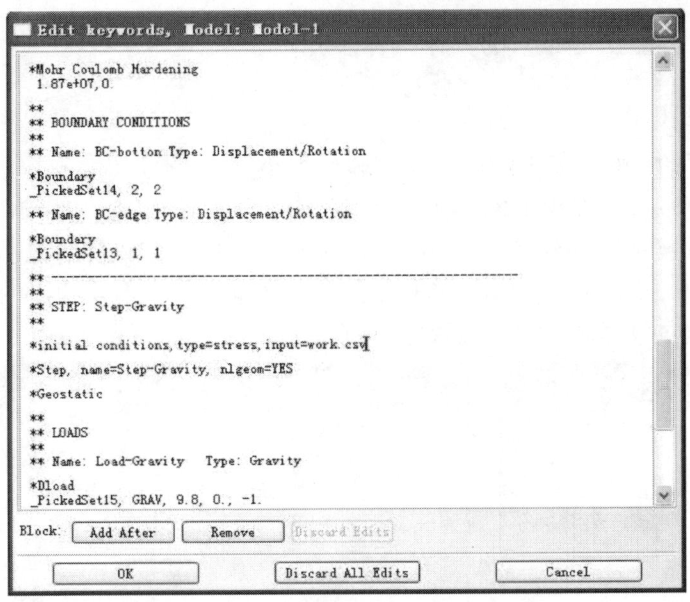

图 4-51　添加语句后

4. 返回 Job(分析作业)模块重新分析作业

在 Job 功能模块中将分析作业名 Job-1 重新提交分析。应该注意的是,初始应力场文件 work. csv 应该和 inp 文件 Job-1. inp 位于同一个路径下(ABAQUS 默认都在 temp 文件夹中),否则将会出现下列错误信息:The following file(s) could not be located:work. csv(无法找到文件 work. csv)。分析成功后,点击 Results(分析结果)进入 Visualization 功能模块查看分析结果。

5. 查看地应力平衡分析结果

点击左侧工具区中的(Plot Contours on Undeformed Shape),可看到可视图区中模型的应力云图,如图 4-52 所示。

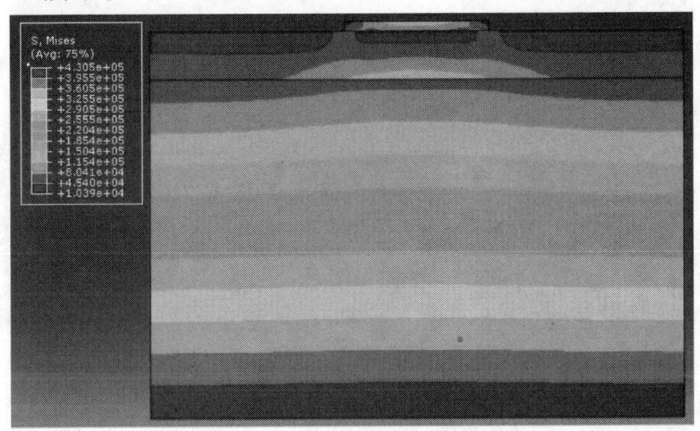

图 4-52　地应力平衡后应力云图

上面就已经完成了初始地应力平衡,接下来可以添加其他分析步(本例中将添加基础上的均布力,采用静力分析步 Static,General)。

(十二)添加基础上均布力的具体操作步骤

1. 创建分析步(Step)

在窗口左上角的 Module(模块)列表中选择 Step(分析步)功能模块。点击左侧工具区中(Create Step),在弹出的对话框 Create Step(创建分析步)中,输入 Name:Step-Pressure,选择 Insert new step after:Step-Gravity(将新的分析步插在重力步之后),选择 Procedure type:General(Static, General),如图 4-53 所示,点击 Continue。默认弹出的 Edit Step(编辑分析步)对话框中的参数,如图 4-54 所示,点击 OK。

Create Step
Name: Step-Pressure
Insert new step after
Initial
Step-Gravity
Procedure type: General
Dynamic, Implicit
Geostatic
Soils
Static, General
Static, Riks
Visco
Continue...
Cancel

图 4-53 建立新的分析步

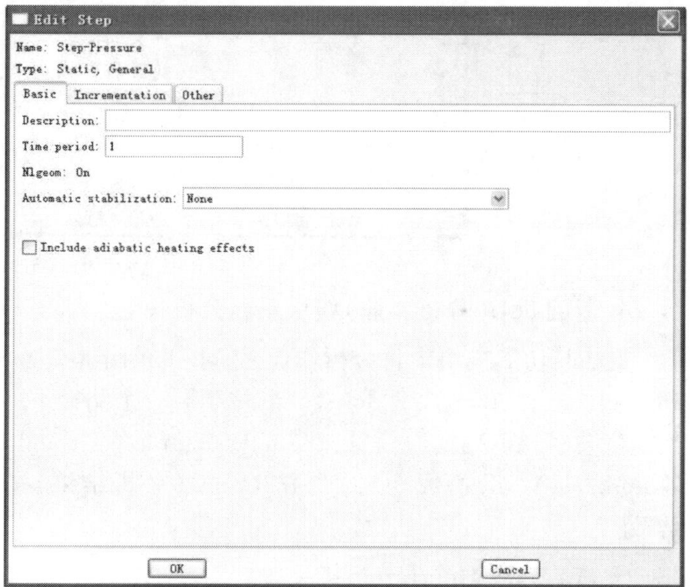

图 4-54 Edit Step(编辑分析步)对话框

2. 定义荷载(Load)

在窗口左上角的 Module(模块)列表中选择 Load(加载)功能模块,对基础上层加均布力荷载。

点击左侧工具区中(Create Load),在弹出的 Create Load(创建荷载)对话框中,输入 Name:Load-Pressure,选择 Step:Step-Pressure,默认选择 Category:Mechanical,选择 Types for Selected Step:Pressure,如图 4-55 所示,点击 Continue。选择视图区模型基础(foundation-1)的上边界,红色高亮显示后点击鼠标中键或点击窗口下方提示区 Done(完成),弹出 Edit Load(编辑荷载)对话框,输入 Magnitude:1000000,其他参数默认不变,如图 4-56 所示。点击 OK 后,视图区模型受力如图 4-57 所示。

3. 创建分析作业(Job)

在窗口左上角的 Module(模块)列表中选择 Job(分析作业)功能模块。点击左侧工具区中的(Create Job),弹出 Create Job(创建分析作业)对话框,如图 4-58 所示,默认参数,点击 Continue。默认弹出的 Edit Job(编辑分析作业)对话框中的参数,如图 4-59 所示,点击 OK。

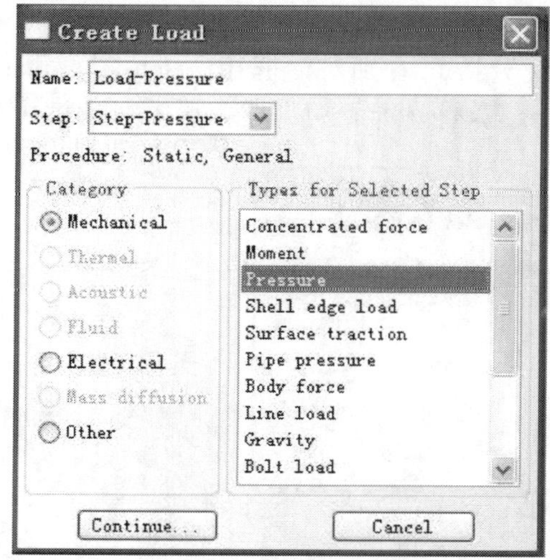

图 4-55　创建均布荷载

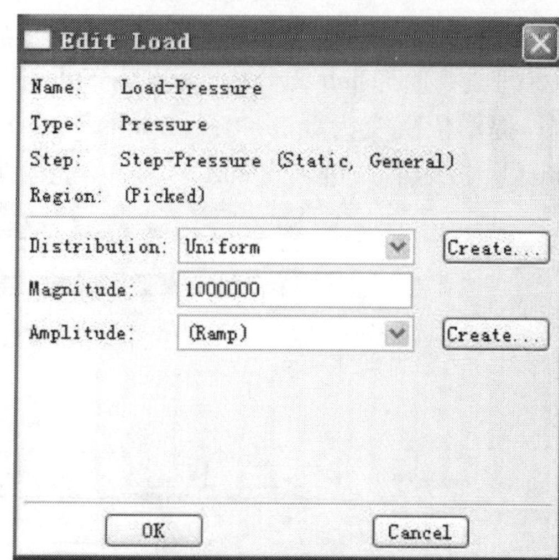

图 4-56　Edit Load(编辑荷载)对话框

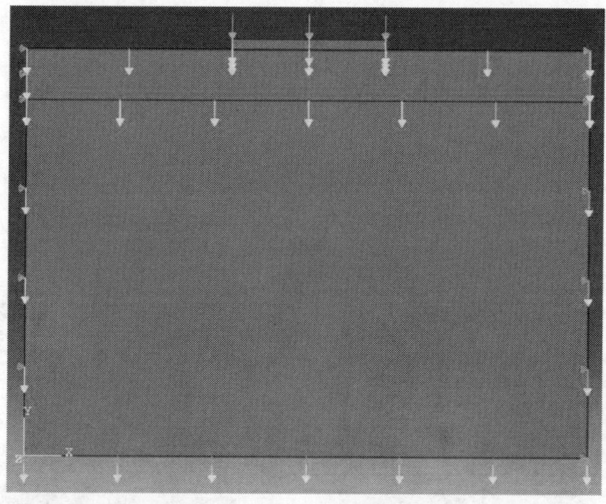

图 4-57　创建均布力后模型图

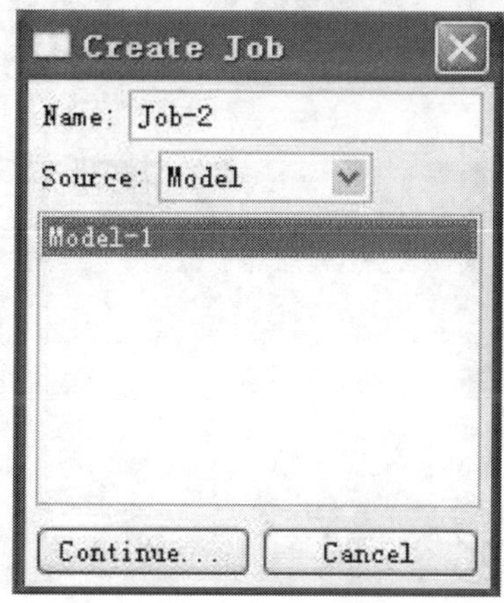

图 4-58　创建分析步

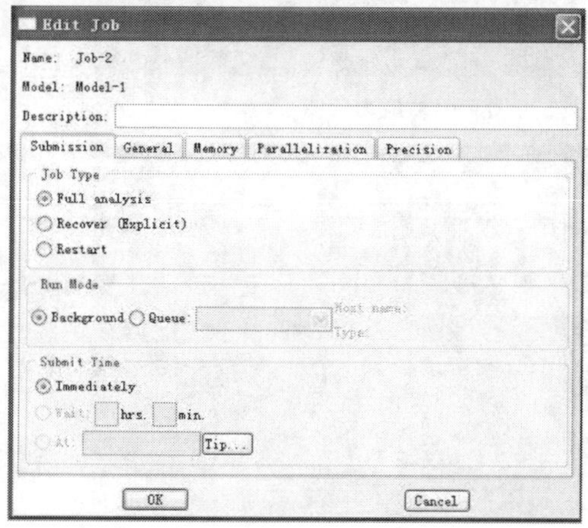

图 4-59　编辑分析步

点击左侧工具区中的(Job Manager),弹出 Job Manager(分析作业管理)对话框,如图 4-60 所示;选择 Job-2 分析步,点击 Submit(提交分析),看到对话框相应 Job-2 的 Status(状态)提示依次变为 Submitted,Running,Completed,模型分析成功完成。点击对话框中的 Results(分析结果),进入 Visualization 功能模块查看分析结果。

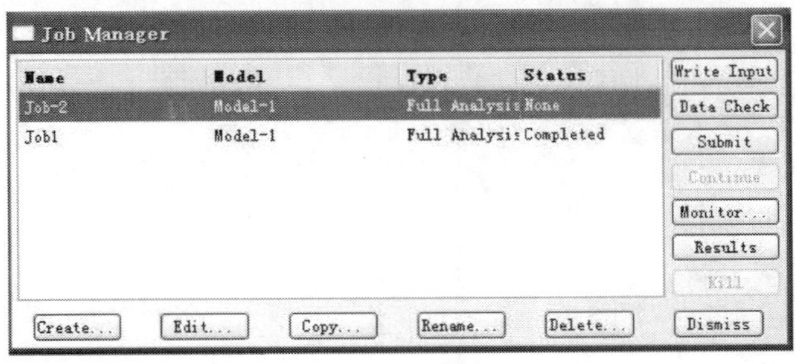

图 4-60　Job Manager(分析作业管理)对话框

(十三)后处理

1. 显示分析结果图形

窗口左上角的 Module(模块)列表中自动进入 Visualization 功能模块,视图区中出现未变形的模型图。点击左侧工具区中的(Common Options),取消视图区模型的网格。点击左侧工具区中的(Plot Contours on Undeformed Shape),可看到可视图区中模型的应力云图,如图 4-61 所示。点击上方工具栏中选择显示位移图(U),在视图区中可显示模型的位移图等其他分析结果图形,如图 4-62 ~ 图 4-64 所示。

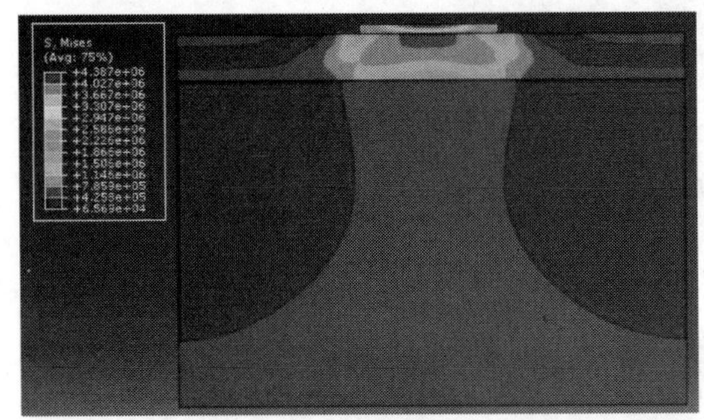

图 4-61　应力云图

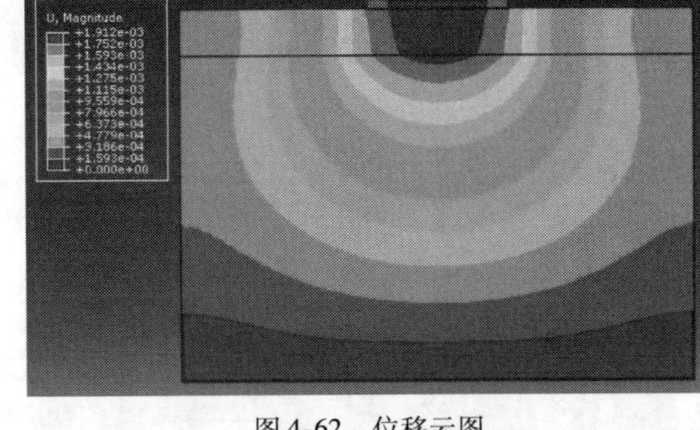

图 4-62　位移云图

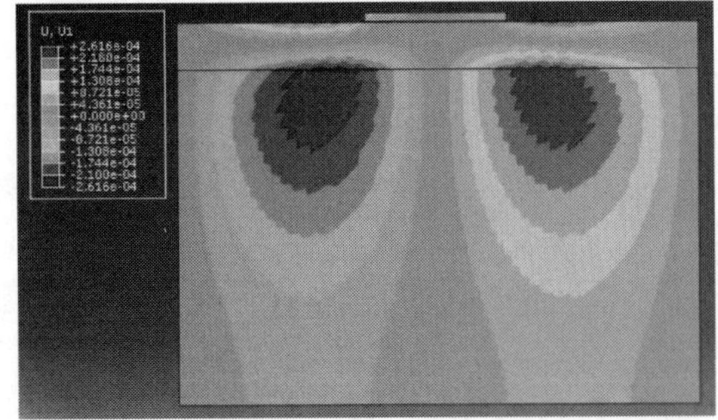

图 4-63　水平向位移云图

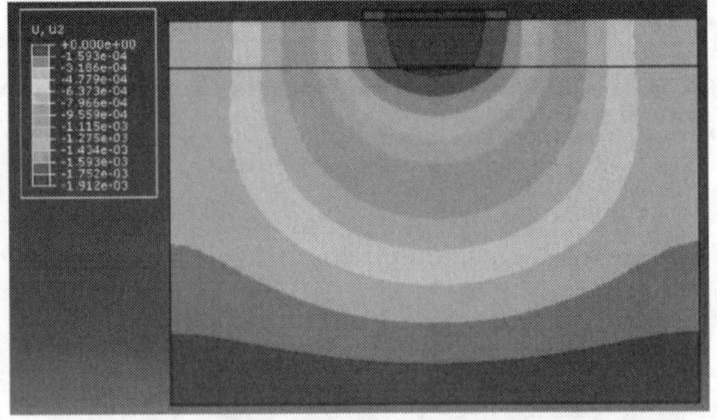

图 4-64　竖向位移云图

点击左侧工具区中的(Contour Options)，弹出 Contour Plot Options 对话框，如图 4-65 所示；改选 Contour Type 中的 Line，点击 OK(图 4-65)，可以看到视图区的分析图变为线性图，如图 4-66 所示。

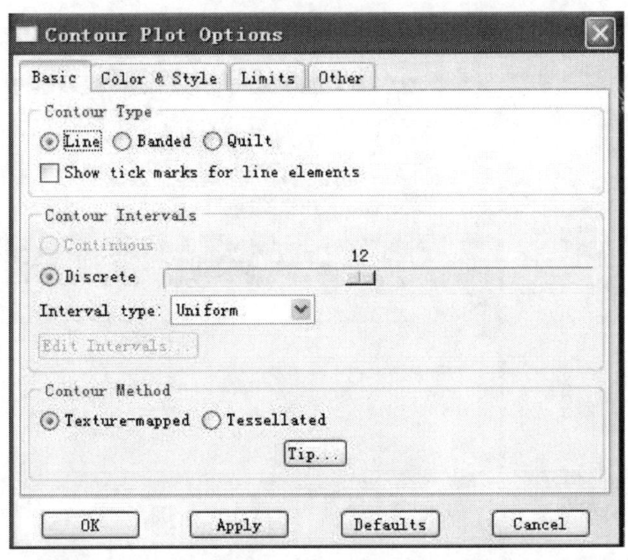

图 4-65　Contour Plot Options 对话框

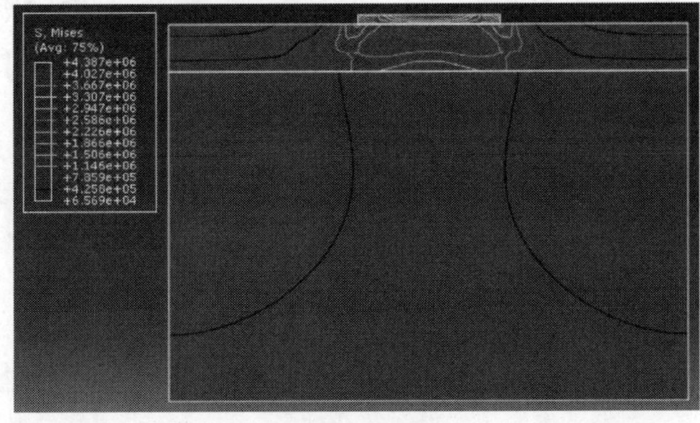

图 4-66　应力线性图

2. 分析部分点的应力应变曲线

(1)定义节点路径

以定义基础下底边为路径为例，在定义节点路径前，可对上层地基进行隐藏。其具体操作如下：

点击右上方工具栏中的(Remove Selected)，在窗口下方的提示区中，选择对部件(Sections)进行隐藏，如图 4-67 所示。鼠标点击上层地基(foundation-2)以高亮显示后，点击鼠标中键或提示区 Done(完成)，以完成对上层地基(foundation-2)的隐藏。

点击 Tools(工具)→Path(路径)→Manager(管理)，如图 4-68 所示，弹出 Path Manager(路径管理)对话框，如图 4-69 所示，点击 Continue 创建路径。在弹出的 Create Path(创建路径)对话框中默认参数不变，如图 4-70 所示，点击 Continue 继续创建路径。弹出 Edit Node

List Path(编辑节点路径)对话框,如图 4-71 所示,点击 Add Before 添加节点。用鼠标点击对基础下底边界进行节点的定义,如图 4-72 所示,此例中按网格点数选取节点。再次弹出 Edit Node List Path(编辑节点路径)对话框,如图 4-73 所示,点击 OK。

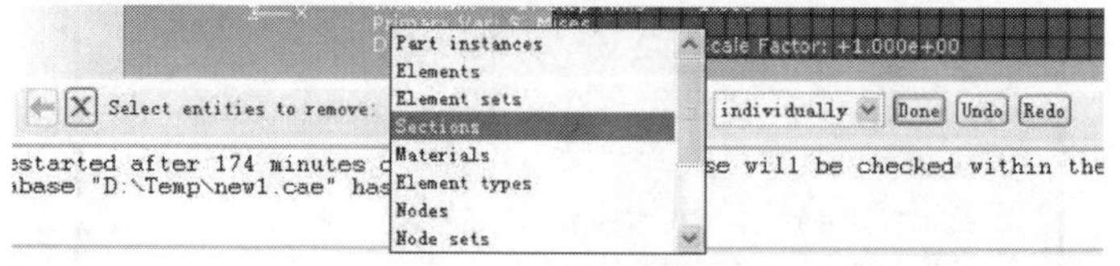

图 4-67　选择隐藏部件

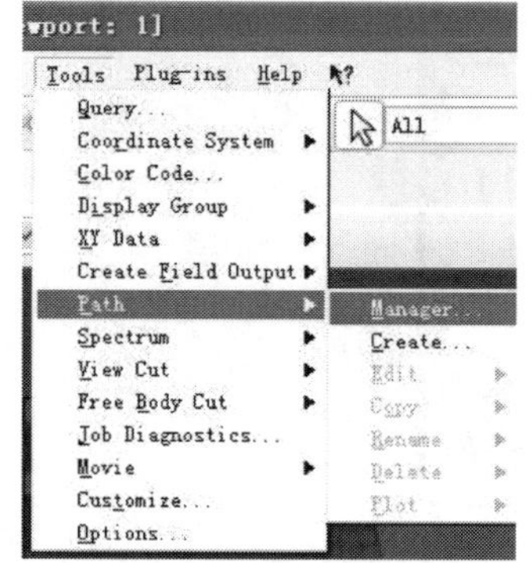

图 4-68　选择路径管理

图 4-69　Path Manager(路径管理)对话框

图 4-70　Create Path(创建路径)对话框

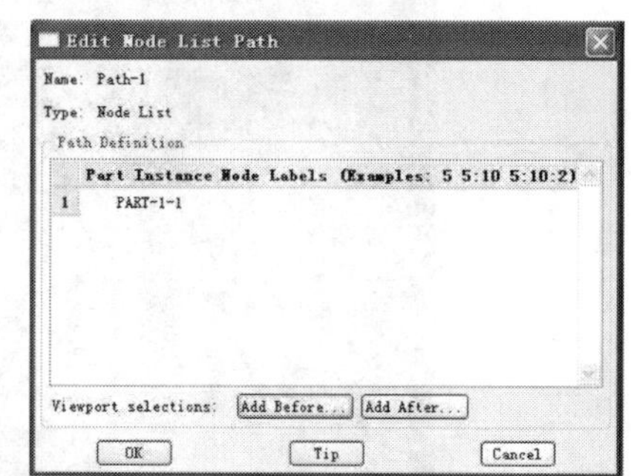

图 4-71　Edit Node List Path 对话框(选点前)

图 4-72　选取节点示意图

(2)沿路径显示分析结果

点击 Tools(工具)→XY Data(XY 数据)→Manager(管理),如图 4-74 所示;弹出 XY Data Manager(XY 数据管理)对话框,如图 4-75 所示,点击 Create。在弹出的 Create XY Data(创建 XY 数据)对话框中,如图 4-76 所示,选择 Path,点击 Continue。在 XY Data from Path 对话框中默认参数不变,点击 Plot,如图 4-77 所示。

(3)分析图

在视图区可以看到沿路径应力分析图,如图 4-78 所示。若更改工具栏中选择显示位移图(U)，重新点击 XY Data from Path 对话框中的 Plot，可以看到视图区重新生成沿路径方向的位移分析图，如图 4-79 所示。

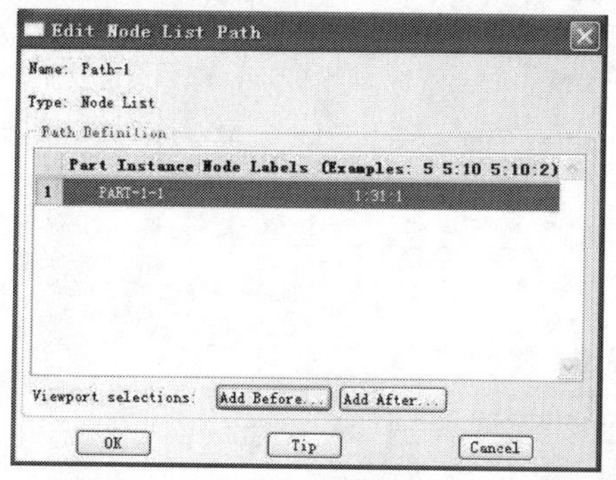

图 4-73　Edit Node List Path 对话框(选点后)

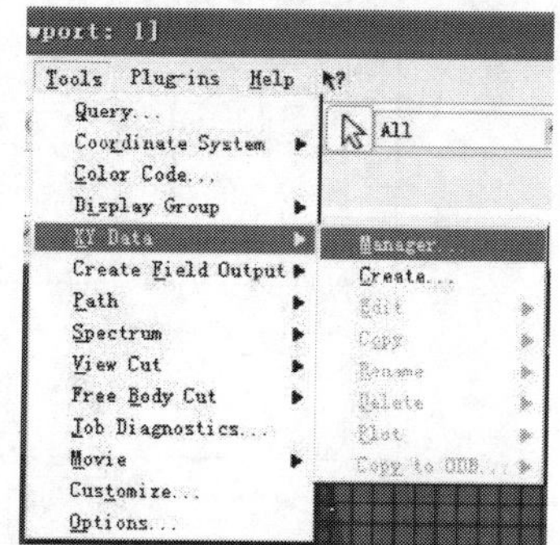

图 4-74　选择数据管理

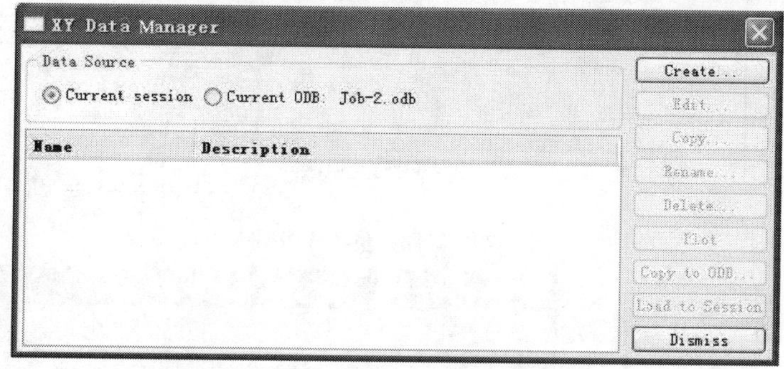

图 4-75　XY Data Manager(XY 数据管理)对话框

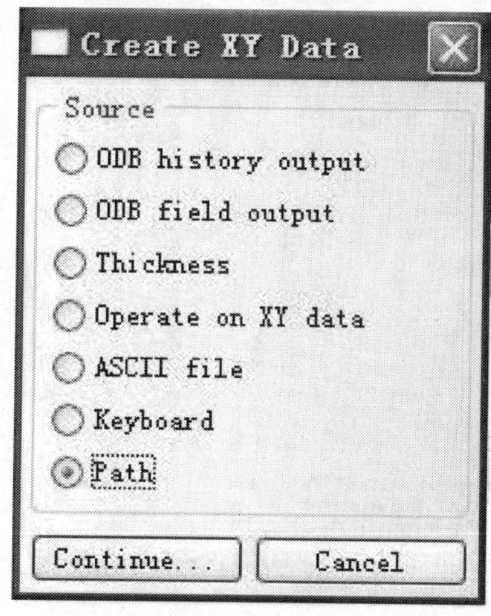

图 4-76　Create XY Data 对话框

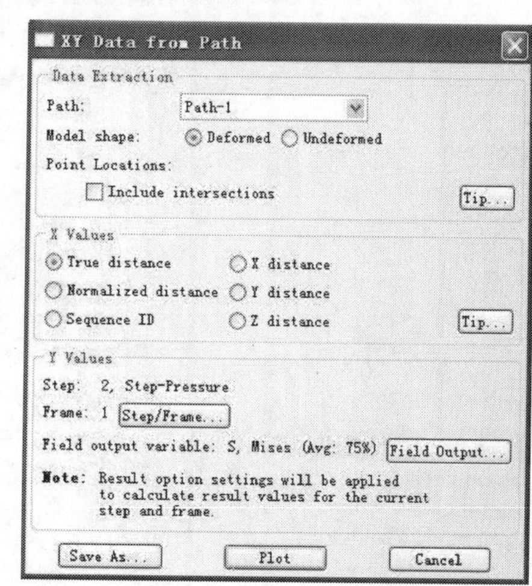

图 4-77　XY Data from Path 对话框

3. 查询节点坐标

点击右上方工具栏中的(Query Information)，弹出 Query(查询)对话框，如图 4-80 所示，点击 Probe value；将弹出 Probe Values 对话框，如图 4-81 所示，在 Probe 中选择 Nodes(节点)，设置如图所示，用鼠标点击视图区模型节点时，在对话框中可以读出节点坐标等信息。

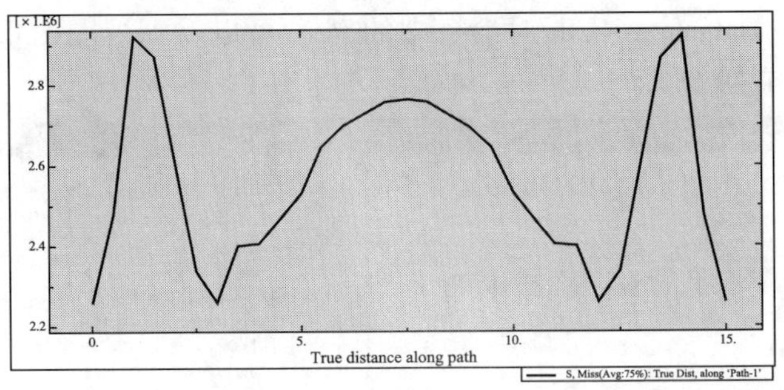

图 4-78　沿路径应力分析图

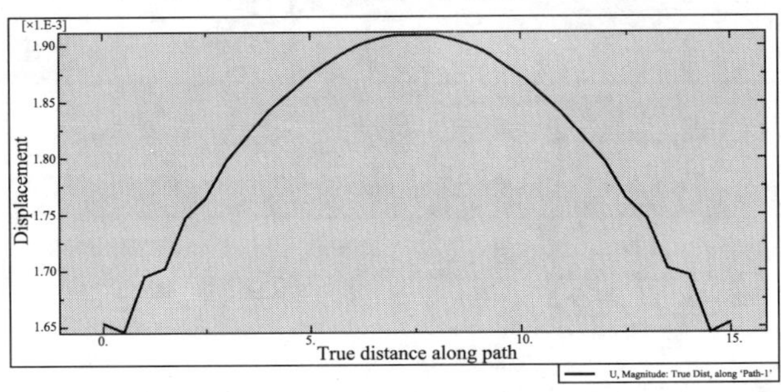

图 4-79　沿路径位移分析图

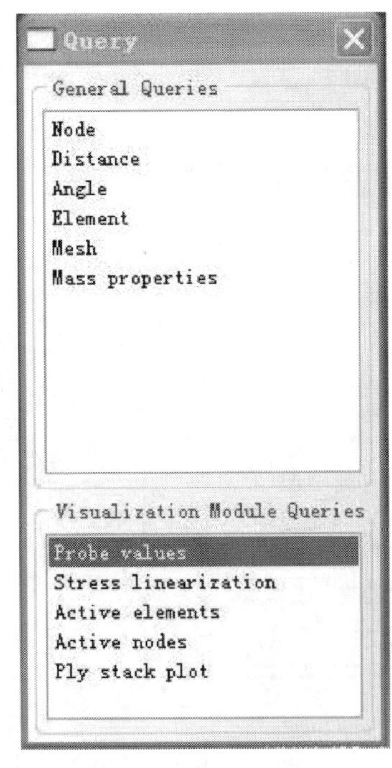

图 4-80　Query 对话框

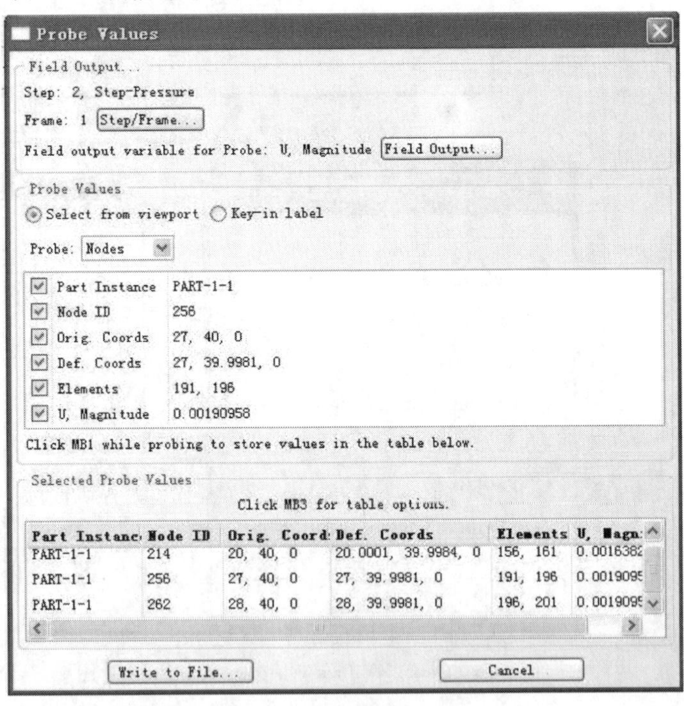

图 4-81　Probe Values 对话框

结论及应用领域说明：该模型操作完成后，就基本上熟悉了基于 ABAQUS 软件的计算浅基础地层结构效应的具体操作，也可反复一次或多次该模型的操作，以达到较为熟悉的程度。该模型建立后可将其应用在浅基础地层结构效应、一般浅基础、一般地基基础等领域。

第二节 ABAQUS 在浅基础自动地应力平衡中的应用实例

该应用实例和建立该模型的目的：使读者熟悉和掌握 ABAQUS 软件中自动地应力平衡中的应用，对于地表水平、地基中无结构物等简单情形，可采用自动地应力平衡的操作，此时无须手动操作来平衡地应力。

自动地应力平衡是 ABAQUS 新版本最为关注的新功能之一，因为它省去了计算自重应力以及生成相应初应力文件和导入的麻烦。在地应力步中选择自动增量步就能使用自动地应力平衡功能，还能指定允许的位移变化容限。

不过自动地应力平衡功能仅支持有限的几种材料，D-P 并不包含在内，而且对单元也有一定的要求。虽然可以使用不支持的材料和单元，但可能自动地应力平衡不容易收敛或位移差值超过容限。虽然可以用塑性模型，但主要适用于弹性模型情况。我们认为材料限制应该不算太大问题，D-P 仍可以使用，即使不收敛只要做一些调整比如减小容限等就应该一样可以得到收敛的平衡状态。

一、模型描述

地基土的参数为：密度 $\rho = 2080\text{kg/m}^3$，弹性模量 $E = 1 \times 10^7\text{Pa}$，泊松比 $v = 0.35$。

二、具体操作步骤

(1)启动 ABAQUS，单击 Create Model Datebase。

(2)创建部件(Part)(图 4-82)。

在 Part 模块，单击创建部件按钮，弹出如图 4-83 的对话框，按图输入部件名：soil；采用二维模型选择 2D Planar；Type 选择可变型(Deformable)；基本特征选择壳体(Shell)；最后单击 Continue，继续下一步。

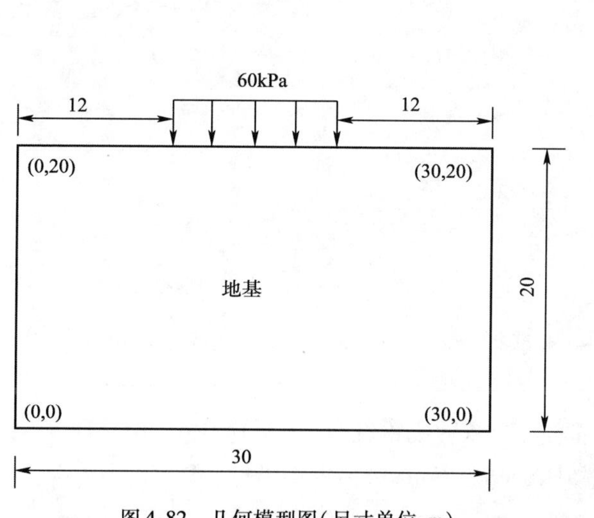

图 4-82 几何模型图(尺寸单位：m)

图 4-83 创建部件

按照模型尺寸(如图)，建立模型部件，双击鼠标中键，完成部件的建立(图 4-84)。

图 4-84　建立的部件

(3)建立材料属性(Property)。

在 Module 中切换到 Property 模块,单击 ,输入材料名称(name):Material-soil,单击 Density,在弹出对话框中输入:密度 2080;然后单击 Mechanical—Elasticity—Elastic,在弹出的对话框输入图,单击 OK 完成材料的定义(图 4-85、图 4-86、图 4-87)。

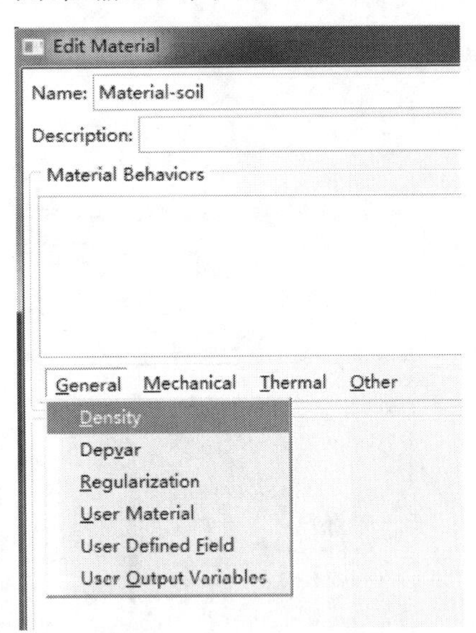

图 4-85　定义物理参数

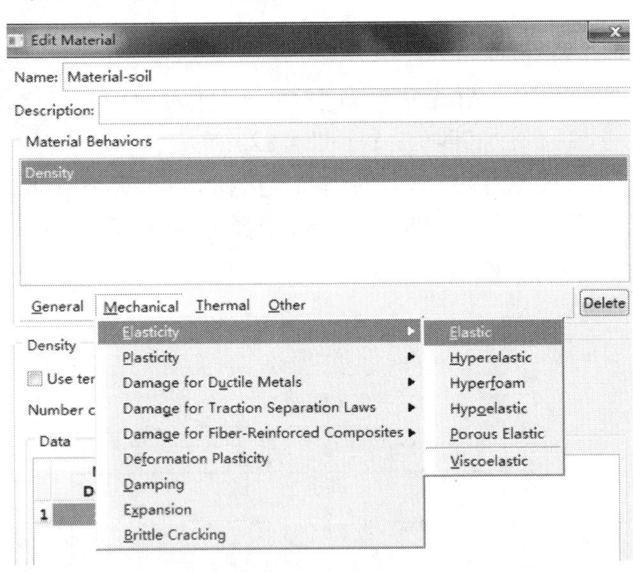

图 4-86　定义力学参数

单击按钮 ,输入名字:Section-soil,选择 Soild, Homogeneous,单击 Continue,OK,完成截面的创建(图 4-88)。

单击按钮 ,选取部件(单击或框选,选择后成粉红色,表示选中),单击 Done 或单击鼠标中键来确定。在弹出的对话框中选中 Section-Soil,单击 OK(图 4-89)。

(4)装配部件(Assembly)。

在 Module 选择 Assembly 模块,单击 ,弹出对话框,采用默认值,单击 OK(图 4-90)。

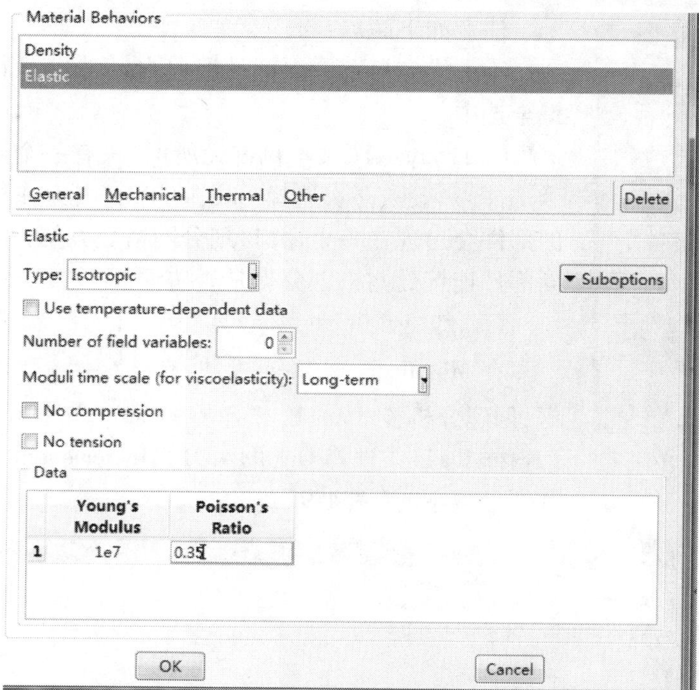

图 4-87　参数的输入

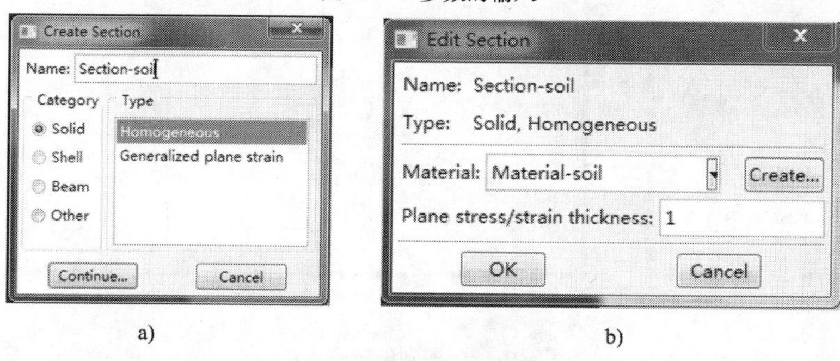

a)　　b)

图 4-88　创建和编辑截面

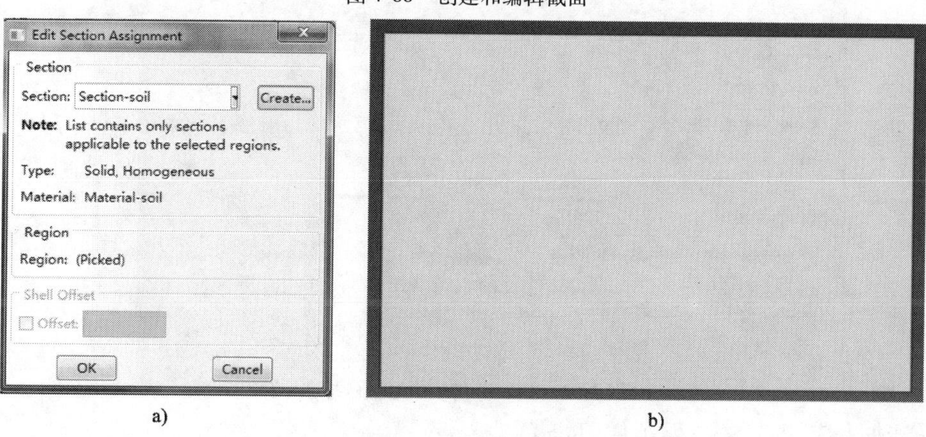

a)　　b)

图 4-89　参数赋予截面

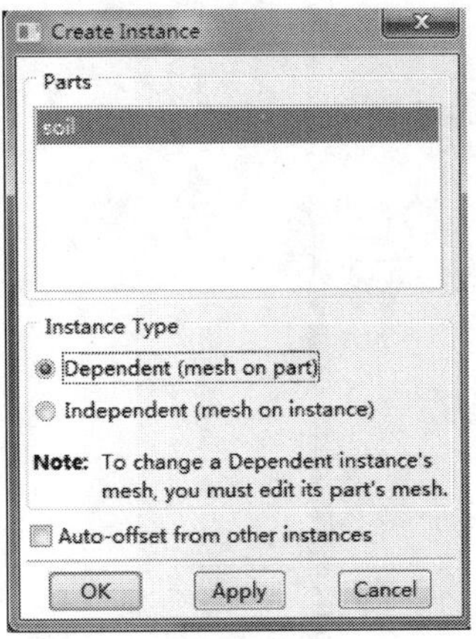

图 4-90　创建实体

注意如下两点：

①本模型只有一个部件所以自动选中，如有多个可按 Shift 键全选中；

②Instance Type 本例都无所谓，只有一个部件，但是如有多个部件，一般则喜欢选择 Independent，因为在这种情况下，所有的部件会出现在一个窗口，划分网格更方便，并且直观地看到不同部件连接处网格划分得是否协调。

(5)创建分析步(Step)。

在 Module 选择 Step 模块，单击 ，弹出图 4-91 的对话框，创建分析步 Step-1，选择 Geostatic，单击 Continue，在分析步编辑框 Basic 中选择 On(图 4-91)；Incrementation 选择 Automatic，其他参数不变(图 4-92)。

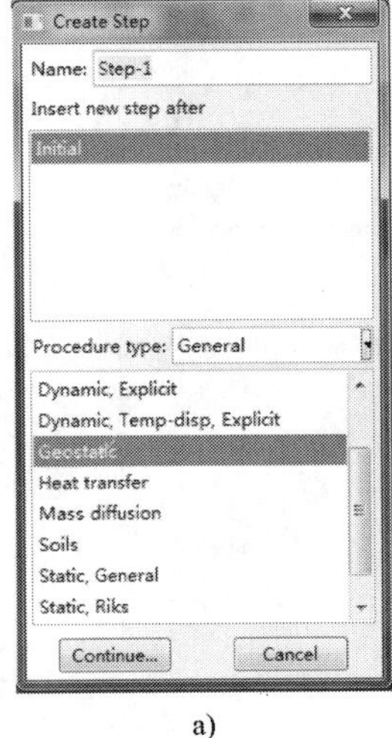

a)

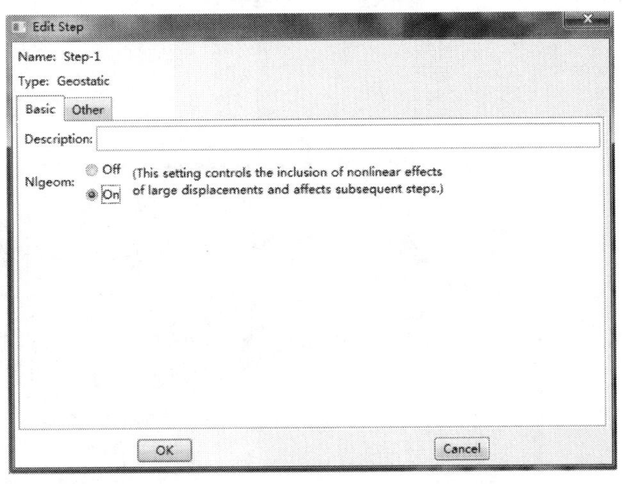

b)

图 4-91　创建和编辑分析步

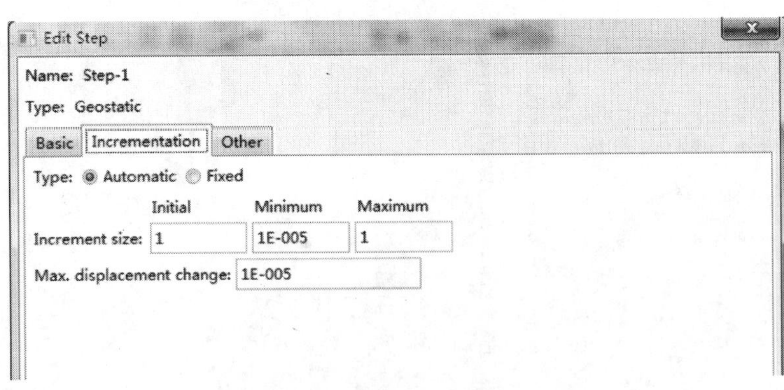

图 4-92　编辑分析步中参数的输入

(6)施加荷载和定义边界条件(Load)。

在 Module 选择 Load 模块，单击 定义边界条件，需要对模型的左、右、下底面定义边界条件，分别命名 BC-1、BC-2、BC-3，选择初始步（Initial），Displacement/Rotation，单击 Continue，选择左、右、下底面边界，单击 Done，分别选择 U1、U2（U1 是水平方向，U2 是竖直方向），单击 OK 完成边界条件的定义（图 4-93、图 4-94）。

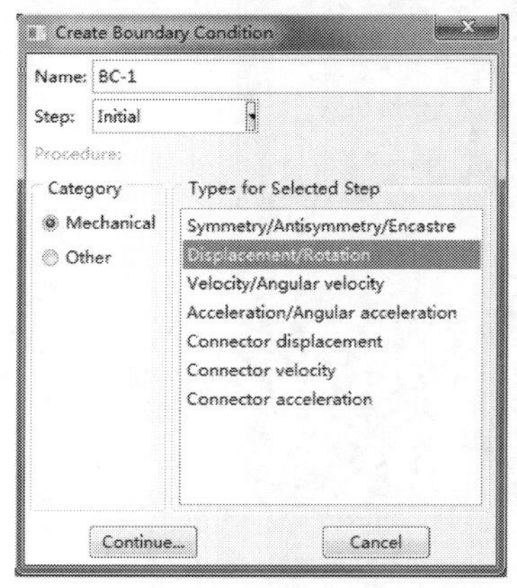

图 4-93　创建边界条件

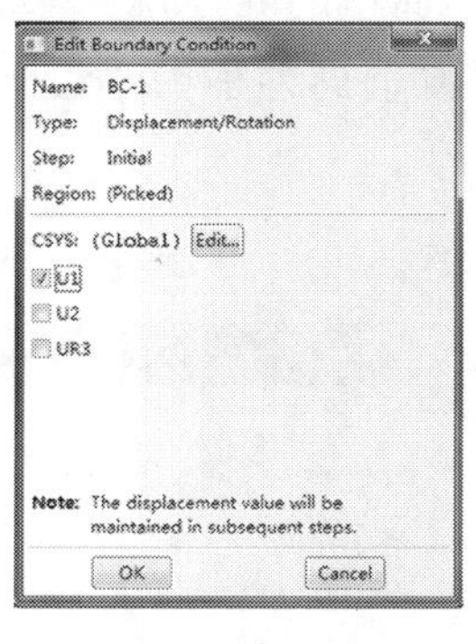

a)

b)

图 4-94　编辑边界条件

单击定义重力荷载，Name：Load-grv，选择 Step-1，Mechanical，Gravity，单击 Continue（图 4-95）。单击 Edit Region，选择整个模型，在 Component 2：中输入 -9.8（重力加速度），单击 OK（图 4-95、图 4-96）。

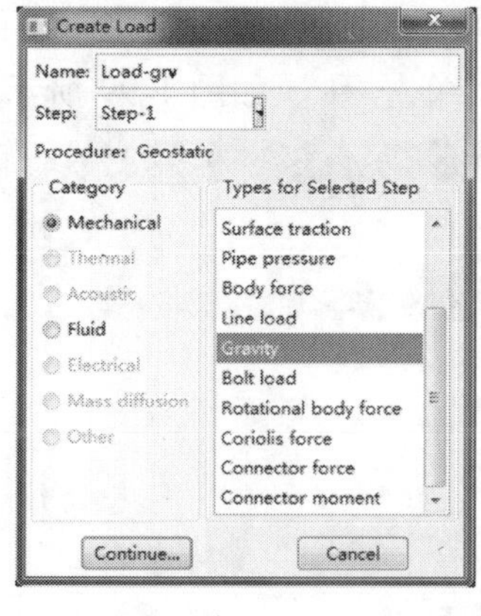

a)

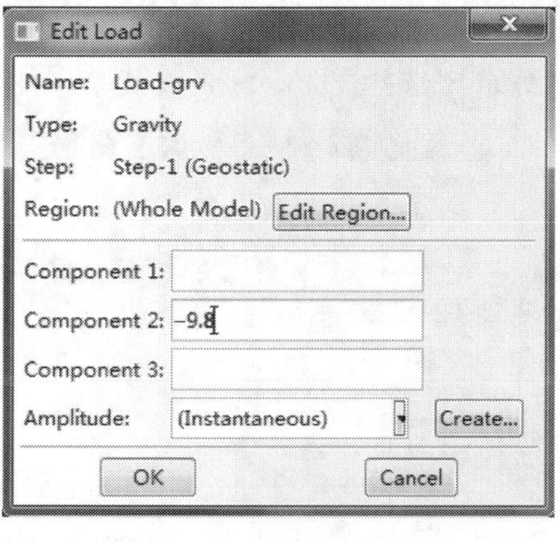

b)

图 4-95　施加重力荷载

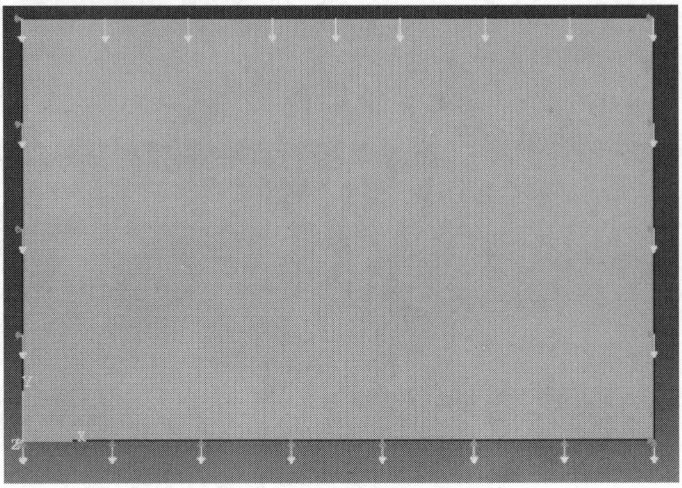

图 4-96　施加好的重力荷载

(7)划分网格(Mesh)(划分网格是一门艺术,本例只是简单的划分)。

在 Module 选择 Mesh 模块,单击 设定网格的种子,将全局种子大小设为 1,其余默认(图 4-97),单击 OK(图 4-97 ~ 图 4-100)。

单击 ,采用结构化四边形,单击 OK。如图 4-98 所示。

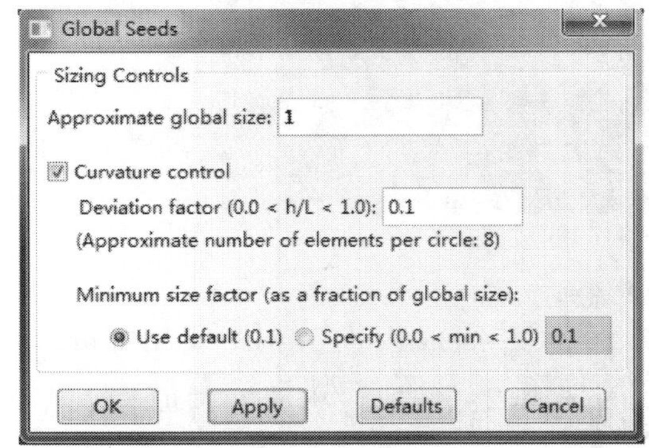

图 4-97　全局种子的设置

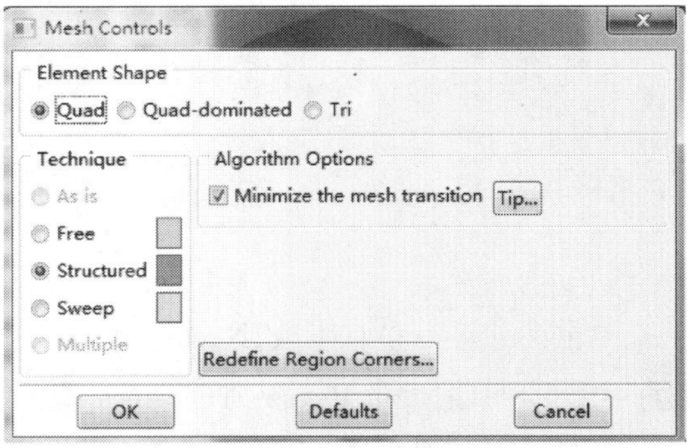

图 4-98　网格的控制

单击 ,Family 选择 Plane Strain,其余采用默认,单击 OK。如图 4-99 所示。

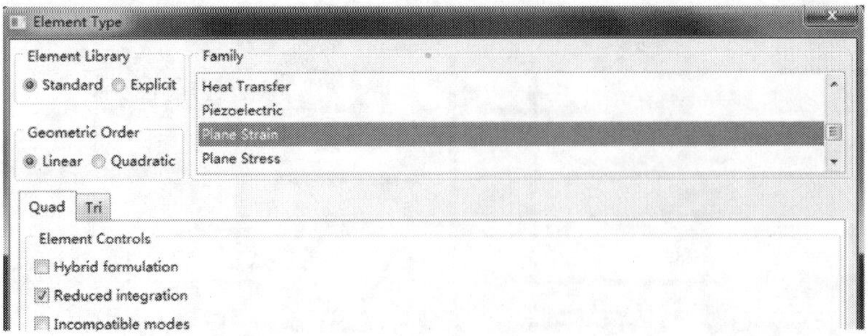

图 4-99　网格单元的设置

单击 ,单击 Yes,完成网格的划分,如图 4-100 所示。

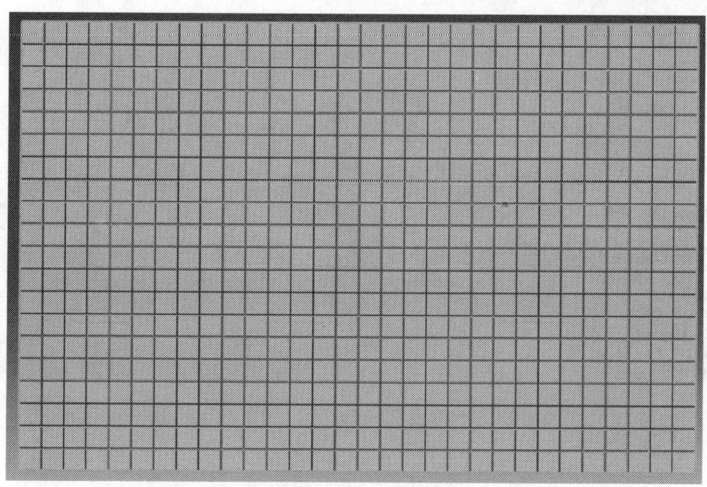

图 4-100　划分好的网格

(8)建立 Job,并提交;查看地应力平衡结果。

从结果图(图 4-101 ~ 图 4-103)中可以看到,土体的竖向位移精度达到 -6、-7 次方,可见效果明显。

(9)建立静力分析步,施加荷载 60kPa(图 4-104)。

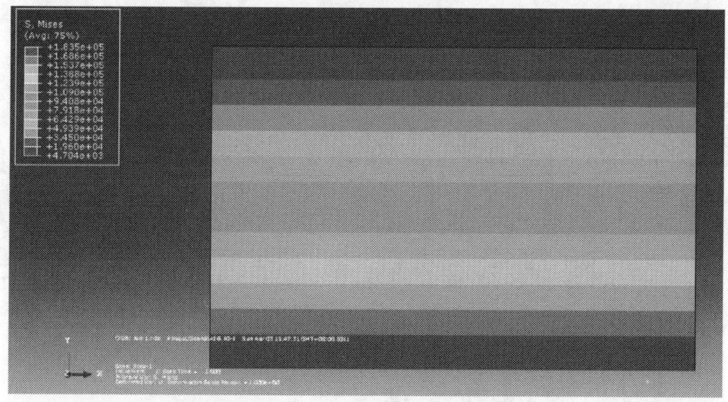

图 4-101　施加重力后的应力云图

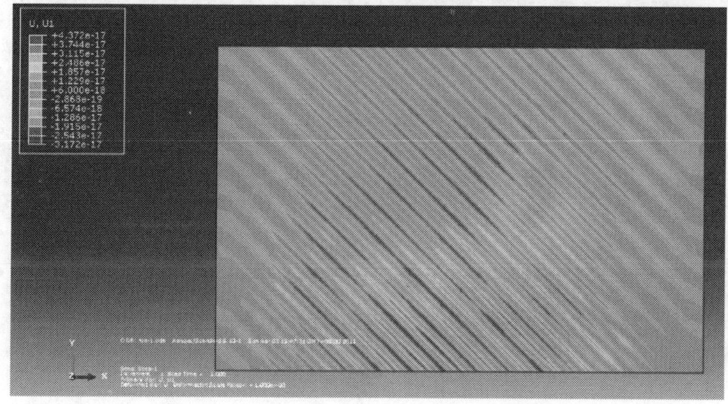

图 4-102　施加重力后的水平方向变形云图

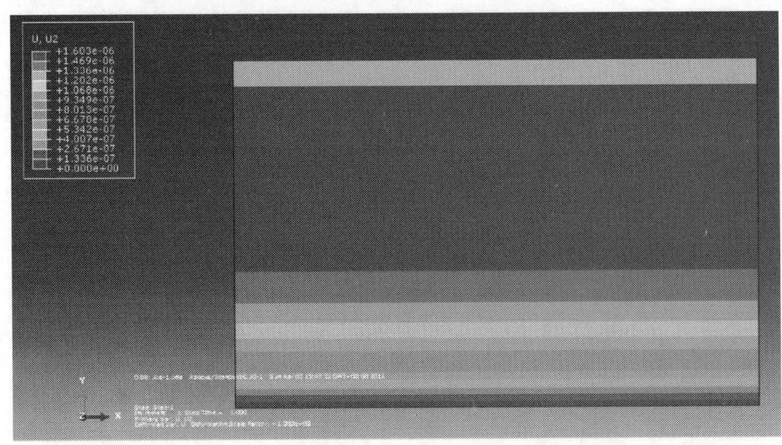

图 4-103　施加重力后的竖直方向变形云图

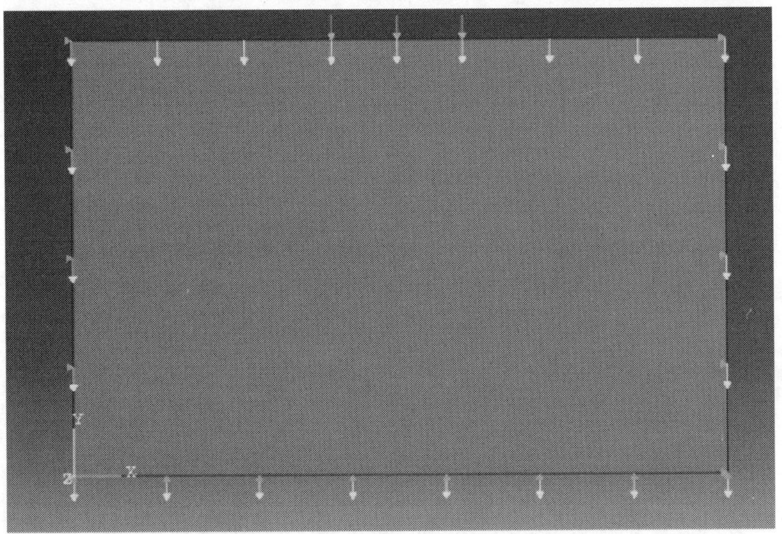

图 4-104　静力荷载的施加

(10)查看施加荷载后计算结果(图 4-105 ~ 图 4-108)。

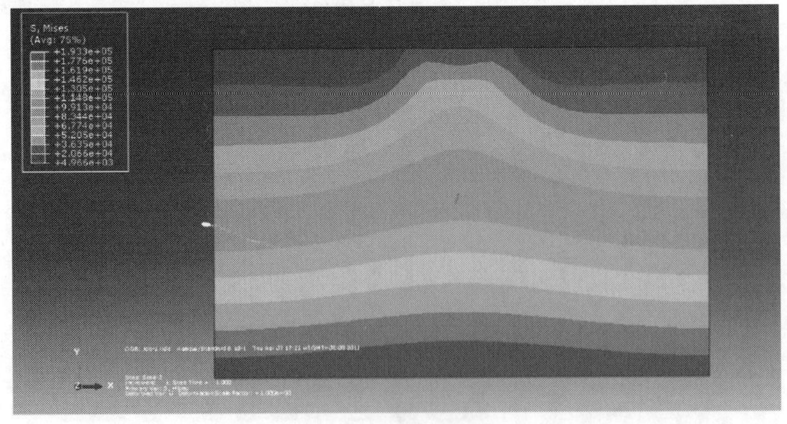

图 4-105　施加静载后的应力云图

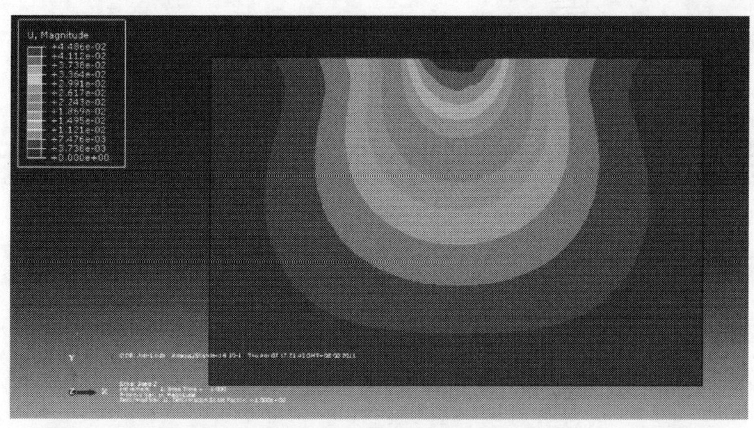

图 4-106　施加静载后的总位移云图

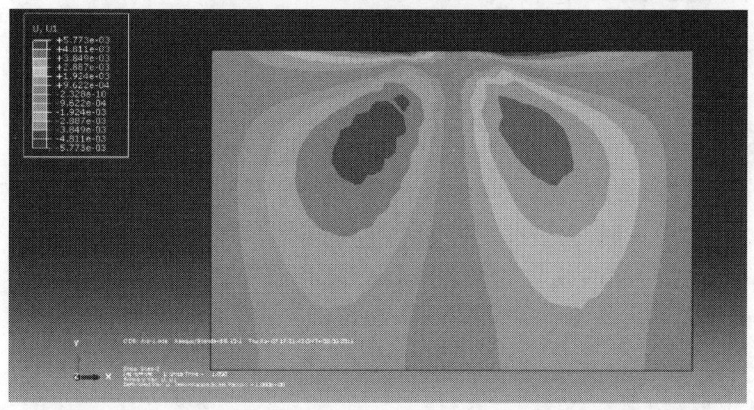

图 4-107　施加静载后的水平向位移云图

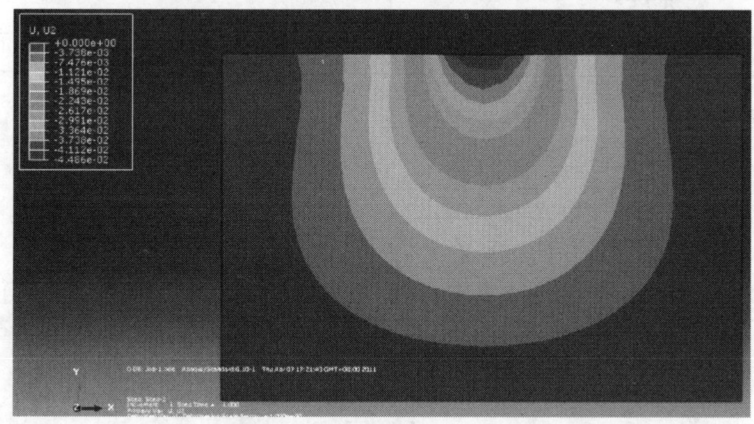

图 4-108　施加静载后的竖向位移云图

结论及应用领域说明:该模型操作完成后,就基本上熟悉和掌握了 ABAQUS 软件中自动地应力平衡中的应用,对于地表水平、地基中无结构物等简单情形,可采用此自动地应力平衡的操作。

第五章　ABAQUS在边坡、隧道、地下连续墙等中的应用实例

第一节　ABAQUS 在边坡工程中的应用实例(抗滑桩二维)

该应用实例和建立该模型的目的:使读者能将 ABAQUS 软件应用到边坡工程中(抗滑桩二维),熟悉和掌握 ABAQUS 软件在抗滑桩建模、边坡建模,抗滑桩和边坡土间的接触模型,抗滑桩边坡的地应力平衡,抗滑桩边坡的荷载施加、整个边坡的稳定性、求解和后处理等。

一、模型描述

某抗滑桩桩直径为1m,桩长为30m,入土深度大约为20m,桩底以下土体厚15m,地基坡度为3:5,地基上有相对软弱的滑移土体厚度为5m。地基宽度取50倍桩径,采用 Mohr-Coulomb 模型分析,在土体两侧的截断处限制 X 轴方向位移,即 U1 =0;在土体底端限制 Y 轴方向位移,即 U2 =0。有限元计算参数如表5-1所示,模型如图5-1所示。

各物理力学参数　　表5-1

名称	密度(kg/m³)	弹性模量(Pa)	泊松比	内摩擦角(°)	内聚力(kPa)	剪账角(°)	绝对塑性应变
桩	2500	3×10^{11}	0.2				
地基土	1400	3×10^{7}	0.3	30	200	0	0
滑移土	1200	2×10^{7}	0.35	25	50	0	0

二、具体操作步骤

(一)启动 Abaqus/CAE

在 Windows 操作系统中:开始→所有程序→ABAQUS CAE。

分别为创建模型数据库、打开数据库、运行脚本、入门指南。如图5-2所示。

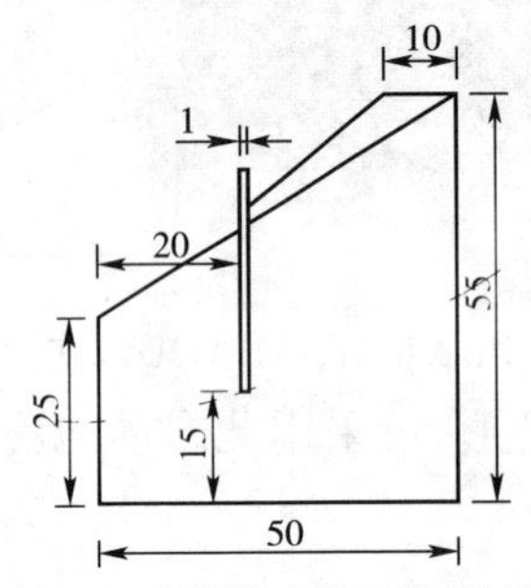

图5-1　抗滑桩有限元模型(尺寸单位:m)

图5-2　Start Session 对话框

(二)创建部件(Part)

进入绘图环境时默认的就是 Part 模块,单击左侧工具区中的(Create Part),弹出如图 5-3 所示的 Create Part 对话框,在对话框中依次输入:Name(部件名):foundation→Modeling Space(模型所在空间)设为 2D Planar→Type(Deformable)→其他参数不变。单击 Continue,ABAQUS 自动进入绘图环境→绘图:单击绘图工具箱中的画线工具,在绘图栏下面对话框中依次点击坐标(0,0)、(50,0)、(50,50)、(21,35.5)、(21,15)、(20,15)、(20,35)、(0,25)、(0,0)的位置,在视图区中双击鼠标中键完成对抗滑桩基础(foundation)的绘制,如图 5-4 所示。

创建桩 pile:单击绘图工具箱中的画线工具,输入坐标(20,15)、(21,45)。

创建滑移土体 soil 的部件:单击绘图工具箱中的画线工具输入坐标(50,50)、(40,50)、(21,40)、(21,35.5)、(50,50),如图 5-5、图 5-6 所示。

拆分草图:Part 中选中 pile 部件单击按钮进入绘图环境将桩与土接触的部分分开便于定义接触。单击输入坐标(-0.5,5)、(0.5,5.5),单击鼠标中间两次完成草图的拆分如图 5-7 所示。

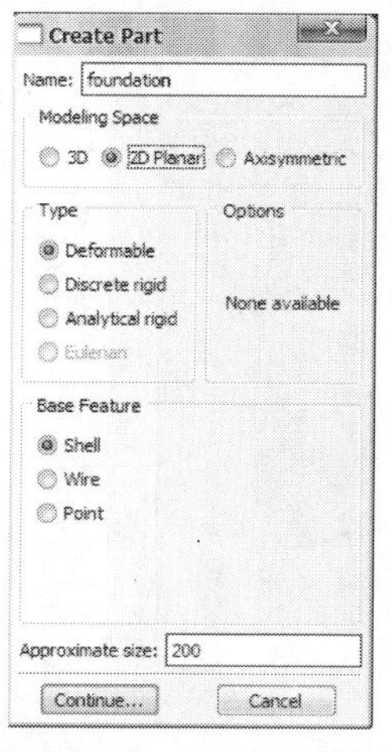

图 5-3 Create Part 对话框

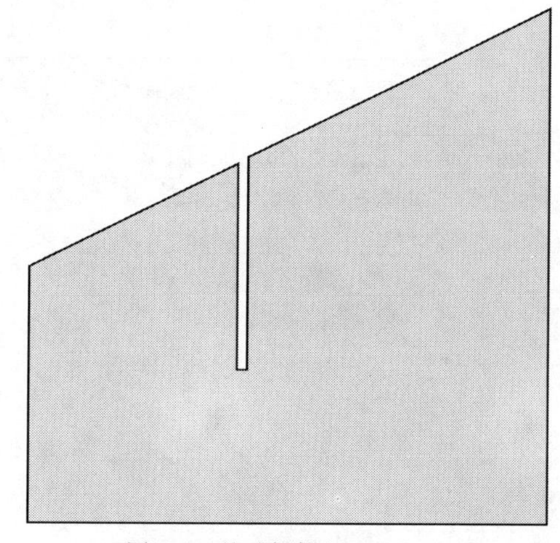

图 5-4 基础部件(foundation)

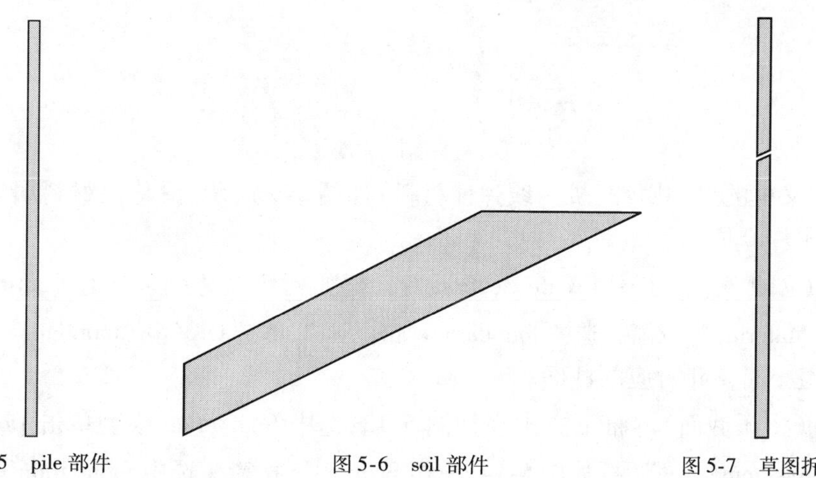

图 5-5 pile 部件

图 5-6 soil 部件

图 5-7 草图拆分

点击窗口顶部工具栏中的，键入 khz 作为文件名，保存模型。

（三）定义属性（Property）

点击出现 Edit Material 对话框如图 5-8 name 栏中输入 foundation，单击 General→Density定义材料密度，单击 Mechanical→Elasticty→Elastic 定义材料弹性模量和泊松比，单击 Mechanical→plasticity→Mohr coulomb Plasticity 在 Plasticity 选项卡中定义材料 Friction Angle（摩擦角）、Dilation Angle（剪账角——本模型为 0），Harding 选项卡中定义 Cohesion Yield Stress（黏聚力屈服应力）、Abs Plastic Strain（绝对塑性应变——本模型为 0），其余选项默认，单击 OK 按钮完成 foundation 属性的定义。

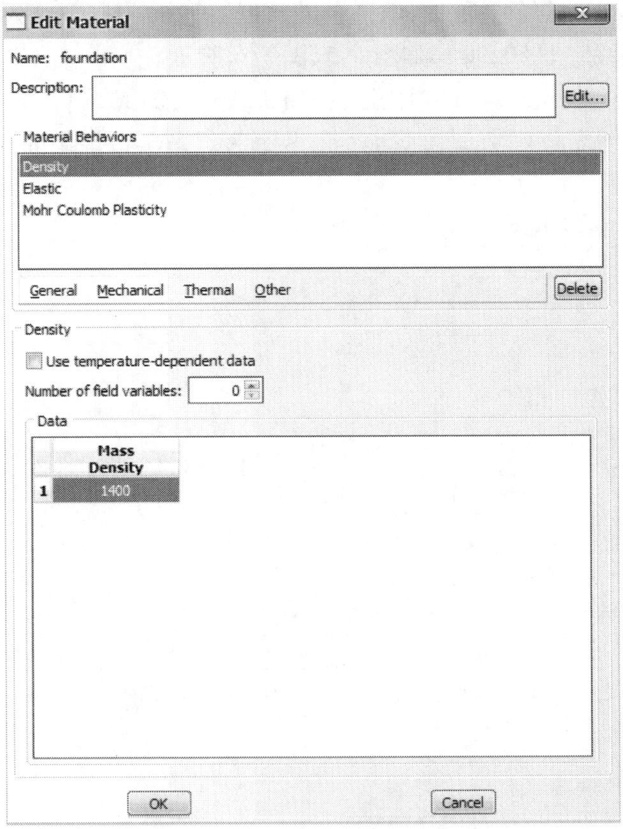

图 5-8　输入密度值

同理，定义桩的材料属性（桩为线弹性材料）如图 5-9 所示；滑移土材料属性（土为弹塑性模型）如图 5-10 所示。

单击（创建截面）出现 Create Section 对话框如图 5-11 所示；单击 Continue 出现 Edit Section 点击 Material 下拉箭头选中 foundation 如图 5-12，单击 OK 完成 foundation 截面的创建。

同理创建 pile、soil 对应的截面。

单击（指派截面）屏幕下方出现如图 5-13；选中 foundation 模型单击 Done 按钮出现 Edit Section Assignment 对话框如图 5-14，单击 Section 下拉箭头选中 foundation 单击 OK 按钮完成 foundation 截面的指派。

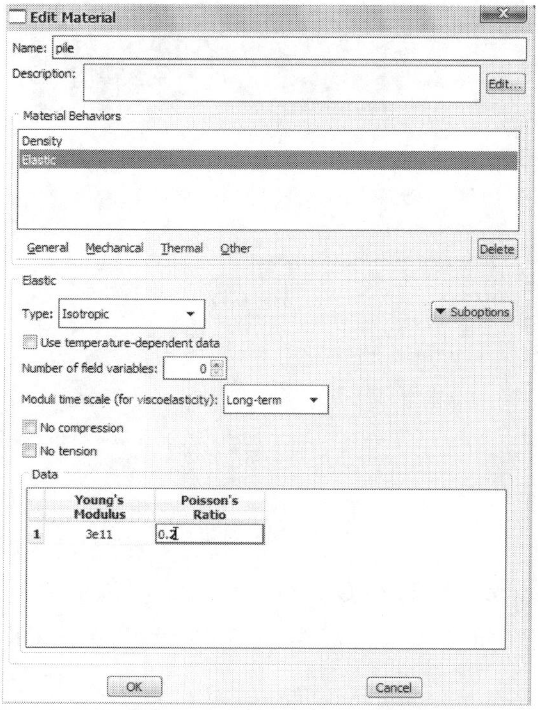

图 5-9 输入弹性模量和泊松比数值

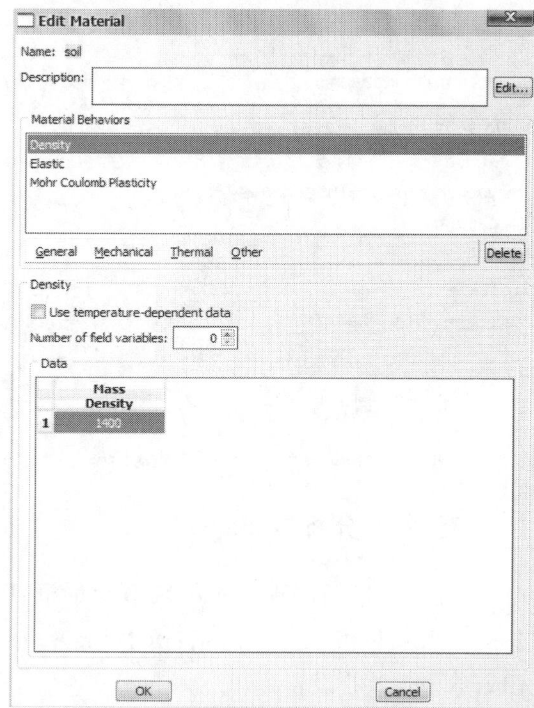

图 5-10 密度的输入

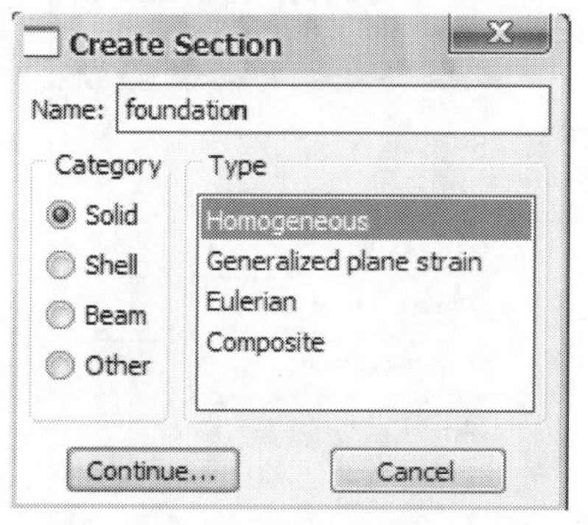

图 5-11 创建截面

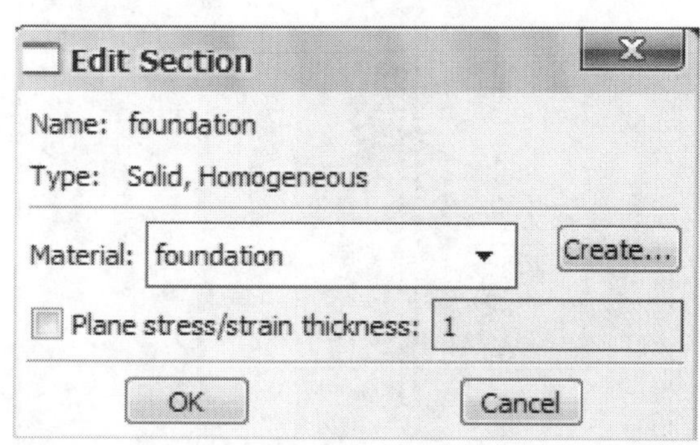

图 5-12 编辑截面

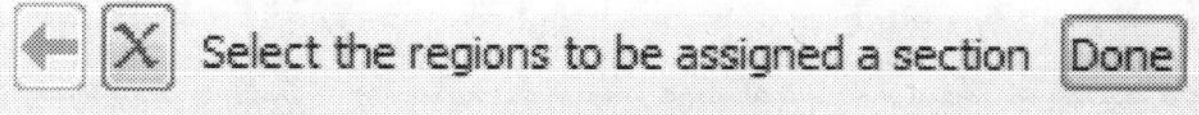

图 5-13 提示的语句

同理完成对 pile、soil 截面的指派。

(四)装配(Assembly)

点击按钮出现 Create Instance 对话框,选中 Parts 栏中的三个模型,如图 5-15 所示;其余选项默认单击 OK 完成部件的装配如图 5-16 所示。

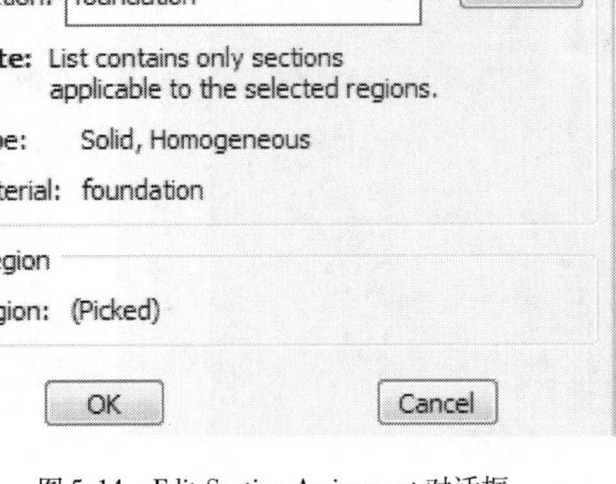

图 5-14　Edit Section Assignment 对话框

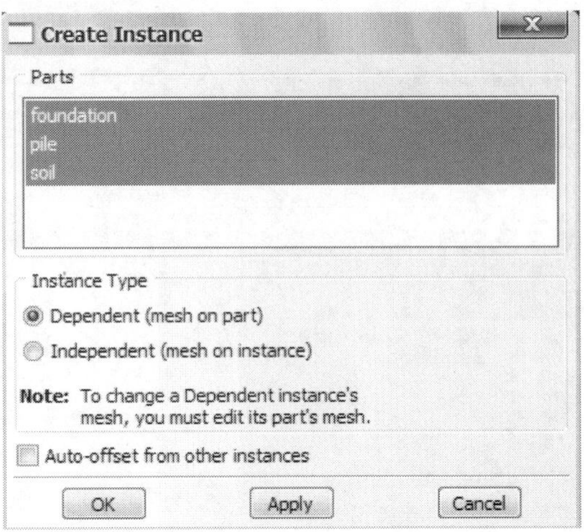

图 5-15　创建实体

(五)定义分析步(Step)

单击按钮出现 Create Step 对话框,Procedure type 选择 General→Geostatic(地应力),其余选项默认如图 5-17 所示;单击 Continue 出现 Edit Step 对话框,如图 5-18 设置,单击 OK 完成对 Step-1 的设置。

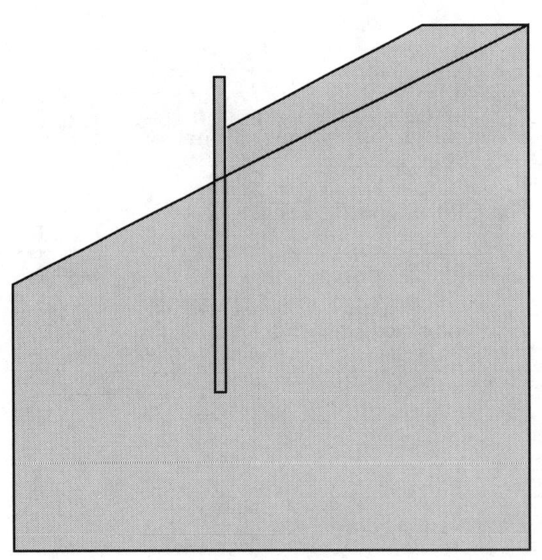

图 5-16　完成部件的装配

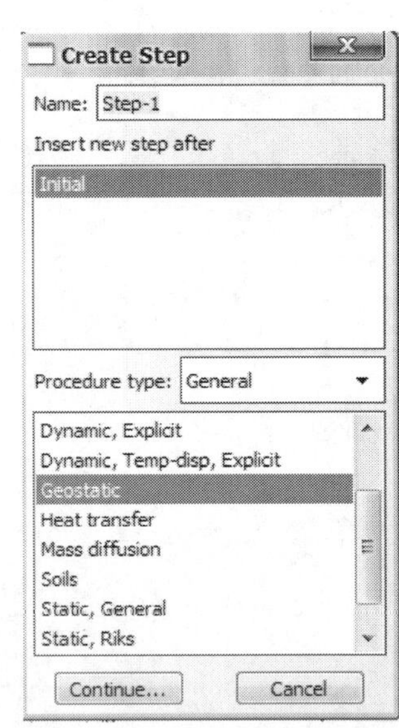

图 5-17　创建分析步

单击按钮右边的按钮出现 Field Output Request Manager 对话框如图 5-19 所示;单击右边的 Edit 按钮出现 Edit Field Output Request 对话框,Output variables 选项卡中选择 All,其余选择默认如图 5-20 所示,单击 OK 按钮完成 Field Output Request 的设置。

同理单击按钮右边的按钮,出现 History Output Request Manager 对话框,其余步骤同上操作完成 History Output Request 的设置。

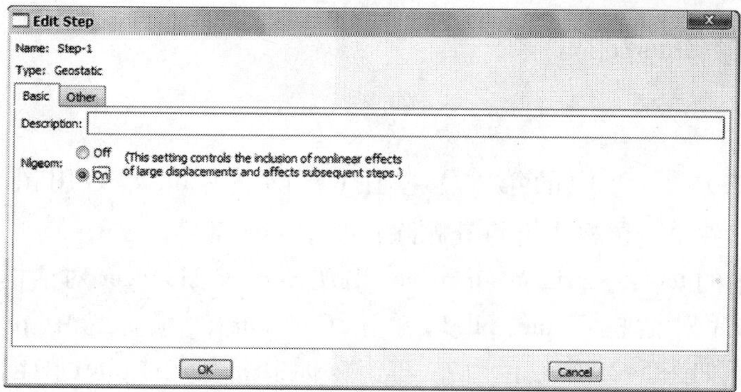

图 5-18　编辑分析步

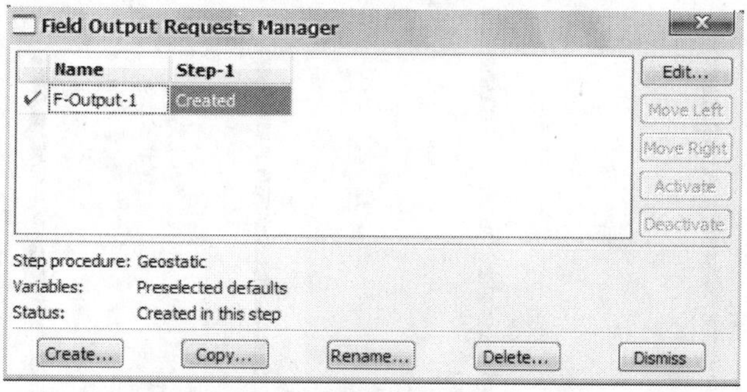

图 5-19　Field Output Request Manager 对话框

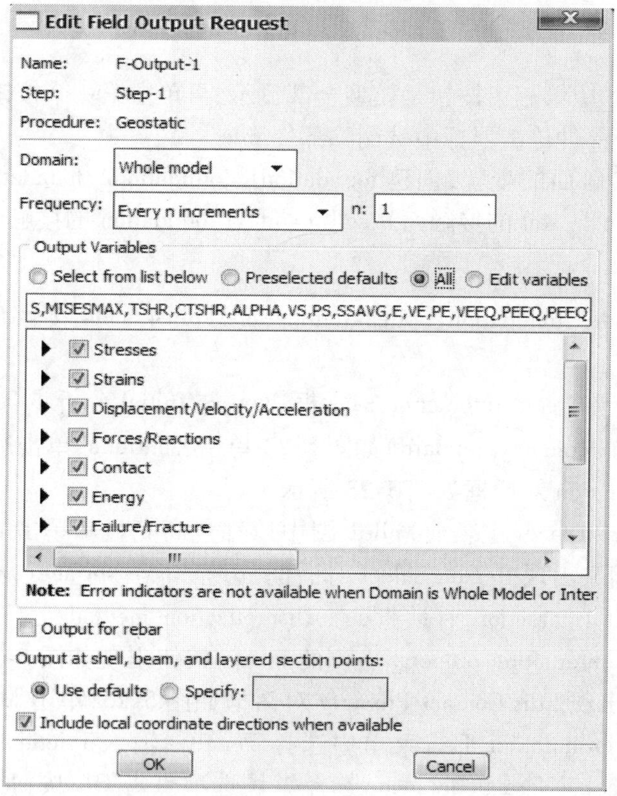

图 5-20　Edit Field Output Request 对话框

（六）定义接触（Interaction）

1. 定义面

点击图 中的第二个按钮（删除选中），然后用鼠标选中模型中的foundation和 soil 部件单击鼠标中键将其删除只剩下 pile 部件。

点击菜单栏中的 tools→surface→manager 出现 Surface Manager 对话框，单击 Create 按钮出现 Create Surface 对话框 Name：pile1，单击 Continue 用鼠标选中 pile 部件中左边与foundation的接触面如图 5-21 中红色边界，单击鼠标中键完成对 pile1 的创建。

重复上述操作创建 pile2：pile 与 foundation 底边接触面，pile3：pile 与 foundation 的右接触面，pile4：pile 与 soil 的接触面。如图 5-21 所示。

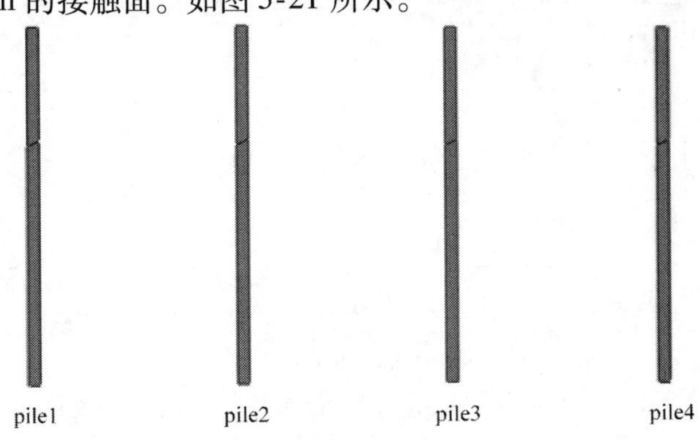

图 5-21　定义面

点击 中第三个按钮是模型全部显示，再单击第一个按钮（替换选中）用鼠标选中foundation和 soil 部件单击鼠标中键删除部件 pile。

重复上述创建接触面的步骤，创建 foundation1、foundation2、foundation3、soil4，同时创建foundation5（foundation 与 soil 的接触面）、soil5（soil 与 foundation 的接触面）。

2. 定义接触

用按钮设置 pile1-foundation1、pile3-foundation3、pile4-soil4 接触面属性，以 pile1-foundation1 为例。

单击按钮，出现 Create Interaction 对话框，step 选 Initial 分析步 Types for Selected Step 选择 Surface-to-surface contact（standard）如图 5-22 单击 Continue，单击屏幕右下方的 Surfaces... 按钮出现 Region Selection 对话框如图 5-23 所示。

首先选择 master surface（主表面）pile1 图中以红色高亮显示单击 continue，再单击屏幕下方的 Surface 按钮又出现 Region Select 对话框，选择 slave surface（从属面）foundation1 单击 continue 出现 Edit Interaction 对话框，在 Discretization method 下拉菜单选择 Surface to Surface，单击 Contact interaction property 右侧的 create 按钮出现如图 5-24 对话框；所有选项默认，单击 continue 出现 Edit Contact Property 对话框如图 5-25，单击 Mechanical→Tangential Behavior，在 Friction formulation 下拉菜单中选择 Penalty，输入 Friction Coeff（摩擦系数）值 0.4，再单击 Mechanical→Normal Behavior 选择默认选项点击 OK 按钮完成设置。此时 Edit Interaction 对话框如图 5-26 所示，单击 OK 按钮完成对接触属性的设置。

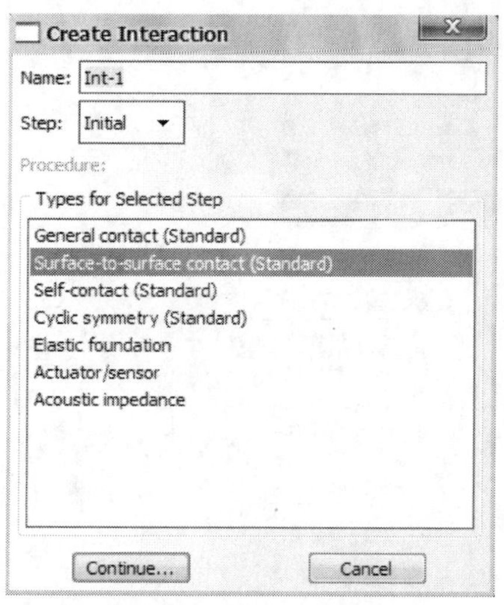

图 5-22　创建相互作用

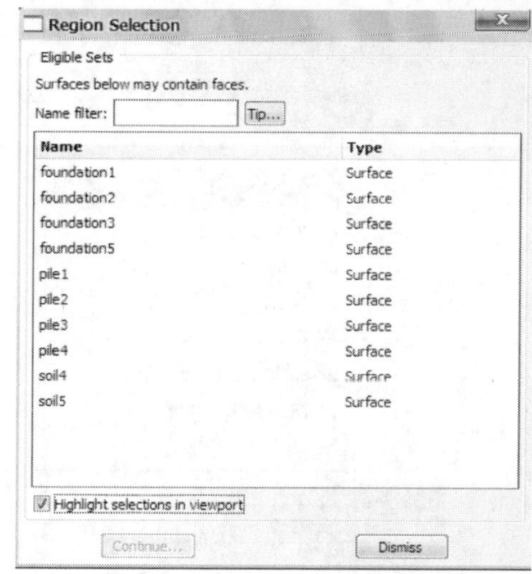

图 5-23　Region Selection 对话框

重复上述步骤完成对 pile3-foundation3、pile4-soil4 的设置。

用按钮设置 pile2-foundation2、foundation5-soil5 的接触属性，以 pile2-foundation2 为例。

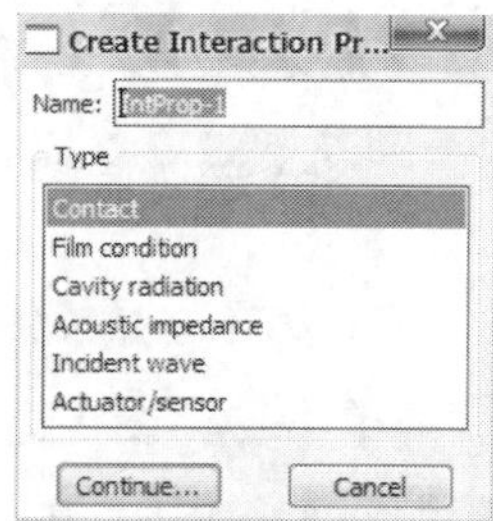

图 5-24　选择 Contact

单击按钮出现如图 5-27 对话框，Type 选择 Tie 单击 Continue 再单击品目下方的 Surface 按钮选择 pile2 为主表面，再单击 Surface 选择 foundation2 为从表面，单击 Continue 出现 Edit Constraint 对话框(图 5-28)，在 Discretization method 下拉菜单选择 Surface to surface，其余选项默认如图 5-28 所示。

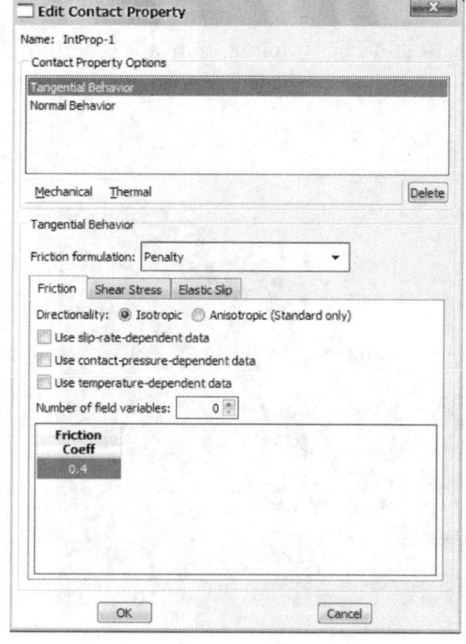

图 5-25　Edit Contact Property 对话框

图 5-26　编辑相互作用

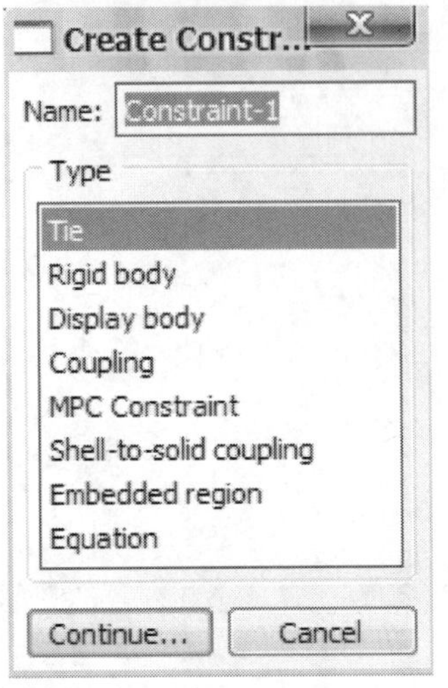

图 5-27　创建约束

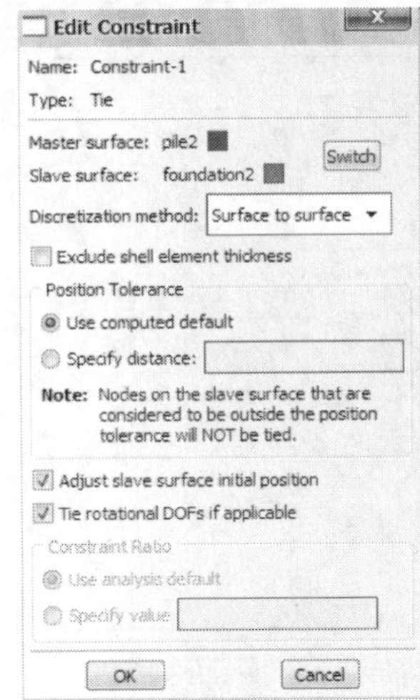

图 5-28　编辑约束

重复上述步骤,完成对 foundation5-soil5 接触面属性的设置。

(七)定义荷载(Load)

1. 设置边界条件

单击(设置边界条件)按钮,出现 Create Boundary Condition 对话框(图 5-29),Name 中输入 x(约束 x 方向的位移),Step 中选 Initial,Category 选 Mechanical,Type for Selected Step 选择 Displacement/Rotation 如图 5-29 所示;单击 Continue 按住 Shift 键选中 foundation 部件的左右两个边界如图 5-30 红色边界单击鼠标中键出现 Edit Boundary Condition 对话框勾选 U1 单击 OK 完成设置如图 5-31 所示。

重复上述步骤,Name 中输入 y(约束 y 方向的位移),选择 foundation 部件底边单击鼠标中键 Edit Boundary Condition 对话框勾选 U2 单击 OK 完成设置。

边界条件设置完毕,如图 5-32 所示。

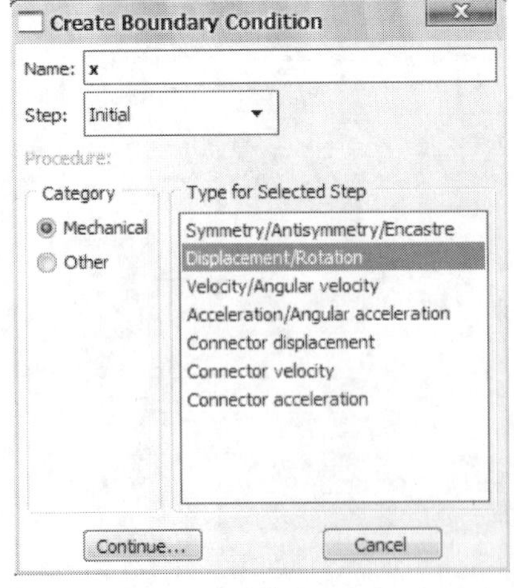

图 5-29　创建边界条件

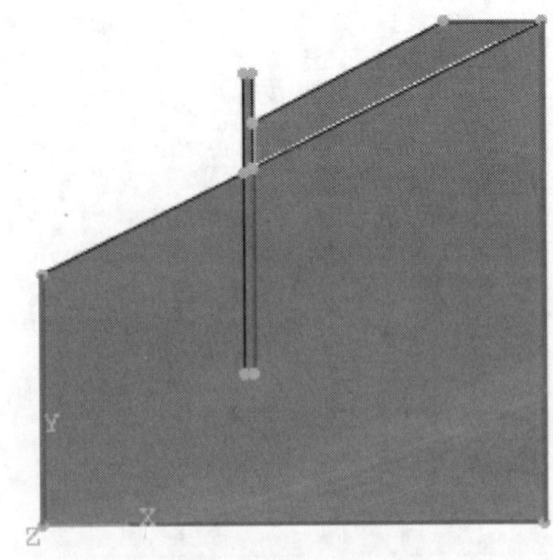

图 5-30　选中红色边界

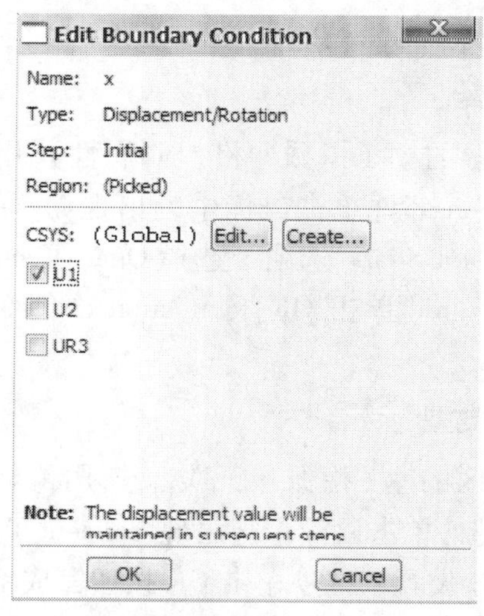

图 5-31　编辑边界条件

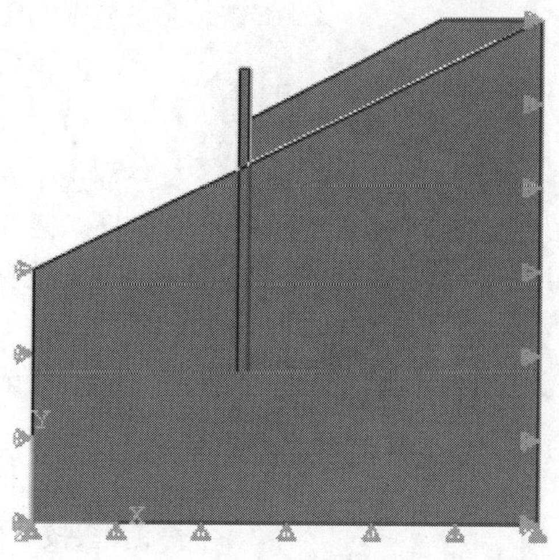

图 5-32　设置好的边界条件

2. 施加重力荷载

单击按钮出现 Create Load 对话框 Step 下拉菜单选择 Step-1，Type for Selected Step 选择 Gravity 如图 5-33 所示；单击 Continue 出现 Edit Load 对话框，单击对话框中的 Edit Region... 按钮选中整个模型单击鼠标中键，component 2：输入 −9.8 如图 5-34 所示；点击 OK 按钮完成重力的施加如图 5-35 所示。

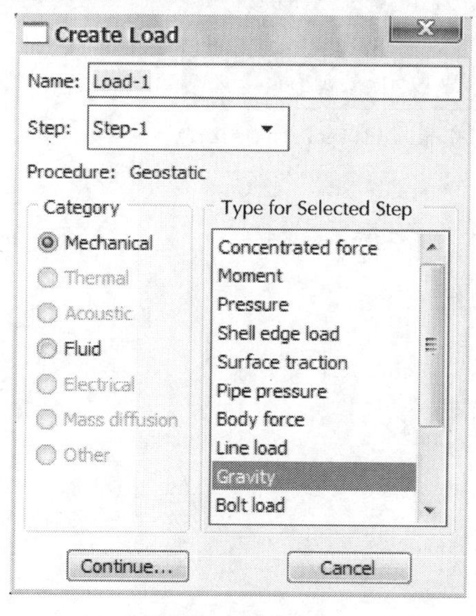

图 5-33　创建重力

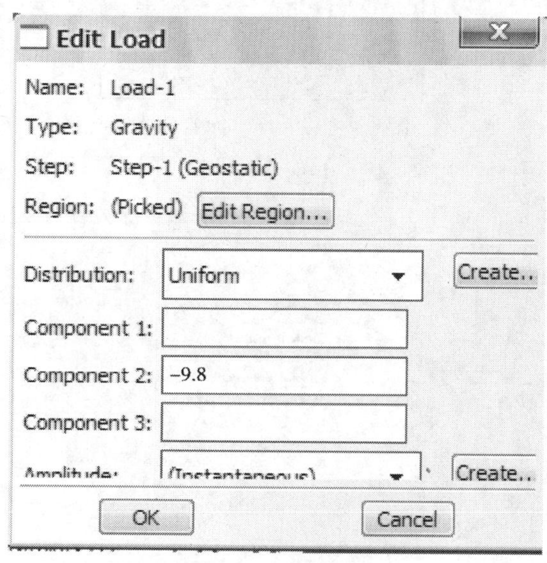

图 5-34　编辑重力

（八）划分网格（Mesh）

1. 分割草图

首先将 Object 选项选中 Part，下拉菜单选中 foundation 部件，单击工具箱区的（草图分割）进入绘图环境，将 foundation 部件分割为如图 5-36 所示（草图分割是为了将图形划分为比

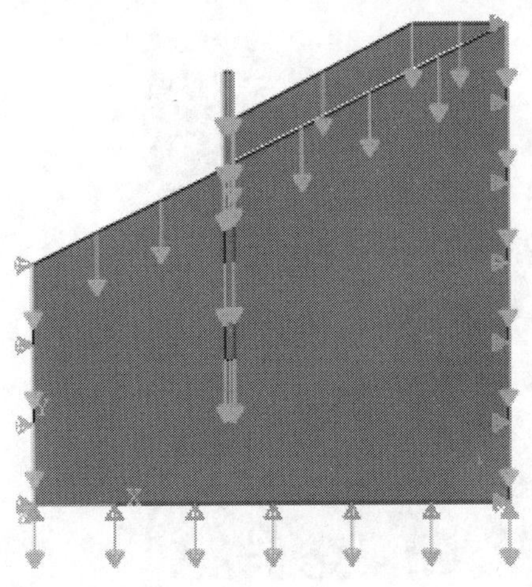

图 5-35　重力的施加

较规则的图形有利于网格的划分)。

2. 设置网格属性

单击工具箱区的(指派网格控制属性),用鼠标全部选中 foundation 部件单击鼠标中键出现 Mesh Controls 对话框,Element Shape 选项卡选择 Quad,Technique 选项卡选择 Structured 单击 OK,foundation 部件变为绿色如图 5-37 所示。

3. 设置单元类型

单击工具箱区的(指派单元类型),用鼠标全部选中 foundation 部件单击鼠标中键出现 Element Type 对话框,按如图 5-38 设置个选项单击 OK 按钮完成单元类型的设置。

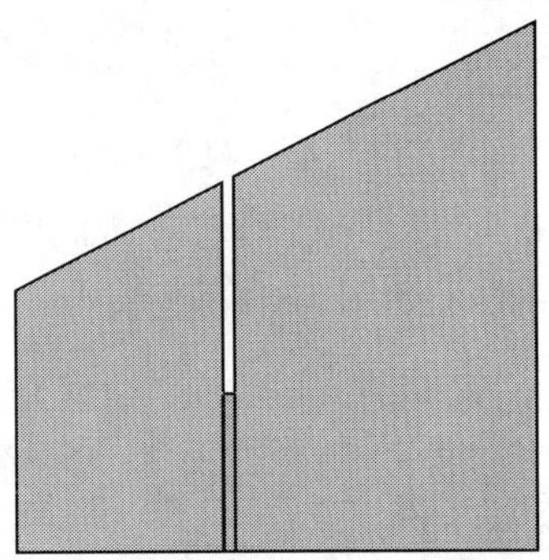

图 5-36　将 foundation 部件分割

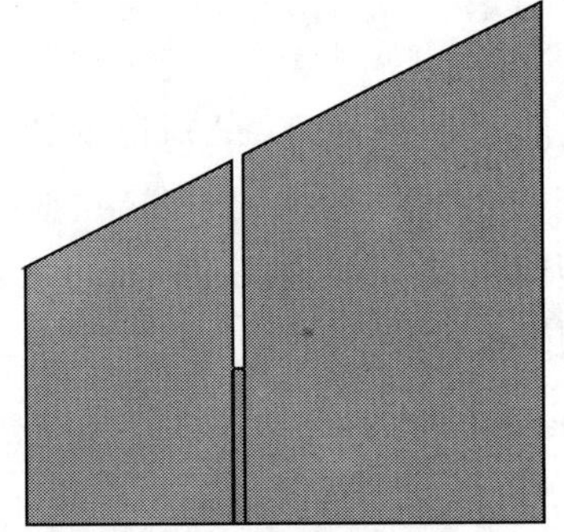

图 5-37　将 foundation 部件变为绿色

Element Type

Element Library: Standard / Explicit

Family: Plane Strain / Plane Stress / Pore Fluid/Stress / Thermal Electric

Geometric Order: Linear / Quadratic

Quad | Tri

Element Controls

Hybrid formulation

Reduced integration

Incompatible modes

Hourglass stiffness: Use default / Specify

Viscosity: Use default / Specify

Second-order accuracy: Yes / No

Distortion control: Use default / Yes / No

Length ratio: 0.1

Hourglass control: Use default / Enhanced / Relax stiffness / Stiffness / Viscous / Combined

Stiffness-viscous weight factor: 0.5

Element deletion: Use default / Yes / No

Max Degradation: Use default / Specify

Displacement hourglass scaling factor: 1

Linear bulk viscosity scaling factor: 1

Quadratic bulk viscosity scaling factor: 1

CPE4R: A 4-node bilinear plane strain quadrilateral, reduced integration, hourglass control.

Note: To select an element shape for meshing, select "Mesh->Controls" from the main menu bar.

OK　Defaults　Cancel

图 5-38　Element Type 对话框

4. 为部件布种

单击工具箱区的（为部件实例布种）出现 Global Seed 对话框，在 Approximate global size 右边输入 0.5。

5. 划分网格

单击工具箱区的（为部件实例划分网格），单击鼠标中键完成对 foundation 网格的划分如图 5-39 所示。

Part 下拉菜单选择 pile，重复上述步骤为 pile 部件划分网格，在布种是在 Approximate global size 右边输入 1，其他步骤与 foundation 部件相同。

Part 下拉菜单选择 soil，为 soil 部件划分网格，网格属性 Mesh Controls 对话框中的 Technique 选项卡选择 Free，其他步骤与 foundation 相同。

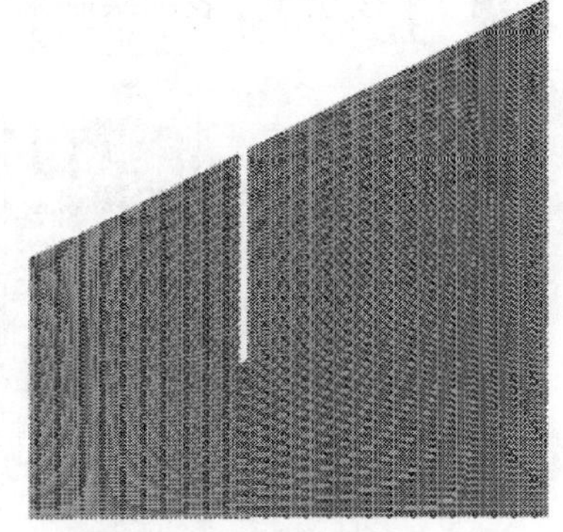

图 5-39　foundation 网格的划分

（九）作业（Job）

单击工具箱区（创建作业）出现 Create Job 对话框，Name 命名为 khz，单击 continue 出现 Edit Job 对话框各选项均选择默认，单击 OK 按钮出现 Job Manager 对话框如图 5-40 所示；单击 Submit 按钮开始提交工作，如果工作中断则单击 Monitor 进入监控器看错误的内容并进行相应的修改重新提交作业，如果工作成功完成则单击 Results 进入 Visualization（可视化）查看结果云图，如图 5-41 所示。

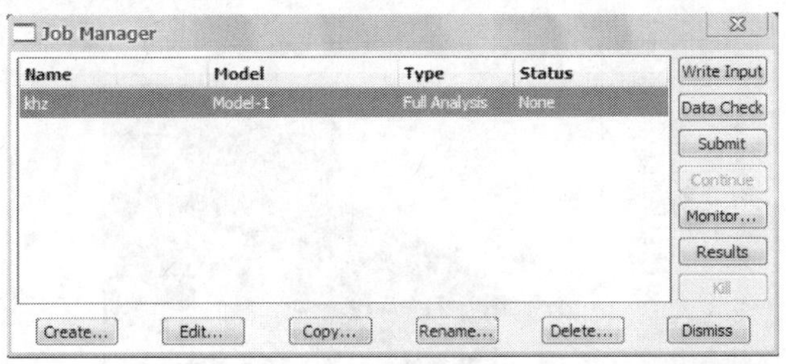

图 5-40　Job Manager 对话框

图 5-41　查看结果云图

（十）可视化（Visualization）

单击工具箱区的（绘制变形云图），出现应力云图如图5-42。鼠标点住按钮不放会出现三个按钮，表示绘制未变形的云图，表示变形云图与未变形云图的叠加。

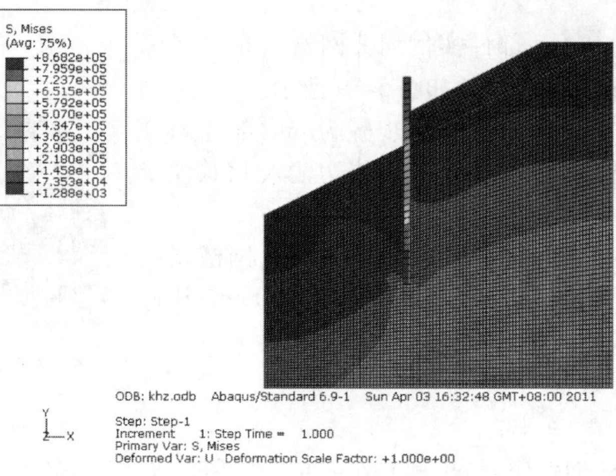

图5-42 应力云图

单击工具箱区的按钮出现Common Plot Options对话框，在Visible Edges中选择Free edges，点击OK按钮可以消除网格如图5-43（此操作不能在变形云图与未变形云图叠加的基础上进行）。

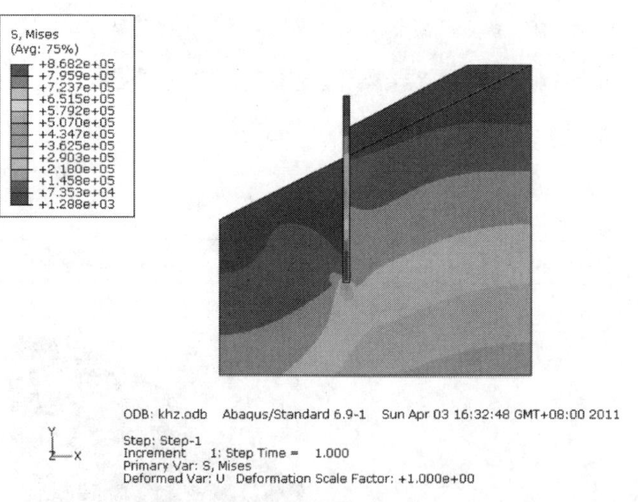

图5-43 消除网格

将菜单栏中场输出对话框中的S下拉菜单选为U如图5-44所示，可以得到位移的变形云图如图5-45所示。

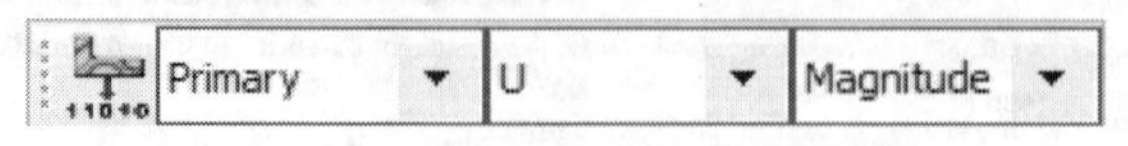

图5-44 S下拉菜单选为U

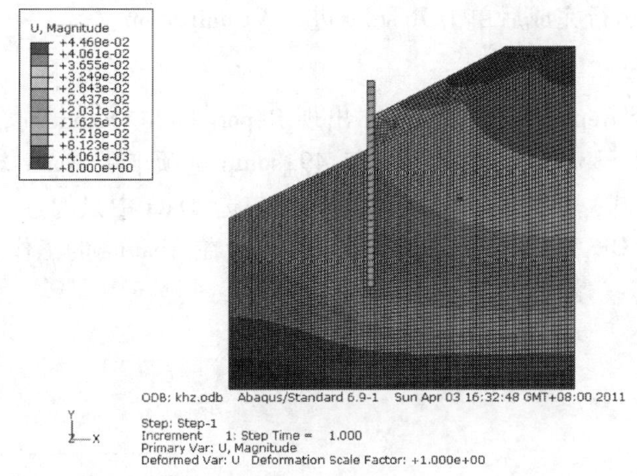

图 5-45　变形云图

在以上基础上单击 按钮，出现 Contour Plot Options 对话框，将 Basic 选项卡中的 Contour Type 选 Line 选项，如图 5-46，单击 OK 按钮查看位移的等值线图；如图 5-47 是位移的等值线图。重复上述操作可以查看应力的等值线云图。

图 5-46　Contour Type 选 Line 选项

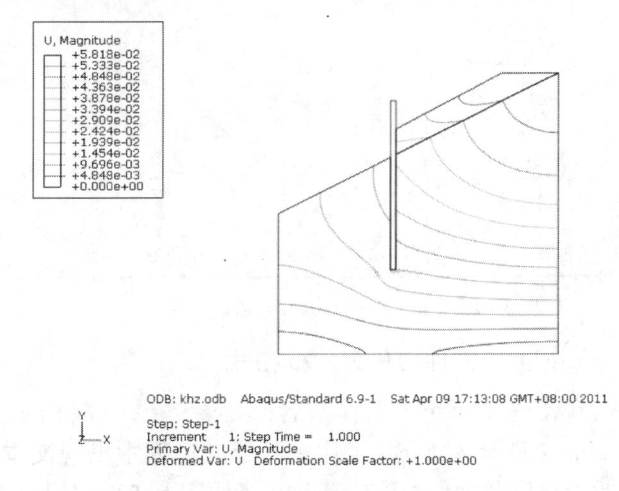

图 5-47　位移的等值线图

(十一)地应力平衡

1. 输入命令

重复上述建立模型的步骤，在 Submit(提交作业)之前在命令行中输入 mdb. models['Model-1']. setValues(noPartsInputFile = ON)(请严格按照这个格式注意字母的大小写)如图 5-48，敲击回车键。

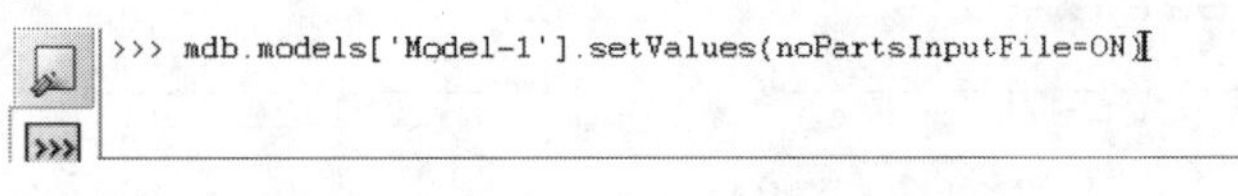

图 5-48　命令的输入

然后提交作业，运行完成后单击 Results 进入 Visualization。

2. 输出 inp 文件

在菜单栏中选择 Report→Field Output 出现 Report Field Output 对话框，Variable 选项卡选择 S 下的 S11、S22、S33、S12 子选项如图 5-49；setup 选项卡中 Name 输入 XX. inp（注意输出文件格式为 inp 格式），取消对 Append to file 的勾选，Data 中只勾选 Field output 其余选项默认如图 5-50，单击 OK 完成 inp 文件的输出，其位置在 Abaqus 的工作目录下。

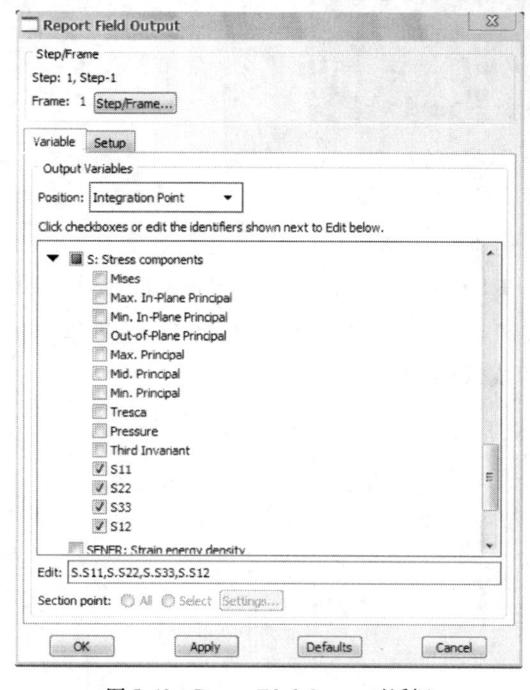

图 5-49　Report Filed Output 对话框

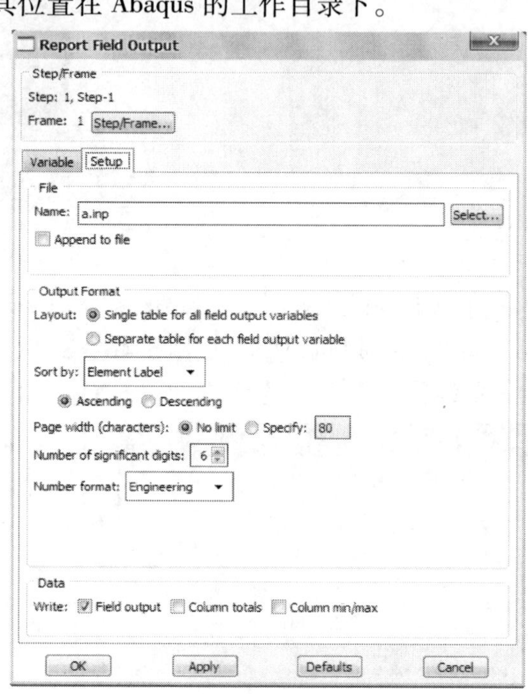

图 5-50　Data 中只勾选 Field output

3. 把 inp 文件转化为 cvs 格式

新建一个 Excel 工作表，单击菜单栏中数据→导入外部数据→导入数据将输出的 XX. inp文件导入 Excel 工作表。导入过程中出现文本导入向导对话框，如图 5-51 将固定宽度改为分隔符号；单击下一步出现如图 5-52，同时勾选空格与 Tab 键（T）两个选项，单击下一步→完成→确定，数据导入完毕。

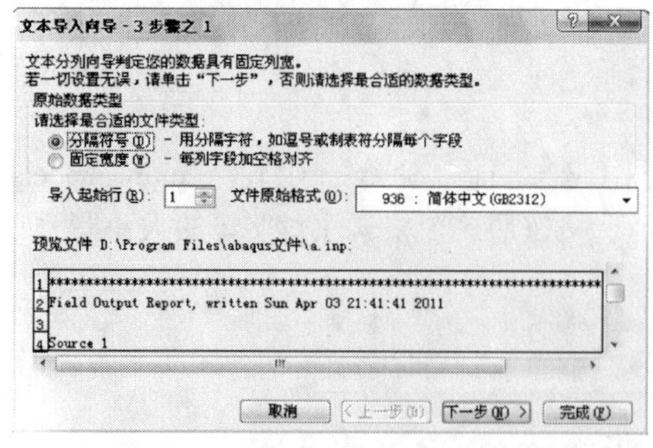

图 5-51　将固定宽度改为分隔符号

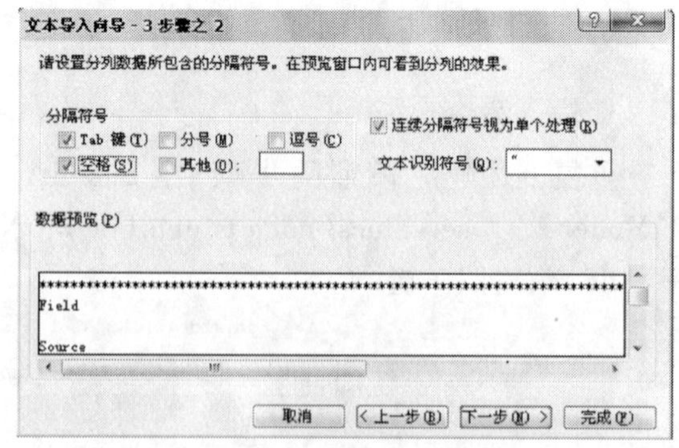

图 5-52　勾选空格与 Tab 键

删除没有数据的行和列以及只有数据 1 的一列，剩下的数据如图 5-53 所示。

	A	B	C	D	E	F
1	1	-2.32E+05	-5.47E+05	-2.34E+05	-939.307	
2	2	-2.31E+05	-5.51E+05	-2.34E+05	-638.629	
3	3	-2.29E+05	-5.54E+05	-2.35E+05	-850.946	
4	4	-2.28E+05	-5.58E+05	-2.36E+05	-583.027	
5	5	-2.27E+05	-5.61E+05	-2.36E+05	-726.343	
6	6	-2.26E+05	-5.64E+05	-2.37E+05	-552.911	
7	7	-2.25E+05	-5.67E+05	-2.38E+05	-578.512	
8	8	-2.24E+05	-5.70E+05	-2.38E+05	-546.415	
9	9	-2.23E+05	-5.73E+05	-2.39E+05	-422.261	
10	10	-2.22E+05	-5.75E+05	-2.39E+05	-557.697	
11	11	-2.21E+05	-5.78E+05	-2.40E+05	-271.81	
12	12	-2.20E+05	-5.80E+05	-2.40E+05	-578.906	
13	13	-2.20E+05	-5.82E+05	-2.41E+05	-138.644	
14	14	-2.19E+05	-5.85E+05	-2.41E+05	-602.173	
15	15	-2.19E+05	-5.87E+05	-2.42E+05	-30.2253	
16	16	-2.18E+05	-5.89E+05	-2.42E+05	-621.113	
17	17	-2.18E+05	-5.90E+05	-2.42E+05	50.2593	
18	18	[illegible]	[illegible]	[illegible]	[illegible]	

图 5-53　剩下的数据

注意：不止工作表的开始有需要删除的行，在其中间部分也有，要把没有数据的行和列完全删除，否则 Abaqus 读取数据时会出现问题。

表格处理完后将处理好的数据另存为 XX. cvs 格式（cvs 格式在保存格式类型下拉选项中可以找到），出现的对话框一律选择"确定"按钮（其保存目录为 Abaqus 的工作目录）。

4. 编辑关键字做地应力平衡

单击 Abaqus 菜单栏中的 Modle→Edit keywords→model-1（这是模型的名字），在材料属性后面加上：* initial conditions，type = stress，input = xx. csv 如图 5-54 单击 OK。

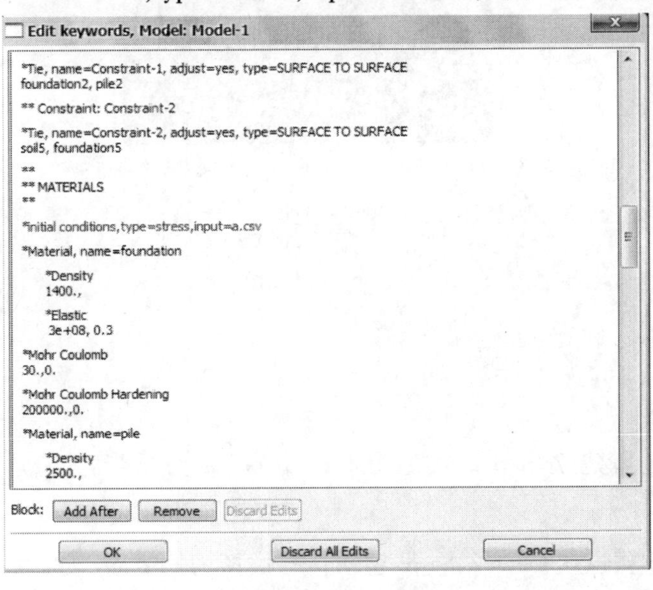

图 5-54　Edit keywords 框图

重新提交作业点击 Submit 按钮。如果运行成功，则地应力平衡完成。

点击 Results 按钮查看应力云图与位移云图，一般的要位移的数量级在 10^{-3} 以下。位移云图如图 5-55 所示；应力云图如图 5-56 所示。

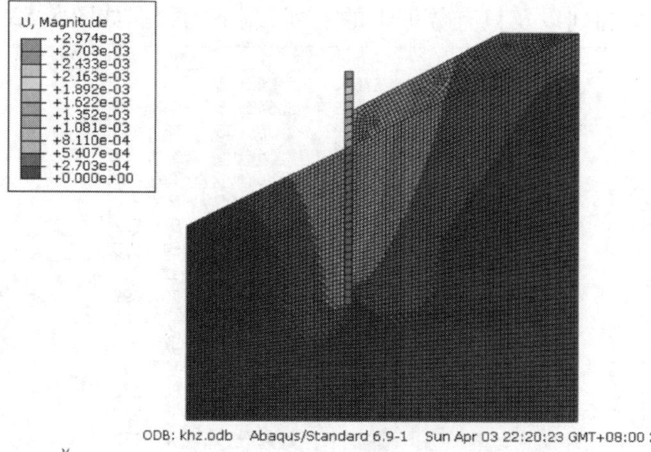

图 5-55 位移云图

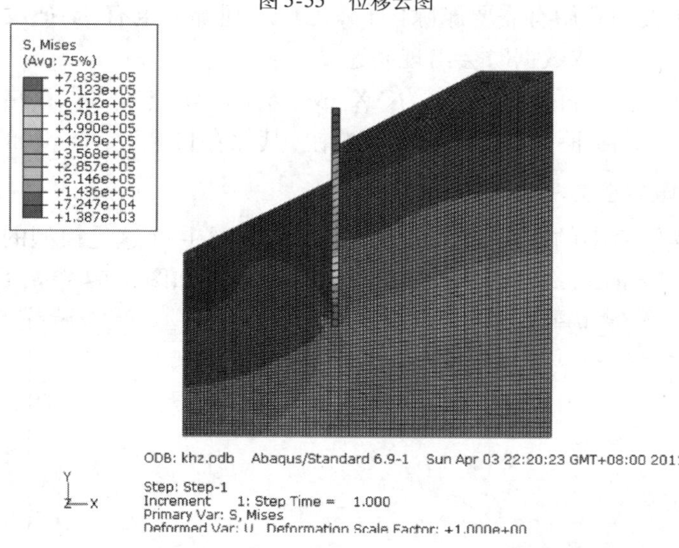

图 5-56 应力云图

（十二）后处理

1. 增加 Step-2

重复上述操作步骤建立 Step-2，类型为 Static，General 分析步，其余选项默认。

2. 增加荷载

重复上述操作步骤建立 Load-2，Step 为 Step-2，类型为 Pressure 如图 5-57，单击 Continue；选择 soil 部件顶端的水平边为施力边，单击鼠标中键出现 Edit Load 对话框，在 Magnitude 中输入 100000N 如图 5-58 所示。同理，建立 Load-3 在桩顶右顶点施加 X 轴负方向 100000N 的力。

图 5-59 所示为全部施加后的效果图。

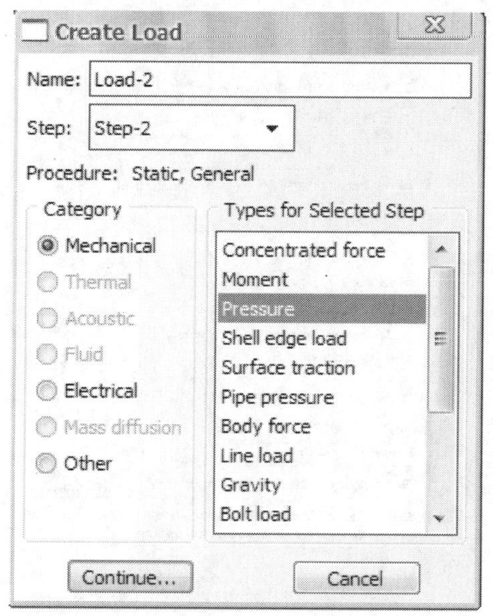

图 5-57　类型为 Pressure

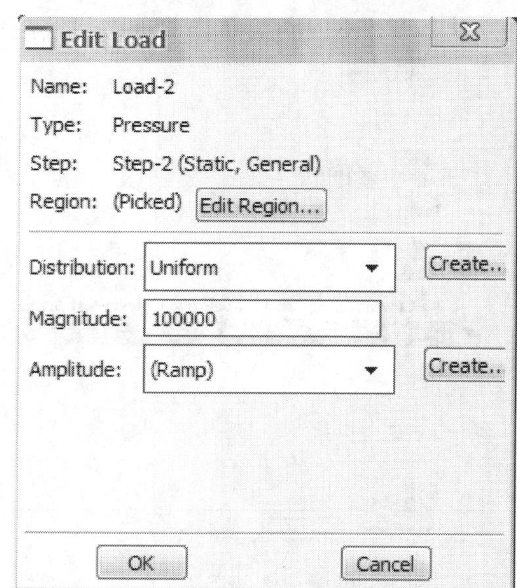

图 5-58　编辑荷载

重新提交作业在 Visualization 模块查看位移云图和应力云图。

3. 绘制曲线图

点击菜单栏中的 Tools→Path→Manager 出现 Path Manager 对话框，单击 Create 按钮出现 Create Path 对话框，Type 选择 Node list，如图 5-60 单击 Continue，点击 Edit Node List Path 对话框中 Add Before 按钮，用鼠标由上到下逐个选择桩左侧的边界的节点，如图 5-61。单击鼠标中键完成节点的选择如图 5-62，单击 Edit Node List Path 对话框中 OK 按钮完成对 Path-1 的编辑。

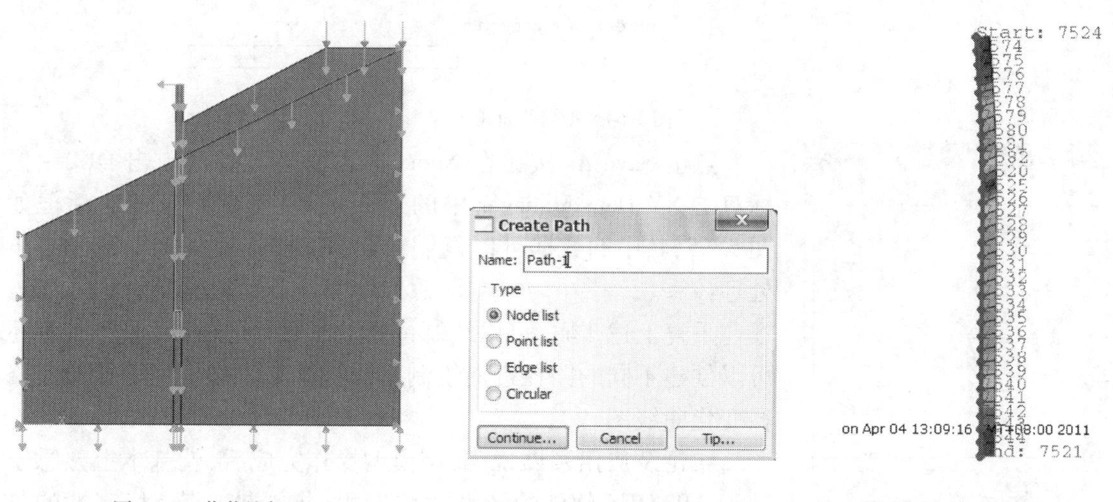

图 5-59　荷载施加后　　图 5-60　Type 选择 Node list　　图 5-61　逐个选择桩左侧的边界的节点

点击菜单栏中的 Tools→XY Data→Manager 出现 XY Data Manager，单击 Create 按钮出现 Create XY Data 对话框，Source 选择 Path，单击 Continue 出现 XY Data from path 对话框，所有

选项默认如图 5-63 所示;单击 Plot 按钮绘图完成如图 5-64 所示。

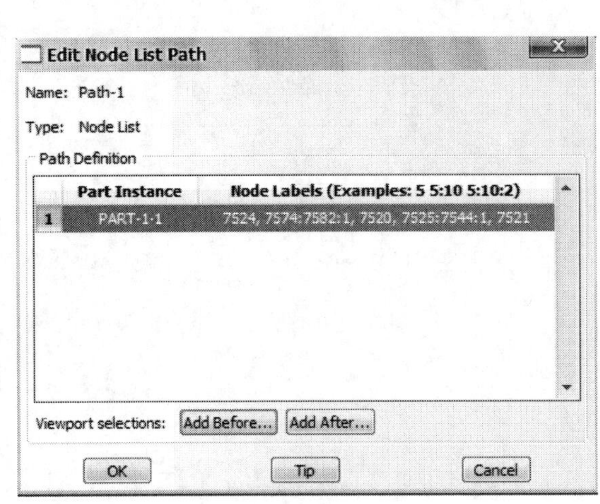

图 5-62　完成节点的选择

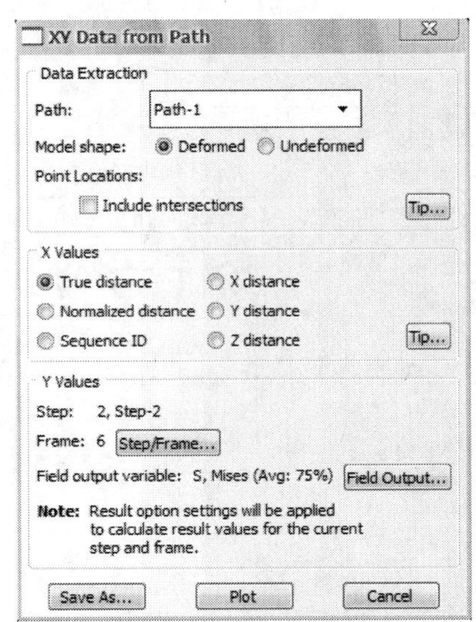

图 5-63　XY Data from Path 对话框

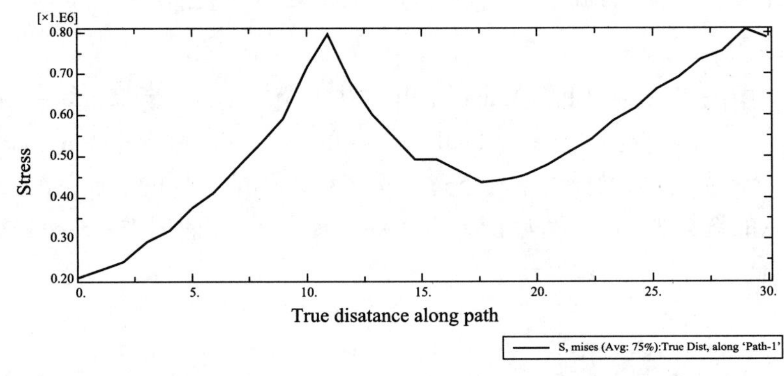

图 5-64　得到的曲线图

Edit XY Data

Name: a

	X	Y
1	0	207646
2	0.99965	227259
3	1.9987	244624
4	2.9971	291411
5	3.99496	319187
6	4.99221	373552
7	5.98902	412675
8	6.98531	472665
9	7.98131	525249
10	8.97691	591961

Quantity Types

X: True distanc　Y: Stress

OK　Cancel

图 5-65　Edit XY Data 对话框

点击 Save As 按钮在 Name 栏中输入名字 a,点击 OK,用鼠标双击 XY Data Manager 中的“a”出现 Edit XY Data 对话框如图 5-65,其中的数据可以复制粘贴到 Excel 表格中用来进一步处理计算。

重复上述步骤,可以绘制位移沿某路径的曲线图。同理,还可以创建不同的路径进而绘制不同部件的位移或应力沿相应路径变化曲线图。

结论及应用领域说明:该模型操作完成后,就基本上熟悉了基于 ABAQUS 软件的计算边坡工程(抗滑桩二维)稳定性的具体操作,也可反复一次或多次该模型的操作,以达到较为熟悉的程度。该模型建立后可将其应用在边坡工程、基坑工程、抗滑桩、二维抗滑桩边坡等领域。

第二节　ABAQUS 在边坡工程中的应用实例(抗滑桩三维)

该应用实例和建立该模型的目的:使读者能将 ABAQUS 软件应用到边坡工程中(抗滑桩三维),熟悉和掌握 ABAQUS 软件在抗滑桩建模、边坡建模,抗滑桩和边坡土间的接触模型,抗滑桩边坡的地应力平衡,抗滑桩边坡的荷载施加、整个边坡稳定性、求解和后处理等。

建立了一典型的三维岸坡抗滑桩有限元模型,基于强度折减法利用 ABAQUS 软件对模型进行计算分析,分析桩土相互作用及变形机理。在此 ABAQUS 软件为 6.10 版本。

一、模型描述

采用形状简单的边坡分析,坡高为 10m,坡度为 1:1.5,坡脚距边坡模型前沿的水平距离为 10m,坡顶距边坡后缘的水平距离为 15m,边坡后缘的上顶点距下顶点的垂直距离为 20m,边坡的宽度为 20m。采用五根抗滑桩对边坡进行加固,桩中心距为 4m。抗滑桩选用矩形截面桩,矩形截面短边 $a=1$m,长边 $b=1.5$m,垂直于滑坡方向的边为短边。桩长为 14m。抗滑桩加固在边坡的中部,桩心距坡脚的水平距离为 7.5m,桩底距模型底部 2.5m。

模型的侧视图如图 5-66 所示,边坡上部为滑体,材料为不稳定土,下部为滑床,材料为稳定土。

模型的俯视图如图 5-67 所示,边坡两侧各 0.5m 的部分定义为岩石。

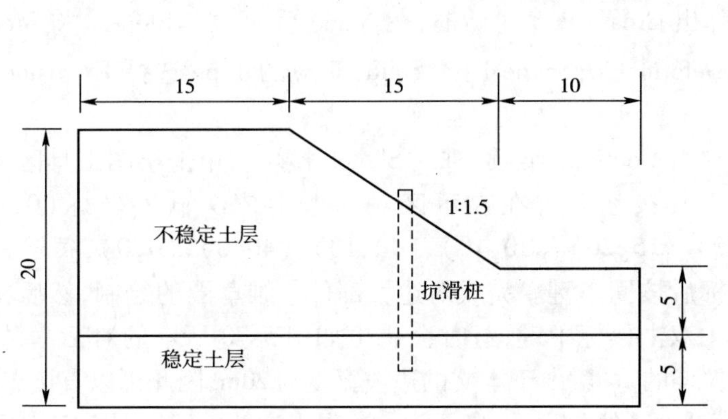

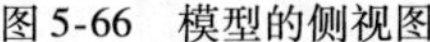
图 5-66　模型的侧视图

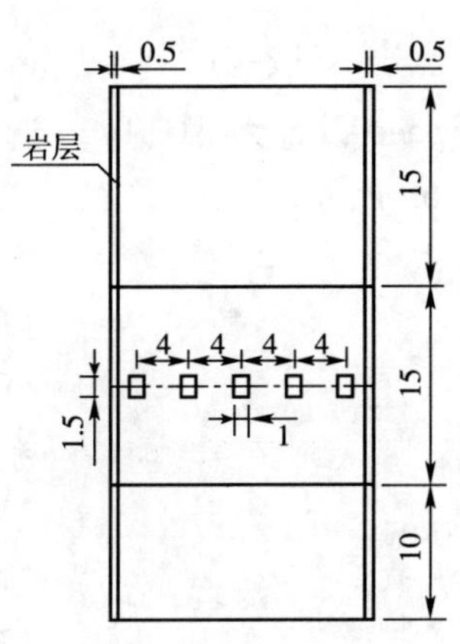

图 5-67　模型的俯视图

各部分材料所取参数,如表 5-2 所示。

模型材料参数　　表 5-2

	泊松比	重度(kN/m^3)	弹性模量(MPa)	黏聚力(kPa)	内摩擦角(°)
不稳定土层	0.25	20	20	12.38	20
稳定土层	0.25	24	120	40	36
桩	0.2	24	30000		
岩石	0.2	27	30000		

二、具体操作步骤

(一)启动 Abaqus/CAE

在 Windows 操作系统中:开始→所有程序→Abaqus 6.10→Abaqus CAE,或者在操作系统的 DOS 窗口中键入命令:abaqus cae,启动 Abaqus/CAE,然后在出现的 Start Session(开始任务)对话框中选择 Create Model Database,单击 With Standard/Explicit Model,建立一个名为 Model-1 的新模型,如图 5-68 所示。

图 5-68 Start Session 对话框

(二)分别建立岸坡土层和桩部件

在 Module 中选择 Part 模块。

1. 创建岸坡土层部件(Part-soil)

点击按钮(Create Part),弹出 Create Part 对话框,在 Name 后面输入 Slope。将 Modeling Space 设置为 3D;Type 选择 Deformable;Shape 选择 Solid,对应的 Type 选择 Extrusion,如图 5-69 所示。

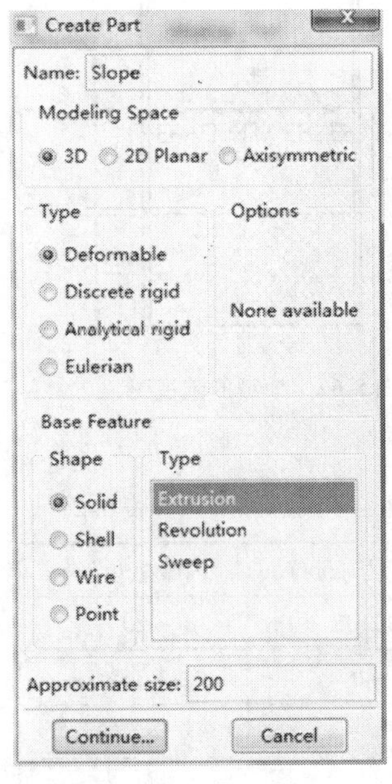

图 5-69 Create Part 对话框

单击 Continue 继续,进入 Sketch 模块。单击绘图工具区中的画线工具按钮,在提示区对话框中依次输入坐标(0,0)、(0,20)、(15,20)、(30,10)、(40,10)、(40,0)、(0,0),每输入一个坐标后按回车键。完成对边坡部件二维草图的绘制,然后在视图区中双击鼠标中键,这时会跳出如图 5-70 所示的对话框,提示输入拉伸的宽度,由于本文的边坡宽度为 20m,因此可以直接点 OK(若模型为其他宽度,可自行输入),得出边坡模型如图 5-71 所示。

2. 创建桩部件(zhuang)

点击按钮(Create Part),弹出 Create Part 对话框,在 Name 后面输入 zhuang,将 Modeling Space 设置为 3D,其他为默认,如图 5-72 所示。

单击 Continue 继续,进入 Sketch 模块。单击绘图工具区中的画线工具按钮,在提示对话框中依次输入坐标(0,0)、(0,1)、(1.5,1)、(1.5,0)、(0,0),每输入一个坐标后按回车键。完成对岸坡部件草图的绘制,然后在视图区中双击鼠标中键,这时会弹出如图 5-73 所示的对话框，提示输入拉伸的宽度，由于本文的桩的长度为 14m，因此在 Depth 后输入 14。点击 OK 得出抗滑桩模型图，如图 5-74 所示。

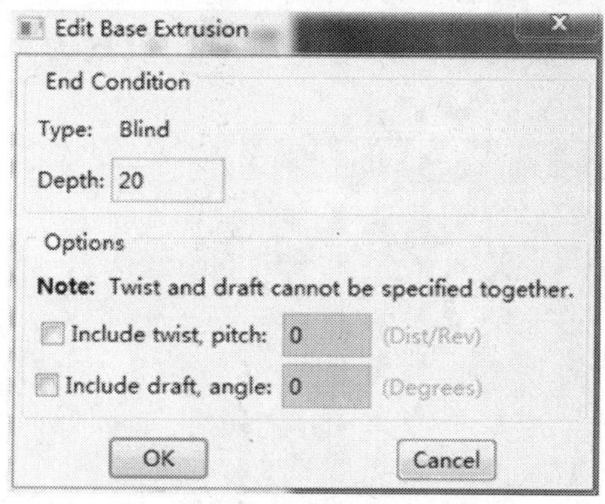

图 5-70　Edit Base Extrusion 对话框

图 5-71　Slope 模型

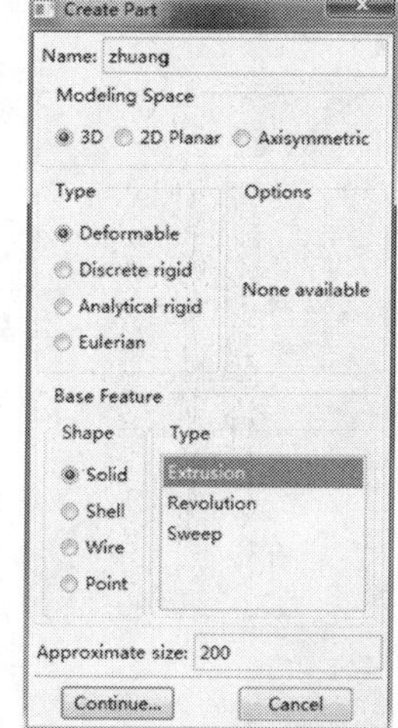

图 5-72　Create Part 对话框

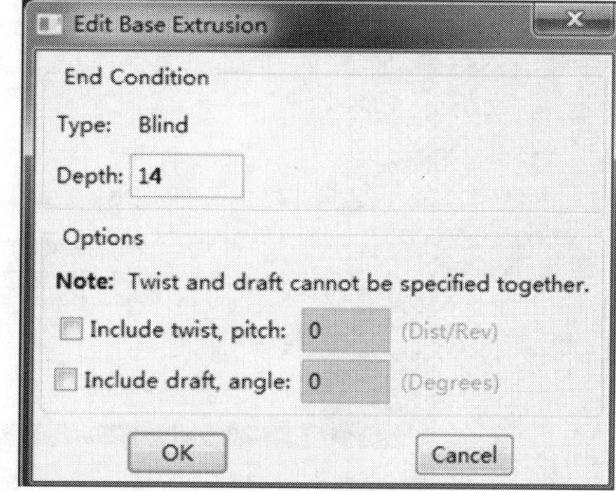

图 5-73　Edit Base Extrusion 对话框

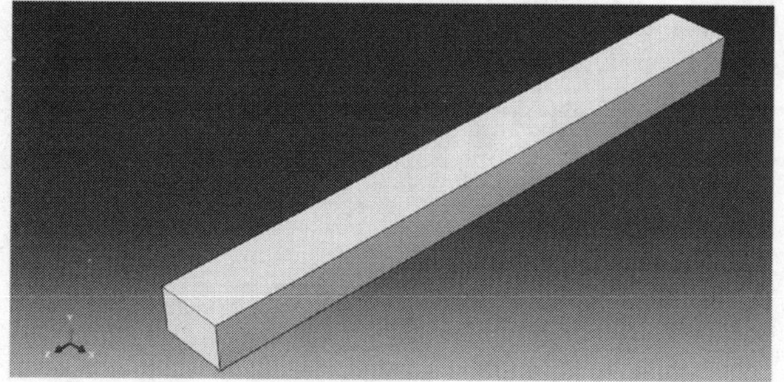

图 5-74　抗滑桩模型图

（三）建材料和截面属性

在 Module 列表中选择 Property（特性）模块，定义材料及截面属性。

1. 创建材料

（1）创建滑床材料

如前文所述,滑床采用不稳定土层的材料属性。

点击按钮,弹出 Edit Material 对话框,在 Name 后输入 huachuang,如图 5-75 所示。

在对话框中,选择 General→Density,在弹出对话框中,将 Mass Density 设置为 2.4,如图 5-76 所示。

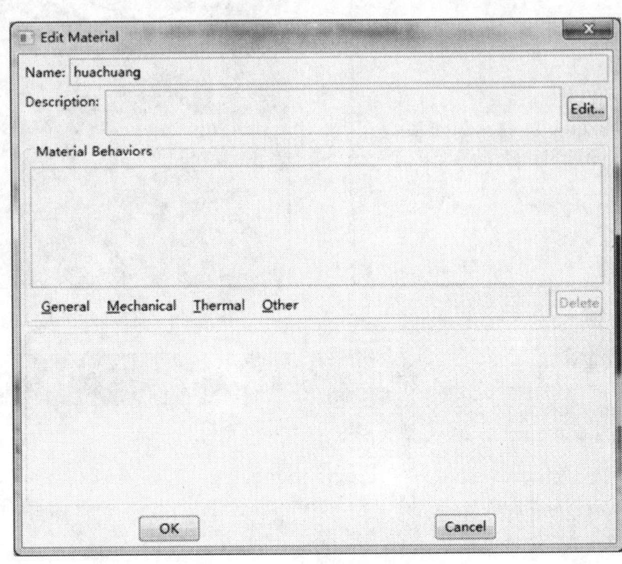

图 5-75 编辑材料对话框

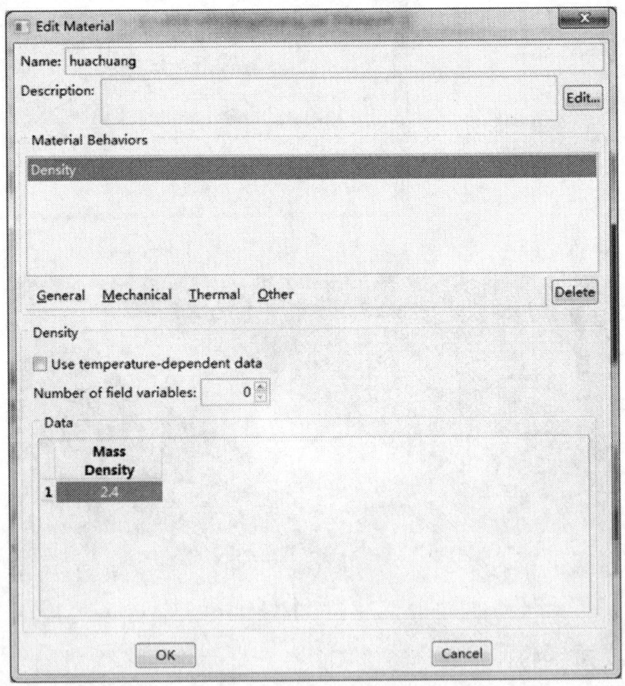

图 5-76 设置材料密度

在对话框中继续选择 Mechanical→Elasticity→Elastic,在弹出的对话框中,将 Young's Modulus 设置为 120000,Poisson's Ratio 设置为 0.25,其他参数不变,如图 5-77 所示。

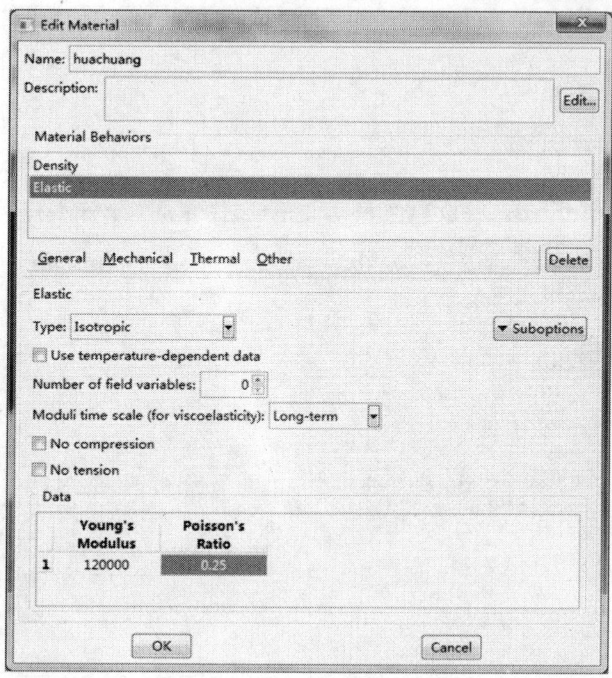

图 5-77 设置弹性参数

选择 Mechanical→Plasticity→Mohr-Coulomb plasticity，在 Plasticity 选项中，将 Friction Angle设置为 36，将 Dilation Angle 设置为 0，如图 5-78 所示；在 Cohesion 选项中，将 Cohesion Yield Stress 设置为 40，将 Abs Plastic Strain 设置为 0，其他参数不变，然后点击 OK 完成对滑床材料的定义，如图 5-79 所示。

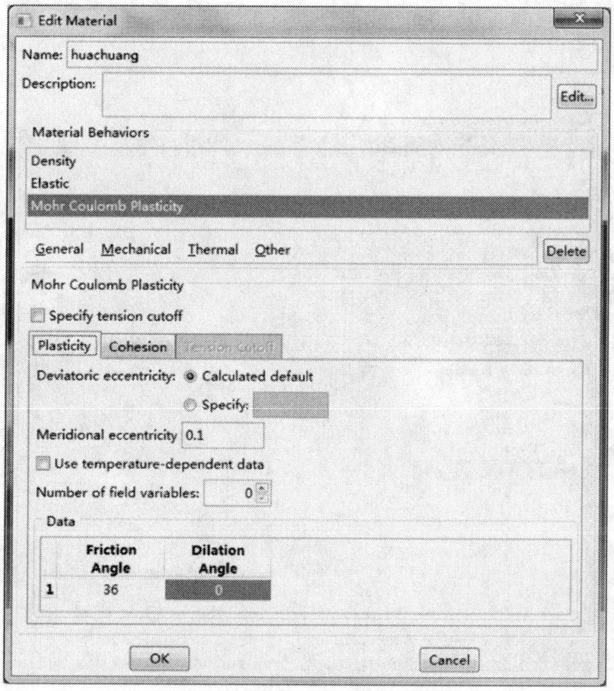

图 5-78 塑性参数定义

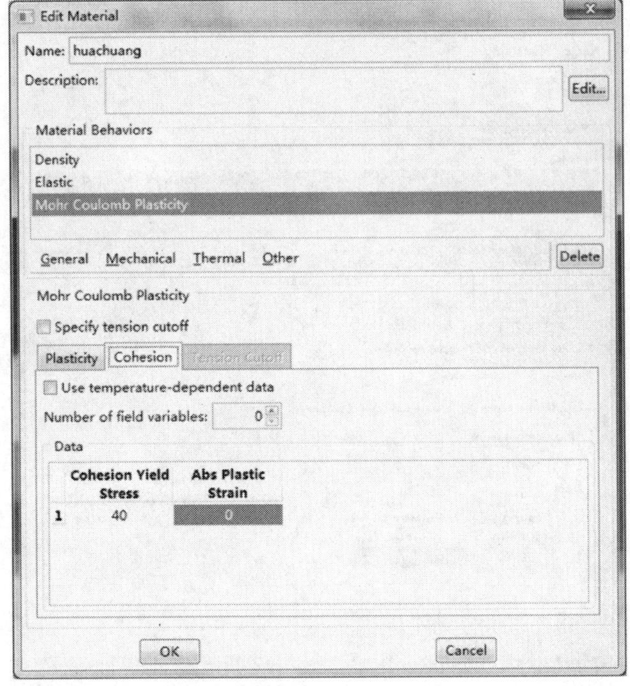

图 5-79　黏聚力定义

(2)创建抗滑桩材料

同滑床材料定义,点击按钮,弹出 Edit Material 对话框,在 Name 后输入 zhuang。点击 Density,在弹出对话框中,将 Mass Density 设置为 2.4,如图 5-80 所示。

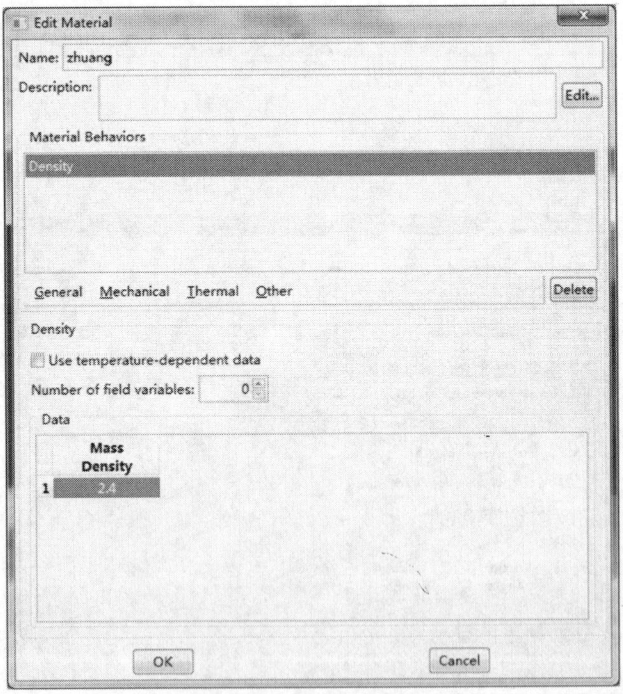

图 5-80　定义抗滑桩密度

依次点击 Mechanical→Elasticity→Elastic，在弹出的对话框中，将 Young's Modulus 设置为 30000000，Poisson's Ratio 设置为 0.2，其他参数不变，然后点击 OK 完成对桩材料的定义，如图 5-81 所示。

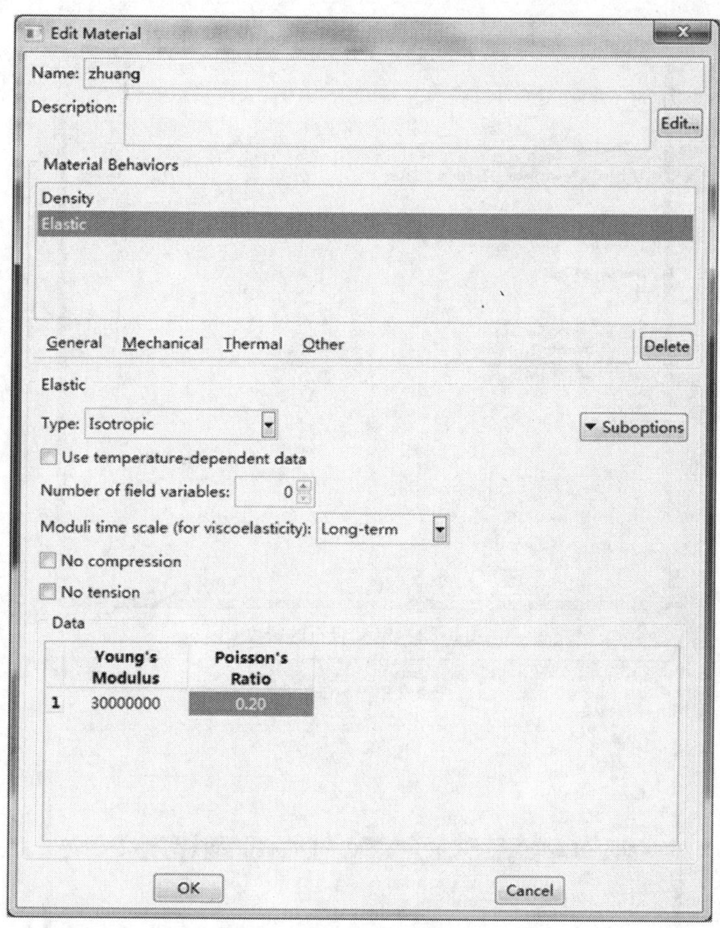

图 5-81　定义抗滑桩弹性参数

(3)创建岩石材料

同抗滑桩材料定义，点击 按钮，弹出 Edit Material 对话框，在 Name 后输入 yanshi。点击 Density，在弹出对话框中，将 Mass Density 设置为 2.7，如图 5-82 所示。

依次点击 Mechanical→Elasticity→Elastic，在弹出的对话框中，将 Young's Modulus 设置为 30000000，Poisson's Ratio 设置为 0.2，其他参数不变，然后点击 OK 完成对岩石材料的定义，如图 5-83 所示。

(4)创建滑体材料

点击 按钮，弹出 Edit Material 对话框，在 Name 后输入 huati。点击 Density，在弹出对话框中，将 Mass Density 设置为 2.0，如图 5-84 所示。

依次点击 Mechanical→Elasticity→Elastic，在弹出的对话框中，将 Young's Modulus 设置为 20000，Poisson's Ratio 设置为 0.25，其他参数不变，完成对滑体弹性参数的定义，如图 5-85 所示。

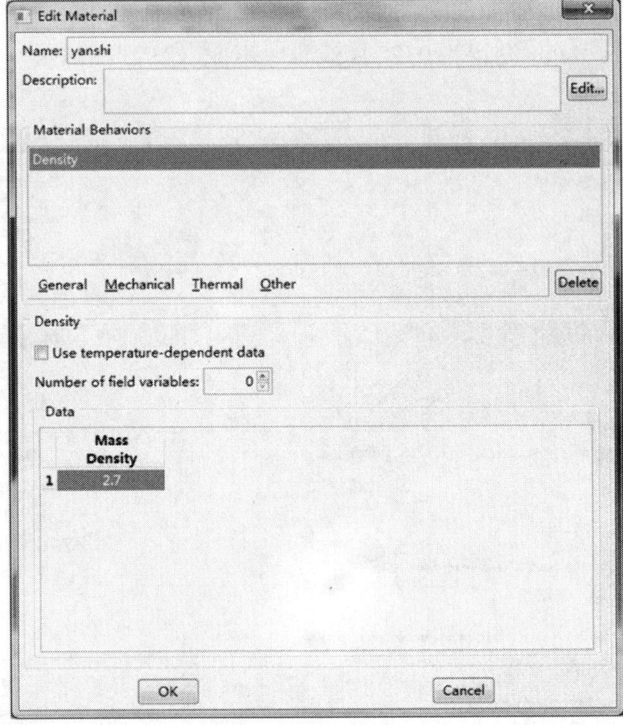

图 5-82　定义岩石的密度

图 5-83　定义岩石的弹性参数

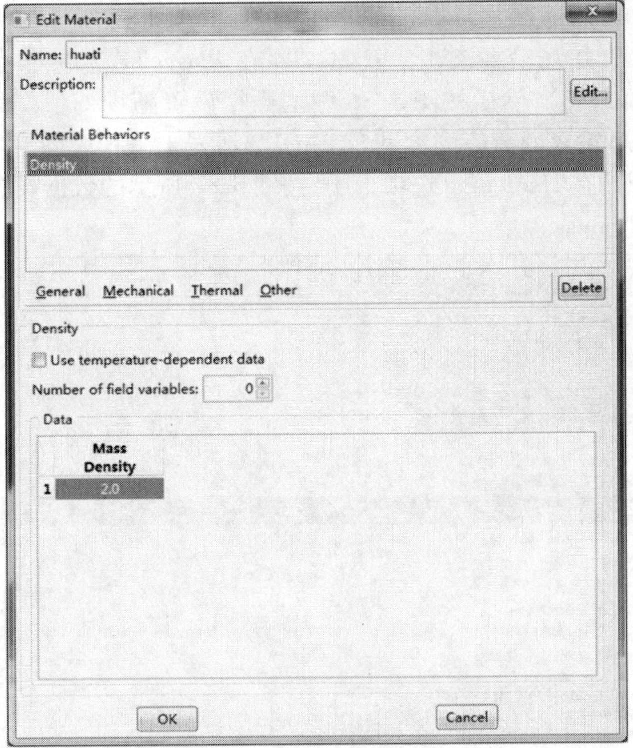

图 5-84　定义滑体密度

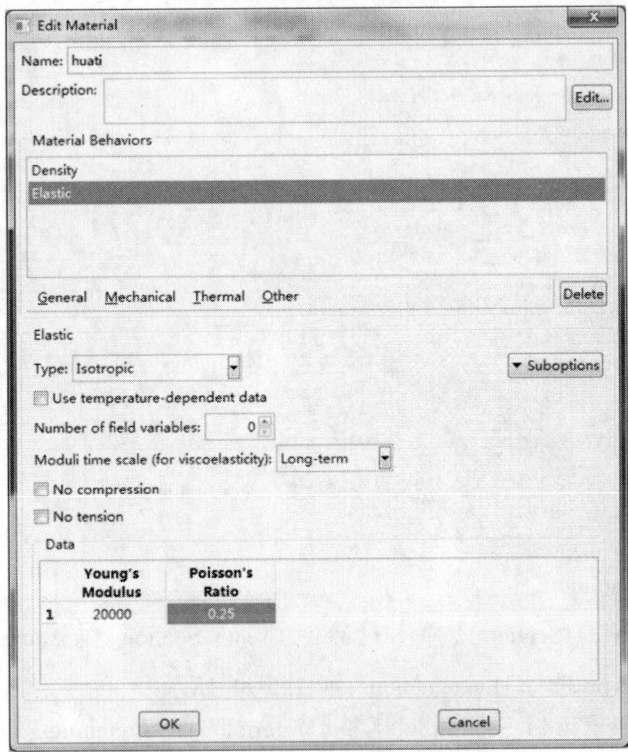

图 5-85　定义滑体弹性参数

在 Edit Material 对话框点击 Mechanical→Plasticity→Mohr-Coulomb plasticity，这里我们需要指定材料的 c、φ 值随场变量变化，因此需要在 Plasticity 选项卡中将 Number of field variables设为1（如图5-86），然后按图5-86 中的数据设置随场变量变化的摩擦角（Friction Angle）和剪胀角（具体输入的数值可参见《ABAQUS 在岩土工程中的应用》中的十六章第三节的图16-2）。类似的在 Hardening 选项卡中，按图5-87 所示的数据设置随场变量变化的黏聚力（Cohesion Yield Stress）。

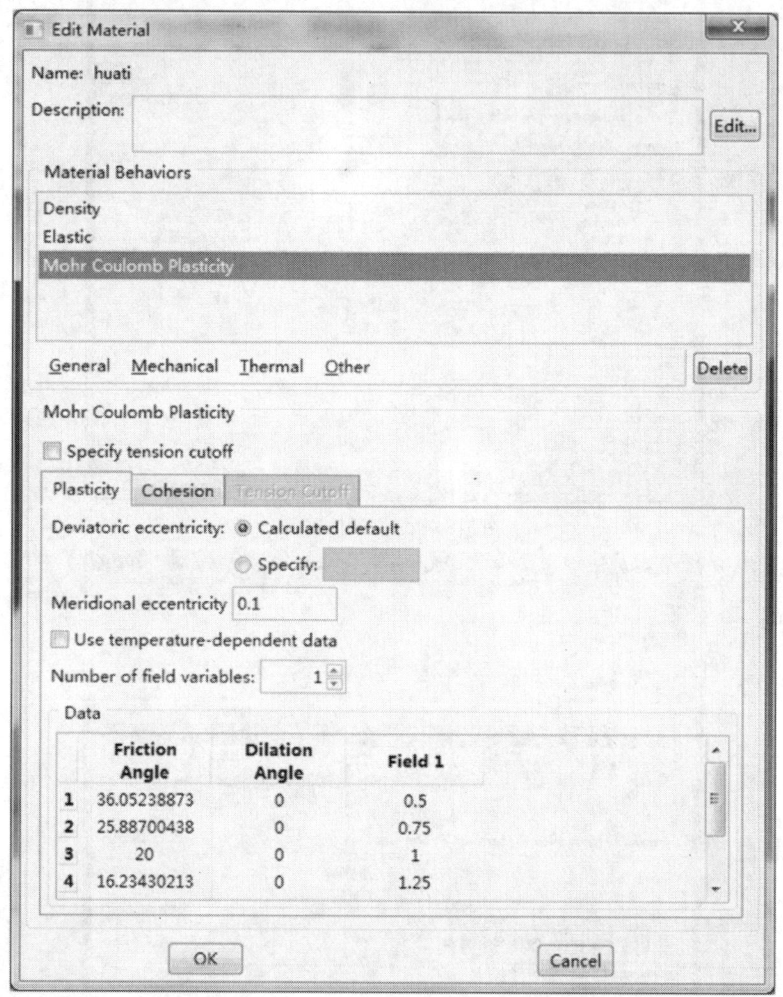

图5-86　定义随场变量变化摩擦角和剪胀角

2. 创建截面属性

（1）创建截面 huachuang

点击按钮（Create Section），弹出对话框 Create Section，在 Name 中键入 huachuang，Category 选择 Solid，Type 选择 Homogeneous，如图5-88 所示。

单击 Continue，弹出 Edit Section 对话框，Material 选择 huachuang，其他参数不变，点击 OK 完成 huachuang 截面的定义，如图5-89 所示。

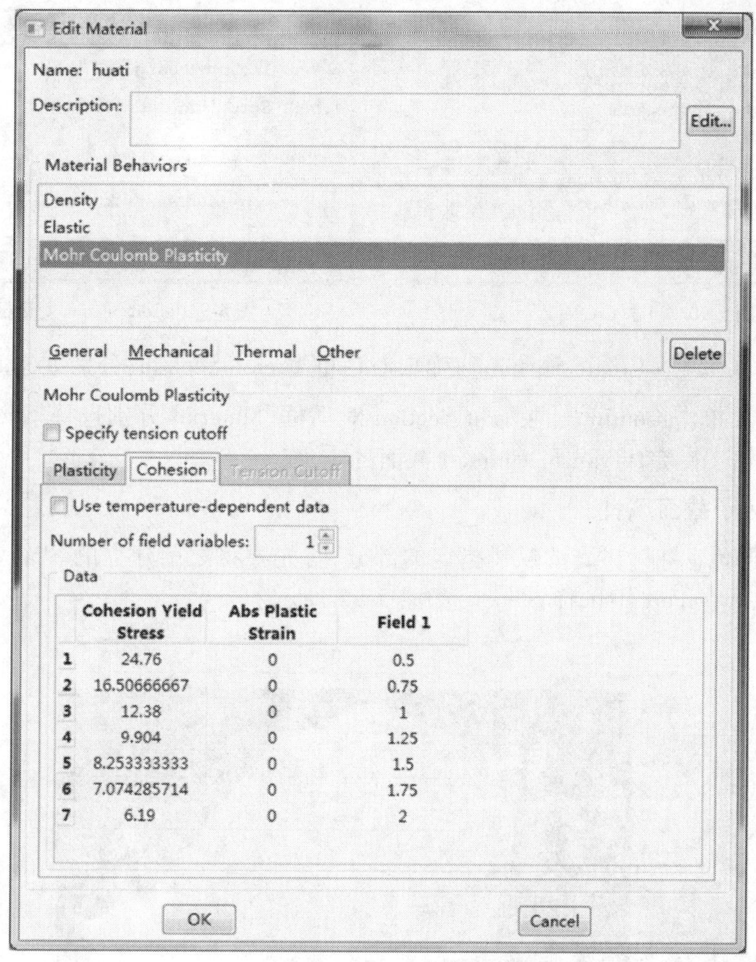

图 5-87　定义随场变量变化的黏聚力

图 5-88　点击 Create...

图 5-89　Edit Section 对话框

(2)创建截面 zhuang

点击按钮(Create Section),弹出对话框 Create Section,在 Name 中键入 zhuang,Category 选择 Solid,Type 选择 Homogeneous,如图 5-90 所示。

单击 Continue,弹出 Edit Section 对话框,Material 选择 zhuang,其他参数不变,点击 OK 完成 zhuang 截面的定义,如图 5-91 所示。

Edit Section
Name: zhuang
Type: Solid, Homogeneous
Material: zhuang
Create...
Plane stress/strain thickness:
OK
Cancel

图 5-90 点击 Create...

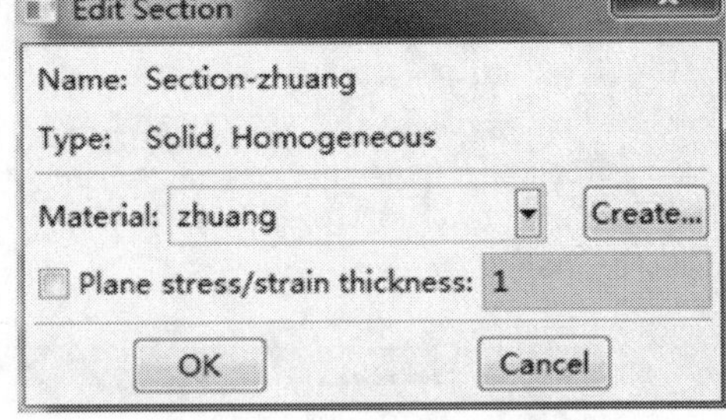

图 5-91 Edit Section 对话框

同理,点击按钮(Create Section),弹出对话框 Create Section,分别创建 Name 为 yanshi 和 huati 的截面。单击 Continue,在 Edit Section 对话框,Material 分别选择 yanshi 和 huati,其他参数不变,点击 OK 完成 yanshi 和 huati 截面的定义。

3. 给部件赋予截面属性

为了能够准确地将材料属性赋予指定的部分,首先要将之前建立的 Slope 进行切割。首先回到 Part 模块,在 Part 中选择 Slope。如图 5-92 所示。

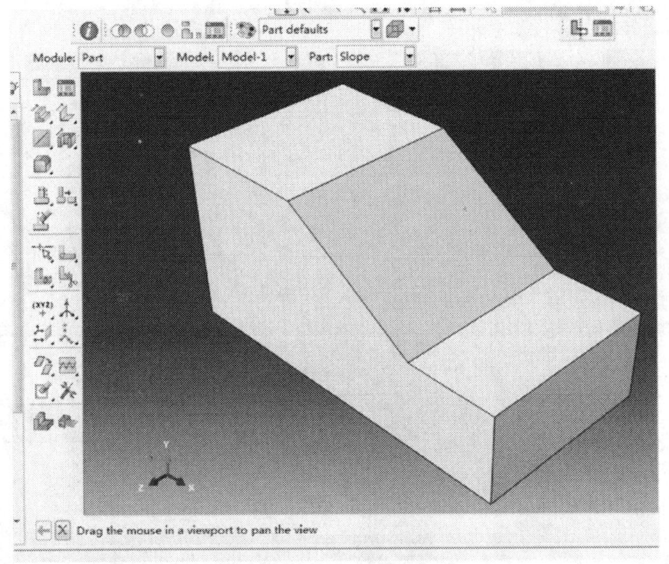

图 5-92 Slope 三维模型图

将该模型进行切割,切割后的模型如图 5-93 所示,分别在岩石与土体的交界面进行了切割,在滑体和滑床的分界面进行了切割。

(1)给 Slope 赋予截面属性

在 Part 中选择 Slope,点击左侧工具区中的按钮(Assign Section),选中部件滑体部分,点击 Done,弹出 Edit Section Assignment 对话框,Section 选择 huati,如图 5-94 所示,单击 OK,滑体被赋予截面属性,呈绿色,如图 5-95 所示。

同理,将岩石和滑床分别赋予截面属性。

(2)给 zhuang 赋予截面属性

在 Part 中选择 Slope,点击左侧工具区中的按钮(Assign Section),选中部件 zhuang

单击 Done,弹出 Edit Section Assignment 对话框,Section 选择 zhuang,单击 OK,部件 zhuang 被赋予截面属性,如图 5-96 所示。

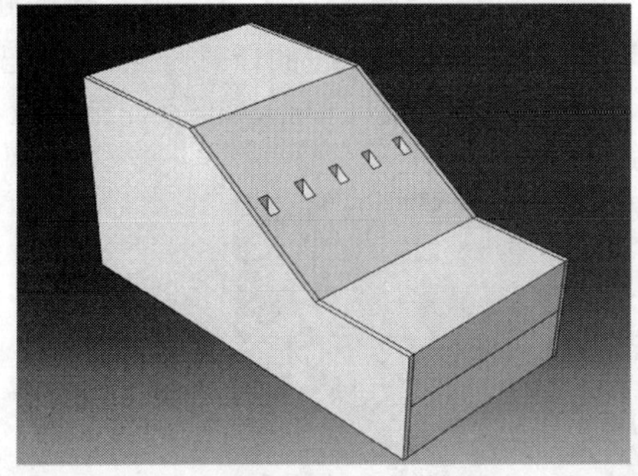

图 5-93　切割后的 Slope 模型图

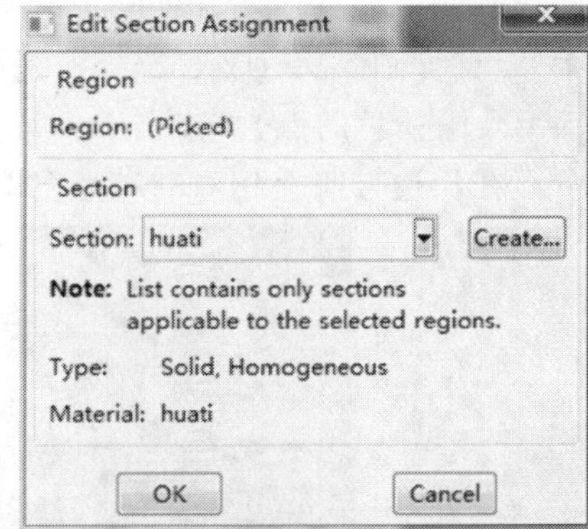

图 5-94　Edit Section Assignment 对话框

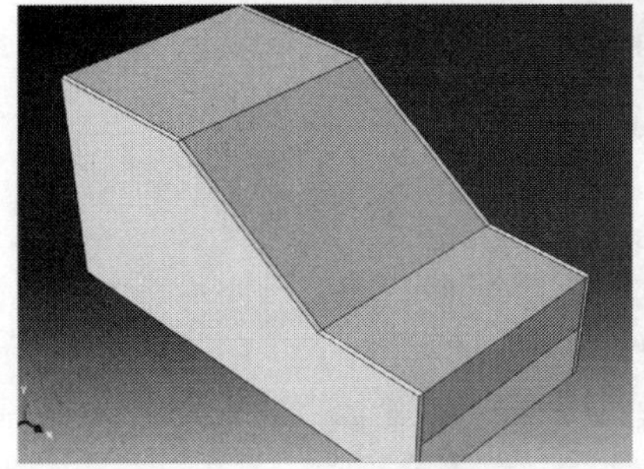

图 5-95　滑体被赋予截面属性

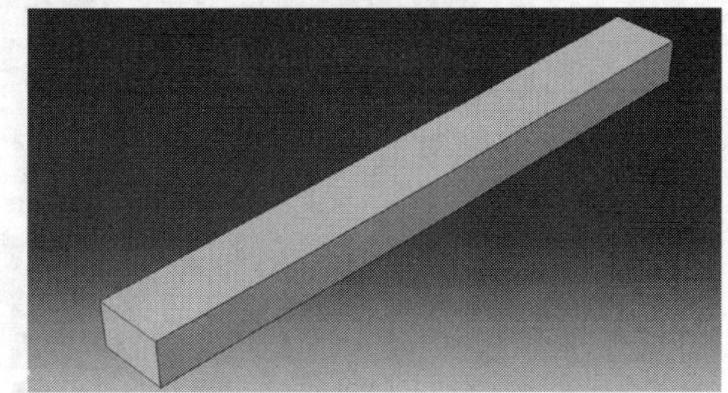

图 5-96　抗滑桩被赋予截面属性

(四)定义装配件

在 Module 列表中选择 Assemble(装配)模块。

点击左侧工具区中的 (Instance Part),弹出 Create Instance 对话框(如图 5-97),Parts 中选中 Slope 和 zhuang,Instance Type 设置为 Dependent(mesh on part),选中 Auto-offset from other instances(目的是为了使各部件分开摆放不重叠),单击 OK。各部件实体如图 5-98 所示。

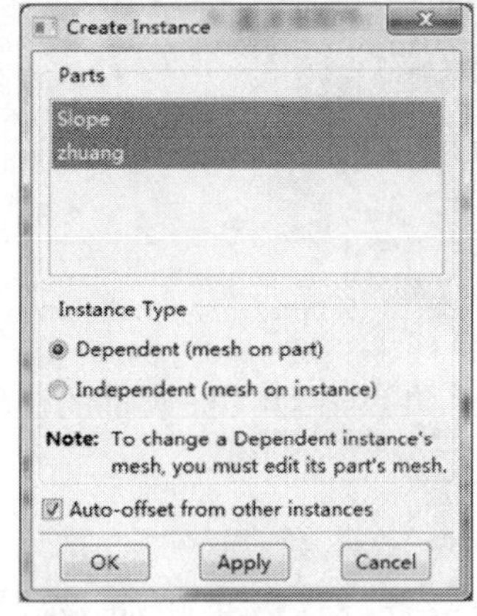

图 5-97　Create Instance 对话框

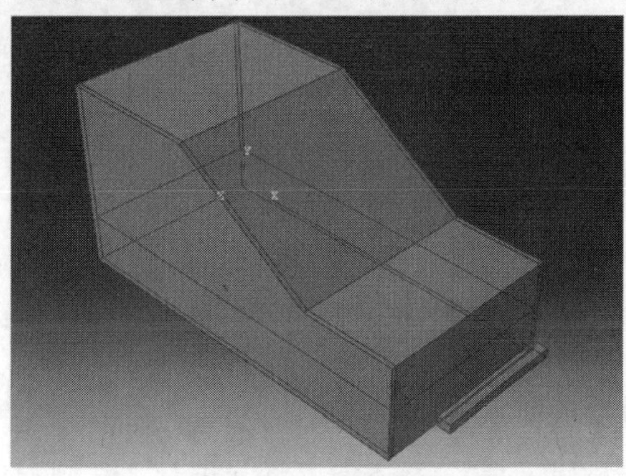

图 5-98　各部件实体

1. 将抗滑桩进行转动

具体步骤如下：点击 (Rotate Instance)，选择抗滑桩，点击 Done，之后跳出提示输入旋转轴的第一点，如图 5-99 所示，选择抗滑桩矩形截面的四个端点中的任意一点（此处选择的点如图 5-100 中粉色的点）。点击 Dond，提示输入旋转轴的第二个点，如图 5-100 所示，选择与第一个点在长边方向上相对的端点，如图 5-101 所示。

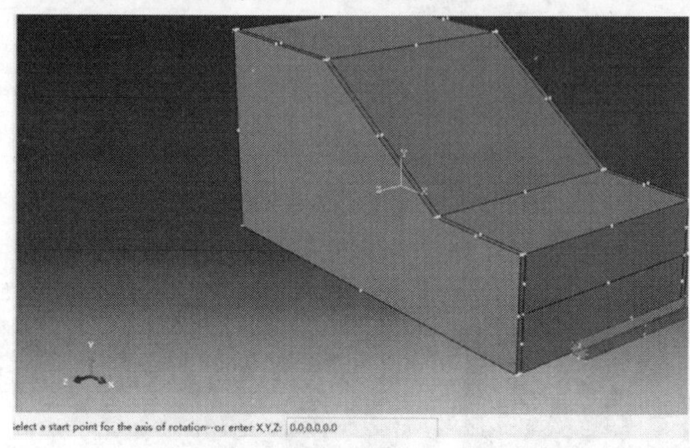

图 5-99　抗滑桩进行转动一

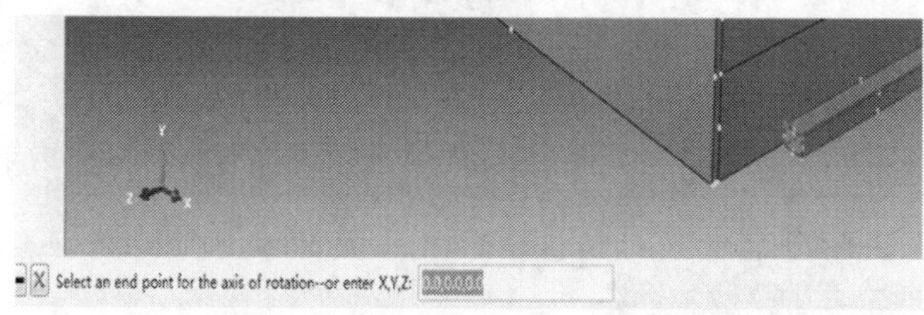

图 5-100　抗滑桩进行转动二

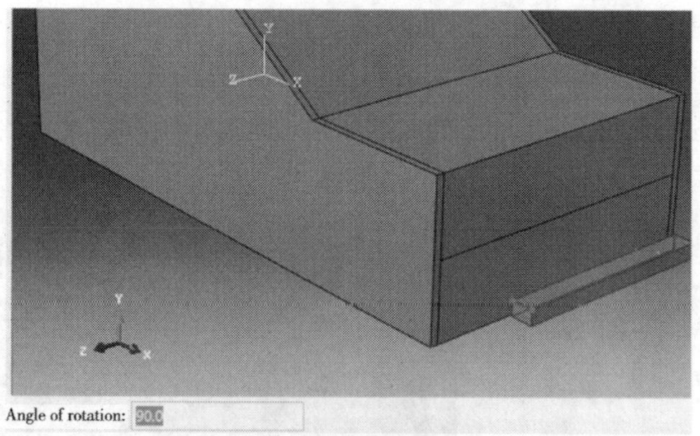

图 5-101　抗滑桩进行转动三

此时提示输入旋转角度，按默认的 90°，直接点 Enter 键，再点击 OK，桩放置的位置改变为图 5-102 所示。

2. 将抗滑桩进行平移

抗滑桩旋转好之后，还需要将其进行平移到指定的位置。具体步骤如下：点击 (Translate Instance)，提示选择实体，如图 5-103 所示。选择抗滑桩，点击 Done。提示选择要平移的起点，选择矩形长边的中点，如图 5-104 中的粉色点。此时提示输入平移的终点，输入坐标 22.5，16.5，18.5，按 Enter 键，再点击 OK，桩被平移到如图 5-105 所示的位置。

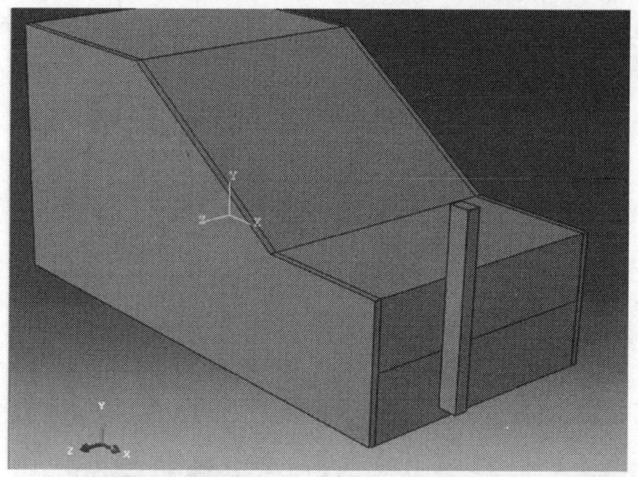

图 5-102 抗滑桩进行转动四

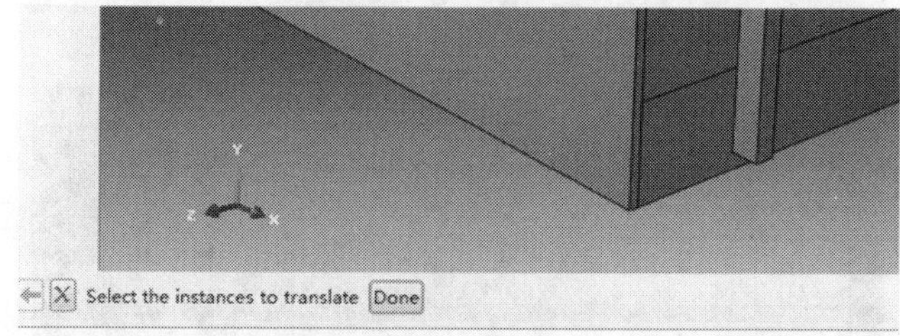

图 5-103 抗滑桩进行平移一

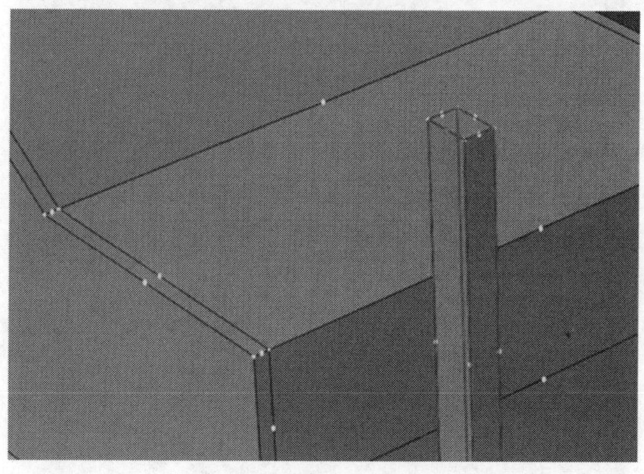

图 5-104 抗滑桩进行平移二

3. 将抗滑桩进行阵列

由于边坡是要用 5 根抗滑桩进行加固，因此还要对抗滑桩进行阵列。

具体步骤如下：点击(Linear Pattern)，选择抗滑桩，点击 Done。会跳出 Linear Pattern 对话框，点击 Direction 1 下的 Direction，提示选择阵列的方向，选择任意一条与 Z 轴平行的线

(本文选取边坡前沿的一条线),若阵列方向与所需要相反,点击 Linear Pattern 对话框中的 Flip 即可变为正确的方向。回到 Linea Pattern 对话框,将 Direction 1 下的 Number 改为 5,将 Offset 改为 4(桩间距为 4m);将 Direction 2 下 Number 改为 1,如图 5-106 所示。点击 OK,结果如图 5-107 所示。

图 5-105 抗滑桩进行平移三

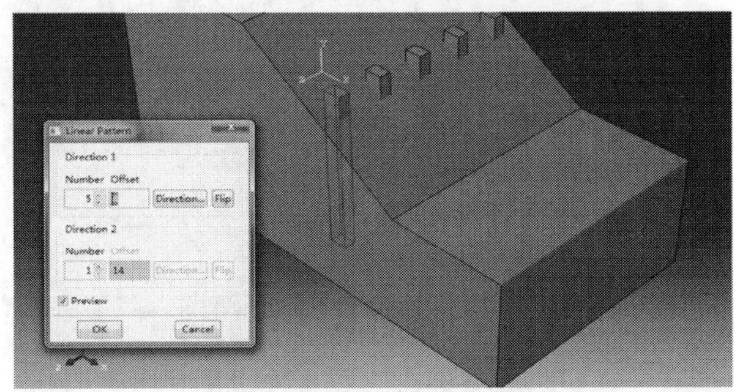

图 5-106 抗滑桩进行阵列一

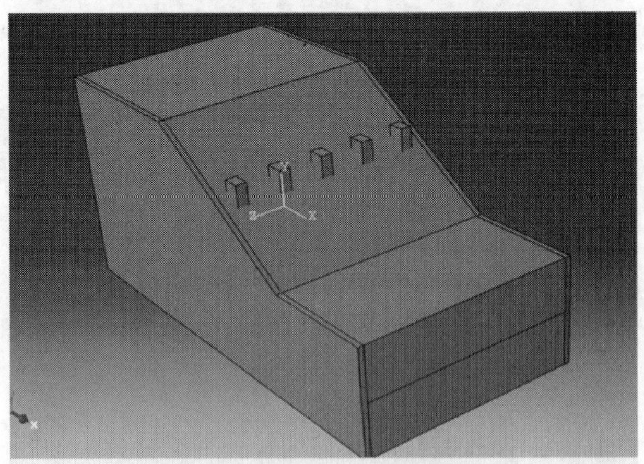

图 5-107 抗滑桩进行阵列二

进行到此步之后,抗滑桩与边坡重合部分的土体还在,因此我们要用抗滑桩区切割边坡,这样做会重新生成一个 Part。

具体操作方法为：点击 (Merge/Cut Instance)，弹出 Merge/Cut Instances 对话框，如图 5-108 所示。Part name 改为 Slope-1，Operation 下选择 Cut geometry，其他默认，点击 Continue。

提示选择被切割的实体，如图 5-109 所示，选择整个边坡作为被切割的实体，点击 Done。提示选择用来做切割的实体，将 5 根抗滑桩都选上（选择一个后按住 Shift 键进行多选），点击 Done，边坡变为如图 5-110 所示，此边坡即为新生成的实体 Slope-1-1。

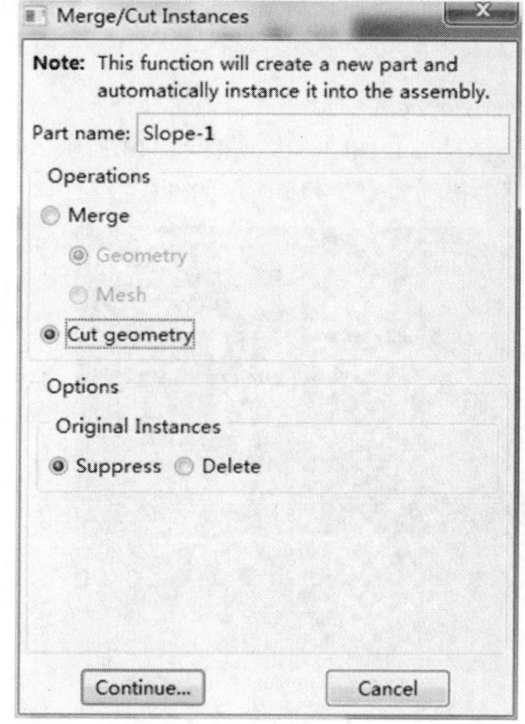

图 5-108　Merge/Cut Instances 对话框

图 5-109　被切割的实体一

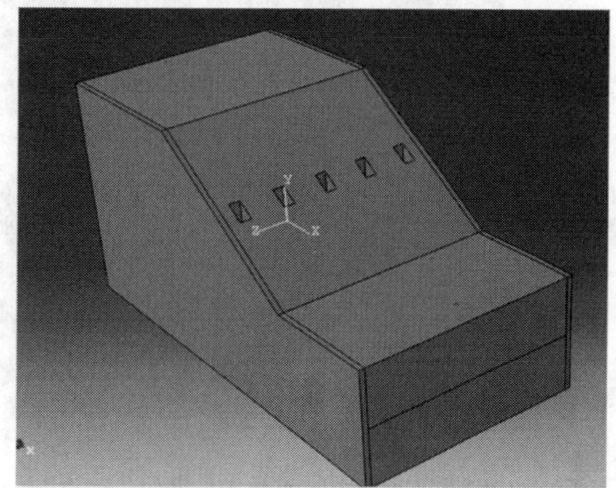

图 5-110　被切割的实体二

回到 Part 模块，点击 (Part Manager) 删除原来边坡部件 Slope，如图 5-111 所示。

在主菜单中执行 Tools→Set→Create，弹出 Creat Set 对话框，Name 输入为 soil，如图 5-112 所示。点击 Continue，隐藏岩石和滑床的部分。然后用鼠标框选住滑体的所有部分，点击 Done，如图 5-113 所示。这就将滑体建立了一个集合。

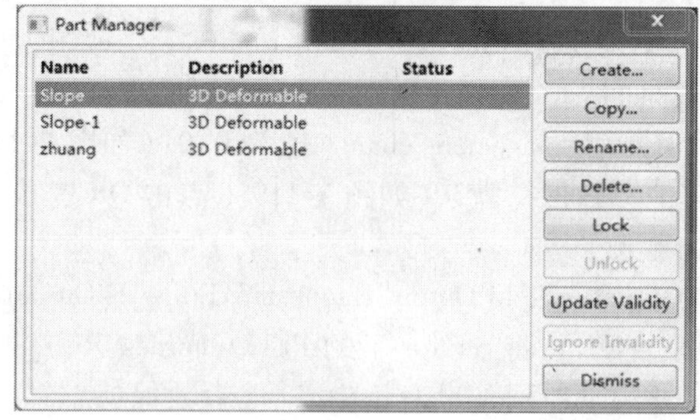

图 5-111　Part Manager 对话框

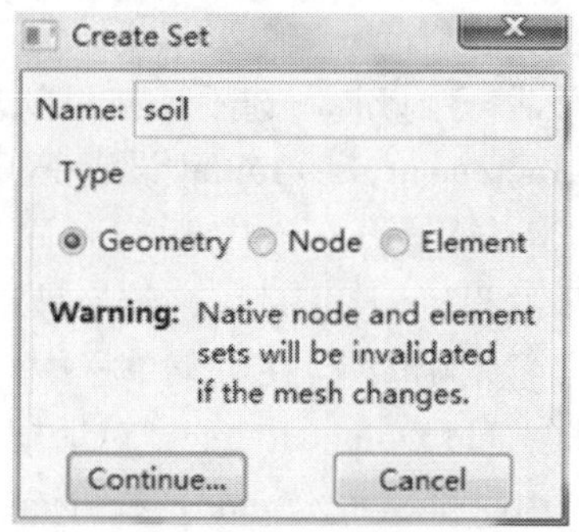

图 5-112　Creat Set 对话框

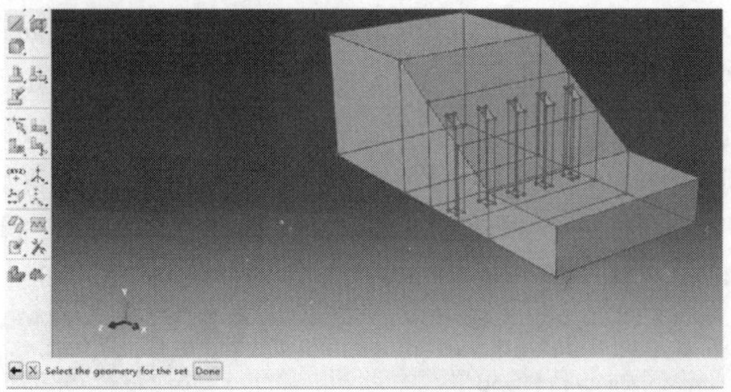

图 5-113　隐藏岩石和滑床的滑体

回到 Assembly 模块,点击(Instance Part),选择 zhuang,单击 OK,如图 5-114 所示。按照之前的步骤将抗滑桩进行旋转、平移、阵列,得到如图 5-115 所示的形式。

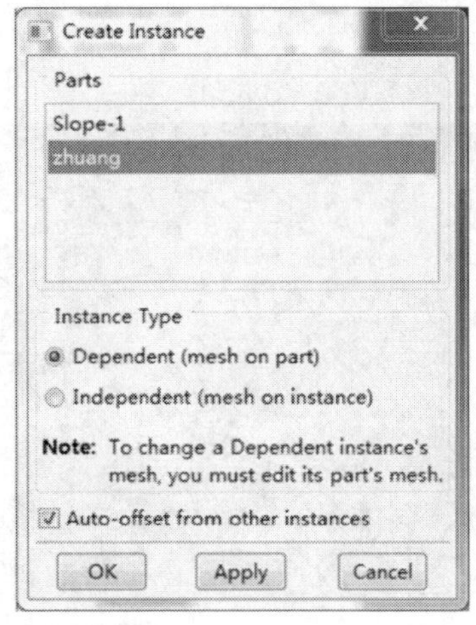

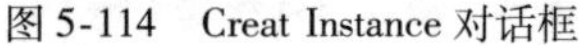

图 5-114　Creat Instance 对话框

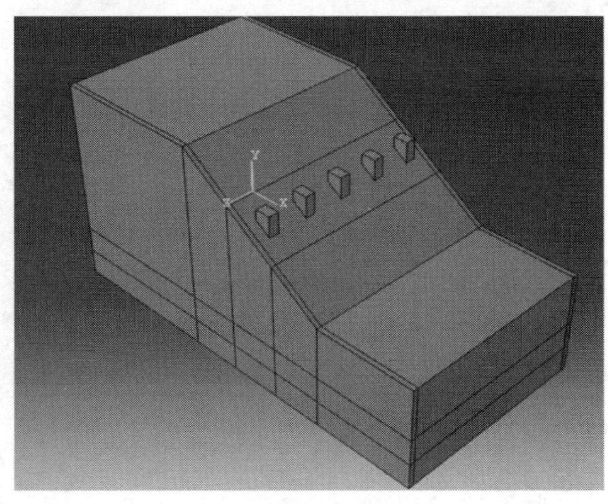

图 5-115　各部件实体

(五)设置分析步

在 Module 列表中选择 Step(分析步)模块。

1. 建立地应力平衡分析步

点击左侧工具区 (Create Step),在弹出的 Create Step 对话框,如图 5-116 所示,在分析的名称栏(Name)输入:Load, Procedure type 选择 Geostatic,单击 Continue,在弹出的 Edit Step 对话框中,Basic 选项卡按默认(如图 5-117),在 Incrementation 标签下,Type 选为 Automatic,Increment size/Initial 设置为 0.01,Max. displacement change 改为 0.01(如图 5-118),Other/Matrix storage 选中 Unsymmetric,其他参数保持默认(如图 5-119),点击 OK 完成 Load 分析步的设置(该步是用来给岸坡地应力平衡)。

设置输出变量:在主菜单栏中,选择 Output→Field Output Requests→Edit→F-Output-1 弹出 Edit Field Output Request 对话框(如图 5-120),将 Strains 下的 PEEQ、Forces/Reactions 下的 NFORC 和 State/Field/User/Time 下的 FV 添加到输出变量中,其他参数保持默认,点击 OK 完成输出变量的设置。

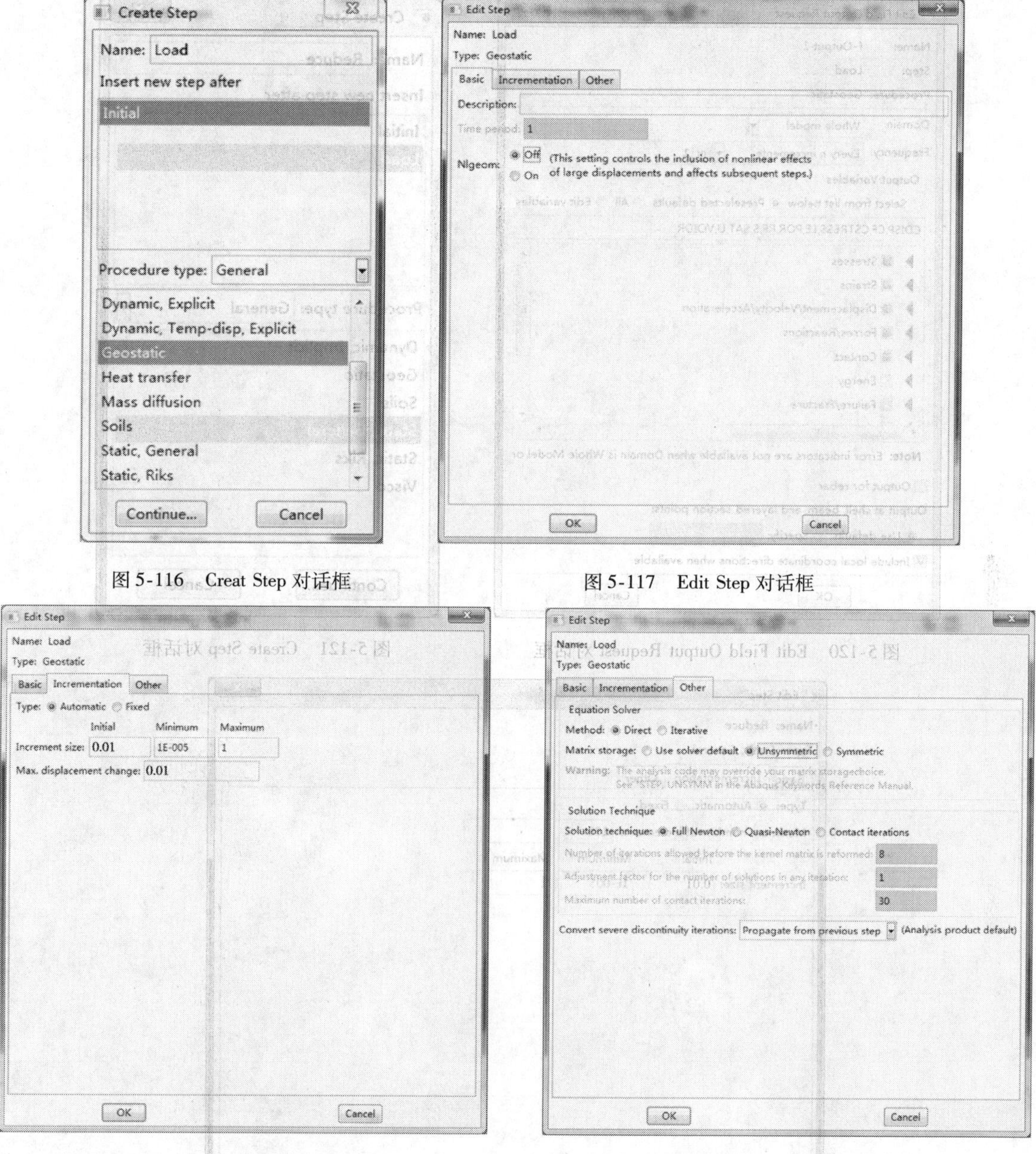

图 5-116　Creat Step 对话框

图 5-117　Edit Step 对话框

图 5-118　Edit Step 对话框

图 5-119　Edit Step 对话框

2. 建立强度折减分析步

点击左侧工具区 ●→■ (Create Step)，在弹出的 Create Step 对话框，如图 5-121 所示，在分析的名称栏(Name)输入：Reduce，Procedure type 选择 Static General，单击 Continue，在弹出的 Edit Step 对话框中，Basic 选项卡按默认；在 Incrementation 标签下，Type 选为 Automatic，Increment size/Initial 设置为 0. 01，其他为默认(如图 5-122)，Other/Matrix storage 选中 Unsymmetric，其他参数保持默认，点击 OK 完成 Reduce 分析步的设置(该步是用来对滑体进行强度折减)。

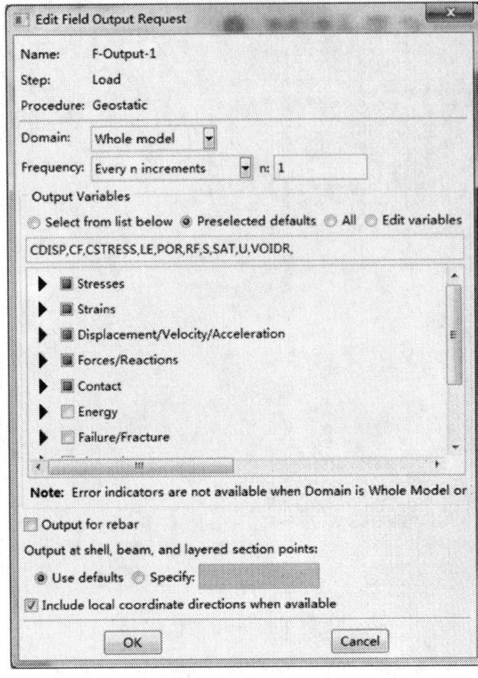

图 5-120　Edit Field Output Request 对话框

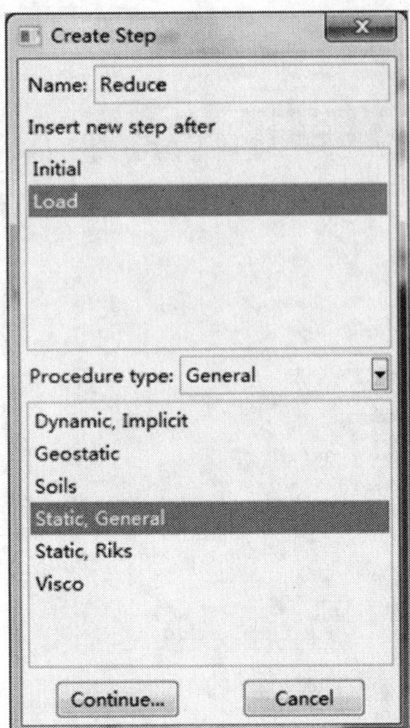

图 5-121　Create Step 对话框

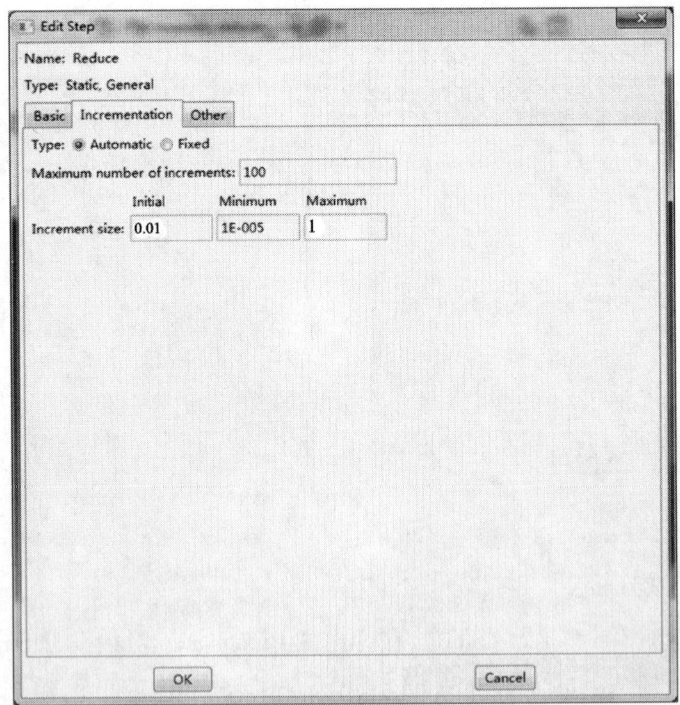

图 5-122　Edit Step 对话框

(六)定义接触

在 Module 列表中选择 Interaction 功能模块。本例中桩侧面与的土接触定义为摩擦约束，桩底面与土定义为绑定约束。

1. 定义各个接触面

首先定义桩的侧面和底面。为了方便选择面，先将边坡整体隐藏起来。在主菜单执行Tools→Surface→Create，弹出 Create Surface 对话框，Name 改为 zhuangce（定义桩的侧面），如图 5-123 所示。单击 Continue。选中 5 根抗滑桩的侧面，然后点击 Done，如图 5-124 所示。

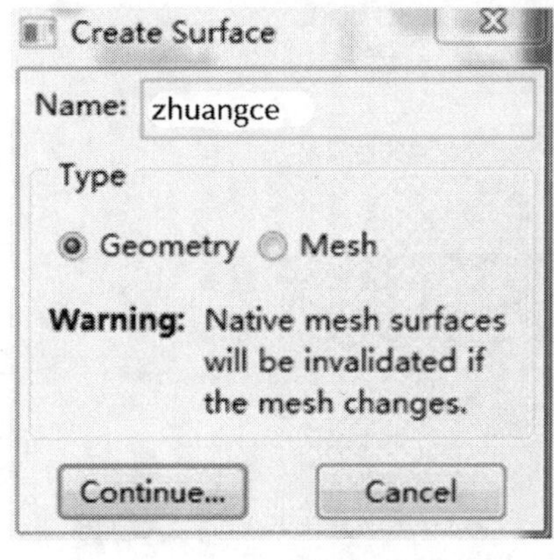

图 5-123 Create Surface 对话框

图 5-124 定义桩的面

同理定义 5 根桩的底面为 zhuangdi。

接下来定义土与桩接触部分土的面。为了方便选择面，先将 5 根抗滑桩都隐藏起来。在主菜单执行 Tools→Surface→Create，弹出 Create Surface 对话框，Name 改为 tuce（定义土的侧面），如图 5-125 所示。单击 Continue。选中与 5 根抗滑桩相接触边坡的侧面，然后点击 Done，如图 5-126 所示。

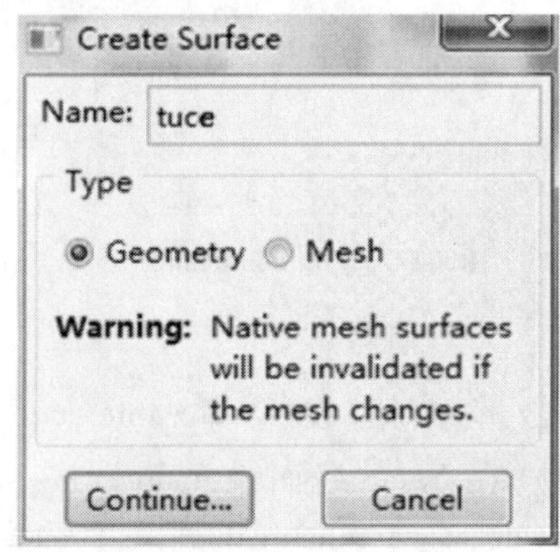

图 5-125 Create Surface 对话框

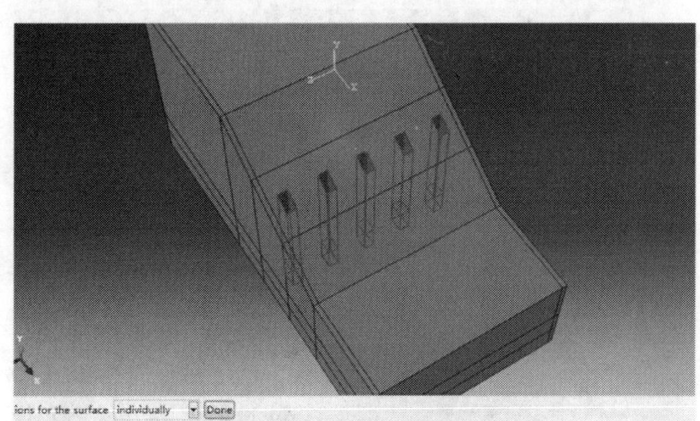

图 5-126 定义土的面

同理创建边坡与桩底接触的土底面（tudi）。

2. 创建桩底面与土约束

点击左侧工具区 按钮（Create Constraint），弹出 Create Constraint 对话框，如图 5-127 所示，在名称栏（Name）输入：tie-1，Type 选择 Tie，点击 Continue，然后点击 Surface 选择主面（如图 5-128），再点击 Surfaces（如图 5-129），在弹出的 Region Selection 对话框中选择

zhuangdi(如图5-130),其他参数不变,点击 Continue。再单击 Surface 选择从面,在弹出的对话框中选择 tudi,其他参数不变,点击 Continue,弹出 Edit Constraint 对话框,将 Discretization method 设置为 Surface to surface,其他参数不变,单击 OK 完成 tie-1 的创建(如图5-131)。

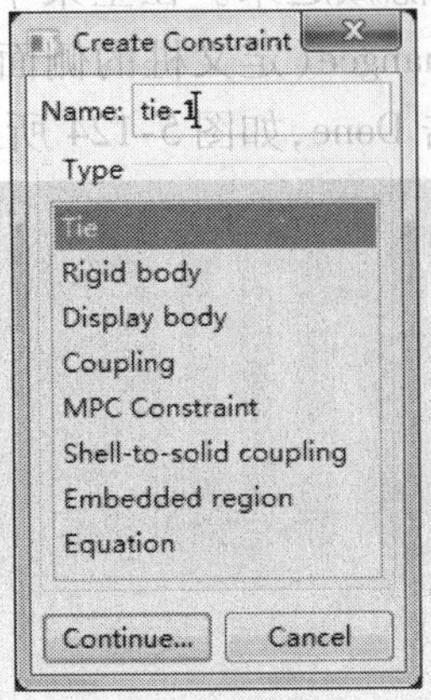

图5-127　Create Constraint 对话框

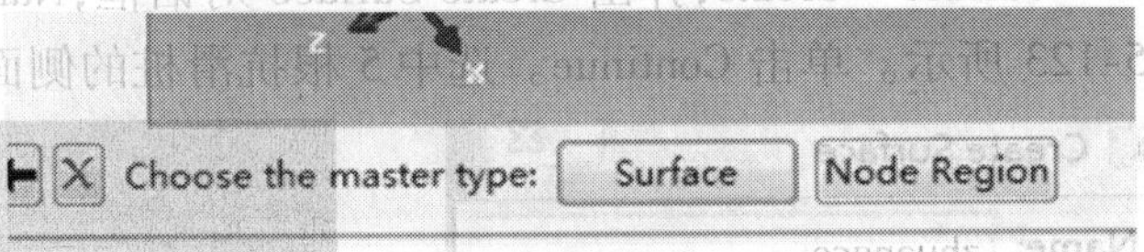

图5-128　选择主面一

图5-129　选择主面二

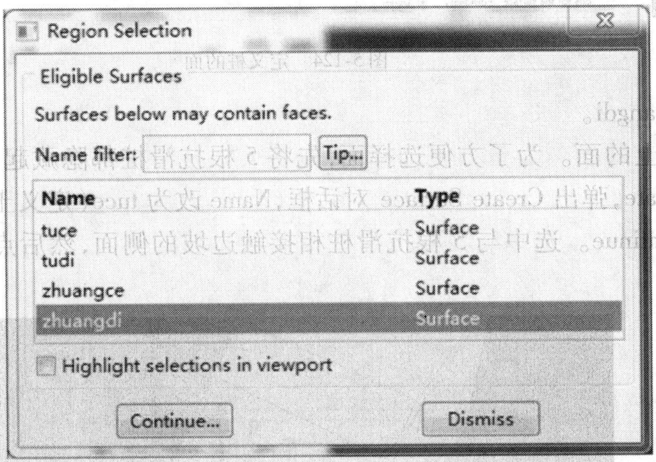

图5-130　Region Selection 对话框

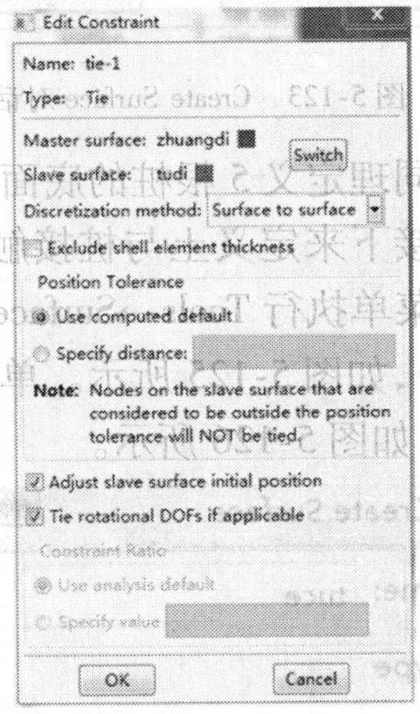

图5-131　Edit Constraint 对话框

3. 创建桩侧面与土约束

创建相互作用属性:点击按钮,在 Create Interaction Proper 对话框中(如图5-132),在 Name 后面输入 IntProp-1, Type 选择 Contact,点击 Continue,在 Mechanical 列表中选择 Tangential Behavior,如图5-133所示。

在 Friction formulation 列表中选择 Penalty,如图5-134所示。

将 Friction Coeff 设置为0.3,其他参数不变,点击 OK,如图5-135所示。

创建相互作用:点击按钮,在 Create Interaction 对话框中(如图5-136),在 Name 后面输入 Int-1,Step 选择 Initial,分

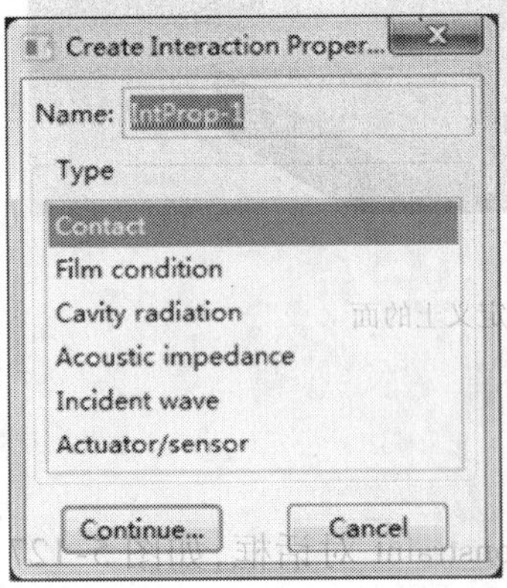

图5-132　Create Interaction Proper 对话框

析步的类型选择 Surface-to-surface contact(Standard)，点击 Continue，主面(Master surface)选择 zhuangce(如图 5-137)，点击 Continue，从面(Slave surface)选择 tuce(如图 5-138)，点击 Continue，在弹出的 Edit Interaction 对话框中，点击 OK，如图 5-139 所示。

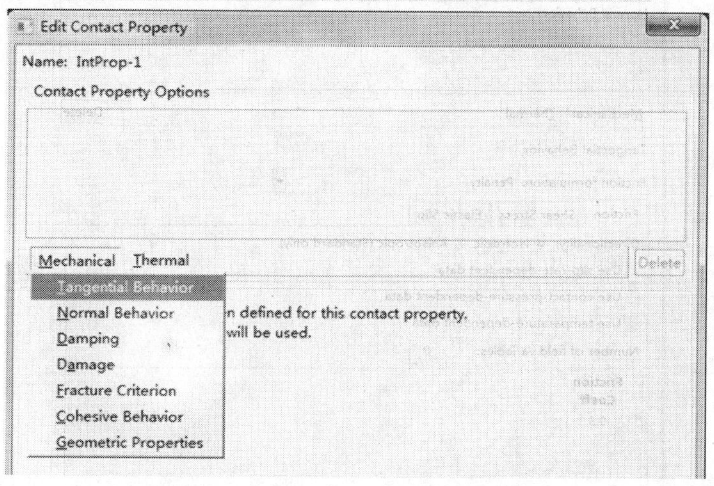

图 5-133　Edit Contact Property 对话框

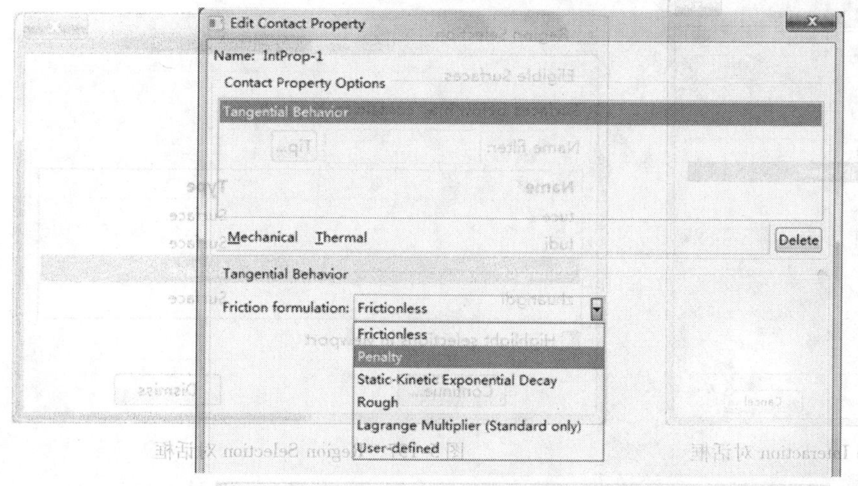

图 5-134　Edit Contact Property 对话框

(七)定义边界条件和荷载

在 Module 列表中选择 Load(荷载)模块，定义边界条件和荷载。

1. 施加边界条件

点击左侧工具区 按钮(Create Boundary Condition)，在弹出的 Create Boundary Condition 对话框，如图 5-140 所示，在名称栏(Name)中输入：BC-1，Step 选择 initial，Category 选择 Mechanical，分析步类型选择 Displacement/Rotation，单击 Continue，然后选择边坡前侧的面，如图 5-141 所示。单击 Done，弹出 Edit Boundary Condition 对话框，在对话框中选中 U1，其他默认，如图 5-142，单击 OK。边坡前侧施加约束后如图 5-143 所示。

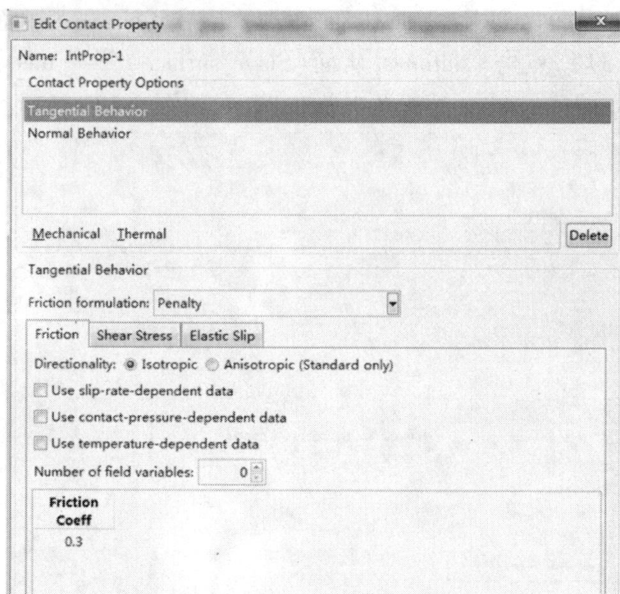

图 5-135　Edit Contact Property 对话框

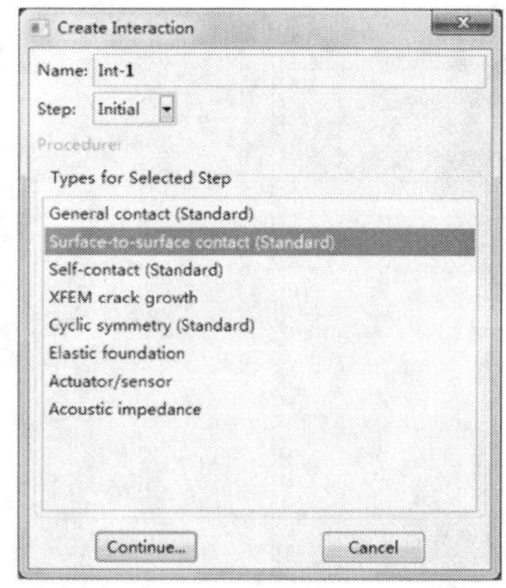

图 5-136　Create Interaction 对话框

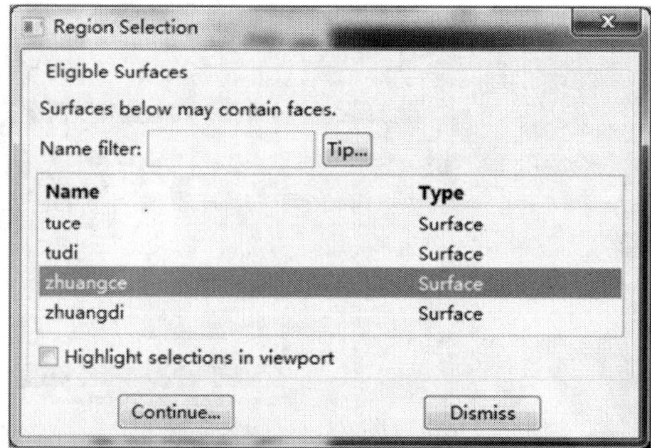

图 5-137　Region Selection 对话框

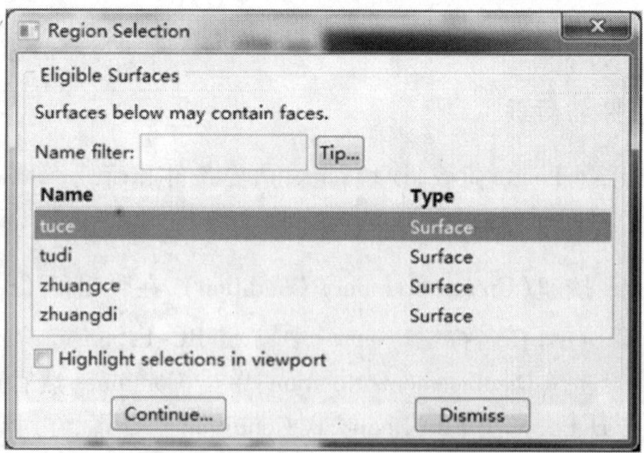

图 5-138　Region Selection 对话框

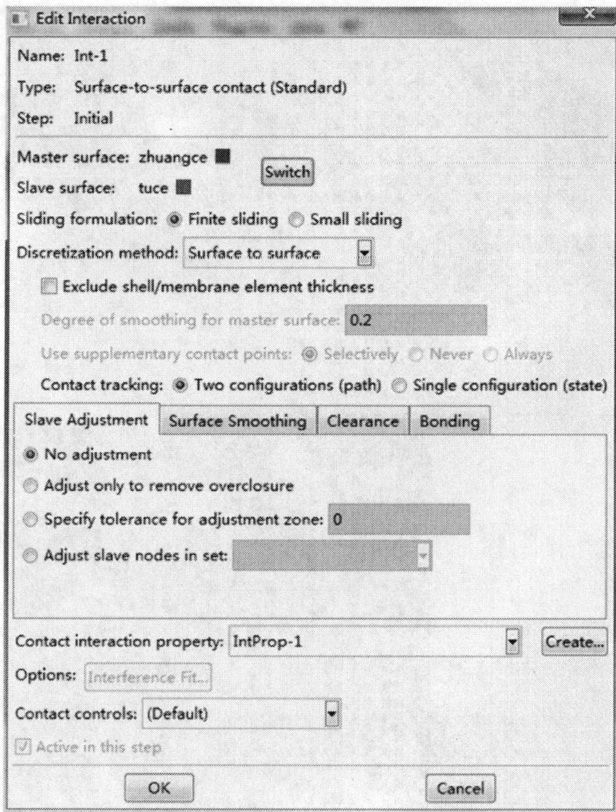

图 5-139　Edit Interaction 对话框

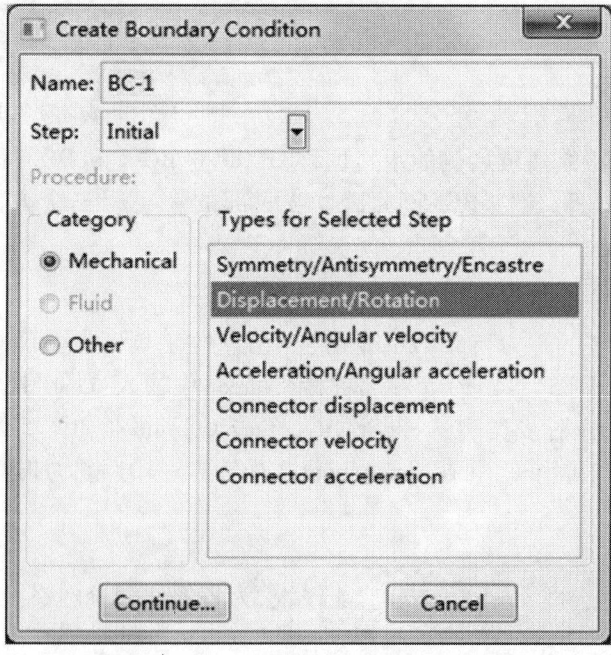

图 5-140　Create Boudary Condition 对话框

图 5-141　选择边坡前侧的面

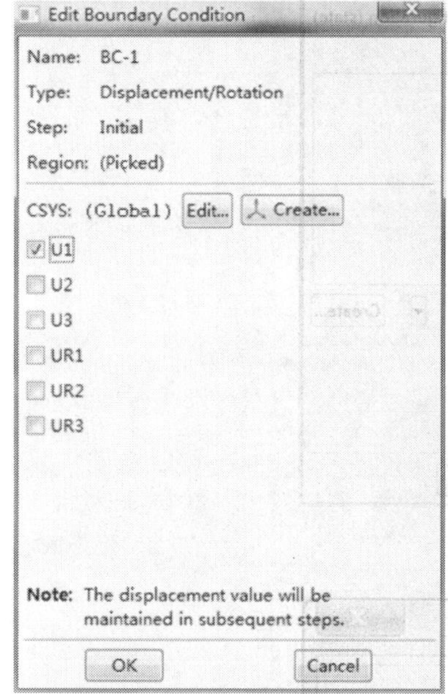

图 5-142　Edit Boundary Condition 对话框

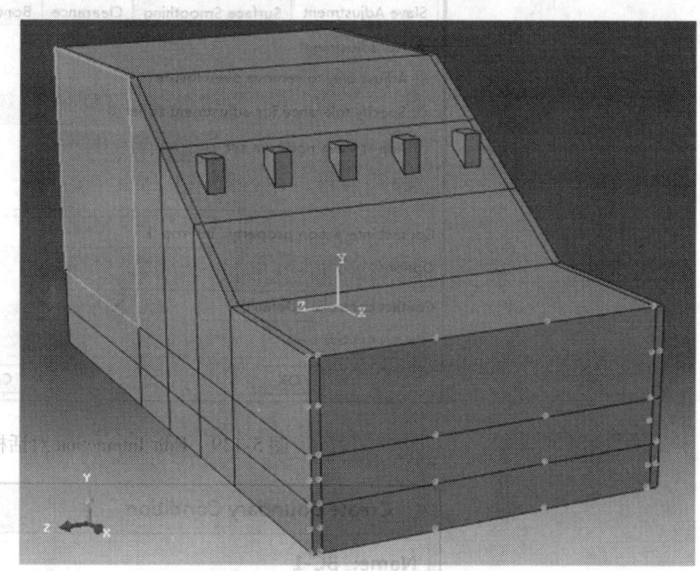

图 5-143　边坡前侧施加约束

同理,建立 BC-2 限制边坡后侧的水平位移 U1,建立 BC-3 和 BC-4 限制边坡左侧和右侧在 Z 轴方向上的位移 U3;建立 BC-5 限制边坡底部的在空间三个方向上的位移(U1、U2 和 U3)。

2. 施加荷载

创建边坡和抗滑桩的重力荷载(Load-1):点击左侧工具区 (Create Load),在弹出的 Create Load 对话框,如图 5-144 所示,在名称栏(Name)中输入:Load-1,Step 选择 Load,Category 选择 Mechanical,分析步类型选择 Gravity,单击 Continue(如图 5-145),然后单击 Edit Region选择整个边坡和抗滑桩,并在 Component 2 中输入 -10(重力加速度)。

(八)划分网格

在 Module 列表中选择 Mesh(网格)功能模块,为各部件划分网格。

1. 为 zhuang 划分网格

在窗口环境栏中把 Object 选项设为 Part:zhuang,即对部件 zhuang 划分网格,而不是对整个装配件划分网格。

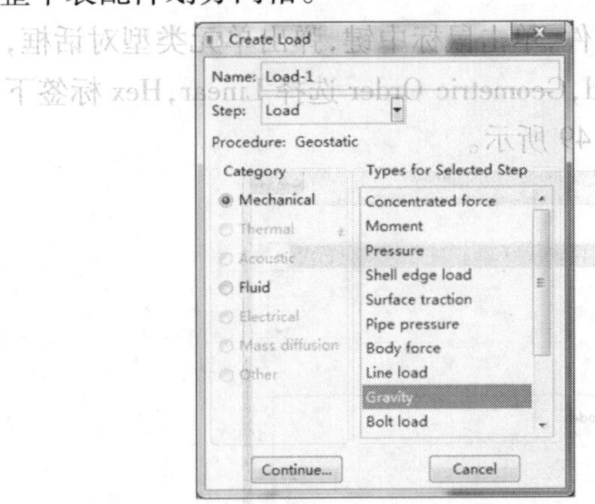

图 5-144　Create Load 对话框

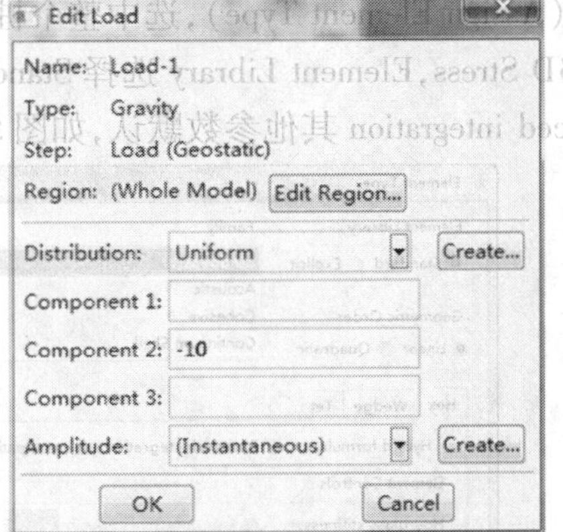

图 5-145　Edit Load 对话框

(1)设置全局种子

单击▭,弹出 Global Seeds 对话框(如图 5-146),全局种子的大小设为 0.5,其他参数默认,单击 OK,显示全局种子分布图(如图 5-147)。

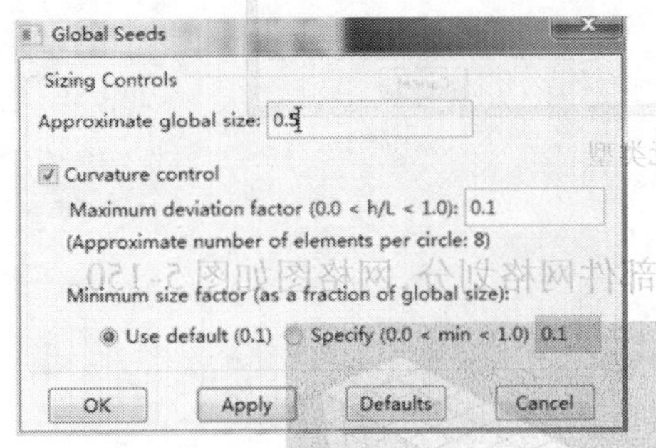

图 5-146　设置全局种子

图 5-147　全局种子分布图

(2)设置网格控制参数

点击▭(Assign Mesh Controls),弹出 Mesh Controls 对话框(如图 5-148):Element Shape 选择 Hex,Technique 选择 Structured,单击 OK。

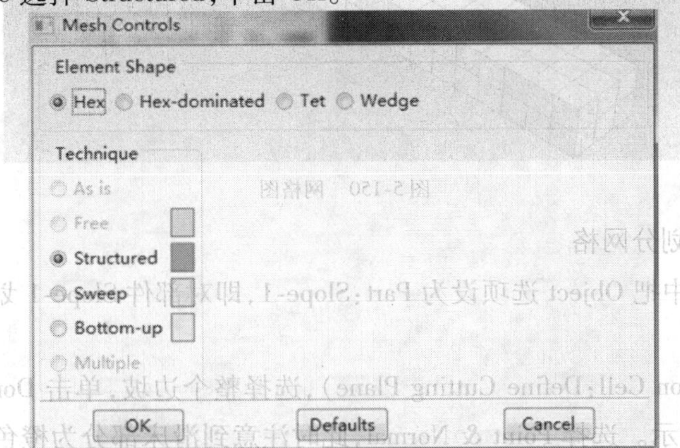

图 5-148　设置网格控制参数

(3)设置单元类型

点击(Assign Element Type),选中整个桩部件,单击鼠标中键,弹出单元类型对话框,Family 选择 3D Stress,Element Library 选择 Standard,Geometric Order 选择 Linear,Hex 标签下只选中 Reduced integration 其他参数默认,如图 5-149 所示。

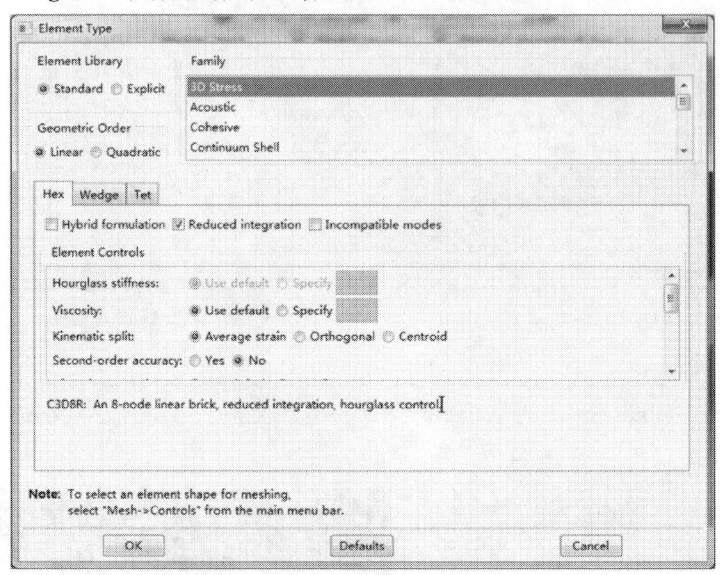

图 5-149　设置单元类型

(4)划分网格

点击(Mesh Part Instance),单击 OK,完成桩部件网格划分,网格图如图 5-150。

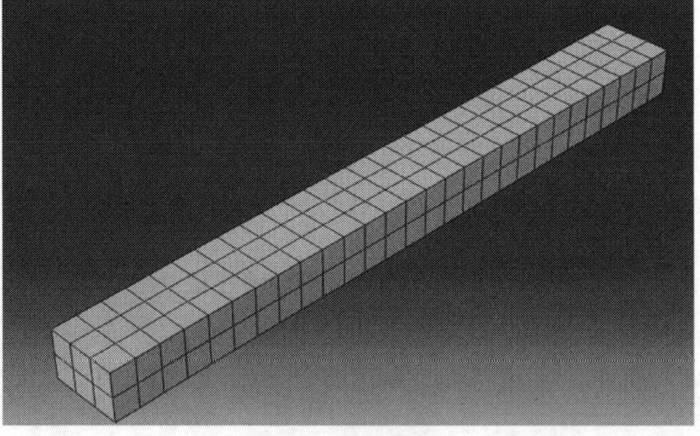

图 5-150　网格图

2. 为 Slope-1 划分网格

在窗口环境栏中把 Object 选项设为 Part:Slope-1,即对部件 Slope-1 划分网格。

(1)分割部件

单击(Partition Cell:Define Cutting Plane),选择整个边坡,单击 Done。此时出现提示信息,如图 5-151 所示。选择 Point & Normal,此时注意到滑床部分为橙色,这表明该区域无法划分网格,需要进行切割。因此选择滑床在 Y 轴方向上一条边的中点,如图 5-152 中的粉色点。提示选择过该点平面的法线，任意选择一条平行于 Y 轴方向的线段即可，本文选择边坡前侧的一条线段，如图 5-153 中粉色箭头线。这时提示创建切割（Create Partition），单击 Create Partition，边坡变成图 5-154 所示。

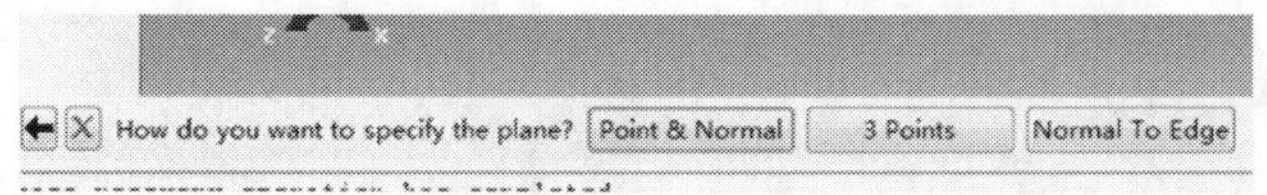

图 5-151　提示信息

图 5-152　边坡切割一

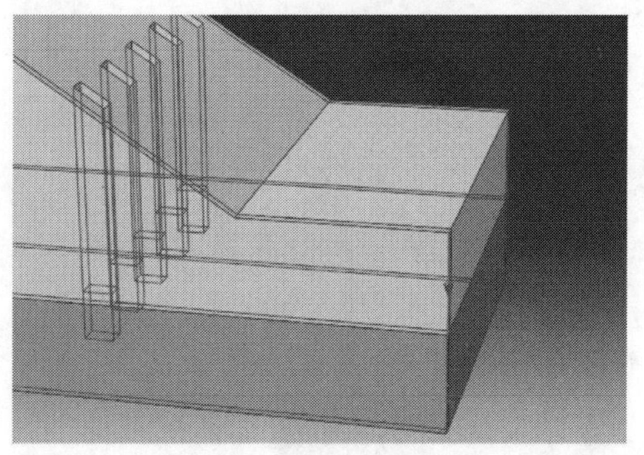

图 5-153　边坡切割二

按照同样的方法，将边坡在坡顶和坡脚的位置进行切割。切割后如图 5-155 所示。

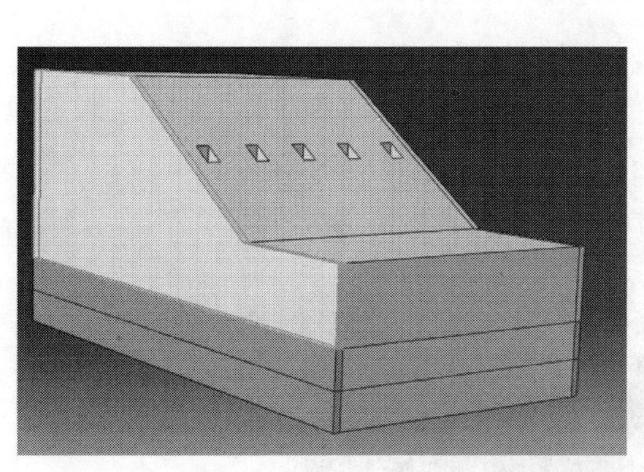

图 5-154　边坡切割三

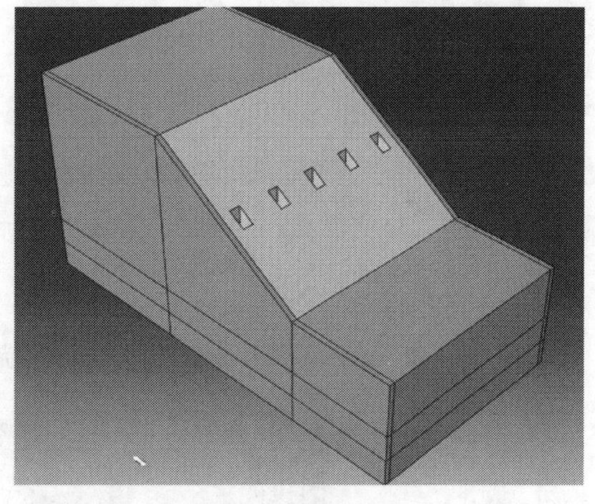

图 5-155　边坡切割四

(2) 设置全局种子

单击，弹出 Global Seeds 对话框（如图 5-156），全局种子的大小设为 1，其他参数默认，单击 OK。

(3) 设置网格控制参数

点击（Assign Mesh Controls），选中整个边坡部件，单击鼠标中键确认，弹出 Mesh Controls 对话框（如图 5-157）：Element Shape 选择 Hex，Technique 选择 Structured，单击 OK。

(4) 设置单元类型

点击（Assign Element Type），选中整个边坡部件，单击鼠标中键，弹出单元类型对话框，Family 选择 3D Stress，Element Library 选择 Standard，Geometric Order 选择 Linear，Hex 标签下只选中 Reduced integration 其他参数默认，如图 5-158 所示。

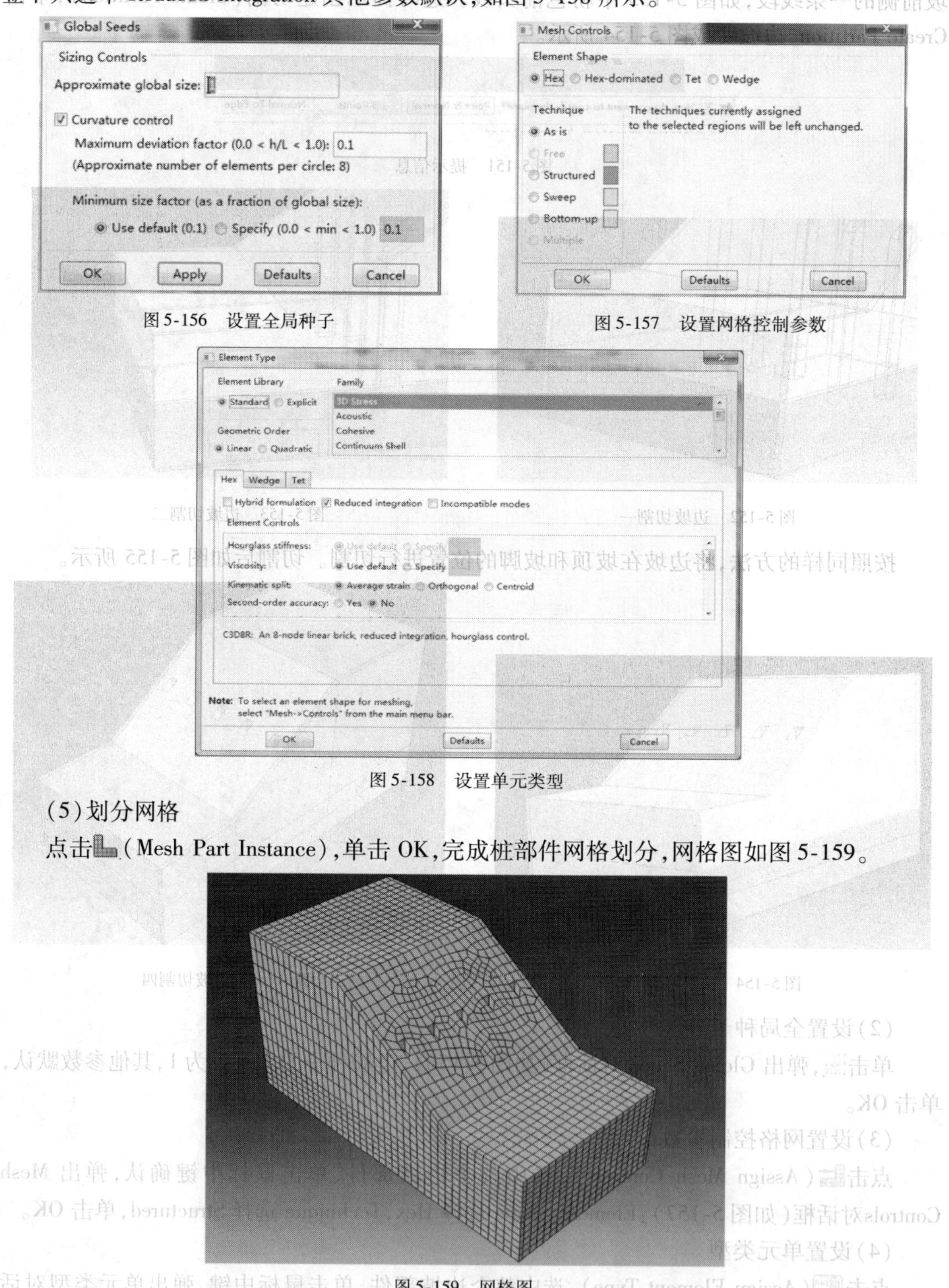

图 5-156　设置全局种子

图 5-157　设置网格控制参数

图 5-158　设置单元类型

(5)划分网格

点击(Mesh Part Instance)，单击 OK，完成桩部件网格划分，网格图如图 5-159。

图 5-159　网格图

(九)修改模型输入文件,控制场变量变化

在主菜单执行 Model→Edit Keywords→Model-1 命令,弹出 Edit Keywords, Model: Model-1 对话框,滚动第一个分析步,找到第一个分析步的定义语句:

```
**STEP: Load
**
*Step, name=Load, unsymm=YES
*Geostatic, utol=0.01
0.01,1.,1e-05,1.
```

在以上语句之前插入如下语句:

```
*initial conditions, type=field, VARIABLE=1
Slope-1-1,soil,0.5
```

找到第二个分析步的语句:

```
*Step, name=Reduce,unsymm=YES
*Static
0.01,1.,1e-0.5,1.
```

在以上语句之后插入如下语句:

```
*field,VARIABLE=1
Slope-1-1,soil,2
```

(十)提交分析作业及后处理

进入 Job 模块,执行 Job/Create 命令,建立名为 Job-fangzhuang 的任务,单击 Write Input,将前处理的信息写入 INP 文件,点检 Submit 将任务提交进行计算,如图 5-160 所示。单击 Moniter 可以查看运行情况,如图 5-161 所示。

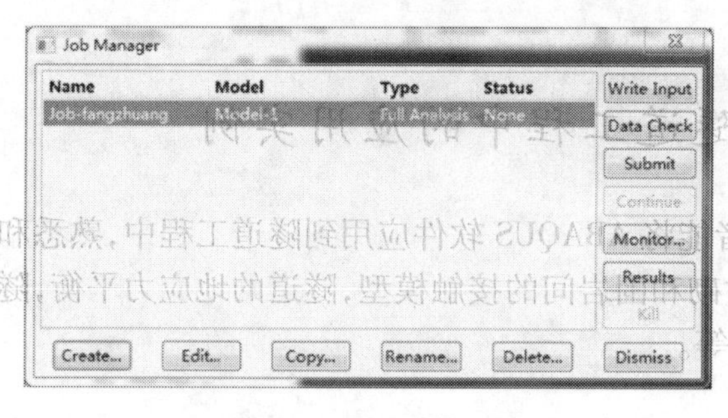

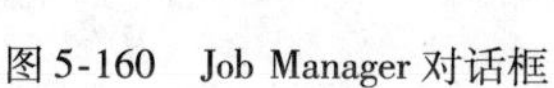
图 5-160　Job Manager 对话框

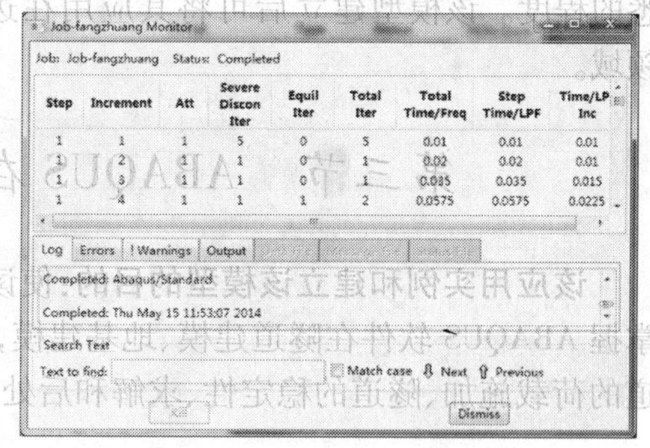

图 5-161　任务运行情况

(十一)结果分析

运算结束后,单击 Results,查看结果文件。本文给出了计算结束后的边坡等效随性应变云图图 5-162 和模型的位移云图图 5-163。

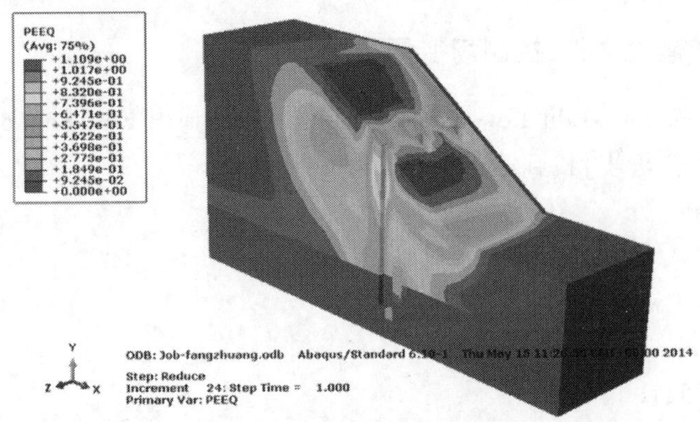

图5-162 边坡等效随性应变云图

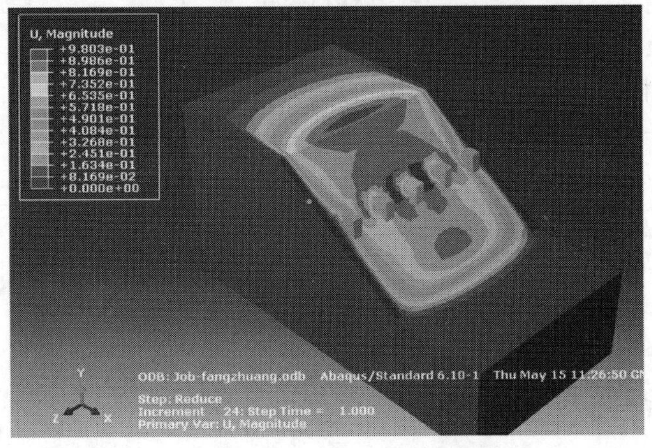

图5-163 模型的位移云图

结论及应用领域说明:该模型操作完成后,就基本上熟悉了基于ABAQUS软件的计算边坡工程(抗滑桩三维)稳定性的具体操作,也可反复一次或多次该模型的操作,以达到较为熟悉的程度。该模型建立后可将其应用在边坡工程、抗滑桩、基坑工程、三维抗滑桩边坡等领域。

第三节 ABAQUS在隧道工程中的应用实例

该应用实例和建立该模型的目的:使读者能将ABAQUS软件应用到隧道工程中,熟悉和掌握ABAQUS软件在隧道建模、地基建模,衬砌和围岩间的接触模型,隧道的地应力平衡,隧道的荷载施加、隧道的稳定性、求解和后处理等。

一、模型描述

计算时取40m海水深度,海水密度取1.01kg/m^3,岩体竖向取40m,水平向取50m,围岩土体和软弱层均采用莫尔-库仑弹塑性模型,弱层埋深为12m,厚度为1m,隧道为圆形,直径10m,隧道埋深15m,采用混凝土衬砌,衬砌厚度为0.5m,衬砌混凝土适用弹性模型。模型左右边界采取水平向约束,模型下边界采取竖向约束和旋转约束,上边界为自由边界。模型参数,见表 5-3 所示。

材料物理力学参数表　　　　表 5-3

	弹性模量 E(GPa)	泊松比 υ	黏聚力 C(MPa)	内摩擦角 φ(°)	重度 γ(kN/m^3)
围岩	20	0.20	3.0	40	23
破碎带	1	0.30	0.1	25	22
混凝土衬砌	28	0.17			27

二、具体操作步骤

(一)创建部件

执行 Part-Create 命令创建图 5-164 所示 5 个部件。

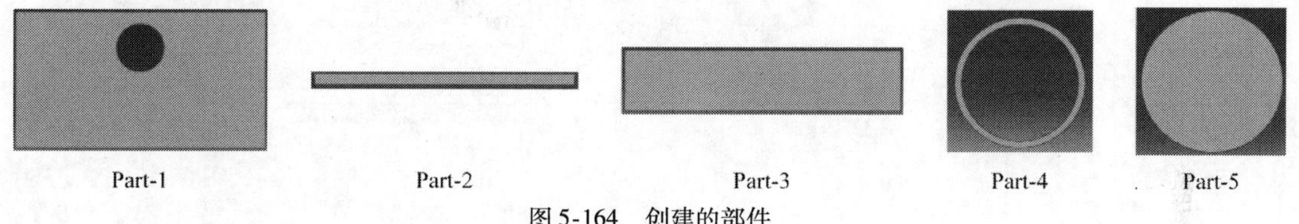

图 5-164　创建的部件

(二)创建材料、截面及分配截面

(1)执行 Material-create 或点击创建材料,按图 5-165 所示操作输入密度。

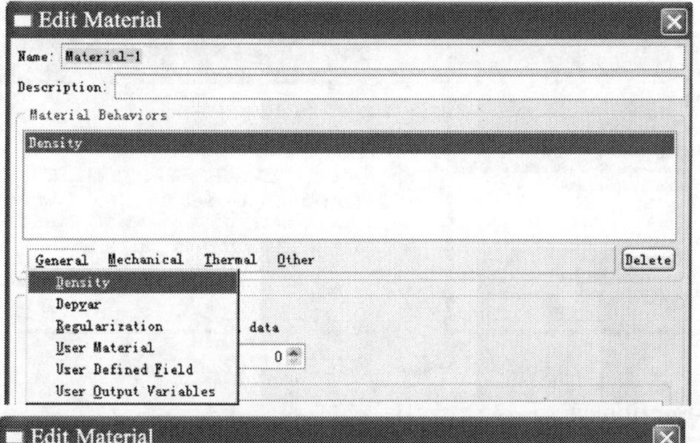

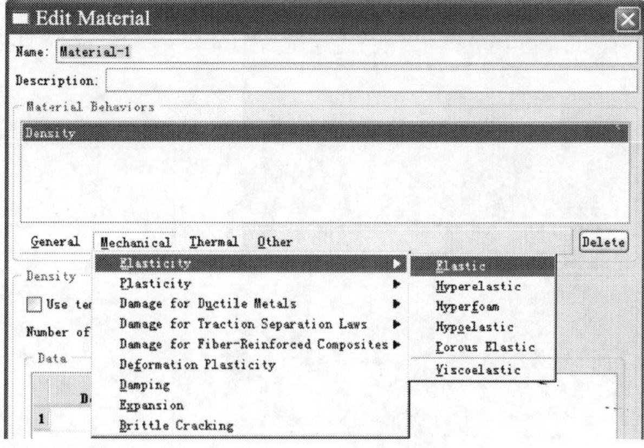

图 5-165　创建材料参数

按图 5-165 所示不做输入弹性模量和泊松比。

按上图步骤输入摩擦角和硬化参数，本例选 M-C 模型。这样就完成了材料 1 的创建，重复操作创建材料 2 和材料 3（图 5-166）。

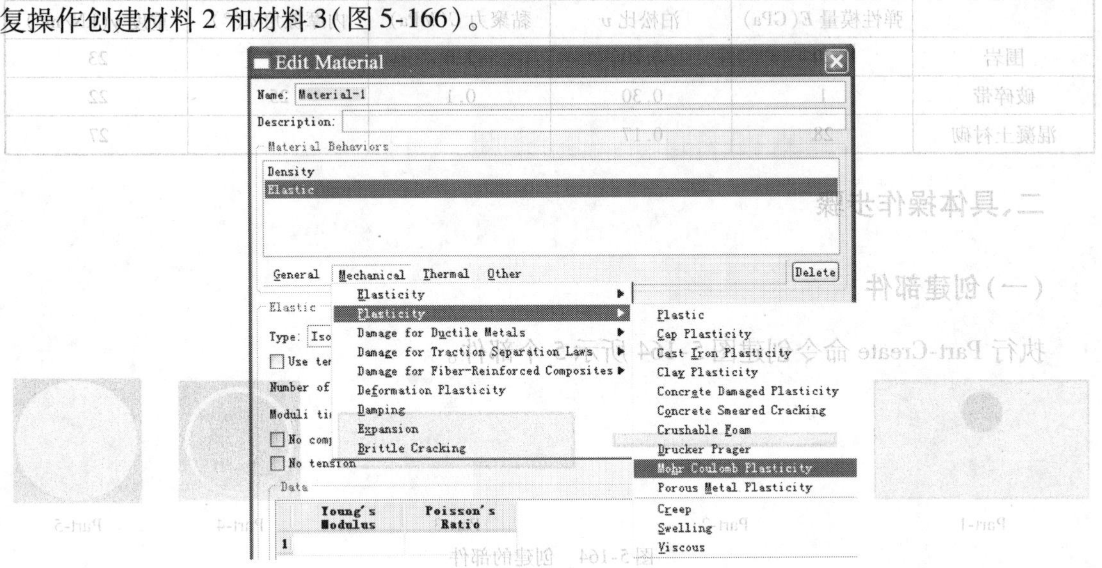

图 5-166　参数的输入和本构模型的选择

（2）执行 Section 或点击创建截面。

如图 5-167 所示就完成了名字为 Section-1 的截面的创建，截面材料为 Material。重复操作创建 Section-2 和 Section-3。

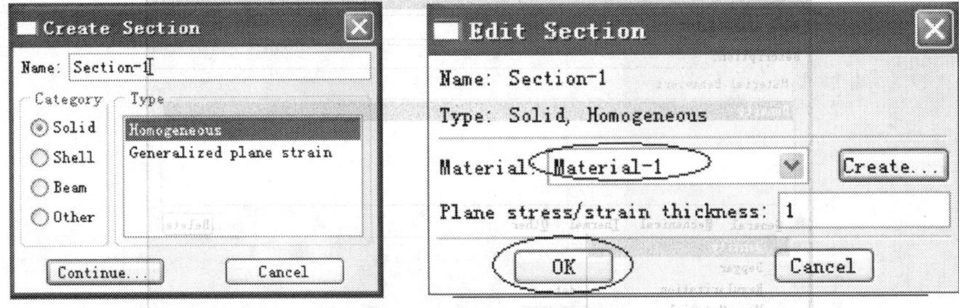

图 5-167　创建和编辑截面

（3）执行 Assign-Section 或点击分配截面。

如图 5-168 所示把截面 Section-1 的属性分配给 Part-1。重复操作对其他部件分配相应的截面属性。

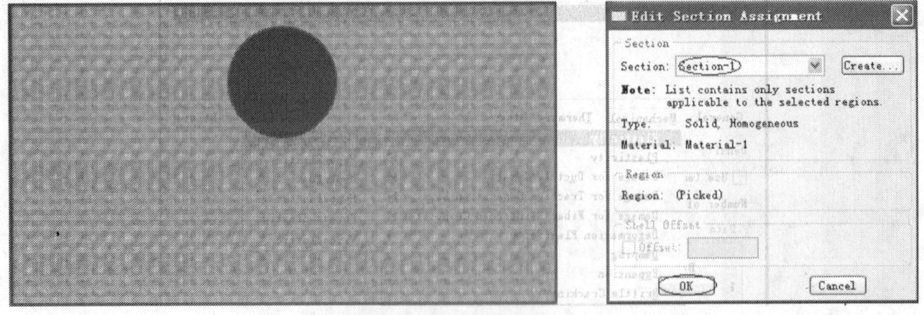

图 5-168　将材料参数赋予截面

(三)创建装配体(Assembly)

1. 创建实体

在主菜单中选择 Instance→Create 或点击按钮，进入 Create Instance 对话框中，选中五个部件，在 Instance Type 选项中勾选 Dependent，勾选 Auto-offset，点击 OK，这样五个实体就被创造出来了，如图 5-169、图 5-170 所示。值得注意的是，一个部件可多次被调用来创造实体；在多选时按住 Shift 键。

2. 创建集合

在主菜单中选择 Tools→Surface→Create，选中图 5-171 所示的上边界(变为红色则表示选中)，单击 OK 按钮完成 Name 为 Surface-1 的集合的创造。

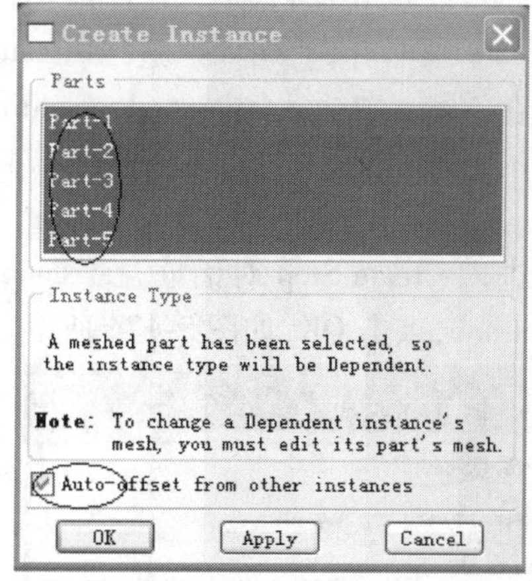

图 5-169　创建实体

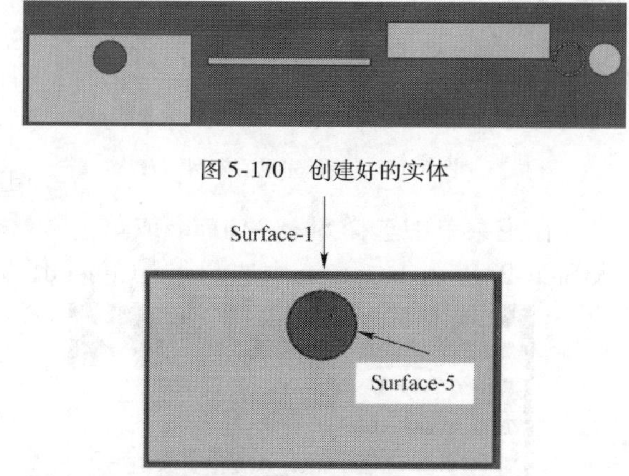

图 5-170　创建好的实体

图 5-171　选中上边界

用同样的方法建立 Surface-2、Surface-3、Surface-4、Surface-5、Surface-6 和 Surface-7，如图 5-172 所示。

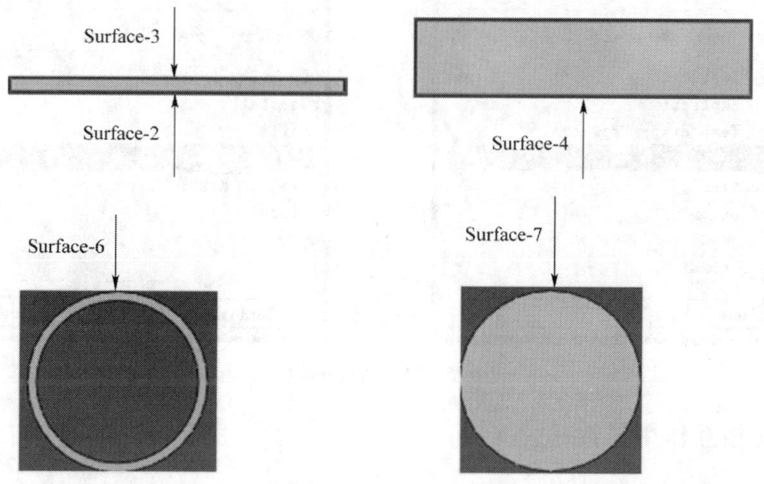

图 5-172　创建各面

在主菜单中选择 Tools→Set→Create，选圆形土体建立 Set-1，用同样的操作对衬砌建立

Set-2。

3. 对齐部件

在主菜单中选择 Constraint→Coincident point 或点击按钮对各部件进行装配。执行 Instance→Translate 命令或点击按钮也可完成装配，但没上述方法操作便捷。读者可根据自己的习惯自行选择装配方法。装配完成后模型，如图 5-173 所示。

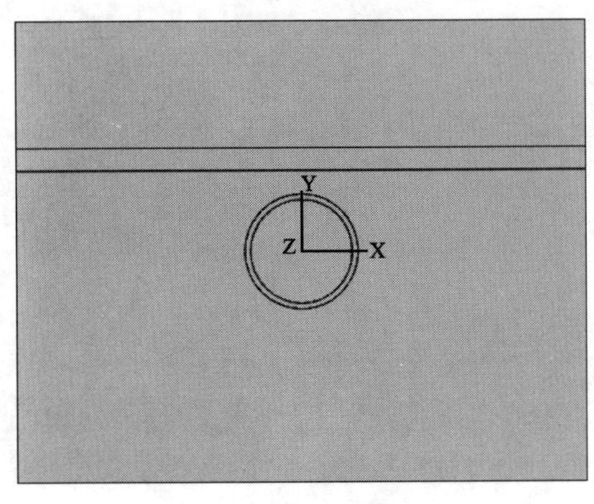

图 5-173　装配完成后模型

(四)定义分析步

本例中采用两个分析步：第一步做地应力平衡；第二步模拟开挖衬砌。在主菜单中选择 Step→Create 或单击按钮，进入 Create Step 对话框，在 Name 中输入 Step-1，Procedure type 中选 Geostatic，点击 Continue(图 5-174)，点击 OK。

在主菜单中选择 Step→Create 或单击按钮，进入 Create Step 对话框，在 Name 中输入 Step-2，Procedure type 中选 Static，General，点击 Continue，点击 OK，如图 5-174 所示。

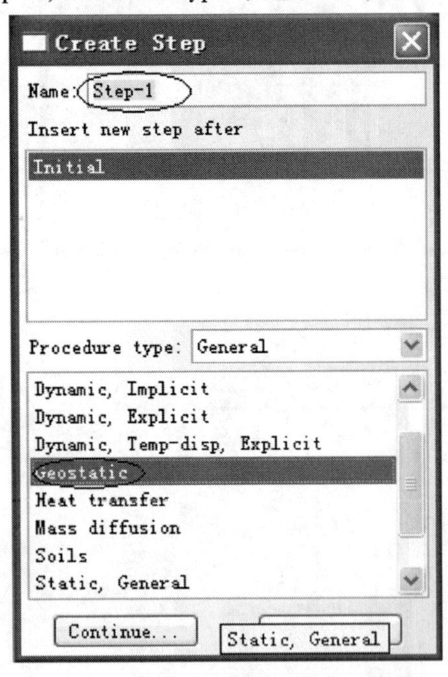

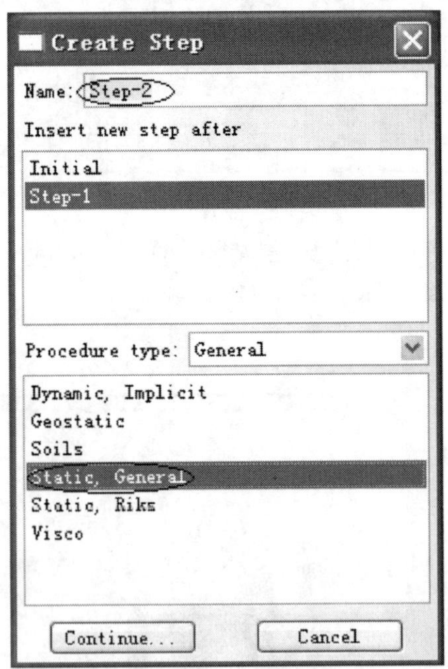

图 5-174　创建分析步

(五)定义相互作用属性

在主菜单中选择 Constraint→Create 或单击按钮，进入 Create Constraint 对话框，Name 中输入 Constraint-1，Type 中选 Tie，点击 Continue 按钮，在随后出现的界面窗口下方点击

Surface(图 5-175),继续点击右方的 Surface,在出现的 Region Selection 对话框中选 Surface-2,然后点击 Surface,在随后出现的 Region Selection 对话框中选 Surface-1,出现 Edit Constraint 对话框,直接点击 OK 即可。用同样的方法对 Surface-3 和 Surface-4、Surface-5 和 Surface-6、Surface-5 和 Surface-7 建立 Tie 连接。

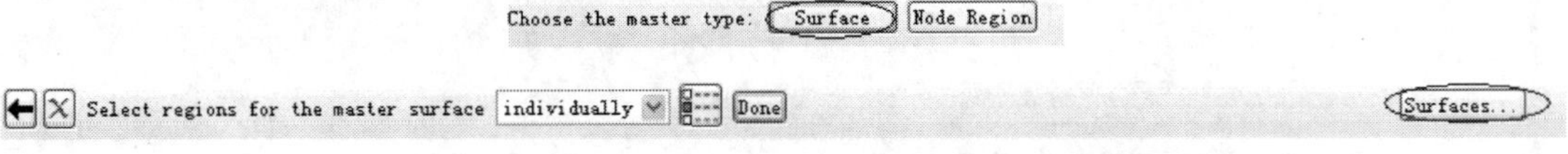

图 5-175　建立面之间的连接

在约束建立以后还可以编辑、删除(图 5-176)。注意:一般情况下,把刚度较大者作为主面,刚度较小者作为从面。

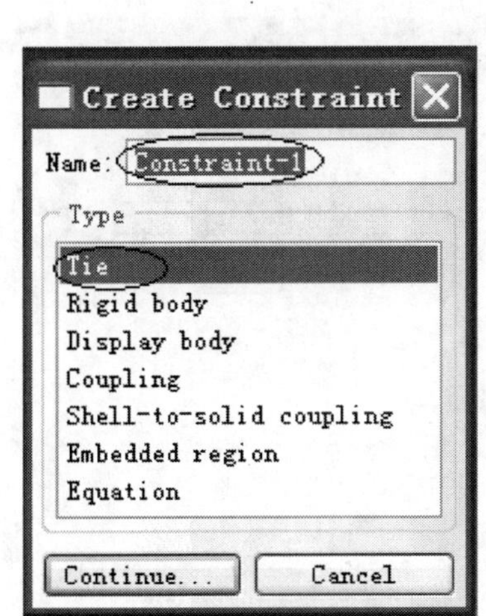

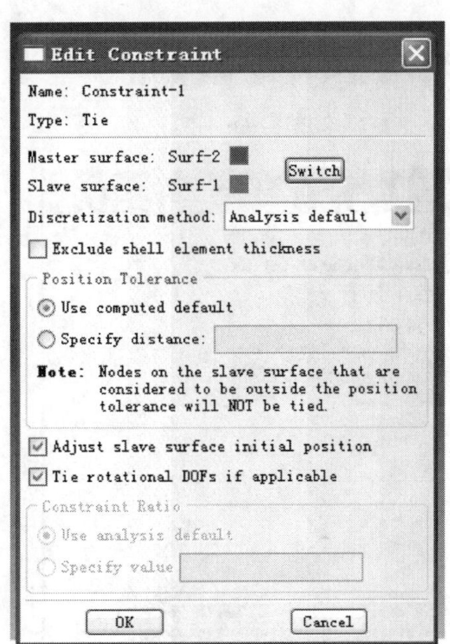

图 5-176　创建和编辑约束

(六)定义荷载和边界条件

1. 建立初始边界条件

在主菜单中选择 BC→Create 或单击按钮,进入 Create Boundary Condition 对话框,在 Name 中输入 BC-1(图 5-177);Step 中选 Initial,Category 中选 Mechanical,Types for Selected Step 中选 Displacement/Rotation,点击 Continue(图 5-177)。

在视图区选择图示红色边界点击 Done(图 5-178)。

出现图 5-179 所示 Edit Boundary Condition 对话框,在对话框中勾选 U1,即限制 *X* 向的位移,还可以点击 Edit 按钮重新选择边界(注:所限制的自由度根据自己的模型和需要设定,这里不作详细说明)。

在主菜单中选择 BC→Create 或单击按钮,进入 Edit Boundary Condition 对话框,在 Name 中输入 BC-2,Step 中选 Initial,Category 中选 Mechanical,Types for Selected Step 中选

Displacement/Rotation，点击 Continue 选中模型下边界，勾选图示选项（图 5-180）。

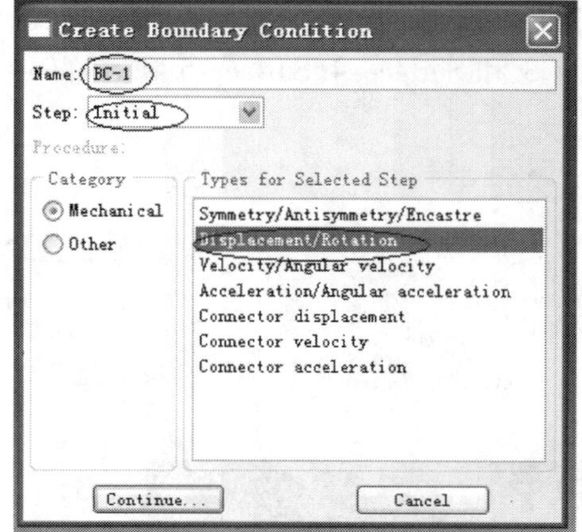

图 5-177　创建边界条件

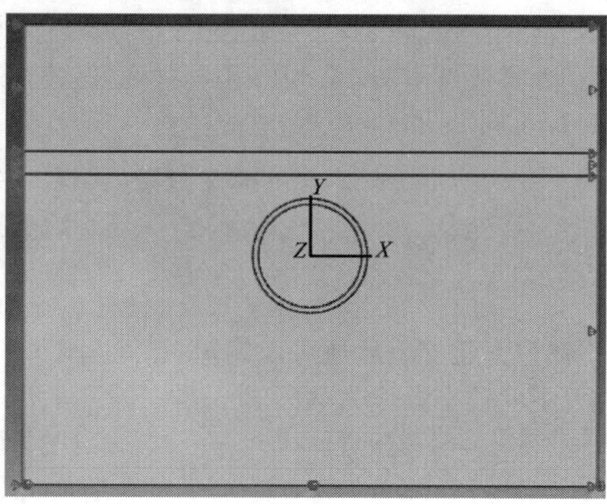

图 5-178　选择边界

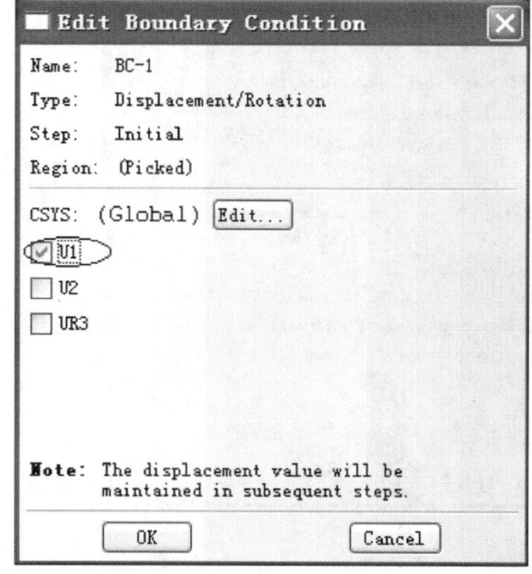

图 5-179　编辑边界条件 BC-1

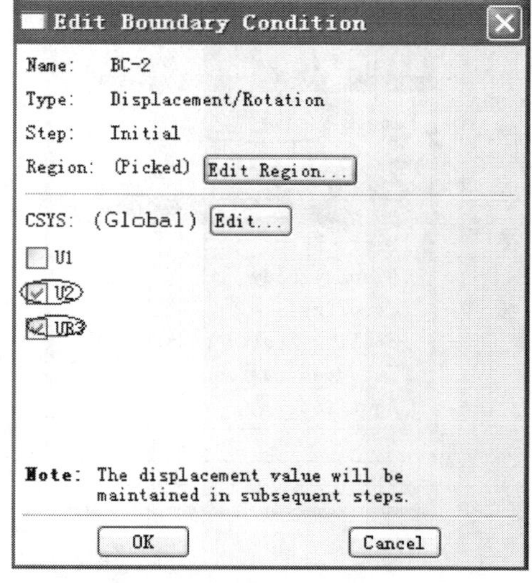

图 5-180　编辑边界条件 BC-2

2. 施加荷载

在主菜单中选择 Load→Create 或单击按钮，进入 Create Load 对话框，在 Name 中输入 Load-1，在 Step 中选 Step-1 即 Geostatic 分析步（图 5-181），在 Category 中选 Mechanical，在 Types for Selected Step 中选 Gravity，单击 Continue 按钮（图 5-181）。

出现图 5-182 所示 Edit Load 对话框，单击 Edit Region，选中所有实体，在 Component 2：中键入 -9.8，单击 OK（图 5-182）。

这样即完成对模型重力的施加，施加荷载后如图 5-183 所示。

在主菜单中选择 Load→Create 或单击按钮，进入 Create Load 对话框，在 Name 中输入 Load-2，在 Step 中选 Step-2 即 Static，General 分析步，在 Category 中选 Mechanical，在 Types for Selected Step 中选 Gravity，单击 Continue 按钮（图 5-183）。

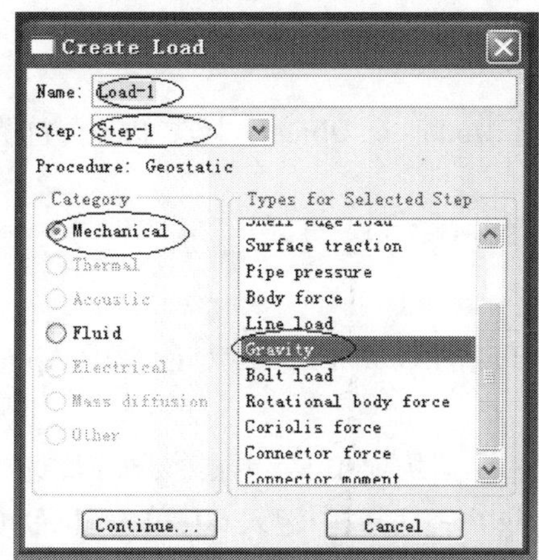

图 5-181 创建荷载

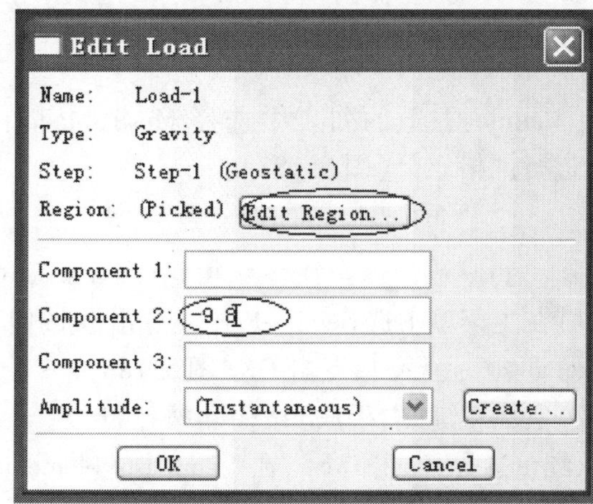

图 5-182 在 Component 2 中键入 -9.8

选中图示红色区域施加海水静压力(图 5-184)。

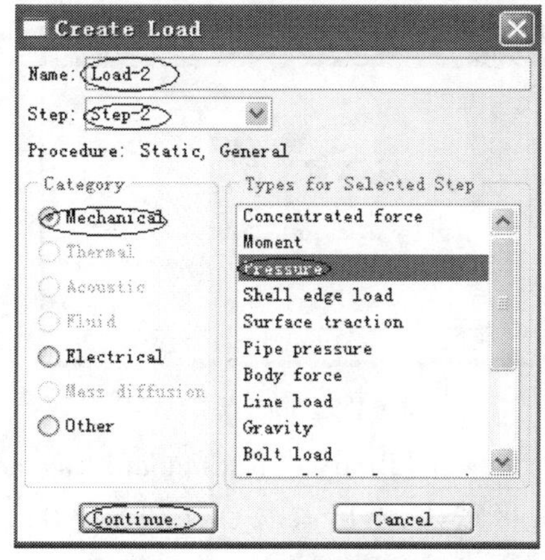

图 5-183 静荷载的施加

图 5-184 选中上边界

在出现的 Edit Load 对话框中键入所加压力的值,点击 OK(图 5-185)。

这样就完成了对模型荷载的施加,如图 5-186 所示。

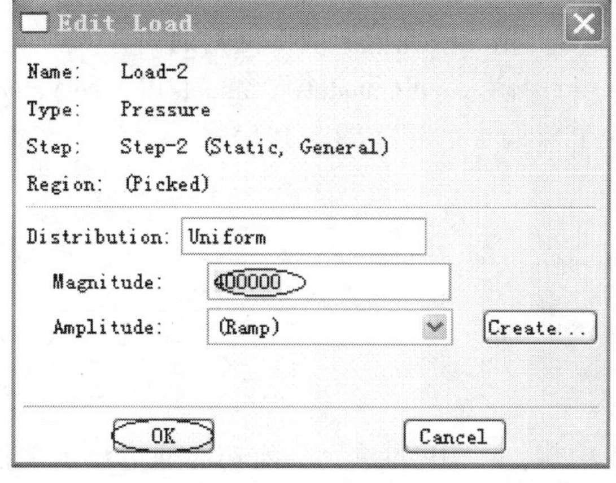

图 5-185 输入荷载值

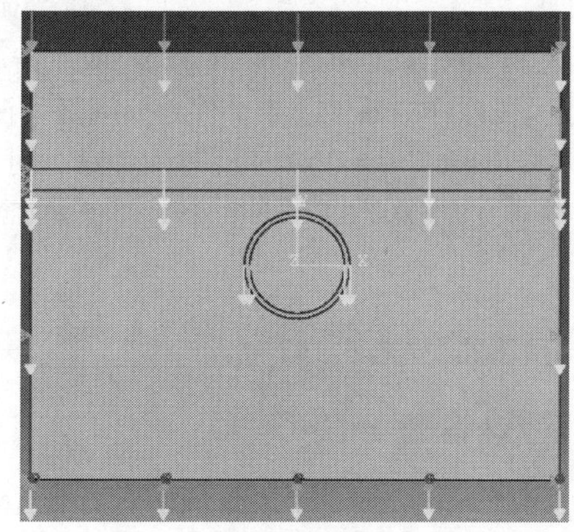

图 5-186 荷载施加完成

(七)划分网格

在 Module:右边的列表中选择 Mesh,Model:中选 Model-1,Object:中选 Part。首先对 Part-1 进行网格划分(图 5-187)。

图 5-187　在 Module 中选择 Mesh

(1)在主菜单中选 Seed→Part 或点击按钮,在出现的 Global Seeds 对话框中 Approximate global size:键入 1,点击 OK(图 5-188)。

(2)鼠标左键(右手法)按住按钮,出现几项工具,单击按钮,选中图中所示红色边界,点击 Done,在 Number of elements along the edges 中键入 60,单击鼠标中键,再点击中键。

(3)在主菜单中选 Mesh→Controls 或单击按钮,出现 Mesh Controls 对话框在 Element Shape 中选 Quad,Technique 中选 Free,单击 OK(图 5-189)。

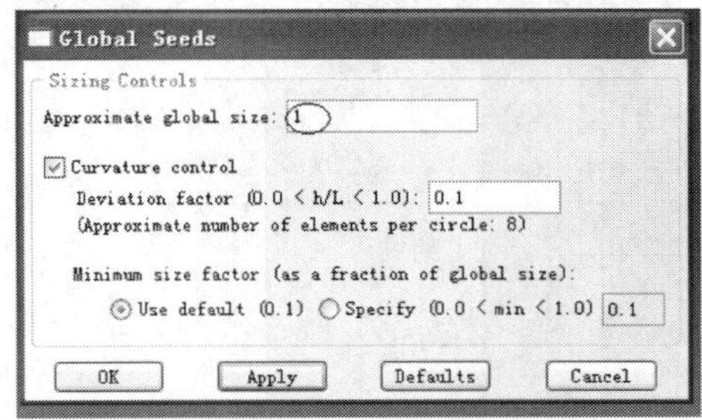

图 5-188　全局种子框图

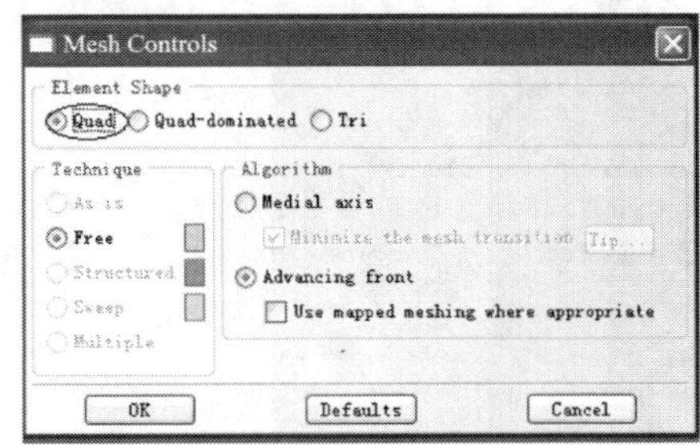

图 5-189　网格设置

(4)在主菜单中选 Mesh→Element Type 或点击,Element Library 中选 Standard,Geometric Order 中选 Linear,Family 中选 Plane Strain,其余选项选择默认,然后点击 OK(图 5-190)。

图 5-190　网格类型选择

(5)在主菜单中选 Mesh→Part 或点击按钮,点击 Yes 完成 Part-1 网格的划分。

重复操作对其他几个部件划分网格。在命令行中输入 mdb. models[‘Modcl-1’]. sctValucs (noPartsInputFile = ON)(注:写入此命令可避免节点编号重复)(图 5-191)。

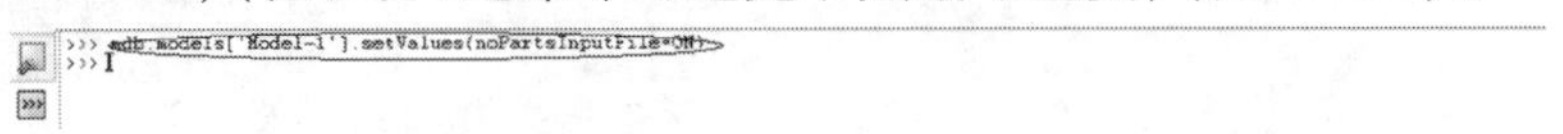

图 5-191　命令的输入

网格图,如图 5-192 所示。

(八)编辑关键字

由于 ABAQUS 不支持 * MODEL CHANGE 功能,本例中的单元生死功能通过添加关键字来实现。

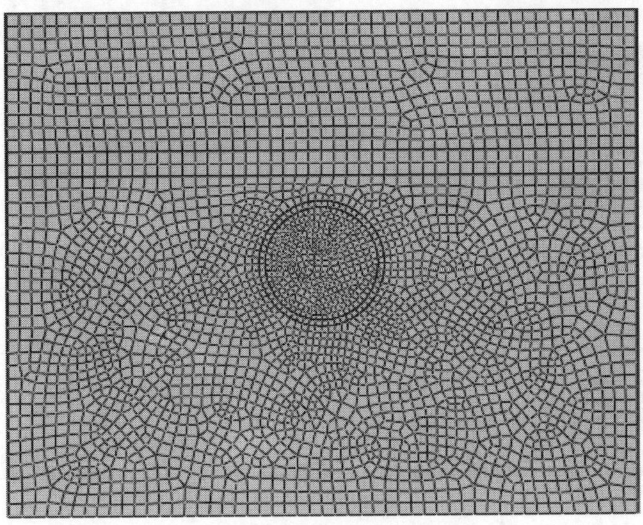

图 5-192　划分好的网格

在主菜单中选择 Mode l→Edit Keywords→Model-1，在图 5-193 中添加：

＊MODEL CHANGE，REMOVE

Set-1

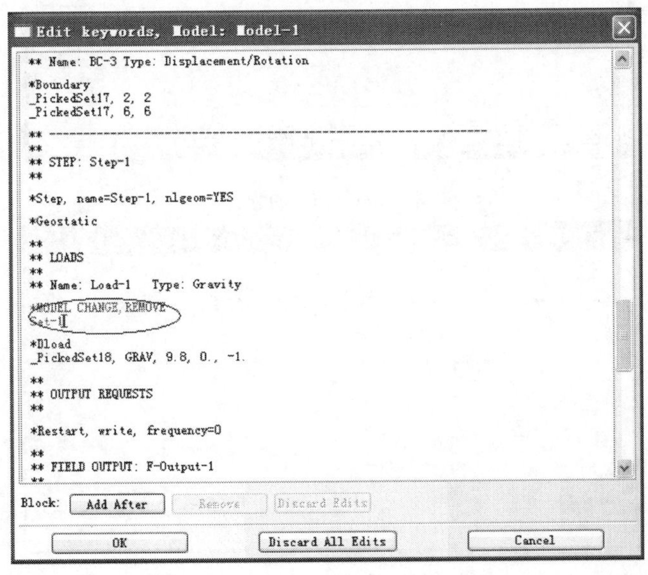

图 5-193　语句的添加

（九）分析和后处理

在 Module 中选 Job，进入分析作业模块。在主菜单中选 Job→Create 或单击按钮，出现 Create Job 对话框，单击 Continue 在弹出的 Edit Job 对话框点击 OK（图 5-194）。然后点击按钮。

在弹出的 Job Manager 对话框中点击 Submit，提交分析作业（图 5-195）；同时可点击 Monitor按钮查看分析情况（图 5-196）。

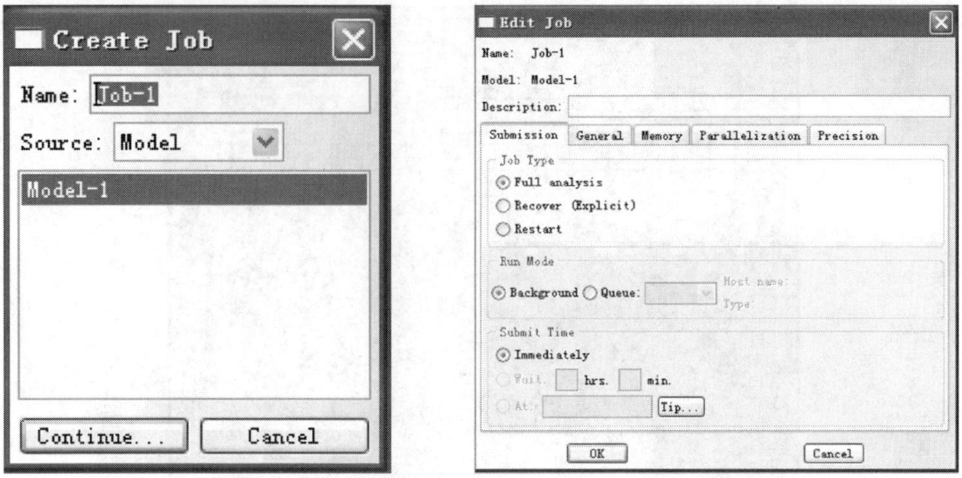

a)

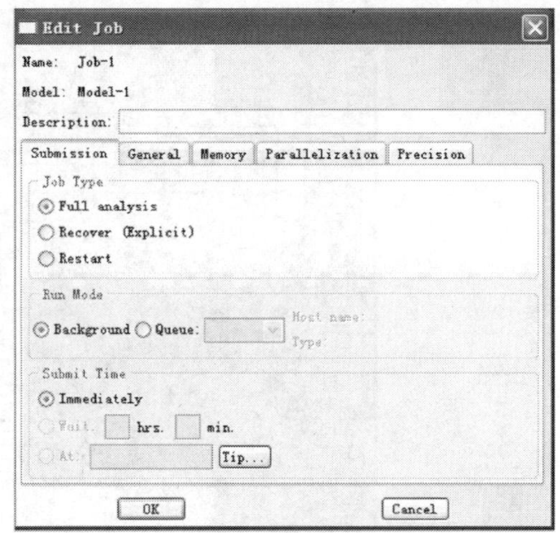

b)

图 5-194　创建和编辑作业

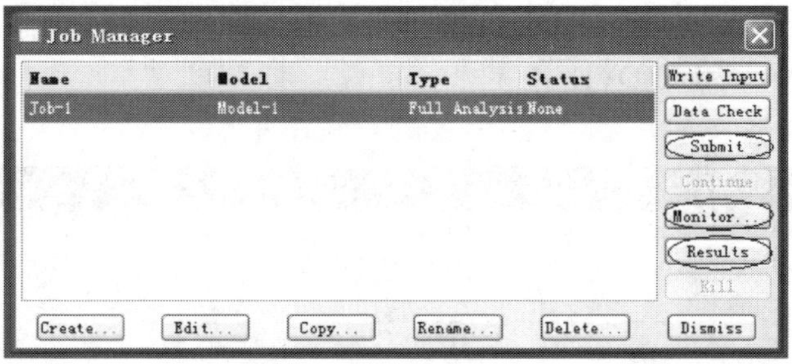

图 5-195　作业的管理

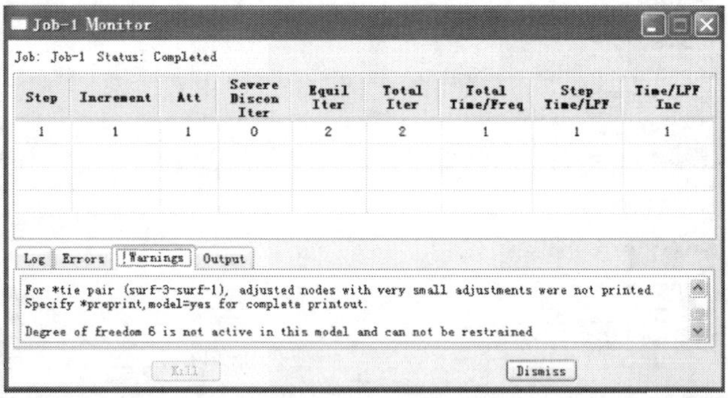

图 5-196　作业的监测

当 Job Manager 中 Status 状态为 Completed 时，点击 Results 按钮进入可视化模块。在主菜单中选 Report→Field Output，弹出 Report Field Output 对话框，在 Variable 选项卡中勾选 S：Stress Component，勾选 S：Stress Component 选项中 S11、S22、S33、S12（图 5-197）；在 Setup 选项卡中，将 File Name 改成 abaqus. inp，abaqus 为文件名读者可以自己设置，inp 为文件类型（图 5-198）。做这一步的意义就是做地应力平衡，消除土体自重沉降所产生的位移。

用 Excel 打开上一步保存的 abaqus. inp 文件：先打开 Excel 然后在菜单：数据→导入外部数据→导入数据选中 abaqus. inp 打开，（选固定宽度）下一步，然后调整分界线，确定，然后删除不需要的，然后存为 a. csv 文件（注意不要用空格，否则会有很多逗号的），保存格式如下：

单元号　　S11　　S22　　S33　　S12　　S13　　S23（注意：在保存内容中没有这一行的）

1　　，　.　，.　　，.　，　.　，.　　，

2　　，　.　，.　　，.　，　.　，.　　，

.　　，　.　，.　　，.　，　.　，.　　，

.　　，　.　，.　　，.　，　.　，.　　，

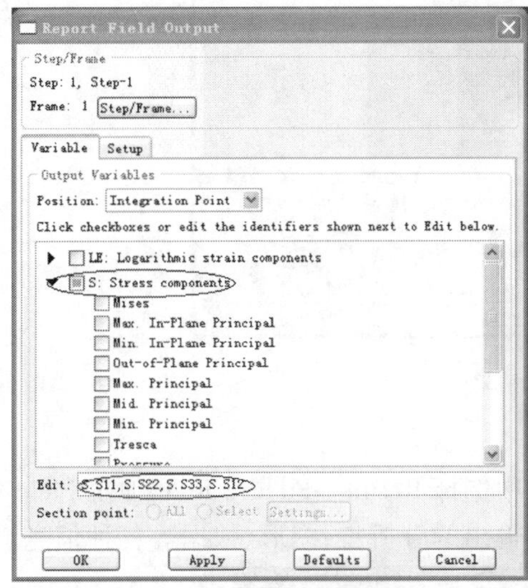

图 5-197　Report Field Output 框图

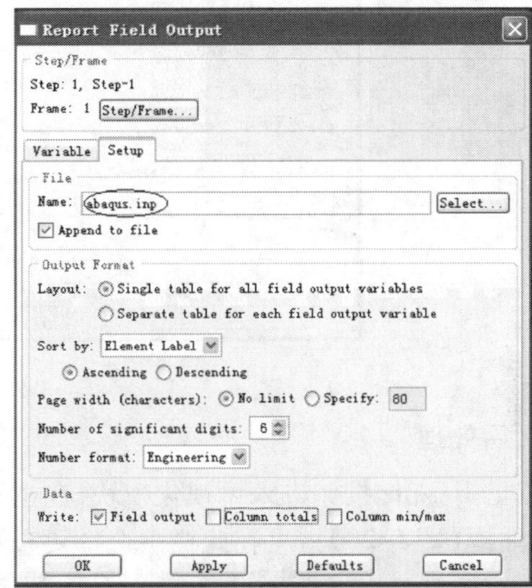

图 5-198　导出数据

这个结果文件是最重要的，在所保存的文件中只有数值部分，没有英文字母，没有上面那个“单元号”这一行，而且单元号前面也没有什么 PART 名字什么的，就是 1、2…这些数字。在 CSV 文件中，数字本身是用逗号隔开的，不需要另加逗号。

（十）重新提交 Job，完成地应力平衡

在 ABAQUS—Model—Edit keywords—Model-1（这就是你的 Model 名字）—在材料属性后面加上：* initial conditions，type = stress，input = a. csv，重新提交 Job，点击 OK 按钮，完成地应力平衡。

（十一）编辑关键字

在主菜单中选择 Model→Edit Keywords→Model-1，在图 5-199 中图示区域添加图示关键字。

（十二）再次提交分析作业和后处理

1. 提交分析

在 Module 中选 Job，点击按钮，在弹出的 Job Manager 对话框中点击 Submit，提交分析作业，同时可点击 Monitor 按钮查看分析情况。

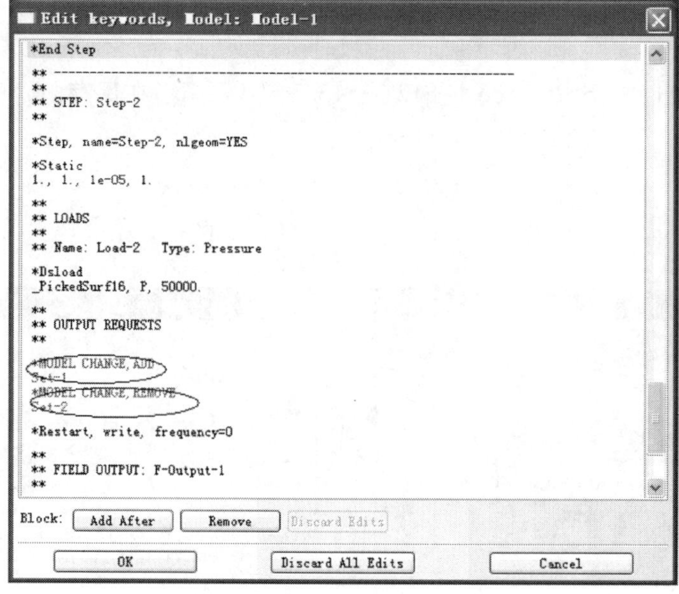

图 5-199　添加关键字

2. 后处理

点击 Results 按钮进入可视化模块，在主菜单中选择 Result→Field Output 弹出 Field Output 对话框（图 5-200），可在此栏中选择要查看或输出的分析步、图形、数据等各种信息。

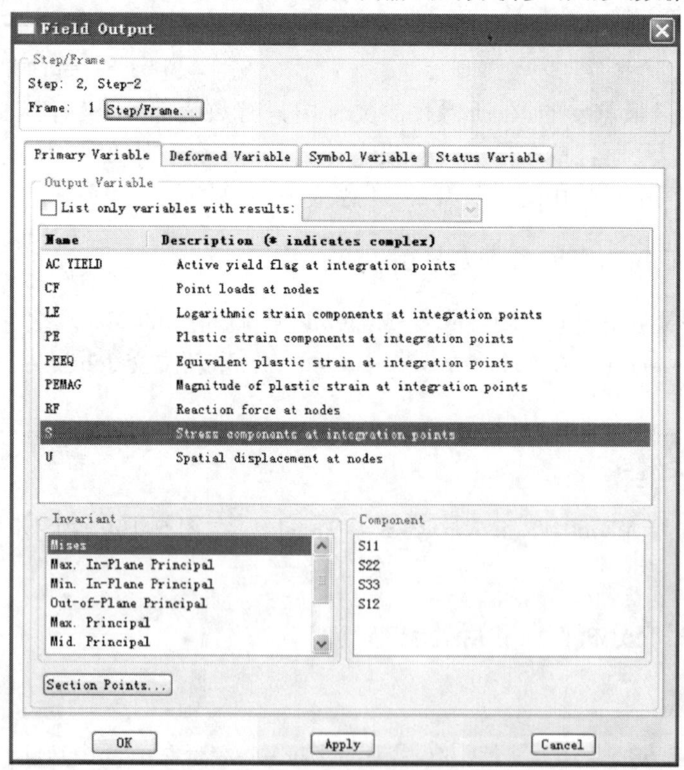

图 5-200　Field Output 框图

图 5-201 ~ 图 5-203 分别为 Mises 应力云图、Y 向位移云图、X 向位移等值线图。

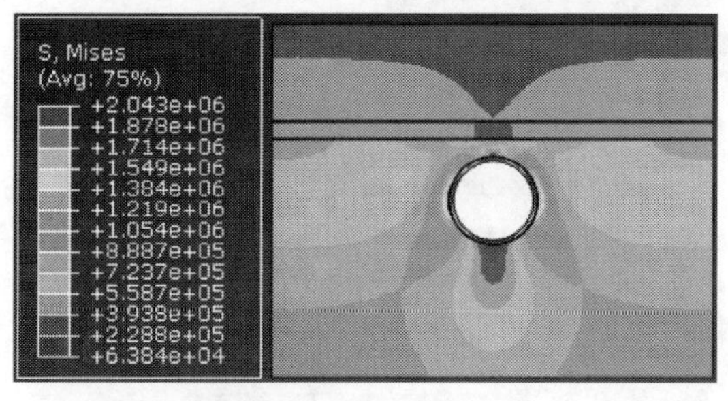

图 5-201　应力云图

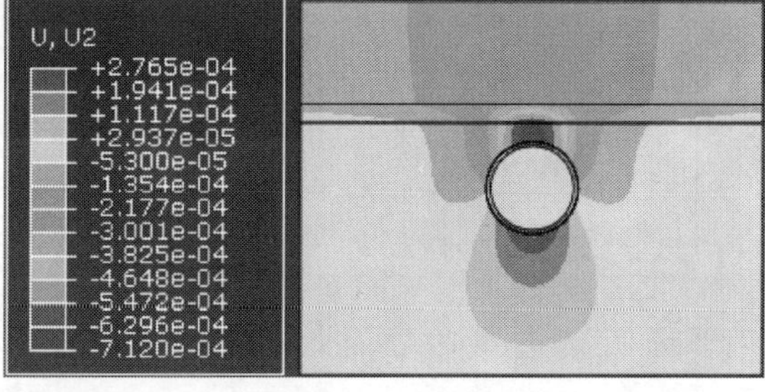

图 5-202　竖向位移云图

还可以输出位移矢量图(图 5-204),从图中可以大致看出位移的发展和变形。

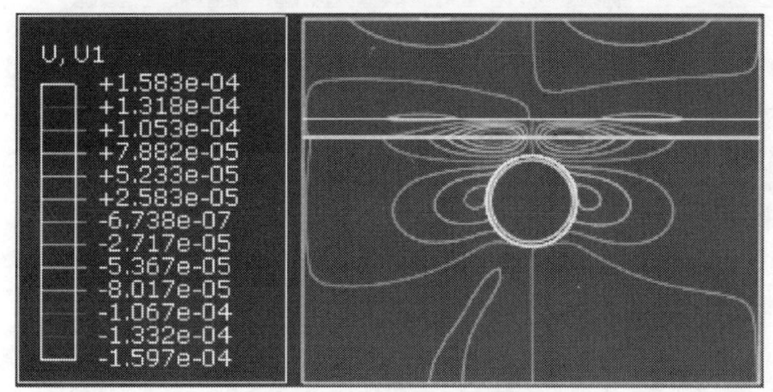

图 5-203　水平向位移等值线图

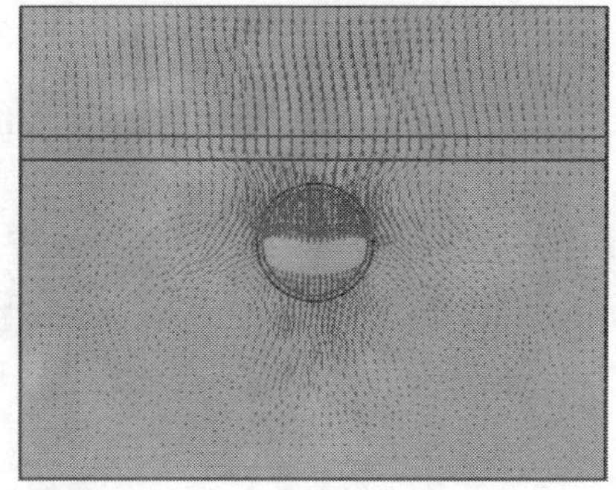

图 5-204　位移矢量图

还可以通过 Tools 选项建立要输出的路径,显示 $X-Y$ 坐标图。

结论及应用领域说明:该模型操作完成后,就基本上熟悉了基于 ABAQUS 软件的计算隧道工程稳定性的具体操作,也可反复一次或多次该模型的操作,以达到较为熟悉的程度。该模型建立后可将其应用在隧道工程、地下工程、地铁工程等领域。

第四节　ABAQUS 在地下连续墙中的应用实例

该应用实例和建立该模型的目的:使读者能将 ABAQUS 软件应用到地下连续墙工程中,熟悉和掌握 ABAQUS 软件在地下连续墙建模、地基建模,地下连续墙和土间的接触模型,地下连续墙及地基的地应力平衡,地下连续墙上的土压力,地下连续墙的荷载施加、求解和后处理等。

一、模型描述

某地下连续墙的几何模型,如图 5-205 所示。

二、具体操作步骤

(一)启动 Abaqus/CAE

在 Windows 操纵系统中:【开始】→【程序】→【Abaqus Licensing】→【Licensing Utilities】,

如图 5-206 所示。

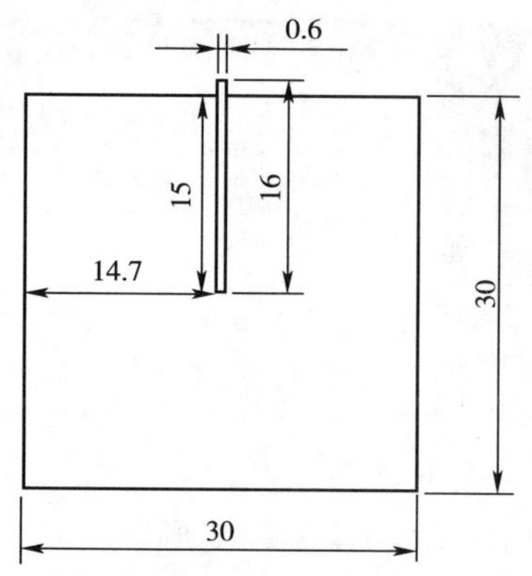

图 5-205　几何模型

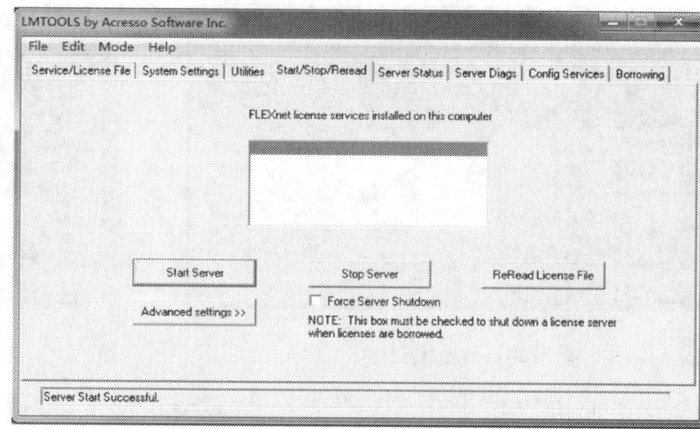

图 5-206　启动 ABAQUS 的框图

在 Windows 操纵系统中:【开始】→【程序】→【Abaqus/CAE】,如图 5-207 所示。

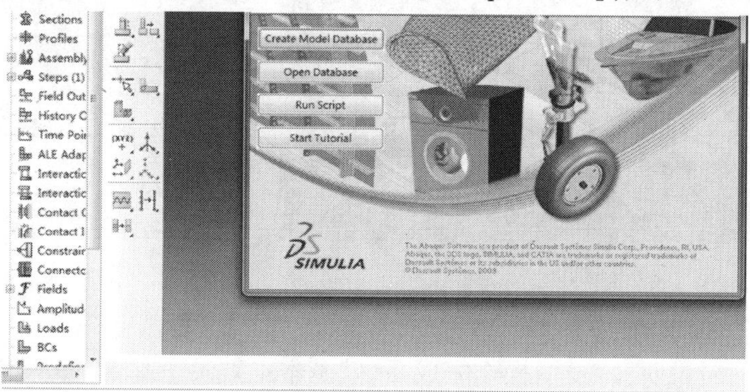

图 5-207　启动 Abaqus/CAE

点击 Create Model Database。

(二)创建部件

在 Abaqus/CAE 窗口顶部的环境栏中,可以看到模块列表 Module: Part 这表示当前处在 Part(部件)功能模块,在这个模块中可以定义模型各部分的几何形体。

创建部件:点击左侧工具区中的 (Create Part),或在主菜单中选择 Part→Create,弹出如图 5-208 所示对话框。在 Name(部件名字)后面输入 Part-soil,将 Modeling Space(模型所在空间)设为 2D Planar,其余参数不变。点击 Continue。

点击左侧工具区中的 Create Lines 工具,窗口底部的提示区显示 Pick a starting point for thd line--or enter X,Y: ,在提示区依次输入(0,0)、(30,0)、(30,30)、(15.3,30)、(15.3,15)、(14.7,15)、(14.7,30)、(0,30)、(0,0),每次输入完后按一次回车,如图 5-209。最后单击鼠标中键或单击视图区中的 Done 按钮,退出草图绘制界面,视图区显示土体部件,如图 5-210 所示。

创建墙体部件时依次输入坐标(14.7,15)、(15.3,15)、(15.3,31)、(14.7,31)、(14.7,15),单击鼠标中键。因为墙伸出土体,墙和土之间有分界面,所以需要将墙分成两部分。退出草图绘制界面后，单击工具区中的 Partition Face 工具，然后单击工具区，将鼠标移至墙的右下角顶点，单击左键。鼠标显示如图 5-211 所示方格，视图区左上角显示该点坐标“x:0.3,y: -8”，在 y 轴上加上桩的入土深度 15，则在提示区内输入(0.3,7)（每个电脑上显示的坐标可能不一样，但只要在 y 轴上加上桩长就可以了）。将鼠标移到左侧墙线时出现如图 5-212 所示图形时，点击鼠标左键，然后单击鼠标中键，退出草图绘制界面，墙体部件创建完成。

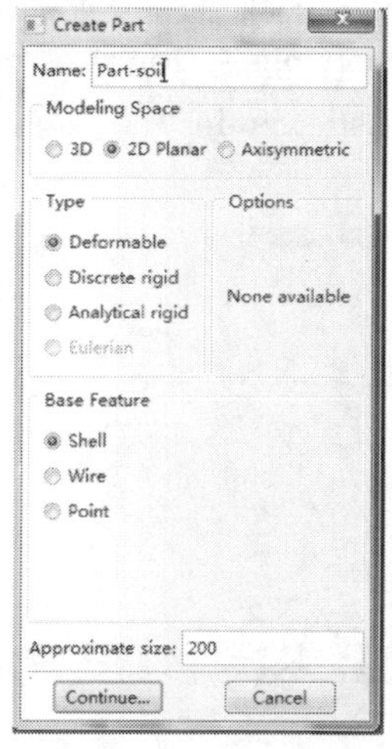

图 5-208　Create part 框图

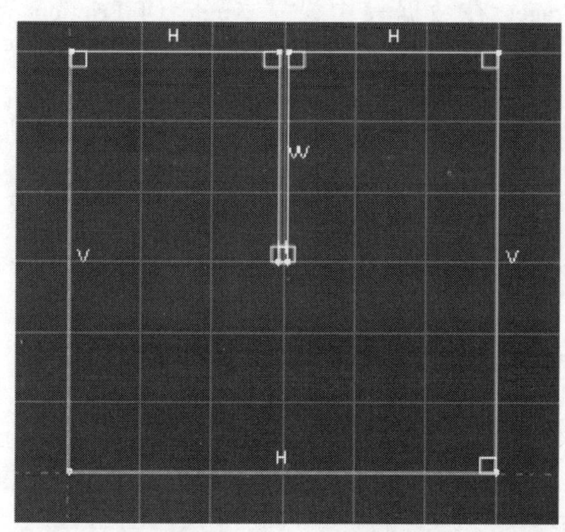

图 5-209　形成的线条图

图 5-210　土体部件

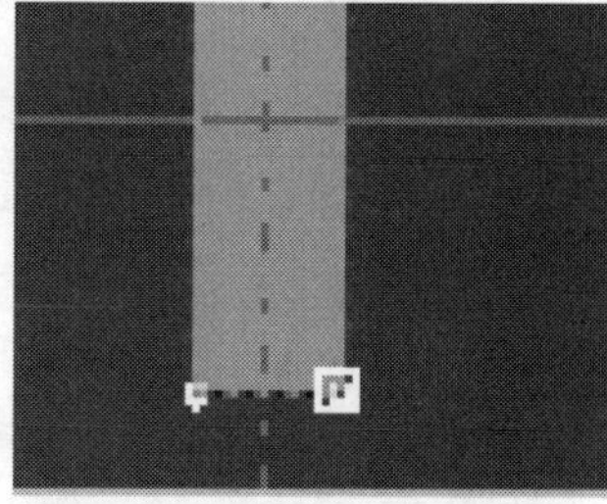

图 5-211　鼠标移至墙的右下角顶点，单击左键

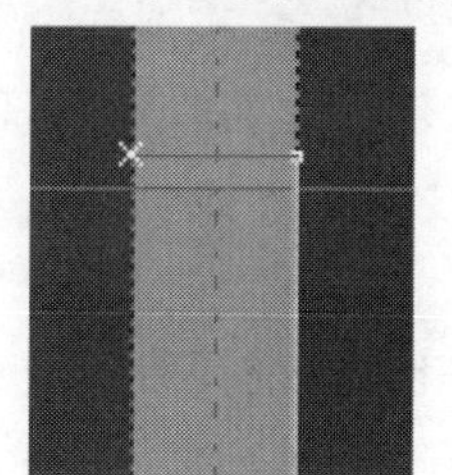

图 5-212　将鼠标移到左侧墙线

（三）创建材料和截面属性

在窗口左上角的 Module（模块）列表中选择 Property（特性）功能模块，如图 5-213 所示。按照以下步骤来定义材料。

1. 创建材料

点击左侧工具区中的 (Create Material),或在主菜单中选择 Material→Create,弹出Edit Material 对话框。在 Name(材料名称)后面输入 Material-soil,点击此对话框中的 General→Density,在数据表中设置 Mass Density 为 1730;点击 Mechanical→Elasticity→Elastic,在数据表中设置 Young's Modulus 为 5e6,Poisson's Ratio 为 0.35;点击 Mechanical→Plasticity→Drucker Prager,在数据表中设置 Angle Of Friction 为 33.1°,Flowstress Ratio 为 1,Dilation Angle为 0;点击 Drucker Prager 右侧 Suboptions 下拉菜单,Suboptions→Drucker Prager Hardening(如图 5-214),在数据表中设置 Yield Stress 为 1e7,Abs Plastic Strain 为 0。除以上数据外,其他都选默认(如图 5-215)。

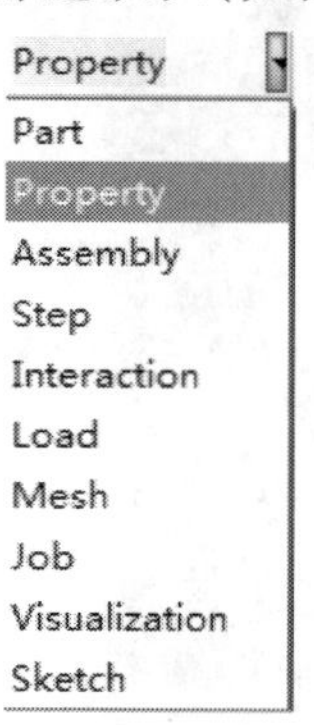

图 5-213 Property(特性)功能模块

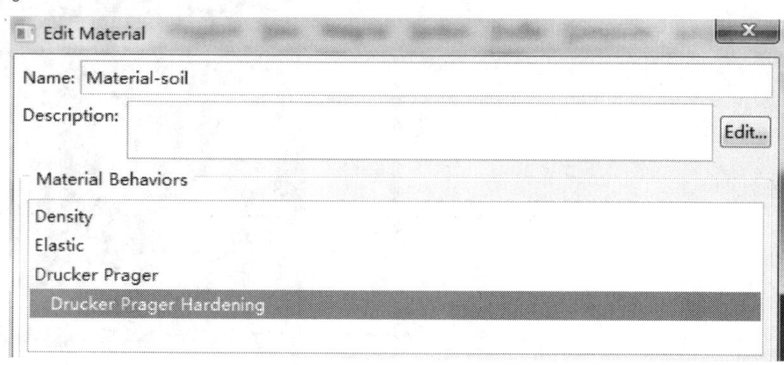

图 5-214 创建材料框图

创建墙体截面材料 Material-pile 参数值为:密度 6800,弹性模量 3.4e10,泊松比 0.2(如图 5-216)。

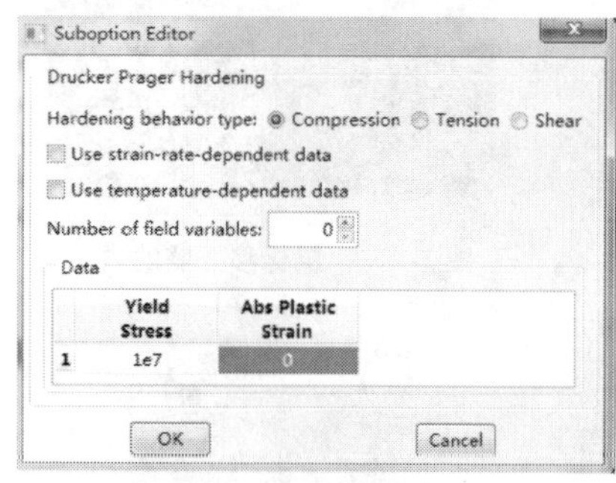

图 5-215 参数输入

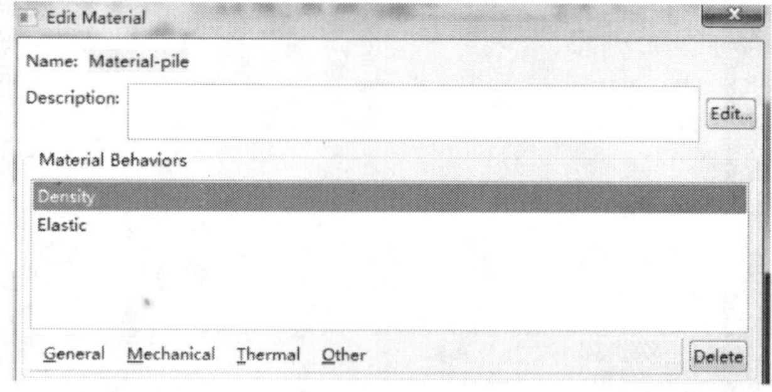

图 5-216 编辑材料

2. 创建截面属性

点击左侧工具区中的 (Create Section),或在主菜单中选择 Section→Create,弹出Create Section 对话框(如图 5-217),在 Name(材料名称)后面输入 Section-pile,保持默认参数不变,点击 Continue。

在弹出的 Edit Section 对话框中,保持默认参数不变(Material:Material-pile;Plane stress/strain thickness:1),点击 OK(如图 5-218)。

再同样创建土体的截面属性 Section-soil。

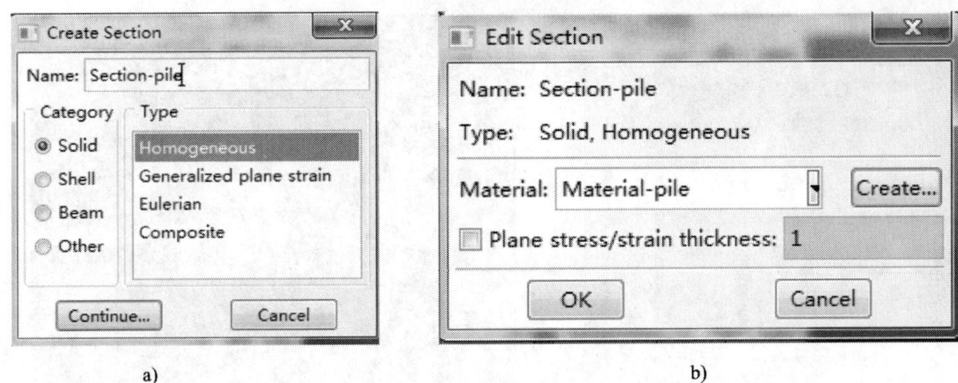

图 5-217　创建和编辑截面

3. 给部件赋予截面属性

点击左侧工具区中的(Assign Section),或在主菜单中选择 Assign→Section,点击视图区中的土体(墙体)模型,Abaqus/CAE 以红色高亮度显示被选中的实体边界,在视图区中点击鼠标中键,弹出 Edit Section Assignment 对话框(图 5-219),点击 OK。

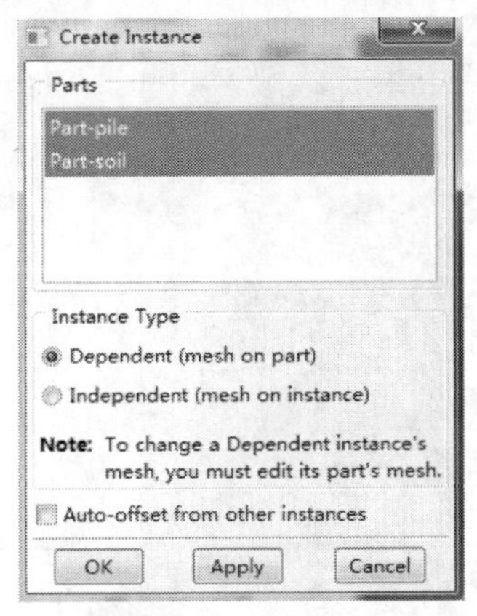

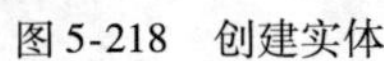
图 5-218　创建实体

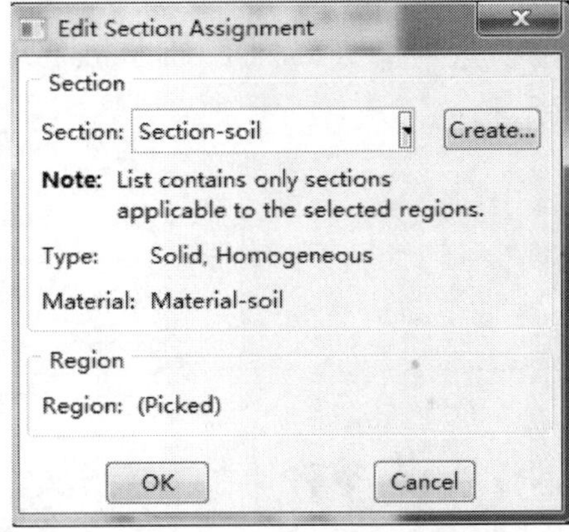

图 5-219　编辑截面

(四)定义装配件

整个分析模型是一个装配件,前面在 Part 功能模块中创建的各个部件将在 Assembly 功能模块中装配起来。

其具体操作方法:在窗口左上角的 Module 列表中选择 Assembly(装配)功能模块。点击左侧工具区中的(Instance Part),或在主菜单中选择 Instance→Create。在弹出的 Create Instance对话框中(图 5-220),点击 Parts 选中 Part-pile 和 Part-soil,默认参数为 Instance Type:Dependent(mesh on part),点击 OK。完成后视图区中显示被装配好了的土体和墙体(图 5-221)。

(五)设置分析步

在窗口左上角的 Module 列表中选择 Step(分析步)功能模块。点击左侧工具区的(Create Step),或在主菜单中选择 Step→Create。

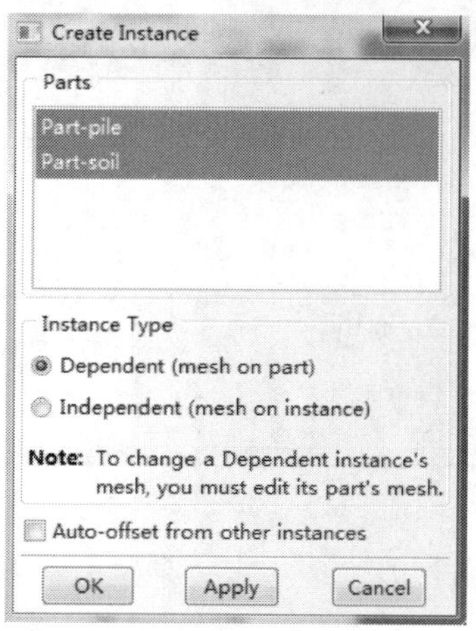

图 5-220 创建实体

图 5-221 装配好的实体

在弹出的 Create Step 对话框中，Procedure Type：General 中选择 Geostatic（第一步需要做地应力平衡），如图 5-222 所示。点击 Continue，在弹出的 Edit Step 对话框中，保持各参数的默认值，点击 OK。

点击左侧工具区中 （Field Output Manager）选择 Edit。选中 Output Variables 中的 All，如图 5-223 所示。

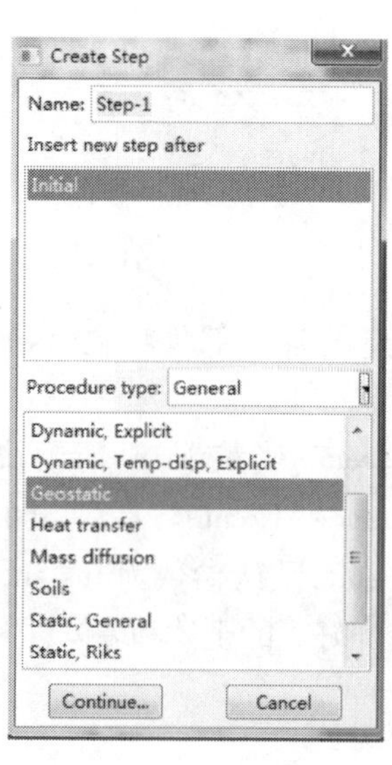

图 5-222 创建分析步

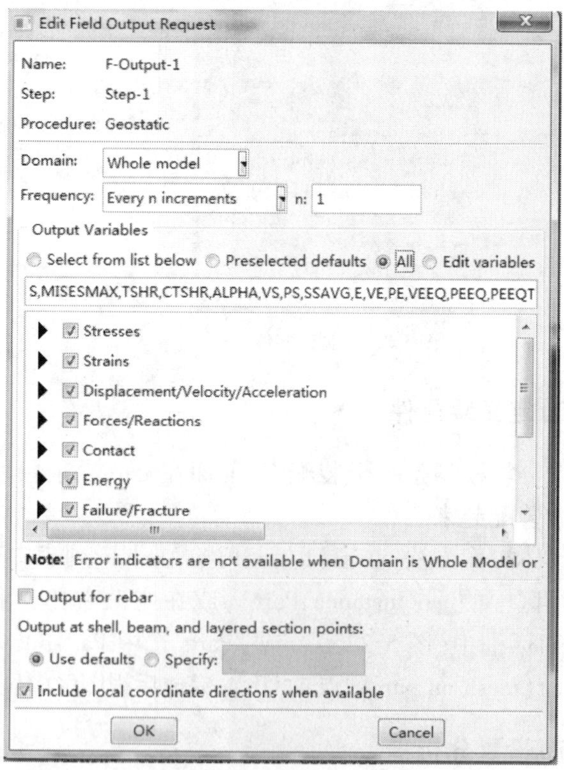

图 5-223 Field output 设置

点击左侧工具区中 （History Output Manager）选择 Edit。选中 Output Variables 中的

All,如图 5-224 所示。

Edit History Output Request

Name: H-Output-1

Step: Step-1

Procedure: Geostatic

Domain: Whole model

Frequency: Every n increments　n: 1

Output Variables

Select from list below　Preselected defaults　All　Edit variables

CSTRESS,CDSTRESS,CDISP,CFNM,CFN1,CFN2,CFN3,CFS,CFT,CMN,CMS,CM

Contact

Energy

Failure/Fracture

Porous media/Fluids

Output for rebar

Output at shell, beam, and layered section points:

Use defaults　Specify:

OK　Cancel

图 5-224　History output 设置

(六)定义接触

1. 定义各个接触面

在窗口左上角的 Module 列表中选择 Interaction(相互作用)功能模块。选中土体然后点击工具栏中 (Remove Selected),先去掉土体。在主菜单中选择 Tools→Surface→Manager,点击 Create,在 Name 后面输入 p-1,点击 Continue。点击墙体接触左侧面,然后在视图区中点击鼠标中键来确认。同样方法依次定义墙体接触底面 p-2 和接触右侧面 p-3,如图 5-225 所示。

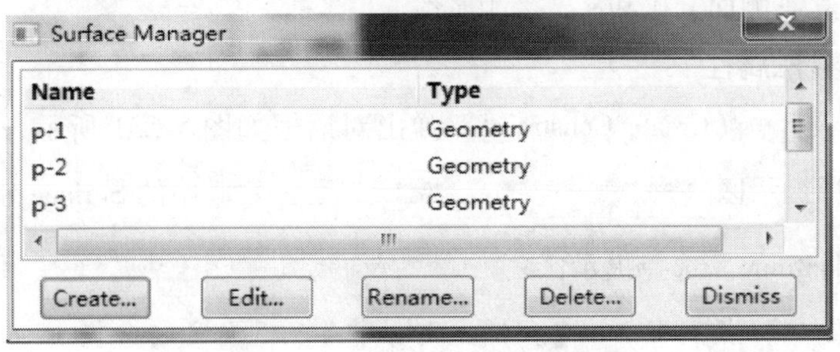

图 5-225　面管理器

点击工具栏中 (Replace All)还原土体,然后点击土体,点击工具栏中 (Replace Selected),去掉墙体。在主菜单中选择 Tools→Surface→Manager,点击 Create,在 Name 后面输入 s-1,点击 Continue。点击土体凹槽内的接触左侧面,然后在视图区中点击鼠标中键来确认。同样方法依次定义土体接触底面 s-2 和接触右侧面 s-3。

2. 定义接触属性

点击左侧工具区 (Create Interaction Property),如图 5-226 所示。点击 Continue。点击 Mechanical→Tangential Behavior,把 Friction Formulation(摩擦公式)改为 Penalty(库仑摩擦),在 Friction Coeff(摩擦系数)下面输入 0.3,其他选择默认参数,点击 OK(如图 5-227 所示)。点击 Mechanical→Normal Behavior,点击 OK。

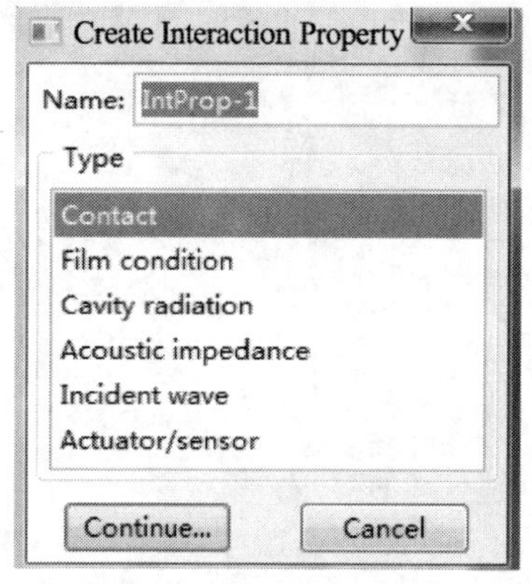

图 5-226　Create Interaction Property 框图

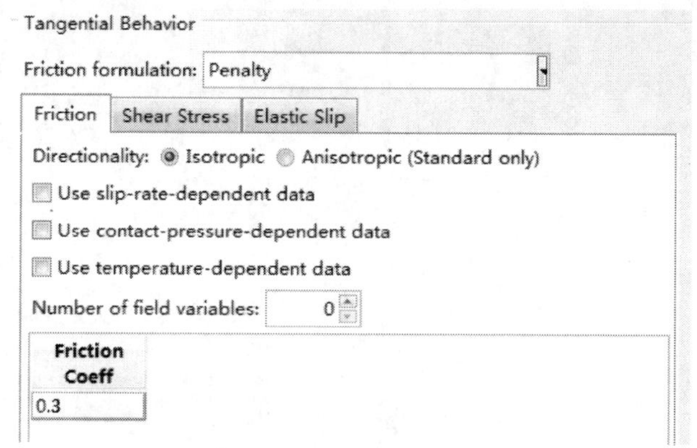

图 5-227　摩擦系数值的输入

3. 定义两侧面接触属性

先定义左侧面接触属性。点击左侧工具区 (Create Interaction),弹出对话框,选择 Step:Initial,Types For Selected Step:Surface-to-surface contact(Standard),点击 Continue,如图 5-228 所示。

点击提示区右侧 Surface,弹出对话框(图 5-229),选择主面 p-1,点击 Continue,在提示区 Choose the master type: Surface Node Region 中选择 Surface,弹出对话框,选择从面 s-1,点击 Continue,弹出对话框如图 5-230 所示。选择 Discretization method:Surface to surface,其他选项保持默认,点击 OK。

同样方式建立右侧面 p-3 和 s-3 接触属性。

4. 定义底面接触属性

点击左侧工具区 (Create Constraint),弹出对话框如图 5-231 所示,选择 Type:Tie,点击 Continue。选择提示区 Choose the master type: Surface Node Region 中的 Surface,弹出对话框,选择主面 p-2,点击 Continue。选择提示区 Choose the master type: Surface Node Region 中的 Surface,弹出对话框,选择从面 s-2,点击 Continue。弹出对话框(图 5-232),选择 Discretization method:Surface to surface,其他选项选择默认,点击 OK。

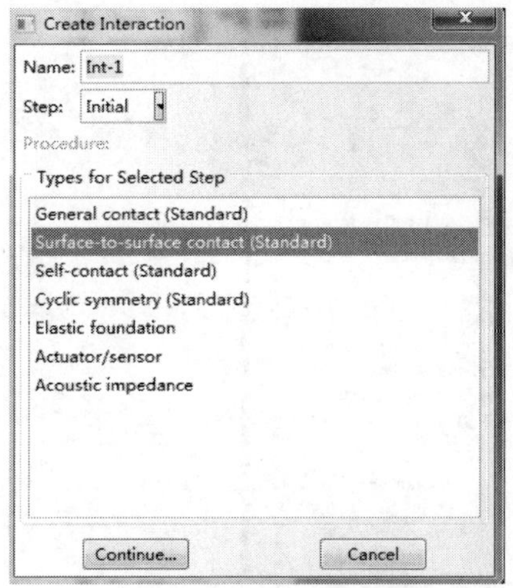

图 5-228　创建面面接触关系

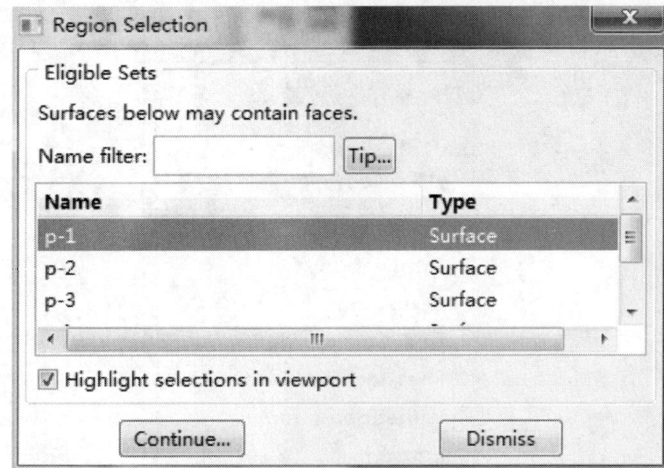

图 5-229　Region selection 框图

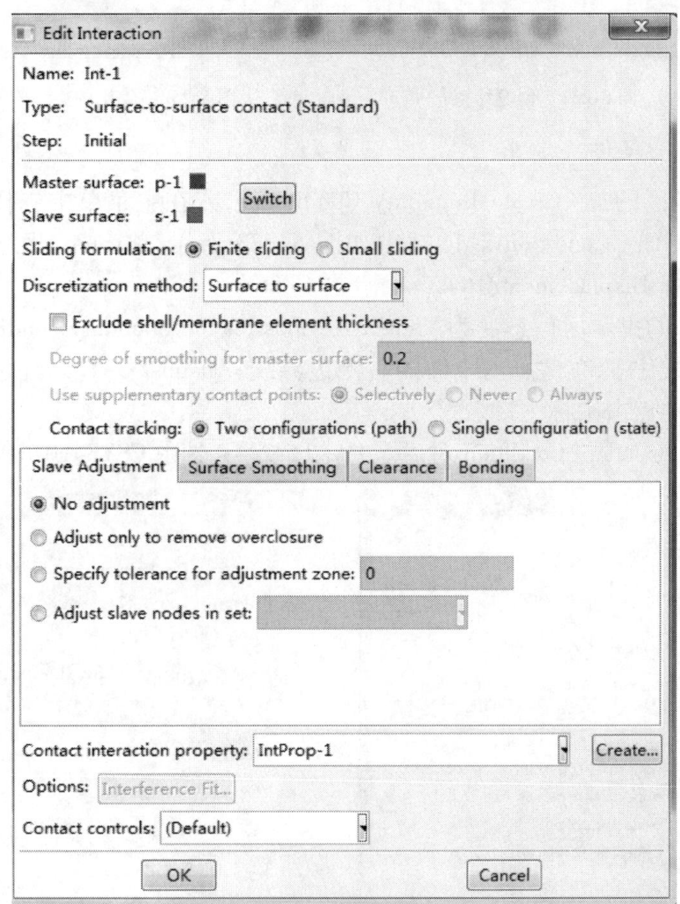

图 5-230　Edit interaction 框图

(七)定义边界条件和荷载

在窗口左上角的 Module 列表中选择 Load(荷载)功能模块,定义边界条件和荷载。

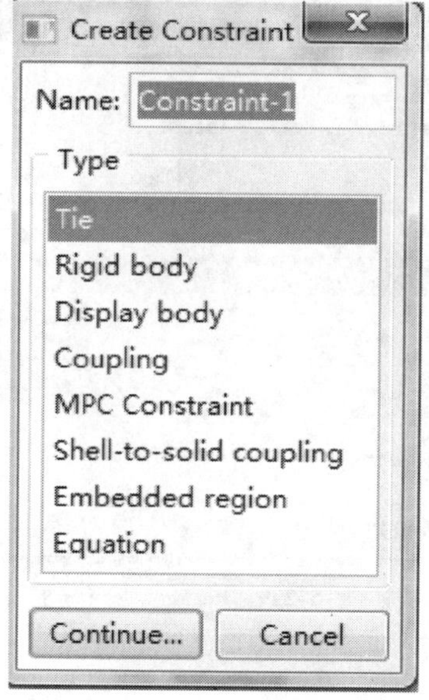

图 5-231　创建约束

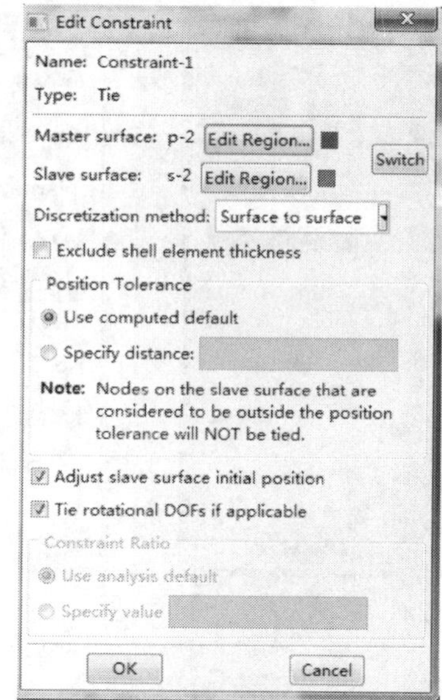

图 5-232　编辑约束

1. 定义侧边边界条件

点击左侧工具区的(Create Boundary Condition),或在主菜单中选择 BC→Create。在弹出的 Create Boundary Condition 对话框中如图 5-233 所示,将 Step 设为 Initia 1,Types for Selected Step 中选择 Displacement/Rotation,点击 Continue。

此时窗口底部的提示区信息变为"Select Regions for the boundary condition",点击土体的左侧边界线,然后按住 Shift 键点击土体的右侧边界线,Abaqus/CAE 以红色高亮度显示被选中的线,在视图区中点击鼠标中键。

在弹出的 Edit Boundary Condition 对话框中(图 5-234),选中 CSYS(U1 =0),然后点击 OK。

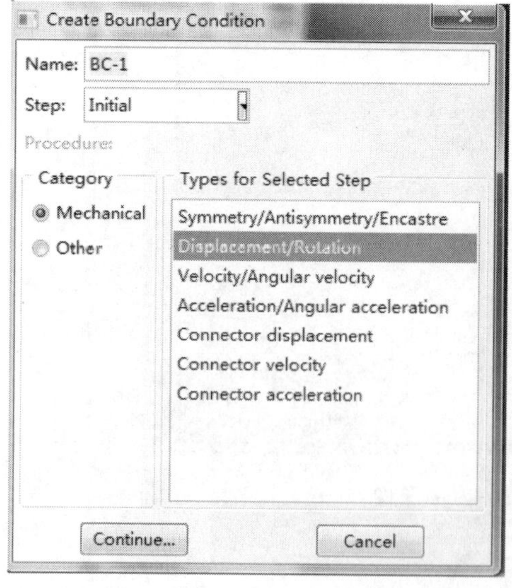

图 5-233　创建边界条件

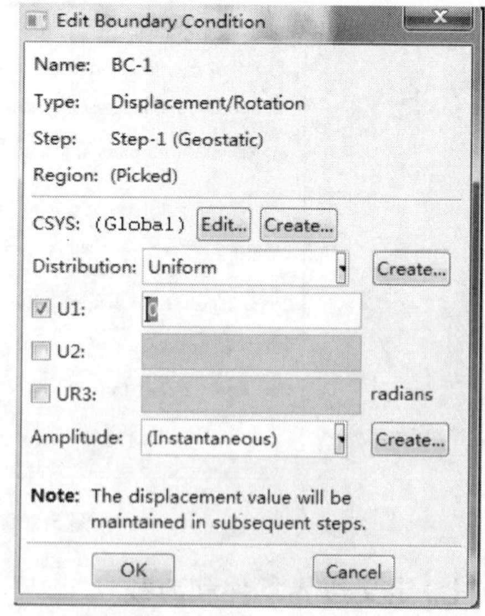

图 5-234　编辑边界条件(U1)

2. 定义底边边界条件

再次点击左侧工具区的(Create Boundary Condition),或在主菜单中选择 BC→Create。在弹出的 Create Boundary Condition 对话框中,将 Step 设为 Initial,Types for Selected Step 中选择 Displacement/Rotation,点击 Continue。

此时窗口底部的提示区信息变为"Select Regions for the boundary condition",点击土体的底部边界线,Abaqus/CAE 以红色高亮度显示被选中的线,在视图区中点击鼠标中键。

在弹出的 Edit Boundary Condition 对话框中(图 5-235),选中 CSYS(U2 =0),然后点击 OK。

3. 施加土体自重荷载

点击左侧工具区中的(Create Load),或在主菜单中选择 Load→Create。在弹出 Create Load 对话框中,选中 Step:Step-1,将 Types for Selected Step 设为 Gravity(重力),点击 Continue (图 5-236)。弹出窗口 Edit Load(图 5-237),点击 Edit Region,然后选中土体,此时土体以红色高亮度显示,点鼠标中键或者点击窗口底部的提示区信息 Select regions for the load or press Done to use Whole Model Done 中的 Done。在 Component 2 中输入 -9.8,点击 OK。此时部件如图 5-238 所示。

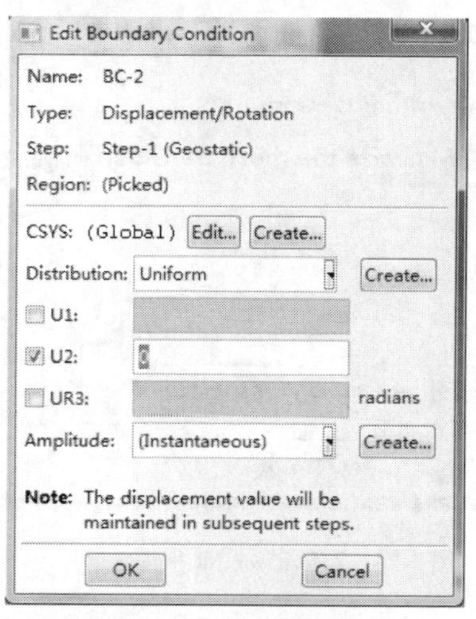

图 5-235　编辑边界条件(U2)

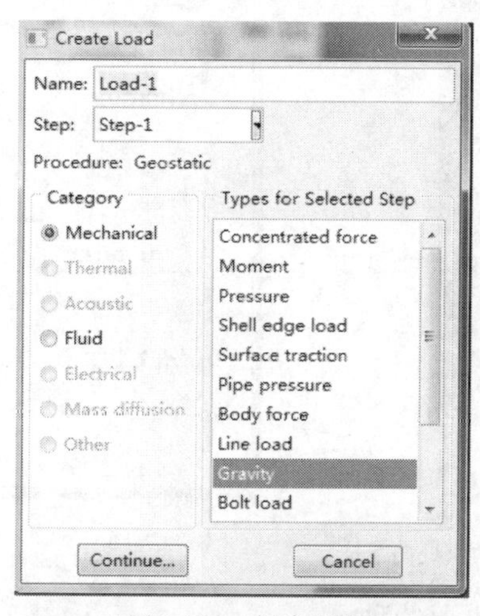

图 5-236　创建荷载

图 5-237　编辑荷载

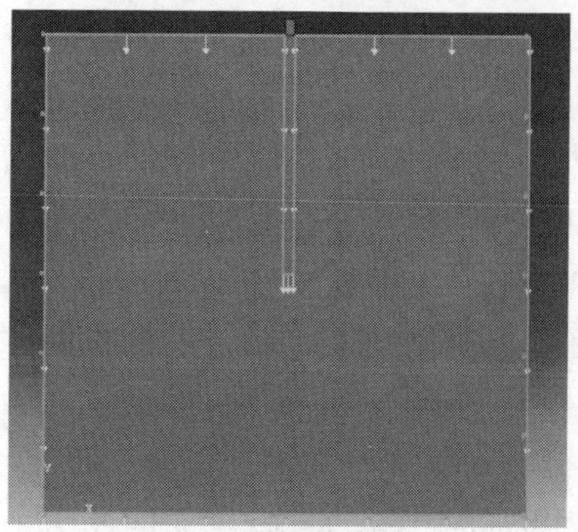

图 5-238　荷载施加完成

(八)划分网格

在窗口左上角的Module列表中选择Mesh(网格)功能模块,在窗口顶部的环境栏中把Object选项设为Part:Part-soil(见图5-239),即为部件Part-soil划分网格,而不是为整个装配件划分网格。

Object: ○ Assembly ◉ Part: Part-soil

图5-239 Object选项的设置

将土体划分网格前先将土体分成三块矩形。单击工具区中的Partition Face工具,然后单击工具区,分别点击(14.7,15)、(15.3,15)两点处向下拉,当线和底边垂直时(见图5-240)单击鼠标中键退出。

1. 设置网格控制参数

点击左侧工具区中的(Assign Mesh Controls),或在主菜单中选择Mesh→Controls,弹出Mesh Controls(网格控制参数)对话框,将Element Shape设置为Quad,Technique设置为Structured,如图5-241所示,点击OK。

图5-240 点击两点处向下拉

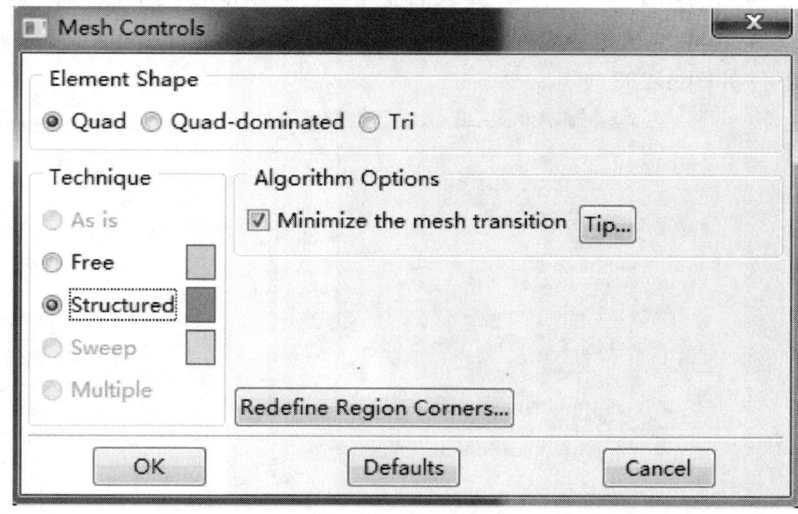

图5-241 Mesh control框图

2. 设置边上的种子

左键选中土体,点击左侧工具区中(Seed Part),弹出对话框Global Seeds,在Approximate global size中输入0.75,其他参数保持默认,如图5-242所示,点击OK。然后单击鼠标中键或点击窗口底部的提示区信息Seeding definition complete Done中的Done,确认退出。

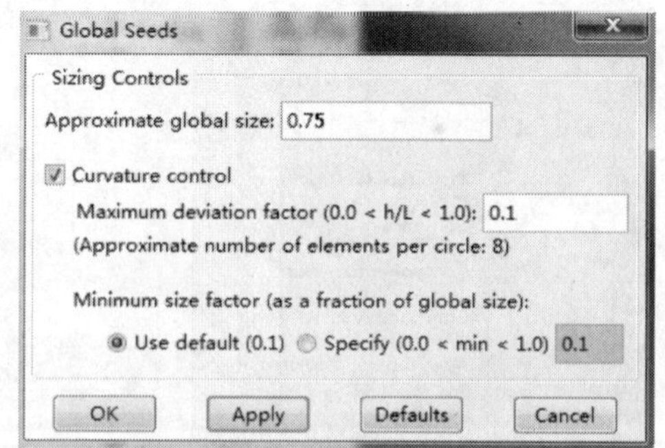

图5-242 Global Seeds对话框

3. 设置单元类型

选中土体,点击左侧工具区中的(Assign Element Type),或在主菜单中选择Mesh→Element Type,弹出Element Type对话框,如图5-243所示。在Family中选择Plane Strain,其他选项选择默认参数，点击 OK。

4. 划分网格

点击左侧工具区中的(Mesh Part Instance)，或在主菜单中选择 Mesh→Instance，窗口底部的提示区显示 OK to mesh the part? Yes No，在视图区中点击鼠标中键，或直接点击提示区中的 Yes，得到如图 5-244 所示的网格。

Element Library: Standard　Explicit
Family: Plane Strain / Plane Stress / Pore Fluid/Stress / Thermal Electric
Geometric Order: Linear　Quadratic
Quad　Tri
Element Controls
Hybrid formulation
Reduced integration
Incompatible modes
Hourglass stiffness: Use default　Specify
Viscosity: Use default　Specify
Second-order accuracy: Yes　No
Distortion control: Use default　Yes　No
Length ratio: 0.1
Hourglass control: Use default　Enhanced　Relax stiffness　Stiffness　Viscous　Combined
Stiffness-viscous weight factor: 0.5
Element deletion: Use default　Yes　No
Max Degradation: Use default　Specify
Displacement hourglass scaling factor: 1
Linear bulk viscosity scaling factor: 1
Quadratic bulk viscosity scaling factor: 1
CPE4R: A 4-node bilinear plane strain quadrilateral, reduced integration, hourglass control.

图 5-243　Element Type 对话框

用同样的方法为墙体划分网格，种子密度设为 0.5，划分好的网格如图 5-245 所示。

图 5-244　土体的网格

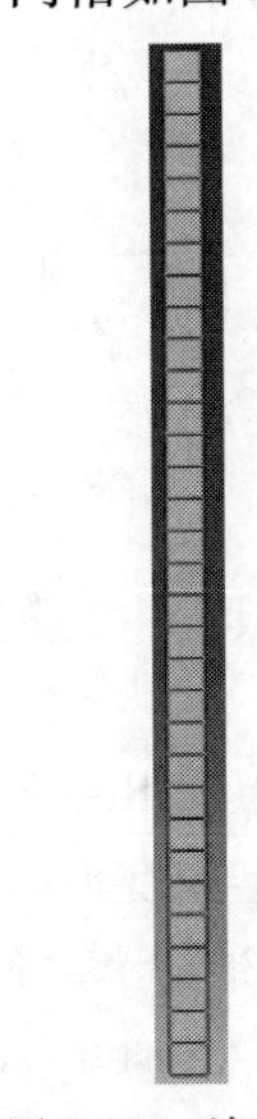

图 5-245　墙的网格

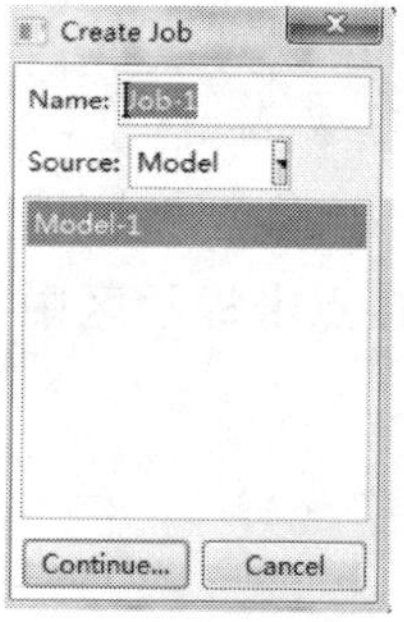

图 5-246　创建作业

(九)提交分析作业

在窗口左上角 Module 列表中选择 Job(分析作业)功能模块。

1. 创建分析作业

点击左侧工具区中的 (Create Job),弹出对话框如图 5-246 所示,点击 Continue。弹出对话框如图 5-247 所示,保持默认选项,点击 OK。

2. 提交分析

在命令行中输入 mdb. models[‘Model-1’]. setValues(noPartsInputFile = ON)(严格按照这个格式,注意大小写的字母),如图 5-248 所示。

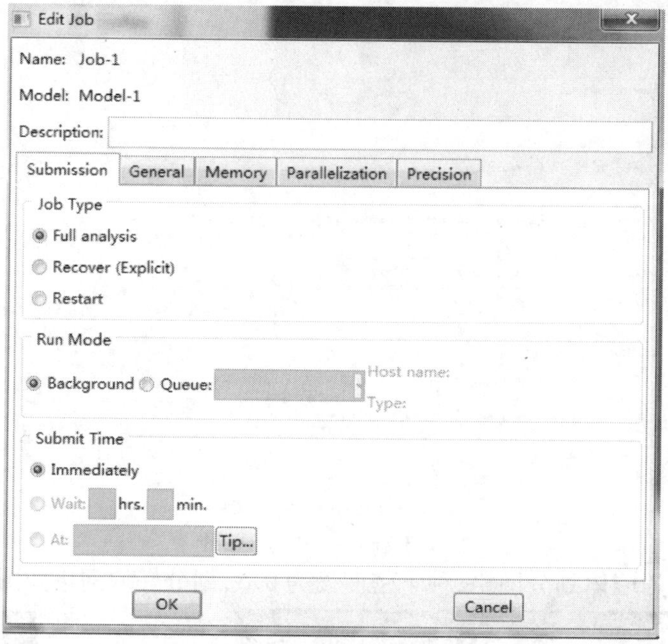

图 5-247　编辑作业

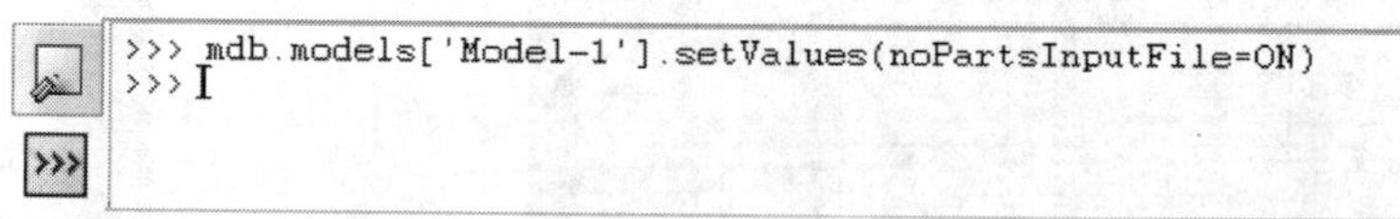

图 5-248　命令的输入

点击左侧工具区中的 (Job Manager),弹出对话框如图 5-249 所示。点击 Submit(提交分析)。

分析完成后点击 Results,窗口左上角的 Module 列表自动变成 Visualization 功能模块,视图区中显示出模型未变形时的轮廓图。点击左侧工具区中的 (Plot Contours On Deformed Shape),显示未作地应力平衡之前的应变图,如图 5-250、图 5-251 所示。

点击主菜单中 Result→Field Output,弹出对话框,如图 5-252 所示,在列表中选择“U”,点击 OK,显示未作地应力平衡前的应力图,如图 5-252 所示。

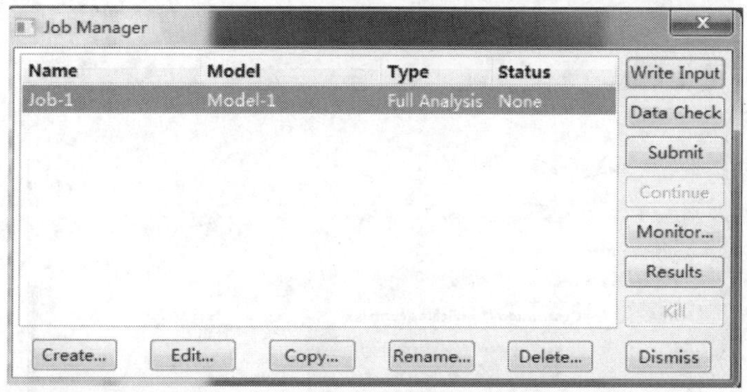

图 5-249　Job Manager 对话框

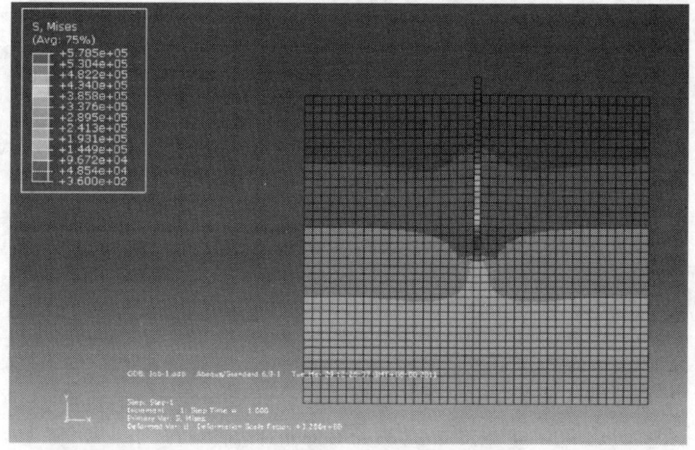

图 5-250　应力云图

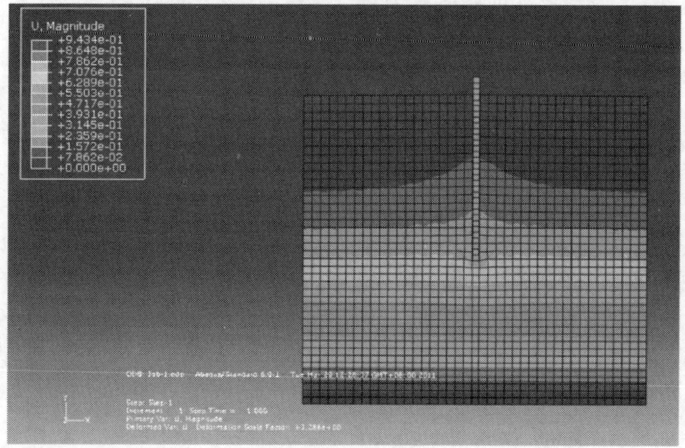

图 5-251　总位移云图

(十)地应力平衡

点击主菜单中 Report→Field Output，弹出 Report Field Output 对话框。在 Variable 中选中“S11，S22，S33，S12”，如图 5-253 所示。在 Setup 中，改写 Name：lianxuqiang. inp，Write 中

选择 Field Output,点击 OK,如图 5-254 所示。

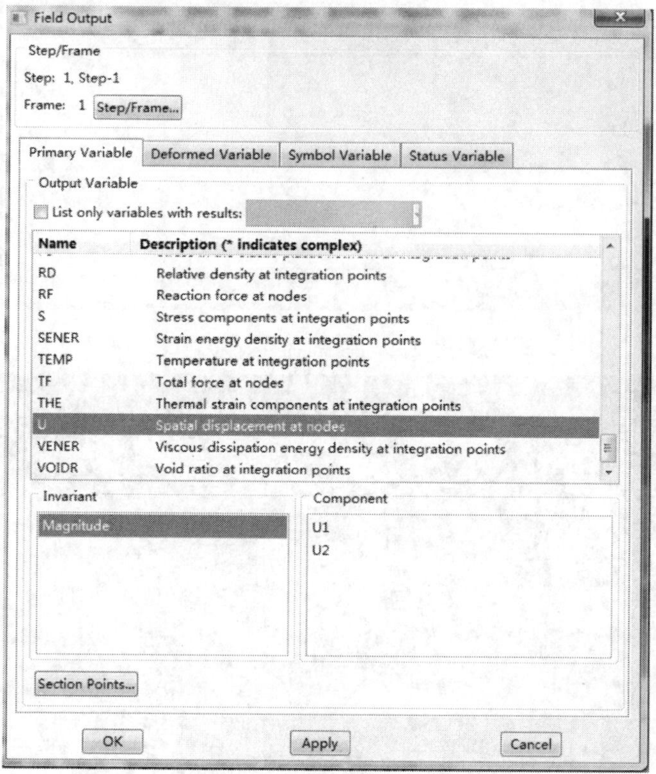

图 5-252　Field Output 对话框

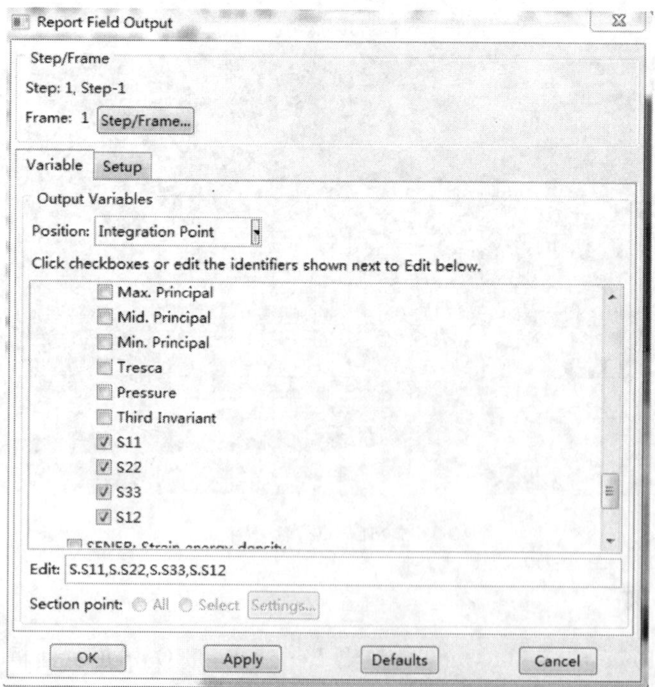

图 5-253　Report Field Output 对话框

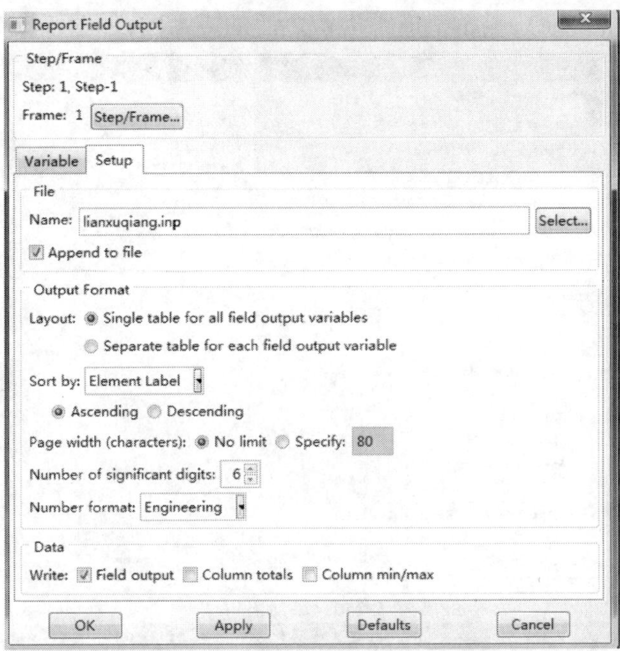

图 5-254　Report Field Output 对话框

用 Excel 打开文件夹 Temp 中 lianxuqiang. inp 文件，删除文档中除编号数据以外的所有内容，如图 5-255 所示。然后另存为 lianxuqiang. csv。

	A	B	C	D	E
1	1	-2.67E+05	-4.98E+05	-2.68E+05	-43.3358
2	2	-2.60E+05	-4.86E+05	-2.61E+05	-6.71E-01
3	3	-2.54E+05	-4.73E+05	-2.54E+05	-93.6431
4	4	-2.46E+05	-4.60E+05	-2.47E+05	-45.9282
5	5	-2.40E+05	-4.48E+05	-2.41E+05	-159.795
6	6	-2.33E+05	-4.35E+05	-2.34E+05	-101.079
7	7	-2.26E+05	-4.23E+05	-2.27E+05	-257.575
8	8	-2.19E+05	-4.10E+05	-2.20E+05	-179.871
9	9	-2.13E+05	-3.98E+05	-2.14E+05	-417.628
10	10	-2.05E+05	-3.85E+05	-2.07E+05	-309.317
11	11	-1.99E+05	-3.74E+05	-2.00E+05	-707
12	12	-1.91E+05	-3.61E+05	-1.93E+05	-551.012
13	13	-1.86E+05	-3.50E+05	-1.88E+05	-1.29E+03
14	14	-1.76E+05	-3.38E+05	-1.80E+05	-1.07E+03
15	15	-1.73E+05	-3.28E+05	-1.75E+05	-2.66E+03
16	16	-1.62E+05	-3.16E+05	-1.67E+05	-2.40E+03
17	17	-1.60E+05	-3.11E+05	-1.65E+05	-6.66E+03
18	18	-1.47E+05	-2.99E+05	-1.56E+05	-7.14E+03
19	19	-1.51E+05	-3.12E+05	-1.62E+05	-2.38E+04
20	20	-1.62E+05	-2.77E+05	-1.54E+05	-4.70E+04

图 5-255　删除文档中除编号数据以外的所有内容

在 ABAQUS—Model—Edit keywords—Model-1（这就是你的 Model 名字）—在材料属性后面加上：

* initial conditions，type = stress，input = lianxuqiang. csv，如图 5-256 所示，点击 OK。

重新返回 Module→Job 中点击左侧工具区中的（Job Manager），点击 Submit（提交分析）。

运行成功点击 Results，进入 Visualization 功能模块。点击左侧工具区中的（Plot

Contours On Deformed Shape)，显示地应力平衡之后的应力图，如图5-257所示。

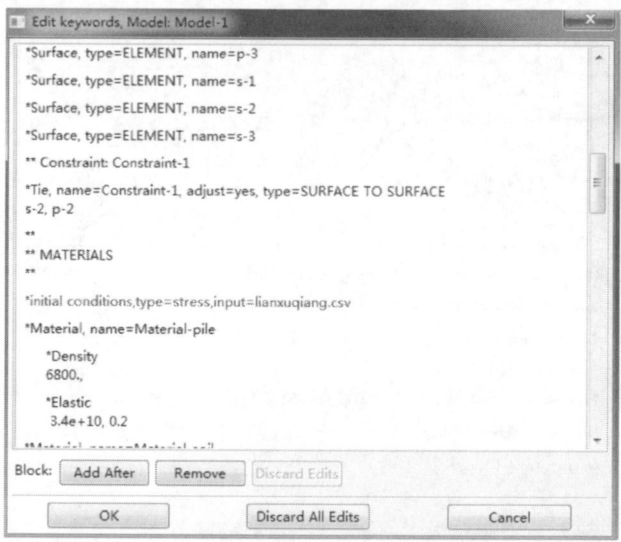

图5-256　添加语句

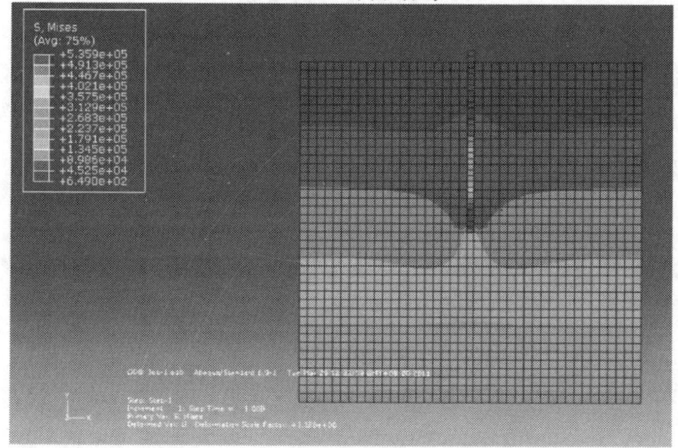

图5-257　地应力平衡之后的应力图

点击主菜单中Result→Field Output，弹出对话框，在列表中选择“U”，点击OK，显示地应力平衡之后位移图，如图5-258所示。

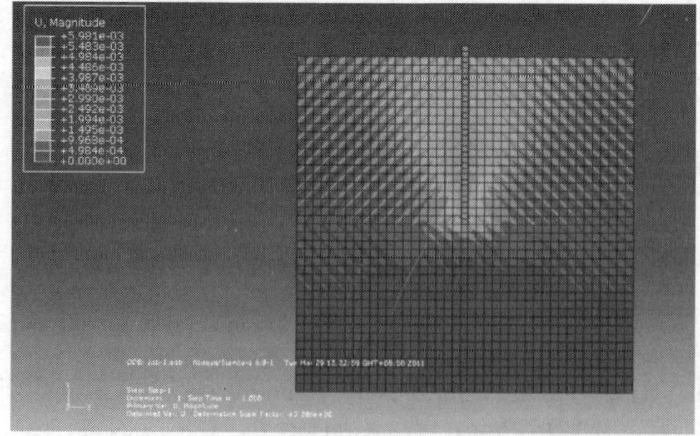

图5-258　地应力平衡之后的位移图

至此地应力平衡完成。

（十一）添加水平荷载

1. 在窗口左上角的 Module 列表中选择 Step（分析步）功能模块

点击左侧工具区的（Create Step），或在主菜单中选择 Step→Create。

在弹出的 Create Step 对话框中，Procedure Type：General 中选择“Static，General”，如图 5-259 所示。点击 Continue。在弹出的 Edit Step 对话框中，保持各参数的默认值，点击 OK。

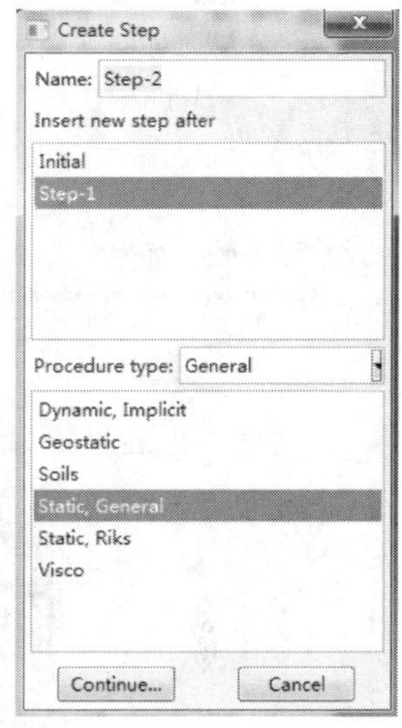

图 5-259　选择“Static，General”

2. 在墙体施加水平集中力

在窗口左上角的 Module 列表中选择 Load（荷载）功能模块，点击左侧工具区中的（Create Load），或在主菜单中选择 Load→Create。在弹出 Create Load 对话框中，选中 Step：Step-2，将 Types for Selected Step 设为 Concentrated force（集中力），点击 Continue（见图 5-260）。此时底部信息提示区显示 Select points for the load Done，点击墙和土接触面最左边的点，这个点就变成红色高亮度点，如图 5-261 所示，单击鼠标中键。弹出对话框，在 CF1 中输入“1e5”，如图 5-262 所示，点击 OK，此时集中力就加在墙体上了（见图 5-263）。

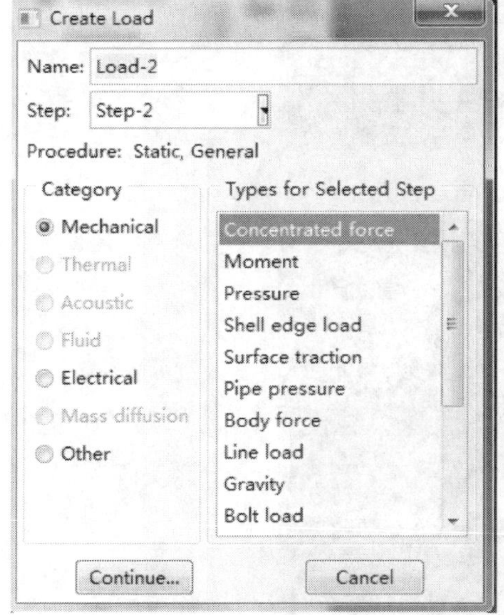

图 5-260　将 Types for Selected Step 设为 Concentrated force

图 5-261　点击墙和土接触面最左边的点

3. 进入 Job（分析作业）功能模块，重新提交作业

得到在墙体施加水平集中荷载后的变形应变图（图 5-264）和应力图（图 5-265）。如需更多详细的图表及数据，可在 Visualization 功能模块中进一步实现。

Edit Load

Name: Load-2

Type: Concentrated force

Step: Step-1 (Geostatic)

Region: (Picked)

CSYS: (Global) Edit... Create...

Distribution: Uniform Create...

CF1: 1e5

CF2:

Amplitude: (Instantaneous) Create...

Follow nodal rotation

Note: Force will be applied per node.

OK Cancel

图 5-262 在 CF1 中输入“1e5”

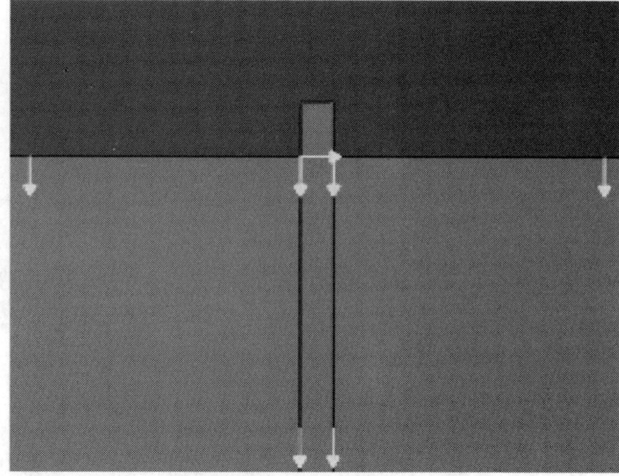

图 5-263 集中力加在墙体上

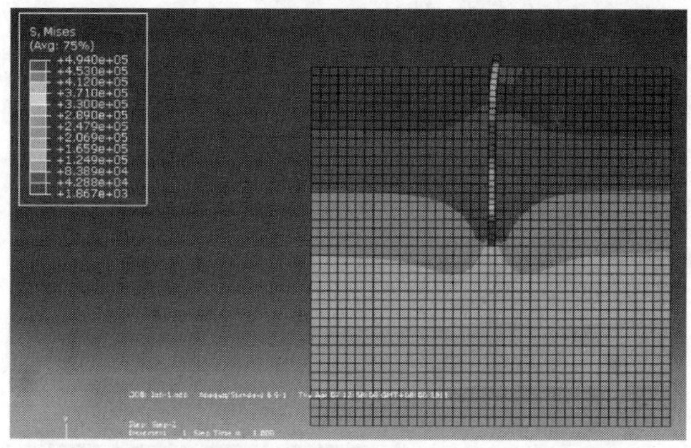

图 5-264 墙体施加水平集中荷载后的 Mises 应力图

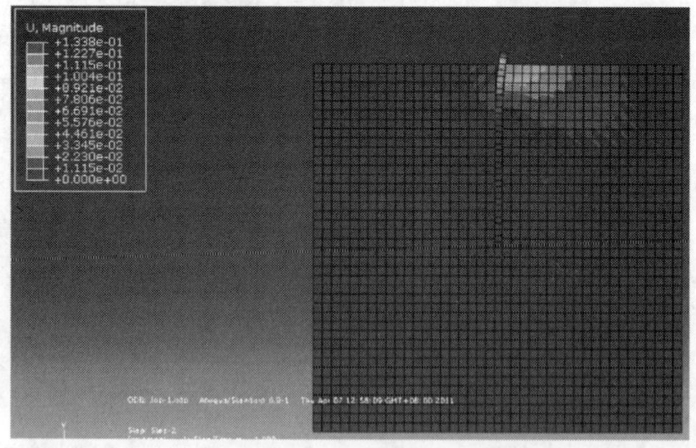

图 5-265 墙体施加水平集中荷载后的总位移图

结论及应用领域说明:该模型操作完成后,就基本上熟悉了基于 ABAQUS 软件的计算地下连续墙受力变形的具体操作,也可反复一次或多次该模型的操作,以达到较为熟悉的程度。该模型建立后可将其应用在地下连续墙工程、码头工程、基坑工程等领域。

参 考 文 献

[1] 王玉镯,傅传国. ABAQUS 结构工程分析及实例详解[M]. 北京:中国建筑工业出版社,2010.

[2] 费康,张建伟. ABAQUS 在岩土工程中的应用[M]. 北京:中国水利水电出版社,2010.

[3] 王金昌,周玉蓉. ABAQUS 在土木工程中的应用[M]. 杭州:浙江大学出版社,2006.

[4] 石亦平,陈页开. ABAQUS 有限元分析实例详解[M]. 北京:机械工业出版社,2006.

[5] 庄茁,由小川,廖剑晖,等. 基于 ABAQUS 的有限元分析和应用[M]. 北京:清华大学出版社,2009.

[6] 曹金凤,石亦平. ABAQUS 有限元常见问题与解答[M]. 北京:机械工业出版社,2009.

[7] 刘展. ABAQUS6.6 基础教程与实例详解[M]. 北京:中国水利水电出版社,2008.

[8] 赵腾伦. ABAQUS6.6 在机械工程中的应用[M]. 北京:中国水利水电出版社,2007.

[9] 陈卫忠,伍卫国,贾善坡. ABAQUS 在隧道及地下工程中的应用[M]. 北京:中国水利水电出版社,2010.

[10] 沈新普,美国奥博世软件公司北京代表处. ABAQUS 在能源工程中的算例和应用[M]. 北京:机械工业出版社,2010.

[11] 廖公云,黄晓明. ABAQUS 有限元软件在道路工程中的应用[M]. 南京:东南大学出版社,2008.